图书在版编目（CIP）数据

中国地震年鉴．2007／《中国地震年鉴》编辑部编．—北京：地震出版社，2009.7
ISBN 978－7－5028－3494－4

Ⅰ．中…　Ⅱ．中…　Ⅲ．地震—中国—2007—年鉴　Ⅳ．P316.2－54

中国版本图书馆 CIP 数据核字（2009）第 009714 号

地震版　XT200900077

中国地震年鉴（2007）
CHINA EARTHQUAKE YEARBOOK
《中国地震年鉴》编辑部
责任编辑：李　玲
责任校对：王花芝

出版发行：地震出版社
北京民族学院南路 9 号　　邮编：100081
发行部：68423031　68467993　　传真：88421706
门市部：68467991　　传真：68467991
总编室：68462709　68423029　　传真：68467972
E－mail：seis@ht.rol.cn.net
经销：全国各地新华书店
印刷：北京鑫丰华彩印有限公司

版（印）次：2009 年 7 月第一版　2009 年 7 月第一次印刷
开本：787×1092　1/16
字数：973 千字　插页：8
印张：38
印数：0001～1200
书号：ISBN 978－7－5028－3494－4/P（4115）
定价：158.00 元

《中国地震年鉴》编辑委员会

《中国地震年鉴》编辑部

2007年8月23～24日，全国地震科学技术大会在北京召开，中共中央政治局委员、国务院副总理回良玉出席会议并作重要讲话

会场

会议对全国地震科技工作先进单位和先进个人进行表彰

（本版照片中国地震局人事教育和科技司 提供）

2007年3月20～22日，中国地震局召开2007年全国地震局长会议暨地震系统党风廉政建设工作会议

（曹飒 提供）

2007年1月5日，中国地震局机关2006年度工作总结报告会在京召开

（曹飒 提供）

2007年7月3～6日，中国地震局2007年度发展与财务工作会议在京召开

（曹飒 提供）

2007年1月9～10日，中国地震局在京召开2007年度全国地震趋势会商会

（熊兆慧 提供）

2007年4月3～4日，全国震害防御与法制建设工作会议在福州召开

（福建省地震局 提供）

2007年11月12～14日，全国地震应急工作会议在山东济南召开

（曹飒 提供）

2007年4月6日，北京市政府组织召开北京市防震抗震工作领导小组会议

（肖杰 提供）

2007年5月22日，江苏省召开全省防震减灾工作会议

（朱庆和 提供）

2007年5月23日，甘肃省召开省防震减灾工作领导小组会议

（杨立庭 提供）

2007年5月31日，海南省召开2007年全省防震减灾暨农村民居地震安全工作会议

（胡金文 提供）

2007年9月6日，宁夏回族自治区人民政府召开全区农村民居防震保安工作会议

（闫冲 摄）

2007年12月19日，广东省人民政府召开全省农村民居地震安全工作电视电话会议

（李宏志 摄）

2007年8月16～17日，全国地震标准化技术委员会年会在河南郑州召开

（曹飒 提供）

2007年6月26日，海南省人民政府召开《海南省防震减灾条例》新闻发布会

（胡金文 提供）

2007年7月1日，江西省人大教科文卫委、省人大法制委、省人大常委会法工委、省政府法制办、省地震局在南昌联合召开实施《江西省防震减灾条例》新闻发布会

（江西省地震局 提供）

2007年11月30日，《甘肃省地震安全性评价管理条例》实施新闻发布会在兰州举行

（杨立庭 提供）

2007年9月27日，数字地震项目国家投资概算调整批复落实工作会议在京召开

（曹飒 提供）

2007年10月，银川市活断层探测与地震危险性评价项目验收会在银川召开

（闫冲 提供）

2007年10月9日，国家重点基础研究发展计划项目“城市工程的地震破坏与控制”启动会在哈尔滨召开

（代志勇 摄）

2007年11月8日，中国数字地震观测网络项目广西应急指挥分项工程试点验收会议在南宁召开

（曹飒 提供）

2007年12月3日，中国地震局在成都组织召开新疆、云南、河南、四川网络项目测震、前兆、信息分项工程验收会

（杨志敏 提供）

2007年12月17日，中国地震局在成都组织召开云南、广东、新疆、四川数字地震观测网络项目强震动分项工程验收会

（杨志敏 提供）

2007年12月28日，国务院抗震救灾指挥部在国务院抗震救灾指挥部指挥大厅举行地震应急桌面演练

（中国地震局震灾应急救援司 提供）

2007年2月4～7日，全国省级地震灾害紧急救援队工作会议在海南召开

（中国地震局震灾应急救援 提供）

2007年7月16日，内蒙古自治区在呼和浩特新华广场举行地震紧急救援队成立授旗暨60周年大庆消防保卫联勤联动启动仪式

（弓建平 提供）

2007年7月28日，甘肃省举行省市县三级地震应急桌面演练

（杨立庭 提供）

2007年12月18日，四川省政府在四川省地震局应急指挥大厅举行地震应急桌面演练

（龚宇 提供）

2007年6月9～10日，华东区地震应急区域协作联动演练在福建省顺昌县举行

（中国地震局震灾应急救援司　提供）

2007年6月26日，陕西省政府在宝鸡市举行了地震应急联动综合演练

（陕西省地震局　提供）

2007年8月11日，西藏自治区地震灾害紧急救援总队成立大会暨授旗仪式在拉萨举行

（曹飒　提供）

2007年10月24日，东北三省进行地震应急演练

（侯作亮　摄）

2007年10月25日，广东省阳江市地震应急青年志愿者进行地震应急模拟演练

（杨翔伟　摄）

2007年11月9日，湖南省地震灾害紧急救援队成立大会在长沙举行

（张彩虹　提供）

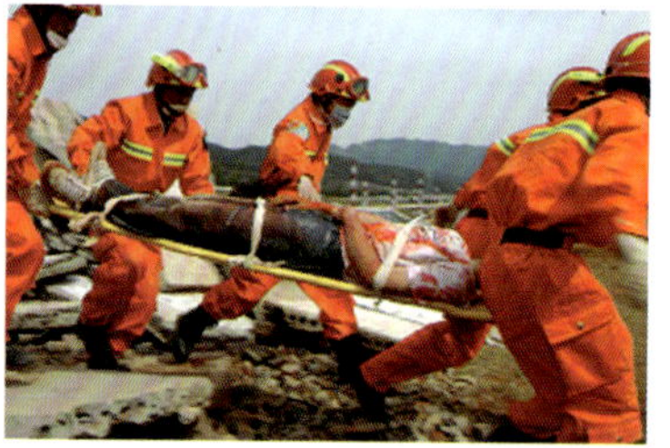

2007年4月18日，云南省举行地震应急救援演习

（中国地震局震灾应急救援司 提供）

2007年7月1～2日，国家地震灾害紧急救援队2007年度协同训练在建设中的国家地震紧急救援训练基地顺利举行

（中国地震局震灾应急救援司 提供）

2007年12月29日，重庆市巴南区地震灾害应急救援志愿者队伍正式成立

（荣章 提供）

2007年，宁夏西吉县地震局结合“科技活动周”开展防震减灾知识宣传

（阎冲 提供）

2007年4月22日，广东省地震科普教育馆被认定为国家防震减灾科普教育基地

（刘佳 摄）

2007年6月25日，甘肃省定西市漳县地震局深入当地小学校开展地震科普知识进校园讲座

（杨立庭 提供）

2007年7月28日，海南省举办纪念唐山大地震31周年暨《海南省防震减灾条例（修订）》实施宣传活动

（胡金文 提供）

2007年10月30日，甘肃省酒泉市启动全国防震减灾科普教育基地示范试点建设

（杨立庭 提供）

2007年11月29日，四川省地震局组团参加四川省科技兴川十年成果博览会

（陈宁 提供）

2007年5月中旬，中国数字地震观测网络项目财务管理培训班在浙江杭州干部培训中心举办

（曹飒 提供）

2007年5月14～16日，全国测震台网软件第三版培训班在广州举办

（贾庆华 摄）

2007年7月2～27日，四川省地震局台站全员培训第一期前兆培训班如期举行

（曹飒 提供）

2007年9月5日，2007年市县地震应急工作培训班在北京香山举办

（曹飒 提供）

2007年11月5～9日，中国地震局震灾应急救援司在安徽省合肥市举办2007年地震灾害损失评估技术高级培训班

（曹飒 提供）

2007年10月23～24日，山西省召开地震监测设施和环境保护研讨会

（山西省地震局 提供）

2007年10月29日，地震应急救援综合楼建成启用剪彩仪式

新建成的地震应急救援综合楼

（本版地震应急救援中心 提供）

2007年10月21日～11月3日，2007年发展中国家地震灾害紧急救援研讨班在京举办

（张俊 提供）

2007年7月31日～8月3日联合国人道主义事务办公室在蒙古乌兰巴托举行亚太地区地震救援演练。图为中国国际救援队在演练开幕式上

（曹飒 提供）

2007年5月28日～6月2日，中国地震局工程力学研究所孙柏涛等赴香港参加亚太地震工程研究中心联合会（ANCER）年会

（白冰 提供）

2007年10月31日，中国地震局在京举行中日JICA项目鉴定仪式

（王娟 提供）

2007年1月19日，中瑞教官培训交流会在地震应急搜救中心举行

（陈思羽 提供）

2007年7月19～22日，阿尔及利亚天体物理和地球物理研究中心工程师在广东省地震局参加技术培训

（贾庆华 摄）

2007年4月17日，“北京大学—中国地震局现代地震科学技术研究中心”在京成立

（曹飒 提供）

2007年9月5～6日，地震系统人大代表政协委员座谈会在河北昌黎召开

（曹飒 提供）

2007年10月31日～11月1日，中国地震局在京举办十七大精神专题学习班

（曹飒 提供）

2007年4月28日，中国地震局廉政文化系列报告会在京召开

（曹飒 提供）

2007年9月19日，中国地震局老年大学、京区北郊老干部活动中心揭牌仪式在中国地震局地质研究所举行

（曹飒 提供）

2007年8月14日，四川省地震局举行廉政文化建设知识竞赛活动

（李福康 提供）

2007年12月4日，中国地震局（沈阳赛区）举行廉政文化建设知识竞答活动

（侯作亮 摄）

2007年12月6日，中国地震局（广州赛区）举行廉政文化知识竞答活动

（黄洁仪 摄）

2007年6月14日，防灾科技学院举办青年教师“我与学院共奋进”演讲比赛

（曹飒 提供）

2007年6月3日，云南省宁洱发生6.4级地震，4日中国地震局副局长岳明生、云南省地震局局长皇甫岗等深入新平村查看灾情

宁洱县太达村土木结构房屋倒塌

宁洱县太达村公路裂缝

公路塌陷、错位

宁洱县新平村房屋倒塌严重

宁洱县太达村房屋倒塌

（本版照片云南省地震局 提供）

2007年11月30日～2008年2月20日，中国地震局地球物理研究所工程师徐志强在南极长城站架设由“中国数字地震观测网络”项目中国地震科学探测台阵提供的数字化宽频带地震计

（杨翠华 提供）

2007年4月，第二监测中心在甘肃省天祝炭山岭进行重力测量

（于建民 提供）

2007年5月，第一监测中心在三峡库区郭家坝进行跨长江水准测量

（杨春花 提供）

2007年6月，第一监测中心在河北省进行垂直形变测量

（杨春花 提供）

2007年10月，第一监测中心在河北省进行陆态网络项目埋石

（杨春花 提供）

2007年9月12日，地震应急搜救中心在金沙江向家坝执行野外监测项目任务。

（地震应急搜救中心 提供）

目　录

专　载

地震与地震灾害

防 震 减 灾

地震监测预报工作

各省、自治区、直辖市地震监测预报工作

台站

地震灾害预防

各省、自治区、直辖市地震灾害预防工作

重要会议

科技进展与成果推广

科技成果

专利及技术转让

科技进展

机构·人事·教育

合作与交流

计划·财务·审计·党建

发展与财务工作

审计、纪检监察工作

党建工作

附　　录

Contents

Specials

Earthquake and Earthquake Disasters

Earthquake Disaster Preparedness and Mitigation

Earthquake Monitoring of Provinces, Municipalities and Autonomous

Scene of Seismic Stations

Earthquake Hazard Prevention

Earthquake Hazard Prevention of Provinces, Municipalities and Autonomous

Progress in Science and Technology and Its Serving

Achievements in Science and Technology

Patent and Technology Transfer

Progress in Science and Technology

Scientific Expedition

Organizations and Personnel Education

Organization Structure

Personnel and Education

Personage

Praising and Awarding

International Cooperation and Exchange

Cooperative and Exchange Projects

Academic Exchange

Plan · Finance · Property · Statistics · Audit

Development and Finance

Audit, Discipline Inspection

Party's Construction

Appendix

Great Events of China Earthquake Administration

专　载

主要收载国务院、中国地震局领导有关防震减灾工作的重要讲话；国务院、国务院办公厅和中国地震局及省级机关印发的有关防震减灾工作的重要法规和文件。

中共中央政治局委员、国务院副总理回良玉在全国地震科技大会上的讲话

（2007 年 8 月 23 日）

同志们：

这次全国地震科技大会，是在我们深入贯彻科学发展观、全面实施国家中长期科技规划、认真落实国家综合减灾“十一五”规划的重要时期召开的，也是首次经国务院批准、由中国地震局和相关科技部门就地震科技发展问题联合召开的全国性会议，很重要也很必要。在此，我代表国务院，向刚才受到表彰的同志们表示热烈的祝贺！向全国广大地震科技工作者表示由衷的敬意和亲切的慰问！向所有关心支持地震科技和防震减灾事业发展的各界人士表示良好的祝愿和诚挚的感谢！

防震抗震工作是一项科技含量非常高的事业，科技在防震抗震、科学减灾中具有重要的支撑和引领作用。近年来，我国防震减灾事业取得了巨大进步，防震减灾工作的思路也在不断完善。在抓好地震应急工作的同时，去年国务院在新疆召开了农村民居防震保安工作会议，从提高农村民房的建筑水平入手，推动主动防御、科学减灾。今天，我们又召开地震科技大会，就是要通过大力推进科技创新，进一步提高科学抗震的水平，全面增强我国的防震减灾能力。下面，我讲几点意见。

一、认真分析地震科技工作面临的新形势

在党中央、国务院的高度重视和正确领导下，经过各地区、各部门的共同努力，我国地震科技工作取得了显著成绩。一是建立了一支由各级科研院所、测量和工程中心等组成的地震科技研发队伍，凝聚了一大批由地震及相关领域院士为代表的高水平科技人才。二是建立了地震学、地震地质学、地震工程学等富有特色和优势的专业学科，形成了为监测预报、震灾防御、应急救援、地震公共安全管理等服务的若干重大专业技术领域。三是初步建成了地震科技基础条件平台，基本形成了地震台网、前兆台网、强震动台网等面向地震和相关地学研究的观测、实验和信息共享网络。四是取得了以海城地震成功预报为代表的一系列创新性成果，多次获得国家自然科学奖、技术发明奖、科技进步奖，提升了我国地震科学实力。五是不断拓展了地震科技服务领域，从服务于监测预报为主拓展到服务于国土规划、城市发展、工程建设、核试验监测、矿产资源勘探等领域，有力支撑了经济社会发展，并在国家安全和外交中发挥了重要作用。

当前，深入贯彻落实科学发展观，构建社会主义和谐社会，对防震减灾工作提出了新的更高的要求，做好地震科技工作比以往显得更加重要、更加紧迫。从落实以人为本、关注民

生的要求来看，随着我国经济持续快速增长，工业化、城镇化、市场化、国际化进程明显加快，人口高度集中，财富快速积累，地震灾害破坏性更强，财产损失更大，社会关注度更高，对经济社会发展和公共安全构成的威胁更严重。这迫切要求我们通过科技手段不断提高地震预报准确性、震灾防御水平和应急救援能力，最大程度地减轻地震灾害，减少人员伤亡和财产损失。从当前的震情形势来看，我国是世界上大陆地震最为频繁、地震灾害最为严重的国家之一，这是我们无法回避的国情。值得注意的是，2006 年我国大陆仅发生 14 次 5 级以上地震，没有发生 6 级以上地震，明显低于 20 世纪以来的平均水平。2007 年 5 月西藏发生的 6.1 级地震，打破了长达 756 天的 6 级地震平静，这是上世纪以来最长的一个平静期。随后又发生了云南普洱 6.4 级地震，这是我国两年多来最大、云南省近 10 年来最大的一次地震。据专家分析，自 2001 年 11 月昆仑山口西 8.1 级地震以来，我国大陆已有近 6 年没有发生 7 级以上地震，这也远远低于上个世纪每三年发生两次 7 级以上地震的平均水平。越是相对平静，越要提高警惕。当前我国面临的震情形势，要求我们必须加强地震领域科学研究，努力把握地震活动的发生规律，掌握防震抗震的主动权。从地震科技的国际比较来看，尽管我国地震科技发展迅速，但作为一个发展中国家，我国与发达国家之间在地震科技的总体水平和创新能力方面还存在差距。我国在国际地震科技中的学术影响力还不够强，地震科技的基础设施、相关基础探测工作还比较薄弱，技术装备和实验设施缺乏，地震科技工作依赖国外技术和产品的局面尚未完全改变。因此，我们必须进一步增强对地震科技创新重要性和紧迫性的认识，站在时代前列谋划地震科技发展，提升防震减灾能力和水平。

当前和今后一个时期，我国地震科技工作要面向国家防震减灾事业的战略需求，瞄准国际地震科学技术的前沿领域，全面提升防震减灾工作各个环节的科技含量，以科技进步保证国家防震减灾目标的实现，推进地震科学技术为国家的经济建设和社会发展服务。为此，必须加强地震科技创新，充分发挥我国地震科学技术资源的综合优势，努力突破制约防震减灾事业发展的科技瓶颈，支撑和引领防震减灾事业的发展。

二、切实把握地震科技发展的重点环节

日前，地震局、科技部、国防科工委、中科院和自然科学基金会联合发布了《国家地震科学技术发展纲要》，对我国地震科技发展作出了总体部署，这是今后一个时期指导地震科技创新、推动地震科技进步的纲领性文件。各地区、各有关部门在实施《纲要》过程中，要牢牢抓住地震科技工作重点和关键环节，把握好四个原则。一是依靠自主创新，把原始创新同集成创新、引进消化吸收再创新结合起来，走有中国特色的地震科技发展道路，不断提高地震科技的整体水平。二是坚持重点突破，把提高地震科技水平同增强防震减灾能力结合起来，集中力量，选择事业发展急需、有一定技术基础、能明显提升防震减灾能力的关键科技问题作为主攻方向。三是加速转化应用，把基础研究同应用技术研发推广结合起来，大力推进科技成果在防震减灾中的运用，把科技成果转化为地震监测预报能力、震灾防御能力、应急救援能力，把科技知识转化为全民防震减灾的科学素质。四是强化资源统筹，把科技创新同体制创新结合起来，统筹整合各方面的科技资源，形成推进地震科技创新的合力。

结合《纲要》提出的重点领域、优先主题和重大科学计划，地震科技工作要重点抓好以下四个方面：

（1）加强地震科技基础研究。地震科技面临着许多世界性科技难题，涉及到地球科学、工程科学、物理科学等多学科领域，以及空间技术、信息技术等高新技术。加强地震基础研究，将大大提升人类认识地震发生规律、抗御地震灾害的能力，也将为国家安全和国家利益提供战略性的知识储备和人才储备。我们必须从战略高度，重视和加强地震科技基础研究，重点研究大陆地震构造、地震预测预报、地震成灾机理等基础性、前瞻性、关键性的科学问题，在基础科学的探索中寻求防震减灾事业新的突破，逐步形成体现我国地域特色、在国际上具有重要影响的优势学科领域。

（2）加强地震监测预报、震灾预防、应急救援等应用技术研究。围绕建设地震监测预报、震灾预防、应急救援三大体系来发展相关应用技术，是地震科技工作的重要任务。要从我国的国情和震情出发，最大限度地利用现有的科学知识与技术条件，加强应用技术研究，形成具有自主知识产权和核心竞争力的技术与产品。要大力发展数字地震监测技术、地震预测预警技术、地震区划技术、工程震害防御技术、地震应急救援技术，力争取得突破性成果，并使其在防震减灾实践中发挥作用。

（3）加强地震科技条件平台建设。地震科技条件平台不仅是防震减灾事业的重要保障，对整个地球科学的发展都具有重要作用。要建设现代化的观测基础设施、先进实验装备、网络科技环境、数据共享系统。重点支持跨部门、跨学科和跨行业的国家重点实验室、国家野外科学研究站、工程研究中心等研究试验基地的建设。同时，我们要通过开放共享科研装备、观测设施、数据资料等科技资源，促进地震科学技术的创新和发展。

（4）加强国际地震科技交流与合作。要瞄准国际地震科技前沿和重点科技领域，积极开展宽领域、多层次的国际合作与交流，充分吸取国际上的先进经验。鼓励和支持专家参与国际学术组织的工作，参与大型国际地球科学研究计划，同时积极开展国际地震救援、援建地震观测系统、参与国际地震核查等工作，努力扩大我国在国际地震科技领域的影响。

三、努力为发展地震科技事业提供保障

全国科技大会之后，国务院有关部门相继出台了一系列推进科技创新的配套政策，为科技发展创造了良好的政策环境和条件。各地区、各有关部门要以此为契机，在用足用好现有政策的基础上，进一步采取有效措施，切实保障地震科技事业更好地发展。

（一）加强对地震科技工作的领导，建立以财政为主体的多渠道投入机制

防震减灾是惠及全民的公益事业，也是各级政府的重要职责。各地区、各有关部门要把地震科技纳入本地区、本部门科技发展规划，结合实际，研究实施《纲要》的具体办法和措施。要充分发挥各级防震减灾工作联席会议的作用，加强对地震科技工作的指导，及时研究协调解决地震科技发展中的重要问题。

要建立健全以财政投入为主体的稳定投入机制，鼓励和引导企业及社会支持地震科技发展。财政、科技和发展改革部门要加大对地震科技工作的支持力度，安排科研专项支持地震科技工作，加大对地震科技基础设施建设的投入，改善地震科技发展的基础条件。

（二）深化地震科技体制改革，完善跨部门多层次合作机制

科技的灵魂在创新，科技的活力在改革。我们要进一步深化地震科技体制改革，构建与社会主义市场经济体制相适应、符合科技发展规律的地震科技创新体系，建立开放、流动、

竞争、协作的创新机制，进一步加强科技资源集成，优化科技资源配置。继续推进社会公益性科研机构改革，建立职责明确、评价科学、开放有序、管理规范的地震科研院所制度。建立正确的政策导向和地震科技评价体系，加强知识产权保护，激发广大地震科技工作者的创新活力。大力培育面向市场的科技型企业，加速科技成果产业化，着力引导企业提升持续研发能力和产品竞争能力。

地震科技工作必须坚持和扩大开放合作，完善跨部门、多层次合作机制，实现分工合作、优势互补、资源共享。大力加强区域地震合作和地方地震科学技术工作，促进区域内新的协作机制的形成。充分发挥科研院所、高校、企业的作用，加强军民合作，努力形成主体多元、内容丰富、形式多样、充满活力的地震科技工作合作的新局面。

（三）加强地震科技人才队伍建设，提高全民防震减灾科学素质

科技创新，人才为本。要坚持树立人才资源是第一资源的战略思想，把发现、培养、凝聚和用好各级各类人才作为发展地震科技事业的重要保障。要依托重大科学计划、重大工程和国际合作项目，在科学实践中培养和造就人才。加强基层人才队伍建设，在防震减灾工作实践中锻造人才。培育具有地震科技特色的创新文化，营造良好环境，激励优秀人才脱颖而出。

提升全民防震减灾科学素质，是全社会抵御地震灾害能力建设的重要基础。要以实施《全民科学素质行动计划纲要》为契机，制定和实施全民防震减灾科学素质行动计划，建立有效的工作机制，大力推进防震减灾科普教育基地建设，积极开展防震减灾科普宣传和法制教育，在全社会弘扬科学减灾理念，普及防灾减灾知识，提高公众自救互救能力，努力营造有利于地震科技创新和防震减灾事业发展的社会环境。

同志们，防震减灾事关人民生命财产安全与经济社会发展，发展地震科技是推进科学减灾的关键举措之一。让我们紧密团结在以胡锦涛同志为总书记的党中央周围，坚持以邓小平理论和“三个代表”重要思想为指导，深入贯彻落实科学发展观，开拓进取，扎实工作，大力推进地震科技创新，全面提高全社会抵御地震灾害的能力，为我国经济社会全面协调可持续发展做出新的更大贡献！

中国地震局局长陈建民在全国地震科学大会上的讲话

认真实施《国家地震科学技术发展纲要》支撑和引领防震减灾事业又好又快发展

（2007年8月23日）

同志们：

这次全国地震科技大会，是经国务院同意，由地震局、科技部、国防科工委、中科院、自然科学基金会联合召开的，是我国地震科学技术发展史上一次重要会议。这次会议的主题是：创新发展、开放合作、防震减灾。主要任务是：以邓小平理论和“三个代表”重要思想为指导，以科学发展观为统领，深入贯彻落实全国科技大会精神，部署实施《国家地震科学技术发展纲要（2007～2020年）》，进一步加强地震科技创新与合作，推进国家地震科技创新体系建设，提高地震科技自主创新能力和水平，为实现国家防震减灾2020年奋斗目标提供科技支撑，为构建社会主义和谐社会做出贡献。

国务院高度重视这次会议，回良玉副总理出席会议并作了重要讲话。回副总理的讲话从落实科学发展观，全面建设小康社会和构建社会主义和谐社会的高度出发，着眼于全面提升我国地震科技竞争力，深刻分析了地震科技工作面临的形势和任务，对大力推进地震科技创新、加强防震减灾能力建设作出了全面部署，为今后工作指明了方向。地震部门将同科技部、国防科工委、中科院和自然科学基金会等部门密切配合，与各地区和有关部门、单位一道，按照回副总理重要讲话的要求，采取切实有效的措施，全力推进我国地震科技创新工作。下面，受此次会议联合主办单位的委托，我就学习、贯彻回良玉副总理的重要讲话精神，实施好《国家地震科学技术发展纲要》讲几点具体意见。

一、我国地震科技工作回顾

党和政府十分重视地震工作。建国初期，针对国家经济社会发展和国防建设需求，把地震科技工作纳入了《国家1956～1967年科学技术发展远景规划纲要》。1966年邢台地震后，面对严重的地震灾害，在党中央、国务院的号召下，广大科技工作者纷纷奔赴地震现场，积极投身地震科学研究和实践。2000年以来，国务院提出了建立健全地震监测预报、震灾预防、应急救援三大工作体系的任务，明确了“突出重点、全面防御，健全体系、强化管理，社会参与、共同抵御”三大战略要求，确定了国家防震减灾2020年奋斗目标，不仅为地震科学技术发展指明了方向，也对地震科技创新发展提出了新的更高要求，地震科技得到迅速发展。多年来，地震科技经历了创业起步、迅速成长和创新发展的光辉历程，取得了长足的进步。

一是地震科技探索取得重要进展。我国大规模的地震预报研究与实践始于1966年邢台地震。经过多年不懈探索，坚持“边观测、边研究、边实践”，逐步形成了具有中国特色的长、中、短、临渐进式地震预报科学思路，发展了多学科综合预报方法。1975年海城地震的预报，是人类第一次对大地震的成功预报，不仅取得了巨大的减灾效益，更增强了人类攻克地震预报难关、战胜地震自然灾害的信心。此后，我们又先后实现了20多次有减灾实效的地震预报，为当地政府的震前准备、震后应急救援以及稳定社会起到了重要作用。近年来，通过实施一批国家重大基础研究、科技攻关等项目，对地震孕育发生机理有了进一步的科学认识，发展了以大陆活动地块动力学假说为依据的强震预测理论。努力探索地震前兆观测技术、空间对地观测技术等地震观测新技术、新方法，自主研制开发了一系列地震观测设备，广泛应用于我国地震台网建设，实现了从单台、模拟、人工观测到网络化、数字化、集成化观测的跨越。通过自主创新，引进消化吸收再创新，在地震实用技术研发方面取得了一系列重要成果，发展了城市活断层探测技术，研发了生命线工程紧急自动处置技术，开发了地震应急救援新技术。自1982年以来，地震科技领域获得国家科技进步奖、自然科学奖和技术发明奖达60余项。一些研究成果先后在《NATURE》、《SCIENCE》等国际重要科技刊物上发表，受到国内外学术界的广泛关注。

二是地震科技基础条件明显改善。新中国成立初期，我国仅有2个专业地震台。经过多年的努力，特别是通过“九五”和“十五”重大建设工程的实施，目前已经形成了基本覆盖全国的现代化地震观测网络，拥有测震台站970余个，前兆台站610余个，地震监测能力明显提高，为捕捉地震前兆信息、开展地震预测探索与实践奠定了很好的基础，为地震科学研究乃至整个地球科学研究积累了大量丰富的观测资料。在地震部门、高等院校及其它相关的科研机构，先后建立了一批面向地震科技的国家重点实验室、研究中心、工程中心、野外科学观测研究站和地震预测试验场。空间对地观测技术在地震监测预测、灾害评估和科学研究中发挥了重要作用，展现了广阔的应用前景。由中国地震局、总参测绘局、中国科学院、国家测绘局共同建设的以GPS观测为主的“中国地壳运动观测网络”，改善了地球表层固、液、气三个圈层的动态监测方式，已经在地震预测、大地测量和国防建设中发挥了重要作用。初步建成的地震科学研究网络计算环境和地震科学数据共享平台，为地震信息资源的共享创造了基本条件。

三是地震科技服务领域不断拓展。随着地震科技水平的提升，服务领域不断拓展。地震速报能力、震后趋势判断能力、灾害损失快速评估能力明显增强，为政府科学、快速处置地震突发事件，维护社会稳定提供了有力的支撑。适应国家经济建设需要，先后编制颁布了四代全国地震区划图，为国土规划、经济发展布局和一般建设工程抗震设防提供依据。上海、武汉等60多个城市组织开展了地震小区划，明确和细化了城市建设工程的抗震设防要求，北京、天津、上海等20多个大中城市，组织开展了城市活断层探测，为城市规划及工程建设提供了科学依据。对国家重大建设工程——长江三峡、黄河小浪底水利枢纽，大亚湾、秦山核电站，大庆、胜利大型油田，以及青藏铁路、西气东输、南水北调、奥运场馆等近千项重大工程开展了地震安全性评价，提供了科学合理的抗震设防要求。建设、水利、核电等行业部门，不断加强抗震技术研究与开发，为超高层、大跨度等新型复杂结构提供技术保障，建设、铁道、水利等部门在城市轨道交通、燃气系统、高速铁路、大型水库等生命线工程开展了地震紧急自动处置系统试点研究。建设、地震等部门加大农村民居抗震实用技术开发力度，组织开展防震抗震技术培训，努力提升农居的防震抗震能力。此外，地震科技还在国家安全、资源探测、环境评价等领域发挥着独特而重要的作用。

四是地震科技人才队伍发展壮大。解放初期，全国从事地震科技的人员有千余人，他们为我国地震科技发展做了开拓性工作。邢台地震后，响应周总理的号召，科学院、地质部、石油部、国家测绘总局，以及部分高等院校共54个单位的2600余名科技人员在邢台地震现场，发扬独创精神，团结协作，共同探索减轻地震灾害这一科学难题。邢台地震的实践，不仅培养锻炼了一批地震科技专业人才，也砺炼出了地震队伍“心系人民、恪尽职守，知难而进、勇于创新，勤勤恳恳、无私奉献”的精神风貌。此后，在这一精神的激励和带动下，一批批优秀科技人员纷纷投身地震科技事业。经过几十年的发展，我国已经建立了一支以地震系统科研院所、测量和工程中心、省级地震机构为主体，集科研、开发、应用为一体的地震科技专业队伍，初步形成了布局合理、富有特色和优势的学科领域。在国家有关部门、中科院、高等院校以及有关企业等活跃着一批从事地震科技工作的专业技术人员，在我国地球科学和其它相关学科领域中发挥了重要作用。我国的市县地震队伍和群测群防队伍一直活跃在地震科技工作第一线，他们是地震科技创新和防震减灾事业的重要力量。

五是地震科技国际交流与合作日益活跃。随着我国地震科技实力的增强，地震科技国际交流与合作日益广泛，合作水平不断提高，在国际一流学术刊物上有我们高质量的学术论文，在国际学术组织里有我们高水平的专家，在大型国际会议上有我们强有力的声音。目前，已与50多个国家和地区建立了地震科技合作关系，加入了多个与地震科技相关的国际重大科学研究计划，与联合国有关组织建立了密切联系。发挥我国地震观测技术优势，相继援建了阿尔及利亚、印度尼西亚、巴基斯坦、智利、南太平洋岛国等国的地震台网，援外地震台网项目已成为国家援外工作的重要内容之一。中国国际救援队成立以来，地震应急救援能力不断增强，成功实施了阿尔及利亚、伊朗、印度尼西亚、巴基斯坦等多次国际地震救援行动。2005年我国成功组织召开了中国—东盟地震海啸预警研讨会。2006年成功举办了亚太地区多国地震演练。2008年我国还将举办世界地震工程大会，这将进一步提升我国在国际地震科技领域的影响力。

回顾我国地震科技发展所取得的成就，我们深刻体会到，党中央、国务院高度重视防震减灾工作，关心地震科技发展。胡锦涛总书记、温家宝总理、回良玉副总理等领导同志多次作出重要批示，国务院多次召开全国工作会议和联席会议，对包括地震科技在内的防震减灾工作进行全面部署。前不久的云南普洱地震，温家宝总理、回良玉副总理亲临灾区，看望慰问受灾群众，指导当地抗震救灾和恢复重建工作。地方各级党委、政府坚持以人为本、执政为民的理念，切实加强对防震减灾工作的领导，把防震减灾工作纳入本地区发展规划统筹考虑和部署，有力提升了全社会抵御地震灾害能力。发展改革委、财政部、科技部、国防科工委、中科院、自然科学基金会等部门和单位在地震科技经费投入、科技专项等方面对地震科技发展给予了大力支持，相关部门密切配合，有力地推进了地震科技的发展。广大地震科技工作者，不畏艰辛，勇于探索，为地震科技发展做出了重要贡献。今天，回良玉副总理专门对我国地震科技发展作出重要部署，地震重点监视防御区10多位省领导和国务院防震减灾联席会议成员单位的领导应邀参加会议，共商地震科技发展大计，充分体现了党中央、国务院和各地、各部门对地震科技工作的高度重视和大力支持。

我国地震科技工作虽然取得了长足进步，但与国家经济建设、社会发展和人民群众的迫切需求相比还有很多不适应，与国际先进水平相比还存在一些差距，主要表现在：地震科技基础性工作相对薄弱，一些重大关键科技问题尚未解决；地震科技发展和创新能力与新形势、新要求相比还不相适应，地震观测、探测和实验能力不足；地震科技发展中的合作和开放不够，全国地震科技力量的整体效能还未充分发挥；地震科技创新型人才、领军人才和优秀技术人才仍显不足，人才培养、交流、使用机制有待进一步完善；地震科技投入力度还不够大，投资渠道也不够稳定。

当前是我国经济社会发展的最好时期，科学发展、社会和谐，对防震减灾工作提出了新的更高要求。从近几年国内外地震灾害看，随着经济持续增长，地震灾害破坏效应更加广泛，对经济社会发展和公共安全构成的威胁更加严重。今年 7 月 16 日，日本新潟发生了 6.8 级地震，造成了多人死亡，800 多人受伤，万余灾民紧急疏散，部分铁路被毁，3.5 万户停电，震中附近的核电站发生火灾，导致冷却水泄入海中的事故，造成公众心理恐慌，凸显了现代社会功能的脆弱性和地震灾害的连锁性。目前，我国的震情形势仍很严峻。自 2001 年 11 月昆仑山口西 8.1 级地震以来，我国大陆已有近 6 年没有发生 7 级以上地震。2006 年我国大陆仅发生 14 次 5 级以上地震，没有发生 6 级以上地震。2007 年 5 月 5 日西藏日土、改则发生的 6.1 级地震，打破了我国大陆长达 756 天的 6 级地震平静，这是 20 世纪以来最长的一个平静期。随后又发生了云南普洱 6.4 级、新疆伊犁 5.7 级地震。面对复杂的震情形势，我们绝不能掉以轻心，麻痹大意，必须深刻认识加强地震科技工作的重要性和紧迫性，切实发挥地震科技对推进防震减灾事业发展的基础性和战略性作用，更好地服务于经济建设和社会发展。

全国科技大会作出了建设创新型国家的战略部署，明确了“自主创新、重点跨越、支撑发展、引领未来”的指导方针，确立了到 2020 年国家科技发展目标，为我国地震科技发展带来了前所未有的机遇。地震科技创新是建设创新型国家的内容之一，《国家中长期科学和技术发展规划纲要》对地震科技发展提出了明确要求。《国家防震减灾规划》提出了到 2020 年我国防震减灾的总体目标，并把“以地震科技创新能力建设为支撑，提高防震减灾三大工作体系发展水平”作为发展战略之一。围绕国家科技创新目标和防震减灾 2020 年奋斗目标，着眼全面建设小康社会、构建社会主义和谐社会对地震安全的紧迫需求，为统筹规划和部署未来一个时期地震科学技术发展，根据《中共中央、国务院关于实施科技规划纲要增强自主创新能力的决定》，地震局会同科技部、国防科工委、中科院、自然科学基金会在广泛调研、深入研究的基础上，制定了《国家地震科学技术发展纲要（2007 ~ 2020 年）》。

《国家地震科学技术发展纲要》充分考虑了我国防震减灾工作的科技需求和国家科技的预期发展水平和能力，以及国际地震科技发展趋势，符合我国的震情、灾情和国情，是第一部国家层面的地震科技发展纲要。实施好《国家地震科学技术发展纲要》，对于鼓舞人心、凝聚全社会力量、调动各方面的积极性和创造性，全面提升我国地震科技水平和国际竞争力，更好地服务于经济建设和社会发展、国家安全，具有非常重要的意义。

二、准确把握地震科技发展的指导思想和目标

确定什么样的发展思路，设定什么样的地震科技发展目标，是关系我国地震科技发展方向的重大问题，关乎我们是否能够牢牢把握历史机遇，实现我国地震科技持续快速发展的重大问题。

《国家地震科学技术发展纲要》以邓小平理论和“三个代表”重要思想为指导，贯彻落实科学发展观，深刻领会关于创新型国家建设的一系列部署，确立了到2020年我国地震科技发展的指导思想。这一指导思想就是在“自主创新、重点跨越、支撑发展、引领未来”方针指导下，坚持科技创新、理念创新、机制创新、服务创新，不断提高地震科技队伍自身的能力和全社会的防震减灾能力。通过创新、发展、开放、合作，动员全国科技力量，和谐共建国家地震科技创新体系，支撑和引领地震监测预报、震灾预防、应急救援三大工作体系的发展。进一步提升地震科技为国家利益、公共安全和经济社会发展做贡献的水平和能力，为全面构建社会主义和谐社会贡献力量。

这一指导思想明确了我国新时期地震科技发展的思路，体现了国家科技发展战略和防震减灾事业对地震科技发展的新要求，是对长期实践探索出的地震科技发展思路的继承和发展，符合地震科技自身发展规律和我国地震科技工作的实际。在贯彻落实中，要重点把握好以下三个方面：

一是要把以自主创新为核心的十六字方针作为我国地震科技发展的根本指导方针。“自主创新、重点跨越、支撑发展、引领未来”的指导方针，是我国半个多世纪科技事业发展实践经验的总结，是面向未来、实现中华民族伟大复兴的重要抉择。十六字指导方针的核心是自主创新，地震科技发展必须深入贯彻落实这一指导方针，面向国家需求，站在世界地震科技发展前沿，把提高地震科技自主创新能力作为统领我国地震科技发展的战略主线，加强地震科技的原始创新、集成创新和引进消化吸收再创新。当前，地震科技领域的许多关键核心问题依旧是人类尚未攻克的世界难题，破解这些难题没有现成的技术和方法，中华民族理应在这一领域为人类文明进步做出新的创造性贡献；我国广大地震科技工作者在地震科技领域一直进行着不懈的探索，在地震科技领域取得了许多创新成果，有着优良的独创精神，为地震科技自主创新打下了坚实的思想和物质基础；国际竞争的本质是科技竞争，是自主创新能力的竞争，只有依靠自主创新，形成地震科技核心竞争能力，才能在国际地震科技竞争中立于不败之地。今后一个时期，我们必须坚定不移地贯彻落实十六字指导方针，大力提升地震科技自主创新能力，显著提高我国地震科技水平。

二是要把支撑和引领防震减灾事业发展，为经济社会服务作为地震科技创新发展的神圣使命。没有先进科技作支撑的防震减灾，只能是低水平的防震减灾，有效减轻地震灾害，必须强化科技支撑和引领作用。地震科技必须面向防震减灾和经济社会发展现实需求，着力突破制约防震减灾事业发展的科技瓶颈，将地震科技发展的成果最大限度地转化为现实生产力，为防震减灾事业和经济社会发展提供强有力的科技支撑。地震科技不仅要支撑现在，还要引领未来。我们必须着眼防震减灾事业长远发展，站在世界地震科技发展的前沿，在地震预测预报、地震成灾机理等基础科学和前沿技术研究领域超前部署，开展前瞻性、前沿性的研究，不断探索新的发展方向，勇于在未知领域实现新的突破，提高持续创新能力，更好地

引领未来防震减灾事业的发展，为经济社会发展和提升国家竞争力提供地震科技战略储备。

三是要把开放合作作为我国地震科技发展的重要推动力。地震科学研究和探索涉及多学科、多领域、多部门，学科交叉成为当代地震科技发展的主要特征之一。地震科技的许多领域都面临着复杂的科学难题，是典型的“大科学”，往往需要相关领域科技进步的启迪和激发。地震科技的突破和发展必须加强协同攻关，凝聚相关科技领域的思想和智慧。从我国地震科技工作的实践看，自大规模开展地震科学探索伊始，我们就注重相关学科的交叉融合，就强调多部门的协调配合。近来，我们在地震科技发展进程中的每一步跨越，都得益于与有关部门、高校和研究机构的紧密协作。我们必须进一步深化和拓宽地震科技合作，加强中央和地方、部门间、军地间的合作，以及科研机构、高校与企业间的合作，统筹地震科技资源，形成上下联动、各方协调的合作机制。要大力加强区域地震合作和地方地震科技工作，形成地震科技创新发展的合力。

在广泛调研和周密论证的基础上，《国家地震科学技术发展纲要》提出了到2020年我国地震科技发展的总体目标。概括地说就是：到2020年，我国地震科技创新体系明显完善，地震科学研究水平明显提升，地震科技自主创新能力明显增强，形成体现我国地域特色的优势领域，地震科学技术总体水平达到发达国家同期水平，在大陆强震成因和地震成灾机理等关键科技问题上取得突破性成果，力争在地震预测技术和工程减灾技术等领域跻身国际先进行列。实现这一目标，将使我国地震科技发展实现新的重要突破，也会使我国防震减灾能力和水平跃上一个新的台阶，为全面建设小康社会和推进现代化建设提供更强有力的保障。

三、明确我国中长期地震科技发展的重点任务

《国家地震科学技术发展纲要》对未来十几年我国地震科技发展作出了总体部署，明确了今后我国地震科技工作的着力点和主攻方向，确定了地震科技发展的7个重点领域，30个优先主题，1个重大科学计划，其核心就是要解决三个关键科学问题和三个核心技术问题，这六个问题是我国未来一个时期地震科技发展的战略重点。

一是加强大陆地震构造研究，逐步深化对构造环境和动力学背景的认识。中国大陆处于亚欧板块、太平洋板块和印度板块三大板块交汇部位，构造变形和动力来源复杂。正是这种复杂性，造成了地震活动的频繁发生和时空分布的非均匀性。研究中国大陆及其邻区的地震构造环境和动力学背景，不仅可以深化对中国大陆地震活动规律的认识，为地震监测预报、震害防御提供必要的基础，而且因其独特的地域优势和在全球地学研究中的重要地位，将有助于提升我国地震科学的国际地位。因此，我们要在现有基础上，继续深化对这一科学问题的研究，努力形成优势研究领域，并取得引领性的研究成果。

二是加强地震孕育发生机理研究，努力提高地震成因认知水平。目前，我们对地震成因认知水平还不高，地震预测仍以经验预测为主，而提高地震预测水平的关键在于对地震孕育发生物理过程有更明确的科学认识，地震的孕育和发生是一个十分复杂的物理过程，提高地震预测能力和水平，需要不断深化对地震成因的认识，积极探索物理预测理论和方法。要深入研究地球物理场和地球化学场的动态演化过程，探讨其与强震孕育发生的关系。要深化对地震孕育发生物理环境与破裂过程的了解，努力在地震成因的探索中取得新的科学认识。

三是加强地震成灾机理研究，不断丰富震害防御理论基础。随着我国经济社会的快速发

展，新型复杂结构工程大量涌现，对抗震设计理论和技术提出了更为迫切的需求。要在完善强震观测技术的基础上，加强强地面运动近场特性和场地效应研究，积极探索地震动特征与岩土特性、场地特征的关系。要在大量工程结构破坏资料和模拟试验的基础上，强化工程结构地震动反应等工程结构破坏机理的理论研究，努力揭示地震成灾机理和次生灾害形成机制，不断发展和完善震害防御的理论基础。

四是发展监测预测预警技术，着力改善地震预测预防能力。地震科学是一门以观测为基础的科学。我们需要不断研发、引进和吸收先进技术，加强空间对地观测技术的研究和应用，完善由高新技术支撑的多学科观测系统，形成地表、地下和空间协调布局的立体地震监测网络。地震预测是有效减轻地震灾害的重要手段，为进一步提升地震预测研究和实践能力，需要不断吸收地震科学研究的新成果、新思想和新理论，改进现有的经验性方法和技术，并逐步探索具有明确物理意义的预测理论和方法。地震预警技术目前在国际上很受重视，一些发达国家已将这项技术用于减灾实践，并取得了明显成效，我们要在不断提高地震监测能力、地震信息快速处理能力、地震危险度迅速判定能力的基础上，建立基于信息技术、现代网络与通讯技术的地震灾害预警平台，充分发挥预警技术的减灾效益。

五是发展地震灾害防御技术，显著增强抵御地震灾害能力。地震灾害防御是有效减轻地震造成人员伤亡、经济损失和社会影响的根本途径。要发展地震区划技术，研究编制与经济社会发展水平相适应的地震区划图，满足建筑物抗倒塌设计的需求。要进一步发展完善地震安全性评价、震害预测、活断层探测等相关技术，为城市发展规划和重大工程建设提供科学合理的基础依据。要在地震成灾机理和地震区划研究的基础上，积极研发抗震、隔震与减震新技术，提高我国各类建设工程抗震设计水平和抗御地震灾害能力。

六是发展地震应急救援技术，全面提升地震应急救援能力。地震应急救援是减轻地震造成的人员伤亡、经济损失和社会影响的重要途径之一。我们要努力发展和完善地震灾情信息快速收集发布技术、地震灾情快速评估技术、指挥辅助决策与演练技术和救援技术，要积极开展针对不同建筑结构的搜救技术及装备的研发，推进大震巨灾应急响应与救援技术研究，全面提升我国地震应急救援能力。

地震科技发展中关键科学技术问题的解决，不仅需要多学科的交叉融合和多种技术手段的综合，也需要区域乃至国际性的广泛合作。国际上正在实施的一系列大型科学计划，如：地球透镜计划、大陆和海洋钻探计划、国际地震工程模拟网络计划、国际城市减灾示范项目等，充分体现了这一发展趋势。为实现我国地震科技的突破性进展，参照国际上大型地震科学研究项目的组织模式，《国家地震科学技术发展纲要》提出了一个综合性科学研究计划——“国家地震减灾科学计划”。这项重大科学计划结合我国防震减灾工作的迫切需求，围绕地震科学技术发展中的关键科学技术问题，拟通过对中国大陆地震构造的详细调查和探测，通过对地震预报实验场区的强化观测和探测，实现理论、实验和模拟研究密切结合，深入研究大陆强震孕育发生和地震成灾的机理，努力提高我国的地震预测技术和工程减灾技术。这一重大科学项目的实施，对于加快国家地震科技基础设施和基础条件平台的建设、强化基础性调查和研究、推动关键科学技术问题的突破具有极其重要的意义。

四、切实落实推进地震科技发展的保障措施

目前，《国家中长期科技发展规划纲要》配套政策的实施细则已经陆续颁布，为科技发展营造了良好的政策环境，也为地震科技创新发展提供了强有力的政策支持和保障。我们要认真落实好国家科技发展的各项配套政策，加强组织协调，加大投入力度，深化改革创新，把推进地震科技创新的保障措施落到实处。

（一）加强组织协调，确保《纲要》的贯彻落实

《国家地震科学技术发展纲要》是今后一个时期指导地震科技创新、推进地震科技进步的纲领性文件。回良玉副总理就加强地震科技创新、贯彻实施《国家地震科学技术发展纲要》作出了重要指示，各地区、各部门要认真贯彻落实。要切实加强领导和组织协调，认真研究落实《国家地震科学技术发展纲要》的具体措施，研究解决地震科技发展中的困难和问题，为纲要的实施提供必要的条件和支持；要统筹兼顾，做好《国家地震科学技术发展纲要》与本地区《防震减灾规划》和《科技发展规划》的衔接。各级科技、发展改革和财政等部门要从发展规划、资源配置等方面加强对地震科技发展的支持和指导，有关单位要紧密配合，加强协调，组织实施好地震科技计划和项目。要抓住实施《全民科学素质行动计划纲要》的契机，建立防震减灾法制教育和科普宣传的有效运行机制，将防震减灾科学技术普及纳入全民科学素质教育体系，制定和实施《全民防震减灾科学素质行动计划》，加强地震部门、科技部门和大众媒体之间的协作，大力开展地震科技宣传，普及地震知识，营造地震科技发展的良好氛围。

（二）深化体制改革，激发地震科技创新活力

要以全国相关科研机构、高等院校为主体，建设学科布局合理、研究方向和重点领域各具特色的地震科学创新体系，共同推进地震科学知识创新。要建设科研机构、工程技术中心、高等院校以及企业相结合的地震技术创新体系，最大限度地推进地震科技成果的转化和应用。要建立以省级地震工作机构为主体，地方相关科研机构、高校以及市县地震机构共同参与的各具特色和优势的区域地震科技创新体系，统筹规划区域创新能力建设。要建设共用共享的地震科技基础条件平台，优化科技资源配置。

要深化地震科技体制改革，建立“职责明确、评价科学、开放有序、管理规范”现代科研院所制度，构建开放、流动、竞争、协作的运行机制，营造平等竞争的地震科技创新环境，增强地震科技创新活力。

（三）加大投入力度，支持地震科技持续发展

地震科技投入是地震科技持续创新的重要条件，也是实施《国家地震科学技术发展纲要》的重要保证。各级政府要把地震科技投入纳入公共财政预算，建立健全稳定增长的地震科技投入机制，对地震科学基础研究、前沿技术和重大共性关键技术研究给予长期稳定的支持，加大科技基础条件和基础设施建设运行的投入力度。重视应用研究和成果推广的投入，着力解决好防震减灾实践中的科技问题。要引导企业和社会增加地震科技投入，形成政府、企业、社会多元化、多渠道的地震科技投入机制。要加强地震科技项目的监督和管理，努力提高投入产出效益。

（四）建设高素质队伍，增强人才和智力保障

人才是科技创新的关键。要根据国家防震减灾事业的战略需求和国际地震科技的发展趋势，坚持创新、发展、开放、合作，通过开展地震科技基础性、前瞻性研究，努力建设一支引领地震科技发展的科学家队伍；要着眼防震减灾能力建设需求，着力建设一支支撑防震减灾事业发展的专门人才队伍；要加强地震科技人才教育培训体系建设，提高地震科技队伍的综合素质和创新能力；要努力营造有利于调动科技人员的积极性、创造性，有利于发现和培育人才，有利于促进地震科技自主创新的良好环境，鼓励人才干事业、支持人才干成事业、帮助人才干好事业。要尊重地震科技发展规律，创建鼓励探索、宽容失败、团结协作、宽松和谐的学术氛围。加强科研道德建设，发扬求真务实、锐意创新的学术精神，抵制浮躁学风。

（五）深化国际合作，提升地震科技竞争力

要进一步扩大和深化国际交流与合作，加强与发达国家、发展中国家和周边国家的地震科技双边与多边合作，要进一步加强与联合国和有关国际组织的合作，深化合作内容，提升合作层次，注重合作实效，提高合作质量。要密切跟踪国际地震科技发展动态，积极参与国际地震大型科学、大型工程计划，鼓励和支持我国科学家在国际相关组织中发挥作用。要依托科研院所、高等院校，建立高水平的国际地震科技合作平台，探索建立国际地震科技人员交流机制，进一步加大技术、人才的引进力度，以外促内，增强我国地震科技自主创新能力。

同志们，《国家地震科学技术发展纲要》对我国未来一个时期地震科技创新和发展作出了总体部署，描绘了我国地震科技发展的宏伟蓝图。实施好《国家地震科学技术发展纲要》，推进地震科技创新与发展，对于支撑和引领我国防震减灾事业又好又快发展至关重要。我们要在以胡锦涛同志为总书记的党中央领导下，深入贯彻落实科学发展观，以高度的责任感和使命感，团结合作，开拓创新，奋力开创我国地震科学技术发展的新局面，努力为构建社会主义和谐社会做出新贡献！

科技部副部长刘燕华在全国地震科学技术大会上的总结讲话（摘要）

（2007年8月24日）

一、关于这次大会的特点

这次全国地震科学技术大会，是在全面贯彻落实科学发展观、落实全国科技大会精神，深入实施《国家中长期科学和技术发展规划纲要》和《国家防震减灾规划》的形势下召开的一次重要会议。概括起来这次大会有四个特点：

一是多部门联合召开。这次大会是由地震局、科技部、国防科工委、科学院、自然科学基金委首次就地震科技发展联合召开的会议，充分体现了地震科技事业是多学科、多技术融合的特点。地震科技既涉及到基础理论、关键技术、高技术等自然科学技术，也涉及到社会科学，既涉及到监测、预报技术，也涉及到救灾技术和装备，因此地震科学技术的发展需要多部门、多研究单位的协调配合。

二是层次高。国务院高度重视这次会议，回良玉副总理亲临大会并作了重要讲话。回副总理的讲话站在落实科学发展观、构建社会主义和谐社会的高度，从我国防震减灾事业发展的全局出发，深刻分析了地震科技工作面临的新形势，阐述了进一步增强地震科技创新的重要性和紧迫性，提出了贯彻实施《国家地震科学技术发展纲要》（以下简称《发展纲要》）、大力推进地震科技创新、支撑和引领防震减灾事业又好又快发展的新要求。回副总理明确指出，必须加强地震科技创新，充分发挥我国地震科学技术资源的综合优势，努力突破制约防震减灾事业发展的科技瓶颈，支撑引领防震减灾事业的发展。在实施《纲要》过程中，要牢牢抓住地震科技工作重点和关键环节，按照“依靠自主创新、坚持重点突破、加速转化应用、强化资源统筹”的原则，切实加强地震科技基础研究和地震监测预报、震灾预防、应急救援等应用技术研究，加强地震科技条件平台建设，加强国际地震科技交流与合作，进一步采取有效措施，切实保障地震科技事业的发展。回副总理的重要讲话体现了党中央和国务院对防震减灾事业发展和地震科技创新的关心和支持，对指导新时期的防震减灾工作、推进地震科技创新具有十分重要的指导意义。

三是主题突出。这次大会围绕着“创新发展、开放合作、防震减灾”这一主题，既充分体现“自主创新、重点跨越、支撑发展、引领未来”科技发展方针，也体现了地震科技的特点。陈建民局长的主题报告围绕这一主题，全面总结了近年来我国地震科技工作取得的成绩、存在的问题，科学分析了当前地震科技发展面临的新形势和机遇，提出了地震科技发展的思路和工作重点。陈局长的主题报告，对于落实《发展纲要》的具体内容具有很强的指导意义。

四是内容丰富。会议期间五个部门联合发布了《国家地震科学技术发展纲要》，表彰了全国地震科技工作先进单位和先进工作者，大会安排了主题报告和专题报告，与会代表围绕落实回副总理讲话精神，落实《国家地震科学技术发展纲要》、促进地震科技创新以及提高防震减灾事业水平进行了热烈的讨论，并对今后的发展提出了很好的建议和意见，如建立符合地震科技发展规律的体制机制、营造宽松的政策环境、加大地震科技投入特别是对基层和西部的投入、开展联合攻关、加强科技成果的应用，人才培养、地震知识普及以及国际合作等。对这些好的建议和意见，我们五个部门将认真研究和落实。会议期间，代表还参观地震科技成果展。丰富的内容、创新的思维、会下的深入交流充分体现了与会代表以高度的责任感在对待地震科技事业的发展。

二、关于这次大会取得的主要成果

这次大会主要取得三个方面的成果。

一是进一步提高了对地震科技自主创新重要性、紧迫性的认识。当前，落实科学发展观，全面建设小康社会，既需要国民经济快速发展，也需要一个安全稳定的社会环境，我们要站在构建社会主义和谐社会的高度充分认识防震减灾的重要意义。实现国家防震减灾2020 奋斗目标和三大战略要求，任务十分艰巨。解决制约防震减灾事业发展的瓶颈约束，提升全社会抵御地震灾害能力，迫切需要地震科技支撑，这些都对防震减灾科技工作提出了新的更高的要求，做好地震科技工作比以往显得更加重要。

地震预报仍然是一个世界性的难题，要解决这一难题，必须有创新的思维、创新的方法、创新的技术。必须要坚定不移地走有中国特色的地震科技自主创新道路，大力推进地震科技创新体系建设，不断增强地震科技自主创新能力，全面提升地震科技整体水平，不断提高地震科学技术对国家经济建设、社会发展和公共安全的贡献率，为实现国家防震减灾2020 年奋斗目标提供科技支撑。

我们相信在大家的共同努力下，我国的地震科技有能力也应该在世界地震科技舞台上形成具有特色的创新领域，占有一席之地。

二是进一步明确了地震科技创新的指导思想、战略目标和重点任务。地震局、科技部、国防科工委、中科院和自然科学基金会联合发布的《国家地震科学技术发展纲要》，既是全面贯彻落实《国家中长期科技发展规划纲要》的重要举措，也是支撑《国家防震减灾规划》的重要措施。防震减灾事业是科技型、基础性的公益事业，需要在国家层面进行宏观部署，需要国家和地方财政的重点支持。《国家地震科学技术发展纲要》以增强自主创新能力为主线，针对地震科技前沿性、前瞻性、基础性的特点，从解决制约防震减灾事业发展中的关键科技问题出发，按照有所为、有所不为和重点突破的原则，从指导思想、奋斗目标、主要内容、对策措施等方面规划了我国到2020 年地震科技发展的宏伟蓝图。《纲要》抓住了地震科技的核心问题，是一个立足当前、着眼长远的战略规划，具有很强的指导性。通过这次大会，部门、地方、科研单位进一步明确了在落实《纲要》中的定位、责任和任务。只要我们统一思想，坚定信心，脚踏实地，狠抓落实，《纲要》确定的目标一定可以实现。

三是进一步认识到实现新时期地震科技发展的任务，必须加强开放合作，强化各项保障措施。贯彻落实好《纲要》确立的重点任务，需要各方面相互支持，密切配合和共同努力，需要进一步树立全局意识、合作意识，提倡大协作、大联合，动员全国科技力量，共享信息与资源，合力推进地震科技创新和发展。要高度重视地震科技的国际合作与交流，深化合作内容、提升合作层次、提高合作质量，大力推进以我国科学家为主的国际重大科学计划的设立与实施。要牢固树立人才是第一资源的观念，把地震科技人才队伍建设摆到突出的战略位置，下大气力，建设一支高素质、高水平的地震科技人才队伍。要抓住实施《全民科学素质行动纲要》的契机，建立防震减灾法制教育和科普宣传的有效运行机制，努力营造地震科技发展的良好氛围。

三、关于这次大会精神的贯彻落实

一是要认真抓好大会精神的传达贯彻和落实。希望与会代表们回去后，及时向本省（区、市）党委、政府和本单位党组（委）汇报，把大会的精神传达和落实到各个相关部门和相关单位。特别是要把回副总理的讲话精神学习好、理解透、落实好，把回副总理提出的四个方面的科技工作落实到实际工作中，落实到各项保障措施中。

防震减灾事业发展离不开各级党委和政府的高度重视和大力支持，建设国家地震科技创新体系同样离不开各级党委和政府的高度重视和大力支持，离不开各个领域、各个学科的共同努力。要通过加强领导，明确职责和任务，把加强地震科技创新工作落到实处，齐心协力做好地震科技创新工作，形成共同推进国家地震科技创新体系的建设和发展的合力。

二是切实做好《发展纲要》的实施。贯彻实施《发展纲要》是当前地震科技界的一项重要任务。各地区、各部门要认真贯彻落实，要切实加强《发展纲要》实施的组织协调，认真研究落实的具体措施，及时研究解决地震科技发展中的困难和问题。各级地震主管部门，要结合本地的地震区域特点和工作实际，制定切实可行的方案；各级科技主管部门要做好《发展纲要》与本地区、本部门科技发展规划的衔接，为纲要的实施提供必要的条件和支持。各级科技、地震主管部门要积极与发展改革和财政等部门积极密切配合，加强协调，组织实施好地震科技计划和项目。地震科研院所、高等院校和工程中心要依据《纲要》，进行相关规划、计划的研究落实，组织科技力量与各相关行业领域及国际同行进行密切合作，开展一批地震科技基础研究、应用技术研究项目。

三是要抓紧做好《发展纲要》配套政策和保障措施的细化和落实。全国科技大会之后，根据党中央国务院的战略部署，科技部等有关部门研究制订出台了或即将出台一系列政策措施。各地区、各部门要结合实际情况，抓紧做好配套政策和保障措施的细化和落实，保证组织落实、政策落实、措施落实。要通过《发展纲要》配套政策和保障措施的细化与落实，使科研院所、高等院校、有关部门、企业和广大地震科技工作者能够切身感受到地震科技自主创新的环境有了务实和明显的改善。

科技支撑发展，创新引领未来。地震科技创新是防震减灾事业发展的永恒主题和必然选择，是一项长期而艰巨的任务，我们一定要站在对国家负责的高度，对防震减灾事业负责的高度，全面贯彻落实大会部署，强化地震科技自主创新，积极主动参与地震科技创新体系建设，扎实做好各项工作，为建设创新型国家和支撑引领防震减灾事业又好又快发展做出更大的贡献！

中国地震局局长陈建民在2007年度全国地震趋势会商会上的讲话（摘要）

（2007年1月10日）

一、认真分析震情的复杂性，准确判断地震趋势变化

刚刚过去的2006年，是我国大陆地震活动水平非常低的一年，全年仅发生5级以上地震14次，没有发生6级以上地震，明显低于1900年以来的平均水平。然而，虽然地震活动水平非常低，但我们面临的地震形势是非常复杂的。我认为，复杂性主要是近年来出现的非常突出的地震平静现象，这种平静现象主要表现在以下两个方面。

首先，是7级地震平静。2001年，在昆仑山口西发生了8.1级大地震，是在我国大陆8级地震平静50年后首次发生的8级地震，震后专家普遍认为我国会有7级地震发生，甚至有再次发生8级左右地震的可能。但此后至今，已连续5年没有发生7级以上地震，这在100多年以来是比较少有的。1900年以来，连续5年以上没有发生7级地震的情况只有3次，即1908~1913年、1956~1962年、1977~1984年，最长的平静时间为8年。如果考虑1997年玛尼地震后，9年中只发生了1次7级以上地震，目前的7级地震平静就不仅更为显著，而且还具有特殊性。以往8级地震都发生在7级地震活跃时段，在7级地震非常平静背景下发生了8.1级地震，是以前未曾有过的，超越了几十年来我们对7级地震活动规律的认识。这种7级地震平静被打破的可能性越来越大，未来的7级地震会在什么时间发生、可能发生的地点在哪里、会达到多大的强度，都是需要回答的非常紧迫的问题，也是非常难以准确回答的问题。

当前震情另一个特别突出的现象是长时间的6级地震平静。大形势报告指出，2004~2006年三年间，我国大陆只发生了4次6级以上地震，远低于每年4次左右的平均水平。特别是2005年4月8日西藏仲巴6.5级地震后，至今已640多天没有发生6级以上地震，这在100多年来也是少有的。1900年以来，我国大陆连续500天以上没有发生6级地震的情况只有4次，其中最长时段为618天，目前的6级地震平静已超过了1900年以来的最长时段。6级地震平静何时被打破、平静打破后将面临怎样的地震形势，需要我们认真研究。根据历史地震情况，6级地震长时间平静，多数是被7级地震打破或打破平静后短时间内即有7级地震发生，而且震级很高，例如，1967~1969年6级地震平静打破后发生了1970年的通海7.8级地震，1987~1988年6级地震平静打破之后几天即发生了1988年的澜沧—耿马7.6、7.2级地震，只有1955~1957年的6级地震平静打破之后几年，地震活动继续保持在较低水平，没有发生7级地震。由此可见，我们有面临严峻地震形势的可能。

地震形势的复杂性还在于，现阶段我们的预报是主要基于统计分析的经验性预报，准确

判断地震趋势还非常困难。经验来自于事实的重复性，需要一个获得感性认识、总结归纳的过程，否则就无经验可言；统计分析需要一定的样本量，没有样本，就不会有可信的分析结果。现在的 7 级和 6 级地震平静都是历史上少有的或者没有出现过的，依据我们现有的认识水平和预测方法，要作出准确的预测，是十分困难的。

准确判定地震趋势十分重要，预测意见偏高或偏低，都不利于防震减灾各项工作措施的制定和开展。加强震情跟踪特别是年度震情跟踪工作，是做好地震趋势判定和短临预测预报的重要途径和有效方法。希望各单位高度重视，把震情跟踪置于重要位置，做到领导到位、人员到位、保障到位。特别是地震重点危险区和首都圈强化监视区所在的地震系统各单位，首先要根据会商的结果，抓紧制定震情跟踪方案。方案不能流于形式，并应力戒一般化，要增强针对性。一定要确保地震监测台站、台网的正常运转，各种观测资料连续、可靠，信息渠道畅通，重要异常及时核实。在以往的震情跟踪判定中，市县地震部门的观测资料发挥了很重要的作用。目前，市县地震部门的积极性都很高，并投入了大量的资金进行基础设施建设，观测资料水平也在不断提高。因此，各地要进一步转变观念，创新机制，充分发挥市县地震部门的作用，形成全国一盘棋，共同做好震情跟踪判定工作。

二、加强科学研究，不断提高地震预测水平

加强地震预测研究，是多年来大家一直都很重视的问题。总结几十年地震预报的实践，我个人认为，地震预测研究，要坚持两个原则：一是要坚持与观测、实践、实验相结合的原则，并注重多学科的结合和协作；二是要坚持继承和发展的原则，既要从科学上认真研究和把握规律性，又要富有创造性，从战略的高度、从科学探索的角度、用发展的眼光来思考地震预测预报问题。当前，面对复杂的地震形势，尤其要坚持与实践相结合，加强有针对性的地震预测预报研究。

我这里所讲的有针对性的地震预测预报研究，不是纯基础性的理论研究，而是在认真系统地总结以往经验和认识的基础上，与深入细致的震情跟踪紧密结合的研究。这种研究要遵循马克思主义的认识论思想，通过实践、认识、再实践、再认识多次反复的过程，使我们对地震发生规律的认识不断深入，逐渐接近客观真理，从而提高地震预测的科学水平和准确性。有针对性的地震预测预报研究，要特别强调从实践中来，到实践中去，从地震预报实践中面临的突出现象和问题出发，确定研究目标和内容，形成研究思路，提出科研题目，通过科学研究使感性认识上升为理性认识，再用于指导地震预报实践，从而不断提高地震预报和震情跟踪的水平。加强有针对性的地震预报研究，重点应围绕我们震情工作中紧迫的难点问题，集中力量开展富有成效的科学研究。

地震发生地点的确定一直是地震预报的难点问题之一，是年度地震重点危险区预测、震情短临跟踪工作中始终面临的难题。年度地震重点危险区的判定工作是地震预报工作的主要内容之一，每年年度会商之后，都要将危险区判定意见上报国务院，由国务院转发各地及有关部门。这项工作自 20 世纪 70 年代初开始，至今已开展了几十年，从总体效果来看，发挥了一定的作用，但仍处于不稳定的较低水平。虽然这主要反映了地震预报处于探索阶段、总体水平低的现状，但在思路、方法和技术方面都需要我们认真回顾、系统总结。前兆观测及其在地震预报实践中的应用，是我国地震预报的特色之一，也是能够取得 20 多次成功预报

的主要基础之一，在震例总结中也都进行了清理，如何充分利用前兆观测资料，加强在年度危险区确定中的应用，提高危险区的依据分析与结果论证，希望专家们能够认真地思考。准确的短临预报，能够有效减轻地震灾害。近几年来，虽然在多次地震前有所察觉，作出了一定程度的判定，但由于没能进一步作出发震地点的准确预报，我们的短临跟踪工作未能产生更大的实际效益。

其次是7级地震活动形势的预测问题。我国是全球地震活动水平最高的国家之一，平均3年发生2次7级地震，特别是发生在人口稠密地区的7级地震将会产生重大社会影响，会造成重大人员伤亡和经济损失。7级地震始终都是震情跟踪工作的重要对象，每年年度地震趋势会商都要就7级地震活动形势进行大量的分析研究。多年来，大形势研究形成了以统计类比方法为主，依据几十年来形成的对我国7级地震期幕活动的经验认识、对巨大地震影响作用的分析资料，进行7级地震趋势判定的基本模式。然而，7级地震预测结论多与实际情况存在一定偏差，虽然一直努力探索，但始终仍是十分困难的问题。

针对实际问题开展的地震预报研究，应当遵循继承与发展并重的原则。继承与发展是相辅相成的，如果不能客观地、批判性地继承以往的经验认识，创新就失去了基础；如果不发展新思路、研究新方法、更新新经验，经验就会越来越偏离实际，失去应用的价值。我国是世界上最早、最广泛持久开展地震预报的国家之一，经过几代人的努力，积累了大量的经验和观测资料。这些经验和资料是十分宝贵的，是我们进一步提高地震预测水平的重要基础，但受客观条件所限，其中也存在不符合客观实际的认识，要在认真分析、甄别前人经验中的科学成分和不合理认识的基础上，在实际工作中加以运用，通过深入研究，加以更新、完善。在继承的同时，更要注重发展和创新，面对新的形势和挑战，要勇于突破旧的模式，创新思路，从更多角度分析问题，利用新的观测资料，提取新的信息，获得新的认识，使我们的经验有质的提高，更加接近客观真理。

针对实际问题开展地震预测研究，研究内容要与工作任务相联系，组织管理要与震情工作措施紧密结合，通过广泛细致深入的研究，把震情跟踪与分析做得更精、更细。

三、进一步振奋精神，增强攻克地震预报难关的信心

面对复杂的地震形势，我们既要充分认识到地震预报的艰巨性，更要坚定攻克难关的信心。自邢台地震以来，我国的地震预报研究与实践取得了丰富的成果，并跻身于世界地震预报科学领域的前沿，成就是有目共睹的。1975年海城地震的成功预报，是人类第一次对大地震作出的成功预报，不仅取得了巨大的减灾效益，更增强了人类攻克地震预报难关、战胜地震灾害的信心。之后的30余年，我们又先后对1976年四川松潘7.2级地震、1985年新疆乌恰6.8级地震、1995年云南孟连7.3级地震、2003年云南大姚6.2级与甘肃民乐6.1级地震等20多次地震作出了较为成功的预报，为当地政府的震前准备、震后应急处置和救援，以及稳定社会等起到了非常重要的作用，大大减轻了人员伤亡和财产损失，取得了明显的减灾效益。几十年来，在党和政府的正确领导下，我国地震工作者在地震预报为经济建设和社会发展服务方面，走过了艰辛的历程，作出了不懈的努力，尽管距离解决地震预报这个世界难题还有很大的距离，但我认为我们在不断取得进步，为地震科学的发展和减轻地震灾害作出了重要贡献。

地震预报虽然艰巨，但它是一项有着重大社会意义、造福于人民的工作，所取得的任何一点进展，都会转换成人类抗拒自然灾害的能力，都会产生巨大的社会效益和经济效益，都是对人类社会文明的重要贡献。当前，我国正在全面建设小康社会，构建社会主义和谐社会，政府和公众迫切需要通过地震预报减轻灾害损失。在进入21世纪以来的短短几年中，在我国周边的多个国家，连续发生多次造成几万至几十万人死亡的地震事件，地震的巨大破坏力对人类社会的威胁，形成了推进地震预报发展的现实动力，虽然个别专家对地震预报的可能性始终存在疑虑，但地震预报从未因此而停止发展。

我国政府历来高度重视防震减灾工作，特别是近几年来对地震监测预报给予了越来越多的支持和关注，实施了数字地震观测网络、地壳运动观测网络等多个重大科学工程，使我国的地震监测能力有了实质性的提高，近期还设立了地震行业专项，投入大量资金支持针对实际问题的科学研究，为我们进一步推进地震预测提供了有力的支撑。

地震预报任重道远，但只要我们坚持不懈地开展地震预报研究，不断有所创新，不断有所进步，就会逐步加深对地震活动规律的认识，逐渐接近攻克地震预报科学难题的目标。地震预报是跨学科、边缘性的科学问题，地震预测水平的提高依赖于相关学科的发展，需要依托于地震及前兆观测、信息传输网络、资料分析处理等多个系统组成的科学平台，不能脱离现今总体科技发展水平而单纯地强调地震预测水平的提高。但我们不能被动地等待，要充分发挥我们的主观能动性，最大限度利用各种现有资料，尽最大可能做好分析和判定，抓住问题的关键，有针对性地开展研究，不断有所创新，我们还是可以有所作为的。20多次有减灾实效的预报，就是最有力的证明。

近几年年度趋势预测结果不是很理想，但我认为大家还是做了大量的工作，局党组能够看到大家扎实的工作和为攻克地震预报这个科学难题所付出的艰辛。我希望广大地震预报研究人员，要尊重客观规律，进一步振奋精神，坚定信心，大胆探索，早日攻克地震预报难关，为国家经济社会和科学技术发展，为保护人民生命财产安全作出不朽的贡献。

四、树立“大震情”观念，全面做好震情等各项工作

震情是地震部门的中心工作，这是大家多年来形成的共识，是毋庸置疑的。目前我国社会经济快速发展，地震灾害日趋复杂，地震对社会生活、经济秩序的影响范围不断扩大、危害方式更加多样，政府和公众对防震减灾提出了更多、更高的要求。面对新的形势，我们要立足广义的震情，树立“大震情”观念。

防震减灾的各项工作，都要围绕震情来部署，震情是各地防震减灾工作布局和整体部署的重要依据。各地地震部门和干部职工都要牢固树立“震情第一”的观念，不论是什么单位、什么部门，都要关心和了解震情。目前，年度地震趋势意见和地震重点危险区已经初步确定，各级地震部门在按照岳局长的讲话要求认真开展震情跟踪判定工作的同时，还要切实做好震灾预防、应急与救援等各项工作。

各省地震部门要结合当地震情实际，认真开展震灾预防工作，依靠全社会的力量，特别要争取各级政府和相关部门的支持，充分发挥市县地震部门的作用，既要认真考虑城市的综合减灾，也要提高农村的抗震设防能力。2007年，各级地震部门要协助当地政府，采取切实措施，深入贯彻落实全国农村民居防震保安工作会议精神，研究制定实施农村民居地震安

全工程的配套政策，抓紧开展农村民居抗震能力现状调查，研究推广农村民居防震技术，切实提高农居设防能力。各单位要加大防震减灾宣传力度，进一步增强全社会的防震减灾意识。要落实国家依法执政的要求，进一步提高防震减灾行政执法能力，规范抗震设防要求的各项工作。

各级地震部门，特别是处于重点危险区的各单位，要同其他部门积极沟通与合作，做好可能发生破坏性地震的相关准备。要进一步完善应急救援管理机构和工作程序，在政府的统一领导下，充分发挥地震部门的主观能动性，做好各项工作。要加强领导，根据当地震情趋势和工作实际，尤其应抓好应急预案的落实以及队伍、物资和装备的保障，适时开展应急演练，在领导、制度、人员、装备、经费等各方面做好充分的准备，常备不懈，防患于未然，一旦发生破坏性地震，应急救援工作能快速高效有条不紊地进行。

在未来十几年，我国城市化率将会大幅度提高，城市地震灾害将是我们面临的严峻考验。在大中城市和人口稠密地区发生大地震的应急应对，是近几年我们都比较关心和忧虑的重大课题，要采取具体措施，实施重点监测，周密设防，要全面审视我们地震部门的应对能力，认真研究制定专门的应急对策，落实各项应急准备措施。同时，要做好重点时段的震情保障。2008 年北京奥运会日益临近，奥运地震安全保障工作，不但具有重大的社会经济意义，同时也是一项非常重要的政治任务。做好奥运震情保障，既是对我们应对能力的考验，也是我们服务社会的重大机遇。各单位要高度重视奥运震情保障工作，认真组织实施地震监测、震情跟踪判定、信息宣传与应急应对等各项准备工作，制定全方位、全时段、深入细致的保障方案，务必确保各赛区赛事顺利进行，各项工作万无一失。

新的一年已经开始，复杂的地震形势给我们带来新的挑战和考验。我们要继续发扬知难而进、勇攀科学高峰的优良传统，以积极的工作态度、扎实的工作作风、创新的工作精神，努力提高地震监测预报水平，为保障人民生命财产安全和促进经济社会可持续发展作出更大的贡献，以优异的成绩迎接党的十七大的胜利召开。

中国地震局副局长岳明生在2007年度全国地震趋势会上的讲话（摘要）

（2007年1月10日）

充分认识当前地震形势的严峻性、复杂性

江在森研究员在大形势预测研究报告中指出，2007～2009年我国大陆发生个别7级以上地震的可能性很大，但震级大于7.5的可能性较小。强震活动主体区为青藏块体东部及其边缘和天山地震带，主要危险区为川滇块体东边界、甘青川交界至青川藏交界、塔什库尔干至乌恰、喀什地区。华北地区未来3年处于5级以上地震相对活跃时段，可能发生多次5～6级地震，主要危险区为华北南部苏鲁皖豫交界至苏中沿海；东北地区仍可能发生5～6级地震，重点危险区为黑吉蒙交界；华南地区地震活动水平将有所提高，可达5.5级，重点关注闽粤赣交界—台湾海峡和粤桂琼交界—北部湾两个区域。首都圈地区未来3年存在发生5级地震的可能。刚才阴朝民主任给出的2007年度预测意见认为，2007年我国大陆存在发生7级地震的危险，活动地区是青藏块体中、南部，特别是南北地震带中、南部，并判定了7个地震重点危险区、首都圈强化监视区和7个值得注意地区。在几天的会议过程中，各单位对这个意见基本达成了共识。虽然这些预测意见还需经过评审委员会的评审才能最后确定，但未来几年我国的地震形势的严峻性、复杂性是完全可以确定的。有几个问题大家要给予高度关注。为进一步引起大家的高度重视我再强调几点：

第一，关于活跃期与平静期的问题。多数地震专家认为我国大陆地震活动存在着活跃期与平静期，活跃期一般强震活动频繁，平静期一般强震活动较少，因此判断未来我国大陆地震活动趋势，往往首先要判断未来几年我国大陆地震活动是处于活跃期还是平静期。那么具体到2007年至2009年我国大陆地震活动是处于活跃期还是平静期呢？一些专家认为，以2001年昆仑山口西8.1级地震为标志，1988年以来的我国大陆地震活跃期已经转入了平静期，这一平静期将持续到2012年以后。作为佐证，他们认为，昆仑山口西8.1级地震后我国大陆未再发生7级以上地震，6级以上地震也明显偏少，这是最好的说明。也有一些专家认为事情远没有那么简单，他们有的认为研究地震活动性不能简单地以行政边界为界限，必须以大的地质构造单元为界限。昆仑山口西8.1级地震后，我国周边地区发生了一系列的7级以上强烈地震，事实上我国大陆及周边地区地震活动并没有进入平静期；也有的认为，南北地震带地震活动占我国大陆地震活动的比重相当大，而未来三年南北带地震活动进入活跃期的可能性很大，所以说未来三年我国大陆地震活动将处于平静期是不对的；江在森研究员在他的报告中把我国大陆地震活动与各区域地震活动进行了对比研究，他认为我国大陆地震活动的活跃期与平静期是建立在各区基础上的综合统计结果，各区的活跃期与平静期并不完

全一致，彼此间不存在稳定的相关关系。综上所述，对于未来三年我国大陆地震活动是处于活跃期还是平静期的问题，专家们的意见尚不一致。在这种形势下，我们从防御的角度出发，必须把形势看得复杂一些、严重一些，万万不可掉以轻心。退一步说，就是平静期也不能排除发生 7 级以上地震的可能。

第二，6 级地震平静问题。在全球强震围绕中国大陆频繁发生的背景下，去年我国大陆发生 5 级以上地震 14 次，低于平均水平，最大地震仅仅 5.6 级。尤其值得关注的是，自 2005 年 4 月 8 日西藏仲巴 6.5 级地震以来，我国大陆已经 640 多天没有发生 6 级地震，不但远低于年均发生 3 ~4 次 6 级地震的平均水平，平静时间也超过了上个世纪以来的最长间隔，这是少有的现象。我国是一个多地震的国家，这么长时间没有发生 6 级地震，无论从科学上还是哲学上讲，这种平静一定会在未来不长的时间内被打破，到底打破平静的地震有多大，发生在什么地方，我们一定要高度关注。

第三，我国东部地区震情问题。江在森研究员在他的报告中指出："华北地区未来 3 年处于 5 级以上地震相对活跃时段，将发生多次 5 ~6 级地震。"刚才在阴朝民主任宣布的 2007 年全国地震危险区中，东部地区唯一的一个危险区位于苏皖交界地区，涉及 45 个市县，这个地区是经济发达、人口稠密地区，一旦发生 5 ~6 级破坏性地震，其灾害和社会影响都将是非常严重的。自 2005 年 11 月 26 日江西九江地震以来，尤其是 2006 年下半年，我国东部地区震情发展令人担忧。华北地区在长期平静的背景上发生了 7 月 4 日文安 5.1 级地震，之后华北地区依然异常的平静，前兆也没有出现明显的异常变化。最近在少震地区接连发生了多次中等地震，尽管震级不高，但都是本地区非常显著的地震事件，比如安徽定远 4.2 级地震，湖北随州的 4.2 级地震，湖南新邵的 3.5 级地震等，把九江 5.7 级地震和这些地震联系起来看，无论是北东向的郯庐大断裂，还是北西向的多个活动断裂都存在活动增强的可能。东部地区一旦发生破坏性地震，无论就其可能造成的灾害而言，还是就其可能造成的社会经济影响而言都将是十分严重的。江西九江地震就给了我们很大的启示，东部地区一个 5 级地震造成的损失和社会影响甚至比西部人烟稀少的地方发生一个 7 级地震还要严重。无论是从震情还是从灾情的角度，本着为人民负责的态度，我们对东部地区的问题都要给予高度重视。

第四，地震向大陆内部转移的问题。去年全国会商会的时候，总结 2005 年度全国地震活动有一个显著的特点，地震频度不高并主要发生在青藏块体南缘，块体内部相对平静。自 2006 年 2 月份以后，9 次中强以上地震均发生在青藏块体内部，其中第二弧形带及附近地区最为集中，在空间上形成集中和有序的分布图像。请大家要高度重视这种现象并深入分析研究，警惕强烈破坏地震的发生。

第五，高度警惕预测之外地震的发生。一方面我们要根据今年会商会的判定看到未来三年和今年的地震形势严峻性和复杂性，另一方面我们也要看到地震预测水平还很低，预料之外的地震事件经常发生。比如说，我们预测未来三年我国 7 级以上地震活动主要集中在我国西部，但我们既不能根据这一意见，就完全肯定中国大陆东部地区 2007 年和未来几年一定不会发生 7 级或 7 级以上地震；同样我们也不能根据圈定的危险区肯定在年度地震危险区之外一定不会发生 5 级以上的破坏性地震，不能肯定 6 级危险区一定不会发生 7 级地震。我认为，地震预报仅仅是一个可能性大小的问题，绝不是一个肯定与否定的问题。因此，要提醒大家，必须时刻警惕预料之外地震事件的发生。

采取切实跟踪措施，扎扎实实地做好地震短临跟踪工作

1. 明确责任，加强领导

短临跟踪工作的目的在于实现破坏性地震的短临预报，短临预报的责任在各单位，因此，各级地震部门要进一步明确职责，加强领导，牢固树立震情第一的观念，落实措施，科学跟踪，切实做到把震情跟踪工作作为本单位核心和首要的任务来抓。监测预报司要组织好7级地震危险区的短临跟踪工作，确定好跨省地震危险区地震短临跟踪工作的牵头单位。近几年国家对地震短临跟踪工作经费有了比较大增加，一般情况下是够用的，关键是要专款专用，周密计划。

2. 确保监测仪器正常运转

监测是分析预报的基础，保障地震监测台网正常运转工作，不能有丝毫放松，各单位各部门要积极采取有效措施，最大程度地为地震监测网络无故障或低故障运行提供必要的条件保障。确保仪器正常运转，提供及时、准确、连续、可靠的数据，这是做好分析预报工作的基本前提，也是做好短临跟踪工作第一位和最重要的的工作。需要强调一个重要的问题，今年是我局网络项目攻坚年和关键年，按照预期进度计划，今年将完成项目主体工程的建设，2007 年通过项目验收。通过项目的实施，将使我国地震监测实现网络化、数字化和综合观测的目标，极大提高我国地震台网的监测能力，为今后地震监测工作发展奠定坚实的基础，影响重大而深远。各单位一定要务实高效，全力以赴，打好“十五”网络项目攻坚战。但项目实施过程中可能会涉及到影响现有观测手段正常运行的问题，希望各单位给予高度重视，统筹安排、严格制度、加强管理，既要保证项目顺利完成，又要努力维护现有仪器的正常运转，把影响减少到最小。

3. 及时调查核实各种异常，确保观测数据的信度

在地震预报没有过关的前提下，我们目前还没有找到必震的信息，只能依据一些基本的理论和可能与地震孕育、发生有关的现象做出判断。一般我们的震情判定工作分为两步，首先要确认观测信息的真实可靠性，保证观测信息不是人为干扰，不是仪器或其他干扰因素造成的，其次再分析观测信息与地震的关系。在这两个方面中，我认为，保证观测数据真实可信的工作是最基础、最重要的环节，是做好准确预测的基本前提，这项工作做扎实了，预测的工作其实已经完成了一大半。在这次会商会上，作为判定 2007 年全国地震趋势、地震危险区的依据，各单位都提出了一大批异常，部分异常还相当突出，有的已经调查核实过了，有的可能还需要进一步开展调查核实和分析工作。凡是需要进一步开展工作的，大家回去以后都要立即采取措施。在今年的短临跟踪工作中，也必将发现许多新的宏观和微观异常，必须做到出现一起核实一起，时间上必须做到及时，科学上必须做到求实，工作上必须做到扎实，尽我们最大的努力捕捉地震信息，提高观测数据的信度和震情判定的科学性。

4. 确保信息渠道畅通

刚才我强调了数据的产出和信度，同时还有一个很关键的环节就是保障网络畅通和数据共享。一旦网络和数据共享出了问题，我们的日常分析预报工作可能会受到非常大影响。尤其是一旦遇到突发地震事件，我们的应对甚至会陷入瘫痪。因此，各单位一定要有全局意识、政治意识，高度重视这一工作，把责任落实到人，保证各种通讯渠道的畅通，保证业务

数据及时共享。

5. 严格制度、加强管理，不断提高会商水平

我们各单位都建立了会商制度，去年监测预报司根据震情的需要，又进行了一些完善，要求原来没有建立起周月会商制度的单位立即完善，以适应短临预报的需要。各单位都要对这些制度严格遵守，在任何情况下都不可松懈。遇有紧急情况，一定要及时召开紧急会商会，科学判定震情。对于少震地区，由于地震实践机会相对不多，容易产生麻痹思想。地震预报的事情是关系广大人民利益的大事，来不得半点差错和疏忽，各单位领导高度重视。另外，要进一步提高会商会质量。会前准备要充分，会上讨论要深入细致，要把会商会开成科学讨论会，要把主要精力用于讨论预测依据上，而不是预测结论上，科学求实，大胆创新。面对严峻复杂的震情形势，各单位既要严格执行相关制度，加强管理，又要科学求实，大胆创新，及时分析处理各种资料，密切跟踪动态信息，不断提高科学判定震情的水平。

6. 做好重点时期和奥运会前的地震监视预报工作

2008 年奥运会将在北京召开，这是一场非常重要的国事活动。根据会商会的结论，未来几年北京及各奥运会赛场涉及到的各地区存在发生 5 ~ 6 级地震的危险。奥运会地震安全保障工作的责任在各地政府，为此，北京局、台网中心、天津局、河北局、山东局、辽宁局、上海局、广东局等相关单位要尽早开展专项研究工作，加强监测和研究，确保地震应对能力能够满足奥运会对震情研究和判定的需求。相关单位要尽早制定出符合预报水平和社会实际的对策，确保奥运会的正常召开和社会稳定，今年地震安全保障项目已经开始实施，明年是非常关键的一年，该增上的监测都应该在今年基本完成，2008 年应该进入运行或实验运行阶段，监测预报司对此要认真组织，各单位要以主人翁的精神积极配合实施。

7. 努力做好危险区之外地区的地震短临跟踪工作

从去年的预测和跟踪工作中，我们可以明显看出，对预测之外的地方发生的地震，只要我们认真做好短临跟踪，作出一定程度的预报是可能的。比如云南的盐津地震，震前云南局就做出了较为准确的短期预测，并向政府及时汇报震情和措施建议，地方政府也据此采取了措施，取得了一定的减灾实效。新疆地震局也在乌苏 5 级地震前向政府打过招呼，政府也给予了高度关注。

总之，扎实、有效的短临跟踪工作，是作出成功短临预报、减轻地震灾害的最重要和最有效的途径之一。能否及时跟踪捕捉震情的动态变化、把握突发性异常、切实做好短临跟踪工作，决定了我们能否在年度会商预测结果的基础上，进一步作出准确的、有减灾实效的短临预报。因此，2007 年我们必须下大决心，切实做好短临跟踪工作。

2007 年，还要努力做好水库诱发地震的监测分析工作。按照三峡水库地震监测的年度任务，湖北局、重庆局等单位要认真组织好地震监测和震情分析工作，加快重庆段地震监测系统的建设进度，争取 2007 年完成主体建设任务，尽快投入运行。继续做好浙江珊溪水库的震情跟踪和分析，为水库运行安全和社会稳定作出我们应有的贡献。要加强对火山监测预报工作。监测预报司要组织有关单位把火山监测预报工作统一管理起来，加强监测，加强研究，并要把监测、研究和日常的跟踪分析工作等密切结合在一起，逐步规范化。要针对长白山火山活动情况，开展有针对性的资料分析和研究，做好火山监测工作。

中国地震局副局长刘玉辰在全国震害防御与法制建设工作会议上的讲话（摘要）

（2007年4月3日）

一、措施得力，去年的工作取得可喜成绩

去年是“十一五”的开局之年，在党中央、国务院的坚强领导下，在有关部门的大力支持下，地震系统各单位认真贯彻落实科学发展观，按照2004年全国防震减灾工作会议提出的“突出重点、全面防御，健全体系、强化管理，社会参与、共同抵御”三大战略要求，全面贯彻国务院在年度工作要点中提出的“推进地震科技创新，不断提高防震减灾能力”的工作部署，坚持依法行政，全面履行职责，强化措施、开拓创新，整体工作稳步推进、重点工作亮点频出，实现了良好的开局。我们重点抓了以下几个方面的工作：

一是抓规划编制。依据《防震减灾法》的规定，中国地震局会同国务院有关部门，组织编制了《国家防震减灾规划（2006～2020年）》，于2006年12月由国务院批准发布，这是我国第一部由国务院颁布的国家防震减灾规划。这部规划着眼经济社会发展大局、立足事业长远发展、注重提升减灾能力，它的发布实施，对推进防震减灾工作目标的实现具有重要的战略意义。各省（区、市）按照国家防震减灾规划的总体战略要求，组织编制了“十一五”防震减灾规划，其中24个省（区、市）已发布实施。一些市（县）也编制了“十一五”防震减灾规划。国家、省、市（县）三级防震减灾规划的发布实施，使防震减灾事业步入了依规划协调发展的新阶段。

二是抓震情跟踪。去年我国发生5级以上地震34次，其中大陆地区14次，造成25人死亡，直接经济损失约8亿元。从我国地震发生的频度与强度的平均水平来看，地震活动相对平静。我国东部地区发生的地震震级不高，但影响很大，西部地区小震成大灾的现象亦时有发生。河北文安地震，有感范围波及多个省（市），引起了各级政府和社会公众的极大关注。云南盐津5.1级地震，造成了22人死亡，13人重伤，101人轻伤，倒塌房屋面积20万平方米，破坏面积117万平方米，直接经济损失2亿余元。面对严峻的地震形势，中国地震局高度重视、周密部署，各单位明确措施、强化跟踪，全局上下齐动员、共努力，紧盯震情、加密会商，科学、有效地应对了多次地震突发事件。

三是抓社会联动。按照国务院对灾害应急工作的总体要求，在已有基础上，着力推进地震应急预案的修订完善工作，目前由各级政府、各部门、相关企事业单位和社区地震应急预案组成的预案体系已经初步建成。福建、山东等省，健全预案、立足实战，开展了地震应急综合演练。河北文安、云南盐津和台湾南部海域等地震发生后，地震、民政、信息产业和卫生等多个相关部门启动应急预案，反应迅速、行动有效。应急避难场所建设正逐步纳入各地

城市建设规划，全国已有68个城市建设了300多个地震应急避难场所。北京、石家庄等城市积极推进社区地震志愿者队伍建设试点工作，社区志愿者队伍正在日益成为地震救援力量的重要组成部分。创新思路，将全国分为6个地震应急协作联动区，积极探索建立地震应急救援区域协作联动机制。

四是抓综合防御。按照《防震减灾法》的规定，中国地震局在深入开展科学研究的基础上，判定了未来15年全国24个地震重点监视防御区和11个地震重点监视防御城市，并提出了加强工作的实施意见，已经国务院同意，印发执行。全国20个大中城市活断层探测工作进展顺利，银川、太原和兰州市的探测结果已经在城市规划和建设中发挥了积极作用。国家安评委审定了100余项国家级重大建设工程地震安全性评价和城市地震小区划结果，省级安评委审定了1500余项工程的地震安全性评价结果，为工程抗震设防提供了依据。通过召开中心城市防震减灾工作会议、东部十省市市县防震减灾工作会议、西部防震减灾论坛等会议，加强对市县防震减灾工作的指导。以邢台地震40周年、唐山地震30周年为契机，以“关注地震灾害、提高防震意识、建设安全家园、构建和谐社会”为主题，全国各地在城市和农村开展防震减灾宣传活动，覆盖面广，形式多样，成效明显。

五是抓农居工程。去年国务院在新疆召开了全国农村民居防震保安工作会议，回良玉副总理出席会议并作重要讲话。我局与建设部起草了《关于实施农村民居地震安全工程的意见》，国务院办公厅以国办发［2007］1号文件发布实施。各级地方党委、政府高度重视，积极推进农村民居地震安全工作。宁夏、湖南等6省成立了领导机构；黑龙江、江西等5省将农村民居地震安全工程列入建设社会主义新农村的实施计划；江苏、河南等5个省人民政府专门召开农村民居防震保安工作会议；陕西、四川等15个省明确将农村民居地震安全工程纳入“十一五”防震减灾规划；23个省组织开展了农村民居地震安全示范工程；河北、内蒙古等5省份结合灾后重建、生态移民和水库移民等，把农村民居地震安全工作纳入村镇建设规划；江苏、甘肃等省对农村民居地震安全工程实施情况进行了监督检查。全国各地广泛开展农村民居地震安全技术服务，通过开展农村民居现状普查、抗震性能鉴定、实用化技术研究和建立技术服务网络等方式，着力提高技术指导和服务水平。20个省编制了农村民居地震安全工程的设计图集、技术导则，提供给建房农民使用。8个省开展了农村工匠技术培训，培养了一批掌握实际技能的建筑工匠。各地积极探索农村民居地震安全资金筹集措施，宁夏、河北、云南、江西等10个省建立了相应的扶持政策，保证了经费的落实。实施农村民居地震安全工程，是服务于社会主义新农村建设的一项重要举措，得到了各级党委、政府的高度重视，得到了相关部门的大力支持，得到了农民群众的广泛拥护。

六是抓法制建设。《防震减灾法》发布实施近十年来，为保障和促进我国防震减灾事业发展发挥了重要的作用。随着经济社会的发展和防震减灾工作的推进，各地、各部门在防震减灾工作方面不断积累了一些新的成功经验，一些新发展起来的工作尚缺乏法律制度的规定，同时，一些法律制度在实施过程中也出现了一些新情况、新问题。鉴于此，中国地震局启动了法律修订工作。法律的修订引起了国务院相关部门和地震系统各单位的极大关注。我们坚持开门修法，在广泛听取全局系统各单位和专家意见的基础上，经过征求国务院有关部门的意见，并进行部门沟通和协调，形成了《防震减灾法》修订案，目前已报国务院审议，现国务院法制办公室正在组织法律修订案的审查工作。

中国地震局对全局系统“四五”普法工作进行了全面总结，制定了《地震系统法制宣传教育第五个五年规划》，对“五五”普法工作进行了全面部署，各省、市（县）地震部门编制规划、采取措施、推进落实。地方立法继续推进，山东、宁夏等省（区、市）积极推进地震监测设施和地震观测环境保护、地震重点监视防御区管理等方面的地方法规、政府规章的制定工作。各级地震部门按照国务院发布的《全面推进依法行政实施纲要》的要求，建立执法责任制，完善行政许可事项的管理，推进政务公开，积极开展法制监督检查活动，依法行政意识和能力不断增强。

回顾过去，我们深切地感受到，当前各级政府对防震减灾工作越来越重视、各部门配合越来越密切、广大社会公众对防震减灾工作越来越关注，防震减灾事业呈现出良好的发展局面。

二、着眼全局，推进震害防御与法制建设工作全面发展

当前，防震减灾工作的奋斗目标已定，发展思路更加清晰，关键是如何贯彻落实。震害防御与法制工作战线的全体同志，必须进一步认真学习、全面贯彻国务院近年来对防震减灾工作的一系列指示精神，正确把握、深刻领会中国地震局党组提出的发展思路和总体要求，把思路变成措施、把要求变成行动，把各项部署宣传好、贯彻好、落实好，把各项工作抓好、抓实、抓出成效。结合震害防御与法制工作实际，贯彻落实局党组提出的发展思路和总体要求，我们必须坚持以下几点：

（一）坚持以先进的思想指导实践

先进的思想，要付诸实践，在实践中检验、在实践中总结、在实践中升华。局党组提出的发展思路，是一个有机的整体，必须贯彻落实到防震减灾工作的各个领域。

树立“震情第一”观念，是立业之本。我国地震多、分布广、震级大、灾害重，震情是我国的国情。不研究震情、不了解震情、不把握震情，工作就没有方向。坚持“震情第一”，树立“大震情”观念，对震害防御工作而言，就是要研究把握震情的时间尺度和内涵，把握震情与震害防御的关系。有的国家发生7级左右的地震只会造成个别人员伤亡，有的国家造成少数人员伤亡，而在我国就有可能造成成百上千人员的伤亡。这其中很重要的因素是经济发展水平的制约。但是，我们必须清醒地认识到，一个国家整体防御地震灾害的能力是不断积累的，不是一蹴而就的。当前我国正处于高速发展时期，我们不可能等待经济发展到相当发达的水平了，再来考虑国家对地震灾害的整体防御问题。从“大震情”的角度出发推进震害防御工作，就是要在充分考虑震情背景的基础上，使我国防御地震灾害的整体能力与经济发展水平相适应，实现协调发展。每个省、每个市、每个县，首先要研究当地的震情，围绕震情研究震害防御的对策。各地的震情不同，抗震设防的要求不同，推进震害防御工作的内容和措施也各有侧重。

加强“两个能力”建设，是创业之基。防震减灾是政府统一领导、地震部门主管、相关部门共管、社会广泛参与的工作。地震部门自身能力是内力，相关部门共同配合是外力，社会防御地震灾害能力是合力。靠内力、借外力，增强合力，是推进防震减灾工作的根本途径。衡量防震减灾工作的核心是社会防御地震灾害的能力，能力增强了，地震发生后，把灾害减轻到最低，才能达到我们工作的真正目的。

要增强社会防御地震灾害的能力，对震害防御工作而言，当前必须强化以下几个方面的

工作。一是要强化社会管理。近年来，随着防震减灾法律法规的发布实施，防震减灾的社会管理工作得到了加强，但从整体来看，仍存在一些薄弱环节，意识还不强、认识不到位、发展不平衡。各级地震部门必须按照依法治国、建立法治政府的要求，推进依法行政，努力提高防震减灾的社会管理水平；二是要完善公共服务。防震减灾是公益事业，地震部门是公共服务部门，提供公共产品、强化公共服务，是我们的职责所在。当前，虽然我们的工作在不断推进，措施也不断强化，但服务社会的手段仍相对匮乏，必须不断增强服务意识、提高服务水平；三是要弘扬减灾文化。防震减灾是社会建设的范畴，弘扬减灾文化、增强全民的防灾意识、提高社会应对地震灾害的能力，是社会文明进步的体现。推进减灾文化进机关、进校园、进企业、进社区、进农村，对动员全社会自觉参与防震减灾活动具有深远的意义；四是要推进风险管理。地震灾害具有不确定性，推进风险管理，就是要增强全社会共同承担地震灾害风险的能力。随着市场经济的进一步发展，社会对防御地震灾害的需求将越来越迫切，必须不断探索、推进地震灾害的风险管理。

建立健全“3+1”体系，是兴业之路。防震减灾事业的发展需要依靠科技，科技的进步对防震减灾事业的发展具有重要的支撑作用。防震减灾三大工作体系建设越深入，越突显科技瓶颈的制约作用。在震害防御工作领域，基础研究仍然较弱，应用技术相对匮乏，已有技术得不到有效的推广应用，这种状况在一定程度上制约着震害防御能力的提升。我们推进地震科技创新的使命是，将科技投入转化为科技成果，将科技成果转化为科技支撑，将科技支撑转化为减灾能力。过去，由于经济发展水平的因素，国家对防震减灾科技的投入有限，致使推进科技创新的力度不大，现在，国家对防震减灾科技的支持力度越来越大，正是科技创新的最好时机。只有推进科技创新，才能将防震减灾事业不断推向前进。

坚持“四个面向”思路，是强业之策。“四个面向”的要求是由防震减灾的性质决定的。防震减灾必须依靠社会、服务于社会；必须依靠科技、推进科技创新；必须着眼于经济发展、依赖于经济发展；必须适应市场、借助于市场。坚持“四个面向”，是实现防震减灾事业长远发展的必然要求。

震害防御是社会性的工作，坚持“四个面向”，有着重要的、现实的指导意义。我们必须提高对“四个面向”的认识，了解内涵、掌握实质，坚持“四个面向”思路进行工作实践。面向社会，要找准社会对我们的需求，这是工作的出发点；面向科技，要大力推进震害防御领域的科技创新，这是工作的支撑点；面向经济，要提高震害防御工作服务于经济建设大局的水平，这是工作的着力点；面向市场，要善于运用市场手段提高管理社会、服务社会的水平，这是工作的突破点。我们必须把坚持“四个面向”的思路贯彻落实到各项工作实践之中。

（二）坚持以发展的眼光谋求发展

确定防震减灾工作的发展思路和总体要求，目的是为了谋求发展，发展是防震减灾工作的主题。经济在发展，社会在进步，我们必须跟上时代，在发展中解决发展的问题，以发展的眼光谋求发展。

谋发展，必须正确认识问题、找准问题、研究问题，抢抓机遇、巧抓机遇、抓住机遇。当前我国防御地震灾害的整体能力还相对较低，还存在一些薄弱环节，小震成大灾的现象还时有发生。解决这些薄弱环节是一个长期的过程。要全面了解、认真分析、深入研究存在的问题，寻求解决问题的措施。分析问题、解决问题，不能孤立在防震减灾工作本身，必须站在国家经济社会发展的大局来考虑。我们成功地推进了农村民居地震安全工程的实施。这项工作顺民意、得民心，充分调动了各级地方政府和老百姓的积极性。我们对这项工作并没有多少投入，关键是问题找得准、机遇抓得牢，实施农村民居地震安全工程，顺应了国家提出构建社会主义和谐社会、建设社会主义新农村的总体战略部署。实施农村民居地震安全工程是我国经济社会发展的切实需要，也只有经济社会不断发展了，农村民居地震安全工程才有可能实施，其他方面的工作也是如此。

要实现2020年防震减灾工作奋斗目标，时间紧迫、任务繁重。各地震情不同、防震减灾工作基础不同、经济发展水平不同，实现防震减灾奋斗目标需要推进的工作任务也不同，因此，推进工作必须针对当地的实际情况，采取切实可行的工作措施。《国家防震减灾规划》已经发布实施，各省、市、县要按照国家规划的总体要求，结合实际，制定与当地经济社会发展水平相适应的防震减灾规划。只有全国各地都实现了工作目标，全国防震减灾工作奋斗目标才能够实现。

（三）坚持以全局的观念拓展工作途径

震害防御工作是社会性的工作，是管理社会、服务社会的工作，工作面广、头绪多、难度大，需要社会广泛参与。社会防御地震灾害能力的提升，必须依靠全社会的广泛参与。树立全局的观念，一方面要把防震减灾工作放到经济社会发展的大局中去考虑，另一方面，要充分调动社会方方面面的力量，拓展推进工作的途径。

动员全社会的力量，要善于借势。抓城市、抓农村，需要地方政府的高度重视和大力支持，将防震减灾工作纳入经济社会发展计划，纳入构建社会主义和谐社会、新农村建设的战略部署；开展工程抗震设防工作，需要建设部门和相关产业部门的密切配合、齐抓共管；抓防震减灾知识普及，需要借助宣传媒体的力量，需要中、小学校的共同行动，需要社区的积极参与。对一些涉及面广、难度大的工作，要加强部门联合，建立健全部门协作机制。动员全社会的力量，要求我们必须充分利用好一切有利于推进防震减灾工作的政策资源、财力资源和人力资源。

管理社会、服务社会，形成全社会参与防震减灾活动的良好局面，必须依靠法制。防震减灾法律法规规定了相关部门管理防震减灾相关工作的职责，要按照国务院发布的《全面推进依法行政实施纲要》的要求，推进法定职责全面、正确地履行，做到管理不缺位、不越位。权力与责任是对等的，法律法规赋予了管理权力，就要承担相应的责任。建设工程抗震设防和地震安全性评价的管理，涉及工程建设单位、地震安全性评价资质单位、安评从业人员以及工程的设计和施工各个环节，法律法规对各参与主体应当承担的责任作出了明确规定，必须规范管理、严格执法、强化监督。

（四）坚持以创新的精神推进工作

创新是动力，发展需要创新，创新才能发展。创新贯穿于经济社会发展、事业进步的各个领域。创新的内容包括理论创新、科技创新和体制创新。人类面对自然灾害，从听天由命、被动接受，到与灾抗争、积极防御，再到科学应对、依法管理，经历了一个漫长的发展过程。在这个过程当中，人们对防范自然灾害的认识不断深入，态度更加积极，行动更加有效，是理论创新的结果，科技创新的结果，也是体制创新的结果。从20世纪我国自然灾害的统计来看，地震是群灾之首，推进地震灾害的防御工作任重道远，必须坚持创新。

坚持理论创新，使我们对地震灾害防御工作的认识更加科学。理论是实践的总结，又是实践的指南。地震灾害防御与自然科学、社会学、经济学等学科相互关联。当前我们着重推进了震害防御的各项工作，但对整个国家地震灾害防御政策的研究相对滞后，这与全社会共同参与、增强社会防御地震灾害能力的要求不适应。防御政策涉及震情与经济社会和科学技术发展水平多种因素，具有综合性、复杂性，必须下大力气、集中力量开展防御政策研究，为我国震害防御工作的长远发展提供政策支持。

坚持科技创新，使我们对地震灾害防御工作的措施更加有力。对震害防御领域而言，推进科技创新，要在重视基础研究的同时，重注意应用技术研究，突出技术推广应用。开展基础研究，必须善于积累，充分发挥现有成果的作用，不断推陈出新，出高水平的成果；开展应用技术研究，必须善于创新，注重相关应用技术的集成，与其低水平的创造，不如高水平的应用；开展技术推广应用，必须善于引导，对一些技术含量低、普及型的实用技术，要依靠政府的扶持政策推广应用于社会，对一些技术含量高、具有市场前景的应用技术，要充分发挥市场的作用，推进技术应用的产业化。

坚持体制创新，使我们对地震灾害防御工作的管理更加有效。体制创新主要包括工作机制和制度建设等内容。在建设工程抗震设防的管理方面，由于各方面的原因，各个专业领域发展不平衡，一些部门在实施管理过程中还有认识上的偏差，由于职能划分不清，存在责任落实不到位、配合不密切的现象。有效地防御与减轻地震灾害，是不同部门共同的目标，着眼于这个出发点，不断探索协调一致的工作机制，有利于工作的推动。在制度建设方面，要权、争权，重权力、轻责任，重审批、轻监督的现象仍然存在。要进一步建立健全抗震设防管理各个层面的规章制度，明确地震部门与相关管理部门的管理权限，明确各级地震部门的管理职责，坚持依法管理、依法履职，不断提高抗震设防工作的管理水平。

三、狠抓落实，切实做好今年的震害防御与法制工作

国务院防震减灾联席会议召开后，中国地震局下发了本年度的工作要点。刚刚召开的全国地震局长会议暨地震系统党风廉政建设工作会议，对今年的工作进行了全面部署。从全局来看，今年的工作头绪多、任务重、压力大。对震害防御和法制工作我主要强调以下几点。

（一）强化措施，大力推进农村民居地震安全工程的实施

国务院召开农村民居防震保安工作会议以来，各地认真贯彻落实会议精神，全面推进国务院办公厅下发的《关于实施农村民居地震安全工程的意见》。目前，这项工作已经在全国逐步推开，进展顺利。实施农村民居地震安全工程是一项长期的任务，我们要继续在以下几个方面下功夫：一是，推进先进防灾文化进农村。盖房子是广大农民百姓生活中的一件大事，甚至是一些农民一辈子的追求。长期以来，由于受一些陈旧观念的影响，选择宅基地讲求“风水”、不注意安全因素，房屋面积追求高大、结构不合理，不利于抗震。要加强宣传、引导，逐步使广大农民百姓树立起科学的防灾意识。二是，推进防震减灾知识进农村。现在广大农民百姓渴求知识的欲望越来越强，要将防震减灾知识宣传纳入“三下乡”活动的内容，要加强对农村中小学生的知识宣传，让一个学生影响一个家庭，要充分利用各种宣传媒体，真正将防震减灾知识宣传到千家万户。三是推进防震实用技术进农村。推进农村民居的抗震设防工作，要讲求经济、实用，关键是设防措施的改进。要继续加大农村民居抗震设计图集的推广应用力度，加强对建筑工匠的技能培训，加强对大规模农村民居集中建设场

地选择的指导。四是推进抗震设防管理进农村。长期以来，农民建房基本处于不管状态，农民自行选址、自行设计、自行施工。要深入研究，根据经济发展水平不同、农民百姓需求不同、民俗习惯不同，探索将农村民居建设纳入社会管理和公共服务的范畴。

（二）开展示范，强化地震重点监视防御区的工作

2006 至 2020 年全国地震重点监视防御区已经国务院正式发布，如何推进重点监视防御区率先实现 2020 年防震减灾奋斗目标，是摆在我们面前的一项重要任务。各地要采取措施，全面贯彻落实国发［2004］25 号文件和国办发［2006］54 号文件提出的各项要求。要深入开展调查研究，全面掌握重点监视防御区的现状，选择典型城市开展示范、试点工作。在试点城市开展建筑物抗震性能普查、重大建设工程和生命线工程的查险加固工作，进行震害预测、地震小区划和活断层探测工作，推进“三网一员”、防震减灾科普示范学校和防震减灾科普教育基地建设。在示范、试点的基础上，制定推进重点监视防御区防震减灾工作方案，规范、指导全国地震重点监视防御区的工作。组织开展重点监视防御区防震减灾工作的专项检查，督促重点监视防御区各级政府履行法定职责，推进重点监视防御区防震减灾各项工作措施的落实。通过召开研讨会、现场经验交流会等方式，总结交流推广各地工作经验，不断探索推进地震重点监视防御区防震减灾工作的新思路、新途径和新举措。

（三）群策群力，推进防震减灾法的修订

防震减灾法发布实施以来，随着经济社会的发展，我国防震减灾事业不断推进。将近年来取得的新的成功经验以制度的形式固定下来，增加相应的法律规定，同时针对法律实施过程中存在的问题，修改完善相应的法律条款，对保障防震减灾事业的发展是非常必要的。法律的修订工作关系防震减灾事业发展的全局，局党组对法律的修订工作高度重视。目前，防震减灾法修订案已报国务院审议，现国务院法制办公室正在开展立法审查工作。

立法难，修法更难。法律需要修改的地方，都是立法中的难点、焦点。对一些法律制度的确立，由于站的角度不同，相关部门的认识不同，各级地震部门的期望也不尽一致。必须站在国家的高度和事业发展的全局，开展法律的修订工作。事业发展是动态的，制度建设也是动态的，一次法律修订不可能将所有问题得到完美的解决。无论是新增加的法律制度还是修改的法律制度，必须基于工作现状。在国务院、全国人大审议过程中，将征求各地、各部门的意见，并开展立法调研活动，各级地震部门要积极予以配合，献计献策，共同把法律修订好，为保障事业的发展发挥更好的作用。

（四）提高认识，推进防震减灾的标准化工作

防震减灾是一项技术性很强的工作，地震标准是提高防震减灾管理水平和推进科技进步的技术支撑。近年来，我国地震标准化工作不断推进，取得了一定的进展。但是，地震标准化工作还远未引起各级地震部门应有的重视，目前，对地震标准化工作认识不到位，在日常工作中不能自觉遵循标准，这种现象在各级地震部门仍普遍存在。进行防震减灾的社会管理工作，只有遵循标准，才能实现管理的规范化。各级地震部门必须重视标准、学习标准、熟悉标准、遵循标准，不断推进防震减灾的标准化工作。

中国地震局副局长赵和平在2007年全国地震应急救援工作会议上的讲话（摘要）

大力加强地震应急救援管理 努力提高防范和应对地震灾害的能力

一、加强领导，努力推进，地震应急救援管理工作取得了新的进展

党中央、国务院高度重视应急管理工作。党的十六届六中全会通过的《中共中央关于构建社会主义和谐社会若干重大问题的决定》，把加强应急管理工作纳入了构建社会主义和谐社会的总体战略部署中；国务院办公厅印发的《国家防震减灾规划（2006～2020年）》和《“十一五”期间国家突发公共事件应急体系建设规划》中，进一步明确了地震应急救援工作体系建设的重点任务和主要目标。今年5月，国务院召开了基层应急管理工作座谈会，对基层应急管理工作进行了全面部署。近两年来，各单位认真贯彻落实党中央、国务院的决策和部署，按照中国地震局的统一要求，在全面加强防震减灾工作中，把应急救援管理摆在重要的位置，采取有力措施，努力推进，取得了新的进展。

（一）应急预案体系建设取得了较大成效

认真落实《国家地震应急预案》，扎实推进地震应急预案体系建设并取得新的进展。目前，各省（区、市），以及90%的市（地、州、盟）、近70%的县（市、区、旗）和2000多个乡（镇）人民政府编制了地震应急预案，铁道部等17个部委、500多个厅（委、办、局）、各级地震部门编制修订了应急预案，应急预案已深入到企业、乡村、社区、学校、医院和家庭。以《国家地震应急预案》为核心，纵向到底、横向到边、条块结合、结构完整、管理相对规范的地震应急预案体系已基本形成。

为加强地震应急预案体系建设和应急监督检查，促进地震应急准备各项规定和措施的落实，提高政府及部门地震应急管理水平和指挥、处置能力，中国地震局从1998年开始，会同国务院有关部门建立了地震应急检查工作制度，先后对全国地震重点危险区所在地的14个省（区、市）开展了地震应急工作检查，取得了积极效果。2006年，中国地震局会同国务院应急办、发展改革委、民政部和安全监管总局等部门对四川省和重庆市的地震应急工作进行了检查。通过检查，有力促进了地方政府及有关部门对地震应急工作的重视，进一步完善了部门与政府间沟通协调机制。各级地震部门会同相关部门对本辖区重点地区开展了地震应急工作检查，促进了各地地震应急准备工作的有效落实。

为提高政府的地震应急指挥能力、部门协调联动能力和群众的自救互救能力，中国地震局会同地方政府在重点地区开展了形式多样的地震应急演练。比如，2006年，山西省在太原市举行了“太原市地震应急联动演习”，山东省在济南市举行了“军地联合地震应急救援

演练”；2007 年，云南省在玉溪市举行了“云震 07 地震应急救援演练”，陕西省在宝鸡市举行了“陕西省地震应急救援综合演练”。2006 年以来，各地开展了近百次形式多样的地震应急演练，这些演练对落实地震应急准备工作，提升各级政府和部门地震应急指挥、协调和处置能力起到了有力的促进和带动作用。

（二）地震应急指挥工作机制逐步建立和完善

国务院和县级以上地方各级政府的抗震救灾指挥体系日趋完善，地震后，充分发挥了“统一领导、指挥和协调地震应急与救灾工作”的重要作用，在日常工作中也发挥了“统一领导、协调防震减灾工作”的重要职能。

中国地震局与总参、武警部队和公安部消防局就国家和省级地震灾害紧急救援队建设建立了联席会议制度，还就基础地理信息、企业安全生产和灾区气象等信息的提供与国家测绘局、国家安全监管总局、中国气象局建立了联动协调工作机制。部分省局也建立了相应的联席会议制度，综合协调救援队伍建设和紧急救援行动。青海省地震局与省铁路、民航建立协作机制，设立了震后的快速应急绿色通道。广东省地震局与省委宣传部建立了震后灾情信息快速发布的地震应急宣传工作机制。

地震应急区域协作联动工作机制初步建立。六个联动区根据各自特点开展了应急联动工作，华东区、西北区、东北区开展了应急联动演练，华北区结合奥运保障要求正在组织联动演练。按照区域划分、属地为主、资源共享、优势互补的原则，整合了区域内的队伍、装备、车辆等各种应急资源，加强日常和震后的相互协作与联动，进一步形成了区域的应急合力，有效推动了应急工作的开展。

陈建民局长指出，建立地震应急区域联动协作机制符合中国的国情、震情和地震队伍的实际情况，有利于优化资源，提高应急能力，是地震应急管理机制的创新。国务院有关部门对这一工作机制的建立给予充分肯定，并表示也可在其他部门的应急管理中借鉴应用。

（三）地震应急救援队伍建设得到加强

按照中国地震局的统一要求，各单位采取积极措施，努力推进地震应急救援队伍建设，地震灾害紧急救援队伍、地震现场工作队伍和社区志愿者队伍建设取得了积极进展，初步形成了层次结合、专兼结合的应急救援队伍体系。

各省（区、市）地震局和有关直属单位都建立了地震现场应急工作队，建章立制，配备仪器装备，强化培训演练，着力加强队伍的技术和综合素质培养。

26 个省（区、市）成立了地震灾害救援队伍，山西、内蒙古、黑龙江、青海、广东等省（区）还建立了市级的灾害救援队伍。救援队伍按照“一队多用、一专多能”的要求开展技战术训练，提高应对地震灾害的救援救助能力，增强处置各种事故灾难的技能。

社区志愿者队伍发展已经从无到有、从点到面逐渐在全国各地铺开，全国约有 104 支社区志愿者队伍，共约 10 多万人。社区志愿者队伍建设已经成为基层地震应急救援工作的一项重要内容，通过社区志愿者可以将防震避震知识送到社区、家庭、学校，较大程度提高社会公众的自救互救能力和防灾减灾意识。

（四）地震应急救援技术培训工作有新起色

各单位和部门从实战角度出发，采取了以会代训、专业培训、以演促训等多种形式，积极开展地震应急救援培训工作。在去年福州召开的地震应急救援工作会议上邀请新华社和总参的专家做了“突发应急事件媒体组织策略”和“地震救援应急指挥问题研究”的讲座，还开展了“地震灾害应急救援”桌面模拟演练，取得了很好的效果。我局应急救援管理部门和专家还参与国家行政学院应急管理研讨班、两次全国应急管理工作进企业、进社区演练的组织和培训。举办了“地震应急工作队队长培训班”和“地震灾害救援队队长培训班”，提高了各省地震应急与救援指挥人员的指挥、协调、组织能力。同时，还采用了走出去、请进来的办法，组织应急救援人员赴新加坡、荷兰受训，邀请瑞士、荷兰专家来华为救援队开展了搜索、营救以及犬搜索等全方位的培训。各省局也按照实际需要，开展了多种形式的、富有实效的培训。

投资2亿多元的国家地震紧急救援训练基地主体工程基本建设完成，将于2008年正式投入运行，可为各种各类应急救援队伍的培训、训练和演练提供场地、灾害情境、地震废墟等各种条件保障。同时作为国家应急管理培训体验式教学基地，承担各级政府部门应急管理人员的培训任务。

（五）应对地震灾害的能力和救援效果有较大提高

各单位和部门在重视应急能力建设的同时，普遍加强了地震灾害应急救援的组织指挥和现场施救工作，做到了响应及时、组织得力、科学应对、施救有效。特别是通过各方面的努力，地震现场应急工作队伍和地震灾害救援队伍的战斗力和技术装备水平有了较大提升，应对地震灾害的能力有了进一步增强，为提高救援效果提供了保障。地震现场应急工作队伍和地震灾害救援队伍在各级领导的组织指挥下，有险必出、有难必救、科学施救、安全施救、不畏牺牲、敢于胜利，为保护人民群众的生命财产安全做出了重大贡献。

2006年以来，地震现场应急工作队伍开展了20余次地震现场应急行动，开展了震情趋势判断、地震监测、灾害调查和评估、科学考察、应急宣传等工作，协助当地政府进行了灾民安置、社会稳定等工作。地震灾害救援队积极参与了地震以及其他各类事故灾难的救援行动，国家救援队执行了印尼日惹6.4级地震的国际救援行动，开展300多例手术，救治3015人；云南省救援队参与了盐津5.1级和宁洱6.4级地震的紧急救援。我局积极参加联合国人道主义办公室的减灾应急行动，2006年我局和联合国人道主义办公室合作，与河北省政府联合，成功地举办了“联合国亚太地区地震救援演练”，创造了演练的“中国模式”，目前我局联合国灾害评估协调队的队员已增至8名，并派出1名队员参加印尼日惹的联合国灾情评估与救援协调工作。作为亚洲国际人道主义事务合作伙伴，今年我局不但派出专家指导蒙古紧急事务部编制应急救援演练方案，还派出我国的现场应急保障队伍参加了在蒙古举行的联合国应急救援演练的保障行动。通过不懈努力，我们在国际应急救援领域发挥着越来越重要的作用。

（六）市县地震应急救援工作有新突破

市、县地震部门是防震减灾工作的一线工作机构，直接面对着社会和广大公众，也直接面对地震灾害，是开展地震应急救援工作的前沿阵地，其工作直接影响着地震应急救援工作的成效。近两年来，市、县地震部门结合本地区实际情况从抓地震应急预案编制、修订入手，逐步拓展应急救援的工作领域和空间，积极发挥社会管理和公共服务职能，引导城乡社区开展灾害应急管理，提升基层应急救助能力；广泛开展防震减灾科普知识宣传，增强社会防震减灾意识和公众自救互救能力；建设应急避难场所和疏散通道，做好灾难疏散准备；协助开展灾后搜救、减灾行动等。北京市还颁布了地震应急避难场所建设规划纲要。目前全国20个省（区、市）的68个大中城市已建成和正在建设数百处地震应急避难场所。

地震发生地的市、县地震部门迅速了解、上报地震灾情；发挥地震应急的参谋助手作用，协助当地政府组织抗震救灾；派出人员到灾区调查破坏情况，协调安排国家和省级地震现场应急工作队的各种保障。

（七）积极参与和推进国家应急体系建设

自从2003年“非典”以来，党和国家高度重视突发公共事件的应急体系建设，“一案三制”建设工作近几年取得重大进展，应对突发公共事件能力明显增强。近年来，中国地震局和各省（区、市）地震局为国务院和省（区、市）政府应急管理机构出谋划策、输送力量，积极参与和推进国家应急体系建设。特别是参与《“十一五”期间国家突发公共事件应急体系建设规划》编制工作，牵头组织《国家陆地搜寻与救护基地》和《国家应急管理人员演练基地》两个项目建设，参与《国家突发公共事件预警信息发布系统》、《全国公用应急宽带VSAT网一期工程》等项目的建设，还参加了《国家应急平台体系关键技术研究与应用示范》的研究工作。通过这些工作，使地震应急救援工作纳入了国家应急体系建设，为地震应急救援工作更好、更快发展奠定了良好的基础。

在过去的工作中，我们创新机制，务实推进，总结出一些行之有效的方法，获得了进一步做好工作的重要启示。回顾过去的工作，我们有四方面的深刻体会：

一是坚持以科学发展观统领地震应急救援体系建设。科学发展观是推进地震应急救援体系建设的根本指南。近两年来，我们以科学发展观为指导，坚持以人为本，把保护人民生命财产安全作为地震应急救援工作的首要任务，统筹兼顾和全国一盘棋的思想，创新思路和模式，科学谋划地震应急救援体系建设，协调应对突发地震事件；坚持用发展的观点来处理和解决地震应急救援工作面临的困难和问题，努力开创地震应急救援工作新局面。

二是坚持加强地震应急救援工作，促进防震减灾事业协调发展。地震应急救援工作是防震减灾工作的重要组成部分，是防震减灾事业协调发展的重要驱动力。近两年来，我们始终围绕防震减灾工作的总体发展战略和发展目标，把地震应急救援工作放到防震减灾事业发展全局中去考虑和部署，全面推进，狠抓落实，不断健全和完善地震应急救援体系，为推动防震减灾事业又好又快发展发挥了越来越重要的作用。

三是坚持在加强地震部门自身能力建设的同时，强化行业管理和社会服务，促进政府应急处置能力和水平的提高。政府是地震应急救援工作的领导主体，是决策者和指挥者，各级地震部门作为落实政府决策的牵头协调部门和执行部门，在提高自身的能力和水平的同时，注重发挥政府与社会之间的桥梁和纽带作用，一是为政府多出主意、出好主意，促进政府地震应急决策水平和处置能力的提高；二是加强两个能力建设，增强地震部门的主动性，巩固地震部门在应急救援处置工作中的地位和作用。

四是坚持区域、部门和军地的协调配合，加强地震应急救援联动能力建设。地震应急救援工作涉及方方面面，不可能“一家包打天下”，只有充分依靠各方面的力量，以更加积极的态度，极强的服务意识，全面的协调能力，创新的工作思路，扎实的工作作风，才能做好应急救援各项工作。比如我们在推进各级抗震救灾指挥部联席会议制度建设、国家和省级地震紧急救援队伍联席会议机制建设、地震应急协作区域联动机制建设以及地震现场应急处置工作、跨区域和综合性地震应急救援演练等方面之所以能取得显著成效，正是由于区域间、部门间、军地间协调配合的结果。

二、认清形势，明确目标，增强做好地震应急救援管理工作的紧迫感、自觉性和创造性

在看到成绩的同时，我们也必须清醒地看到地震应急救援管理工作中存在的差距和问题，看到形势对我们的要求和挑战，更要看到有利因素，从而明晰思路、明确目标，树立信心，加大力度，改进工作，以取得更大的成绩。

（一）党的十七大对防震减灾工作的新要求

党的十七大提出了涉及经济、政治、文化、社会、生态五方面全面建设小康社会新的目标要求，特别是经济建设、社会建设两方面的目标要求，与防震减灾工作密切相关，对防震减灾工作提出了新的要求。一是国家经济建设对防震减灾工作有新的更高的需求。从现在到2020年的十几年，我国经济将继续持续快速发展，经济总量将大幅度增加，城镇和农村都将加强基础建设特别是生命线工程建设。这些都要求防震减灾工作最大限度地降低地震灾害造成的经济损失，最大限度地降低地震灾害对经济建设的影响，为国家顺利实现2020年经济发展目标发挥应有的保障作用。二是人民安居乐业对防震减灾工作有新的更高的期待。十七大提出的全面建设小康社会新的目标要求，是涉及五个方面的全面的目标要求。随着这些目标要求的逐步实现，人民富裕程度将不断提高，生活质量不断改善，将享有更加充分的民主权力，人民群众的幸福追求将更加广泛而全面。在诸多幸福追求中，安全的生活空间、良好的生态环境将越来越成为其中最重要的追求。同时，随着家庭财产的普遍增加，人民群众要求更好地保护财产。地震灾害直接威胁人民生命财产安全，不言而喻，广大人民群众对减轻地震灾害的期望将越来越高。面对这些新需要、新期待，要进一步提高对做好防震减灾工作重要性的认识，进一步增强紧迫感和责任意识，从保护国家经济建设成果和人民生命财产安全的高度去认识防震减灾工作。

（二）构建社会主义和谐社会提出了新的更高要求

党的十六届四中全会明确提出：建立健全社会预警体系和应急机制，并把这项任务作为提高构建社会主义和谐社会能力的重要方面。2005年，国务院召开了全国应急管理工作会议，提出了要进一步建立健全社会预警体系和应急机制，提高政府应对突发公共事件的能力。2006年，国务院召开了全国和中央企业应急管理和预案编制工作会议，提出了要全面贯彻落实《国务院关于全面加强应急管理工作的意见》，进一步完善和落实应急预案，增强应急管理职能，切实做好各类突发公共事件的预防和处置工作。2007年国务院召开了全国基层应急管理工作会议，对加强基层应急管理工作进行了全面部署，会后国务院办公厅印发了《关于加强基层应急管理工作的意见》。这些都要求我们必须从构建社会主义和谐社会的高度，从为国家和社会经济发展提供地震安全保障的角度，充分认识地震应急救援工作的重要性和紧迫性。同时，这些形势和要求，也为地震应急救援工作提供了更加广阔的舞台和发展空间。我们要抓住机遇和挑战，不断拓展和加强地震应急救援各项工作。

（三）地震形势依然严峻复杂，迫切需要进一步加强地震应急救援管理工作

当前是我国经济社会发展的最好时期，科学发展、社会和谐，对防震减灾工作提出了新的更高要求。从近几年国内外地震灾害看，随着经济持续增长，地震灾害破坏效应更加广泛，对经济社会发展和公共安全构成的威胁更加严重。今年7月16日，日本新潟发生了

6.8级地震，造成了多人死亡，800多人受伤，万余灾民紧急疏散，部分铁路被毁，3.5万户停电，震中附近的核电站发生火灾，导致冷却水泄入海中的事故，造成公众心理恐慌，凸显了现代社会功能的脆弱性和地震灾害的连锁性。目前，我国的震情形势仍很严峻。自2001年11月昆仑山口西8.1级地震以来，我国大陆已有近6年没有发生7级以上地震。2006年我国大陆仅发生14次5级以上地震，没有发生6级以上地震。2007年5月5日西藏日土—改则发生的6.1级地震，打破了我国大陆长达756天的6级地震平静，这是20世纪以来最长的一个平静期。随后又发生了云南宁洱6.4级、新疆特克斯5.7级地震。面对复杂严峻的震情形势，我们绝不能掉以轻心，麻痹大意，必须坚定不移地坚持“预防与应急并重、常态管理与非常态管理相结合”的原则，切实做好地震应急救援工作，要大力加强应急管理工作，做好应对灾害的组织准备、预案准备、队伍准备、技术准备、装备准备，一旦发生地震，迅速组织开展有力、有效的应急和救援行动，最大限度地减少人员伤亡和财产损失，而我们应对地震灾害的能力与形势对我们的要求还很不适应，这就迫使我们必须牢固树立“震情第一”和“大应急”的观念，切实加大工作力度，加强应急管理，加强能力建设，全面提升水平，提高应对地震灾害的能力，以适应严峻的地震形势的挑战。

（四）要充分看到有利条件，切实增强工作信心

首先，要看到党和国家的高度重视和正确领导，为我们做好地震应急救援管理工作提供了根本保证。党的十六届六中全会通过的《关于构建社会主义和谐社会若干重大问题的决定》把加强公共突发事件应急管理作为社会管理的重要任务，纳入社会主义和谐社会建设的总体布局。近几年来，党中央、国务院围绕加强突发公共事件应急管理工作作出了一系列重大决策、部署。胡锦涛总书记、温家宝总理等中央领导同志作出了一系列重要指示。所有这些，既对我们提出了更高的要求，也为我们指明了前进的方向，开拓了宽广的道路，创造了难得的机遇。

其次，要看到各地区、各部门、各方面的积极工作，努力推进，大力支持，为我们创造了条件。国务院各部门以及各级政府近年来都把应急管理作为一项重中之重的工作，落实责任、纳入规划、建立法规、出台政策、组建机构、周密部署、强化监管、狠抓落实，为我们推进地震应急救援管理工作创造了有利条件。

第三，要看到地震应急救援管理工作已有了较好的基础。“一案三制”已经初步建成，应急预案、救援队伍、指挥平台、培训基地、救援装备等都已经初具规模，同时也在应对地震灾害过程中，培养造就了一批具有专业特长和实战经验的应急救援专家队伍，这些为我们做好下一步工作奠定了坚实的基础。

（五）要进一步明晰工作思路和明确奋斗目标

根据当前的形势和任务，我们下一步的工作思路就是：“推进五个系统”、“做好四个加强”、“抓住三个强化”、“达到两个提高”，即：大力推进应急救援指挥系统、预案系统、队伍系统、技术平台系统、法规和标准系统建设；加强行业管理、加强社会管理、加强社会联动、加强能力建设；强化基层基础、强化应急准备、强化现场应急救援；提高应急管理水平、提高应急救援能力及效果。

当前和今后一段时期地震应急管理工作的具体目标是：应急预案方面，要形成“横向到边、纵向到底”的预案体系，覆盖率达到100%；组织指挥方面，建立健全省级、市级的防震减灾领导小组，注重建设与相关部门的协调联动工作机制；技术平台方面，完善省级地震应急指挥技术系统和救援调度系统，推进市级地震应急指挥技术系统建设；队伍建设方面，要推进省级和市级地震专业救援队伍建设，进一步强化救援队伍技能培训，实现“一专多能”；法制建设方面，修订《破坏性地震应急条例》，出台《地震应急预案管理办法》，编制《地震现场工作》、《地震应急避难场所建设规范》、《震时应急避险服务》等标准，初步形成地震应急救援技术标准体系框架。

我们一定要认清形势，正视困难，看到面临的严峻挑战，看到我们肩负的责任和任务，更要看到有利条件和新的机遇。从而增强紧迫感和责任感，振奋精神、树立信心，增强工作的自觉性、主动性、创造性，下大力气抓好地震应急救援管理工作，力求取得更大的进展。

三、真抓实干，攻坚克难，大力推进地震应急救援管理工作的深入开展

党的十七大对实现全面建设小康社会的奋斗目标提出了新要求，对社会主义经济建设、政治建设、文化建设和社会建设作出了全面部署。十七大报告指出的“要更加注重社会建设，着力保障和改善民生，推动建设和谐社会，让人民共建社会主义，共享社会主义发展成果”，充分体现了党和政府以人为本、执政为民的宗旨。地震应急救援工作体系建设，事关人民群众生命财产安全和社会稳定，是全面落实科学发展观、构建社会主义和谐社会的重要内容，是地震部门坚持防震减灾工作“四个面向”，依法履行地震应急救援管理职能的重要体现。面对严峻复杂的震情形势和经济社会建设对地震应急救援工作提出的新的更高的要求，各级地震部门都要坚持以人为本、常备不懈，充分依靠法制、科技和全社会力量，以保障人民群众的生命财产安全为根本，以落实和完善地震应急预案为基础，以提高地震应急救援能力为重点，全面贯彻落实国务院《关于全面加强应急管理工作的意见》和国务院办公厅《关于加强基层应急管理工作的意见》，进一步建立健全“横向到边、纵向到底”的地震应急预案体系；健全分类管理、分级负责、条块结合、属地为主的地震应急救援管理体制；全面加强地震应急管理机构和应急救援队伍建设；构建统一指挥、反应灵敏、协调有序、运转高效的地震应急管理机制；完善地震应急指挥决策技术系统和专业化、社会化相结合的应急管理保障体系，发展好政府主导、部门协调、社会参与的地震应急管理工作格局。要在地震应急救援的新技术上有所突破，在地震应急救援科技的集成创新和引进、吸收、消化再创新上有所作为，在地震应急救援科学技术指导社会防震减灾实践方面不断拓展，促使地震科技真正转化为社会地震应急救援综合能力，为保障国家地震安全做出更大贡献。

（一）切实加强地震应急预案工作

从本月开始实施的《中华人民共和国突发事件应对法》，进一步明确了突发事件应急预案的法律地位，《国务院关于全面加强应急管理工作的意见》和《国务院办公厅关于加强基层应急管理工作的意见》对应急预案工作也提出了具体要求。各地区、各单位和相关部门要提高认识，认真落实，切实加强地震应急预案工作。

一要加强管理，尽快构建和完善覆盖各地区、各行业、各单位的地震应急预案体系。要按照国务院关于加强应急管理工作的总体要求和中国地震局关于地震应急工作的总体部署，抓紧组织编制、修订本地区、本行业和领域的地震应急预案；基层组织和单位要根据实际情况制定和完善本单位地震应急预案，明确地震应急防范措施和处置程序；要建立完善地震应

急预案管理和备案制度、数据库信息平台和研究评估机制，加强动态和规范管理。

二要强化指导。国务院关于应急管理工作的意见已经明确了应急预案工作的具体目标和任务，各级地震部门在落实相关制度和机制建设的同时，要开展预案研究和评估工作，对现有预案进行普查，了解编制修订现状，摸清实施应用情况，制订预案分类编制指南和评估方案，延伸和拓展对各级、各类地震应急预案编制和修订工作的指导，推进指导工作的深度和广度，扩大预案覆盖面，提高预案的针对性和实效性，尤其要确保基层预案的实用性和可操作性，防止照搬照抄，流于形式；要做好各级各类相关预案的衔接，因地制宜，整合和节省相关应急资源，提高预案在时空进程和应急资源方面的有序联动，最大程度发挥预案的高效指导作用。

三要加强演练。预案要进行演练才会更有效，演练反过来也要为修订和完善预案服务。演练的目的不但是加强培训、锻炼队伍，而且通过演练不断总结经验、发现问题，及时修订和完善预案，做好相关预案的衔接，提高预案的针对性、实效性和可操作性。同时，通过演练促进各单位协同配合和职责的落实。各地区、各单位和相关部门要经常性地开展预案演练，涉及多个地区和部门的预案可开展联合演练，基层组织和单位可组织群众参与度高、联动性强、形式多样、节约高效的演练。各级各类预案都要经过演练，每个单位每年至少要组织一次演练。

四要加强检查。各地区、各单位和相关部门要加强对地震应急预案工作的督促检查，建立完善地震应急预案检查制度，通过检查，监督、指导地震应急预案制度、机制、措施的落实，保证预案编制与修订、培训与演练、实施与评估等环节的工作的有效开展，确保国务院关于加强应急管理工作意见中所确定预案工作目标和任务的顺利完成。对预案检查工作中发现的问题，要及时整改。

（二）加强地震应急救援管理法制建设

地震应急救援管理方面的法规、标准等仍不健全。因此，认真学习《突发事件应对法》，尽快做好《突发事件应对法》出台后的相关工作，开展地震应急救援工作制度研究，建立地震应急救援技术标准体系。要积极协调有关方面尽快修订《破坏性地震应急条例》。要抓紧制定并出台《地震应急预案管理办法》、《地震应急避难场所建设规范》、《救援队训练大纲》、《地震灾害紧急救援队建设技术标准》等相关的规章和标准，为加强地震应急救援管理提供支持。

各单位要不等不靠，学习借鉴北京、山东、山西、广东、福建等地方的经验，多研究制定和颁布一些地方、部门性法规、规章、标准，用以规范地震应急管理行为。

（三）加强地震应急救援队伍建设

国家地震灾害紧急救援队（中国国际救援队）要总结 8 次救援行动的经验教训，完善工作机制和制度，拓展救援行动范围，如净化水处理、防疫防治等，提高综合救援救助能力。未成立救援队的省（区、市），省级地震局要加大工作力度，积极推进省级救援队的组建工作。省级救援队要加强训练、培训和演练，积极参与各种灾害的救援行动，并加强对有关地市专业救援队和志愿者队伍的业务指导。建立省级地震灾害紧急救援队的协调机制，积极推进省级和地市级地震救援队伍建设，研究省级救援队的训练以及联合作战模式，适时开展多层次、跨区域的救援队协同训练和演练。

各单位要建立训练有素、高素质、能战斗的现场应急队伍，完善队伍管理制度，配备必要的技术和生活装备，加强队伍培训、协同训练和模拟演练，提高队伍的业务技能和战斗力。派遣各单位的技术骨干参加地震现场工作实践，促进全局系统现场队伍工作能力的提高。

积极推动大中城市社区志愿者队伍的规范化、制度化建设，切实提高群众的自救、互救能力。制定“社区志愿者地震应急与救援工作指南”国家标准和“社区志愿者地震应急与救援工作训练大纲”初稿，指导各地科学开展志愿者有关日常工作。

（四）巩固和发展应急救援联动工作机制

进一步完善地震应急协作区联动工作机制，各地震应急协作区要制定区域联动地震应急预案，开展区域地震应急风险评估工作，制定各自区域的地震应急对策。应急协作区内发生破坏性地震，各协作单位要按照区域联动地震应急预案，统一调配、协调联动、全力配合、高效有序开展抗震救灾行动。

探索建立部门间的应急联动工作机制，特、重大地震灾害事件的抗震救灾工作涉及到不同区域、不同部门和部队等各方面的协作和配合，因此，平时就需要建立地震部门与相关部门的协调联动工作机制，促进各部门间、军地间的协同配合和应急联动，努力实现平时互通信息、共享资源，震时配合密切、协同应对，不断提高应对大震灾的协同联动处置能力。

（五）加强地震应急准备工作

各地按照“平时警钟长鸣、居安思危、常备不懈，震时反应迅速、决策科学、高效有序”的要求，切实加强地震应急的各项准备工作。做好预案准备，要认真检查各部门的地震应急预案，落实各部门的地震应急响应方案和措施；做好人员准备，安排人员做好应急值守工作，地震发生后要以最快的时间赶赴现场开展工作；做好装备准备，要检查应急设备的运转状态，检测、检修地震应急装备，损坏、缺少和报废的装备要及时修理和补充。现场工作装备要齐全，不但要有流动监测仪和便携机、数码相机等工作设备，还要配备相应的生活装备，要安排好赶赴地震现场车辆；做好基础资料准备，要准备好辖区内各县乡镇、村庄的人口、经济、房屋建筑、学校、医院（卫生院、所）、水库、重点企业、重点工程等基础资料，以及各市、县的行政区划图、地质构造图等基础图件；要组织开展应急演练，要按照破坏性地震的实际情况开展模拟演练，查找存在的隐患和不足，熟悉地震应急工作流程，检验人员业务技能，检查装备运行状况，确保地震应急处置的顺利开展。

（六）做好地震应急保障工作

各地要结合2008年度地震重点危险区判定结果，收集整理危险区所在区域的人口、经济、建筑物、重大生命线工程、重大次生灾害源、大中型水库等基础资料，以及行政区划、地质构造等图件。各地要根据发震背景和收集的各种基础资料对危险区各级政府的应急指挥能力、承灾能力、减灾能力以及建筑物、基础设施、生命线系统等可能存在的危险和隐患因素等进行地震风险评价，制定有针对性的地震应急保障对策，部署应急工作措施。各地要对地震重点危险区所在的县级人民政府地震应急预案进行检查，查找薄弱环节，落实应急措施，确保地震发生后能快速启动和迅速部署抗震救灾工作。

北京、天津、上海、河北、辽宁、山东、广东等省（市）要做好2008年奥运会的地震应急保障工作，强化责任意识，编制奥运赛区各级地震机构地震应急响应行动方案和工作流程，加强应急队伍建设，对现有应急装备进行补充和完善，应急职责落实到岗到人。对奥运场馆及周围区域进行地震应急风险评估，并编制震时人员疏散方案。开展强有感、破坏性地震灾害事件的桌面和模拟演练，检验制定的方案和工作流程的可操作性和可实施性。

（七）加强地震现场应急和救援工作

破坏性地震或影响重大的地震发生后，中国地震局和有关省级地震局要迅速派出现场工作队（组）赶赴现场，协助地方政府做好震情趋势判断、灾害损失评估、房屋安全鉴定、科学考察、社会稳定等工作。省级地震局要根据当地实际情况，制定本地区的现场出动方案。发生在敏感地区的有感地震也要迅速派出人员赶赴现场协助政府做好稳定工作。要大力推进地震现场应急工作的规范化和制度化，贯彻落实《地震现场工作管理规定》。震后要做好灾害损失的科学评估，加强地震现场的科学考察工作，6.0 级以上地震应开展必要的科学考察工作，要加大地震现场后续的科学研究工作，不断推进房屋震害、生命线工程破坏及次生灾害等研究的深入开展。

重大地震或其他重大事故发生后，地震灾害救援队要做到反应灵敏、响应迅速、组织有力、救援有效。要坚持有难必救、科学施救、安全施救，要建立健全现场救援工作管理制度，规范现场救援组织指挥，充分发挥专家和专业救援队伍的作用，加强对现场救援的决策、指导和实施工作。

（八）积极推进项目建设，发挥科技支撑作用

圆满完成“十五”地震应急指挥技术系统和国家地震紧急救援训练基地建设。建成后的全国一体化地震应急指挥技术系统在地震发生后要达到自动触发，15 分钟完成评估，25 分钟提出决策建议，实现地震震情、灾情、应急指挥决策的快速响应，实现中央与地方、后方指挥部与地震现场之间的信息图像传送、可视化指挥，使各级政府在抗震救灾中能够合理调度、科学决策、指挥到位。建成后的国家地震紧急救援训练基地要达到训练设施完善、培训功能齐全、教学设备先进、培训教材齐全，要为救援人员、社区志愿者的培训和城市搜索救援工作的国际交流提供完善、现代化的基础设施条件。

积极推进“十一五”期间的基建工程、科技支撑和行业基金等项目的建设和研究工作。配合有关部门完成《国家地震安全工程》的可行性研究报告的编制和项目的实施。协调武警部队、国家行政学院完成《国家陆地搜寻与救护基地》和《国家应急管理人员演练基地》的可行性研究报告的编制和项目的实施。完成国家科技支撑项目《应急灾情识别评估与决策技术研究》和《现场灾情监控与救援装备研究》的研究工作，推进 2007 ~ 2008 年度地震行业科研专项的研究工作，增强科技对地震应急救援工作的引领作用。

（九）加大地震应急救援管理基层基础工作力度

各单位要高度重视基层地震应急救援工作，要充分发挥市、县地震工作机构位于防震减灾事业第一线的优势，调动积极性和主动性抓好、抓实基层工作。近期，中国地震局草拟了《关于加强市、县地震应急救援管理工作的意见》，对加强市县和基层地震应急救援工作提出了具体要求。做好基层工作，一要落实基层乡（镇）、街道的应急管理工作职责，确保有人管、管得好；二要积极在城乡社区建立群测群防、自救互救等志愿者组织；三要推动各地大中城市开展应急避难场所和疏散通道建设；四要建立健全应急管理规章制度；五要做好地震应急资源的普查，抓紧建立各种应急救灾资源数据库；六要加强应急培训工作和开展多种形式的应急演练；七要加大应急科普和宣教工作力度，开展进企业、进学校、进社区、进乡村、进家庭活动，大力宣传地震应急救援知识，努力营造全社会了解、关注、支持、参与地震应急救援工作的良好氛围。

（十）积极参与国际人道主义事务

中国国际救援队自2003年以来，已经执行了5次国际地震救援行动，每次救援行动在当地产生了良好影响，增进了受援国与中国的友谊，充分展现了我国在国际人道主义事务领域中所发挥的重要作用，树立了负责任的大国形象，有力地支持和配合了国家整体外交。今后，除中国国际救援队仍要积极参与国际人道主义救援，同时也要发挥我国拥有的联合国灾害评估协调队员（UNDAC）和亚洲国际人道主义事务合作伙伴成员（APHP）的作用，积极参与国际各类灾害和事故的灾害评估、协调和保障工作，不断拓展我国在国际人道主义事务中的领域和范围。

中国地震局副局长修济刚在2007年发展与财务工作会议上的讲话（摘要）

（2007年7月3日）

一、更新观念、周密部署，认真做好“十一五”建设项目的立项工作

2006年12月，国务院办公厅印发了《国家防震减灾规划（2006～2020年）》，这部规划是《防震减灾法》颁布实施十年来，也是新中国成立以来在防震减灾领域的第一部国家级专项规划，是中央政府指导防震减灾领域发展以及审批、核准该领域重大建设项目和安排政府投资的依据。因此，做好“十一五”建设项目的立项工作，必须从全面贯彻落实国家防震减灾规划入手。

（一）认真贯彻落实国家防震减灾规划

国家防震减灾规划的颁布实施，是我国防震减灾事业发展史上的一件大事。规划将成为未来15年全社会开展防震减灾工作的指导性文件。

贯彻、落实、实施好国家防震减灾规划，是中国地震局的重点工作之一，必须对规划目标有统一、清晰的认识，关键是建立健全规划目标的指标化体系。必须抓紧对规划目标的研究工作，形成构架清晰、层次分明、表达明确、定量化的目标指标体系；其次，建立健全规划目标的指标化体系，客观上也为规划的监督、评估、调整提供了必要的依据和基础，促进规划实施机制的完善，最终实现建立健全规划管理体系的目的；第三，建立健全规划目标的指标化体系，将有效控制规划实施中的人为因素影响，保障规划的严肃性和权威性，指导我国的防震减灾事业未来15年的发展，为“十一五”时期重大建设项目的立项工作提供坚实的依据，真正实现依规划发展的良好局面。

（二）全力做好“十一五”项目的立项工作

抓紧开展国家地震安全工程立项和实施工作是加强“两个能力建设”的重要举措。今年是国家地震安全工程立项及各地区“十一五”重大项目立项的关键一年，要从项目需求、意义、功能、作用等根本问题出发认真研究，在注重发展速度的同时，注重发展的质量和效能。目前，国家地震安全工程的申请报告已经上报发改委待评审。各地区要按照国家防震减灾规划的总体要求，依据本地区的防震减灾规划，结合当地经济社会发展的特点和对防震减灾工作的需求，做好当地的“十一五”重大项目立项工作。

同时，要充分重视、认真研究重大项目管理的模式。数字地震项目建设过程中暴露的问题，从根本上讲是地震系统对重大建设项目管理缺乏经验、认识不足。要理清项目管理方面

存在的问题，按照《国务院关于投资体制改革的决定》的要求，尽早开展重大建设项目管理制度的研究工作。目前发展与财务司等局有关部门正在制定规制，明确基本建设各项工作的原则、流程和要求。各单位也要在这方面加强工作，明确职责定位和权限，从履行行政职能的角度，清醒地认识什么该管、什么不该管，什么该做、什么不该做，分层级、定权限。在项目建设工作中要坚决杜绝超投资、超概算、超标准等违规情况的发生，更不允许有“钓鱼”项目、“半拉子”工程等现象发生。这些问题都要在项目管理规制中予以明确。

（三）妥善处理中央、地方项目的衔接工作

当前处理好中央和地方立项的衔接工作十分重要，大家要统一认识、充分理解，才能减少盲目性，使项目设置更科学、合理、便于操作。

国家地震安全工程是“十一五”时期落实防震减灾事业规划在全国范围内综合考虑的宏观任务，对省级建设项目具有指导作用。省级“十一五”建设项目在立项时，必须按照国家防震减灾规划和本省、自治区、直辖市的防震减灾规划来考虑，既要考虑本区域的特点，承担具有本省、自治区、直辖市防震减灾工作特点的专门项目，同时又要承担国家地震安全工程在本辖区的建设任务。这两方面共同组合而成，就是本省、自治区、直辖市的“十一五”重点项目任务。

原则上，中央的投资和应完成的任务对应，省级及以下政府的投资和应完成的任务对应，但总的都要符合中央和省级的防震减灾发展规划。省、自治区、直辖市级的“十一五”项目，既体现本行政区域经济社会发展需要，落实地方事权范围内的各项职责，又承担中央赋予的建设任务，为全国的防震减灾工作服务。市县级政府的防震减灾立项，应纳入和符合省一级防震减灾规划的要求，项目纳入到省级建设项目中。

目前，中国地震局已向各单位通报了已经上报发改委的国家地震安全工程项目中由各省、自治区、直辖市承担的任务，目的是为了提高工作效率，方便各单位在省级立项中参考。用个图像比喻，省级“十一五”规划投资是个完整的圆形，其中一部分被另一个大圆（即国家项目）覆盖，这覆盖部分就是中央在“十一五”期间对本省的投入，其他中央没覆盖到的、又是本省防震减灾工作必须的那部分，就是本省需要立项的部分。

同样，地市县级的规划的实现也是这样，有的地市的地震部门的领导问，中央以什么形式实现地市一级的地震部门的“十一五”项目支持呢？应该说，中央落实在各省的项目和额度确定后，具体项目是由省局承担还是由地市县级部门承担，主要参考省局的意见，而省级政府下达的本省防震减灾的项目由谁承担，由省局确定。

在实施时要体现国家项目对省级项目的指导，省级建设项目在内容设计上，要力求满足本行政区域的需求，各具特色，但在项目的实施进度、管理模式、技术系统接口等问题上，要与中央保持协调一致。对此局机关各有关部门要加强对现有建设、运行标准的梳理，研究补充完善项目建设和运行过程中的标准和规范，确保项目整体质量、进度的一致，以及项目建成后的运行管理的标准化。

二、总结经验，科学管理，全面推进数字地震项目建设

2007 年是数字地震项目建设的最后一年，能否高质量建成，通过竣工验收，并发挥效益，关系到“十一五”重大项目的立项和事业的长远发展。几年来，广大干部职工付出了

艰辛的努力，特别是一大批工作在第一线的科技人员，呕心沥血、夜以继日、以期获得最好的工作效果。现在中国地震台网中心新址已经启用，全国800多个地震台、400多个前兆台的数据已经实时传入，各省、直辖市、自治区的地震指挥中心陆续开始运转，虽然困难还很多，但胜利在即。对项目建设中所取得的成果、对期间涌现出的许多优秀的事迹，我们将认真总结和表彰。但在今天这个工作会议上，我们适时关注建设过程中存在的问题，对实施“十一五”重大建设项目，有非常重要的意义。

（一）客观总结建设过程中应注意的问题

数字地震项目是我局有史以来承担的投资最大的工程建设项目，实施数字地震项目是对我局能力的一次重大考验。回顾我们几年的项目执行情况，逐步地在四个影响工程进程的方面重点做了调整：

一是针对项目管理模式未能适应项目的需求做了调整。虽然我局在项目初期也制定了项目管理办法，分别界定了各层次管理职责和监管权限，但在实际的操作中表现出多头管理、责权不明确、部门不协调，责任不到位等现象。大家都在管，但效果不佳，缺乏对项目全过程、全方位的统一、严密的管理。对涉及全国各省的大的工程，一个管理单位难以有力协调，而管理部门对大项目的监管未能到位。对此调整了管理的方式。

二是针对项目前期准备工作不充分的情况调整概算。基本建设前期工作包括：项目建议书、可行性研究报告、初步设计、开工报告等。这些环节直接关系到项目的成败。数字地震项目不仅存在可行性研究不充分、深度不够等问题，在项目建议书编制阶段，对实际需求的研究和实地勘测也不够细致。这些问题直接影响到实施的过程。对此组织了整个项目的一一对应工作，调整了概算。

三是针对项目法人责任制、招投标制及合同制未能很好落实做出调整，进一步明确责任、加强管理。国家局层面一些工作统得过死、放权不够，二级单位的主动性在初期没能有效发挥。在实际操作中职能部门和管理单位参与二级法人单位的管理过多。在招投标管理上，存在着不规范、不严谨的现象，管理松散，部分单位仍然习惯于既当裁判，又当教练和运动员，致使招标投标在具体操作时不规范。对此严格规范管理、明确责任、堵塞漏洞、严格监督检查。

四是针对在项目执行中对基本建设要求理解不清、执行不严的情况，进一步强调基本建设规则的严肃性，严格按预算执行。由于设计、管理上存在一些不足，使得各单位调整幅度很大，没有认识到基本建设管理制度的刚性，随意性较大，给工程后期带来很大困难，这也是为什么调整概算那么大的原因之一。对此加强教育和指导并加强检查。

全局系统要保持客观清醒的认识，认识到克服这些问题的重要性，认识到如期完成数字地震项目建设的紧迫性和重要性。

2006年以来，按照局党组的指示，重新明确了项目联席会议制度，发展财务司等部门重新编制了项目管理办法、项目财务管理办法和实施细则等，调整了项目管理体制。新体制明确了项目联席会议、分项第一责任方、各部门和单位以及项目专家委员会、总工程师、总会计师的职责，对项目投资、质量和进度三大控制以及招标采购、合同、资产、信息档案和验收五个方面的管理作了明确规定。与此同时，以发展改革委批复为准，梳理项目变更情况，认真开展项目投资与建设内容的一一对应工作。这些措施有效改变了项目管理模式，项目法人责任制等方面存在的问题，缓解了项目前期准备不充分带来的问题，确保了项目的顺利实施。正是在以上工作的基础上，我们如期地迎来了地震网络工程的决战之年。

（二）下大力气圆满完成数字地震项目

今年是数字地震项目建设的最后一年，一定要按照党组的要求，一鼓作气，打好最后的决战。对此，提四点要求。

一是要继续抓好数字地震项目概算的调整审批的工作。基本建设项日有其自身的管理规律，在建设过程中，特别是去年财政投资评审中暴露出的对国家基本建设项目概算的刚性和严肃性认识不足等诸多问题，必须尽快予以解决，保障项目能够最终顺利竣工验收。一定要认真对待项目概算的调整审批工作，这也是顺利实现项目最终竣工验收的关键。发展与财务司和有关部门要加快推进，各单位、各部门要积极做好配合。

二是要继续抓好项目工程进度和投资执行率。按项目概算投资，2007 年还有 4 个多亿的投资需要完成，要继续狠抓进度的监控和投资执行率，务必尽快全部完成主体设备安装调试、软件研发和集成，并基本完成全网的联调和试运行。各部门要密切配合，共同做好项目监管工作，及时协调解决项目建设中出现的管理问题，要深入现场及时解决施工中的技术问题。

三是要抓好项目质量建设。各部门、各单位要始终把建设质量作为第一重点，坚持以质量为中心，服从于质量的原则。要进一步提高认识，严加控制影响工程质量的各项因素，要正确处理质量与进度的关系，要特别注意防止为了抢时间、赶工期而忽视工程质量的倾向，要严格监理和质保，秉公办事、一丝不苟，加强对工程质量的全过程监理，坚持质量一票否决制，保障各项建设成果达到设计要求。

四是要做好项目验收工作。首先，要科学合理地组织好验收。既要严格把关、确保建设质量，又要科学合理安排、简化验收的组织形式，不讲排场。其次，要高度重视项目的档案和合同管理，要在建设的同时，同步做好档案等验收材料的整理和准备，按照国家要求，在项目验收前 3 个月必须完成档案的验收。第三，要认真做好项目各层次的验收。各个建设单位的分项工程、单位工程，在完成建设任务，试运行通过之后要及时组织验收，各分项第一责任方，要与建设单位密切配合，制订详细的分项验收计划，配合中国地震局及时做好项目分项验收工作。第四，要通力合作，做好充分的准备，力争年内迎接并完成国家发展改革委的验收，实现项目决战的胜利。

三、提高认识，加强管理，进一步提高财务管理质量

2007 年是局党组确定的财务管理年，充分体现了局党组对财务管理工作的高度重视。按照局党组的要求，发展与财务司已对加强财务管理的具体措施、活动部署等作了安排。下面，我着重强调以下几点：

（一）提高认识，健全财务管理、监督制度

加强财务管理，不仅是新形势下适应财务管理改革的要求，也是基于目前我局在财务管理过程中存在问题的深刻认识。各级财务管理部门要充分认识财务工作在防震减灾事业中的重要地位和作用，将财务管理制度建设作为一项基础性工作常抓不懈。要结合事业的发展，针对存在的问题，及时补充、修订和完善各项管理制度，中国地震局将分别制订预算管理办法、财务管理办法、国有资产管理办法、政府采购管理办法等规章制度，形成用制度管人，

按规则办事的良好风气。

各单位财务、审计、纪检监察等部门要相互配合，各负其责，建立完善有效的财务监督体系；要系统总结数字地震项目财务监督的经验，要重点完善内部控制制度和集体决策制度，增强自我约束机制，杜绝财经违纪行为，防范财务风险，共同维护防震减灾事业正常的财务秩序。

（二）切实加强财务管理，防范财务风险

要高度重视数字地震项目财务管理，要严格按照《中国数字地震观测网络项目财务管理办法》等有关规定开展项目财务管理工作。要根据职责分工，加强对项目财务监督检查，确保项目严格按工程预算实施，专款专用，各项开支和支出标准符合项目设计概算；要及早动手，为项目竣工财务决算验收作好准备；要充分发挥内部审计的监督作用，重点加强数字地震项目审计，确保项目顺利验收。各建设单位要进一步加强项目财务力量，保持项目财务管理人员的稳定性，在竣工财务决算未经批复之前，机构不得撤销，项目主要负责人、财务人员等有关人员不得调离。

各科研单位要高度重视科研项目财务管理，要严格按照国务院办公厅《转发财政部科技部关于改进和加强中央财政科技经费管理若干意见的通知》规定严格按照批准的预算执行，要重点加强对项目管理费、劳务费、国际合作与交流费、协作研究费等支出的管理。严禁违反规定自行调整预算和挤占挪用科研项目经费、严禁各项支出超出规定的开支范围和开支标准，严禁层层转拨科研项目经费和违反有关规定将科研任务外包。

加强财务管理要有具体措施，各单位要健全制度并严格执行。

（三）严肃预算要求，加强国有资产和政府采购管理

要进一步加强预算制度建设，加强预算工作基础，健全基本支出定额标准体系，逐步实现定员定额与实物定额的有机结合，提高对局系统正常运转和日常工作开展的保障能力。要以经常性业务项目为试点，加快项目支出定额标准的制定，形成按制度管预算的良好环境，提高项目预算编制的科学性、准确性和严肃性。

要充分利用本次资产清查的成果，针对资产清查中发现的问题，进行认真、深入的剖析和整改，按照资产管理与预算管理相结合、资产管理与财务管理相结合、实物管理与价值管理相结合的原则，不断完善我局国有资产管理制度，建立健全固定资产的盘点制度和处置制度；要研究数字地震项目的国有资产管理，凡符合项目竣工验收条件的，及时办理项目竣工决算手续，将项目资产全部纳入固定资产管理，做到账账相符、账卡相符、账实相符。

各单位领导要高度重视这次资产清查后的整改工作，要逐条落实，并在限定的时间内将整改结果上报，中国地震局将进一步追踪检查，此项工作作为财务管理年的一项重要梳理、改进的措施。

（四）推进财务信息化，提高会计核算水平

要切实重视财务信息化建设，充分利用现代信息技术，实现统一核算和实时监控，提高财务管理水平和会计信息质量。要积极采用电算化来开展会计核算工作，抓紧对会计软件相关程序的学习以及会计账套、科目的调整，提高工作效率，降低工作强度。要加强年度预算和用款计划的管理，使用款计划的申报与会计核算相衔接，做到预算管理、国库管理与会计核算的有机结合，提升财务整体管理水平。

海南省人民代表大会常务委员会公告

（第55号）

《海南省人民代表大会常务委员会关于修改〈海南省防震减灾条例〉的决定》已由海南省第三届人民代表大会常务委员会第二十九次会议于2007年3月30日通过，现予公布，自2007年7月1日起施行。

海南省人民代表大会常务委员会

2007年3月30日

海南省防震减灾条例

（1998年9月24日海南省第二届人民代表大会常务委员会第三次会议通过 根据2007年3月30日海南省第三届人民代表大会常务委员会第二十九次会议《关于修改〈海南省防震减灾条例〉的决定》修正）

第一章 总 则

第一条 为了防御和减轻地震、火山灾害，保护人民生命和财产安全，保障经济建设和社会发展，根据《中华人民共和国防震减灾法》和其他有关法律、法规的规定，结合本省实际，制定本条例。

第二条 在本省行政区域内从事地震、火山监测预报、灾害预防、应急救援、恢复重建等防震减灾活动，适用本条例。

第三条 防震减灾工作实行预防为主、防御与救助相结合的方针，逐步提高防御地震、火山灾害的能力。

第四条 防震减灾工作由人民政府统一领导，各有关部门分工负责、密切配合。各级人民政府应当加强对防震减灾工作的领导，组织有关部门采取措施，共同做好本行政区域内的防震减灾工作。

省、市、县、自治县地震局为同级人民政府防震减灾行政主管部门。

第五条 县级以上人民政府应当把防震减灾工作纳入国民经济和社会发展规划，根据防震减灾工作的需要安排经费，列入本级人民政府的年度财政预算。其经费投入总体水平应当随着国民经济发展和财政收入的增长逐步提高。

县级以上人民政府防震减灾行政主管部门参加同级城乡规划的编制和审定工作。

第六条 各级人民政府及其有关部门应当加强防震减灾的宣传教育，普及防震减灾知识，鼓励和支持防震减灾科学技术研究，推广应用先进的科学研究成果。

新闻媒体应当采取多种形式开展防震减灾知识的宣传教育，增强公民的防震减灾意识。

学校应当将防震减灾知识列入教育内容，并进行必要的防震减灾训练。

每年七月的最后一周，为全省防震减灾宣传活动周。

第七条 任何单位和个人都有参加防震减灾的义务，并有权制止和举报妨碍、破坏防震减灾工作的行为。

第二章 监 测 预 报

第八条 省防震减灾行政主管部门根据全国地震监测预报方案，负责制定本省地震、火山监测预报方案，并组织实施。

第九条 省防震减灾行政主管部门根据地震、火山活动趋势，提出确定本省地震、火山重点监视防御区的意见，报省人民政府批准。

地震、火山重点监视防御区的市、县、自治县人民政府防震减灾行政主管部门应当加强地震、火山监测工作，制定短期与临震（喷）预报方案，建立跟踪会商制度，提高地震、火山监测预报能力。

防震减灾行政主管部门应当加强海洋地震监测，在对可能引发海啸的地震实施监测时，应当及时向海洋行政主管部门通报监测情况，协助海洋行政主管部门做好地震海啸的监测预报工作。

第十条 县级以上人民政府防震减灾行政主管部门应当加强对地震、火山活动及其前兆的信息检测、传递、分析、处理以及对可能发生地震、火山的地点、时间和级别的预测。

第十一条 地震、火山预报实行统一发布制度，省防震减灾行政主管部门负责提供省内破坏性地震的中期、短期临震预测的报告，由省人民政府按照国务院规定的程序发布。

任何单位和个人关于地震短期临震预测的意见，应当报请当地县级以上人民政府防震减灾行政主管部门按照前款规定处理，不得擅自向社会扩散。

第十二条 各级人民政府及其防震减灾行政主管部门应当根据地震、火山监测预报需要和规划要求，加强地震、火山监测台网的建设，采取先进的监测预报技术。

全省地震、火山监测台网由省地震、火山监测台网和市、县、自治县地震、火山监测台网组成，其建设、更新、运行、维护所需资金，按照事权和财权相统一的原则，分别由省、市、县、自治县财政各自承担。

各级人民政府投资建设的地震、火山监测台网，由同级人民政府的防震减灾行政主管部门负责管理。

第十三条 可能产生诱发地震的大中型水电站、水库以及其它重大工程，应当根据防震减灾要求设立地震监测台网，由工程建设单位投资并管理，省防震减灾行政主管部门负责审定其台址勘选、设计和技术验收，并进行业务指导。

第十四条 地震、火山监测工作实行专业台网与群测群防相结合的原则。防震减灾行政主管部门应当鼓励、支持各种形式的群测群防活动，并给予指导。

第十五条 地震、火山监测台网所在地人民政府应当加强对地震、火山监测设施及其观测环境的保护。任何单位和个人不得危害地震、火山监测设施及其观测环境。省防震减灾行政主管部门会同地震、火山监测设施所在地市、县、自治县人民政府根据国家有关标准，划定观测环境的保护范围，报省人民政府备案，并通报有关部门。

新建、改建、扩建建设工程，应当遵循国家有关地震、火山观测环境保护的标准，避免对地震、火山监测设施及其观测环境造成危害。对在地震、火山观测环境保护范围内的建设工程项目，城乡规划等有关部门在审批前，应当事先征得防震减灾行政主管部门的同意，防震减灾行政主管部门不同意的，不得建设。建设国家重点工程，按照国家有关规定执行。

在地震、火山观测环境保护范围内，除前款规定的建设活动外，禁止设置无线信号发射装置、进行振动作业和往复机械运动、采石、采矿、爆破等可能影响地震、火山观测的活动。

第三章　灾 害 预 防

第十六条 地震、火山灾害预防，坚持工程性预防措施和非工程性预防措施相结合的原则。

第十七条 各级人民政府的有关部门应当配合防震减灾行政主管部门做好防震减灾宣传、教育、科研、培训、演习、地震安全性评价、抗震设防要求管理、灾害预测等工作，提高综合防御地震、火山灾害的能力。

第十八条 县级以上人民政府防震减灾行政主管部门负责本行政区域内建设工程场地地震安全性评价和抗震设防要求的管理和监督。省防震减灾行政主管部门依照国家规定进行有关地震安全性评价结果的审定。

第十九条 新建、扩建、改建建设工程，必须达到抗震设防要求。

下列建设项目必须进行地震安全性评价，并根据评价结果确定抗震设防要求：

（一）公路与铁路干线的大型立交桥，单孔跨径大于100米或者多孔跨径总长度大于500米的桥梁；

（二）铁路干线的重要车站、铁路枢纽的主要建筑项目；

（三）高速公路、高速铁路、高架桥、城市轻轨、地下铁路；

（四）长度1000米以上的隧道项目；

（五）国际国内机场中的航空站楼、航管楼、大型机库项目；

（六）年吞吐量≥100万吨的港口项目或者1万吨以上的泊位，2万吨级以上的船坞项目；

（七）Ⅰ级水工建筑物和1亿立方米以上的大型水库的大坝；

（八）总装机容量≥30万千瓦的火电项目、≥20万千瓦的水电项目；

（九）50万伏以上的枢纽变电站项目；

（十）大型油气田的联合站、压缩机房、加压气站泵房等重要建筑，原油、天然气、液化石油气的接收、存储设施，输油气管道及管道首末站、加压泵站；

（十一）海上石油天然气生产平台、钻井平台；

（十二）设区的市以上的广播中心、电视中心的差转台、发射台、主机楼；

（十三）县级以上的长途电信枢纽、邮政枢纽、卫星通信地球站、程控电话终端局、本地网汇接局、应急通信用房等邮政通信项目；

（十四）城市供水、贮油、燃气项目的主要设施；

（十五）大型粮油加工厂和 15 万吨以上大型粮库；

（十六）综合医院或 300 张床位以上医院的门诊楼、病房楼、医技楼、重要医疗设备用房以及中心血站等；

（十七）城市污水处理厂和海水淡化项目；

（十八）核电站、核反应堆、核供热装置；

（十九）重要军事设施；

（二十）易产生严重次生灾害的易燃、易爆和剧毒物质的项目；

（二十一）大型工矿企业、大中型化工和石油化工生产企业、大中型炼油厂的主要生产装置及其控制系统的建筑，生产中有剧毒、易燃、易爆物质的厂房及其控制系统的建筑；

（二十二）年产 100 万吨以上水泥、100 万箱以上玻璃等建材工业项目；

（二十三）地震动峰值加速度 0.05g 及以上区域内的坚硬、中硬场地且高度≥80 米，或者地震动峰值加速度 0.10g 及以上区域内的中软、软弱场地且高度≥60 米的高层建筑；

（二十四）省、设区的市各类救灾应急指挥设施和救灾物资储备库；

（二十五）大型影剧院、大型体育场馆、大型商业服务设施、8000 平方米以上的教学楼和学生公寓楼以及存放国家一、二级珍贵文物的博物馆等公共建筑；

（二十六）国家规定必须进行地震安全性评价的其它项目；

（二十七）省政府认为应当进行地震安全性评价的其它项目。

前款规定以外的工业与民用建筑工程，应当按照国家颁布的地震动参数区划图进行抗震设防。建设单位需要防震减灾行政主管部门提供抗震设防要求的，防震减灾行政主管部门应当依法提供，并不得收取费用。

第二十条 下列地区应当进行地震小区划工作：

（一）编制城市规划的地区；

（二）位于复杂地质条件区域内的新建开发区、大型厂矿企业；

（三）位于地震动参数区划分界线两侧各 8 公里区域内的建设项目；

（四）地震研究程度和资料详细程度较差的地区。

在完成地震小区划工作的城市或者地区，应当按照地震小区划结果确定的抗震设防要求进行抗震设防。

县级以上人民政府防震减灾行政主管部门按照分级管理的原则，进行地震小区划工作，根据地震小区划结果确定的抗震设防要求应当向社会公开，方便建设单位和公民查询。

第二十一条 建设工程的可行性研究报告应当包含抗震设防要求。对可行性研究报告未包含抗震设防要求的建设项目，或者必须进行地震安全性评价而未进行安全性评价的建设项目，有关部门不予批准。

建设工程必须按照抗震设防要求和抗震设计规范进行抗震设计，并按照抗震设计进行施工。对不符合抗震设防要求的工程设计，不予审查通过。对不按照抗震设计施工的项目，不予验收通过。

建设单位应当将建设工程抗震设防的有关批准文件报送防震减灾行政主管部门备案。

省防震减灾行政主管部门审定本条例第十九条第二款所列建设工程项目的抗震设防要求，并会同建设等专业主管部门，对工程设计、施工的抗震设防工作进行监督检查，参加工程设计审核和工程验收。

第二十二条 从事地震安全性评价工作的单位，必须按照国务院《地震安全性评价管理条例》的有关规定，取得国务院地震行政主管部门或者省级防震减灾行政主管部门核发的工程地震安全性评价资质证书，并按照核定的业务范围开展工作。

省外地震安全性评价单位在本省从事地震安全性评价活动，应当持依法核发的地震安全性评价资质证书，向省防震减灾行政主管部门备案，并接受其管理监督。

进行地震安全性评价活动应当遵循国家有关技术标准和规范。

第二十三条 各级人民政府应当将农村抗震设防要求管理纳入村镇规划以及农村集中居住区的建设和管理，加强农村民居抗震防灾知识宣传教育，引导和扶持农村居民建设抗震安全房屋。

各级建设行政主管部门应当会同防震减灾行政主管部门推广经济适用、符合抗震设防要求的农村民居，免费为农村居民提供抗震房屋设计图纸和施工技术指导，对农村建筑施工队及工匠进行必要的培训，提高农村民居建设施工质量。

搬迁安置、扶贫救济等农村民居工程，应当按照抗震设防要求进行建设。人民政府、开发建设单位拨付的搬迁安置、扶贫救济资金中用于农村居民自建房屋部分，应当包含抗震设防所需费用。

村镇公共设施、学校、医院等建设项目，应当按照抗震设防要求进行设计、施工。

第二十四条 已经建成的下列建筑物、构筑物，未采取抗震设防措施的，应当按照国家有关规定进行抗震性能鉴定，并采取必要的抗震加固措施：

（一）属于重大建设工程的建筑物、构筑物；

（二）可能发生严重次生灾害的建筑物、构筑物；

（三）有重大文物价值和纪念意义的建筑物、构筑物；

（四）国家和省地震重点监视防御区内的建筑物、构筑物。

第二十五条 对地震、火山可能引起的火灾、水灾、山体滑坡、放射性污染、疫情等次生灾害源，各级人民政府应当采取相应的有效防范措施。

第二十六条 根据震情和灾害预测结果，县级以上人民政府防震减灾行政主管部门应当会同有关部门编制防震减灾规划，报同级人民政府批准后实施。

防震减灾规划应当纳入城乡建设总体规划，并同步实施。

修改防震减灾规划，应当报经原批准机关批准。

第二十七条 地震、火山重点监视防御区的县级以上人民政府应当根据实际需要与可能，在本级财政预算和物资储备中安排适当的抗震救灾资金和物资。

第二十八条 国家和省地震、火山重点监视防御区的市、县、自治县人民政府应当加强灾害的预测工作。

第二十九条 市、县、自治县人民政府应当按照国家有关规定在城镇中设置应急避难场所，安排紧急疏散通道，并将其纳入城乡建设总体规划。

第四章　应 急 救 援

第三十条　省防震减灾行政主管部门会同有关部门制定本省的地震、火山应急预案，报省人民政府批准。市、县、自治县防震减灾行政主管部门，应当参照国家和省地震、火山应急预案，会同有关部门制定本行政区域的地震、火山应急预案，报同级人民政府批准，并报省防震减灾行政主管部门备案。

省级各有关部门应当根据全省地震、火山应急预案，制订本部门或者本系统的地震、火山应急预案，报省防震减灾行政主管部门备案。

大中型企业、生命线工程、易产生次生灾害的单位以及学校、医院、大型商场、影剧院、车站等人口集中的单位和场所，应当制订地震、火山应急预案，报所在地市、县、自治县人民政府批准。

第三十一条　地震、火山应急预案应当切实可行，适时检查修订，必要时进行模拟演练。

第三十二条　鼓励、扶持地震、火山应急救助技术和装备的研究开发工作。

可能发生地震、火山地区的县级以上人民政府应当责成有关部门进行必要的应急、救助装备的储备和使用训练工作。

第三十三条　严重破坏性地震、火山发生后，为了抢险救灾并维护社会秩序，省政府和地震、火山灾区的市、县、自治县人民政府，可以在地震、火山灾区实行下列紧急应急措施：

（一）交通管制；

（二）对食品等基本生活必需品和药品统一发放和分配；

（三）临时征用房屋、运输工具和通信设备等；

（四）需要采取的其他紧急应急措施。

依照前款规定征用的房屋、运输工具、通信设备等，事后应当及时归还；造成损坏或者无法归还的，按照国家有关规定给予补偿。

第三十四条　地震、火山应急工作由各级人民政府领导，防震减灾行政主管部门协助同级人民政府指导和监督具体地震、火山应急工作，其他有关部门按照应急预案职责分工具体负责本部门的地震、火山应急工作。

第三十五条　发布破坏性地震临震预报或者破坏性地震、火山发生后，预报区或者地震、火山灾区县级以上人民政府应当按照国家有关规定和本级人民政府地震、火山应急预案的规定，设立抗震救灾应急指挥机构，对本行政区域内的地震应急工作进行集中领导、统一指挥和组织协调。

县级以上人民政府应当按照统筹规划、资源共享的原则，建立地震、火山应急指挥系统。

第三十六条　地震、火山灾区各级人民政府应当及时将震情、灾情及其发展趋势等信息报告上一级人民政府；省防震减灾行政主管部门应当及时会同有关部门组成地震、火山灾害损失评定机构，负责全省地震、火山灾害损失的评定工作，并将评定结果按有关规定及时上报省人民政府和国务院地震行政主管部门。

第三十七条　灾害性地震、火山临近预报发布后，省人民政府可以宣布所预报的区域进入应急期；有关的市、县、自治县人民政府应当按照地震、火山应急预案，组织有关部门和动员社会力量，做好抢险救灾的准备工作。

县级以上人民政府应当根据防御地震、火山灾害的需要，建立健全紧急救援队伍，配备专业化的紧急救援装备，落实物资保障，开展培训和演练。

鼓励公民志愿参加抢险救灾活动。县级以上人民政府应当根据需要，组建防震救灾志愿者队伍，实施灾时救援活动。

一般地震、火山灾害的应急处置工作由发生地市、县、自治县人民政府统一领导和协调；较大、重大和特别重大地震、火山灾害的应急处置工作由省人民政府统一领导和协调。

第五章　恢复重建

第三十八条　灾害性地震、火山发生后，灾区的各级人民政府应当组织各方面力量，抢救人员，并组织基层单位和人员开展自救和互救；非灾区的各级人民政府应当根据灾情，组织和动员社会力量提供救助。

第三十九条　地震、火山灾区的县级以上人民政府应当组织卫生、医药和其他有关部门和单位，做好伤员医疗救护和卫生防疫工作。

第四十条　地震、火山灾区的县级以上人民政府应当组织民政和其他有关部门和单位，迅速设置避难所和救济物资供应点，提供救济物品，妥善安排灾民生活，做好灾民的转移和安置工作。

第四十一条　地震、火山灾区的县级以上人民政府应当组织交通、邮电、建设和其他有关部门和单位采取措施，尽快恢复被破坏的交通、通信、供水、供电、供气、输油等工程，并对次生灾害源采取紧急防护措施。

第四十二条　地震、火山灾区的县级以上人民政府应当组织公安机关和其他有关部门加强治安管理和安全保卫工作，预防和打击各种犯罪活动，维护社会秩序。

第四十三条　防震救灾所需经费和物资，通过国家调拨、自筹、生产自救、社会捐助、保险理赔和信贷等方式筹集。

任何单位和个人不得截留、挪用地震、火山救灾资金和物资。

各级人民政府审计机关应当加强对地震、火山救灾资金使用情况的审计监督。

第四十四条　地震、火山灾区人民政府制定的恢复重建规划必须符合城镇抗震设防的要求，并报上一级人民政府批准后方可实施。

第四十五条　有重大科学价值的地震、火山遗址、遗迹，由省防震减灾行政主管部门报请省人民政府批准进行特殊保护，作为科学考察和宣传教育基地。

第六章　奖励与处罚

第四十六条　有下列情况之一的单位和个人，由县级以上人民政府或者有关部门给予表彰和奖励：

（一）在地震、火山宣传教育、监测、预防、科学研究、应急、救灾与重建等工作中作出显著成绩的；

（二）震情、灾情测报准确和信息传递及时，减轻灾害损失的；

（三）取得重大防震减灾科技成果的；

（四）在抗震救灾中，保护人民生命和财产有功的；

（五）有其他重大贡献的。

第四十七条 在防震减灾工作中取得显著成绩的人民政府和有关部门，由上级人民政府或有关部门给予表彰和奖励。

第四十八条 违反本条例规定，有下列行为之一的，由县级以上人民政府防震减灾行政主管部门责令停止违法行为，恢复原状或者采取其他补救措施；情节严重的，可以处5000元以上10万元以下的罚款；造成损失的，依法承担民事责任；构成犯罪的，依法追究刑事责任：

（一）新建、扩建、改建建设工程，对地震、火山监测设施或者地震、火山观测环境造成危害的，又未依法事先征得同意并采取相应措施的；

（二）破坏典型地震、火山遗址、遗迹的。

第四十九条 违反本条例第十九条规定，有关建设单位不进行地震安全性评价，或者不按照地震安全性评价结果确定的抗震设防要求进行抗震设防的，由县级以上人民政府防震减灾行政主管部门责令改正，处1万元以上10万元以下的罚款。

第五十条 违反本条例第二十一条规定，不按照抗震设计规范进行抗震设计，或者不按照抗震设计进行施工的，由县级以上人民政府建设行政主管部门或者其他有关专业主管部门按照职责权限责令改正，处1万元以上10万元以下的罚款。

第五十一条 违反本条例规定，建设工程未达到抗震设防要求的，县级以上人民政府防震减灾行政主管部门应当责令其限期改正，采取补救措施；采取补救措施后仍达不到抗震设防要求或者拒不改正的，县级以上人民政府防震减灾行政主管部门应当及时将有关情况向同级人民政府报告，并可以视情向社会公布。

第五十二条 违反本条例第二十九条、第三十条规定，不按照国家规定设置避难场所，保持疏散通道完好与畅通，或者不制定地震、火山应急预案的，由省防震减灾行政主管部门责令限期改正。

第五十三条 违反本条例规定，有下列行为之一的，对有关责任人给予行政处分；属于违反治安管理行为的，依照《中华人民共和国治安管理处罚法》的规定给予处罚；构成犯罪的，依法追究刑事责任：

（一）虚报、瞒报灾情的；

（二）编造地震、火山谣言，蛊惑群众的；

（三）贪污、截留、挪用防震减灾资金或者物资的；

（四）有特定责任的国家工作人员在防震减灾工作中不执行命令或者玩忽职守的；

（五）破坏地震、火山监测设施或者观测环境的；

（六）盗窃、哄抢防震减灾资金、物资的；

（七）在地震、火山应急与救灾期间，阻碍灾区地震监测人员、抗震救灾人员执行公务的。

第五十四条 当事人对行政处罚决定不服的，可以依法申请复议或者提起行政诉讼。

当事人逾期不申请行政复议，也不提起行政诉讼，又不履行处罚决定的，作出处罚决定的机关可以申请人民法院强制执行。

第七章　附　　则

第五十五条　本条例具体应用中的问题由省人民政府负责解释。

第五十六条　本条例自 1998 年 10 月 1 日起施行。

云南省建设工程抗震设防管理条例

（2007年5月23日云南省第十届人民代表大会常务委员会
第二十九次会议通过）

第一章 总　　则

第一条 为了加强建设工程抗震设防管理工作，提高建设工程抗震能力，减轻地震灾害，保护人民的生命和财产安全，根据《中华人民共和国防震减灾法》、《中华人民共和国建筑法》等有关法律、法规，结合本省实际，制定本条例。

第二条 在本省行政区域内从事建设工程抗震设防活动及其监督管理，适用本条例。

第三条 县级以上人民政府应当加强对建设工程抗震设防工作的领导，将建设工程抗震设防工作纳入国民经济和社会发展规划，并按年度安排专项经费。

第四条 地震工作主管部门负责建设工程地震安全性评价及抗震设防要求的监督管理。

建设行政主管部门负责抗震防灾规划和房屋建筑及其附属设施、市政设施建设工程的抗震设计、施工、监理等的监督管理。

交通、水利、电力、铁路、民航等部门按照各自职责负责本行业有关建设工程抗震设防设计与施工的监督管理。

发展和改革、工业经济等部门按照各自职责做好建设工程抗震设防的监督管理。

第五条 各级人民政府及其建设、地震等部门应当组织开展建设工程抗震知识的宣传教育，提高公民的防震、抗震意识。

各级人民政府及其建设、地震等部门应当将农村建设工程和民房建设的抗震设防纳入农村建设的规划，加强村（居）民自建房屋抗震设防工作的技术指导和服务咨询，提高城乡民房的抗震能力。

第六条 建设、地震、科技等部门应当加强建设工程抗震设防的科学研究和技术开发，推广隔震、减震等新技术。

第七条 各级人民政府及其建设、地震等部门在建设工程抗震设防管理工作中，应当强化责任意识，改进服务方式，推行便民措施，提高工作效率。

第二章 抗震设防要求

第八条 新建、扩建、改建的建设工程，必须达到抗震设防要求。抗震设防要求的确定应当遵守下列规定：

（一）一般建设工程必须按照国家颁布的中国地震动参数区划图规定的抗震设防要求，

进行抗震设防。

（二）抗震设防要求高于中国地震动参数区划图抗震设防要求的重大建设工程、重要建设工程和可能产生严重次生灾害的建设工程，必须进行地震安全性评价，并根据地震安全性评价结果确定抗震设防要求。地震安全性评价的具体范围由省地震工作主管部门会同建设、交通、水利、电力、铁路、民航等部门拟定，报省人民政府批准。

（三）位于地震动参数区划分界线两侧各4公里区域的建设工程和地震研究程度及资料详细程度较差的边远地区的建设工程，必须进行地震动参数复核，并根据地震动参数复核结果确定抗震设防要求。

（四）地震重点监视防御区或者位于复杂地质条件区域的大中城市，地震重点监视防御城市、大型厂矿企业、长距离生命线工程以及新建开发区，应当根据需要和可能开展地震小区划工作，并根据地震小区划工作结果确定抗震设防要求。

地震灾区区域性抗震设防要求需要变更的，由省地震工作主管部门按照规定报国家有关部门审批。

第九条 大型水库大坝、特大桥梁、发射塔等重大建设工程应当按照国家有关规定设置强震动监测设施，并报地震工作主管部门备案。

鼓励位于地震烈度7度以上地区的建设单位，在下列建筑工程上设置强震动监测设施：

（一）高度超过80米的高层建筑工程；

（二）采用隔震、减震等新技术的建筑工程；

（三）体型不规则的7层以上的建筑工程。

强震动监测设施的设置、运行、维护、管理工作由建设单位负责，并由地震工作部门进行指导。

第十条 纳入基本建设程序的建设工程，负责项目备案、核准、审批的县级以上发展和改革、工业经济、建设、交通、水利、电力、铁路、民航等部门，应当将项目基本情况和抗震设防要求采用情况送同级地震工作主管部门备案。

必须进行地震安全性评价和地震动参数复核的建设工程，建设单位应当在项目选址或者预可行性研究、可行性研究、初步设计前，按照项目管理权限，到地震工作主管部门办理抗震设防要求审核确认手续。

前款规定外的建设工程，属于国家建筑工程抗震设防分类标准中乙类以上的建设工程，建设单位应当将抗震设防要求采用情况报当地地震工作主管部门备案。

第十一条 必须进行地震安全性评价和地震动参数复核的建设工程，建设单位应当在项目预可行性研究或者可行性研究阶段（无可行性研究的在初步设计前），委托具有相应资质的地震安全性评价单位进行地震安全性评价和地震动参数复核工作，并按照国家有关规定将地震安全性评价报告和地震动参数复核结果报省级以上地震工作主管部门审定。

地震小区划工作必须委托具有相应资质的地震安全性评价单位实施，结果由省地震工作主管部门按照国家有关规定报批。

第十二条 建设工程抗震设防要求审核意见书、地震安全性评价报告及审批文件，应当作为项目立项、预可行性研究或者可行性研究报告、初步设计审查的文件材料。

第十三条 发展和改革、工业经济等部门应当会同同级地震工作主管部门，对需要进行地震安全性评价的建设工程的预可行性研究或者可行性研究报告进行论证、审查；可行性研究报告中未包含经批准的抗震设防要求内容的，不予批准或者核准。

第十四条 建设、交通、水利、电力、铁路、民航等部门应当会同同级地震工作主管部门对需要进行地震安全性评价的建设工程的初步设计文件进行审查；初步设计文件中未包含经批准的抗震设防要求内容的，不予批准或者核准。

第十五条 承担地震安全性评价的单位，应当取得国家或者省地震工作主管部门核发的地震安全性评价资质证书，执行相关法律、法规和国家地震安全性评价工作规范，其收费项目和收费标准，按照国家和省的有关规定执行。

省外单位在本省从事地震安全性评价的，应当到县级以上地震工作主管部门进行资质验证和备案。

第三章　抗震防灾规划

第十六条 抗震防灾规划是城乡总体规划和防震减灾规划中的专业规划。

抗震防灾规划应当由取得城乡规划编制相应资质的单位编制，并按照有关规定报批。

第十七条 编制抗震防灾规划应当遵循预防为主、因地制宜、突出重点、城乡并举和防、抗、避、救相结合的原则。

第十八条 抗震防灾规划中的抗震设防标准、建设用地的抗震评价与要求、抗震防灾措施，应当列为城乡总体规划的强制性内容，作为编制城乡详细规划的依据。

第十九条 城乡房屋建筑工程的选址，应当符合抗震防灾规划的要求。

城乡规划区外的房屋建筑工程选址和建设，应当在人员聚居区留有避震通道及避震疏散场地。

第四章　抗震设计与施工

第二十条 新建、扩建、改建的建设工程，必须按照抗震设防标准进行设计。设计文件中应当包含抗震设防要求和抗震设防标准、等级等内容。

第二十一条 建设、交通、水利、电力、铁路、民航等有关部门在进行建设工程初步设计审查时，应当审查抗震设防的内容；大型或者地质条件特别复杂的建设工程，应当审查勘察成果；对不符合建设工程抗震设防标准的，不予批准。

第二十二条 下列建筑工程在初步设计时，建设单位应当向建设行政主管部门提出抗震设防专项审查报告：

（一）超出国家现行抗震设计规范所规定的高度、层数、体型规则性和其他强制性规定的高层建筑工程；

（二）采用现行建筑抗震设计规范规定以外的结构体系（结构型式）的高层建筑；

（三）采用隔震、减震等新技术或者新材料的建筑工程；

（四）经安全性评价、地震动参数复核和开展过地震小区划工作的高层建筑工程；

（五）国家建筑工程抗震设防分类标准中甲类和重要的乙类建筑工程；

（六）省人民政府规定需要进行抗震专项审查的地震灾区恢复重建项目。

前款所列建筑工程未经抗震设防专项审查的，建设行政主管部门不予批复初步设计、不予颁发施工许可证。

第二十三条　建设行政主管部门应当自接到建筑工程抗震设防专项审查报告之日起20个工作日内组织审查，提出书面审查意见，并将审查结果告知建设单位。

经审查不合格的建筑工程设计，由设计单位重新设计并报审。

对审查结论有争议的，设计单位或者建设单位可以申请上一级建设行政主管部门组织复审。

第二十四条　建筑工程的施工图抗震审查，由省建设行政主管部门认定的审查机构承担。其中超限高层建筑工程的施工图抗震审查，由国家建设行政主管部门认定的审查机构承担。

第二十五条　审查机构对施工图抗震审查后，应当根据下列情况分别作出处理：

（一）审查合格的，应当向建设单位出具审查合格书，同时将审查情况报相关主管部门备案；

（二）审查不合格的，应当将施工图退还建设单位并书面说明不合格原因，并将审查中发现的违反法律、法规和工程抗震强制性标准等问题，向具有管辖权的建设行政主管部门报告。

施工图退还建设单位后，建设单位应当要求原勘察设计单位进行修改，并将修改后的施工图报原审查机构审查。

施工图未经抗震审查或者审查不合格的，建设行政主管部门不予颁发施工许可证。

第二十六条　施工、监理单位应当按照审查合格的施工图进行施工、监理，确保建设工程达到抗震设防要求。

第二十七条　建设工程质量监督机构对未按抗震设计文件施工或者达不到相关验收标准的工程项目，应当责令其采取相应措施，达到工程抗震要求。

建设工程质量监督机构出具的工程质量监督报告应当含有抗震设防内容。

第二十八条　建设单位应当委托具有相应资质的工程检测机构，对建设工程主体结构的隐蔽工程或者需要进行质量检测的工程部位的抗震质量进行检测。未经检测或者检测不合格的，不得进入工程建设的下一道工序。

第二十九条　建设单位在组织工程竣工验收时，应当将建设工程是否符合抗震设防要求和抗震设计标准纳入竣工验收内容，并将工程竣工验收报告报相关主管部门备案，有关部门应当在20个工作日内将备案结果书面通报地震工作主管部门。其中，经过地震安全性评价的建设工程，组织竣工验收的单位应当将地震安全性评价内容作为竣工验收的内容，并应当有地震工作主管部门参加。

第三十条　地震发生后，建设、交通、水利、电力、铁路、民航等主管部门应当组织专家，对破坏程度超出工程建设强制性标准允许范围的建设工程进行破坏原因调查、鉴定和责任认定。

第三十一条　各级人民政府和有关部门应当加强对纳入城市规划范围内的农村社区的管理，按照规划进行改造，对达不到抗震设防要求和标准的居民住房，指导其进行加固改造。

第五章 农村抗震设防

第三十二条 各级人民政府和有关部门应当加强对农村民房建设工作的指导和城乡结合部村（居）民建房的管理，引导村（居）民建设具有抗震性能的房屋。

各级人民政府及有关部门在实施农村民居地震安全、易地扶贫搬迁、移民搬迁等工程时，应当保证工程及相关村民房屋建设达到抗震设防要求和标准。

第三十三条 各级人民政府和有关部门应当在普查和鉴定的基础上，多方筹集资金，按照规划对达不到抗震设防要求的农村居住用房和城乡结合部村（居）民住房进行加固改造，提高抗震性能。

第三十四条 农村的公共设施及3层以上的各类房屋建筑工程，应当按照工程建设强制性标准进行抗震设防。

村（居）民自建的2层以下房屋应当采取必要的抗震措施。

第三十五条 建设行政主管部门应当指导农村对抗震性能差的传统结构及建造方法予以改进，并推广应用抗震性能好的结构形式及建造方法。

第三十六条 地震重点监视防御区县级以上建设行政主管部门、地震工作主管部门应当通过科普教育宣传、建设抗震样板房、技术培训等多种方式，指导村（居）民自建房屋进行抗震设防。

第六章 抗 震 加 固

第三十七条 已建成的下列建（构）筑物，未采取抗震设防措施或者达不到抗震设防要求，且未列入近期拆除改造计划的，必须委托具有相应资质的设计单位按现行抗震鉴定标准进行抗震鉴定：

（一）《建筑工程抗震设防分类标准》中甲类和乙类建（构）筑物；

（二）可能发生严重次生灾害的；

（三）有重大文物价值和纪念意义的；

（四）地震重点监视防御区的；

（五）震后经应急评估需要进行抗震加固的。

经鉴定需要加固而未加固的建（构）筑物，应当在县级以上建设主管部门确定的限期内采取必要的抗震加固措施；未加固前应当限制使用。

第三十八条 改变建（构）筑物使用功能导致需要提高抗震设防类别或者装修改造涉及承重构件的，产权人应当委托具有相应资质的设计、检测、施工单位，进行抗震验算、检测、修复和加固。

第三十九条 建（构）筑物的抗震鉴定、抗震加固费用，由产权人承担。

公共建（构）筑物的抗震加固经费由该建（构）筑物的管理使用单位多渠道筹措，同级财政部门适当予以补助。

第四十条 抗震加固工程应当执行基本建设程序，按照其规定办理相关手续，保证质量和安全。

第七章　监 督 检 查

第四十一条　建设行政主管部门、地震工作主管部门和其他有关行业主管部门，应当依照本条例，按照职责分工，对建设、勘察设计、地震安全性评价单位及施工图审查机构的建设工程抗震设防情况进行定期监督检查或者不定期抽查。在监督检查或者抽查中发现建设工程未依法进行抗震设防时，应当责令其改正。

第四十二条　建设行政主管部门、地震工作主管部门和其他有关行业主管部门履行监督检查职责时，有权采取下列措施：

（一）对有关单位进行实地检查，了解情况，调查取证；

（二）查阅或者复制建设工程抗震设防的有关资料；

（三）责令单位和个人停止违法行为；

（四）对违法行为进行查处。

第四十三条　建设、勘察设计、地震安全性评价单位及施工图审查机构及其工作人员，对有关部门的检查、调查取证，应当予以配合，不得拒绝和阻碍，不得提供虚假材料。

第八章　法 律 责 任

第四十四条　建设单位违反本条例第八条、第十条第二款和第三款、第十一条规定，建设工程未按规定进行抗震设防或者未办理抗震设防要求审核确认手续，以及未进行地震安全性评价或者未按照抗震设防要求进行抗震设防的，由地震工作主管部门责令改正，处 1 万元以上 10 万元以下的罚款；构成犯罪的，依法追究刑事责任。

第四十五条　建设单位违反本条例第九条规定，有下列行为之一的，由地震工作主管部门责令改正，并要求采取相应的补救措施，对主管人员和其他直接责任人员，由其所在单位或者上级主管部门给予行政处分：

（一）未按照国家有关规定设置强震动监测设施的；

（二）擅自中止或者终止强震动监测设施运行的。

第四十六条　负责项目审批的部门违反本条例第十条第一款、第十三条、第十四条规定，有下列行为之一的，对直接负责的主管人员和其他直接责任人员依法给予行政处分；构成犯罪的，依法追究刑事责任：

（一）不按规定备案的；

（二）批准未进行地震安全性评价的重大建设工程、重要建设工程和可能产生严重次生灾害的建设工程立项的。

第四十七条　不具备地震安全性评价资质从事安全性评价的，由地震工作主管部门责令改正，没收违法所得，并处 1 万元以上 5 万元以下的罚款；构成犯罪的，依法追究刑事责任。

第四十八条　地震安全性评价单位有下列行为之一的，由地震工作主管部门责令改正，没收违法所得，并处 1 万元以上 5 万元以下的罚款；情节严重的，由颁发资质证书的部门吊销资质证书；构成犯罪的，依法追究刑事责任：

（一）超越其资质许可的范围承揽地震安全性评价业务的；

（二）以其他地震安全性评价单位的名义承揽地震安全性评价业务的；

（三）允许其他单位以本单位名义承揽地震安全性评价业务的；

（四）违反国家有关法律、法规和强制性技术标准的规定，降低抗震设防要求的。

第四十九条 建设单位明示或者暗示设计单位、施工单位降低工程抗震设防标准，违反工程抗震强制性标准，降低工程质量的，由建设行政主管部门或者其他有关部门责令改正，处 20 万元以上 50 万元以下的罚款。

第五十条 设计单位降低工程抗震设防标准，未按照工程抗震设计强制性标准进行设计的，由建设行政主管部门或者其他有关部门责令改正，处 10 万元以上 30 万元以下的罚款。

第五十一条 建设单位未按照规定申报工程抗震设计审查或者审查不合格，擅自施工的，由县级以上建设行政主管部门或者其他有关主管部门责令改正，处 1 万元以上 10 万元以下的罚款。

建设单位违反本条例第二十九条的规定，未将建设工程抗震设防要求纳入竣工验收内容的，由县级以上建设行政主管部门、地震工作主管部门责令改正。

第五十二条 产权人违反本条例第三十八规定，未按规定进行抗震验算、检测、修复和加固的，由建设行政主管部门责令限期改正；逾期不改的，处 1 万元以下的罚款。

第五十三条 设计、施工单位未按照抗震设计审查意见修改设计或者擅自取消抗震措施的，由建设行政主管部门或者其他有关主管部门责令改正，处 1 万元以上 10 万元以下的罚款。

第五十四条 建设单位未委托具有相应资质的工程检测机构，对建设工程主体结构的隐蔽工程或者确实需要进行质量检测的工程部位进行抗震质量检测的，或者委托不具有相应资质的工程检测机构进行检测的，由建设行政主管部门责令改正，处 1 万元以上 10 万元以下的罚款。

未经审核批准的工程检测机构从事工程检测的，由建设行政主管部门责令停止违法行为，处 1 万元以上 5 万元以下的罚款。

第五十五条 地震、建设、交通、水利、电力、铁路、民航等有关部门工作人员在建设工程抗震设防管理工作中滥用职权、玩忽职守、徇私舞弊的，依法给予行政处分；构成犯罪的，依法追究刑事责任。

第九章　附　　则

第五十六条 本条例下列用语的含义：

（一）抗震设防，是指根据抗震设防要求和抗震设计规范对建设工程进行的抗震设计和施工等活动，包括抗震设防要求、抗震防灾规划、抗震设计与施工、抗震加固。

（二）抗震设防要求，是指依法确定的建设工程抗御地震破坏的准则和在一定风险水准下抗震设计应当采用的基本地震动参数或者地震烈度。

（三）抗震设防标准，是指衡量建筑抗震能力高低的综合尺度，根据抗震设防要求及建（构）筑物使用功能的重要性确定。

（四）地震安全性评价，是指根据对建设工程场地和场地周围的地震活动与地震地质环境的分析，按照工程设防的风险水准，给出与工程抗震设防要求相应的地震烈度和地震动参数，以及场地的地震地质灾害预测结果。

（五）地震动参数，是指表征地震引起的地面运动的物理参数，包括峰值、反应谱和持续时间等。

（六）地震动参数复核，是指采用最新基础资料和研究成果，对地震动参数区划图给出的某地地震动参数进行核实或修正。

（七）地震小区划，是指根据地震区划图及某一区域（场地）范围内的具体场地条件给出抗震设防要求的详细分布，包括地震动小区划和地震地质灾害小区划等。

第五十七条　本条例自 2007 年 10 月 1 日起施行。

甘肃省人民代表大会常务委员会公告

（第56号）

《甘肃省地震安全性评价管理条例》已于2007年9月27日甘肃省第十届人民代表大会常务委员会第三十一次会议通过，现予公布，自2008年1月1日起施行。

甘肃省人民代表大会常务委员会
2007年9月27日

甘肃省地震安全性评价管理条例

第一条 为了加强对地震安全性评价的管理，防御与减轻地震灾害，保护人民生命和财产安全，根据《中华人民共和国防震减灾法》、《地震安全性评价管理条例》等有关法律、法规，结合本省实际，制定本条例。

第二条 在本省行政区域内从事地震安全性评价活动，应当遵守本条例。

第三条 本条例所称地震安全性评价，是指根据对新建、改建、扩建工程场地周围的地震活动与地震地质环境的分析，按照工程设防的风险水准，给出与工程抗震设防要求相应的地震烈度和地震动参数，以及场地的地震地质灾害预测结果。

本条例所称抗震设防要求，是指建设工程抗御地震破坏的准则和在一定风险水准下抗震设计采用的地震烈度或者地震动参数。

第四条 县级以上人民政府应当加强对地震安全性评价和抗震设防工作的领导，组织有关部门采取措施，做好相关工作。

省地震工作主管部门统一负责全省的地震安全性评价和抗震设防要求的监督管理工作。

县级以上人民政府地震工作主管部门负责本行政区域内的地震安全性评价和抗震设防要求的监督管理工作。

发展和改革、建设、国土等部门应当按照各自职责做好地震安全性评价工作。

第五条 县级以上人民政府及其有关部门应当将建设工程的抗震设防要求纳入基本建设管理程序，把抗震设防要求作为建设工程可行性研究报告的审查内容。

对必须进行地震安全性评价的建设工程，建设单位应当将地震安全性评价结果和经地震工作主管部门审定的抗震设防要求，列入建设工程的可行性研究报告。

不符合前款规定的，项目审批部门不予批准立项，规划部门不予核发建设用地规划许可证。

第六条 下列建设工程必须进行专门地震安全性评价：

（一）国家重大建设工程和受地震破坏后可能发生严重次生灾害的建设工程；

（二）受地震破坏后可能引发放射性污染的核电站和核设施建设工程；

（三）国家建筑工程抗震设防分类标准中规定的必须进行地震安全性评价的建设工程；

（四）大中型水库大坝，大型水力、火力、风力发电工程，送变电枢纽工程，高等级公路、高速公路和铁路干线上的大中型桥梁、中长隧道，铁路大中型站的候车楼，机场及其新建和扩建的重要建筑物，大中型广播电视发射工程，长途邮电通信枢纽工程，大型工矿企业建设项目；

（五）城市的公安消防、道路交通安全指挥中心和医院、疾控中心、血站的重要建筑，供水、供电、供气等生命线工程，超限高层工程，学校、图书馆、展览馆、档案馆和教学科研实验楼等人口密集场所的重要建设工程；

（六）国家或者省重点文物保护工程；

（七）位于地震动参数区划图分界线附近两侧各8公里区域内的新建工程；

（八）横跨不同工程地质条件区域的大型建设工程；

（九）位于地震活动断层区域的重要建设工程；

（十）位于地震重点监视防御区和重点监视防御城市的重要建设工程；

（十一）国务院有关行业主管部门规定或者省地震工作主管部门与有关部门共同确定的有特殊要求的其他需进行地震安全性评价的建设工程；

（十二）省人民政府认为对本省有重大价值或者有重大影响的其他建设工程。

第七条 建设单位对必须进行地震安全性评价的建设工程，应当在选址之后初步设计之前，委托具有相应资质的地震安全性评价单位对其进行地震安全性评价，并到市（州）以上地震工作主管部门办理地震安全性评价相关手续。

地震安全性评价所需费用应当纳入工程建设概算。

第八条 地震安全性评价单位实行资质管理制度。

省地震工作主管部门应当自收到地震安全性评价资质申请三十日内，按照国家规定的条件对其进行审查。对符合甲、乙级资质的，由省地震工作主管部门报国务院地震工作主管部门审批；对符合丙级资质的，由省地震工作主管部门发给丙级资质证书。未通过审查的，应当书面通知申请单位并说明理由。

第九条 地震安全性评价单位应当遵守下列规定：

（一）依照国家有关技术规范，组织实施地震安全性评价工作，保证工作质量；

（二）地震安全性评价报告采用的资料和有关数据应当真实、准确、全面；

（三）严格执行物价部门核定的收费范围和标准；

（四）为建设单位保守商业秘密和技术秘密。

第十条 地震安全性评价单位在本省行政区域内承揽地震安全性评价业务的，应当持资质证书到建设工程所在地县级以上地震工作主管部门备案。

第十一条 地震安全性评价单位应当在地震安全性评价工作完成后，编制地震安全性评价报告。

地震安全性评价报告编制完成后，建设单位应当按照国家有关规定将地震安全性评价报告报送省地震工作主管部门审定；依法应当报送国务院地震工作主管部门审定的，由省地震工作主管部门报送。

省地震工作主管部门应当自收到地震安全性评价报告之日起十五日内，确定建设工程的抗震设防要求，并书面通知建设单位和所在地的地震工作主管部门。

省地震工作主管部门根据需要，可以委托有条件的市（州）地震工作主管部门进行地震安全性评价报告的审定工作。

第十二条　地震安全性评价报告审定不通过的，地震安全性评价单位应当重新评价，所需费用由其承担。

未经审定或者审定不通过的地震安全性评价结果不得使用。

第十三条　地震安全性评价单位不得有下列行为：

（一）超越其资质许可的范围承揽地震安全性评价业务；

（二）以其他地震安全性评价单位的名义承揽地震安全性评价业务；

（三）允许其他单位以本单位的名义承揽地震安全性评价业务；

（四）转借资质证书；

（五）法律法规规定的其他违法行为。

第十四条　设计、施工单位对必须进行地震安全性评价的工程，应当按照地震工作主管部门审定的地震安全性评价结果及其确定的抗震设防要求，进行抗震设计、施工。

第十五条　县级以上地震工作主管部门应当会同有关部门对必须进行地震安全性评价的建设工程进行阶段性检查，对不符合抗震设防要求的，应当向建设单位提出整改或者停工的建议。

必须进行地震安全性评价的建设工程竣工验收时，应当有地震工作主管部门参与验收。

第十六条　一般建设工程按照国家地震动参数区划图规定的抗震设防要求和现行工程建设抗震规范进行抗震设防，并分别由市（州）地震工作主管部门和建设行政主管部门确认。

第十七条　各级人民政府及其有关部门应当加强对农村民居建设工作的指导和监督，引导农牧民建设具有抗震性能的房屋。

农村的建制镇、集镇规划区和村镇公用设施必须根据地震动参数区划图确定的抗震设防要求和抗震设计规范进行规划、设计和施工。

第十八条　建设行政主管部门和地震工作主管部门应当加强对农牧民防震抗震知识的宣传，提供农村民居地震安全的技术指导和服务。对于农村民居等建筑，应当采取建设示范点、免费提供设计图纸等措施，组织实施农村民居地震安全工程。

第十九条　违反本条例规定，未进行地震安全性评价的或者不按照地震工作主管部门确定的抗震设防要求进行抗震设防的，由县级以上地震工作主管部门责令改正，并处一万元以上十万元以下的罚款。

第二十条　违反本条例规定，未取得地震安全性评价资质证书的单位承揽地震安全性评价业务的，由县级以上地震工作主管部门责令改正，没收违法所得，并处一万元以上五万元以下的罚款。

第二十一条　违反本条例第十三条规定，其评价结果无效，由县级以上地震工作主管部门责令改正，没收违法所得，并处一万元以上五万元以下的罚款；情节严重的，由颁发资质证书的部门吊销资质证书。

第二十二条 未按照地震安全性评价结果及其确定的抗震设防要求进行抗震设计的或者未按照抗震设计进行施工的，由建设行政主管部门或者其他有关主管部门按照职责权限，责令限期改正，并处一万元以上五万元以下罚款；构成犯罪的，依法追究刑事责任。

第二十三条 县级以上地震工作主管部门不履行监督管理职责以及发现违法行为不予查处或者查处不力的，导致公共财产、国家和人民利益遭受重大损失的，依法追究有关负责人和直接责任人的刑事或者行政责任。

第二十四条 本条例自2008年1月1日起施行。

福建省人民政府令

（第100号）

《福建省地震安全性评价管理办法》已经2007年9月17日福建省人民政府第82次常务会议通过，现予公布，自2007年11月1日起施行。

省　长　黄小晶

2007年9月21日

福建省地震安全性评价管理办法

第一条　为了加强地震安全性评价工作的管理，根据《中华人民共和国防震减灾法》、《地震安全性评价管理条例》等有关法律、法规，结合本省实际，制定本办法。

第二条　在本省行政区域内从事地震安全性评价活动，必须遵守本办法。

第三条　县级以上人民政府负责管理地震工作的部门或者机构（以下统称地震工作主管部门）负责本行政区域内地震安全性评价的监督管理工作。

第四条　新建、扩建、改建一般工业与民用建筑工程，可以按照《中国地震动峰值加速度区划图》所示的加速度（烈度）进行抗震设防。

第五条　新建、扩建、改建建设工程，依照法律、法规的规定，应当进行地震安全性评价的，必须严格执行《工程场地地震安全性评价》国家标准，确保地震安全性评价的质量，并按照地震安全性评价结果确定的抗震设防要求进行抗震设防。

对本省行政区域有重大价值或者有重大影响应当进行地震安全性评价的工程包括：

（一）交通工程：

1. 公路长隧道（长度大于1000米），高速公路、一级公路上的特大桥梁（多孔跨径总长大于1000米，单孔跨径大于150米）；

2. 越江隧道、海底隧道或者水深大于20米、墩高大于80米、跨度大于150米及其他技术复杂、修复困难的铁路桥梁等特别重要的铁路工程；

3. 国际或者国内主要干线机场航站楼、航管楼（包括塔台、通信楼）、大型机库以及油罐罐体构筑物；

4. 危险品码头及2万吨以上码头；

5. 城市轨道交通。

（二）通讯工程：

1. 功率200千瓦以上的广播发射台、电视台（包括电视差转台、电视播控中心、电视发射塔等）；

2. 容量5万门以上的长途电话枢纽。

（三）能源工程：

1. 单机容量30万千瓦以上火电厂，LNG电厂以及其他规划容量80万千瓦以上的电厂；

2. 装机容量20万千瓦以上的水电站；

3. 500千伏以上变电站和省、设区市电力调度中心。

（四）生命线工程：

1. 总库容1亿立方米以上的大型水库大坝或者位于中等以上城市上游涉及主要城区防洪安全的重要中型水库大坝及Ⅰ级堤防工程；

2. 日供水20万吨以上水厂；

3. 属于省重点建设项目的燃气气源厂；

4. 三级医院住院部、医技楼、门诊部；

5. 属于省重点建设项目的各类救灾应急指挥中心。

（五）工业工程：

属于省重点建设项目的可能产生严重次生灾害的核工业和大型重工业工程。

（六）其他重要工程：

1. 属于省重点建设项目的大型影剧院，大型体育场馆，大型展览馆、会展中心；

2. 高度100米以上的高层建筑。

第六条 建设单位应当将建设工程的地震安全性评价业务委托给具有相应资质的地震安全性评价单位。

建设单位应当将建设工程的地震安全性评价报告报送省地震工作主管部门审定，但依法由国务院地震工作主管部门审定的除外。

第七条 省地震工作主管部门应当自收到地震安全性评价报告之日起15日内进行审定，确定建设工程的抗震设防要求。15日内不能作出决定的，经省地震工作主管部门负责人批准，可延长10日，并将延长期限告知建设单位。

省地震工作主管部门在确定建设工程抗震设防要求后，应当以书面形式通知建设单位，并告知建设工程所在地地震工作主管部门。

第八条 按照规定必须进行项目建议书和可行性研究报告审批的工程项目，县级以上人民政府项目审批部门在审批项目建议书或者项目可行性研究报告时审查其是否包含地震安全性评价报告确定的抗震设防要求。

按照规定实行核准制的工程项目，县级以上人民政府项目核准部门在核准项目申请报告时审查其是否包含地震安全性评价报告确定的抗震设防要求。

对未按照本办法要求进行建设工程地震安全性评价的建设项目，县级以上人民政府负责项目审批或者核准的部门按照规定不予批准。

第九条 地震安全性评价的从业单位和专业技术人员的资质资格管理按照国家有关规定执行。

地震安全性评价的从业单位应当按照地震安全性评价国家标准，进行地震安全性评价，并对其出具的地震安全性评价报告的质量负法律责任。

第十条 在本省从事地震安全性评价活动的省外单位，应当到省地震工作主管部门或者工程项目所在地的设区市地震工作主管部门备案。

第十一条 地震安全性评价单位应当按照省级以上价格主管部门颁发的有关收费项目及其标准收取费用，不得擅自增加收费项目和提高收费标准。

第十二条 违反本办法第五条规定，建设单位不进行地震安全性评价的，或者不按照地震安全性评价结果确定的抗震设防要求进行抗震设防的，由县级以上地震工作主管部门责令改正，处以 1 万元以上 10 万元以下的罚款。

第十三条 省人民政府地震工作主管部门向不符合条件的单位颁发地震安全性评价资质证书和审定地震安全性评价报告，县级以上人民政府地震工作主管部门不履行监督管理职责，或者发现违法行为不予查处，致使公共财产、国家和人民利益遭受重大损失的，依法追究有关责任人的刑事责任；没有造成严重后果，尚不构成犯罪的，对地震工作主管部门负有责任的主管人员和其他直接责任人员依法给予降级或者撤职的行政处分。

第十四条 本办法自二〇〇七年十一月一日起施行，原《福建省工程建设场地地震安全性评价管理规定》自本办法施行之日起废止。

国家地震科学技术发展纲要

(2007～2020年)

一、前　　言

为贯彻全国科技大会精神，落实《国家中长期科学和技术发展规划纲要（2006～2020年)》，统筹国家地震科学技术发展，提升我国地震科学技术的水平和能力，保障国家防震减灾2020年目标的实现，作为实施《国家防震减灾规划（2006～2020年)》的一项重要措施，特制定《国家地震科学技术发展纲要》。

（一）发展地震科学技术的重要性和紧迫性

我国是一个多地震国家。VII度以上的高烈度区覆盖1/2的国土，包括23个省会城市和2/3的百万以上人口大城市；我国目前有6.5亿农村人口居住在VI度以上地震危险区。20世纪以来我国地震死亡人数约占全球地震死亡人数的2/5，20世纪后半叶以来我国地震死亡人数约占同期我国所有自然灾害死亡人数的1/2。目前我国经济持续快速增长，城市化进程加快，地震对社会发展和公共安全构成的威胁更加严重，如何更好地适应我国经济社会发展的需求，与时俱进地做好新时期的防震减灾工作，是全面构建社会主义和谐社会的一个重要而紧迫的课题。

防震减灾是一项科技型社会公益性事业，所面对的是一系列世界性的科学技术难题。依靠科技进步是防震减灾事业发展的根本原则和必由之路。目前我国的防震减灾能力还落后于发达国家，距实现国家2020年防震减灾目标仍有较大的差距，这种差距主要体现在地震科学技术的发展水平上。因此，加快地震科学技术的发展，最大限度地提升防震减灾工作中各个环节的科技含量，是提高我国防震减灾能力的迫切需求。

地震科学技术不仅是防震减灾工作的支撑，也是开展地球系统科学研究、解决资源和环境等问题的重要基础，在为国家经济建设、社会发展、国防和外交服务方面具有重要作用。

（二）国际地震科学技术的发展趋势

1. 防震减灾需求是地震科学技术进步的推动力

在防震减灾需求的推动下，地震科学技术在世界范围内持续发展。地震孕育过程的复杂性、对地球内部观测的局限性、地震事件的突发性等，构成了地震预测的巨大难度。探索地震现象、减轻地震灾害的科学和社会需求依然推动着对地震科学核心问题——地震预测的深入研究。近年来，随着研究工作的不断深入，特别是在多个地震预报实验场开展的地震预测预报研究，对这一问题的科学认识不断深化，并为解决这一世界性科学难题提供了新的机遇。

防震减灾工作实践不断提出新的需求和新的科学问题，除持续提高地震监测能力、发展地震预测技术之外，地震灾害防御的需求推动了地震危险性区划、隐伏地震断层探测及危险性评价、地震强地面运动预测、工程抗震技术、地震预警技术等研究的深入开展，而地震应急救援的需求带动了地震速报、灾害预测与快速评估、地震救援技术等相关研究的发展。一些有重要影响的地震，例如1995年日本阪神地震、1999年土耳其伊兹米特地震、2004年印尼苏门答腊地震等，催生了多个重大地震科技计划。

2. 创新和发展成为地震科学技术进步的主旋律

当代地球科学的学科交叉和集成，带动了地震科学技术的不断创新。高新观测技术和实验技术（宽频带和高分辨率地震观测技术、GNSS和InSAR等空间对地观测技术、海洋地震观测技术、深钻技术、数值模拟与仿真技术等）的发展和应用，给地震科学技术不断注入新的生机和活力。地震科学经过一个多世纪的发展，已成为一个以观测为基础、理论体系较完整、紧密结合实际的科学领域。地球过程观测的长期优势开始显现，为做出新发现和回答很多久已提出的科学问题提供了良好的条件。实验的概念大大扩展，面向地球的大尺度可控实验与主动探测和密集观测之间的界限开始被打破。大型计算成为科学数据处理和地球过程模拟的重要手段。许多新现象、新方法和新理论（地震“触发”、“确定性地震区划”、时间相依的地震危险性评估、性态抗震设计、抗倒塌设防区划、灾害相容设定地震，等等）的发现和提出，集中反映了地震科学技术的进步。创新和发展成为地震科学技术进步的主旋律。

3. 合作和开放是地震科学技术进步的加速器

与地震和防震减灾有关的交叉学科研究使地震学家与其它领域专家之间的联系日益密切，交叉学科成为当代地震科学技术发展的主要特征。技术密集型的特点和面向地球的“大尺度”性质，使地震科学开始呈现“小科学”和“大科学”的辩证统一。

地震科学同时呈现出地域性和国际性的辩证统一。一系列大型科学计划（“地球透镜”计划、大陆和海洋钻探计划、国际地震工程模拟网络计划、国际城市减灾示范项目等）付诸实施。与地震科学和防震减灾有关的国际交流合作和国际组织十分活跃。与全面禁止核试验条约监测有关的工作成为国际政治的一个重要的“棋子”。国际地震应急救援成为履行国际责任和人道主义的一面旗帜。地震的多分量监测、实时监测、网络化成为国际地球科学领域关注的焦点问题。地震科学技术不仅对防震减灾工作有直接的意义，而且对解决资源、环境等问题显示出巨大的应用潜力。地震科学相关的数据共享成为世界性潮流，合作和开放成为地震科学技术进步的加速器，竞争与合作是地震科学技术的时代特点。

（三）我国地震科学技术的现状

1. 主要进展和成就

我国地震科学技术具有悠久的历史，我国现代地震科学研究的历史也可追溯至20世纪初。中华人民共和国成立后，特别是1966年河北邢台地震后，适应国家大规模经济建设和国家安全的需要，中国科学院等多个部门组织力量开展地震科学研究，为我国组建地震专业队伍、系统开展地震科学技术研究奠定了基础。此后，在我国政府对地震科学技术的高度重视和持续支持下，在科技部、国防科工委、国家自然科学基金会等国家科技主管部门支持的一系列地震科技项目的带动下，我国地震科学技术得到迅速发展，为防震减灾事业的进步提供了重要支撑，提升了我国在国际地球科学中的地位。中国地震科学面临大陆地震成因、青藏高原的变形和地震、黄土地区的地震破坏、大城市群的地震安全性等独特的地域性问题，使中国的地震问题成为国际地震界关注的一个焦点。中国近40年来坚持不懈的地震预测预报研究和探索，由于其长期性、连续性和实践性的尝试，在国际地震预测预报研究中具有独特的科学价值。1975 年海城地震的成功预报，是人类历史上第一次成功的具有减灾实效的强震预报。

半个多世纪以来，我国地震科学技术取得的进展和成就主要体现在：

建立了一支有实力的地震科技研发专业队伍。经过几十年的发展，国家地震科技主管部门——中国地震局系统已形成了由科研院所、测量和工程中心、省级地震研究机构组成的地震科技专业队伍。在中国科学院、高等院校、国家相关部门和企事业单位、以及一些地方的市县地震机构也活跃着一批从事与地震科学技术工作相关的专业技术人员。

形成了富有特色和优势的专业学科。我国已形成了地震学与地球内部物理学、地震地质和活动构造学、地壳形变与大地测量学、地震工程学等多个基础性学科，扩展、建立了地震监测预报、灾害防御、应急救援、地震公共安全管理与服务等多个专业技术领域。这些学科和专业技术领域构成了我国防震减灾事业的科技基础，也在我国地球科学和其它相关领域的发展中发挥着不可忽视的作用。

形成了基本覆盖全国的国家地震监测网络。包括地震台网、地磁台网、地电台网、重力台网、地下流体监测网、地壳形变台网、强地震动台网等，空间对地观测开始在地震科学技术中发挥作用。地震监测网络作为地震科学技术发展的基础设施，在科学资料的长期积累和地震活动趋势的动态监测方面，在解决防震减灾实际问题的科技研发方面具有独特的价值。

初步建成了地震科技基础条件平台。我国地震系统、高等院校及其它部门的相关科研机构，已先后建立了一批不同类型的面向地震科学技术和相关地学研究的实验室、研发中心、野外科学实验站与试验场。建立了地震科学数据和信息资源共享系统，初步形成了地震科技网络环境。

科技成果不断涌现，在国际地震科学中占有重要地位。我国地震科学技术取得了一系列创新性成果，多次获得国家自然科学奖、技术发明奖、科技进步奖等科技奖励。我国地震科技专家在国际合作、国际组织、国际会议等方面发挥了积极作用，享有良好的声誉。

科技进步在防震减灾工作中发挥了重要作用。新的科技成果不断应用于地震监测预报、灾害防御和应急救援，防震减灾工作的科技含量不断提高，取得显著的减灾实效。此外，地震科学技术还为国家外交、国际灾害救援、全面禁核试条约监测等做出了应有的贡献。

2. 主要差距和问题

作为一个发展中国家，与国际先进水平、社会对防震减灾和地震科学技术的迫切需求相比，我国地震科学技术还存在明显差距。主要体现在：

地震科学技术基础性工作薄弱。由于“普查”不够，“地情”不清，我国防震减灾工作的科学基础不够坚实。我国大陆发育 400 条以上有可能产生强震的活动断层，但目前仅对其中的十几条大型活动断层开展过 1: 5 万比例尺的填图与综合研究，仅对约 20 个大中城市的隐伏断层开展过 1: 1 万比例尺的详细探测、断层活动性研究和地震危险性评价。目前穿越我国地震构造区的中高分辨率人工地震勘探资料十分有限，应用数字地震台阵技术获取的深部构造探测结果不多，海域地震观测和研究基础薄弱。对大多数地区地震安全性评价所需的多种基础信息，包括地表与隐伏活断层展布的三维细结构、滑动速率及强震复发行为，强震震害分布、地面运动与烈度衰减关系，沉积盆地的结构与物性，各类建筑物、生命线工程以及人口、经济规模的分布等，还没有开展普查。

地震科学技术的应用技术不能满足社会经济发展的迫切需求。我国一些经济发达的大中城市存在较高的地震风险，广大农村地区地震设防程度很差，地震常常造成过多的人员伤亡和过大的社会影响。随着经济和社会的快速发展，大跨度、复杂结构的建筑物大量涌现，超大型和特性化的建筑日益增多，个性化的工程性态抗震设计需求愈加强烈，公众对减少地震造成的人员伤亡的要求越来越高。随着信息社会的发展，我国公众对地震信息服务的质量和速度的要求也越来越高。震后及时开展应急救援是“以人为本”的和谐社会的要求和现代政府提供公共产品和公共服务的最主要体现，地震应急救援有着巨大的需求。由于起步较晚，我国地震应急救援的关键技术研发和相关基础研究极其薄弱，灾情快速获取、震害快速评估、救灾指挥决策和相关的地震应急平台建设难以满足地震应急救援工作的实际需要。我国地震科学技术工作目前依赖国外技术和产品的局面尚未完全改变，一些原有的技术优势近年来有逐渐弱化的趋势，在国际地震仪器和产品市场中，除少数仪器外，我国不具备很强的竞争力，观测技术和仪器仪表方面的原创性成果不多。尽快改变这种现状，最大限度地提升防震减灾工作各个环节的科技含量，是提升全社会抗御地震灾害能力的一项重要任务。

地震科学技术发展和创新能力不强。地震观测、探测和实验能力不足，制约着科学研究的创新和学术影响力的提升。与国际先进水平相比，与我国的国土面积、震情国情和社会需求相比，我国在地震观测、探测和实验能力方面仍存在相当大的差距。地震和地形变观测台网分布不均衡，多地震的西部还存在着观测“盲区”，海洋地震观测刚刚起步。即使在地震重点监视防御区，监测系统仍不能很好地满足科学研究和震情监测的需求。地震监测系统的质量存在诸多问题。地震实验设备总体上仍较落后，缺乏大中型野外实验系统。观测、探测和实验设施的缺乏，使我国目前对大陆和周边海域地震构造与动力背景探测和研究不够、对地震活动规律性认识有限，制约着地震预测水平的提高；对强地面运动与工程结构破坏机理的研究不够，震害防御缺少坚实的理论基础。与此相关，我国地震科学技术在国际地震科学技术中的学术影响力，与我国的震情和国家地位不相适应，地震科技人才的成长也因此受到很大的限制。

地震科学技术发展中的合作和开放不够。防震减灾事业新的需求和我国经济社会新的发展，给地震科技队伍的建设和地震科技创新体系建设提出了新的课题。目前分散在不同部门的研究力量在地震科学技术发展中还未能形成合力。地震科学技术发展得到的支持目前还主要来自政府，社会和企业在地震科学技术发展中的作用十分有限。观测、实验数据和成果共享程度较低，相应的科技平台和技术条件亟待改进。地震科学技术发展的评估体系和评估标准以及科研项目的管理体制与机制仍存在一些问题，制约着地震科学技术的发展。地震科技人才培养体系不够完善，地震科学技术发展后劲不足。

二、指导思想、发展目标和战略部署

（一）指导思想

以邓小平理论和“三个代表”重要思想为指导，贯彻落实科学发展观，在“自主创新、重点跨越、支撑发展、引领未来”的科技发展方针指导下，坚持科技创新、理念创新、机制创新、服务创新，不断提高地震科技队伍自身的能力和全社会的防震减灾能力。通过创新、发展、开放、合作，动员全国科技力量，和谐共建国家地震科技创新体系，支撑和引领地震监测预报、灾害防御、应急救援三大工作体系的发展。进一步提升地震科学技术为国家利益、公共安全和经济社会发展做出贡献的水平和能力，为全面构建社会主义和谐社会贡献力量。

（二）发展目标

面向国家防震减灾事业的战略需求，瞄准国际地震科学技术的前沿领域，全面提升防震减灾工作各个环节的科技含量，以科技进步保证《国家防震减灾规划》目标的实现，推进地震科学技术为国家的经济建设、社会发展、国防和外交服务。

1. 形成体现我国地域特色、在国际上具有重要影响的优势领域，使我国地震科学技术达到发达国家同期的水平。

2. 在大陆强震机理与预测技术、地震成灾机理与减灾技术等关键科技问题上做出突破性成果，使我国地震预测技术和工程减灾技术达到国际先进水平。

3. 形成特色突出、高效精干的地震科技创新体系，建立一支业绩突出、在国际地震科学技术领域有重要影响的科技队伍。

（三）战略部署

紧密结合防震减灾事业发展的需求和国家安全、国家利益的需求，最大限度地发挥地震科学技术资源的综合优势，努力突破制约防震减灾事业发展的科技瓶颈，支撑和引领防震减灾事业的发展。

1. 从国家对地震科学技术的需求、地震科学发展的水平和技术条件出发，提出地震科学技术中的关键科学问题和核心技术问题。围绕这些问题，并考虑地震科学技术和防震减灾工作的全面协调发展，确定今后一段时期内地震科学技术研究的重点领域和优先主题，引导我国地震科学技术研究的开展。

2. 基于当代地震科学的“大科学”特征以及我国地震科学研究课题分散、科学研究与基础设施建设脱节、缺少“龙头”项目的情况，在国家层面上设立并实施围绕重大科学问题的综合性科学研究计划，加快国家地震科技基础设施和基础条件平台的建设，强化基础性调查和研究工作，催化关键科学技术问题的突破。

3. 国家地震行业主管部门、地震科技相关部门以及地方之间加强合作，有机整合科技资源和人力资源，分工负责、协同配合，健全优势互补、资源共享的合作机制，共建地震科技创新体系，共同承担地震科学技术重点领域的研究任务和国家科学计划，推动我国地震科学技术和防震减灾工作又好又快地发展。

三、重点领域及其优先主题

地震科学技术面临许多难题需要研究和解决，现实的策略是：在科学上，以最大的努力突破现有知识的限度，提高对地震过程和成灾机理的认知能力；在技术上，最大限度地利用现有的科学认识和经验，力争取得对防震减灾工作最为有利的、服务于社会的成果。为此，未来一段时期内，应密切关注以下关键科学问题的探索和核心技术的发展。关键科学问题包括：中国大陆地震构造与动力背景，地震孕育发生的物理过程和机理，强地面运动与工程结构破坏机理。核心技术包括：地震监测、预测、预警技术，地震区划与工程震害防御技术，地震应急响应与紧急救援技术。这些关键科学问题的突破和核心技术的发展，需要从多方面研究和推动，其中涉及 7 个重点领域和 30 个优先主题。

（一）地震监测理论与技术

发展和完善由高新技术支撑的多学科观测系统，形成地表、地下和空间协调布局的地震监测网络，是推动地震科学技术进步的关键。

发展思路：发展智能化地震监测数字传感器技术，提高传感器的一致性、稳定性、可靠性和抗干扰能力；发展小型化流动地震监测技术、主动探测技术、井下综合监测技术和空间对地观测技术，加强地震监测理论和数据处理方法研究，提高地震监测能力；推进地震信息网络建设，提高地震数据服务能力。

优先主题：

1. 地震监测设备和传感技术

地震监测传感器新技术及智能化数字传感器技术，地震台站通用多功能数据采集设备，主动探测技术，次声波观测技术，旋转地震学观测技术，月震探测技术。

2. 深井综合监测技术

适于井下综合观测的地震、地应变、地倾斜、电磁以及地下流体动态观测等各类传感器，井下综合数据采集、传输和授时技术，井下承压密封、定位和系统集成技术。

3. 地震卫星与空间对地监测技术

地震电磁、InSAR、重力、热红外等多源多类型遥感卫星及地面应用系统，天地一体化观测数据处理技术和地震信息识别与提取方法。

4. 地震监测理论与数据处理

地震监测原理与前兆信息检测理论，地震监测组网原理与方法，台网监测能力评估与优化，观测资料解释与数据处理，地噪声分析与应用。

5. 地震信息网络

地震信息网络实用技术和相关标准，地震信息存储及发布安全技术，网络协同环境技术及应用系统，高性能网络计算平台和技术。

（二）大陆活动构造

开展大陆活动构造研究是大陆强震动力学成因机理、地震预测、地震灾害防御等研究的重要基础。

发展思路：研究大陆地壳和上地幔结构，为分析强震孕育的深部地球物理环境、深浅部构造关系、震源介质性质、动力过程等提供基础；开展大陆地震构造调查，为强震发生地点和强度判定提供基础信息；开展地震动力学环境研究，深化对中国大陆地震活动规律性的认识。同时，开展大陆活动火山的调查和监测，为火山灾害防御提供基础。

优先主题：

6. 大陆壳幔结构

中国大陆地壳上地幔三维速度结构，中国大陆主要活动地块边界带与强震易发区的地壳上地幔精细结构，中国大陆主要活动断裂带的深部结构成像。

7. 大陆地震构造

中国大陆强震带和主要活动地块边界带活动构造调查、填图与发震构造综合研究，全国新一代活动构造图的编制，主要活动断层的古地震调查与地震行为研究，主要活动构造带现今运动特征和变形演化分析。

8. 地震动力环境

相邻板块边界的动力作用及其对中国大陆的影响，中国大陆活动地块及边界带的运动与变形方式，中国大陆的地球物理场、地壳运动与应力应变场，壳幔深部的动力作用。

9. 活动火山

中国活动火山分布及其潜在危险性评价，主要活动火山的深－浅部构造、喷发类型、机理以及成灾过程，活动火山的监测与灾害预测方法。

（三）地震预测

地震预测是防震减灾的重要环节，也是地震科学技术的核心问题之一。

发展思路：在对地震孕育环境探测和对地震过程观测的基础上，研究地球物理场和地球化学场的动态演化，探讨其与强震孕育发生的关系；研究地震前兆机理，发展地震前兆识别技术，探索地震数值预测方法；开展诱发地震的监测与预测研究，为矿山、水库等的地震安全提供服务，并为构造地震的预测提供借鉴。

优先主题：

10. 地球物理场和化学场的动态演化

区域地球物理场和地球化学场演化特征，介质参数和动力学参数变化的动态图像，地球物理场和地球化学场的异常变化与强震孕育发生的关系。

11. 地震前兆机理与短期预测

岩石变形失稳的前兆特征，慢破裂事件及形成机理，地震前兆的物理解释，具有动力学基础的地震前兆识别技术，强震孕育中短期和临震阶段的物理过程及其前兆演化，地震短期综合预测方法及其预测效能检验。

12. 中长期地震预测理论与方法

活动断裂带强震破裂历史的重建，基于地壳形变观测的应变积累速率时空演化，地震活动率与断裂带分段地震活动性参数的时空变化，时间相依的地震发生概率分析理论。

13. 地震孕育和发生过程的物理机制与数值预测

中国大陆活动地块及其边界带变形的时空分布及动力过程，断层变形失稳与强震孕育发生，强震迁移及触发机制，应力场演化与地震前兆特征，地震数值预测试验研究。

14. 诱发地震

水库、矿山等诱发地震活动特征、发生机理与预测方法，诱发地震与区域强地震活动的相互关系，诱发地震灾害评估技术及地震安全的辅助决策技术。

（四）地震灾害防御

地震灾害防御是减轻地震造成人员伤亡、经济损失和社会影响的根本途径。

发展思路：开展活动断层探测及强震动观测，积累抗震设防基础数据；揭示地震及其次生灾害形成机理，探索抗震设防的有效途径；发展地震区划技术，制定抗震设防标准，提高建设工程的抗震能力；发展抗震设计理论与方法，开发减隔震技术，改善各类工程的抗震性能。

优先主题：

15. 活动断层探测与危害性评价

复杂环境条件下活动构造的地质与地球物理探测和鉴定技术，活断层地震危险性及危害性评价方法，城市及城市群、高新开发区、重大工程区、重点监视防御区活动断层探测及其地震危险性评价。

16. 强地震动与场地效应

强地震动观测和数据处理技术，近场强地震动场预测，近断层强地震动特征与工程破坏效应，岩土特性与场地特征关系，土体液化、大变形、复杂地形和地下构造对地震动的影响，复杂土层地震动数值模拟技术。

17. 地震动参数区划与抗震设防标准

高震级潜在震源区识别和评估技术，大地震近场和区域地震动衰减关系，抗倒塌为目标的区划图编制技术，地震小区划及地震安全性评价关键技术，与经济发展水平和工程类别相适应的抗震设防标准。

18. 工程破坏与防御技术

各类工程的非线性损伤与倒塌破坏机理、重大工程的健康监测技术，新型抗震材料，基于网络的新型实验技术和工程的减隔震及加固技术，工程抗震设计理论和规范。

19. 地震次生灾害的形成机理和预防

地震次生灾害和灾害链的形成机理，地震对商业中断、人类心理和社会的影响，预测人员伤亡的理论和方法，切断灾害链的控制和预防技术。

（五）地震应急响应与处置技术

地震应急响应与救援是有效减轻地震造成人员伤亡、经济损失和社会影响的重要途径之一。

发展思路：发展完善地震参数速报与灾情信息快速收集发布技术，为决策层和社会公众提供快速准确的地震及相关灾情信息服务；完善地震灾情快速评估技术，发展指挥辅助决策与演练技术和救援技术，以快速有序地应对地震突发事件；开发推广重要设施的地震预警与自动处置技术，有效减轻地震灾害的影响。

优先主题：

20. 地震和地震烈度的速报与发布

速报台网构架理论与布局，地震参数与烈度参数自动分析确定方法与技术，地震和地震烈度信息实时传输与即时发布技术。

21. 地震灾情信息快速获取与评估

数字化现场灾情调查评估技术，实时灾情监控与信息传送技术，基于飞行平台的灾区巡查技术，工程震害评估技术，海量信息的集成识别技术，灾情图像快速生成与仿真技术。

22. 重要工程设施预警与紧急处置

强地震参数的快速检测技术与预警阀值理论，高速列车紧急自动处置技术，核电站地震预警自动紧急处置技术，城市供气系统等生命线工程的地震安全紧急处置技术。

23. 地震巨灾应急响应与救援技术

应急救援指挥仿真推演技术，应急资源调度辅助决策技术，次生灾害危险源应急处置技术，危机诱变因素识别控制技术，地震救援装备技术。

24. 地震应急管理理论

地震应急区划与应急准备理论，巨灾应急救援与危机控制理论，应急状态下的公共管理理论，地震应急管理与建设标准。

（六）海域地震

我国东海、黄海、渤海、南海以及台湾海峡和其周边地区是地震多发地区。随着海洋资源特别是油气资源的勘探开发，海上构筑物不断增加，沿海地区经济迅速发展，对海域减轻地震灾害的需求也日益迫切，必须尽快开展海域地震工作。

发展思路：开展海域地壳、上地幔结构探测研究和活动构造调查，为研究海域地下结构和地震活动提供基础；建立海域固定和流动相结合的监测网，为研究海域地球物理场时空变化和地震预测提供信息；建立地震海啸监测预警系统，开展海域工程构筑物的地震安全性研究，为减轻海域地震灾害服务。

优先主题：

25. 海域地壳/上地幔结构和活动构造

海域重点地区的活动构造调查，海域重点地区地壳上地幔结构及深、浅部构造探测，海域现代地壳运动观测与研究等。

26. 海域地震监测系统与技术

海底地震观测仪器（OBS）和其它适合海洋观测的地球物理仪器的开发，海域重点地区海岛和海底地震监测台的建设。

27. 海域地震预测与灾害防御

滨海地震预测和地震区划研究，地震、海浪、潮位等观测相结合的地震海啸监测预警系统建设，地震海啸形成机理和传播特征，海洋钻探平台、海底光缆、跨海大桥等相关工程构筑物的地震安全性问题。

（七）地震科技服务

地震科学数据不仅是防震减灾工作的基本信息源，而且是开展地球科学研究的基础资料，对解决资源、环境等问题，都是重要的基础数据，并对国家安全和经济社会发展有重要作用。

发展思路：从国家层面协调地震观测和研究的数据积累和数据共享，推进地震科技成果的转化，为国家安全、经济社会发展提供多方面的服务。

优先主题：

28. 地震数据与信息服务

国家和区域地震台网观测数据的共享体系和机制，与地震相关科学数据共享的技术支持和质量评估，地震观测资料、地震灾情和损失等信息的服务系统，地震预测预报信息向社会公布的机制和方式。

29. 面向国防安全的科技服务

核爆炸地震学基础，核试验侦查与识别研究，《全面禁止核试验条约》国际监测系统台站和台阵技术，面向国防安全的高精度重力、电磁观测，空间电磁环境与磁暴监测与研究。

30. 面向经济社会的科技服务

人工爆破、重大爆炸事故的监测与分析，土地利用及城市规划中的地震安全依据，重大工程选址及抗震设计地震动参数，工程抗震性能鉴定与结构损伤探测，城乡工程建设技术咨询，地震灾害风险评估与地震保险。

四、国家地震减灾科学计划

地震是构造应力在活动断裂带特殊部位长期积累和突发释放的结果。中国大陆岩石圈具有十分复杂的结构和漫长的演化历史，在周边板块的挤压、板内局部地幔对流和活动地块相互作用下，不断地进行着强烈的构造变动，导致地震活动的频繁发生。利用现代科学技术对构造应力的时空演化过程进行监测和研究，综合理解地震孕育和发生的物理过程，是当前地震科学和防震减灾所面临的最重要的科学问题之一，同时还可为大陆动力学、生态与环境演变、资源探测等一系列基础研究和应用研究提供不可缺少的重要方法和基础资料。另一方面，在地质调查、地球物理观测和探测的基础上，开展强地面运动的数值预测，进而开展工程的地震破坏及其控制的研究，揭示地震成灾机理并发展预防理论，对于有效减轻地震灾害具有重要的理论和实际意义。

国家地震减灾科学计划以大陆强震机理和地震成灾机理等关键科学问题为目标，从地震与构造运动和变形的关系入手，利用空间对地观测和活动构造研究等技术，研究中国大陆主要地震带和强震危险区地震构造的变形特征，利用地球物理测深和空间测量技术，研究地震构造的深部结构和环境，深化对中国大陆现今构造变形和动力过程的认识；通过在地震实验场区的密集观测和探测、在震源区的直接钻探和观测，结合理论和实验研究，推进对地震发生机理的认识并探索地震数值预测方法；对地震实验场区开展强地面运动的预测，结合工程的地震破坏研究，揭示地震成灾机理，发展震害控制和预防技术。

国家地震减灾科学计划是未来 14 年我国地震科学技术研究的一项重要科技行动，拟通过 4 个重大专项，分阶段、分区域逐步推进。

（一）地壳变形观测与活动构造调查

构造变形的运动学信息是地球动力学研究和地震数值预测研究的基础。利用空间对地观测和地表活动构造研究等技术，获取主要地震危险区活动构造和地壳变形特征，是认识构造应力积累和迁移等运动学特征的重要途径，对于地震预测、震害预防具有重要的理论和实际意义。

1. 地壳变形与活动构造的空间观测

正在建设的国家重大科学工程“中国大陆构造环境监测网络”应用卫星导航定位技术，辅之以 VLBI、SLR 等空间技术，并结合精密水准测量、重力测量等多种技术，构成了有相当密度、覆盖全国的观测系统。上述观测系统的超高精度静态相对测量能够检测出地壳运动与构造变形的细微变化，给出动态的位移场、速率场和应变场等。利用角反射器 InSAR 局部观测优势，形成角反射器 InSAR 与 GNSS 联合优化组网观测系统，获取地壳构造变形的三维信息。

采用先进的计算方法与模型，反演中国大陆速度矢量与应变场，建立岩石圈粘弹力学模型，模拟中国大陆长期应力应变场的演化，研究中国大陆基于变形场特征及力学失稳模型的地震危险性预测方法。通过典型地区地壳应变速率、断层带应力演化、地震矩累积和释放特点及其相互关系的研究，给出典型区域基于地壳变形场特征及力学失稳模型的地震动参数的动态几率分布。此外，利用获得的地表变形的运动场和应变场为约束条件，在岩石圈结构和地质构造研究的基础上，研究大陆内部构造变形的动力学过程。

2. 新构造运动与地壳应力状态

发生在新生代晚期一直持续至今的新构造运动是产生包括地震在内重大自然灾害的最根本因素。利用现代地理信息系统和新年代测试技术开展新构造运动研究，查明新构造运动的性质和强度，是认识中国大陆地震动力背景的重要任务。

利用地应力测量、钻孔应变连续观测、地震震源机制与地震波信息等各种方法获得的构造应力和应变资料，研究中国大陆及海域构造应力分布的基本特征、强震区（带）地壳应力应变动态变化及断层运动特征，开展活动断裂带相互作用与地震的应力触发作用研究。

3. 主要发震断裂的分布特征与活动习性

活动构造是确定未来强震可能发生的地点和强度的主要依据。以活动构造地质地貌调查和实测方法为主，对大陆及海域的主要活动地块边界带和强震危险区进行活动构造调查、填图与综合研究，查明主要活动构造带的晚第四纪变形特征、主要发震构造、主要活断层的位移速率以及古地震证据，获得主要发震断裂的滑动速率、同震位移、复发间隔、离逝时间、断裂分段等定量数据，在此基础上建立地震复发的理论模型，揭示地震在时间和空间上的活动规律，指导地震危险性预测。

（二）深部结构和孕震环境探测

依托地球物理和地球化学技术对地球内部进行观测和探测，获取对发震构造的深部结构、动力环境等方面的信息，同时观测地震孕育发生所伴随的地球物理场和地球化学场的变化，是认识地震孕育发生物理过程的基础。由于地震发生在人类至今无法企及的地下深处，通过“地震”这盏明灯，可以照亮地球内部的结构，所以该研究亦可称为“地下明灯”专项。

1. 地球物理和地球化学背景场探测

合理规划和完善全球、国家、区域和地方四级地震监测台网，加强地震、大地测量、电磁和地下流体的流动监测，探测中国大陆地球物理和地球化学场背景场及其动态演化。在地震重点监视区适当加密观测，提高对主要动力边界带和活动构造带的监测能力，探讨强震孕育发生过程中物理场和化学场的变化特征。

2. 深部精细结构的地震台阵观测

利用由数百个宽频带地震仪组成的流动地震台阵，并结合中国国家地震台网与邻近地区和国家的地震观测台站，采用天然地震和人工震源组成的系列震源，对中国大陆分区域开展高分辨率深部结构探测，给出地壳、上地幔三维精细结构及物性成像，探索震源区高精度成像及其演化的观测方法。利用高分辨率人工地震探测技术获取地震危险区和主要发震断裂带的深部精细结构。在此基础上分析强震孕育的深部环境、震源介质性质、动力过程及地震前兆。

3. 深部介质物性的综合地球物理探测

建设极低频电磁探地工程，利用一个发射源，在全国范围建立一定密度的观测网络，观测地下电性结构的变化以及空间电磁场的变化，实现对地震等灾难性事件引起的电磁异常的高精度动态监测。利用现有的大地电磁测深技术和地磁阵列观测技术，结合地震学等其它地球物理观测手段，深入研究强震发生的深部构造背景、孕震区介质力学、电磁学等性质，建立大陆强震发生的深部介质结构模型，为大陆强震机理和预测提供依据。

4. 地震电磁与重力卫星观测

基于地震立体观测系统的需求和我国航天技术的发展，分阶段研发地震电磁和重力卫星，建设配套的地面应用系统。开展天基电磁场观测、电离层等离子体观测和高能粒子观测、卫星重力梯度测量，建立动态的全球地磁场模型、大气电场变化模型和地球重力场模型，研究地球岩石层－大气层－电离层耦合关系。结合航空电磁和重力观测，基于变化的电磁场、重力场以及电离层等离子体变化等，反演全球和区域规模的深部结构。

（三）地震数值预测的试验研究

在构造变形运动场和深部动力学研究基础上，通过在地震实验场区的密集观测和探测、在震源区的直接钻探和观测，构建地震孕育和发生的物理模型，利用实验和数值模拟技术研究强震孕育和发生的动力过程，开展地震数值预测的试验研究，对于认识地震机理、提高地震预测水平具有重要意义。

1. 地震发生机理的实验研究

由于地震是非频发事件以及地球内部观测的局限性，通过模拟实验研究地震的发生机理是地震科学的重要内容。实验研究各种断层模型的滑动和破坏过程，分析断层几何复杂性和强度非均匀性等对断层滑动本构关系、断层破裂过程及其伴生的物理场的影响。开展高温高压岩石力学实验，系统研究断层滑动强度和稳定性及其影响因素，针对主要断层建立流变强度模型，为分析断层带应力积累和释放过程、地震成核条件和深度等提供依据。开展实验岩石学、高温高压岩石物理实验研究，分析断裂带的物质组成与物理性质，探讨壳内物性异常层的成因机制，为建立断层系统模型等提供必需的基础资料。

2. 地震动力过程的数值模拟研究

利用并行计算等现代计算机技术，实现较高分辨率、较多网格的数值模型。采用现代计算技术，吸收新的探测研究结果，根据地震活动情况，动态地进行模型的更新。以 GNSS 测量结果、历史地震和古地震等为约束，建立接近实际地震活动情况和介质环境条件的、具有物理意义和预测功能的活动地块边界带动力学模型，模拟强震孕育和破裂的物理过程。通过模拟试验结果的分析，研究地震过程中断层的相互作用，探索不同方式的力学作用如何控制应力积累、转移和释放，介质的非均匀性对地震分布的影响，分析边界带上断层系统的运动学和动力学特征，加深对地震现象物理本质的理解。

3. 地震预测的实验场研究

在我国强地震频发地区建设地震监测预报实验场，在查明实验场岩石圈结构和发震构造及其活动习性的基础上，以现有的监测系统为基础，建设立体化、近震源、高分辨率的观测体系，通过地球物理场观测与地质构造相结合、短临预测与中长期预测相结合、理论模型与实际观测资料相结合，促进数值地震预测方法的发展。通过三维几何结构与深浅部构造关系的探测、断裂带流变结构和本构关系的确定、变形分布与演化图像的分析、断裂活动习性和古地震活动历史回溯、现代地震活动观测和破裂动力学模拟，建立强震孕育和发生的动力学模型，通过实验和数值模拟研究强震发生的物理机制，进而对强震进行数值预测的试验研究。

4. 震源区科学钻探

在地震实验场区选择地震断层带，开展科学钻探，研究断层带的深部介质性质、物理状态和应力环境，并开展断层带深部应力等物理参量变化的观测，推进强震机理与预测研究。利用深钻提供的岩芯实物、钻孔地球物理观测和地球化学分析，获得地表以下接近震源深度、与孕震环境有关的直接信息，开展以深钻为核心的地震孕育和发生机理的实验研究。

（四）地震成灾机理与减灾技术

工程是地震灾害的承载体，其地震破坏直接导致地震灾害。在对地震实验场区开展综合探测和观测的基础上，进行强地面运动预测研究，进而开展工程的地震破坏及其控制的研究，阐明地震灾害及其次生灾害的形成机理和预防理论，并集成为地震灾害模拟系统，为震灾预防提供最直接、最直观的手段和工具。

1. 强地面运动预测研究

在地质调查和地球物理探测的基础上，综合考虑断层的运动学和动力学特征（震源参数、断层的破裂方式等）、地球介质和局部场地对地震波传播的影响，开展强地面运动的预测研究。重点研究近场强地面运动的速度大脉冲、断层破裂的方向性、大竖向加速度以及地表大变形等破坏性作用特征、空间分布规律及其形成机理，研究盆地和场地液化等对强地面运动破坏性的影响，提出强地面运动破坏性的数值预测模型。

2. 工程的地震破坏及其控制

以强地面运动破坏性的预测结果为地震作用输入，在材料、构件、子结构和结构整体等多重尺度下，利用实验和数值模拟相结合的方法，研究各类工程的地震破坏机理，建立其非线性本构关系模型和地震损伤演化模式，研究被动控制、主动控制和智能控制等方法对减轻工程地震破坏的有效性。开展可应用于各类工程的减隔震技术研究，研发新型控制装置。通过现场原位工程原型破坏性实验和足尺模型破坏实验验证提出的理论、方法和技术措施，发展和完善抗震设计理论。

3. 地震次生灾害机理与预防技术

根据地震破坏的研究结果，研究直接地震破坏发生后，火灾、爆炸、溃坝、商业中断等次生灾害和灾害链的形成机理。根据国内外的人员伤亡和经济损失等资料，结合数值模拟方法，提出针对人员伤亡、经济损失和商业中断的定量估算方法。根据灾害链的形成机理，研究开发切断灾害链的有效控制方法和预防技术。

4. 地震灾害模拟系统

利用 GIS 和虚拟现实等计算机技术，将强地面运动的数值模拟、工程的地震破坏及其控制、地震及其次生灾害的发生机理等成果加以集成，形成一个可以模拟震源、传播路径、场地、地震破坏、人员伤亡、地震灾害和次生灾害的数值模拟平台，从而为有效地研究和开发减轻地震灾害的技术和措施提供开放共享的地震灾害模拟系统。

五、地震科技创新体系建设

地震科技创新体系是国家科技创新体系的重要组成部分，是促进地震科学技术自主创新、支撑防震减灾事业发展、推动相关地学领域研究的关键。地震科技创新体系建设的基本原则是：以创新发展为主题，以合作开放为措施，以防震减灾实效为落脚点，通过国家地震行业主管部门、地震科技相关部门以及地方之间的密切合作，共建、共管、共享地震科技创新体系，推动我国地震科学技术的创新和持续发展，为防震减灾和国家安全提供有力的支撑。

（一）建立开放合作的地震科学创新体系

以全国地震相关科研机构、高等院校为主体，建设学科布局合理、研究方向和重点领域各具特色的地震科学创新体系，开展地震科学的基础和应用基础研究，推进地震科学知识创新。建立若干开放型、国际性科研基地或研究中心，围绕学科前沿问题和重大科学问题，开展攻关研究，增强我国地震科学的自主创新能力。发挥学术组织、学术团体在地震科学创新体系中的桥梁纽带作用，增强地震科学创新活力。

（二）建立产学研相结合的地震技术创新体系

地震科研机构、工程技术中心、高等院校以及企业相结合，共建技术研发体系，开展地震观测技术、震害防御技术、地震应急救援技术及其它相关技术的研究，推动产学研相结合，建立集研究、设计、制作、生产一体化的技术研发基地，促进地震技术创新的市场化。通过政策规范和引导，推进地震科技成果服务于防震减灾、经济建设、社会发展和其它相关领域，充分发挥国家地震科学技术投入的作用和效益。

（三）建立具有特色和优势的区域地震科技创新体系

建立以省级地震业务机构为主体、地方相关科研机构和高校以及市县地震机构参与的区域地震科技创新体系，统筹区域地震科技创新能力建设。针对不同区域防震减灾工作的需求，促进中央和地方地震科技力量的有机结合，促进地震科技成果向区域应用的转化，提高地震科学技术为区域经济社会发展的服务能力。通过地方法制建设和依法行政，支持区域地震科学技术的发展，促进区域内新的协作机制的形成，形成不同区域的特色和优势。

（四）共建共享地震科技基础条件平台

加强科技资源的集成，优化科技资源配置，有计划、有重点、有目标、有步骤地建设具有国际先进水平的地震观测基础设施、集群实验装置、网络科技环境、科学数据共享系统。重点支持跨部门、跨学科和跨行业的国家重点实验室、国家野外科学研究站、工程研究中心等研究试验基地的建设。加强地震计量和标准化研究，建立健全符合地震科学技术需求的计量技术系统和标准体系。通过开放共享科研装置、观测设施、数据资料等科技资源，促进地震科学技术的创新和发展。

六、人才队伍建设

人才是科技发展和创新的根本。针对我国防震减灾和地震科学技术发展的需求，培养和引进相结合，建设一支引领地震科学技术发展的高水平科学家队伍，形成一支支撑防震减灾任务的专门人才队伍；培训和教育相结合，提高地震科技队伍的整体素质，培养地震科学技术的未来人才。

（一）建设一支引领地震科学技术发展的科学家队伍

根据国家防震减灾事业的战略需求和国际地震科学技术的发展趋势，以地震科技相关研究院所、工程技术中心和高等院校为主体，通过创新、发展、开放、合作，建设一支高素质的科学家队伍。对一些国家急需的专业引进国外科学家。在国家的支持下，开展地震科学技术基础性、前瞻性研究，在项目中识别人才、培养人才、支持人才。创造机会，让杰出青年人才在科技创新环境中进行锻炼。

（二）建设一支支撑防震减灾任务的专门人才队伍

各省市防震减灾科技队伍是国家地震科技队伍的重要组成部分。要着力培养他们中的科技骨干，引导他们重点研究和解决重要的应用性的和区域性的地震科学技术问题，吸收和消化先进的地震科技成果，推动防震减灾科技进步，真正使政府和社会感受到地震科技的成果。对于地震监测台站的科技人员，要注重他们的知识更新和技术提高，创造条件让他们接触国际一流的观测设施和专业技术专家。通过国内访问学者机制、定向研究生班机制、专业技术培训班机制、联合培养研究生机制等，加强科研机构、高等院校与省市地震局、地震台站之间的联系。

（三）充分发挥教育和培训在人才培养中的作用

加强地震科技人才培训基地建设，建设设备先进、设施齐全、功能配套的现代化培训基地和远程教育平台，定期举办有关专业技术培训班或科学讲座，培训各类地震专业技术人才，不断更新其知识结构，提高地震科技队伍的综合素质和创新能力。着眼于未来地震科技人才的培养，支持高等院校培养地震科学技术相关专业的本科生，支持研究院所和高等院校培养地震科学技术相关专业的研究生。在研究生的培养过程中，注重搭建研究机构和各地防震减灾管理机构以及基层单位的人才培养合作平台，着重培养研究生解决实际问题的能力和自主创新能力。建设好地震科学技术相关的博士后工作站。

（四）积极营造有利于人才成长的创新环境

积极营造有利于充分调动科技人员的积极性、主动性、创造性，有利于发现和培育优秀人才，有利于鼓励自主创新、促进科技成果转化为防震减灾实效的创新环境。尊重地震科学技术发展规律，创建鼓励探索、宽容失败、团结协作、宽松和谐的学术氛围。加强科研道德建设，发扬求真务实、锐意创新的学术精神，抵制浮躁学风，建设地震科技创新文化。

七、保 障 措 施

为保证国家地震科学技术发展目标的实现，必须在组织领导、经费投入、创新环境建设、开放与合作、地震科学技术普及等方面推出有力的配套政策和采取切实有效的保障措施。

（一）继续推进和深化地震科技体制改革

推进地震科技管理体制改革，建立全国地震科技组织协调机制，统筹地震科学技术的发展布局，提高宏观调控能力。构建开放、流动、竞争、协作的运行机制，营造平等竞争的创新环境。继续推进社会公益性科研机构改革，深化学科结构调整，建立“职责明确、评价科学、开放有序、管理规范”的现代科研院所制度，增强自主创新动力和原始创新能力。加快地震业务机构改革，按照国家有关事业型机构改革的要求逐步推进内部管理体制改革。建立面向市场的地震科技型企业，提升持续研发能力和产品竞争能力。

（二）加大地震科技投入的力度和稳定性

建立与社会经济发展水平及防震减灾需求相适应的投入机制，给予地震科学技术长期稳定的支持。作为防震减灾工作和地球科学研究基础的活动构造调查与研究，深部构造探测与研究，地震监测预报、灾害防御和应急救援相关的基础研究，与地震减灾有关的基础数据普查等，应作为防震减灾事业的日常工作，纳入常规国家财政预算，给予稳定的支持。

（三）加强开放合作与资源共享

地震科学技术研究面向全社会开放，动员社会各方面的相关力量开展全方位的合作。进一步加强区域间、部门间、部门和地方、部门和企业、科研机构与高校间的合作，建立联合研究中心与产学研机构，组织重大课题并联合进行人才培养。充分挖掘潜在社会资源，促进资源信息共享和人才的合理有序流动。大力加强区域地震合作和地方地震科学技术工作，促进区域内新的协作机制的形成，从而为区域防震减灾和经济发展提供有力的支持。

（四）广泛开展国际合作与交流

在坚持自主创新，紧密结合我国防震减灾的实际问题开展地震科学技术研究的同时，积极开展广泛的国际合作与交流。鼓励科技人员与世界一流科学家开展实质性的国际合作，学习其先进的学术思想，提高学术水平和创新能力。积极开展国际地震救援、援建地震观测系统、国际地震核查等工作，为国家外交和国家利益做出应有的贡献。鼓励和支持专家参与国际学术组织的工作，参与和组织大型国际地球科学观测研究计划，努力扩大我国在国际地震科技领域的影响。

（五）完善地震科技评价激励机制

用科学发展观指导科技评价体系建设，建立和完善地震科技评价和激励机制。建立健全基础研究、应用基础研究、应用技术开发等各类地震科技项目的分类评价方法，对各种科技活动进行合理、科学的评价。建立地震科研机构分类考核评价机制，加强对科研机构运行管理、绩效和信用的考评。建立符合科技人才规律的考核评价体系，对科学研究、技术研发、科技管理等各类人员实行分类管理和考核，逐步建立以业绩为核心，由品德、知识、能力等要素构成的考核评价标准。完善地震科技激励机制，改进专业技术人员的职称评审办法和奖励制度。加强知识产权保护意识，推动更多自主创新成果的涌现。

（六）加强地震科学技术知识的普及

制定并积极推进旨在提高全民防震减灾意识的科学知识普及计划。针对未成年人、农民、城市劳动者、各级领导干部的不同情况，有重点地加强地震科普工作。鼓励地震科技专家参与科普创作。鼓励和引导媒体正确地关注和报道地震科学技术问题，推动地震科学技术知识的普及。建立科研机构、工程技术中心、高等院校、地震科学野外观测站、重点实验室、培训基地等定期向社会公众开放的制度。注重特点、注重实效，以创新的思路，加强适合中国国情的地震科普场馆建设。通过全民防震减灾意识的提高，为防震减灾和地震科学技术的发展提供良好的社会氛围。

中国地震局

（2007 年 8 月）

2007 年发布 1 项国家标准

标准名称：GB 21075—2007《水库诱发地震危险性评价》

英文名称：Reservoir - induced earthquake hazard assessment

发布日期：2007 年 8 月 20 日

实施日期：2008 年 3 月 1 日

范　　围：本标准规定了水利水电工程水库影响区的水库诱发地震危险性评价的工作内容、技术要求和工作方法。本标准适用于新建、扩建的大型水利水电工程的抗震设计、工程选址和水库影响区的防震减灾。

2007 年发布 6 项地震行业标准

标准名称：DB/T 11.1—2007（代替 DB/T 11.1—2000）《地震数据分类与代码　第 1 部分：基本类别》

英文名称：Categories and codes for earthquake - related data——Part 1：Basic categories

发布日期：2007 年 11 月 21 日

实施日期：2008 年 3 月 1 日

范　　围：本部分规定了地震数据的分类与编码方法以及地震数据基本类别的分类与代码。本部分适用于我国防震减灾工作及相关科学研究中对地震数据的汇集、管理、处理、交换和应用。

标准名称：DB/T 11.2—2007《地震数据分类与代码　第 2 部分：观测数据》

英文名称：Categories and codes for earthquake - related data——Part 2：Observation data

发布日期：2007 年 11 月 21 日

实施日期：2008 年 3 月 1 日

范　　围：本部分规定了地震数据中观测数据的分类与代码。本部分适用于我国防震减灾工作及相关科学研究中对地震观测数据的获取、汇集、管理、处理、交换和应用。

标准名称：DB/T 21—2007《地震观测仪器进网技术要求　常用技术参数表述与测试方法》

英文名称：Technical requirements of instruments in network for earthquake monitoring——The description of common technical parameter and test method

发布日期：2007 年 3 月 14 日

实施日期：2007 年 6 月 1 日

范　　围：本标准规定了地震观测仪器进网常用技术参数的定义、表述及测试方法。本标准适用于地震观测仪器的设计、生产、使用、维护、引进和质量监督。

标准名称：DB/T 22—2007《地震观测仪器进网技术要求　地震仪》

英文名称：Technical requirements of instruments in network for earthquake monitoring——seismograph

发布日期：2007 年 3 月 14 日

实施日期：2007 年 6 月 1 日

范　　围：本标准规定了地震观测仪器中地震仪进网的功能要求、技术指标、测试方法及环境适用性。本标准适用于地震仪的设计、生产、使用、维护、引进和质量监督。

标准名称：DB/T 23—2007《地震观测仪器进网技术要求　重力仪》

英文名称： Technical requirements of instruments in network for earthquake monitoring——gravimeter

发布日期： 2007 年 3 月 14 日

实施日期： 2007 年 6 月 1 日

范　　围： 本标准规定了地震观测仪器中陆地型系列重力仪的使用条件、功能要求、技术指标和检测方法。本标准适用于重力仪的研制、生产、使用、维护、引进和质量监督。

标准名称：DB/T 24—2007《震例总结规范》

英文名称： Specification for earthquake case summarization

发布日期： 2007 年 6 月 5 日

实施日期： 2007 年 10 月 1 日

范　　围： 本标准规定了震例总结的基本要求、资料收集与分析的主要内容以及成果表达形式。本标准适用于震例总结和研究工作。

中国地震局关于印发《中国数字地震观测网络项目应急指挥分项工程验收细则》的通知

中震发救［2007］57 号

各省、自治区、直辖市地震局，中国地震台网中心：

为规范中国数字地震观测网络项目建设单位应急指挥分项工程的验收工作，依据《中国数字地震观测网络项目验收管理办法》及有关规定制定《中国数字地震观测网络项目应急指挥分项工程验收细则》，现印发给你们，请遵照执行。

2007 年 5 月 18 日

中国数字地震观测网络项目应急指挥分项工程验收细则

1 总 则

●本细则依据国家建设项目（工程）竣工验收相关规定和中国地震局印发的《中国数字地震观测网络项目验收管理办法》（中震发财［2006］109 号）；

●本细则规定了国家和区域地震应急指挥技术系统的验收条件、验收程序、验收内容、验收标准等内容；

●本细则适用于中国地震台网中心和各区域建设单位地震应急指挥技术系统建设工程。

2 验 收 依 据

●国家发展改革委关于中国数字地震观测网络项目初步设计方案、投资概算的批复（发改投资［2004］1138 号）和其它相关批复文件

●《中国数字地震观测网络项目管理办法》（中震发财［2003］65 号）

●《中国数字地震观测网络项目管理细则》（中震发财［2005］57 号）

●《中国数字地震观测网络项目验收管理办法》（中震发财［2006］109 号）

●中国地震局相关批复文件

●《中国地震应急指挥技术系统技术规程》

●《区域级抗震救灾指挥部地震应急基础数据库格式规范（修订稿）》（中震救函［2006］41号）

●《地震应急指挥技术系统基本功能要求》（中震救函［2006］24号）

●《区域地震应急指挥技术系统功能联调工作指导意见》（中震救函［2007］13号）

●地震应急指挥技术系统工程设计书

●地震应急指挥技术系统工程施工设计及图纸

●地震应急指挥技术系统工程实施方案

3 验 收 条 件

● 完成工程建设内容；

● 完成单位工程验收；

● 试运行完成。

4 验收范围和主体

中国地震局发展财务司和震灾应急救援司组织国家和各区域建设单位地震应急指挥技术系统的验收。

各建设单位负责本单位的地震应急指挥技术系统分项的单位工程的验收。

由中国地震局统一实施的软件和地震现场工作系统由中国地震局震灾应急救援司组织验收。

验收具体组织方式另行通知。

5 验 收 程 序

5.1 申请验收

由项目承建单位根据《中国数字地震观测网络项目验收管理办法》的有关规定向中国地震局以书面形式提出验收申请。

验收申请报告包括工程名称、建设内容和试运行结果等。

5.2 验收申请批复

中国地震局根据验收申请报告，核准是否同意验收并批复。

5.3 验收组织

验收申请获得批准后，项目建设单位向中国地震局震灾应急救援司提交有关材料，由中国地震局震灾应急救援司负责成立验收专家组和测试专家组进行分项目验收。

测试专家组组成人数不少于3人，全部由非项目建设单位和非承建单位的技术专家组成。

验收专家组组成人数不少于7人，全部由非项目建设单位和非承建单位专家组成，其中技术专家比例不少于2/3。

6 验收内容

6.1 建设任务

发展改革委和中国地震局对各建设单位数字地震项目初步设计和概（预）算调整的暂行批复文件规定的建设任务。

6.2 测试和验收方案

具体见附件。

6.3 主要技术指标

●应急指挥技术系统在接收到触发响应参数后15分钟内做出灾害评估，获得灾害评估信息后的15分钟内准备好相应指挥信息；接收到触发响应参数后50分钟内全面进入指挥状态。实现地震应急监控、动态跟踪和救灾指挥。

●地震现场应急指挥技术系统可在地震发生后2小时内出发，到达地震现场30分钟后可第一次发回灾区信息，同时确保现场指挥场所和设备可进入工作状态。

●大中城市地震应急决策反应系统是在破坏性地震发生后，2小时内获得灾区的震情与灾情上报信息的技术系统，具有灾情获取、灾情传输和灾情接收与处理的功能；同时，在各级抗震救灾指挥部尚未下达命令之前，可根据城市地震应急反应决策支持系统，先期开展必要的抗震救灾工作。

●应急基础数据库符合《区域级抗震救灾指挥部地震应急基础数据库格式规范（修订稿）》（中震救函［2006］41号）和其它相关标准（规范），数据完备，可满足地震应急指挥需要。国务院抗震救灾指挥部技术系统数据库基于1：25万比例尺进行建设，区域抗震救灾指挥部技术系统基于1：5万比例尺进行建设，重点城市和重点监视防御区中城市的城区基于1：1万或1：5000比例尺进行建设；同时，不同指挥部技术系统之间的数据可通过网络进行交换。

●系统的各种软硬件配置合理、功能齐备。系统试运行无故障率可达到95%以上。

●国家中心、区域中心、城市系统、现场工作系统应实现互联、互通、互动。

●其它未提及的内容均符合设计要求。

6.4 基础设施

指挥部场所改造与建设场地：指挥大厅、辅助大厅、控制室、机房、其他配套用房（如首长休息室、值班室等）；大屏幕投影显示系统、备用及辅助显示系统、电话通信系统、数字会议系统、综合布线、照明系统、指挥长坐席及成员和辅助人员坐席；防火报警及灭火系统、温湿度及空气调节系统、不间断供电系统、确保人员安全的安全保障系统和防静电地板等。

计算机硬件环境：高性能事务处理服务器、磁盘阵列及后备存储设备、高计算性能应用服务器、应急网络服务器及安全管理系统、高性能图形工作站、输入输出设备、多手段通讯设备和大型计算机网络连接设备等。

计算机软件环境：操作系统、数据库系统、地理信息系统、中间件系统等。

施工设计及图纸。

各项功能均满足设计要求。

6.5 大中城市应急反应系统

城市地震应急反应系统基础设施：主要依托当地地震局（办）的基础设施。

城市地震应急反应技术系统主要由城市灾情监视、城市灾情上报和地震应急反应决策子系统组成。

各项功能均满足设计要求。

6.6 基础数据库

地震应急基础数据包括地图类、社会经济统计类、地震基础数据类、灾害影响背景类、灾害相关因素类、救灾力量储备类、震时紧急联络类、地震应急预案类，共计八大类数据。详细内容参见《区域级抗震救灾指挥部地震应急基础数据库格式规范（修订稿）》（中震救函［2006］41号）。

各项功能均满足设计要求。

6.7 应用软件

指挥中心运转的核心系统，必须包括8个方面的内容，分别为系统软件运行环境、地震应急快速响应、自动群呼与信息发布、地震应急指挥辅助决策、地震应急指挥命令、地震应急信息通告、系统总控、文档资料。

各项功能均满足设计要求。

6.8 地震现场指挥技术系统

地震现场应急指挥技术系统由地震现场技术系统硬件平台、软件平台构成。

地震现场硬件平台包括地震现场保障系统和地震现场工作系统。地震现场保障系统含有：通讯保障子系统和后勤保障子系统。通讯保障子系统中包括现场外联子系统和现场网络系统。后勤保障子系统中包括：电力、照明、野营装备及经改装的指挥车辆等。地震现场工作系统包括：现场指挥应用系统和现场工作组工作系统。

地震现场软件平台包括地震现场灾害损失评估、地震现场灾害损失数据库、地震现场科学考察信息管理、地震现场应急信息管理、现场数据库管理系统及GIS地理信息处理。

要求整体系统硬件设备须是易携带、易安装、对场地无特殊要求。

各项功能均满足设计要求。

6.9 验收文档

●工程建设中的相关文档

●工程竣工报告

●工程技术报告

●工程试运行报告

●工程测试报告

●工程监理报告

●工程财务报告

●工程自检报告

7　验收标准与结论

7.1　验收标准

●工程完工并符合验收条件；
●软、硬件技术资料及系统安装文档齐全；
●工程建设文档符合验收且办理归档；
●系统 7×24 小时连续运行；
●系统运行流畅，在系统开始密集应急运算的 60 分钟内，无死机、错误等问题；
●系统各个子系统满足一致性、稳定性、可靠性、扩展性、开放性要求；
●系统各个子系统接口符合一致性和透明性要求，交换数据符合一致性要求；
●系统集成界面直观简单，功能表述明确，操作方便易用；
●系统信息展示直观明确；
●所有子系统软件应既可独立运行，又可逐级触发集成在一起运行。

7.2　验收通过

凡具有下列情况之一的，不予以验收：
●完成任务不到 90% 的；
●所提供的验收文件、资料及数据严重失真或完整性很差的；
●擅自变更任务书的考核目标、内容、技术方案等未经批准的；
●未达到运行指标的；
●项目过程及结果等存在纠纷尚未解决的；
●超过计划任务书规定的执行年限半年以上而未完成任务，事先未做出说明的；
●经费使用中存在严重问题的。

8　附　　则

●本细则由中国地震局震灾应急救援司负责解释。
●本细则自印发之日起施行。

附件：中国地震应急指挥技术系统测试和验收方案（略）

中国地震局关于印发《地震现场工作管理规定》的通知

中震发救［2007］91号

各省、自治区、直辖市地震局，新疆生产建设兵团地震局，有关直属单位：

地震现场是防震减灾工作的前沿阵地之一，高效有序地开展地震现场工作，是维护地震灾区社会稳定、开展抗震救灾工作和积累科学资料的重要保证。为加强地震现场各项工作的科学管理，规范地震现场工作，2000年中国地震局制定了《地震现场工作规定（试行）》（以下简称《规定》），7年来，该《规定》有效地指导了我局地震现场工作，但在实践中也发现了《规定》中的不足和需要改进之处，为此我局对该《规定》进行了修订。现将修订后的《地震现场工作管理规定》印发给你们，请遵照执行。

2007年8月24日

地震现场工作管理规定

第一章　总　　则

第一条　为加强和规范地震现场工作的管理，高效、有序地开展地震现场工作，最大限度地减轻地震灾害损失，根据《中华人民共和国防震减灾法》、《破坏性地震应急条例》、《国家地震应急预案》和《中国地震局地震应急预案》，制定本规定。

第二条　地震现场工作是指在地震发生后，为保证震区的社会稳定、协助政府开展抗震救灾工作和积累科学资料，地震部门在震区和围绕震区开展的各项工作，包括地震现场监测，地震现场震后趋势分析，震情、灾情和社情的收集和速报，地震灾害损失评估，地震科学考察，受震建筑物安全性鉴定和新闻宣传等。

第三条　地震现场工作遵循统一领导、分工负责、密切配合和迅速有效的原则。地震现场工作应在政府的领导下和有关部门、广大公众的大力支持下，高效、有序地进行。地震现场应急工作主要由各级地震现场应急工作队承担。参加地震现场应急工作队的队员有以下主要职责：

（一）执行地震现场应急工作有关政策、法规；

（二）努力学习地震现场工作有关国家标准和相关规定，提高业务能力和水平，定期参加培训；

（三）服从地震现场指挥部的领导，严格执行指挥部命令；

（四）负责本专业地震现场应急工作，并收集、汇总此次地震现场工作相关的数据、文献和资料等；

（五）爱护现场应急工作队所配备设备；

（六）应时刻处于戒备状态，确保能够在震后最快时间出动。如有特殊情况不能参加现场应急工作的，应向现场工作队负责人说明情况，并事先做好备案。

第四条 中国地震局震灾应急救援司会同有关司室组建中国地震局地震现场应急工作队伍，其队员主要由局有关直属事业单位、各省级地震局的现场工作技术骨干组成。

各省、自治区、直辖市地震局应成立本单位的地震现场应急工作队，按照地震现场应急工作需要和地域特点配备专业人员、专业仪器、设备和现场办公设备、队员个人装备等，并报局震灾应急救援司备案。

重点监视防御区内的地市级地震部门可以参照成立地震现场应急工作队。

第二章 地震现场工作基本要求

第五条 地震现场工作根据震级和人口密集程度划分为5个类别：

Ⅰ类：人口较密集地区发生7.0级（含）以上地震；首都圈地区发生5.5级（含）以上地震；《国家地震应急预案》规定的特别重大地震灾害事件的现场工作。

Ⅱ类：人口较密集地区发生6.5级（含）~7.0级地震；首都圈地区发生5.0级（含）~5.5级地震；《国家地震应急预案》规定的重大地震灾害事件的现场工作。

Ⅲ类：人口密集地区发生6.0级（含）~6.5级地震；首都圈地区发生4.5级（含）~5.0级地震；《国家地震应急预案》规定的较大地震灾害事件的现场工作。

Ⅳ类：人口较密集地区发生5.0级（含）~6.0级地震；首都圈地区发生4.0级（含）~4.5级地震；《国家地震应急预案》规定的一般地震灾害事件的现场工作。

Ⅴ类：人口较密集地区发生4.0级（含）~5.0级地震；首都圈地区发生3.0级（含）~4.0级地震；其它地区发生的地震灾害事件且造成一定破坏或重要影响的现场工作。

以上5类地震灾害事件原则上均应组织开展地震现场工作。

若在人口密集地区发生4级以下有感地震或4级以上地震发生在西部交通不便、人烟稀少地区，由有关省级地震部门视本地区实际情况，确定是否前往地震现场并将现场应急工作情况报中国地震局备案。

第六条 各类地震现场的工作时限应视地震现场具体情况决定，工作需要和条件允许，应尽量延长在地震现场的工作时间，一般情况下为：

Ⅰ类地震现场不少于30天；

Ⅱ类地震现场不少于14天；

Ⅲ类地震现场不少于10天；

Ⅳ类地震现场不少于5天；

Ⅴ类地震现场不少于3天。

临时观测项目的观测时限依据震情发展确定。

第七条 赴地震现场工作的人数（包括市县地震工作机构和地震台站参加的人员）一般情况下：

Ⅰ类：省级地震部门派出不少于40人，中国地震局派出不少于20人；

Ⅱ类：省级地震部门派出不少于30人，中国地震局派出不少于10人；

Ⅲ类：省级地震部门派出不少于20人，中国地震局派出不少于5人；

Ⅳ类：省级地震部门派出不少于10人，中国地震局派出不少于3人；

Ⅴ类：省级地震部门派出不少于5人，中国地震局视情况决定是否派人。

第八条 各有关单位的职责：

（一）中国地震局派出地震现场指挥部组织和指挥Ⅰ、Ⅱ类的地震现场工作，派出地震现场指挥部或现场工作组协调和指导Ⅲ～Ⅴ类的地震现场工作。

（二）局直属研究所（中心）须根据中国地震局的要求，选派专家参加中国地震局现场应急工作队，赴地震现场开展工作。

（三）地震发生地省级地震部门须在地震后2小时内迅速组成并派出地震现场应急工作队伍，承担地震现场的主要工作。

（四）遭地震波及并造成灾害的邻近省份，其省级地震部门应迅速组织力量赶赴本辖区内的地震现场，并应与地震所在地的省级地震部门密切配合。

（五）根据地震应急协作联动工作方案，地震发生后，本协作联动区内邻近灾区的其他省级地震部门和有关中国地震局直属单位，应按照协作联动实施方案，参加地震现场应急工作。

（六）震区所在地的市县地震机构、地震台站均应根据省级地震部门的具体要求，派人参加地震现场工作，作好地震现场应急工作队伍与当地政府的协调工作。

第九条 地震现场工作纪律：

（一）实行准军事化管理，严格工作和组织纪律，一切行动听指挥，服从统一调度和安排，科学、规范地开展工作。

（二）严格报告制度，若未能按预定时间返回驻地，必须及时向现场指挥部报告。

（三）严格震情保密制度，作到“内紧外松”，不得随意扩散地震趋势意见，震情信息由指挥部统一对外发布。

（四）严格灾害评估制度，灾害损失评估报告未经评审前，不得透露经济损失评估结果。

（五）严格新闻采访制度，由新闻发言人统一受理新闻媒体的采访。其他人员未经现场指挥部允许，不得接受新闻媒体的采访。

（六）工作中不得向当地政府提出工作外的额外要求，要严格遵守当地消防规定。

（七）在民族聚居区进行现场应急工作，应尊重当地民族习惯和宗教信仰。

（八）未经现场指挥部允许，现场工作队员不得擅自离开地震现场。

第三章　地震现场工作的组织和协调

第十条 地震现场工作视不同类别设立相应的地震现场指挥机构。

（一）Ⅰ、Ⅱ类：设立中国地震局地震现场指挥部，指挥长由中国地震局副局长担任，副指挥长由震灾应急救援司司长、地震发生地省级地震局局长担任，指挥部成员包括省级地震局副局长、中国地震局相关司室负责人、地震发生地市级地震机构负责人以及邻省地震局负责人等。

（二）Ⅲ类：视情况设立中国地震局地震现场指挥部或省级地震局地震现场指挥部。

（三）Ⅳ、Ⅴ类：设立省级地震局地震现场指挥部，指挥长由省级地震局局长或副局长担任，副指挥长由省级地震局有关处室负责人、地震发生地市级地震机构负责人担任。

（四）现场指挥部地点的选择要优先考虑与当地政府指挥部交通联络便捷和后勤保障方便的区域，要确保驻地的安全。

（五）在地震现场工作完成前，地震现场主要负责人若要提前撤离，必须提前通知震区各级党委、政府和有关部门，并指定现场工作负责人，保证地震现场后期工作顺利进行。

第十一条　地震现场工作视不同类别建立相应的地震现场应急工作队。

（一）Ⅰ～Ⅲ类地震现场应急工作队一般采取联合组队模式，一般由中国地震局、地震发生地省－市－县地震部门以及协作联动区省地震局的现场工作人员联合组成，队长一般由地震发生地省级地震局副局长担任，副队长由中国地震局的司处领导担任。工作队一般下设秘书组、震情趋势判断组、地震监测组、强震观测组、灾害评估和科学考察组、房屋安全鉴定组、通信保障组、地震知识宣传组、后勤保障组等。各组组长原则上由地震发生地省级地震局的相关人员担任。

（二）Ⅳ、Ⅴ类地震现场应急工作队主要是由地震发生地省－市－县三级地震部门的现场工作人员，以及协作联动区省地震局的现场工作人员组成，队长一般由地震发生地省级地震局副局长或处长担任。工作队一般下设秘书组、地震监测组、震情趋势判断组、灾害评估和科学考察组、通信保障组、地震知识宣传组、后勤保障组等专业工作组。

（三）参加地震现场工作的各单位工作人员均按专业混编入各工作组。

第十二条　地震现场工作人员一般由组织协调人员、专业技术人员和辅助人员组成。有关人员的职责和必须具备的素质要求为：

组织协调人员：主要是现场指挥部人员，全面合理地组织地震现场工作，掌握现场工作的进度，协调现场工作队与震区各级党委、政府及有关部门的关系。组织协调人员应全面了解《防震减灾法》及相关的法律、法规及地震现场工作的规章、制度，熟悉各政府职能部门职责及现场工作的全部内容、程序和总体要求，具有较强的组织管理和社会活动能力。

专业技术人员：主要是震情分析、余震监测、灾害调查、科学考察等人员，开展地震现场监测、震后趋势判定、震灾情和社情收集上报、地震灾害损失评估、工程结构震害调查、地震宏观烈度和地震地质科学考察等业务工作。专业技术人员应了解防震减灾的有关法律法规、现场工作的规程和要求，掌握专业技术规范和实施方法，熟练使用地震现场工作仪器设备和各种应用软件。

辅助工作人员：主要是后勤保障和通信保障等人员，协助组织协调人员和专业技术人员开展工作，负责与当地各级党委、政府和有关部门联络，收集地震现场工作所必需的震区各种社会、经济要素资料，架设地震现场的通信网络，为地震现场工作的开展提供交通、通讯等条件，为地震现场工作充当向导、翻译，协助开展防震减灾知识的宣传等社会工作。辅助工作人员应了解防震减灾的法律法规，现场工作的规章制度、地震基本知识，熟悉当地的社情、民情、风俗、语言等。

第十三条 地震现场应急工作队设立新闻发言人制度。新闻发言人归口与新闻媒体联系，负责回答媒体询问，及时通报现场应急工作进展等。

第四章 地震现场监测

第十四条 地震现场监测的基本任务是：布设或恢复地震现场测震和前兆台站（网），增强震区的监测能力，为地震类型判定、震后地震趋势估计、后续地震的短临预报及有关工作提供及时、可靠、连续的观测资料。架设强震观测地震仪和加速度强震仪，了解震区近场地震动场的变化特征，为分析震害现象、震源力学研究和工程力学研究提供观测资料。

第十五条 地震现场临时监测台（网）实行统一管理。地震现场测震、强震和前兆工作组负责管理和统筹安排现场的监测工作，结合实际和业务技术要求，制定切实可行的工作制度。

第十六条 架设现场临时监测台（网）的工作应在进入震区后立即进行，以最快的速度投入监测工作。架设方案应在地震现场指挥部领导下，按照有关观测技术规范和规定，在有关专家指导下迅速实施。应注意在震区原有台（网）的基础上合理布局，原有固定的台点如遇地震影响中断观测，应尽快恢复。

第十七条 地震现场临时监测台（网）的观测人员应确保资料的连续准确，及时处理各种资料，并根据省级地震部门和现场指挥部规定的内容、时间和方式，将观测结果报送有关部门；当发现资料异常时，须随时核实上报。

第十八条 地震现场临时监测台（网）的撤销，由地震现场指挥部和省级地震部门根据震情发展和分析预报工作的需要决定，并报中国地震局监测预报司和震害防御司备案。

第五章 地震现场震情趋势分析

第十九条 地震现场震情趋势分析主要工作包括：地震序列的分析处理，震区及相关地区地震和前兆资料的收集与分析，重大异常的核实与判断，宏观异常的收集和落实。在上述工作的基础上，经过充分会商，对震区地震类型、地震趋势、短临预报提出初步判定意见。

第二十条 地震现场会商的内容必须详细记录，会商的初步意见须报地震现场指挥部批准，并及时报省级地震分析预报部门，由省级地震部门将有关情况通报中国地震台网中心。

第二十一条 地震现场的分析会商密度：

Ⅰ类地震现场应每天会商 1 次，必要时应增加会商次数；

Ⅱ类地震现场应在前 10 天内，每天会商 1 次，之后，酌情递减；

Ⅲ类地震现场应在前 6 天内，每天会商 1 次，之后，酌情递减；

Ⅳ、Ⅴ类地震现场应在前 3 天内，每天会商 1 次，之后，酌情递减。

第二十二条 中国地震台网中心和省级地震分析预报部门应结合现场初步会商意见召开临时或紧急会商会，对主要依据进行论证和综合分析，提出结论性判定意见，将其意见反馈至地震现场指挥部，并报中国地震局监测预报司。

第二十三条 震情趋势判断组每天要根据现场会商情况，起草《震情简报》，上报地震现场指挥部。

第二十四条 地震预报意见的发布必须严格按《地震预报管理条例》执行。地震现场应急工作队的人员不允许向外发布个人预测意见。震后地震趋势判定公告按《震后地震趋势判定公告规定》执行。

第六章 地震现场的灾情收集与报送

第二十五条 地震灾情内容包括地震造成的人口伤亡、经济损失、环境破坏和社会影响等。

第二十六条 地震发生后，当省级地震部门派出的地震现场工作人员到达现场之前，震区所在地的市县地震机构及地震台站，除必要的留守值班人员外，其他人员应赶赴地震现场主动、迅速地了解、收集辖区内的灾情，特别是人员伤亡情况，并按规定及时上报。

第二十七条 地震现场工作队抵达现场后，要建立与地方政府的联络渠道，要尽快汇总当地政府和有关部门提供的初步灾情，并及时上报，随后迅速进行灾情的核实，并将核实和新收集的灾情随时上报。

第二十八条 现场工作队秘书组应准备新闻采访资料，及时编写《地震现场工作简报》。《地震现场工作简报》应主要包括灾情信息、地震序列活动、现场工作简况、抗震救灾工作进展、应急救灾需求等内容，前 3 天根据应急工作发展情况随时编写，之后每天至少编写一期。

第二十九条 每日应及时将《地震现场工作简报》、《震情简报》、现场拍摄的灾害图片和图像等信息上报中国地震局和省级地震局，并通报灾区地方政府。

第七章 地震灾害损失评估

第三十条 地震灾害损失评估是政府抗震救灾决策和灾区恢复重建的重要科学依据。评估内容主要包括人员伤亡和地震造成的经济损失，经济损失包括直接经济损失、间接经济损失和救灾直接投入费用。

第三十一条 地震灾害损失评估工作原则：

（一）地震灾害损失评估工作坚持会同评估的原则，以地震部门为主，依靠地方各级人民政府，充分发挥各部门的优势，会同当地有关部门开展工作。

（二）地震灾害损失评估工作遵循分级评估的原则，特别重大和重大地震灾害事件由中国地震局负责，较大和一般地震灾害事件由省级地震部门负责。

（三）地震灾害损失评估要根据救灾工作的需要，遵循先粗后细原则进行，即先宏观把握灾情，后细致开展评估。

第三十二条 地震灾害损失评估分两个阶段：

地震灾害损失的初评估：是在较准确的震区基础资料基础上，给出灾区人员伤亡和经济损失范围，为抗震救灾服务。在初步确定极灾区和灾区范围后，选择 3 ~ 5 个有代表性的抽样点计算房屋建筑的经济损失，然后再以此类推，得出初评估结果。

地震灾害损失的总评估：是在准确的震区基础资料和现场灾害调查基础上，给出灾区准确的人员伤亡和经济损失结果。严格按照地震灾害损失评估技术规范要求进行每个评估区的抽样调查，计算地震造成的房屋建筑、室内外财产、生命线工程、水利设施、工矿企业等经济损失，得出总评估结果。

第三十三条 地震现场工作队抵达震区后，地震灾害损失评估组的负责人应根据初步掌握的灾情、震中位置、震级和当地地震地质情况，确定极灾区位置和估计大概的受灾范围，据此，合理布置震害损失调查路线和抽样点的分布，根据不同人员的业务素质和现场工作经验，合理调配人员，迅速开展抽样调查工作。会同地方有关部门和专家，调查生命线系统、工业构筑物、重大工程设施和大型企业的破坏情况。要求地震发生地政府及时提供评估所需有关基础数据，包括行政区划图、人文经济数据、各类房屋的造价、统计年鉴等资料。

第三十四条 地震现场工作队在抽样调查期间，要及时发现并通报灾区政府灾区出现的次生灾害危险源，提醒灾区政府及相关单位对危险源进行核查并排除潜在危险。

第三十五条 地震灾害损失评估时限要求：

Ⅰ、Ⅱ类：5～10 天内完成地震灾害损失初评估，20～30 天内完成地震灾害损失总评估。

Ⅲ～Ⅴ类：5 天内完成地震灾害损失初评估，10 天内完成地震灾害损失总评估。

第三十六条 地震灾害损失的评估结果必须力求准确、科学。地震灾害损失评估的工作方法和内容必须严格按照 GB 18208.4—2005《地震现场工作　第 4 部分　灾害直接损失评估》要求进行。

第八章　地震现场科学考察

第三十七条 地震现场科学考察的主要任务是：根据中国地震烈度表和有关烈度评定标准，全面、客观地对地震现场的烈度进行调查，确定地震烈度的空间分布情况，勾划出宏观烈度等值线图；调查震区地震构造环境，确定具体的发震构造；调查地震宏观异常现象、工程结构震害特征、地震社会影响调查和各种地震地质灾害等。

第三十八条 各类地震现场工作都必须进行科学考察，地震现场工作队中必须有专人从事地震现场科学考察工作，科学考察专业人员在准备赴地震现场前，应根据微观震中收集准备有关的科学资料和图件。

第三十九条 为了快速准确地拿出震害损失评估结果，现场地震科学考察应与现场震害损失评估工作配合进行。现场科学考察人员抵达现场后应在指挥部的统一部署下，先参加震害损失评估工作，并将震害损失评估抽样调查点的调查结果同时作为烈度点资料进行收集。震害损失评估结束后，科学考察人员可根据震害损失评估调查点的分布、震害特点等，可进行深入的科学考察工作。

第四十条 地震现场科学考察要力求全面、准确。地震现场科学考察的工作方法和内容按 GB/T 18208.3—2000《地震现场工作　第 3 部分　调查规范》要求进行。

第九章　地震现场建筑物安全鉴定

第四十一条 地震现场建筑物安全鉴定的主要任务是：对抗震救灾应急期急需恢复使用或正在使用的建筑、用作地震应急避难场所的建筑、场所人员密集公共建筑、生产或储存有毒等危险物品的建筑以及重要的生命线建（构）筑物的安全性进行鉴定，为妥善安置灾民，维护社会稳定提供服务。

第四十二条 地震现场建筑物安全鉴定事关灾区公众的生命安全，承担此项工作的必须是经验丰富的建筑和工程结构专家。

第四十三条 受震建筑物安全鉴定的结果，分为安全建筑和暂不使用建筑两种。当鉴定结果张贴时，安全建筑使用绿色，暂不使用建筑使用红色。在贴签上注明或向用户说明处理意见。

第四十四条 在对受震建筑物进行安全鉴定时，要综合考虑以下因素：

（一）建筑物所在处的预期地震作用；

（二）建筑物的震损现状；

（三）建筑物的使用性质；

（四）建筑物的原抗震设防水准；

（五）场地、地基和毗邻建筑已发生的和可能再次发生的震害的影响。

第四十五条 地震现场建筑物安全鉴定的工作方法和内容按 GB 18208.2—2001《地震现场工作　第2部分　建筑物安全鉴定》要求进行。

第十章　地震现场的社会工作

第四十六条 地震现场的社会工作涉及内容主要有：与当地政府和有关部门的接洽，并在其支持协助下，做好地震现场工作的各项后勤保障、基础资料的收集、地震现场的新闻宣传工作等。

第四十七条 地震现场应急工作队的组织协调人员要时刻注意保障地震应急工作队员的人身安全，要为他们购置现场工作期间的人身保险，在到达地震现场后，应尽快与当地政府的主管领导取得联系，并通过政府协调，尽快解决开展地震现场工作所需的交通、通讯、向导、住宿等后勤保障问题。

第四十八条 地震现场应急工作队的辅助人员应根据需要和专业技术人员的要求，向当地政府及有关部门收集当地各种有关社会经济要素等资料，以保证地震灾害损失评估工作的顺利开展。

第四十九条 地震现场新闻宣传工作的目的是为震区的社会稳定、减轻震害损失以及顺利地开展地震现场工作服务。在地震现场指挥部的统一部署下，设立新闻宣传发言人，根据各地《地震应急宣传预案》等文件的要求，应依靠当地政府和宣传部门，参加地震现场的新闻宣传工作。宣传渠道应以当地宣传媒介为主，应注意坚持“积极、稳妥、科学、有效”的宣传方针。

（一）地震现场的新闻宣传应分层次进行。

对各级政府领导及职能部门，应注意介绍《防震减灾法》、《破坏性地震应急条例》等法律、法规，地震预报的现有水平以及地震现场工作的重要性，使其明了各自的职责，争取对地震现场工作最大的理解和支持；

对社会公众的宣传内容以提高震区人民群众抗震防震意识，振奋灾区人民克服困难、重建家园的精神为主；注重宣传防震减灾科普知识，提高自救互救能力，提高公众识别地震谣言、鉴别宏观异常现象、紧急避险的能力，以期减轻地震灾害损失，保持震区社会稳定。

（二）涉及震情趋势的宣传报道必须严格执行有关规定。

杜绝任何渲染震情、灾情的报道。地震现场指挥部应与当地宣传部门保持密切联系，对涉及震情、灾情、社情的报道须按有关规定，经审核后方可发布。

第十一章　地震现场工作的结束和总结

第五十条　当地震趋势已经明确，地震活动已明显衰减并趋于平稳，地震灾害损失评估及各项科学考察工作已经结束，灾区人民群众情绪基本稳定，震区社会生活趋于正常时，即可结束地震现场工作。地震现场工作结束后，必须对现场应急工作进行全面的总结。

第五十一条　在现场应急工作队撤离现场之前，地震现场应急工作队负责人应召集全体现场工作人员会议，责成各专业组对所承担的工作做全面汇报，特别是根据中国地震局有关技术规范，对各业务专项报告编写所需的科学资料和结果进行认真的分析，对所缺资料要进行收集和补充。杜绝草率收场而造成资料的不足和遗失。

第五十二条　不同类别地震现场都应有地震现场工作报告，包括：工作概况、地震监测、震情趋势分析、地震灾害损失评估、地震科学考察、建筑物安全鉴定、认识与建议等内容。

第五十三条　省级地震部门和有关单位在现场工作队返回后应及时召开总结会议，对地震现场工作进行全面、深入的总结。对不能按要求完成地震现场工作任务的，要限期补正，对无法补正而造成损失（含科技资料的损失）的，应追究当事人的责任。

第五十四条　地震现场工作结束后 1 个月内，相关单位应将现场工作的原始记录和数据等资料提交地震发生地省级地震部门，由其按地震科技档案的要求整理归档。

第十二章　附　　则

第五十五条　有关省级地震部门和有关单位应将地震现场工作报告和总结及时报中国地震局震灾应急救援司备案，按本规定高质量完成地震现场工作并取得良好社会反映的单位，将计入该单位年度应急救援工作总成绩，对工作突出的单位和个人将给予一定的奖励。对未能按本规定要求完成现场工作的单位，将视情节严重程度追究单位领导的责任。

各级现场应急工作队队员参加地震现场应急工作和地震现场应急的相关培训、演练等应急准备工作，应纳入其所在单位的年度考核。

第五十六条　本规定由中国地震局震灾应急救援司负责解释。

第五十七条　本规定自颁布之日起施行，2000 年制定的《地震现场工作规定（试行）》（中震发测［2000］081 号）同时废止。

中国地震局关于印发《省级地震应急指挥中心运行管理办法》（试行）的通知

中震发救［2007］55号

各省、自治区、直辖市地震局：

为规范中国数字地震观测网络项目建设完成后各单位地震应急指挥中心的运行管理，充分发挥项目的效益，确保地震应急指挥中心在地震发生时高效有序的处理地震事件，中国地震局在征求各单位意见的基础上组织编制了《省级地震应急指挥中心运行管理办法》（试行），各单位须参照本办法，制定本单位地震应急指挥中心运行管理细则，并报中国地震局备案。

2007年5月15日

省级地震应急指挥中心运行管理办法（试行）

第一章 总 则

第一条 为加强对省级地震应急指挥中心的管理，实现地震应急指挥技术系统安全、正常运转，保障地震应急快速响应，制定本办法。

第二条 各省级地震应急指挥中心的日常维护、应急处置、应急演练、对外服务、考核评比、岗位设置、人员配备、条件保障的管理，适用本办法。

第二章 机构、岗位与人员

第三条 各省（自治区、直辖市）地震局应明确专门机构负责管理地震应急指挥技术系统的运行，包括规章制度的制定，指挥场所、仪器设备、数据资料的管理等。

第四条 各省（自治区、直辖市）地震局可根据各自实际设立地震指挥中心的应急工作岗位，可按照日常运行维护和地震应急的不同情况进行设置，包括运行管理岗、技术保障岗、应急值班岗、后勤保障岗、应急协同岗等。

第五条 根据震时和平时工作需要，确定各岗位人员数量，人员配置可采取专职和兼职相结合的方式，岗位责任应明确到人。

第六条 各岗位人员需定期接受中国地震局组织的专业培训。

第七条 各省（自治区、直辖市）地震局应为地震应急指挥技术系统的管理和技术人员在应急响应第一时间到达岗位提供必要的条件保障。

第三章 日 常 运 维

第八条 建立地震应急指挥中心 7×24 小时专职值班制度，暂不具备 7×24 小时专职值班条件的，可采取带岗值班制度。各省级地震局应在当月 25 日前将应急指挥中心下月值班表报中国地震台网中心。

第九条 应急指挥中心值班人员的主要职责包括：

（1）设备检查：每天定时检查大屏幕系统、数字会议系统、音视频信号输入输出、中央控制系统、服务器、磁盘阵列等设备是否工作正常。

（2）网络测试：每天定时检查内部网络各节点之间，以及与外部网络是否通畅。

（3）工作日志记录：记录指挥中心使用情况和设备工作状态。

（4）问题处理和过程记录：详细记录故障设备的处理过程，未解决问题应及时向上级主管部门汇报，并建议处理方案。

（5）值班工作交接：值班完成后向下一位值班人员交接，应有交接记录。

第十条 定期对指挥场所及配套设施进行检查。指挥场所包括指挥大厅、辅助工作厅、应急机房、信息控制室、物资仓库等；配套设施包括指挥席位、新风空调、门窗、灯光、消防、逃生通道、保安监控、环境监控等。

第十一条 定期对地震应急指挥中心的软硬件系统进行维护。按照使用手册进行定期检测、备份、充放电、病毒查杀、系统升级等。指挥中心需要进行定期维护的设备包括大屏幕及辅助显示系统、数字会议系统、音响扩声系统、UPS 电源、网络系统、各类服务器、图形工作站、各类终端、存储系统、现场信息接收系统、VSAT 卫星系统、中央控制系统、各类系统软件、数据库软件、应用软件等。定期对所有需要充电设备进行充电，包括相机、摄像机、无线话筒、对讲机等。

第十二条 定期进行地震应急触发，全面检测系统工作流程和状态。

第十三条 建立地震应急基础数据更新和维护机制，定期收集、整理、更新地震应急基础数据库。

第十四条 建立日常备份制度，发生故障时迅速恢复系统。

第十五条 建立灾难恢复措施方案。灾难恢复措施包括灾难预防制度、灾难演习制度及灾难恢复。

第十六条 建立故障处置、报告与记录制度。对上述检查中发现的问题要及时处理，重大问题立即报告，对问题及所采取的处置措施进行记录。

第十七条 根据平震结合的原则，地震应急指挥中心既是地震应急指挥的场所，也是地震系统对外宣传窗口和重要会议场所。指挥中心应协助搞好对外形象宣传和重要会议保障。

第十八条 建立地震应急基础数据保密制度。按照国家相关保密规定传输、保存、使用、借阅涉密资料。

第十九条 在每年1月20日之前向上级主管部门提交上一年度地震应急报告、年度工作总结和本年度工作计划，并报中国地震局震灾应急救援司。

第四章 地震应急

第二十条 各省（自治区、直辖市）根据本地地震应急预案和实际情况，编制指挥中心地震应急预案，并报中国地震局震灾应急救援司备案。

第二十一条 破坏性地震或对本区域影响较大的地震发生后，各岗位人员应根据应急预案或应急工作流程要求，在规定时间内迅速到岗。

第二十二条 在规定的时间内启动配套保障系统和应急指挥技术系统。技术系统包括音响、数字会议、大屏幕、辅助屏幕、打印机、复印机等。配套保障包括指挥长席位、抗震救灾指挥部成员单位席位、秘书席位、专家工作席位、灯光、空调、新风等。

第二十三条 在规定时间内完成相应期次震情、灾情信息获取、震情灾情收集与汇总。相关岗位人员确保同地震应急涉及各个业务部门的联系，及时获取地震三要素、地震烈度数据，地面运动速度、加速度峰值、人员伤亡及其他灾情信息。

第二十四条 在规定时间内完成灾害快速评估与动态评估，形成报告，完成向指挥长汇报的各项准备工作。

第二十五条 在规定时间内完成灾情、震情信息通告。

第二十六条 当灾区地面通讯中断时，能够启动无线通讯系统，及时接收地震现场指挥部和地震现场工作队传回的各类信息。

第二十七条 地震应急工作结束后，在规定的时间内完成本次地震的资料归档，工作总结及报告编写。

第二十八条 当本省（自治区、直辖市）外发生重大地震灾害时，在中国地震局的统一调度指挥下，各区域地震应急指挥中心进行联动应急响应，对灾区地震应急提供技术、装备、人员的支持。

第五章 应急演练

第二十九条 定期开展地震应急模拟演练。省局级内部演练每年不少于1次，指挥中心内部应急演练每年不少于4次，定期参加区域联动协作区内的联合演练，参与中国地震局和省级抗震救灾指挥部组织的各类联合演练。地震现场应急指挥系统的演练应尽量选择复杂环境。

第三十条 中国地震局和省级地震局定期对地震应急指挥中心进行突击抽查，开展相应级别的应急演练，国务院抗震救灾指挥部指挥中心不定期地与省级应急指挥中心开展联合应急演练。

第三十一条 应急演练的规模、级别设定应结合当地的实际。同时，要结合全国年度重点危险区和各省重点防御区开展有针对性的应急演练。

第六章　经 费 保 障

第三十二条　各省（自治区、直辖市）地震应急指挥中心应有必要的经费保障。经费包括设备维护费、软件升级费、配件损耗费、数据更新费、值班费、演练费、报告编写费、评比费、通讯费、交通费、培训费、差旅费等。

第三十三条　应急指挥中心运行维护经费专款专用。各省根据情况制定年度工作计划及经费预算，严格按照预算与工作计划使用经费。

第七章　考评与奖惩

第三十四条　对省级地震应急指挥中心运行管理的考核，主要包括地震应急、应急演习，日常运行维护、年度危险区应急对策研究报告的编写、岗位设置与人员配置、经费保障等。

第三十五条　中国地震局每年组织一次年度评比，评比结果将纳入全国地震应急救援工作评比。

第三十六条　根据年度评比结果，对工作突出、成绩显著的单位和个人进行奖励。对问题突出，整改无效的单位进行批评。

第八章　附　　则

第三十七条　本办法由中国地震局震灾应急救援司负责解释。本办法自颁布之日起开始实施。

第三十八条　各省（自治区、直辖市）地震局需制定地震应急指挥中心运行管理细则，报中国地震局震灾应急救援司备案。

第三十九条　区域地震应急指挥中心运行管理除遵守本办法外，未尽事宜尚应遵照中国地震局颁布的有关规定办理。

中国地震局关于印发《地震应急预案管理暂行办法》的通知

中震发救［2007］130号

各省、自治区、直辖市地震局，各直属单位：

为加强和规范地震应急预案管理，健全科学管理的地震应急预案体系，保障地震应急救援工作顺利开展，根据《中华人民共和国突发事件应对法》、《中华人民共和国防震减灾法》、《破坏性地震应急条例》和《国家突发公共事件总体应急预案》，制定了《地震应急预案管理暂行办法》，现印发给你们，请遵照执行。

2007年12月17日

地震应急预案管理暂行办法

第一条 为加强和规范地震应急预案管理，健全地震应急预案体系，保障地震应急工作顺利开展，根据《中华人民共和国突发事件应对法》、《中华人民共和国防震减灾法》、《破坏性地震应急条例》和《国家突发公共事件总体应急预案》，制定本办法。

第二条 国务院有关部门，各级地方人民政府及其有关部门，企事业单位，社会基层组织等从事地震应急预案体系建设和管理活动，适用本办法。

本办法所称地震应急预案是指在预防为主，防御与救助相结合的防震减灾工作方针指导下事先制定的，在发布临震预报或地震突然发生时，政府、部门和单位采取紧急防灾和抢险救灾的行动计划。

第三条 地震应急预案管理实行“政府统一领导，地震部门分管，分级负责，属地为主”的原则。

第四条 地震应急预案体系建设坚持“纵向到底、横向到边”的原则，各级地震应急预案体系应纵向分级、横向分类、条块结合、结构完整。

第五条 地震应急预案主要分为国家，省（自治区、直辖市），市（地、州、盟），县（市、区、旗），乡（镇）五级，以及政府，政府部门，企事业单位，街道、社区，重大活动等五类。

企事业单位和街道办事处、社区居民委员会可根据实际情况，制定专项地震应急预案或者将地震应急的有关措施纳入本单位或者本组织综合防灾减灾应急预案中。

本办法所称企业单位是指在工商行政管理部门登记的全民所有制、集体所有制和联营企业，在中华人民共和国境内设立的中外合资经营、中外合作经营和外资企业，以及依法需要办理企业法人登记的其他企业；事业单位是指在事业单位登记管理部门登记的为了社会公益目的，由国家机关举办或者其他组织利用国有资产举办的，从事教育、科技、文化、卫生等活动的社会服务组织；企事业单位主要包括煤炭、石油、化工、矿山、加工、制造和交通、通信、供水、排水、供电、供气、供热等生产经营单位，以及科研院所、社会团体和学校、医院、商场、影剧院、体育场馆、机场、车站、码头等人口密集的社会服务组织或单位。

本办法所称社会基层组织是指街道办事处、社区居民委员会等组织。

本办法所称重大活动是指大型会展、文化体育及其他重大政治和社会活动。

第六条 各级地方人民政府地震应急预案内容主要包括：组织指挥体系及职责，预警和预防机制，应急响应，应急处置程序，抢险救灾队伍，保障措施，以及事后恢复与重建措施等。

县级以上人民政府有关部门地震应急预案内容主要包括：地震应急指挥及工作机构的组成及职责，应急响应，应急处置程序，应急队伍（工作组），保障措施，后期处置等。

企事业单位和街道、社区专项地震应急预案或者综合防灾减灾应急预案内容应包括：应急工作机构及职责，应急响应，抢险救灾人员及装备，应急处置程序（自救互救、紧急疏散等），保障措施，后期处置等。

重大活动地震应急预案内容主要包括：地震应急指挥机构的组成及职责，应急处置程序，抢险救灾人员及装备和物资保障，后期处置等。

第七条 中国地震局负责国家地震应急预案和本部门地震应急预案的日常管理，协调、指导和监督地方及其他部门地震应急预案管理工作，向国务院负责。

国务院其他有关部门根据各自的职责范围，负责本部门地震应急预案的日常管理工作。

县级以上地方人民政府地震部门负责本级人民政府地震应急预案和本部门地震应急预案的日常管理，协调、指导和监督本级以下地方及其他有关部门地震应急预案管理工作，向本级人民政府负责。

中国地震局直属事业单位负责本单位地震应急预案的日常管理工作。

县级以上地方人民政府其他有关部门根据各自的职责范围，负责本部门地震应急预案的日常管理工作。

企事业单位和社会基层组织在所在地县级人民政府地震部门的指导下，负责本单位和街道、社区专项地震应急预案的日常管理工作或者按照本单位和本组织综合防灾减灾应急管理规定进行管理。

第八条 国家地震应急预案是国家突发公共事件专项应急预案，是全国地震应急预案体系的总纲。

中国地震局应当会同国务院有关部门，根据国家突发公共事件总体应急预案制定国家地震应急预案，报国务院批准、发布。

第九条 中国地震局应当根据国家地震应急预案，制定本部门地震应急预案，由本部门批准实施。

国务院其他有关部门应当根据有关法律法规和国务院有关规定，依据国家地震应急预案另行制定本部门地震应急预案，征求中国地震局意见后，由本部门批准实施。

第十条 县级以上地方人民政府地震部门应当会同同级有关部门，依据上级人民政府地震应急预案，制定本级人民政府地震应急预案，征求上级人民政府地震部门意见后，报本级人民政府批准、发布。

县级人民政府地震部门还应当参照前款规定，指导乡（镇）人民政府地震应急预案编制工作。

第十一条 县级以上地方人民政府地震部门应当依据本级人民政府地震应急预案，参照其上级地震部门地震应急预案制定本部门地震应急预案，由本部门批准实施。

县级以上地方人民政府其他有关部门应当根据地震应急对本行业或领域的需求，依据本级人民政府地震应急预案，参照其上级部门地震应急预案制定本部门地震应急预案，征求本级人民政府地震部门意见后，由本部门批准实施。

第十二条 企事业单位应当遵循属地为主的原则，依据所在地人民政府地震应急预案，结合实际情况制定本单位专项地震应急预案或者综合防灾减灾应急预案，制定本单位专项地震应急预案时应当征求所在地县级以上地方人民政府地震部门意见后，由本单位批准实施。

第十三条 社会基层组织应当依据所在地人民政府地震应急预案，结合实际情况制定街道、社区专项地震应急预案或者综合防灾减灾应急预案，制定本组织专项地震应急预案时应当征求所在地县级人民政府地震部门意见后，由本组织批准实施。

第十四条 重大活动主办单位应当根据举办地人民政府地震应急预案，结合实际情况制定重大活动地震应急预案（或地震应急保障方案），征求举办地县级以上地方人民政府地震部门意见后，由举办地人民政府批准实施。

第十五条 地震应急预案应当根据实际情况适时进行补充、完善。地震应急预案修订期限原则为三至五年。若涉及重大事项变更或调整的应当报原审批机关批准。

第十六条 地震应急预案实行逐级分类备案制度。

中国地震局地震应急预案应当报国务院备案。

各级地方人民政府地震应急预案，应当报其上一级人民政府地震部门备案。其中，100万人口以上城市的地震应急预案，还应当报中国地震局备案。

国务院其他有关部门，以及省级人民政府地震部门和中国地震局直属事业单位地震应急预案应当报中国地震局备案。

县级以上地方人民政府其他有关部门地震应急预案，应当报本级人民政府地震部门备案。

企事业单位专项地震应急预案应当报所在地县级以上地方人民政府地震部门备案。

街道、社区专项地震应急预案应当报所在地县级人民政府地震部门备案。

重大活动地震应急预案应当报举办地县级以上地方人民政府地震部门备案。

第十七条 县级以上人民政府地震部门应当建立地震应急预案纸介质和电子文档两种备案文本。

第十八条 县级以上人民政府地震部门应当建立地震应急预案管理信息平台和评估工作机制，会同同级有关部门开展地震应急预案研究和评估工作。

地震应急预案评估办法及标准由中国地震局根据国务院有关规定另行制定。

第十九条 县级以上人民政府有关部门，企事业单位和社会基层组织应当制定地震应急预案（宣传）培训与演练计划，适时组织本地区、本单位、本组织地震应急预案培训及专项演练或联动演练。

地震应急预案（宣传）培训、演练和实施结束后，应当向其备案的县级以上人民政府地震部门报送总结报告，并根据需要及时修订地震应急预案。

县级人民政府地震部门应当参照前款规定，指导乡（镇）人民政府地震应急预案（宣传）培训与演练工作。

第二十条 县级以上地方人民政府地震部门应当会同有关部门，对本行政区域内地震应急预案体系建设和管理进行监督检查，并于每年末向其上一级人民政府地震部门报送工作总结。

第二十一条 县级以上人民政府地震部门应当会同有关部门开展地震应急预案评比工作，并对地震应急预案工作成绩突出的单位和个人予以表彰和奖励。

第二十二条 未按本办法进行地震应急预案管理的，县级以上人民政府地震部门应当责令改正。

第二十三条 县级以上地方人民政府地震部门应当参照本办法建立本地区地震应急预案管理制度。

第二十四条 本办法由中国地震局震灾应急救援司负责解释。

第二十五条 本办法自印发之日起施行。

中国地震局关于印发《地震速报及地震参数发布规定》（2007年修订）的通知

中震函［2007］130号

各省、自治区、直辖市地震局，各直属单位：

为进一步加强我局地震速报管理工作，切实提高地震速报的质量和水平，努力适应并满足政府、社会对地震速报工作的需求，根据地震科学技术和新形势下地震速报管理工作的发展趋势，中国地震局及时组织有关单位和专家对现有的《地震速报及地震参数发布规定》（以下简称《规定》）（2004年2月发布）进行了修订。现将修订后的《规定》印发给你们，请严格遵照执行。

请各单位高度重视修订后的《规定》，认真落实有关工作要求，并根据《规定》制定相关细则，于2007年9月1日前报中国地震局监测预报司备案。

2007年6月12日

地震速报及地震参数发布规定

（2007年修订）

第一条 为提高地震速报质量，加强地震速报及参数发布的管理，特制定本规定。

第二条 本规定适用于国家和省级的地震速报及地震参数发布。

第三条 地震速报及速报参数要求

1 发震时刻与震中坐标

1.1 发震时刻使用北京时间，以“年—月—日”、“时—分”表示；

1.2 震中坐标以地理纬度、经度表示，以度为单位，保留1位小数。

2 震源深度

2.1 震源深度以千米为单位，保留到个位数。

3 速报震级

3.1 使用国家标准震级 *M*（GB 17740—1999）；原则使用多台测定值的算术平均值，

保留 1 位小数；

3.2 深震（震源深度大于 70km）与小震不能用地震面波测定时，可用《地震及前兆数字观测技术规范（试行）》（2001）规定的 m、M_L 测定。为保证震级速报的统一性，速报时须将其换算为国家标准震级 M，见附表。

4 震中参考地名

4.1 震中位于某省（自治区、直辖市、特别行政区，下同）、某市（地、州）内且在某行政县（旗、市，其中地级市代管的省辖县级市前略去地级市名称，下同）内时，使用震中所在的行政县级地名，如“某省（自治区、直辖市）、某市（地、州）、某县（旗、市）”；

4.2 震中靠近两个以上（含两个）行政县级交界地区时，使用排列方式命名，如“某省某市某县与某县交界地区（或某省某市某县、某县、某县交界地区）”。当各县分属不同省时，在县名前加注所属市名与省名，如“某省某市某县与某省某市某县交界地区（或某省某市某县、某省某市某县、某省某市某县交界地区）”；

4.3 发生在边境地区的地震，使用中国与相邻国国名交界地区方式命名，如“中缅交界地区（或中蒙俄交界地区）”；

4.4 在不便使用行政地名命名时，可以采用地理地名命名，如“唐古拉山”、“兴都库什”、“渤海海域”、“黄海海域”、“东海海域”、“台湾海峡”、“北部湾海域”和“南海海域”等。对于发生在中国海域的地震，应标注震中与陆地某个最近大中城市的距离（千米）。

第四条 速报任务及要求

1 中国地震台网中心速报（指正式速报）任务

1.1 在 12 分钟内向中国地震局完成首都圈地区（38.5°～41.0°N，114.0°～120.0°E）$M \geq 3.0$ 地震的正式速报［样式见附件的附录 3（略），下同］，和向各省级地震台网中心反馈正式速报结果；

1.2 在 25 分钟内向中国地震局完成国内 105°E 以东大陆地区（含沿岸近海，沿岸近海是指海岸线外 50 千米范围内，下同）$M \geq 4.0$ 地震的正式速报，和向各省级地震台网中心反馈正式速报结果；

1.3 在 30 分钟内向中国地震局完成国内除 1.2 条规定外其它地区 $M \geq 5.0$ 地震的正式速报，和向各省级地震台网中心反馈正式速报结果；

1.4 在 40 分钟内向中国地震局完成我国国境线外 300 千米范围内 $M \geq 6.0$ 地震的正式速报，和向各省级地震台网中心反馈正式速报结果；

1.5 在地震最大面波掠过整个国家地震台网后的 20 分钟内完成我国周边国家（包括日本、印尼，但不包含超过国境线 2000 千米的俄罗斯区域）有影响地震的速报；

1.6 在地震最大面波掠过整个国家地震台网后的 20 分钟内完成除 1.4 条规定外的其他国外地区 $M \geq 7.0$ 地震的速报；

1.7 在震后 2 小时内完成国内 $M \geq 5.0$ 级地震的 CMT 解速报；

1.8 中国地震台网中心在规定时限内完成上述速报的同时，要通过专用电话［见附件的附录 4（略）］和中国地震局予以确认。

2 各省、自治区、直辖市地震台网中心速报（指初次速报）任务

2.1 在 12 分钟内向中国地震局完成行政区内的大中城市有感地震的速报［样式见附件

的附录2（略），下同]；

2.2　在12分钟内向中国地震局完成行政区边线外（注：行政区边线指海岸线、省界和国界，下同）50千米范围内（含本行政区）$M \geqslant 3.0$ 地震的速报；

2.3　在15分钟内向中国地震局完成行政区边线外100千米范围内（不含本行政区）$M \geqslant 4.0$ 地震的速报；

2.4　在15分钟内向中国地震局完成行政区边线外200千米范围内（不含本行政区）$M \geqslant 5.0$ 地震的速报；

2.5　在15分钟内向中国地震局完成行政区边线外300千米范围内（不含本行政区）$M \geqslant 6.0$ 地震的速报。

3　对于暂无遥测地震台网的省级台网中心可在25分钟内向中国地震局完成第2条规定的地震速报。

4　首都圈地区的北京市、天津市和河北省地震台网中心除了遵循第2条的规定外，负责在8分钟内向中国地震局完成首都圈地区（38.5°~41.0° N，114.0°~120.0° E）$M \geqslant 3.0$ 地震的速报。

5　中国地震台网中心与各省级地震台网中心之间的地震参数的速报与反馈统一使用全国速报数据交换平台，具体技术约定见附件（略）。

6　各省级地震台网中心必须严格按照规定的速报范围进行速报，不得跨范围速报。

第五条　速报地震参数上报与发布

1　对于首都圈地区 $M \geqslant 3.0$，国内105°E以东大陆地区（含沿岸近海）$M \geqslant 4.0$、其他地区 $M \geqslant 5.0$，边境外地区（300千米以内）$M \geqslant 6.0$ 的速报地震参数，以地震所在省或最近省（自治区、直辖市）地震台网中心的速报结果为初报结果，以中国地震台网中心的速报结果为正式结果；周边国家有影响地震、国外其他地区 $M \geqslant 7.0$ 的速报地震参数以中国地震台网中心的速报结果为正式结果；

2　对于首都圈地区 $M < 3.0$，国内105°E以东大陆地区（含沿岸近海）$M < 4.0$、其他地区 $M < 5.0$ 及大中城市有感地震的速报地震参数，以地震所在省、自治区、直辖市地震台网中心的速报结果为正式结果，由相应省级地震局统一对外发布。

3　速报地震参数（指初报结果和正式结果）由中国地震局和各省级地震局分别向党中央、国务院和地方党委、政府报告（对于重大地震突发事件，如果需要处置较长时间，可以先通过电话口头报告，再以正式书面报告），并由中国地震局和各省级地震局分别向同级新闻媒体和社会公众发布。

第六条　全国35个国家大震速报台站的速报任务、速报内容及报送方式仍按原规定执行。

第七条　各省、自治区、直辖市地震局应根据本规定制定具体的实施细则，并报中国地震局备案。

第八条　本规定自2007年7月1日起正式执行，2004年中国地震局发布的《地震速报及地震参数发布规定》（中震发测［2004］30号）同时废止。

第九条　本规定由中国地震局监测预报司负责解释。

中国地震局关于印发《中国数字地震观测网络项目档案管理细则》的通知

中震发办［2007］30号

各省、自治区、直辖市地震局，各直属单位：

现将《中国数字地震观测网络项目档案管理细则》印发你们，请认真贯彻执行，切实做好数字地震网络项目文件资料的归档工作，确保数字地震网络项目档案齐全、完整、系统、准确，符合规范要求。

2007年3月23日

中国数字地震观测网络项目档案管理细则

第一章 总 则

第一条 根据《国家重大建设项目文件归档要求和档案整理规范》（DA/T2—2002）、《中国数字地震观测网络项目管理办法》（中震发财［2006］56号）、《中国地震局重点项目档案管理暂行办法》（中震发办［2004］6号）文件要求，结合中国数字地震观测网络项目的具体情况，特制定本细则。

第二条 中国数字地震观测网络项目（以下简称数字地震项目）档案管理工作按照统一领导，分级管理的原则，由中国地震局办公室对数字地震项目档案管理进行监督、检查和指导。

第三条 数字地震项目档案材料的齐全、准确、完整、系统由项目主管部门负总责；各建设单位的项目档案管理实行项目法人负责制，各建设单位法人对承担分项目档案材料的齐全、准确、完整负总责。

第四条 建设单位法人应同分项目负责人签订归档责任协议书。分项目负责人必须指定专人负责数字地震项目档案材料的收集、整理和移交。在签订项目设计、施工、监理等合同、协议时，应设立专门条款，明确有关方面提交相应项目文件以及所提交文件的整理、归档责任。

第五条 各建设单位的数字地震项目办公室负责对所承担的数字地震项目档案材料的收集、整理、归档；并向档案管理部门移交数字地震项目档案。

第六条 各建设单位档案管理部门负责对本单位承担的数字地震项目不同阶段形成的档案材料的收集、整理和归档进行检查、指导和监督，并负责组织数字地震项目档案的验收及项目验收后的档案移交归档工作。

第二章　档案材料的收集

第七条 数字地震项目档案材料的收集应与数字地震项目立项、建设和竣工验收同步进行，按项目实施过程中的前期准备、项目实施和项目试运行三个阶段形成的档案材料分别进行收集整理（收集范围见附件1），在项目完成验收前按规定立卷归档。

第八条 数字地震项目前期准备阶段档案材料的收集

数字地震项目负责人及项目档案管理人员应注意收集、保管项目的规划计划、立项申请、可行性研究、勘选设计、工程设计、进度计划等方面的文件、报告、方案、计划任务书等档案材料。

第九条 数字地震项目实施阶段档案材料的收集

数字地震项目负责人及项目档案管理人员应追踪收集保管项目实施过程中形成的文件材料，其中包括：审批下达、技术方案及修改材料过程中产生的文字材料；招投标合同书；经费预算、仪器设备说明、合格证书等；施工设计；变更申请、批复；隐蔽工程检查记录、图片、照片；阶段考核；监理、审计；组织机构设置、项目管理规章制度档案材料等。

第十条 数字地震项目试运行阶段档案材料的收集

数字地震项目负责人及项目档案管理人员在项目完成阶段，应及时收集保管有关工程竣工、仪器设备安装调试及试运行；经费结算、资产交接；总结考核、评审、验收等活动中形成的文件、数据、图纸、凭据等档案材料。

第十一条 数字地震项目有关监理、审计方面的档案材料由监理、审计部门指定专人，在项目实施过程中及时收集、整理形成的监理、审计材料，在项目完成时，按规定立卷归档。

第十二条 数字地震项目完成阶段档案材料的收集时间

数字地震项目档案材料的收集，应从项目建设的初始阶段开始，应按合同有关条款要求由项目负责人和项目档案管理人员根据项目进展情况，及时追踪收集、保管、整理项目完成过程中形成的各种载体的有关材料，由项目负责人和项目档案管理人员在项目验收前根据不同专业和时间阶段等顺序按规定收集立卷归档。

数字地震项目财务档案材料在整个项目完成财务决算的一个月内，向档案部门移交。

第三章　档案材料的整理

第十三条 数字地震项目形成的全部文件在归档前，按档案管理的要求，由文件形成单位进行整理。

建设单位对项目建设过程中形成的前期文件、设备技术文件、竣工试运行文件及验收文件，应根据文件的性质、内容分别按时间顺序、按项目的分项工程整理；各分项目按单位工程组卷。

勘察设计单位形成的基础材料和项目设计文件，应按项目或专业整理；

施工技术文件应按分项工程的专业、阶段整理，检查验收记录、质量评定及监理文件按分项工程整理；

设备、技术、工艺、专利及商检索赔文件应由承办单位整理，现场使用的译文及安装、调试形成的非标准图、竣工图、设计变更、试运行及维护中形成的文件、工程事故处理文件由施工单位整理。

第十四条 数字地震项目的电子档案按照国家标准《电子文件归档与管理规范》GB/T18894—2002 执行。

第十五条 数字地震项目档案整理组卷要遵循文件的形成规律和成套性特点，保持卷内文件的有机联系；分类科学、组卷合理；法律性文件手续齐备，符合档案管理要求。

数字地震项目施工文件按分项工程、单位工程或装置、阶段、结构、专业组卷。

数字地震项目竣工图按建筑、结构、水电、暖通、电梯、消防、环保等顺序组卷。

设备文件按专业、台件等组卷。

管理文件按问题、时间或项目依据性、基础性、竣工验收文件组卷。

监理文件按文件种类组卷。

原材料试验按分项工程、单位工程组卷。

财务文件材料按照《中国地震局会计档案管理办法》（中震发办［2004］420 号）整理组卷。

数字地震项目产生的数码照片随文字材料的内容进行编号、编目，在卷内文件目录上要注明照片的存放地点，并拟写反映照片内容的照片题名；刻录光盘用只读光盘刻录三套，刻录的内容包括照片文件夹、目录、光盘说明等。

数字地震项目文件的保管期限参照附件 1 划分。

第十六条 案卷与卷内文件排列，管理文件按问题、时间排列；施工文件按管理、依据、建筑、安装、检测实验记录、评定、验收排列；设备文件按依据性、开箱验收、随机图样、安装调整和运行维修等顺序排列；竣工图按专业、图号排列。

卷内文件一般文字在前，图样在后；译文在前，原文在后；正件在前，附件在后；印件在前，定（草）稿在后。

第十七条 卷内文件有书写内容的页面均应编写页号。单面书写文件的页号编写位置在右下角，双面书写文件的编写位置正面在右下角，背面在左下角；图样的页号编写在右下角，或标题栏外右上方；成套图样或印刷成册文件，不必重新编写页号。

各卷之间不连续编页号。

第十八条 卷内目录的内容及要求：

（一）序号，应用阿拉伯数字从“1”起依次标注卷内文件的顺序，一个文件一个号；

（二）文件编号，应填写文件号或图样的图号，或设备、项目代号；

（三）责任者，应填写文件形成部门及主要责任者；

（四）文件题名，应填写文件标题全称；

（五）日期，应填写形成日期；

（六）页号，应填写每份文件首尾页上标注的页号；

（七）备注，应根据需要填写。

第十九条 案卷封面编制内容和要求如下

（一）案卷题名，应简明、准确揭示卷内文件的内容。主要包括项目名称、代字、代号及结构、部件、阶段的代号和名称等。项目名称应与批准的原立项、设计（包括代号）相符；归档外文资料的题名及主要内容应译成中文。

（二）立卷单位，应填写文件组卷部门或项目负责部门。

（三）起止日期，应填写卷内文件形成的起止日期。

（四）保管期限，填写组卷时划定保管期限（见附件1）。

（五）密级，应依据保密规定填写卷内文件的最高密级。

（六）数字地震项目档案案卷编号由项目代码SD、建设单位代码（见附件2）和案卷流水号组成，即：

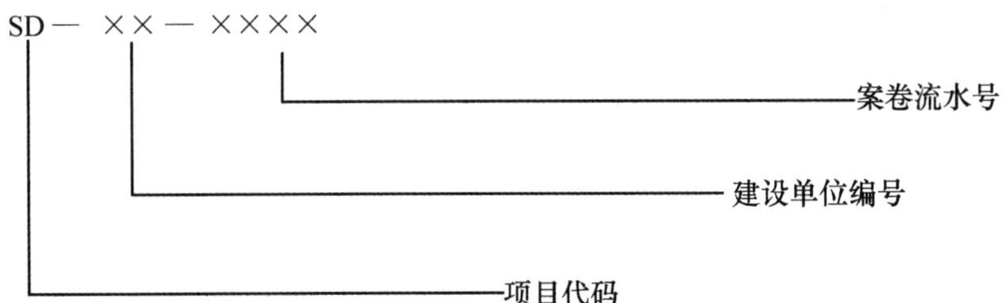

案卷脊背应填写保管期限、项目档案案卷号和案卷题名。

案卷封面和脊背的案卷号，暂用铅笔填写，移交后由接收单位统一正式填写。

案卷整理完成后应当填写案卷目录（见附件4）。

第二十条 卷内备考表（见附件6）应标明卷内文件的件数、页数，不同载体文件的数量，说明组卷情况，如：立卷人、检查人、立卷时间等。

第二十一条 案卷装订要求如下：

文字材料可采用整卷装订与单份文件装订两种形式，图纸可不装订，但同一项目应统一。

案卷内不应有金属物。

单份文件装订时，应在卷内每份文件首页上方加盖、填写档号章。档号章内容有：档号、序号。

外文资料应保持原来的案卷及文件排列顺序、文号及装订形式。

第二十二条 归档的文件材料需用原件（定稿），归档的文件材料正本一般采用A4型纸，激光打印机打印。归档文件材料要做到字迹清楚、数据准确、图像清晰、签字认可手续完备，保证各种载体的档案信息能够长期保存。需要保存复印件的材料要加盖形成单位的有效印鉴视为原件。

第二十三条 根据基本建设程序和项目特点，归档可按阶段分期进行，也可在单项工程或单位工程完成并通过竣工验收后与竣工验收文件一并归档。

第二十四条 外文资料应将题名、卷内章节目录译成中文；经翻译人、审校人签署的译文稿与原文一起归档。

第四章　档案材料的移交

第二十五条　数字地震项目文件的归档移交范围和份数按本细则附件 1 的要求执行。

第二十六条　中国地震局机关各司室、地壳工程中心、震科监理公司产生的项目档案在经过项目档案验收和项目竣工验收后三个月内向局档案部门移交。

第二十七条　纳入数字地震项目工程总概算由地方配套资金完成的项目档案，按其任务来源，由各建设单位项目办公室统一向档案部门移交。

第二十八条　由社会施工单位承担的数字地震项目在项目竣工文件收集、编制、整理后，应依次由竣工文件的编制方、质监部门、监理部门对文件的完整、准确情况和案卷质量进行审查或三方会审；经建设单位确认并办理交接手续后连同审查记录全部交建设单位档案管理机构。

第二十九条　数字地震项目档案经项目负责任人和本单位的档案管理机构验收合格后，建设单位应按合同或协议规定及中国地震局的要求，在项目正式通过竣工验收后三个月内进行档案移交。

第三十条　数字地震项目档案办理移交时要由数字地震项目办公室开具移交清单（见附件 3）一式三份，向建设单位档案管理部门办理移交手续，档案部门清点接收档案后，将其中一份清单盖章返还项目管理单位，作为移交依据和备查目录。

第五章　附　　则

第三十一条　本细则自印发之日起正式生效，中震发办［2006］23 号文件同时废止。

第三十二条　本细则的解释权归中国地震局办公室。

附件：1. 中国数字地震观测网络项目文件归档范围和保管期限表（略）
　　　2. 建设单位编号（略）
　　　3. 档案移交清单（略）
　　　4. 案卷目录（略）
　　　5. 卷内目录（略）
　　　6. 备考表（略）

中国地震局关于印发《中国数字地震观测网络项目档案验收办法》的通知

中震发办［2007］39号

各省、自治区、直辖市地震局，各直属单位：

为加强中国数字地震观测网络项目档案管理，规范项目档案专项验收工作，现将《中国数字地震观测网络项目档案验收办法》印发你们，请认真贯彻执行。

2007年4月20日

中国数字地震观测网络项目档案验收办法

第一条 为加强中国数字地震观测网络项目（以下简称数字地震项目）档案管理工作，贯彻国家档案局、国家发改委关于《重大建设项目档案验收办法》（档发［2006］2号）文件精神，根据《中国数字地震观测网络项目验收管理办法》（中震发财［2006］109号）及《中国数字地震观测网络项目档案管理细则》（中震发办［2007］30号）有关规定，特制定本办法。

第二条 数字地震项目档案是项目建设、管理过程中形成的，具有保存价值的各种形式的历史记录。

第三条 数字地震项目档案验收的范围包括：中国数字测震台网、中国地震前兆台网、中国数字强震动台网、中国地震活断层探测技术系统、中国地震应急指挥技术系统和中国地震信息服务系统等六个分项；47个建设单位项目及下设的建设单位分项和单位工程。

第四条 中国地震局组成数字地震项目档案验收组（以下简称“验收组”），负责数字地震项目档案验收工作。验收组由项目管理人员和档案人员组成。

第五条 数字地震项目的档案验收工作分层组织：

（一）单位工程项目、建设单位分项档案验收由建设单位组织；

（二）建设单位项目档案验收由中国地震局组织；

（三）数字地震项目档案验收由国家档案局组织。

第六条 数字地震项目的档案验收必须具备以下条件：

单位工程、建设单位分项档案的验收：

（一）完成工程设计和合同约定的各项建设内容；

（二）提交工程财务报告，技术报告，工程建设、设计（勘察）、施工及监理各方签署的竣工合格报告，审计报告，施工方签署的工程保修书；

（三）完成了文件材料的分类、组卷，用铅笔标注卷名和流水号、移交目录。

建设单位项目档案的验收：

（一）完成单位工程、建设单位分项档案的验收；

（二）完成文件材料的收集、整理与归档工作，并进行分类、组卷、编号等系统化整理。案卷质量符合《中国数字地震观测网络档案管理细则》和 GB/T 11822—2000 科学技术档案案卷构成的一般要求；

（三）编制项目档案案卷目录和项目档案工作情况说明。

数字地震项目档案的验收：

参照《重大建设项目档案验收办法》（档发［2006］2 号）执行。

第七条 建设单位在申请建设单位分项和建设单位项目档案验收之前，应组织项目设计、施工、工程监理和质监等负责人以及有关人员根据国家有关档案验收的要求，依照《中国数字地震观测网络项目档案验收内容及要求》（见附件 2）进行全面自查。

单位工程的档案验收，可参照执行。

第八条 建设单位申请档案验收，应当提交申请报告，并填写《中国数字地震观测网络项目档案验收申请表》（见附件 1）。验收组应当在收到档案验收申请报告 10 个工作日内作出答复。

第九条 档案验收申请报告的主要内容包括：

（一）建设概况及项目档案管理概况；

（二）档案的形成、积累、整理与归档工作情况；

（三）档案的完整、准确、系统、安全性的评价；

（四）竣工图的编制情况及质量；

（五）存在问题及解决措施。

第十条 档案验收采用召开档案专项验收会的形式，由验收组负责召集。

验收组全体成员参加会议。项目建设单位的设计、施工、监理等有关人员列席会议。

第十一条 档案专项验收会议的主要议程包括：

（一）建设单位汇报项目建设概况、项目档案管理情况；

（二）监理单位汇报项目档案质量的审核情况；

（三）验收组检查项目档案及档案管理情况；

（四）验收组对项目档案质量进行综合评议、评价；

（五）抽查数字地震项目档案及检查档案保管情况，抽查案卷比例为 15%～30%；

（六）验收组形成并宣布项目档案验收意见。

第十二条 档案验收意见的主要内容包括：

（一）项目建设概况；

（二）档案的管理情况，对项目档案的完整、准确、系统、安全性的评价，项目档案的数量，项目档案验收工作的组织及抽查档案的数量等；

（三）存在问题与整改要求。

档案验收结果分为合格、不合格。

第十三条 对项目档案验收合格的单位，由验收组出具《中国数字地震观测网络项目档案验收合格表》（见附件3）。

第十四条 对项目档案验收不合格的单位，由验收组提出整改意见，限期对存在问题进行整改，并进行复查。复查仍不合格的，不得进行项目竣工验收，由验收组提请有关部门对项目建设单位通报批评。造成档案损失的，应依法追究有关单位及人员的责任。

第十五条 本办法由中国地震局负责解释。

第十六条 各建设单位可根据本办法制定具体实施办法。

第十七条 本办法自颁布之日起执

附件1：中国数字地震观测网络项目档案验收申请表（略）

附件2：中国数字地震观测网络项目档案验收内容及要求（略）

附件3：中国数字地震观测网络项目档案验收合格表（略）

地震与
地震灾害

本部分包括四方面内容：一是全球 $M \geq 7.0$ 地震目录；二是中国大陆及沿海地区 $M \geq 4.0$ 地震目录；三是对我国及全球一年来地震活动的综述，我国及世界地震灾害情况简介；四是将一年来我国各地地震活动性及破坏性地震震害的宏观考察加以记载。从中既可纵览地震总体形势，又可了解有关地震事件的基本情况。

2007 年世界 $M \geqslant 7.0$ 地震目录

编号	发震时间	震中位置		深度/km.	震级		地区
	月-日-时:分:秒	ϕ(°)	λ(°)		M_S	M_W	
1	01-13-12:23:22.7	46.29N	153.80E	10	8.1	8.1	千岛群岛
2	01-21-19:27:34.4	0.23N	126.77E	22	7.5	7.5	印尼马鲁古海北部
3	03-25-08:39:55.3	21.28S	170.31E	34	7.2	7.1	洛亚蒂群岛东南(新喀里多尼亚)
4	03-25-08:41:49.5	37.14N	137.47E	8	7.2	6.7	日本本州西岸近海
5	04-02-04:39:55.3	8.50S	157.00E	10	7.9	8.1	所罗门群岛
6	04-02-04:47:23.4	7.80S	156.56E	10	7.7		所罗门群岛
7	07-16-09:13:21.3	37.42N	138.91E	42	7.0	6.6	日本本州西岸近海
8	08-02-01:08:55.7	14.98S	167.65E	145	7.0(m_B)	7.2	瓦努阿图群岛
9	08-09-01:04:57.8	5.90S	107.70E	291	7.3(m_B)	7.5	印尼爪哇岛
10	08-16-07:40:57.8	13.40S	76.60W	39	8.2	8.0	秘鲁沿岸近海
11	09-02-09:05:16.6	11.19S	166.21E	32	7.2	7.2	圣克鲁斯群岛(所罗门群岛)
12	09-10-09:49:12.2	3.00N	78.00W	31	7.1	6.8	巴拿马以南
13	09-12-19:10:19.3	4.90S	101.41E	25	8.6	8.4	印尼苏门答腊岛南部
14	09-13-07:48:56.9	2.85S	100.67E	15	8.2	7.9	印尼苏门答腊岛南部
15	09-13-11:35:21.1	2.57S	99.49E	10	7.7	7.0	印尼苏门答腊岛南部
16	09-28-21:38:55.4	22.13N	142.76E	241	7.2(m_B)	7.4	日本火山列岛地区
17	09-30-13:23:33.9	49.64S	163.36E	13	7.4	7.4	新西兰奥克兰群岛地区
18	10-25-05:02:42.4	4.61S	100.94E	20	7.1	6.8	印尼苏门答腊岛西南
19	11-14-23:40:52.3	22.03S	70.20W	60	7.9	7.7	智利北部沿岸近海
20	11-15-23:05:57.6	23.61S	70.82W	26	7.0	6.8	智利北部沿岸近海
21	12-09-15:28:20.8	26.00S	177.50W	152	7.5(m_B)	7.8	斐济群岛以南

注：本资料根据中国数字地震台网观测报告整理而成，矩震级 M_w 引自美国 PDE，m_B 为中长周期体波震级，发震时刻为世界时。

（中国地震台网中心 黄 瑾）

2007 年中国及邻区 $M \geqslant 4.0$ 地震目录

编号	发震时间	震中位置		深度/km	震级		地区
	月-日-时:分:秒	ϕ_N(°)	λ_E(°)		M_S	M_w	
1	01-06-09:23:24.2	21.18	119.96	12	4.4		台湾恒春海域
2	01-07-13:45:36.0	21.80	120.31	20	4.6		台湾恒春海域
3	01-07-18:47:04.2	21.93	98.18	10	4.9	4.8	缅甸
4	01-09-09:22:36.9	27.87	126.89	239	5.0(m_B)		东海
5	01-09-22:49:47.3	37.09	103.96	21	4.5		甘肃省景泰县
6	01-11-20:09:39.8	40.18	78.10	19	4.9(m_B)		新疆维吾尔自治区柯坪县
7	01-13-17:50:58.2	21.33	121.44	45	4.9		巴士海峡
8	01-14-07:22:27.5	21.13	119.48	15	4.1		台湾恒春海域
9	01-14-09:31:43.7	37.80	73.10	15	4.0(m_b)		塔吉克斯坦
10	01-15-00:35:13.3	23.35	122.56	19	4.6		台湾以东海域
11	01-16-01:50:25.2	24.10	123.58	14	4.5(m_B)		琉球群岛西南部
12	01-16-11:10:34.0	23.96	122.64	32	5.2	5.2	台湾花莲以东海域
13	01-17-01:17:33.8	24.00	122.50	34	4.5(m_b)		台湾花莲以东海域
14	01-17-12:00:34.4	24.73	120.94	15	4.2		台湾省新竹县
15	01-18-10:26:09.7	35.94	74.30	20	4.2		克什米尔西北部
16	01-19-07:53:25.7	21.87	120.62	32	4.0		台湾以南海域
17	01-20-18:25:56.4	44.60	114.58	32	4.1		内蒙古自治区阿巴嘎旗
18	01-21-01:51:11.5	31.23	83.04	9	4.5		西藏自治区革吉县
19	01-23-13:49:38.8	20.86	119.66	6	4.3		台湾恒春海域
20	01-25-04:59:59.4	36.89	85.12	14	4.3(m_b)		新疆维吾尔自治区且末县
21	01-25-18:59:15.6	22.73	122.03	32	6.1	6.0	台湾以东海域
22	01-25-23:36:28.5	42.34	78.25	60	4.2(m_b)		吉尔吉斯斯坦伊塞克湖地区
23	01-29-06:08:36.2	23.99	122.64	12	4.0		台湾花莲以东海域

续表

编号	发震时间	震中位置		深度/km	震 级		地 区
	月-日-时:分:秒	ϕ_N(°)	λ_E(°)		M_S	M_w	
24	02-03-02:25:27.9	25.90	99.79	21	4.4		云南省洱源县
25	02-03-06:32:15.9	37.81	91.93	5	5.6	5.4	青海省海西蒙古族藏族自治州
26	02-03-08:51:16.5	32.46	78.97	22	4.5(m_b)		克什米尔—中国西藏自治区边境地区
27	02-04-01:35:18.4	22.08	121.75	5	4.5	4.8	台湾东南海域
28	02-04-05:07:49.4	34.21	86.52	15	4.1		西藏自治区尼玛县
29	02-04-15:14:07.5	38.31	98.11	11	4.6		青海省天峻县
30	02-07-05:38:55.5	27.85	87.78	47	4.1		尼泊尔
31	02-12-10:42:16.0	25.14	124.59	40	5.0	4.9	台湾东北以远海域
32	02-13-07:11:59.3	36.98	79.31	22	4.1		新疆维吾尔自治区墨玉县
33	02-13-19:28:03.6	34.50	86.09	24	4.7		西藏自治区尼玛县
34	02-14-11:26:19.4	22.33	120.61	10	4.7		台湾省屏东县
35	02-14-11:30:37.1	22.41	120.56	20	4.6		台湾省屏东县
36	02-15-04:05:47.6	24.34	122.20	10	4.1(m_b)		台湾以东海域
37	02-16-03:09:39.4	29.72	81.50	15	4.0		尼泊尔
38	02-17-04:15:30.5	37.61	74.55	6	4.2(m_b)		塔吉克斯坦—中国新疆维吾尔自治区边境地区
39	02-19-05:04:57.5	21.83	120.35	20	5.5	5.3	台湾以南海域
40	02-19-22:11:42.4	21.25	120.42	10	4.5(m_B)		台湾以南海域
41	02-20-11:01:48.5	43.92	85.87	18	4.0(m_b)		新疆维吾尔自治区玛纳斯县
42	02-21-03:07:53.0	25.19	123.54	12	4.7(m_B)		台湾东北以远海域
43	02-21-08:33:28.2	31.77	78.00	34	4.3(m_b)		西藏自治区西部—印度边境地区
44	02-23-05:00:20.2	24.45	121.70	15	4.2		台湾省宜兰县
45	02-24-06:38:38.0	35.53	81.56	22	4.0(m_b)		新疆维吾尔自治区策勒县
46	02-25-05:07:40.5	21.75	120.55	36	4.2		台湾以南海域
47	02-25-09:49:38.1	33.25	90.70	15	5.4	5.3	青海省海西蒙古族藏族自治州

续表

编号	发震时间	震中位置		深度/km	震级		地区
	月-日-时:分:秒	$\phi_N(°)$	$\lambda_E(°)$		M_S	M_w	
48	02-25-11:00:14.6	33.24	90.48	27	4.0		西藏自治区安多县
49	02-26-08:58:47.3	33.25	90.36	24	4.1		青海省格尔木市
50	02-26-23:28:54.4	33.22	90.57	27	4.2		青海省格尔木市
51	02-28-03:57:14.2	24.36	121.52	28	4.6(m_B)		台湾省宜兰县
52	03-02-08:16:13.9	33.56	81.26	38	4.2		西藏自治区日土县
53	03-03-14:35:13.4	38.89	73.92	168	4.1(m_b)		新疆维吾尔自治区阿克陶县
54	03-04-11:45:30.2	24.58	121.73	107	4.3(m_b)		台湾宜兰县
55	03-05-14:27:25.5	35.95	83.25	25	4.2(m_b)		新疆维吾尔自治区民丰县
56	03-05-14:32:57.5	33.45	81.99	7	4.2(m_b)		西藏自治区日土县
57	03-05-21:59:43.8	35.55	89.60	11	4.5		西藏自治区班戈县
58	03-05-22:34:47.2	24.84	121.46	10	4.6		台湾省台北县
59	03-05-22:50:35.2	33.19	90.52	55	4.4(m_b)		西藏自治区安多县
60	03-06-00:13:43.2	24.11	121.97	15	4.4		台湾花莲以东海域
61	03 06-00:43:38.8	24.20	121.90	7	4.1		台湾花莲以东海域
62	03-06-15:39:27.9	43.88	85.95	17	4.1(m_b)		新疆维吾尔自治区玛纳斯县
63	03-07-00:30:55.0	23.80	123.70	28	4.3	4.3	琉球群岛西南部
64	03-08-06:57:15.0	24.00	122.62	27	4.9	5.1	台湾以东海域
65	03-08-23:37:33.0	24.55	122.04	46	4.4(m_B)		台湾宜兰以东海域
66	03-09-15:26:58.4	47.69	122.25	14	4.4(m_B)	5.7	内蒙古自治区扎兰屯市
67	03-11-01:51:44.2	21.23	120.00	7	4.7(m_B)		台湾以南海域
68	03-11-14:42:08.7	32.18	104.88	17	4.6(m_b)		四川省武平县
69	03-12-21:35:56.7	24.57	121.54	15	4.5		台湾宜兰县
70	03-13-10:22:58.9	26.71	117.59	16	4.2		福建省将乐县
71	03-13-10:23:21.1	26.70	117.55	21	4.2		福建省将乐县
72	03-14-01:48:16.4	35.62	89.39	37	4.3		西藏自治区班戈县
73	03-14-09:09:46.8	27.10	91.51	77	4.0(m_b)		不丹
74	03-14-09:24:51.2	39.69	110.14	23	4.3(m_b)		内蒙古自治区准格尔旗

续表

编号	发震时间	震中位置		深度/km	震级		地区
	月-日-时:分:秒	ϕ_N(°)	λ_E(°)		M_S	M_w	
75	03-14-11:31:35.2	21.63	120.28	10	4.5(m_B)		台湾以南海域
76	03-15-15:55:43.6	35.65	89.42	25	4.1		西藏自治区班戈县
77	03-16-02:30:05.3	35.68	89.41	16	4.7	5.0	西藏自治区班戈县
78	03-16-19:40:44.6	23.23	121.17	10	4.2		台湾省花莲县
79	03-17-05:51:16.7	35.67	89.48	16	4.8	5.0	西藏自治区班戈县
80	03-17-09:03:40.6	35.54	82.82	11	4.2(m_b)		西藏自治区改则县
81	03-19-05:55:58.0	26.36	95.45	76	4.7(m_B)		缅甸—印度边境地区
82	03-20-16:50:35.3	38.20	74.06	163	5.0(m_B)		塔吉克斯坦—中国新疆维吾尔自治区边境地区
83	03-25-21:14:06.0	42.13	131.15	574	4.6(m_B)		俄罗斯东部—中国东北边境地区
84	03-28-10:57:43.6	25.69	99.54	19	4.4		云南省永平县
85	03-29-17:13:55.5	43.51	87.99	24	4.3		新疆维吾尔自治区乌鲁木齐市
86	04-03-04:05:44.9	23.37	122.87	20	4.5(m_B)		台湾以东海域
87	04-03-13:03:45.2	20.74	120.51	20	4.5(m_B)		台湾以东海域
88	04-03-14:57:53.5	24.07	122.20	24	4.3		台湾花莲以东海域
89	04-10-00:23:38.9	35.69	89.62	44	4.6		西藏自治区班戈县
90	04-11-06:04:45.5	24.89	122.03	115	4.4(m_B)		台湾宜兰以东海域
91	04-11-11:47:17.5	35.34	78.38	25	4.5(m_b)		新疆维吾尔自治区和田县
92	04-14-08:48:48.2	39.47	77.73	23	4.2		新疆维吾尔自治区伽师县
93	04-15-15:06:29.1	27.60	127.30	96	4.5(m_B)		东海
94	04-16-06:20:10.8	39.54	74.77	32	4.5		新疆维吾尔自治区乌恰县
95	04-17-15:04:35.4	28.33	87.74	76	4.3(m_b)		西藏自治区定结县
96	04-17-19:56:05.7	25.13	122.57	12	4.4		东海
97	04-20-08:26:40.1	25.57	125.26	20	6.6	6.1	台湾东北以远海域
98	04-20-08:31:00.5	25.72	125.14	11	6.1	5.7	台湾东北以远海域

续表

编号	发震时间	震中位置		深度/km	震级		地区
	月-日-时:分:秒	ϕ_N(°)	λ_E(°)		M_S	M_w	
99	04-20-09:45:55.6	25.65	125.24	15	6.7	6.3	台湾东北以远海域
100	04-20-10:23:33.6	25.73	125.06	8	6.4	5.9	台湾东北以远海域
101	04-20-11:00:57.8	25.60	125.38	16	5.3		台湾东北以远海域
102	04-20-15:59:41.7	25.63	125.57	19	4.5		台湾东北以远海域
103	04-21-21:57:27.7	31.75	95.15	83	4.0		西藏自治区丁青县
104	04-21-22:34:19.8	22.09	119.80	15	4.2		台湾恒春海域
105	04-22-01:08:26.8	21.74	120.32	10	4.8		台湾以南海域
106	04-22-05:10:43.5	21.90	120.40	10	4.3(m_B)		台湾以南海域
107	04-22-14:19:20.9	37.45	79.47	15	4.1		新疆维吾尔自治区墨玉县
108	04-22-18:04:01.2	48.80	133.40	10	4.2		俄罗斯东部—中国东北边境地区
109	04-22-18:28:48.4	25.36	125.33	10	5.2		琉球群岛西南部
110	04-23-06:50:52.6	26.34	125.07	5	4.2		东海
111	04-26-01:12:05.1	24.33	121.12	5	4.4(m_b)		台湾省台中县
112	04-28-18:39:55.6	25.27	121.65	15	4.0		东海
113	04-29-00:46:43.3	25.61	124.98	39	4.1		台湾东北以远海域
114	04-29-01:06:16.3	33.15	97.87	19	4.5		青海省石渠县
115	04-30-21:59:41.1	38.51	97.76	17	4.8		青海省天峻县
116	05-02-01:07:06.9	38.60	73.10	122	4.6(m_B)		塔吉克斯坦—中国新疆维吾尔自治区边境地区
117	05-02-10:02:14.0	20.56	103.15	33	4.4		老挝
118	05-03-03:06:11.5	25.60	125.40	37	4.5(m_B)		台湾东北以远海域
119	05-05-16:15:10.0	34.73	82.60	7	4.0(m_b)		西藏自治区改则县
120	05-05-16:51:39.1	34.34	82.08	6	6.1	6.0	西藏自治区日土、改则县
121	05-05-17:11:12.2	34.41	81.84	12	5.0		西藏自治区日土县
122	05-05-17:45:49.8	34.94	82.53	12	4.8(m_b)		西藏自治区改则县
123	05-05-23:35:23.6	37.67	74.82	78	4.1(m_b)		塔吉克斯坦—中国新疆维吾尔自治区边境地区
124	05-06-01:34:25.8	34.48	81.88	13	5.0		西藏自治区日土县

编号	发震时间	震中位置		深度/km	震级		地区
	月-日-时:分:秒	ϕ_N(°)	λ_E(°)		M_S	M_w	
125	05-06-01:38:25.3	34.62	90.69	30	4.8		青海省格尔木市
126	05-06-09:27:07.1	34.27	81.95	21	4.5		西藏自治区日土县
127	05-06-09:29:04.3	34.57	82.51	14	4.3		西藏自治区改则县
128	05-06-11:45:24.9	23.75	123.63	28	4.3		琉球群岛西南部
129	05-06-13:01:31.7	34.64	82.40	16	4.3(m_b)		西藏自治区改则县
130	05-06-23:40:33.6	34.70	82.46	20	4.5(m_b)		西藏自治区改则县
131	05-07-03:51:20.5	34.57	82.53	8	4.1(m_b)		西藏自治区改则县
132	05-07-08:04:32.4	34.18	81.72	16	4.2(m_b)		西藏自治区日土县
133	05-07-08:38:09.4	34.47	82.06	17	4.3		西藏自治区日土县
134	05-07-19:59:47.5	31.39	97.70	32	5.6	5.5	西藏自治区妥坝县
135	05-07-22:52:10.1	33.74	82.06	32	4.5(m_b)		西藏自治区日土县
136	05-08-08:45:26.3	34.45	81.94	27	4.4		西藏自治区日土县
137	05-08-18:40:14.7	40.81	79.23	12	4.1(m_b)		新疆维吾尔自治区柯坪县
138	05-08-22:12:04.3	34.77	82.48	15	4.2(m_b)		西藏自治区改则县
139	05-09-10:26:38.7	34.67	82.36	18	4.5(m_b)		西藏自治区改则县
140	05-09-18:46:11.2	24.06	123.21	71	4.6(m_b)		台湾以东海域
141	05-11-03:00:52.4	34.38	82.05	12	4.4(m_b)		西藏自治区改则县
142	05-11-08:08:35.2	43.92	85.80	18	4.4(m_b)		新疆维吾尔自治区沙湾县
143	05-11-12:06:09.5	38.63	73.32	127	4.5(m_B)		塔吉克斯坦—中国新疆维吾尔自治区边境地区
144	05-13-01:50:09.5	24.72	121.75	22	4.4		台湾省宜兰县
145	05-13-08:41:18.1	33.11	82.15	19	5.0(m_B)		西藏自治区革吉县
146	05-14-17:00:38.1	20.52	120.14	29	4.3		台湾以南海域
147	05-15-22:35:47.4	20.15	100.86	29	4.6		老挝
148	05-16-07:23:24.1	26.71	96.25	114	4.8(m_B)		缅甸
149	05-16-16:56:13.9	20.57	100.96	15	6.9	6.3	老挝
150	05-16-17:24:42.9	39.61	74.97	34	4.4(m_B)		新疆维吾尔自治区乌恰县

续表

编号	发震时间	震中位置		深度/km	震级		地区
	月-日-时:分:秒	ϕ_N(°)	λ_E(°)		M_S	M_w	
151	05-16-18:04:35.4	20.20	100.90	10	4.3		老挝
152	05-16-19:03:45.9	33.29	90.65	57	4.7		青海省格尔木市
153	05-17-07:48:27.1	35.18	81.23	49	4.5		西藏自治区日土县
154	05-17-11:25:47.4	20.50	100.70	10	4.1		老挝
155	05-18-20:39:58.7	27.24	88.19	15	4.3		印度
156	05-19-02:03:28.1	34.55	82.21	27	4.2(m_b)		西藏自治区改则县
157	05-20-22:18:15.5	27.44	88.40	5	4.6		印度
158	05-23-01:02:51.2	39.01	97.90	16	4.1		甘肃省肃南裕固族自治县
159	05-26-21:43:31.3	34.43	82.32	10	4.1		西藏自治区改则县
160	05-27-12:05:32.1	22.48	119.73	12	4.0		台湾恒春海域
161	05-29-17:38:09.5	40.56	77.72	27	4.5(m_B)		新疆维吾尔自治区阿合奇县
162	05-31-21:39:50.8	21.52	120.81	10	4.3		巴士海峡
163	06-01-05:02:27.5	33.00	90.81	58	4.1		西藏自治区安多县
164	06-02-05:39:31.1	24.49	123.45	35	4.4		台湾以东海域
165	06-03-05:34:56.0	23.08	101.13	6	6.7	6.1	云南省普洱哈尼—彝族自治县
166	06-03-06:00:16.1	30.40	112.01	16	4.5(m_b)		湖北省江陵县
167	06-03-06:27:43.1	22.77	101.05	26	4.4(m_b)		云南省思茅县
168	06-03-08:09:36.8	22.86	101.15	15	4.1		云南省普洱哈尼—彝族自治县
169	06-03-10:49:00.8	23.03	101.21	6	4.9		云南省普洱哈尼—彝族自治县
170	06-03-12:12:25.9	41.64	106.23	24	4.1		内蒙古自治区乌拉特后旗
171	06-04-05:42:38.1	37.61	76.74	15	4.0(m_b)		新疆维吾尔自治区叶城县
172	06-04-15:32:16.6	47.72	89.74	19	4.4		新疆维吾尔自治区富蕴县
173	06-04-19:53:41.3	23.05	101.03	10	4.0		云南省普洱哈尼—彝族自治县

续表

编号	发震时间	震中位置		深度/km	震级		地区
	月-日-时:分:秒	ϕ_N(°)	λ_E(°)		M_S	M_w	
174	06-05-17:36:01.4	22.91	100.94	29	4.0		云南省普洱哈尼—彝族自治县
175	06-05-19:04:50.6	35.11	82.16	43	4.2(m_b)		西藏自治区日土县
176	06-07-17:26:30.4	49.67	84.51	10	4.2(m_b)		哈萨克斯坦东部
177	06-08-01:21:07.8	20.53	100.84	8	4.7		老挝
178	06-09-20:16:39.5	24.02	103.39	18	4.3		云南省弥勒县
179	06-10-01:32:16.3	39.55	73.10	55	4.0		塔吉克斯坦—中国新疆维吾尔自治区边境地区
180	06-12-05:45:56.9	23.05	100.85	16	4.4(m_b)		云南省普洱哈尼—彝族自治县
181	06-15-05:20:07.2	35.16	78.70	27	4.3(m_b)		新疆维吾尔自治区和田县
182	06-18-12:23:59.8	34.17	101.22	33	4.4		甘肃省玛曲县
183	06-21-11:23:44.1	24.06	123.13	51	4.0		台湾以东海域
184	06-21-12:08:17.4	21.22	121.35	54	4.4		巴士海峡
185	06-23-14:53:53.6	21.30	99.96	25	4.6		缅甸—中国边境地区
186	06-23-16:17:17.0	21.44	99.95	17	6.1	5.6	缅甸—中国边境地区
187	06-23-16:27:47.1	21.56	100.01	11	5.7		缅甸—中国边境地区
188	06-26-01:36:59.0	20.53	99.53	15	4.0		缅甸
189	06-26-02:09:51.9	26.41	94.48	8	4.3		印度东北部
190	06-28-02:40:21.5	28.79	94.83	61	4.2(m_b)		西藏自治区墨脱县
191	06-30-07:23:56.5	25.53	96.64	31	5.3		缅甸
192	07-01-01:54:36.8	21.84	120.14	10	4.7		台湾以南海域
193	07-02-05:35:40.3	20.52	119.92	9	4.0		台湾以南海域
194	07-02-16:59:55.9	45.67	81.85	18	4.0(m_b)		哈萨克斯坦—中国新疆维吾尔自治区边境地区
195	07-04-10:27:50.0	38.70	76.47	55	4.0		新疆维吾尔自治区英吉沙县
196	07-07-17:24:25.9	39.45	77.14	16	4.0(m_b)		新疆维吾尔自治区伽师县

续表

编号	发震时间	震中位置		深度/km	震级		地区
	月-日-时:分:秒	ϕ_N(°)	λ_E(°)		M_S	M_w	
197	07-07-21:17:36.5	26.19	125.66	58	4.8		东海
198	07-08-20:37:48.3	43.97	87.11	14	4.4(m_b)		新疆维吾尔自治区昌吉市
199	07-10-08:03:46.9	39.84	74.50	45	4.2		新疆维吾尔自治区乌恰县
200	07-12-07:08:14.1	32.46	88.75	28	4.2		西藏自治区尼玛县
201	07-13-01:21:18.2	34.70	80.86	18	4.3		西藏自治区日土县
202	07-13-04:53:59.8	23.74	122.45	10	4.2		台湾以东海域
203	07-13-20:52:34.6	29.54	98.73	47	4.2		西藏自治区盐井县
204	07-14-02:03:22.2	26.66	108.87	10	4.7(m_B)		贵州剑河县
205	07-14-15:51:36.7	31.74	88.62	49	4.3		西藏自治区申扎县
206	07-17-07:42:49.4	23.64	121.42	9	4.2		台湾省花莲县
207	07-17-10:59:46.1	24.10	122.90	10	4.0		台湾以东海域
208	07-17-11:24:14.1	25.16	107.05	15	4.3		广西壮族自治区天峨县
209	07-18-04:40:54.9	23.60	123.60	10	4.5(m_B)		琉球群岛西南部
210	07-19-11:50:24.7	27.34	126.19	13	4.2		东海
211	07-20-18:06:51.4	42.87	82.47	11	5.7	5.6	新疆维吾尔自治区特克斯县
212	07-21-23:11:21.4	34.20	81.84	5	4.1		西藏自治区日土县
213	07-22-12:12:07.0	44.89	92.01	5	4.4(m_b)		新疆维吾尔自治区巴里坤哈萨克自治县
214	07-22-17:34:29.8	38.50	101.29	10	5.0		甘肃省山丹县
215	07-23-05:28:27.6	37.47	78.79	20	4.0		新疆维吾尔自治区皮山县
216	07-23-07:02:15.3	31.18	78.53	19	4.6		印度—西藏自治区西部边境地区
217	07-23-21:40:00.8	23.81	121.67	34	5.1		台湾花莲沿海
218	07-25-18:06:10.6	39.65	77.22	38	4.2		新疆维吾尔自治区伽师县
219	07-26-19:13:31.5	23.84	122.73	47	4.3(m_B)		台湾以东海域

续表

编号	发震时间	震中位置		深度/km	震级		地　区
	月-日-时:分:秒	ϕ_N(°)	λ_E(°)		M_S	M_w	
220	07-26-23:07:04.0	35.22	82.86	51	4.1		西藏自治区改则县
221	07-27-13:18:11.0	39.58	77.33	18	4.3		新疆维吾尔自治区伽师县
222	07-30-20:45:50.6	21.47	120.56	11	4.0		台湾以南海域
223	07-31-13:51:08.5	25.10	122.70	85	4.6(m_B)		台湾台北以东海域
224	07-31-22:47:07.1	27.28	126.70	28	4.4		东海
225	07-31-23:07:35.6	27.49	126.66	10	6.3	5.9	东海
226	07-31-23:34:32.1	27.83	126.47	15	4.3(m_b)		东海
227	08-01-00:58:34.2	27.52	126.64	10	4.3		东海
228	08-01-19:09:30.7	39.36	77.04	23	4.3		新疆维吾尔自治区伽师县
229	08-01-20:09:02.1	27.11	126.76	10	4.1		东海
230	08-02-17:11:57.4	40.08	78.51	23	4.4(m_B)		新疆维吾尔自治区柯坪县
231	08-02-17:50:57.5	40.04	78.67	19	4.2(m_B)		新疆维吾尔自治区巴楚县
232	08-02-23:35:29.3	37.92	101.28	14	4.0		甘肃省肃南裕固族自治县
233	08-03-11:50:46.4	27.27	86.95	13	4.8(m_B)		尼泊尔
234	08-04-13:39:31.1	20.59	120.56	37	4.6(m_B)		台湾以南海域
235	08-07-07:33:13.2	34.48	81.91	49	4.2		西藏自治区日土县
236	08-07-08:02:24.4	27.39	126.63	21	6.4	5.9	东海
237	08-07-09:31:31.2	27.62	126.75	10	4.8(m_B)		东海
238	08-07-10:57:27.8	27.57	126.22	20	4.9		东海
239	08-07-16:53:17.7	20.04	100.47	10	4.3		老挝
240	08-09-08:55:54.0	23.11	120.81	15	5.6		台湾省台南县
241	08-09-16:03:22.0	34.47	81.82	50	4.4(m_b)		西藏自治区日土县
242	08-10-04:33:47.5	31.59	80.19	10	4.1(m_b)		西藏自治区噶尔县
243	08-10-20:35:16.0	26.79	97.11	23	4.9(m_B)		缅甸
244	08-11-22:35:51.5	27.51	87.81	17	4.4		尼泊尔

续表

编号	发震时间	震中位置		深度/km	震级		地区
	月-日-时:分:秒	ϕ_N(°)	λ_E(°)		M_S	M_w	
245	08-12-02:39:11.5	25.38	100.11	11	4.4		云南省巍山彝族回族自治县
246	08-12-10:30:52.0	28.08	127.93	170	4.7(m_B)		东海
247	08-13-10:02:58.7	26.72	97.05	20	4.1		缅甸
248	08-15-07:38:40.6	38.18	77.30	33	4.1(m_b)		新疆维吾尔自治区泽普县
249	08-15-10:58:22.6	31.40	85.32	86	4.5(m_B)		西藏自治区措勒县
250	08-15-19:11:32.8	44.08	87.18	12	4.1(m_b)		新疆维吾尔自治区昌吉市
251	08-16-21:27:59.5	44.22	81.51	13	4.2		新疆维吾尔自治区伊宁县
252	08-20-01:22:01.3	25.41	124.17	160	4.6(m_B)		台湾东北以远海域
253	08-24-21:58:22.6	44.25	81.41	32	4.2(m_B)		新疆维吾尔自治区伊宁县
254	08-26-19:30:51.0	30.14	89.51	12	4.0		西藏自治区南木林县
255	08-29-07:28:23.4	25.51	117.76	11	4.2		福建省漳平市
256	08-29-09:15:29.2	21.92	121.27	12	4.6		台湾以东海域
257	08-29-11:00:16.3	22.01	121.30	10	5.5	5.4	台湾以东海域
258	08-29-12:54:10.1	22.11	118.77	28	4.2		台湾恒春海域
259	08-31-00:42:04.5	20.29	120.14	8	4.4		台湾以南海域
260	09-01-09:33:14.6	27.90	87.90	73	4.4(m_B)		尼泊尔
261	09-01-11:35:49.7	39.35	97.71	10	4.5		甘肃省肃南裕固族自治县
262	09-02-17:06:24.2	23.73	106.07	15	4.7(m_B)		云南省富宁县
263	09-02-23:30:36.9	44.73	78.52	23	4.5		哈萨克斯坦东部
264	09-04-20:16:29.5	23.66	121.79	40	4.0		台湾花莲以东海域
265	09-07-01:51:25.5	24.34	122.28	56	6.1	6.2	台湾宜兰以东海域
266	09-07-01:55:20.9	24.38	122.36	69	5.3(m_b)		台湾宜兰以东海域
267	09-07-02:51:46.2	23.50	105.64	15	4.4		云南省富宁县
268	09-08-03:51:13.1	24.23	122.27	59	4.6(m_B)		台湾以东海域

续表

编号	发震时间	震中位置		深度/km	震级		地区
	月-日-时:分:秒	ϕ_N(°)	λ_E(°)		M_S	M_w	
269	09-08-15:12:53.9	20.50	100.80	10	4.1		老挝
270	09-11-08:34:20.8	38.18	86.30	14	4.4		新疆维吾尔自治区且末县
271	09-15-08:52:03.1	40.98	78.18	16	4.0		新疆维吾尔自治区阿合奇县
272	09-16-01:50:24.2	42.14	84.76	16	4.3		新疆维吾尔自治区轮台县
273	09-17-07:13:44.0	29.14	95.05	22	4.6(m_B)		西藏自治区墨脱县
274	09-22-14:27:08.8	24.88	121.57	15	4.1		台湾台北县
275	09-23-17:16:01.0	38.42	75.09	109	4.4(m_B)		新疆维吾尔自治区阿克陶县
276	09-25-06:52:56.3	43.19	96.28	5	4.2(m_B)		蒙古
277	09-26-03:46:35.9	42.02	80.16	14	4.5(m_B)		新疆维吾尔自治区温宿县
278	10-01-08:52:05.4	37.89	102.03	30	4.3	4.3	甘肃省肃南裕固族自治县
279	10-03-10:07:40.7	25.14	125.01	120	4.8(m_B)		琉球群岛西南部
280	10-05-22:24:45.7	43.88	130.88	571	4.5(m_B)		黑龙江省东宁县
281	10-06-03:01:40.2	28.36	105.03	10	4.0		四川省江安县
282	10-06-15:51:44.5	37.71	74.52	67	4.2(m_b)		塔吉克斯坦—中国新疆维吾尔自治区边境地区
283	10-07-15:39:15.3	24.71	122.52	110	4.8(m_B)		台湾宜兰以东海域
284	10-07-18:16:48.9	20.49	119.51	28	4.3		台湾以南海域
285	10-10-00:00:43.4	43.01	77.94	28	4.5		吉尔吉斯斯坦伊塞克湖地区
286	10-10-14:33:53.5	38.30	73.37	137	4.5(m_b)		塔吉克斯坦—中国新疆维吾尔自治区边境地区
287	10-11-11:05:01.8	24.84	121.80	72	4.1		台湾省宜兰县
288	10-14-09:05:33.7	37.74	76.15	21	4.0		新疆维吾尔自治区塔什库尔干塔吉克自治县

续表

编号	发震时间	震中位置		深度/km	震级		地区
	月-日-时:分:秒	ϕ_N(°)	λ_E(°)		M_S	M_w	
289	10-16-14:46:57.3	20.31	100.87	30	4.7		老挝
290	10-17-22:40:00.2	23.68	121.58	41	4.6		台湾花莲沿海
291	10-18-11:29:03.0	41.95	130.84	588	4.4(m_B)		俄罗斯东部—中国东北边境地区
292	10-19-22:25:25.3	23.67	120.78	15	4.3		台湾省南投县
293	10-20-01:13:53.7	38.36	73.04	100	4.8(m_B)		塔吉克斯坦—中国新疆维吾尔自治区边境地区
294	10-24-08:00:20.3	25.91	105.07	15	4.3(m_B)		贵州省莆安县
295	10-26-14:50:05.7	35.30	76.80	10	5.1		克什米尔东部
296	10-28-07:06:02.0	23.82	123.86	34	4.2		琉球群岛西南部
297	10-29-12:54:37.4	29.50	92.00	39	4.1		西藏自治区桑日县
298	10-29-17:49:12.6	27.34	85.00	10	4.7		尼泊尔
299	10-30-16:20:21.5	25.97	125.44	203	4.9(m_B)		东海
300	10-30-17:20:03.6	33.21	90.36	25	4.3		西藏自治区安多县
301	11-02-01:02:52.4	47.55	89.57	26	4.3(m_B)		新疆维吾尔自治区富蕴县
302	11-02-01:14:17.1	23.83	122.49	22	4.0(m_b)		台湾以东海域
303	11-02-03:05:47.2	20.28	100.88	26	4.5		老挝
304	11-02-09:33:16.7	24.40	122.90	56	4.5(m_B)		台湾以东海域
305	11-04-04:43:54.7	40.13	77.58	18	4.4(m_b)		新疆维吾尔自治区阿图什市
306	11-06-09:23:49.4	29.47	92.18	19	4.1		西藏自治区桑日县
307	11-06-10:15:47.2	38.54	73.25	121	5.1(m_B)		塔吉克斯坦—中国新疆维吾尔自治区边境地区
308	11-07-02:27:22.1	20.78	121.28	58	4.8(m_B)		巴士海峡
309	11-07-09:30:21.5	27.94	87.13	69	4.7(m_B)		西藏自治区定日县
310	11-08-06:54:14.3	25.08	122.37	16	4.6		东海
311	11-08-16:32:27.2	25.03	121.96	10	4.2		台湾省台北县
312	11-11-02:07:08.7	37.87	88.78	9	4.0(m_b)		新疆维吾尔自治区若羌县
313	11-11-03:36:23.1	29.48	95.42	25	4.3		西藏自治区墨脱县

续表

编号	发震时间	震中位置		深度/km	震级		地区
	月-日-时:分:秒	ϕ_N(°)	λ_E(°)		M_S	M_w	
314	11-13-12:29:29.4	25.25	122.72	108	4.5(m_B)		东海
315	11-13-13:57:35.1	37.13	80.35	15	4.4		新疆维吾尔自治区洛浦县
316	11-15-09:50:29.7	24.31	121.45	5	4.0		台湾省花莲县
317	11-16-01:09:49.3	24.80	122.50	45	4.6(m_B)		台湾宜兰以东海域
318	11-16-09:38:38.7	35.74	88.39	9	4.6		西藏自治区班戈县
319	11-18-13:49:23.0	29.52	92.27	6	4.2		西藏自治区桑日县
320	11-19-05:31:19.1	34.45	94.87	16	4.3(m_b)		青海省治多县
321	11-21-06:40:15.7	34.39	86.70	35	4.2		西藏自治区尼玛县
322	11-23-05:35:29.0	32.89	93.07	14	4.3(m_b)		青海省杂多县
323	11-23-19:17:11.6	25.06	122.40	18	4.9		东海
324	11-23-19:20:09.1	24.80	122.50	35	4.7		台湾宜兰以东海域
325	11-25-03:33:50.5	25.31	124.82	120	4.7(m_B)		台湾东北以远海域
326	11-26-06:26:31.3	37.77	77.86	19	4.4(m_B)		新疆维吾尔自治区皮山县
327	11-27-03:22:16.5	39.12	81.33	45	4.5(m_b)		新疆维吾尔自治区洛浦县
328	11-27-05:19:10.9	39.16	109.86	47	4.4(m_b)		内蒙古自治区伊金霍洛旗
329	11-28-18:38:30.4	41.73	81.83	28	4.2		新疆维吾尔自治区拜城县
330	11-29-05:05:11.9	24.85	122.06	62	4.1		台湾宜兰以东海域
331	11-29-06:10:00.4	23.00	120.81	26	4.0		台湾省高雄县
332	11-29-07:57:40.1	41.84	83.76	12	4.3		新疆维吾尔自治区库车县
333	11-30-16:44:23.6	26.24	95.53	100	4.3(m_B)		缅甸—印度边境地区
334	12-04-20:31:18.0	22.05	111.49	22	4.1		广东省阳春市
335	12-05-09:41:42.5	23.24	121.15	10	4.8		台湾花莲县
336	12-05-12:33:37.2	25.76	124.33	204	5.0(m_B)		台湾东北以远海域
337	12-05-17:32:12.6	40.23	106.43	18	4.1		内蒙古自治区阿拉善左旗

续表

编号	发震时间	震中位置		深度/km	震级		地区
	月-日-时:分:秒	ϕ_N(°)	λ_E(°)		M_S	M_w	
338	12-06-22:15:26.2	24.29	121.15	11	4.1(m_b)		台湾省台中县
339	12-08-15:40:28.0	38.62	90.79	26	4.0		青海省海西蒙古族藏族自治州
340	12-08-21:50:02.2	20.53	120.75	11	4.6		巴士海峡
341	12-09-00:51:58.2	24.00	121.90	10	4.7(m_b)		台湾花莲以东海域
342	12-11-23:56:37.7	35.12	77.41	19	4.7		克什米尔东部
343	12-16-16:23:36.2	41.44	131.42	576	4.5(m_B)		日本海
344	12-17-14:05:41.9	27.42	107.76	10	4.0		贵州省余庆县
345	12-17-15:30:47.5	39.81	75.08	50	4.3		新疆维吾尔自治区乌恰县
346	12-18-08:16:57.0	27.15	103.79	30	4.4		贵州省威宁彝族回族自治县
347	12-22-21:33:26.9	41.74	81.76	15	4.0(m_b)		新疆维吾尔自治区拜城县
348	12-25-02:48:35.1	24.11	120.81	26	4.2		台湾省台中县
349	12-25-13:52:53.5	43.50	121.25	15	4.1		内蒙古自治区奈曼旗
350	12-30-17:55:32.7	36.50	84.59	42	4.9		新疆维吾尔自治区且末县

注：本资料根据中国数字地震台网观测报告整理而成，矩震级 M_W 引自美国 PDE，m_B 为中长周期体波震级，m_b 为短周期体波震级，发震时刻为世界时。

（中国地震台网中心　黄　瑾）

2007 年地震活动综述

一、2007 年中国地震活动概况

据我国数字地震台网速报结果统计，2007 年我国发生 5 级以上地震 13 次，大陆地区 6 次，台湾地区 7 次（表 1）。其中 6 级以上地震 3 次，分别为 5 月 5 日西藏日土、改则交界地区 6.1 级地震、6 月 3 日云南宁洱 6.4 级、9 月 7 日台湾宜兰以东海中 6.3 级（图 1）。自 2001 年昆仑山口西 8.1 级地震后至 2007 年，我国大陆已连续 6 年未发生 7 级以上浅源地震。2007 年我国地震活动有如下特点：

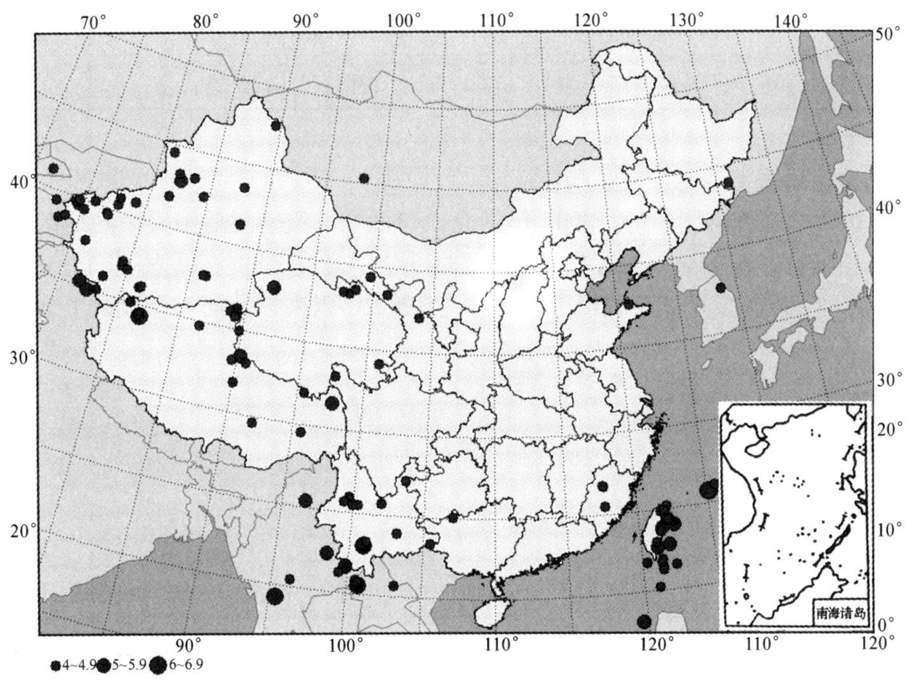

图 1　2007 年我国及邻近地区 $M_S \geqslant 4.0$ 地震震中分布图

表 1　2007 年中国 $M_S \geqslant 5.0$ 地震目录

序号	发震时间(北京时)			发震地点			震　级
	月	日	时:分:秒	纬度	经度	地　　点	
1	1	16	11:10:34.2	24.00 °N	122.40 °E	台湾花莲以东海域	5.2
2	1	25	18:59:16.0	22.80 °N	122.10 °E	台湾以东海域	6.1
3	2	3	06:32:21.0	38.00 °N	91.80 °E	青海海西州	5.5

续表

序号	发震时间(北京时)			发震地点			震 级
	月	日	时:分:秒	纬度	经度	地 点	
4	2	19	05:04:58.9	21.83 °N	120.20 °E	台湾以南海域	5.2
5	2	25	09:49:41.5	33.25 °N	90.70 °E	青海海西蒙古族藏族自治区	5.3
6	5	5	16:51:41.5	34.34 °N	81.90 °E	西藏日土、改则交界地区	6.1
7	5	7	19:59:49.0	31.39°N	97.80 °E	西藏妥坝县	5.6
8	6	3	05:34:56.0	23.08 °N	101.10 °E	云南普洱哈尼族彝族自治县	6.4
9	7	20	18:06:53.2	42.87 °N	82.40 °E	新疆伊犁地区特克斯县	5.7
10	7	23	21:40:00.2	23.81 °N	121.70 °E	台湾花莲沿海	5.5
11	8	9	08:55:47.9	23.11 °N	121.10 °E	台湾台南县	5.5
12	8	29	11:00:17.5	22.01 °N	121.40 °E	台湾以东海域	5.5
13	9	7	01:51:25.6	24.20 °N	122.30 °E	台湾宜兰以东海域	6.3

1. 大陆地区地震活动时、空、强特征

（1）我国大陆强震继续平静。2001 年昆仑山口西 8.1 级地震后中国大陆地区地震活动强度较低，至今未发生 7 级以上地震，平静超过 6 年，且自 2005 年 4 月 8 日西藏仲巴 6.5 级地震后，我国大陆未发生 6.5 级以上地震，为 1900 年以来最长的 6.5 级以上地震平静时段（图 2）。

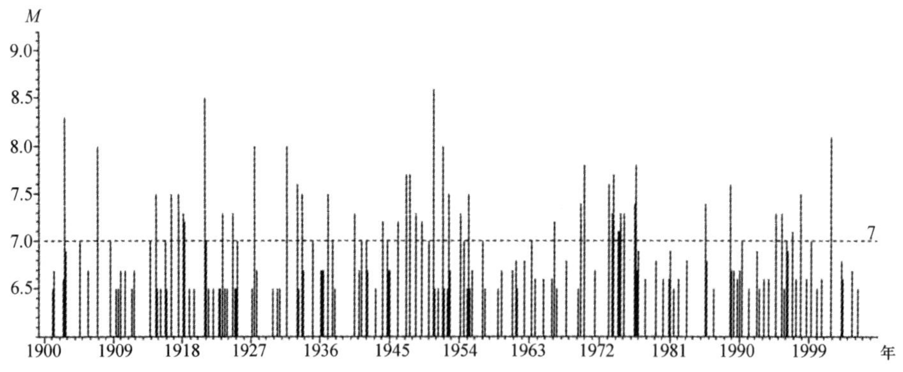

图 2　1900 ~ 2007 年中国大陆地区 6.5 级以上浅源地震 $M-t$ 图

（2）我国大陆 6 级地震超长平静结束。2005 年 4 月西藏仲巴 6.5 级地震后，中国大陆出现了近 760 天的超长 6 级地震平静，于 2007 年 5 月 5 日被西藏日土、改则间 6.1 级地震打破（图 3）。随后于 6 月 3 日发生云南宁洱 6.4 级地震，结束了南北地震带超过 43 个月的 6 级地震平静。地震强度与 2006 年（最强地震仅为 5.6 级）相比明显增加。

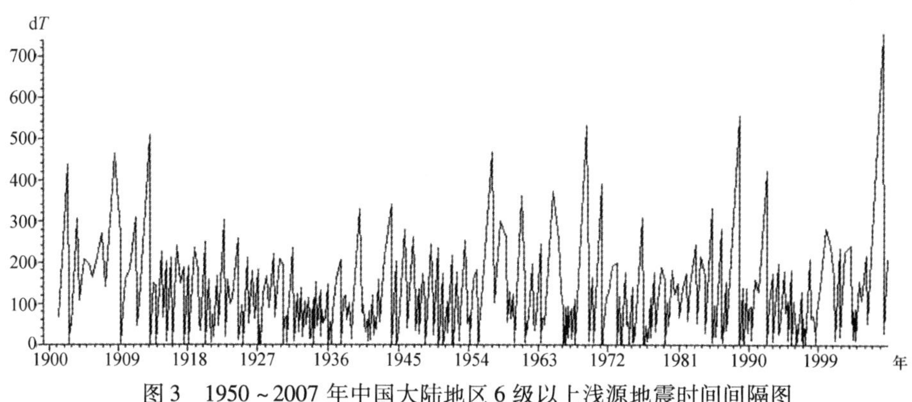

图3　1950～2007年中国大陆地区6级以上浅源地震时间间隔图

（3）5级以上地震频次偏低。2005年以来中国大陆地区5级以上浅源地震频次明显低于1950年以来的平均水平（20次/年）（图4），其间仅发生4次6级以上地震，也远低于1900年以来年均4次的水平。特别是2007年中国大陆仅发生6次5级以上地震，为1950年以来最低。2007年7月20日新疆伊犁地区特克斯县5.7级地震后，中国大陆出现了超过150天5级以上地震平静时段，是1950年以来显著的平静时段（图5）。

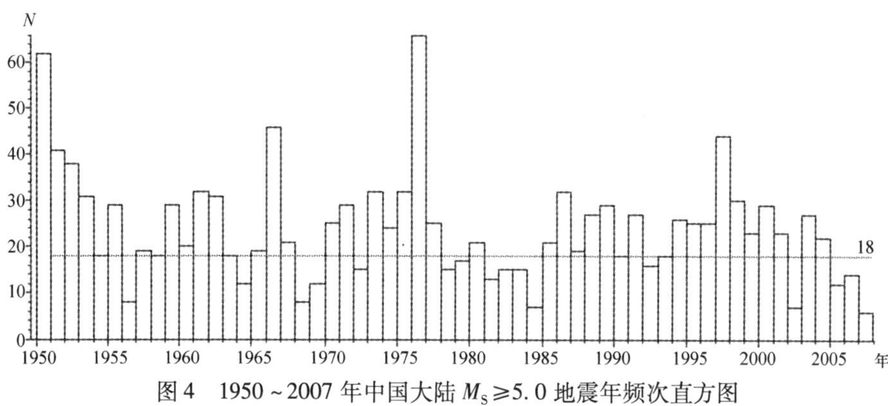

图4　1950～2007年中国大陆 $M_S \geqslant 5.0$ 地震年频次直方图

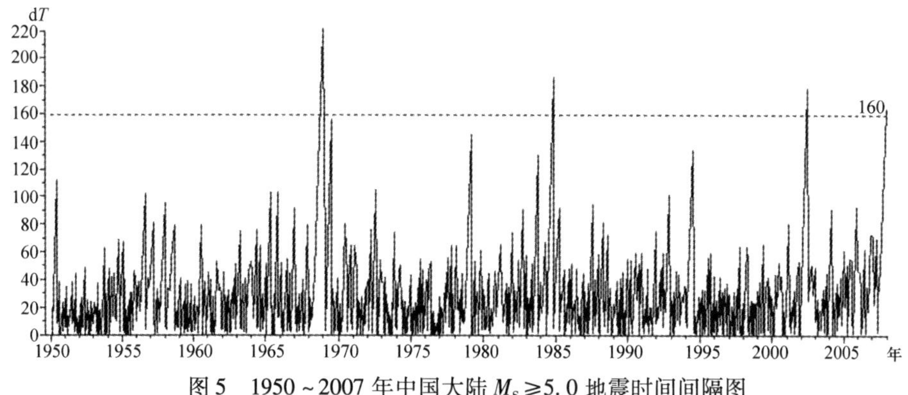

图5　1950～2007年中国大陆 $M_S \geqslant 5.0$ 地震时间间隔图

（4）新疆地区处于弱活动状态。2007年新疆地区未发生6级以上地震，仅发生了1次5级以上地震，即7月20日特克斯5.7级地震。自2005年2月新疆乌什6.2级地震后，新疆地区地震活动水平较低，处于弱活动状态，6 级以上地震平静 34 个月，并且除乌什地震的余震外，仅发生 5 次 5 级地震。与此相应的是，新疆的边邻地区强震活跃，共发生 7 次 6 级以上地震，包括 2005 年巴基斯坦 7.8 级地震，新疆地区地震活动呈明显的外强内弱特征。

（5）2007 年华南地区中等地震继续显著活动，共发生了 8 次 M_L4 以上地震，最大为 3 月 13 日福建顺昌 M_S4.7 地震。华南地区 2007 年度水库诱发地震和震群活动显著，先后发生了 2007 年 3 月 17 日峨山 M_L4.0、7 月 17 日罗甸 M_L4.1、10 月 16 日水口水库 M_L3.9 震群、10 月 17 日新丰江 M_L1.8 震群和 12 月 4 日阳西 M_S4.0 地震。水库地震可以作为区域应力场强弱的窗口，频繁的水库诱发地震反映了华南地区应力场正在增强。

2. 2007 年地震趋势预测预报概况

2007 年实际地震活动情况显示，我国境内未发生 7 级以上地震，境内最大地震为 6 月 3 日云南宁洱 6.4 级地震，因此，对 2007 年我国大陆地震趋势水平的年度预测偏高。2007 年我国大陆 6 次 5 级以上地震中的 3 次分布在青藏块体中南部，最大的 6.4 级地震位于南北地震带的南部，年初对主体地区的判定尚可。

2007 年全国地震趋势会商会共确定 7 个地震重点危险区，2007 年我国大陆共发生 5 级以上地震 6 次，在有监测能力的地区共发生 3 次 5 级以上地震，其中的 6 月 3 日宁洱 6.4 级地震和特克斯 5.7 级地震分别位于滇西南至滇南地区 6 级左右和南天山中东段 6 级左右危险区内，与预期水平相当。采用 R 值评分方法对上述预测效果进行检验，2007 年的 R 值为 0.594，危险区预测较好。

二、全球地震活动概况

据我国数字地震台网速报结果统计，2007 年全球共发生 7 级以上地震 22 次（图 6），最大地震为 9 月 12 日印尼苏门答腊南部海中 8.5 级地震。与 2006 年相比，全球地震频次明显上升，能量释放显著增强。2007 年全球 7 级以上地震活动有以下特点：

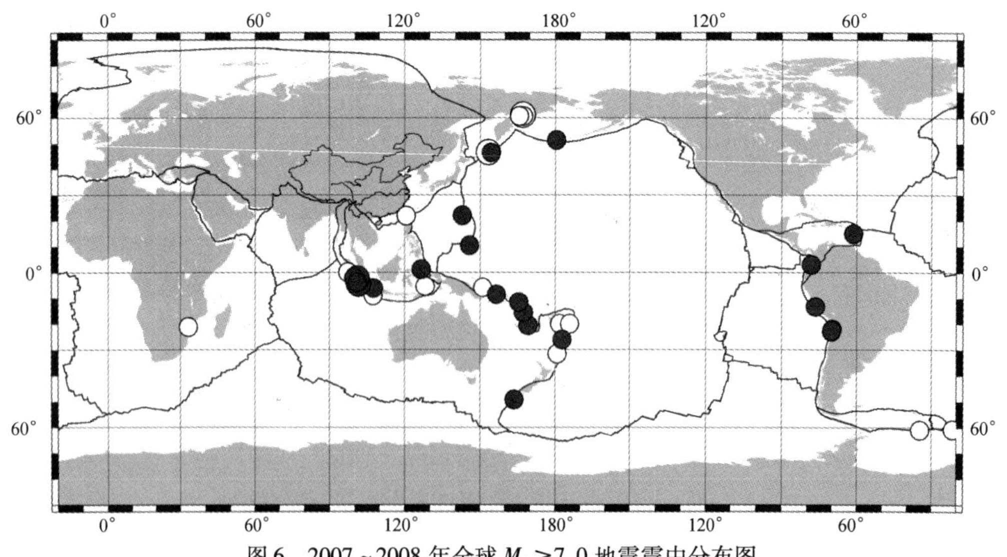

图 6　2007～2008 年全球 $M_S \geqslant 7.0$ 地震震中分布图

（图中白圈为 2006 年 7 级以上地震，黑圈为 2007 年 7 级以上地震）

（1）2007 年全球共发生 7 级以上地震 22 次，明显高于 1900 年以来的平均水平（18 次/年），与 2005 年和 2006 年相比，地震频次明显增加。2007 年全球地震活动处于强活动状态，共发生 7.8 级以上地震 7 次，能量释放明显高于 1900 年以来的平均水平，仅次于 2004 年。

2007 年全球发生 2 次 8 级地震，分别是 9 月 12 日印度尼西亚苏门答腊南部海中 8.5 级和 9 月 13 日 8.3 级地震，高于 1900 年以来年均 1 次 8 级地震的平均水平，表明全球仍处于 2001 年开始的 8 级强震高活跃时段。

（2）2007 年全球强震时间上呈现平静 - 丛集活动的特征。2007 年 4 月 2 日所罗门群岛 7.8 级地震后至 8 月 2 日瓦努阿图 7.1 级地震间，全球未发生 7 级以上地震，出现了长达 121 天的强震平静。平静结束后全球强震丛集活动，8 ~ 9 月发生 11 次 7 级以上地震，其中包括 2 次 8 级以上地震。

（3）2007 年全球 22 次 7 级以上地震中有 12 次分布在印度—澳大利亚板块的北边界和东边界上，7 次分布在南美板块西北边界，2 次分布在菲律宾板块与太平洋板块交界地区，1 次发生在千岛群岛，显示出空间分布相对集中的特点。

（4）2007 年 8 月 16 日秘鲁海岸 7.8 级地震结束了南美板块西、北边界地区近 23 个月 7 级以上地震平静，其后该地区强震活跃，发生了 6 次 7 级以上地震，包括 2 次 7.8 级以上地震，最大地震为 2007 年 11 月 14 日智利 7.9 级地震（图 2.8），是 2007 年全球强震显著活动的地区。

（中国地震台网中心　李　纲　刘　杰　余素荣）

2007 年全球地震灾害情况评述

一、地震强度及灾情

1. 地震次数与强度

根据中国地震台网观测报告资料和美国 NEIC 电子邮件，2007 年全世界 $M \geqslant 6$ 地震总计 192 次（包括 44 次余震），其中，$M \geqslant 7$ 地震 21 次（包括 6 次余震）；$M \geqslant 8$ 有 2 次。

2007 年全年 $M \geqslant 6$ 地震释放能量总计大约 89.9×10^{16}J，是过去百年期间年平均 35.5×10^{16}J 的 2.5 倍。

2. 灾情东亚最重，南美洲次之

2007 年印度尼西亚发生 3 次灾害地区，其中苏门答腊南部海沟水域发生两次 $M \geqslant 8$ 巨大地震（见“灾害地震索引”），所幸灾情不重（16 死，240 伤）。

日本能登半岛近海地震，造成 1 死 150 伤。新潟近海地震 13 死 692 伤，刈羽核电站破坏，损失 181.4 亿美元，是 2007 年经济损失最大者。

南美洲智利、秘鲁、哥伦比亚和加勒比海地区各发生 1 次灾害地震。其中秘鲁地震造成 337 人死亡，827 人受伤，是今年地震死亡人数最多的 1 次，但经济损失与日本比较很轻。智利北部地震一时导致世界铜的期货市场波动。

二、地震伤亡及经济损失

根据法新社、美联社、路透社和德新社以及共同社等外电报道，2007 年 1 月 1 日至 11 月 30 日 13 次地震，死亡总人数为 392 人，将近 5000 人受伤。

2007 年地震造成的经济损失估计总数达 200 亿美元，其中仅日本 7 月 16 日新潟近海 Mw6.7 地震经济损失达 181.4 亿美元。是近百年以来地震经济损失数额较大的一次灾害地震。

三、影响较大的 4 次灾害地震

1. 日本新潟 6.7 级地震损失很大

2007 年 7 月 16 日日本新潟西南发生 6.7 级地震和 5.8 级余震。共造成 13 人死亡，692 人受伤。大约 800 栋建筑物和民居遭受不同程度破坏。其中 300 栋被完全破坏。直接和间接经济损失为 181.4 亿美元。

此次地震震中在本州北部新潟市西南的柏崎市和柿崎的滨海地带。由于建筑物倒塌死亡 13 人。日本东京电力公司（TEPCO）建造的 Kashiwazaki - Kariwa 核电厂的一个反应堆泄漏出含有放射性物质的液体（柏崎刈羽核电站的7台机组处于运行状态的2号、3号、4号和7号机组在地震发生后自动紧急停止），其中3号机组的变压器发生火灾。核电站发生微量放射性物质的水泄漏事故引起居民恐慌。核电站起火导致4000户居民停电。地震造成海岸和市区街道裂缝达1~6cm。一座桥梁的两端被破坏，交通中断。“子弹头”列车一时停运。海啸浪高约50cm冲击沿岸，未造成灾害。由于地震发生前不久遭受台风的破坏，震中区地基松动以致地震滑坡严重。

2. 秘鲁地震破坏较严重

秘鲁8月15日7.5级地震是2007年伤亡人数最多的一次，337人死亡，上千人受伤。数百套房屋和部分公用建筑物严重破坏或完全倒塌。损失数百万至千万美元。重灾区在秘鲁南部的伊卡省皮斯科市，约70%的房屋被破坏，一座教堂倒塌，水和电力供应中断，山体滑坡掩埋多处民房，路面开裂交通受阻，电讯中断。灾区的医院人满为患，伤员只能露天等待，遇难人数占受灾总人口的三分之一以上。

秘鲁的大部分领土均暴露在太平洋板块东向冲击之下，西部近海和滨海地带地震频繁，由于人口比较稠密，成为南美洲地震灾害多发地区之一。1970年5月31日卡斯玛、钦博特7.8级地震死亡66794人。1900~2006年期间$M \geqslant 6$地震每两年1~3次；7~7.9级地震大约10年左右1次；8级以上地震30~50年1次。浅源地震分布在近海海沟和滨海地带，占秘鲁全境地震总数的70%。

3. 印度尼西亚9月“强烈双震”

9月12日印度尼西亚苏门答腊东南部明古鲁市附近150km海沟水域发生震级大于8级强烈双震和一系列强余震活动。地震虽然强烈但灾情并不太严重，16人死亡，240人受伤。沿着临近震中区长360km滨海地带，上千栋民居和公、私建筑不同程度破坏。几座发电厂停止运转，电讯一时中断。市区发生火警。沿岸出现塌方，部分路面开裂，交通受阻。震后24小时之内太平洋预警中心至少4次发布又随后解除海啸警报。印度洋沿岸一些国家、地区居民一时引起广泛的恐慌。但仅仅发生两起各为1.5m和几十厘米高波浪。相对来看，应属于轻灾，估计损失不会至千万美元。

印度尼西亚是世界大地震和海啸灾难高发区。2004年12月26日班达亚齐$M8.9$地震海啸死亡人数超过23万。2007年虽然又接连发生巨大地震，但灾情较轻，原因之一是震中远离人口密集区，而且幸未引发大海啸。

4. 智利发生7.7级地震破坏不轻

11月14日安托法加斯塔附近发生$M_w7.7$地震，死亡很少（2人），伤人较多（达1500人），破坏较大（房屋建筑倒、损4000栋），损失不小（估计超过1亿美元）。地震发生在铜矿城市丘基卡马塔以西大约50km，是智利北部重要产铜地区。由于地震的发生，导致世界铜的期货市场波动。

智利一直是南美洲地震重灾区之一。曾经震惊世界的1960年5月22日康塞普申$M8.5$地震和海啸大灾难至今人们记忆犹新。

2007 年国外重要灾害地震索引表

序号	发震时间		φ_N(°)	λ_E(°)	震源深度/km	震级	灾　　情
	(月－日)	(时:分)					
1	03－25	00:40	37.5N	136.4E	32	M_w7.3	日本本州的石川县能登半岛近海的水域。1 人死亡,150 多人受伤。航空和轨道交通一时中断。有不大的海啸。估计损失近百万美元
2	04－01	20:40	8.3S	157.0E	10	M_w7.6	所罗门群岛伦多瓦岛西南近海水域。8 人死亡,3 人失踪。6m 高的海浪袭击大约 60 套建筑。两个村子被海水淹没。估计损失以百万美元计
3	04－23	6:22	45.3S	72.5W	38	M_w6.2	智利南部科伊艾克市以西。4 人死亡,7 人失踪,多人受伤。地震山体崩落。毁坏 3 只渔船。估计损失数十万美元
4	07－16	01:13	37.6N	138.4E	48	M_w6.7	日本新潟近海。13 人死亡,692 人致伤。800 栋建筑遭到不同程度的破坏,其中 300 栋住房完全毁坏。新潟县柏崎市刈羽(村)核电站起火。一座桥梁破坏。“子弹头”列车一时停运。有小海啸。官方报告直接和间接经济损失折合美元 181.4 亿
5	08－15	23:40	13.3S	76.5W	40	M_w7.5	秘鲁利马省南部太平洋沿岸地区337 人死亡,827 人受伤。上千套房屋和一部分公用建筑严重破坏或完全倒塌。山体滑坡,交通受阻。水、电中断,信息不通。经济损失近千万美元
6	09－10	01:49	2.9N	78.2W	8	m_b6.9	哥伦比亚考卡省西部太平洋沿岸地区。4 人受伤,20 栋民房倒塌

序号	发震时间		φ_N(°)	λ_E(°)	震源深度/km	震级	灾　　情
	(月-日)	(时:分)					
7	09-12	11:10	4.5S	101.4E	10	M8.5	印度尼西亚苏门答腊东南部明古鲁市西南150km海沟水域。一天内的强余震至少4次,16人死亡,240人受伤(包括第2次强余震。一说90人受伤)。上千栋民居和公、私建筑不同程度破坏(一说坏800栋),一部分倒塌。几座发电厂停止运转。电讯中断。沿岸出现塌方,部分路面开裂,交通受阻。强余震持续发生。总的经济损失估计以千万美元计
8	09-12	23:49	2.5S	101.0E	10	M8.5	印度尼西亚苏门答腊明打威海峡,穆科穆科镇以南水域。亡6人,伤48人
9	09-13	03:35	2.2S	99.6E	10	M_w7.1	12日23时强余震有伤亡
10	11-14	15:40	22.2S	69.8W	60	M_w7.7	智利安托法加斯塔以北大约200km,铜矿城市丘基卡马塔以西大约50km。亡2人,伤1500多人,4000多栋建筑物被毁。估计经济损失1亿~5亿美元。作为智利特产之一的铜的生产受地震影响,导致世界铜期货市场一时波动
11	11-25	16:02	8.3S	118.4E	30	m_b6.7	印度尼西亚松巴哇岛地区
12	11-25	19:53	8.2S	118.5E	35	M_w6.3	印度尼西亚松巴哇岛。加当天16时02分m_b6.7地震,总计有3人死亡,45人受伤。大约100套民居严重破坏和部分倒塌
13	11-29	19:00	14.9N	61.3W	145	M_w7.3	加勒比海地区向风群岛,法属马提尼克岛附近(距马提尼克岛首府法兰西堡约50公里)。2人死亡,2人受伤

注:地震参数根据中国地震台网观测报告资料和美国NEIC电子邮件;地震灾情根据外电报道;时间为国际时UTC。

(中国地震局震灾应急救援司应急协调处)

2007 年中国大陆地震灾害情况评述

一、2007 年中国地震概况

2007 年我国境内共发生 5 级以上地震 17 次（我国大陆地区发生 6 次，海域和台湾地区发生 11 次），6～7 级地震 7 次，5～6 级地震 10 次（表 1），最大地震为 2007 年 4 月 20 日发生在东海海域的 6.5 级地震，大陆地区最大地震为 2007 年 6 月 3 日发生在云南省普洱市宁洱县 6.4 级地震。

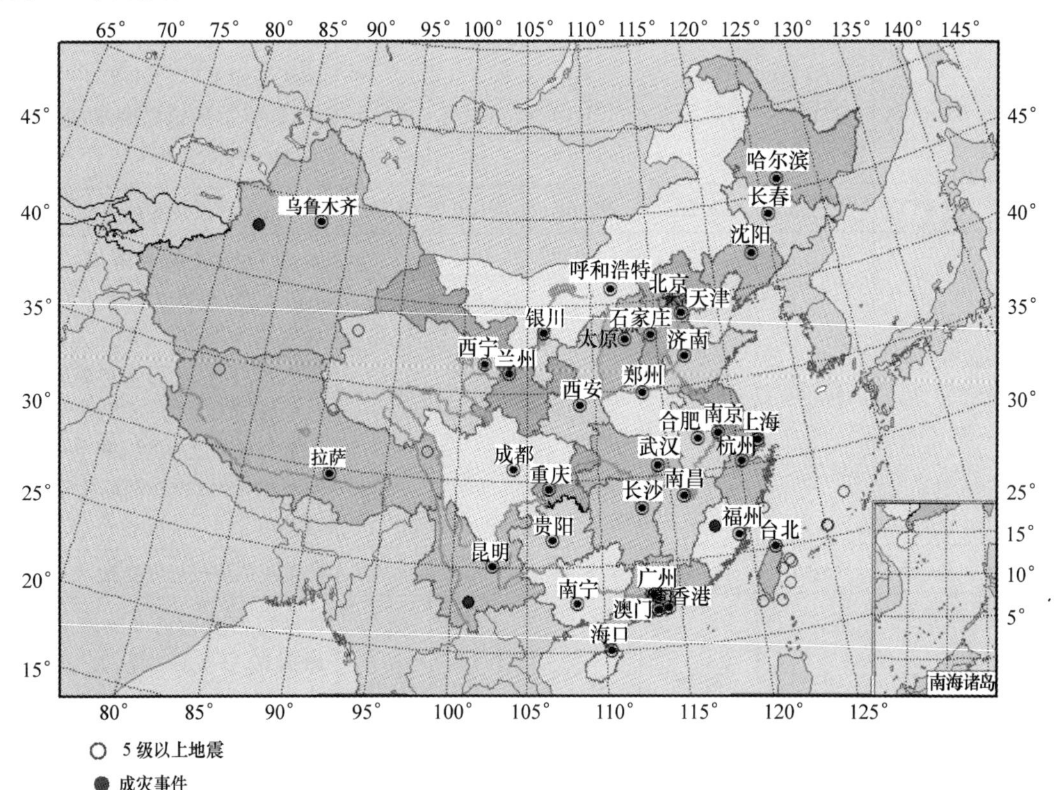

图 1　2007 年中国地震（$M \geqslant 5.0$）及成灾事件空间分布图

表 1　2007 年中国 $M \geqslant 5.0$ 地震目录及成灾事件

序号	月	日	北纬(°)	东经(°)	地　　点	震级	成灾事件
1	1	16	24.0	122.4	台湾花莲以东海中	5.0	
2	1	25	22.8	122.1	台湾以东海中	5.5	

续表

序号	月	日	北纬(°)	东经(°)	地　点	震级	成灾事件
3	2	3	38.0	91.8	青海海西州	5.5	
4	2	19	22.0	120.2	南海	5.2	
5	2	25	33.3	90.7	青海海西、西藏交界	5.3	
6	3	13	26.7	117.7	福建顺昌	4.7	(1)
7	4	20	25.7	125.1	东海	6.3	
8	4	20	25.7	125.2	东海	6.5	
9	4	20	25.7	125.1	东海	6.0	
10	5	5	34.3	81.9	西藏日土、改则交界地区	6.1	
11	5	7	31.5	97.8	西藏妥坝县	5.6	
12	6	3	23.0	101.1	云南宁洱哈尼族彝族自治县	6.4	(2)
13	7	20	42.9	82.4	新疆特克斯县	5.7	(3)
14	7	23	23.7	121.7	台湾花莲以东近海	5.5	
15	7	31	27.4	126.7	东海	6.0	
16	8	9	22.6	121.1	台湾台东近海	5.5	
17	8	29	21.9	121.4	台湾以东海中	5.5	
18	9	7	24.2	122.3	台湾宜兰以东海中	6.3	

注：中国大陆全年地震成灾事件共3次，灾害事件（1）为 $M<5.0$ 的成灾事件。

二、2007年中国大陆地震灾害情况

2007年中国大陆地区有3次地震成灾事件（表2、表3）。根据有关省（自治区）地震局的地震灾害评估报告统计结果，2007年地震灾害共造成约76.70万人受灾，受灾面积约8258km^2；死亡3人、重伤28人、轻伤391人；造成房屋1370605m^{2}毁坏，301919m^{2}严重破坏，5809546m^{2}中等破坏，2817720 m^{2}轻微破坏；地震灾害总的直接经济损失约20.19亿元。云南省是2007年地震灾害最重的省份，3人死亡，419人受伤，直接经济损失18.99亿元，约占全年地震灾害直接经济损失的94%。

2007年3月13日福建顺昌4.7级地震，震区属于低山丘陵地貌。该地区属于地质灾害多发地区，地震发生后易引发滑坡、地裂缝等次生灾害，加重地震灾害。此次地震虽震级不大，但由于发生在东部人口稠密地区，故直接经济损失比较西部同震级地震严重很多。

表 2　2007 年中国大陆地震灾害损失一览表

序号	时间		地点	震级	人员伤亡/人			房屋破坏/m^2				直接经济损失/万元
	月 日	时:分			死亡	重伤	轻伤	毁坏	严重	中等	轻微	
1	3 月 13 日	10:22	福建省顺昌县	4.7	0	0	0			3462	31012	1001.73
2	6 月 03 日	05:34	云南省宁洱县	6.4	3	28	391	1355210	156187	5200629	2052103	189860.00
3	7 月 20 日	18:06	新疆特克斯县	5.7	0	0	0	15395	145732	605455	734605	11060.33
总　计					3	28	391	1370605	301919	5809546	2817720	201922.06

注：云南宁洱地震在作农村简易建筑物震害调查时对建筑物分类采用毁坏（含严重破坏）、破坏（含中等破坏和轻微破坏）和基本完好三类。

表 3　2007 年中国大陆地震灾区范围统计

序号	时间		地点	震级	震中烈度	震源深度/km	灾区范围					备　注
							乡镇/个	人口/人	烈度区面积/km^2			
	月 日	时:分							Ⅵ	Ⅶ	Ⅷ	
1	3 月 13 日	10:22	福建省顺昌县	4.7	Ⅵ	6	1 县 6 乡镇	约 248000	114			位于闽西北隆起带内的浦城—洋源隆起
2	6 月 03 日	05:34	云南省宁洱县	6.4	Ⅷ	5	5 县 18 乡镇	403128	2948	775	167	位于唐古拉—昌都—兰坪—思茅褶皱系兰坪—思茅褶皱带景谷—勐腊褶皱束
3	7 月 20 日	18:06	新疆特克斯县	5.7	Ⅶ	25	2 县 8 乡镇 1 兵团 1 马场	115845	4224			位于中天山活动断裂带褶皱带
总　计								约 766973	7316	775	167	

注：备注中的内容主要是指震中区地形、地质构造等情况。

2007 年 6 月 3 日云南宁洱 6.4 级地震，强度较大，震源浅（深度仅 5km），地表破坏严重。极震区地面开裂，喷砂冒水，山体滑坡，陡崖崩塌。本次地震属于近城市的直下型地震，城市破坏严重。地震中死亡人员较少，与当地民房特殊的房屋建筑结构以及发震时间密切相关。地震灾区民房以土木结构房屋和砖木结构房屋为主，占各类房屋总面积的 82.7%，这两类房屋建筑以木构架为主要承重构件。震区的房屋建筑在木材使用上较之其他地区（尤其是多地震地区）更为普遍。地震时受到木柱及木屋架抵挡而向外倾倒，因此，尽管房屋倒塌严重，没有造成大量人员死亡。

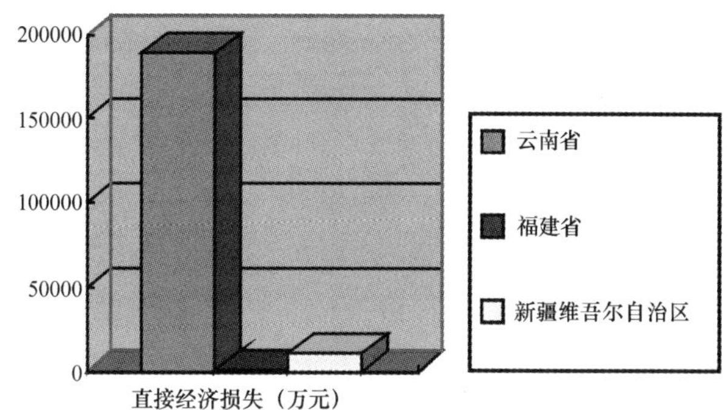

图 2（a） 2007 年中国大陆地震成灾省份的灾害情况柱状图

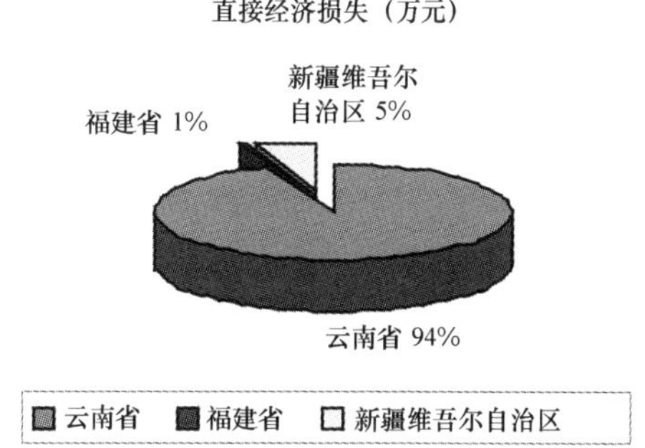

图 2（b） 2007 年中国大陆地震成灾省份的灾害情况饼图

2007 年 7 月 29 日新疆伊犁 5.7 级地震，土木结构房屋在地震中破坏较重，破坏范围较大。除房屋建筑质量较差外，黄土地区的湿陷性和较潮湿的气候也是不容忽视的因素。

三、2007 年中国大陆地震灾害主要特点

（1）2007 年的成灾地震次数（3 次）远低于 2006 年成灾地震次数（10 次），但人员伤亡较 2006 年高，经济损失是 2006 年的 2.5 倍。2007 年地震灾害发生次数低于历史平均水平。

（2）2007 年中国大陆地震成灾事件仍以云南、新疆等传统地震活动性较强地区为主，但东部地区地震活动性仍保持一定强度，除 3 月 13 日福建顺昌 4.7 级地震造成一定灾害外，还发生了 7 月 17 日广西天峨 4.0 级地震、8 月 29 日福建永春 4.5 级地震、11 月 17 日河北昌黎 3.3 级地震、12 月 4 日广东阳西 4.0 级地震、12 月 15 日河北蔚县 3.2 级地震。

（3）一次较大地震灾害造成的损失远远超过多次一般地震灾害的损失总和。云南宁洱

6.4 级地震造成的人员伤亡占据了 2007 年全部的人员伤亡的 94%，财产损失是 2006 年 10 次灾害地震损失总和的 2.5 倍。这次地震也是造成 2007 年灾害地震少，但灾害较重的直接原因。

（中国地震局震灾应急救援司应急协调处）

各地区地震活动

首都圈地区

据北京遥测地震台网测定，2007 年首都圈地区共发生 1.0 级以上地震 571 次，2.0 级以上地震 111 次，3.0 级以上地震 12 次，4.0 级以上地震 1 次，最大地震为 12 月 15 日河北蔚县 4.1 级地震。

地震活动特征如下：

（1）2007 年 1 级以上小震活动频次相比 2006 年有所回落，但仍在近年来的均值水平附近。2 级以上地震频次仍持续 2004 年以来的低值状态。

（2）京津地区仍处于缺震状态。2006 年首都圈全区在明显的缺震背景下发生了 7 月 4 日的文安 5.1 级地震，而京津地区自 1996 年北京顺义 4 级地震后一直没有中等地震发生，仍处于明显的缺震背景中。

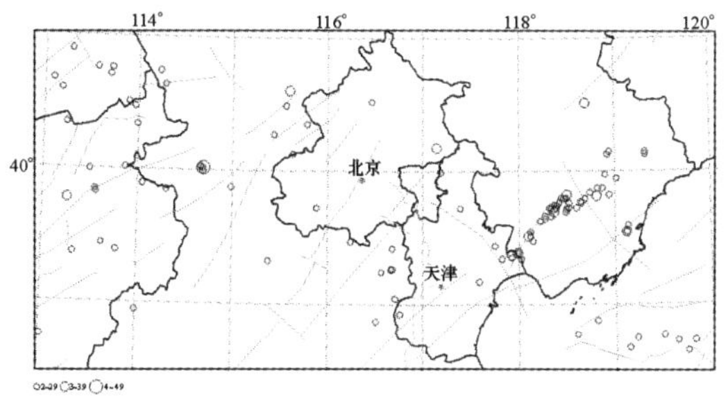

2007 年首都圈地区 2 级以上地震震中分布图

（3）首都圈地区 2 级以上地震活动的空间分布特征为：西部地区小震活跃，分布较散；中部地区主要沿天津静海—河北怀来呈北西向带状分布；东区仍以唐山震区的北东向分布为主，渤海地区小震活跃。

（中国地震台网中心　吕梅梅　王慧敏）

北　京　市

根据中国遥测地震台网测定，2007 年北京市行政区内共记录到 M_L1.0 以上地震 69 次，其中 M_L1.0～1.9 地震 65 次，M_L2.0～2.9 地震 3 次，M_L3.0～3.9 地震 1 次，最大地震为 4 月 13 日平谷 M_L3.2 地震。2007 年北京行政区内地震活动表现出如下特征：

（1）M_L1.0 以上地震年频次略高于平均水平，M_L2.0 以上地震年频次低于平均水平。年内，北京地区发生 M_L1.0 以上地震 69 次，略高于 1970 年以来 66 次的年平均水平；但仅发生 M_L2.0 以上地震 4 次，低于 1970 年以来 12 次的年平均水平。

（2）M_L4.0 以上地震继续平静，但地震强度有增加趋势。1996 年 12 月 16 日顺义 M_L4.5 地震以来，北京地区已 11 年没有发生 M_L4.0 以上地震，M_L4.0 以上地震持续平静；2006 年以来相继发生 2006 年 7 月 4 日门头沟 M_L3.4 地震和 2007 年 4 月 13 日平谷 M_L3.2 地震，地震强度有增加趋势。

（3）地震活动具有空间不均匀性。2007 年，北京地区 69 次 M_L1.0 以上地震中有 20 次发生在海淀区，分布相对集中；4 次 M_L2.0 以上地震分别发生在平谷、房山、延庆和门头沟等地区，中部地区相对平静。

(4) 地震活动具有时间不均匀性。2007 年北京地区 4 次 M_L2.0 以上地震发生在 4 月、6 月和 8 月，其他月份相对平静。

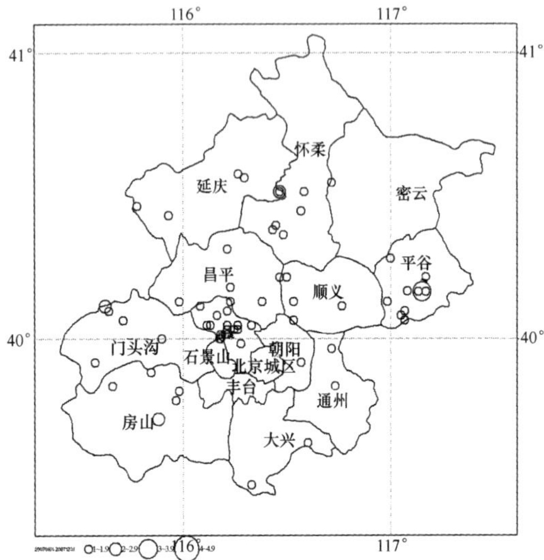

2007 年北京地区 1.0 级以上地震分布图

（北京市地震局　朱红彬）

天津市及其邻近地区

据中国遥测地震台网测定，天津市及其邻近地区 2007 年共发生 91 次 $M_L \geqslant 1.0$ 地震，其中 1.0～1.9 级地震 72 次，2.0～2.9 级地震 16 次，3.0～3.9 级地震 3 次，最大地震为 M_L3.4（图 1）；天津市行政区范围内共发生 $M_L \geqslant 1.0$ 地震 40 次，主要分布在宁河、宝坻、汉沽、蓟县和静海等区县。

2007 年天津及邻区 $M_L \geqslant 1.0$ 地震频次与上年相当，地震强度依然较弱，没有显著的地震事件发生，继续维持近年来的缺震异常特征。

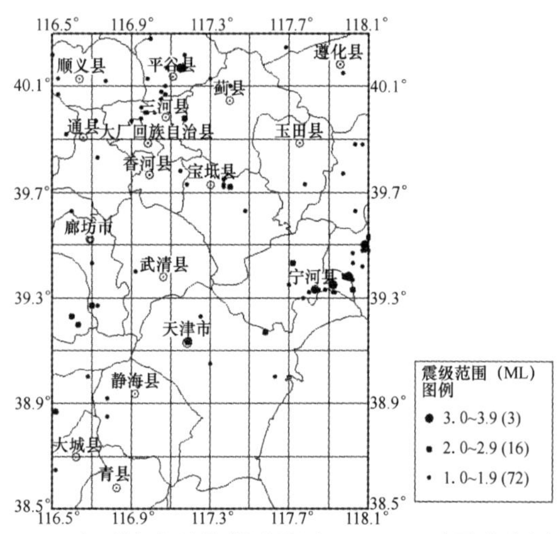

2007 年天津市及其邻近地区 $M_L \geqslant 1.0$ 地震分布图

（天津市地震局　刘文兵）

河 北 省

据河北省数字遥测地震台网测定，2007 年河北省及京津地区共记录到地震 861 次，其中 M_L1.0 以下地震 145 次，M_L1.0～1.9 地震 608 次，M_L2.0～2.9 地震 96 次，M_L3.0～3.9 地震 12 次（图 1）。最大地震为 2007 年 12 月 15 日河北尉县 M_L3.8 地震。

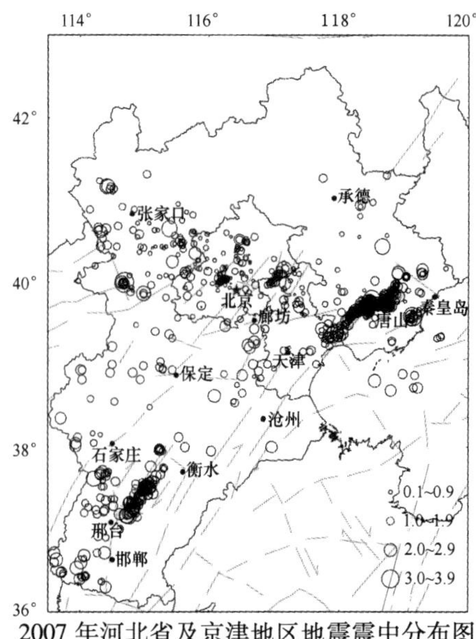

2007 年河北省及京津地区地震震中分布图

2007 年河北省及京津地区地震活动具有如下特征：

（1）2007 年的地震频度有所下降，小震频度只有 861 次，低于历史平均水平。

（2）小震活动仍集中分布在唐山、邢台、张家口地区的 3 个地震活跃部位。

（3）地震活动与 2006 年相比，京津唐地区无论是地震频度还是地震能量都比较高，成丛型比较明显，活动范围比较大。

（河北省地震局　刘继录）

山　西　省

据山西省数字遥测地震台网测定，2007 年 1～12 月山西省共发生 1.0 级以上地震 333 次，其中 1.0～1.9 级 210 次，2.0～2.9 级地震 112 次，3.0～3.9 级地震 11 次，最大地震为 7 月 13 日侯马 3.5 级和 7 月 26 日 3.5 级地震。

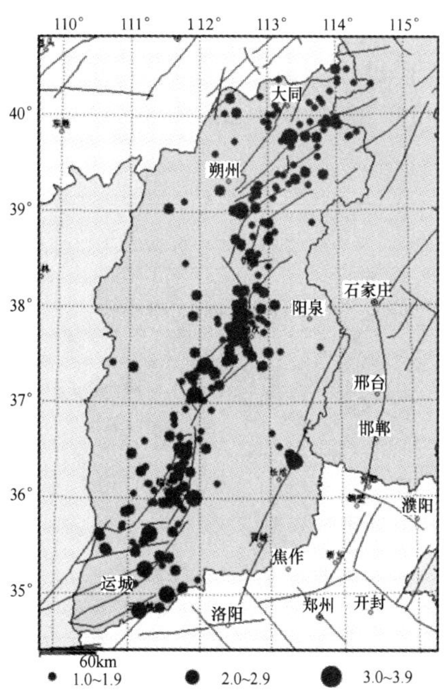

2007 年山西省地震分布图

地震活动特征表现为：

（1）3 级地震频度略低于多年平均水平：从 2000 年以来的统计结果看，3.0～3.9 级地震年平均次数为 18 次，而 2007 年仅 11 次，3 级地震活动呈现一种相对平静状态。

（2）时间分布均匀：2007 年全区发生的 333 次 1.0 级以上地震活动分布的较为均匀，未有显著的丛集时段。

（3）地震分布相对集中：2007 年度小震活动主要分布在断陷盆地内及其两侧边缘山区，3 级地震 80% 集中分布在太原盆地南段及临汾、运城盆地。

（4）强度低：山西地区自 2005 年以来一直保持低水平活动，连续三年最大震级分别为 3.6、3.9 级，无 4 级以上地震发生，是自 1970 年有现代地震记录以来 4 地震级平静间隔时间最长的一次。

（山西省地震局　宋美琴）

内蒙古自治区

据内蒙古数字遥测地震台网测定，2007 年内蒙古自治区发生 $M_L \geq 1.0$ 地震 317 次，其中 M_L1.0～1.9 地震 119 次，M_L2.0～2.9 地震 161 次，M_L3.0～3.9 地震 33 次，M_L4.0～4.9 地震 4 次。最大地震是 2007 年 3 月 9 日发生在扎兰屯市和 2007 年 12 月 5 日发生在阿拉善左旗的 2 次 M_L4.1 地震。

地震活动特征主要表现为：

（1）中等地震活跃。2007 年发生 $M_L \geq 4.0$ 地震 4 次，显示出 2007 年内蒙古自治区中等地震活跃的特征，但与 2006 年相比，中等地震的频度和强度有所降低（2006 年发生 $M_L \geq 4.0$ 地震 7 次，最大地震为 M_L4.8）。

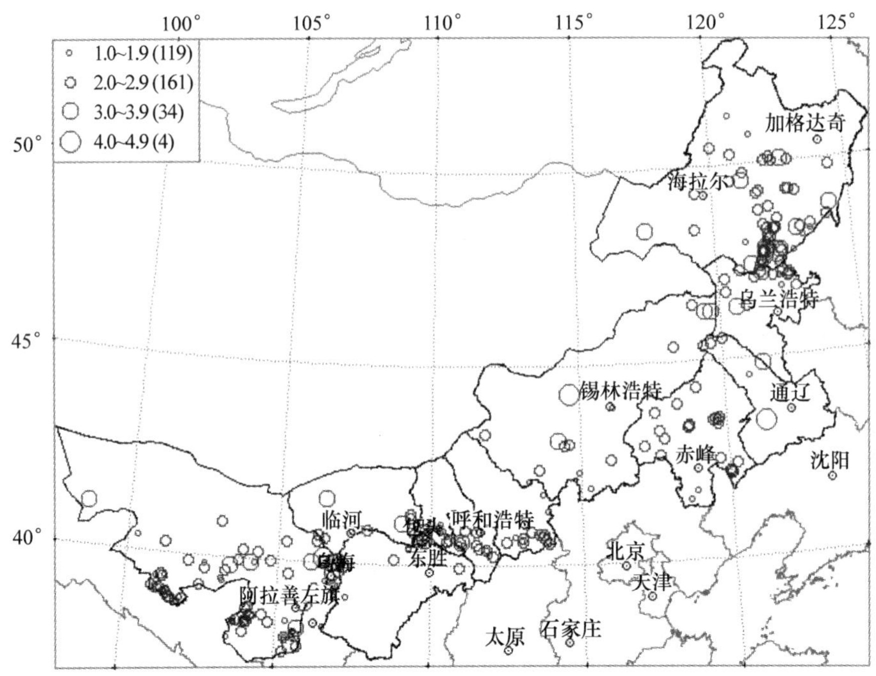

2007 年内蒙古自治区 $M_L \geq 1.0$ 地震分布图

（2）地震活动表现出东强西弱的空间格局。2007 年发生 4 次 $M_L \geq 4.0$ 地震，其中 3 次分布在内蒙古的东部地区，1 次分布在内蒙古西部的阿拉善地区。其他小震活动主要集中于乌海—阿拉善地区、包头—呼和浩特地区以及大兴安岭中部地区。

（3）地震频度仍维持较高水平。$M_L \geq 3.0$地震 37 次，平均每个月发生 3 次 $M_L \geq 3.0$地震，但与 2006 年相比，地震活动频度略有下降。

（内蒙古自治区地震局　薛　丁　弓建平）

辽　宁　省

据中国地震台网中心小震目录数据库统计，2007 年辽宁省及邻区（38°～43.5°N，119°～126°E）共发生 $M_L \geq 2.0$ 地震 146 次，其中 $M_L \geq 3.0$ 地震 18 次，$M_L \geq 4.0$ 地震 1 次。本年度辽宁省境内的最大地震为 2007 年 8 月 24 日海城 $M_L3.7$ 地震，震中位于 40.55°N，123.02°E。邻区最大地震为 2007 年 11 月 15 日渤海海峡 $M_L4.2$ 地震，震中位于 38.7°N，120.25°E 。

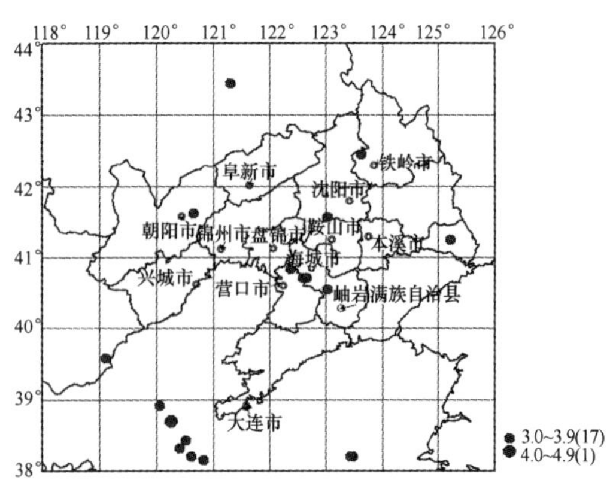

2007 年辽宁省及邻区 $M_L \geq 3.0$ 地震震中分布
（119°～126°E，38°～43.5°N）

2007 年度辽宁省及邻区的地震活动

特点：

(1) 地震活动水平较低。自 2003 年以来辽宁地区连续 5 年 $M_L \geqslant 2.0$ 地震年频次低于均值 202 次。2005 年最低，仅为 129 次，2007 年有所回升，但地震活动水平仍较低。

(2) 3 级地震空间分布格局发生变化。

2007 年辽宁内陆共发生 $M_L \geqslant 3.0$ 地震 8 次，除营口—海城—岫岩老震区外，辽北弱震区发生 3 次，且三次地震在时间上也比较集中，表现出该区小震活跃的特征。此外邻区渤海海峡（38°～40°N，119～121°E）2007 年地震活动亦相对活跃，本年度共发生 3 级以上地震 7 次，其中 $M_L \geqslant 4.0$ 地震 1 次。该区 2000～2006 年 $M_L \geqslant 3.0$ 持续 7 年的低频次（年频次低于该区 1980 年以来的年均值 5 次），2007 年开始有活跃的迹象，且 3 级地震呈 NW 向展布（图 1）。

(3) 4 级地震持续平静。截止到 2007 年底，辽宁地区自 2003 年 3 月 30 日沈阳满堂 $M_L4.1$ 地震后，已有 57 个月未发生 $M_L4.0$ 以上地震，平静时间达到 1970 年以来的最长时段；营口－海城－岫岩老震区自 2000 年 5 月 24 日岫岩 $M_L4.3$ 地震后，已有 7 年零 7 个月未发生 $M_L4.0$ 以上地震，平静时间达到 1980 年以来的最长时段。

（辽宁省地震局　曹凤娟）

吉　林　省

据吉林省地震台网测定，2007 年 1 月吉林省境内共发生 $M_L \geqslant 1.8$ 以上地震 20 次，其中 2.0 级以下地震 2 次，2.0～2.9 级地震 13 次，3.0～3.9 级地震 5 次，最大地震为 5 月 27 日发生在吉林省松原市前郭 3.5级地震。全年释放能量为2.18×10^9 (J)。长白山火山区发生 0 级以上地震 91 次，其中 0～0.9 级 77 次，1.0～1.9 级 13 次，2.0～2.9 级 1 次，最大地震为 2.0 级地震。

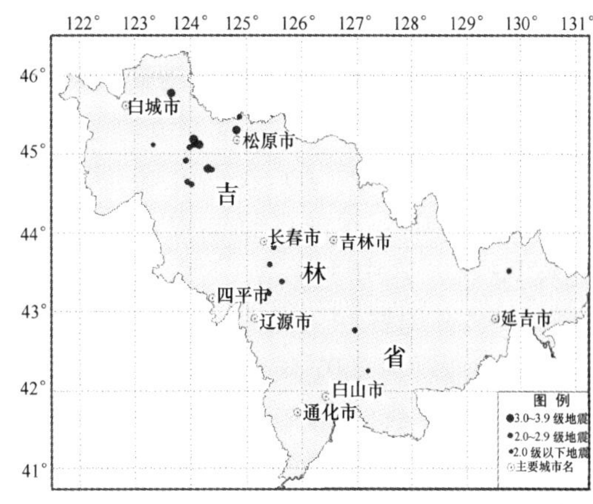

2007 年吉林省地震震中分布图

地震活动特点如下：

(1) 地震活动频度较 2006 年度有所下降，但略高于历年活动水平。省内 2 级以上地震年均频度为 15 次左右。2005 年发生 2 级以上地震 16 次；2006 年发生 2 级以上地震 26 次，2007 年发生 2 级以上地震 18 次，年均地震频度略高于 2005 年，但比 2006 年低。

(2) 地震活动空间分布相对较集中，呈丛集性分布特点。地震活动主要集中在松原及附近地区，2007 年发生的 5 次 $M_L3.0$ 以上地震全部发生在松原及附近地区。

(3) 地震活动的时间分布相对集中。2007 年省内地震集中发生于 4～5 月和 9～10 月，主要以西部地区的地震活动为主，先后在松原发生了 4 月 18 日乾安 3.0 级地震、5 月 27 日松原 3.5 级地震、5 月 29 日白城镇赉 3.4 级地震，然后于 10 月 18 日发生乾安 3.0 级和 3.4 级地震。

（吉林省地震局　盘晓东）

黑 龙 江 省

据黑龙江省数字地震台网观测测定，2007年1~12月黑龙江省及邻近地区（42°~54°N，118°~137°E）发生可定位地震72次（$M_L \geq 1.0$）。黑龙江省境内发生可定位地震33次，其中$M_L 1.0 \sim 1.9$地震11次，$M_L 2.0 \sim 2.9$地震14次，$M_L 3.0 \sim 3.9$地震7次。最大地震为2007年3月22日发生在鸡西附近的4.4级地震。

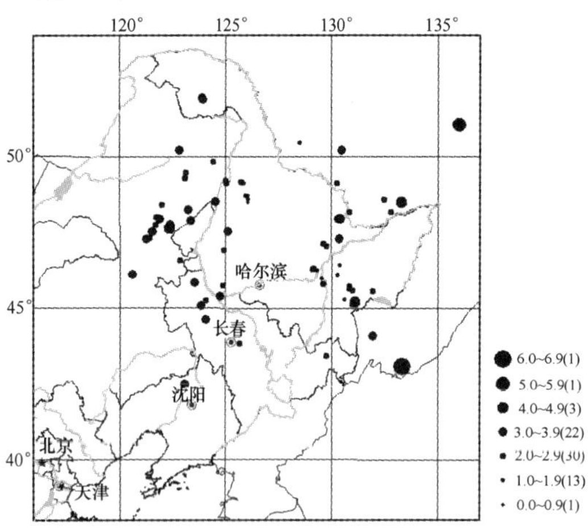

2007年黑龙江省及周边地区震中分布图

地震活动特点如下：

（1）地震活动频次与往年相比，频次较少，强度较低。

（2）周边地区地震活动明显较强，且具有空间集中性，呈条带分布。2007年度与黑龙江省邻近的俄罗斯发生6.2级深震，震源深度422km，这是继林甸地震以后黑龙江省周边地区发生的最大一次破坏性地震。

（黑龙江省地震局　高　峰）

上海市及其邻近地区

据上海地震台网测定，2007年上海市及其邻近地区（29°~34°N，119°~124°E）共记录到M_L 1.0以上地震56次，其中$M_L 1.0 \sim 1.9$地震25次，$M_L 2.0 \sim 2.9$地震25次，$M_L 3.0 \sim 3.9$地震6次。最大地震为2007年7月5日20时50分发生在黄海的$M_L 3.8$地震，释放的总能量为8.4×10^9J。

2007年上海监视区（30.0°~32.4°N，119.6°~123.0°E）共发生$M_L 1.0$以上地震18次，其中$M_L \geq 2.0$地震有5次，最大地震为2007年9月25日长江口$M_L 3.4$地震。

2007年上海行政区共发生$M_L 1.0$以上小震4次，分别为3月24日崇明岛$M_L 1.9$地震；3月27日上海松江和浙江嘉兴交界处$M_L 1.0$地震；以及上海奉贤沿海1月23日$M_L 1.2$地震和9月3日$M_L 1.3$地震。

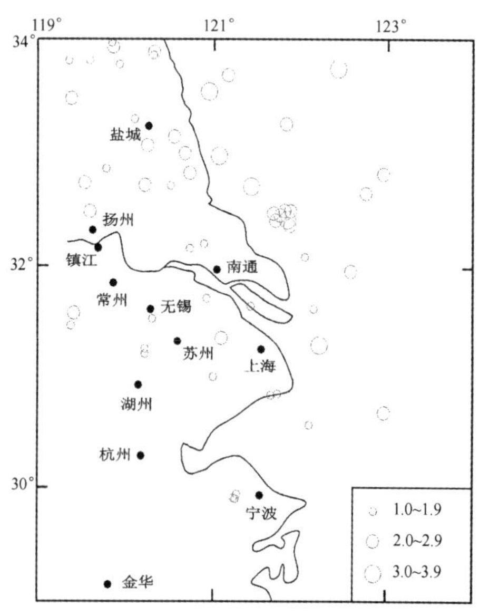

2007年上海市及邻近地区地震震中分布图

地震活动特点如下：

（1）2007年地震活动水平总体上略低于2006年。3级以上地震活动频次与2006

年相近，但强度略有降低。

（2）地震活动空间分布仍持续2006年北强南弱的格局，3级地震主要分布在江苏南黄海沿岸地区。

（上海市地震局　章　纯　黄　佩）

江苏省及其邻近海域

据江苏省数字地震台网测定，2007年江苏省陆地及其南黄海海域（30.5°～35.5°N，以下简称“江苏及南黄海”）共发生M_L≥2.0地震57次，其中江苏陆地20次，南黄海海域37次。陆地最大地震为5月6日响水与灌南交界（34°12′N，119°37′E）M_L4.0地震，海域最大地震为5月23日和7月5日南黄海（34°34′N，121°11′E；32°43′N，121°26′E）M_L3.8地震。

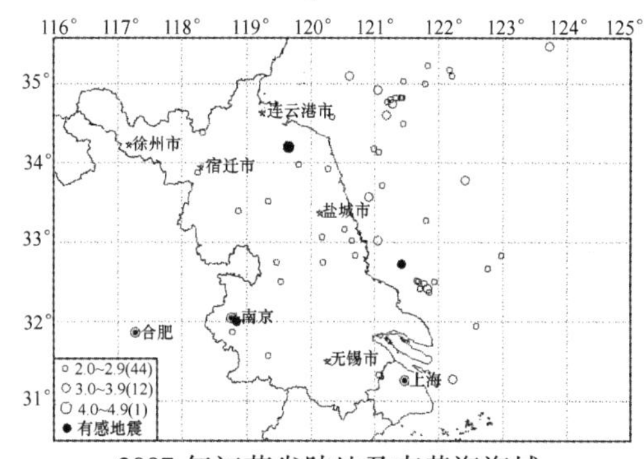

2007年江苏省陆地及南黄海海域
M_L≥2.0地震震中分布图

地震活动特征如下：

（1）2007年江苏及南黄海M_L≥2.0地震活动水平低于上年度，但与1970年以来的多年平均水平基本相当，未发生M_L5.0以上地震。

（2）地震活动在空间上仍延续往年的分布格局。M_L2以上地震主要发生在江苏中北部陆地和南黄海海域，M_L3以上地震则主要集中于南黄海海域。

（3）南黄海海域M_L3以上地震空间格局与2005年和2006年相比发生变化。南黄海北部坳陷3级以上地震活动水平有所下降，江苏中部沿海地震活动呈现活跃态势，并在短时间内形成北西向带状分布。

（4）江苏陆地发生2次有感地震。5月6日响水发生M_L4.0地震，灌云县和响水县普遍有感，连云港市和徐州市部分有感。12月30日南京市发生M_L3.0地震，南京市部分有感。

（江苏省地震局　田建明）

浙　江　省

据浙江省地震台网测定，2007年浙江省境内共发生M_L>1.0以上地震22次，其中M_L1.0～1.9地震17次，M_L2.0～2.9地震3次，M_L3.0～3.9地震2次，最大为2007年10月3日的庆元M_L3.1地震。

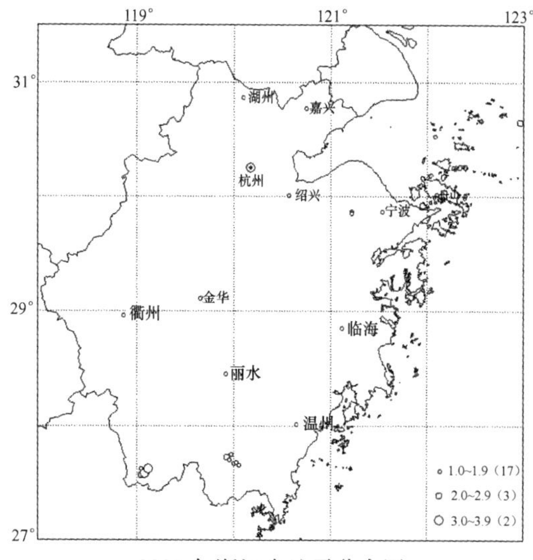

2007年浙江省地震分布图

本年度两次M_L3.0以上地震均发生在丽水—余姚断裂的一条分支断裂（荒村—庆元断裂）附近。丽水—余姚断裂是浙江省主要活动断裂带之一，1574 年该断裂上曾发生过 5.5 级地震，最近 10 年该断裂带小震活动较为频繁，南段的庆元、中段的新昌—嵊州以及中北段的宁波鄞县，均有地震活动。

珊溪水库库区仍有零星小震活动，活动强度与频度已明显低于去年。

（浙江省地震局　朱新运）

安　徽　省

据安徽省地震台网测定，2007 年安徽省共记录到地震 446 次，其中 M1.5 以上地震 14 次，M2.0 以上地震 5 次，最大震级为 2007 年 7 月 15 日霍山 M2.2 地震。

2007 年发生的 14 次 M1.5 以上地震，主要沿 NE 向池河—西山驿断裂、滁河断裂、王老人集断裂和宿北断裂发生，相对集中分布于霍山地区和皖中南部地区。

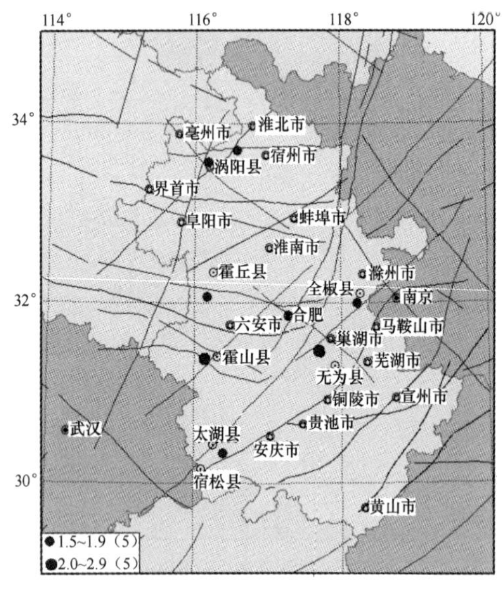

2007 年安徽省 M1.5 以上地震震中分布图

（安徽省地震局　黄显良）

福建省及其近海地区

1. 福建省及其近海地区地震活动

据福建地震台网测定，2007 年 1 ~ 12 月福建及其近海地区共发生 M_L2.0 以上地震 94 次，其中 2.0 ~ 2.9 级地震 75 次，3.0 ~ 3.9 级地震 15 次，4.0 ~ 4.9 级地震 4 次，最大地震为 3 月 13 日顺昌 M_L4.9。顺昌 M_L4.9 地震之后，相隔 21 秒后该地又发生了一次 M_L4.7 地震，为双震型地震序列。地震发生时顺昌周边区域震感强烈，福建地区普遍有感，震中附近最大地震烈度为Ⅵ度，地震造成少数建筑裂缝，但未造成人员伤亡。

2007 年度福建及其近海地区的地震活动主要发生在内陆区域，已发生多次较显著地震；而近海区域的地震活动水平则较低，未发生 3.5 级以上地震。地震震中主要沿政和—海丰断裂带有序分布，这是 2007 年度福建地震活动的一个重要特征。

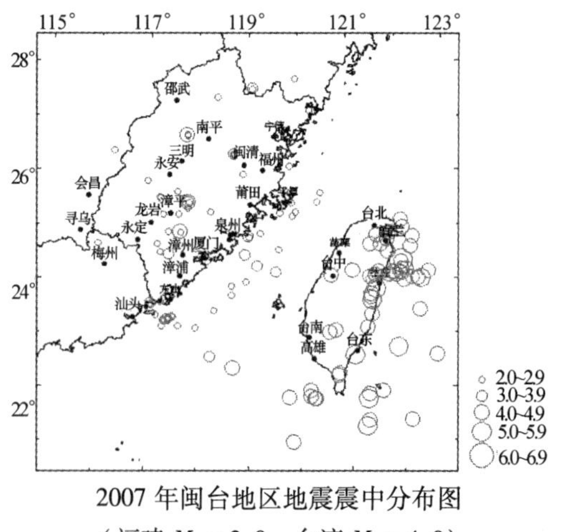

2007 年闽台地区地震震中分布图

（福建 $M_L \geqslant 2.0$，台湾 $M_L \geqslant 4.0$）

2. 台湾海峡地震活动

2007 年 1 ~ 12 月台湾海峡共发生 M_L3.0 以上地震 3 次，其中 3.0 ~ 3.9 级地震 2 次，

4.0～4.9级地震1次，最大地震为8月29日台湾海峡南部 M_L4.0。台湾海峡2007年未发生5.0级以上地震，仍延续近年来的较低活动水平，地震活动水平与2006年度相当。

3. 台湾地区地震活动

2007年1～12月台湾地区共发生 M_L4.0以上地震59次，其中4.0～4.9地震52次，M_S5.0～5.9地震6次，M_S6.0～6.9地震1次，最大地震为9月7日宜兰海域 M_S6.3（地震发生时福建沿海地区普遍有感）。2007年度台湾地区未发生7.0级以上地震，地震活动水平明显低于2006年度（2006年度台湾地区的最大地震为12月26日恒春近海 M_S7.2）。

（福建省地震局　倪晓寅　林世敏）

江　西　省

据江西省地震台网测定，2007年江西省境内共发生 M_L1.0以上地震75次，其中 M_L1.0～1.9地震61次，M_L 2.0～2.9地震14次，最大地震为2007年11月15日九江县 M_L2.8地震。

地震活动特点如下：

（1）2007年江西省地震活动水平较低，未发生 M_L 3.0以上地震，M_L 2.0以上地震频次也远低于2006年的38次。全省地震活动主要分布在九江和赣南地区。

（2）2007年度九江—瑞昌序列活动水平较低，共发生 M_L2.0以上余震7次，最大震级为 M_L2.8。2006年6月16日九江发生 M_L3.5余震后，该地区 M_L3.0以上地震持续平静。

（3）2007年赣南地区地震活动水平较低，共发生 M_L 2.0以上地震6次，最大地震为2007年8月13日宁都 M_L2.6地震。自2005年9月21日寻乌 M_L3.9地震以后该地区未发生 M_L 3.0以上地震。2007年12月28～29日发生的龙南小震群，最大震级为 M_L 2.1。

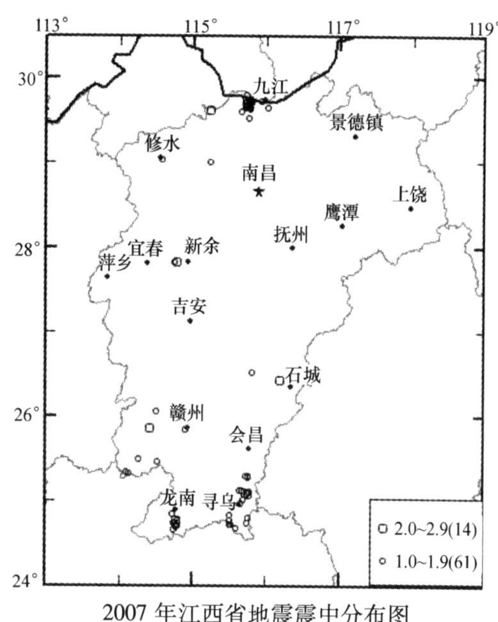

2007年江西省地震震中分布图

（江西省地震局　高建华）

山　东　省

据山东省地震台网测定，2007年1～12月，山东内陆及邻近海域（34°～39°N，114°～124°E）共发生 M_L 2.0以上地震115次，其中2.0～2.9级地震85次，3.0～3.9级地震28次，4.0～4.9级地震2次。其中2007年7月10日23时20分在山东蓬莱市大柳行—潮水一带发生4.4级有感地震，是山东地区2007年的最显著震情事件。

本年度释放地震应变能合计为 $1.24\times10^6J^{1/2}$，低于多年平均 $1.90\times10^6J^{1/2}$ 的水平，2.0级以上地震活动频次115次，较多年平均104次的水平略微偏高。

地震活动特点如下：

（1）本年度山东内陆及沿海地区，地

震活动主要集中区仍为胶东半岛及北部海域、鲁西南及鲁中地区、南黄海北部凹陷区。2007 年胶东半岛及北部海域发生一系列 3～4 级地震，其中 4.0 级地震 2 次，3 级地震 9 次。自 2007 年 7 月 10 日蓬莱 4.4 级地震开始，胶东半岛及其北部海域地震活动开始增强，至 11 月 15 日 5 个月的时间内发生有感地震 6 次，3.0 级以上地震是 2006 年全年的 2.7 倍。在空间上有序分布明显，形成由南黄海北部延伸至渤海的一条北西向 3 级地震条带。

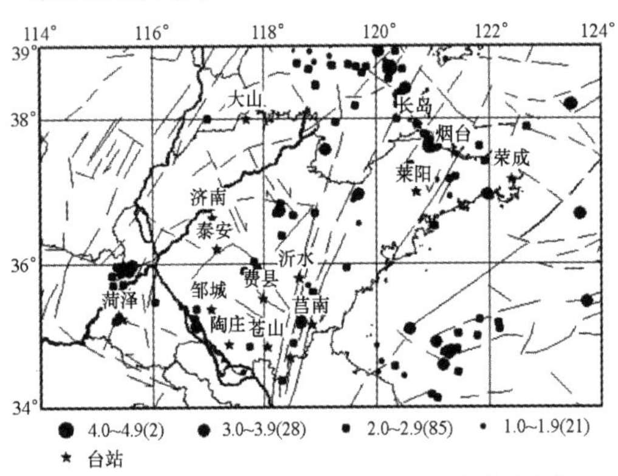

2007 年山东省 $M_L \geq 1.0$ 地震震中分布图

（2）2007 年山东内陆地区地震主要分布在鲁西南及鲁中地区。

（3）山东地区 2007 年 2 次显著震情事件。7 月 10 日在蓬莱市大柳行—潮水一带发生的 4.4 级有感震群，共记录地震 8 次，其中 $M_L \geq 4.0$ 地震 1 次、$M_L \geq 3.0$ 地震 2 次、$M_L < 3.0$ 地震 5 次。该次地震有感范围大、震中附近地区震感强烈。10 月 18 日在长岛西北海域发生主震为 3.6 级的有感地震，11 月 15 日在长岛西北海域发生主震为 4.0 级的有感地震，11 月 29 日在砣矶岛东部海域发生的主震为 3.4 级的有感震群。这 3 次震群长岛及附近岛屿村民普遍感觉地面轻微晃动，门窗作响。

（山东省地震局　李　霞）

河　南　省

据河南省地震台网测定，2007 年河南省境内共发生 $M_L2.0$ 以上地震 34 次，$M_L3.0$ 以上地震 9 次，最大地震为 2007 年 4 月 8 日范县 $M_L3.9$ 地震。全省地震释放的总能量约为 7.7×10^9J。

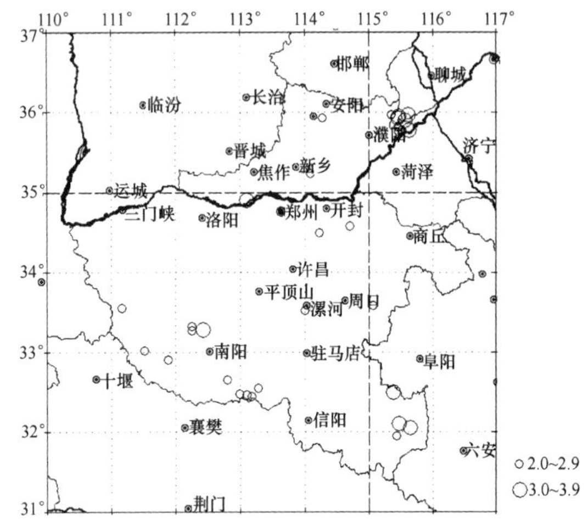

2007 年河南省 $M_L2.0$ 以上地震分布图

地震活动特点如下：

（1）频次高。2007 年河南省境内共发生 $M_L2.0$ 以上地震 34 次，明显高于 2006 年的 10 次，$M_L3.0$ 以上地震 9 次，也明显高于 2006 年的 3 次。

（2）空间分布广。地震活动空间分布在濮阳地区较为集中，同时在信阳地区发生了 3 次 $M_L3.0$ 以上地震，在南阳地区发生了 $M_L3.2$ 震群。

（3）濮阳地区地震活动持续增强。2007 年濮阳地区发生 $M_L3.0$ 以上地震 4 次，最大震级为 $M_L3.9$，继续保持较强活动态势。

（河南省地震局　王文旭）

湖　北　省

据湖北省地震台网测定，2007 年湖北省境内共发生 $M_L \geqslant 2.0$ 地震 114 次，其中 $M_L 2.0 \sim 2.9$ 地震 107 次，$M_L 3.0 \sim 3.9$ 地震 6 次。$M_L \geqslant 4.0$ 地震 1 次，最大地震事件为 2007 年 6 月 3 日荆州 $M_L 4.2$ 地震。

2007 年湖北省及邻区地震活动主要集中在巫山—巴东—秭归、恩施—石柱—利川、钟祥、荆州、咸宁等地。地震总体强度略低于去年水平。

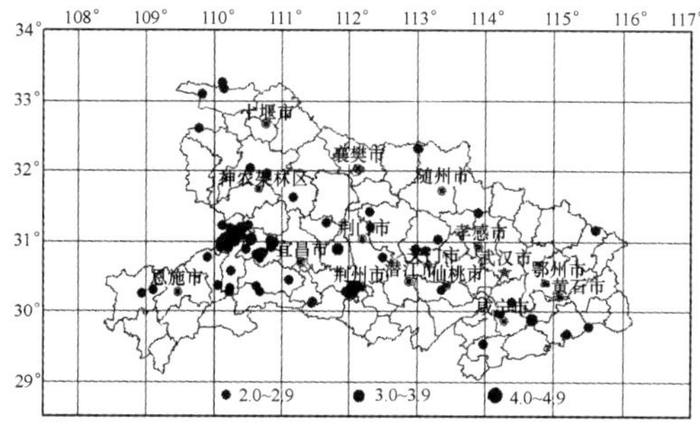

2007 年湖北省震中分布图（$M_L \geqslant 2.0$ 地震）

三峡库区蓄水四年多来，小地震活动明显增多，高于蓄水初期。2007 年微震活动主要集中在巴东、秭归新滩及秭归周坪西的罗圈荒地区。

（湖北省地震局）

湖　南　省

2007 年湖南省境内共发生 $M_L \geqslant 1.0$ 地震 55 次，其中 1.0 ~ 1.9 级地震 36 次，2.0 ~ 2.9 级地震 19 次。最大地震为 6 月 25 日 04 时 24 分 42.8 秒发生在宁乡县煤炭坝镇段家桥村附近的 $M_L 2.8$ 地震。此次地震震级虽小，但震感较为强烈，极震区烈度达Ⅳ度强。

地震活动主要分布在湘北地区的石门县和湘中地区的益阳市、娄底市、邵阳市和长沙市宁乡县以及湘南地区的郴州市。

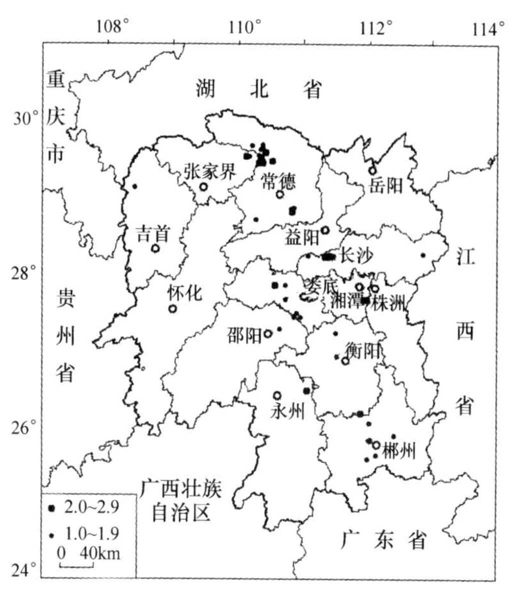

2007 年湖南省 $M_L \geqslant 1.0$ 地震震中分布图

（湖南省地震局　肖和平　于　萍）

广　东　省

2007 年广东省地震台网记录到广东省及其近海 $M_L \geqslant 1.0$ 地震 666 次，其中 $M_L \geqslant 2.0$ 地震 129 次，$M_L \geqslant 3.0$ 地震 13 次，$M_L \geqslant 4.0$ 地震 1 次。最大地震为 12 月 4 日阳西（21.9°N，111.7°E）发生的 $M_L 4.0$ 地震。地震活动特点如下：

（1）2007 年广东省及其近海地震活动格局与往年相比没有明显变化，地震活动空间分布主要集中在河源、阳江、以及南澳三个老震区。共发生 13 次 $M_L 3$ 以上地震，其中 12 次都发生在广东近海地区，1 次发生在内陆的河源新丰江水库区（图 1）。

（2）$M_L \geqslant 3.0$ 地震活动频度与上年基

本持平，总体上地震活动仍维持在较低的水平。

（3）2007 年最为显著的地震事件是 2007 年 11 月发生在阳江市阳西区小震群活动，截至 12 月 31 日，已发生 $M_L \geqslant 3.0$ 地震 5 次。历史上该区地震活动较少，有仪器记录以来，仅记录到 1991 年和 1998 年的 2 次 $M_L \geqslant 2.0$ 地震。

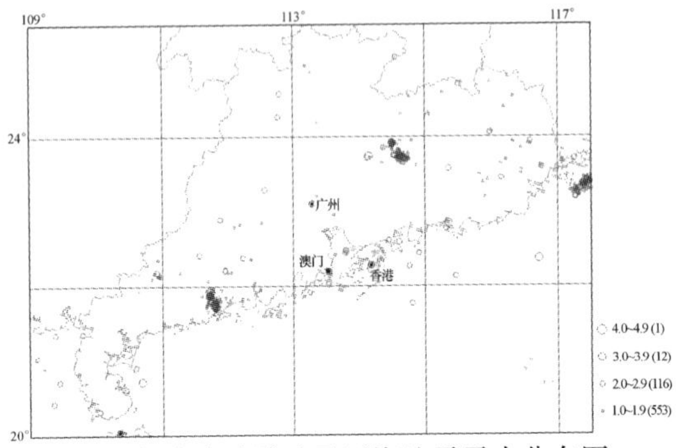

2007 年广东省陆地及近海地震震中分布图

（广东省地震局　叶秀薇）

广西壮族自治区

2007 年 1 月 1 日至 12 月 31 日，广西地震台网共记录到广西境内 0.0～4.9 级地震 791 次，其中 0.0～0.9 级地震 583 次，1.0～1.9 级地震 143 次，2.0～2.9 级地震 57 次，3.0～3.9 级地震 9 次，4.0～4.9 级地震 1 次，最大地震为 2007 年 7 月 17 日 11 时 24 分 14.9 秒河池市天峨县向阳镇（25°06′N，107°02′E）发生的 $M_L4.6$ 地震。

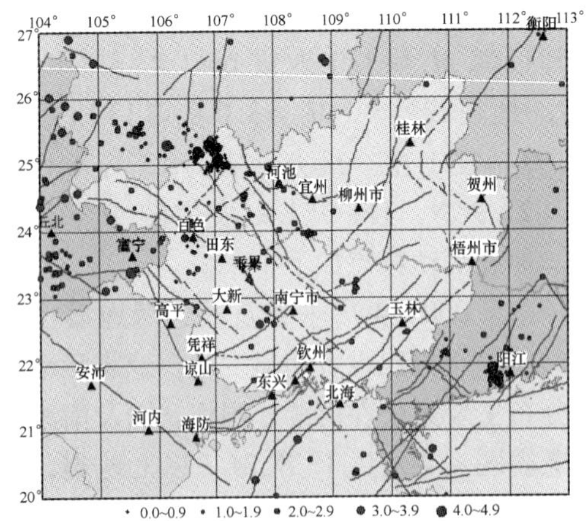

2007 年广西壮族自治区及邻近地区地震震中分布图

2007 年广西地震频次比 2006 年明显增强，这些地震主要发生在桂西北。

（广西壮族自治区地震局
李青春　张均洲）

海　南　省

2007 年海南省地震台网监测到海南岛及其邻近海域（17.7°～20.5°N，107.5°～111.7°E）共发生 $M_L \geqslant 1.0$ 地震 25 次。其中，1.0～1.9 级地震 13 次，2.0～2.9 级地震 11 次，3.0～3.9 级地震 1 次。最大地震是 2007 年 12 月 3 日昌江县西北约 146km 的北部湾海域 3.1 级地震。

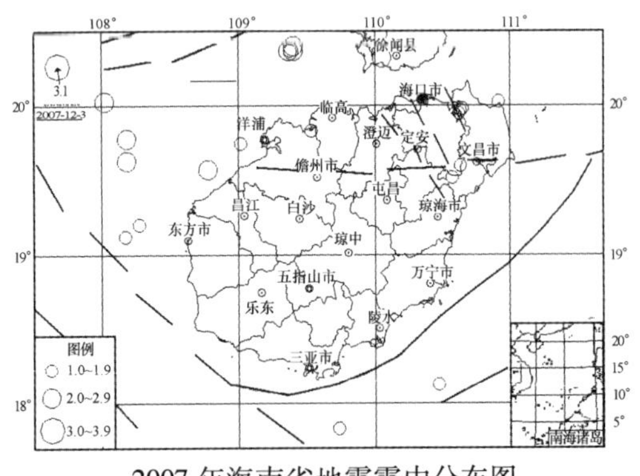

2007 年海南省地震震中分布图

2007 年度海南岛及其邻近海域地震活动有如下特点：

（1）地震活动在时间轴上呈不均匀性分布。2007 年上半年地震相对较弱，下半年地震较为活跃。

（2）$M_L2.0$～2.9 地震活动年频度与 2006 年相当，$M_L \geqslant 3.0$ 地震频度与强度比

2006 年明显下降。

（3）地震空间分布主要集中在琼西北的北部湾海域，琼东北的海口、文昌近海地区，琼东南的万宁、陵水近海地区。

（海南省地震局　符　干）

重　庆　市

据重庆地震台网测定，2007 年 1 ~ 12 月重庆地区共发生 $M_L \geq 1.0$ 地震 288 次，其中 1 ~ 1.9 级地震 156 次，2 ~ 2.9 级地震 67 次，3 ~ 3.9 级地震 5 次。最大地震为 5 月 21 日荣昌 $M_L3.5$ 和 10 月 27 日巫山 $M_L3.5$ 地震。小震集中分布在荣昌、合川、万盛、石柱、巫山地区。

2007 年地震活动有如下特点：

（1）2 级以上地震活动频度和强度与 2006 年基本相当，仍然以小震活动为主；

（2）荣昌地区小震持续活跃，有感地震频发；

（3）下半年巫山、巴东一带地震活动较为活跃，呈丛集性发生。

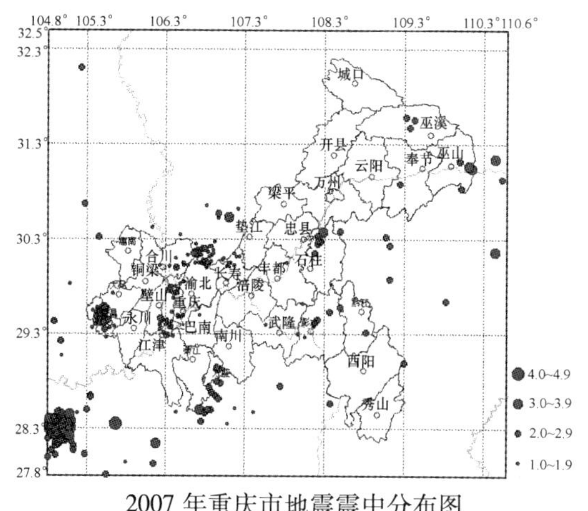

2007 年重庆市地震震中分布图

（重庆市地震局　朱丽霞）

四　川　省

据四川地震台网测定，2007 年四川省及邻区（25° ~ 35°N，96° ~ 110°E）共记录到 $M_L2.0$ 以上地震 1272 次，其中，2.0 ~ 2.9 级地震 1124 次，3.0 ~ 3.9 级地震 134 次，4.0 ~ 4.9 级地震 13 次，5.0 ~ 5.9 级地震 1 次。最大地震为 2007 年 5 月 7 日发生在邻区西藏昌都妥坝 $M_S5.6$ 地震。2007 年四川及邻区 3.0 级以上震中分布见图。

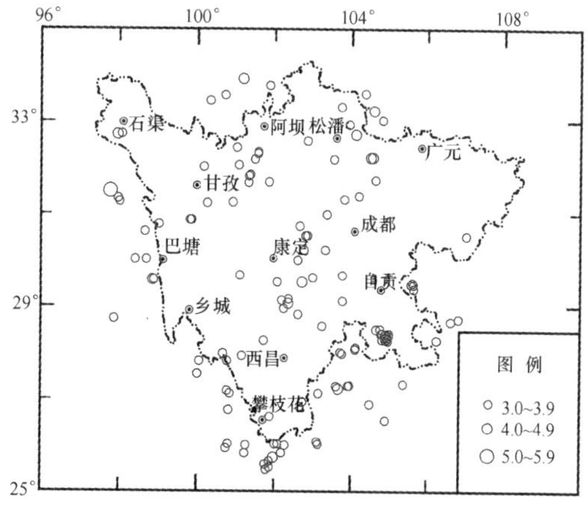

2007 年四川省及邻区 3.0 级以上地震分布图

地震活动特点：

（1）2007 年度四川整体地震活动水平明显偏低。邻省西藏一侧发生 $M_S5.6$ 地震，四川省境内最大仅为 $M_L4.3$。

（2）四川省及邻区地震空间分布相对集中。2007 年，3.0 级以上地震主体活动地区在川藏交界地区、川甘交界地区、三岔口至石棉一带、川东南以及川滇交界一带地区。

（四川省地震局　杜　方）

贵 州 省

据贵州地震网和乌江水库地震台网测定，2007 年 1 ~ 12 月，贵州省境内共发生地震 305 次。其中，M_L < 1.0 地震 76 次，M_L1.0 ~ 1.9 地震 149 次，M_L2.0 ~ 2.9 地震 64 次，M_L3.0 ~ 3.9 地震 15 次，M_L4.0 ~ 4.9 地震 1 次。全年最大地震为 7 月 14 日发生在锦屏县的 M_L4.0 地震。

地震活动特征如下：

（1）与 2006 年相比，地震活动频次增大，强度增强。频度上，从 2006 年的 215 次增加到 305 次，增加 90 次。全年最大地震从 M_L3.2 到 M_L4.0，强度增加。

（2）地震沿垭都—紫云构造带活动，主体活动构造为北西向构造带。

（3）黔东部地区地震活动增强。12 月 17 日余庆县发生 M_L 3.2、M_L 4.0 级地震，地震活动明显增强。

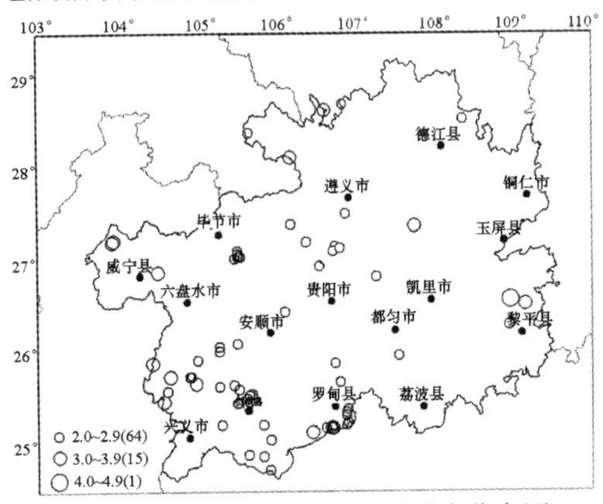

2007 年贵州省 $M_L \geqslant 2.0$ 地震震中分布图

（贵州省地震局　罗远模）

云 南 省

据云南地震台网测定，2007 年云南地区（21° ~ 29°N，97° ~ 106°E）共发生 2 级以上地震 1704 次，其中 2.0 ~ 2.9 级地震 1376 次，3.0 ~ 3.9 级地震 305 次，4.0 ~ 4.9 级地震 18 次，5.0 ~ 5.9 级地震 4 次，6 级地震 1 次，最大地震是 2007 年 6 月 3 日宁洱 6.4 级。地震活动特点如下：

（1）2007 年云南地震活动最频繁、活动水平最高的地区是滇西南思茅、宁洱和中缅、中老、中越边境一带，所有的 5 级以上地震都发生在这一区域。除 6 月 3 日的宁洱 6.4 级地震外，分别于 1 月 30 日和 6 月 23 日在中缅边境缅甸一侧发生了 5.0 级和 5.8 级、5.6 级地震。5.8 级、5.6 级地震距离边境仅 10km 左右，这 2 次地震对我国边境一带造成了一定程度的破坏，境内烈度为Ⅵ度。

（2）2007 年云南的 3 级、4 级地震在滇西保山、六库、大理一带也较为活跃，形成了北西向的条带分布，条带上洱源、漾濞、下关、巍山一带的 4 级震群活动，对当地的部分民房造成了一定程度的破坏，4 级地震的高度集中也是云南 2007 年引人瞩目的地震事件。

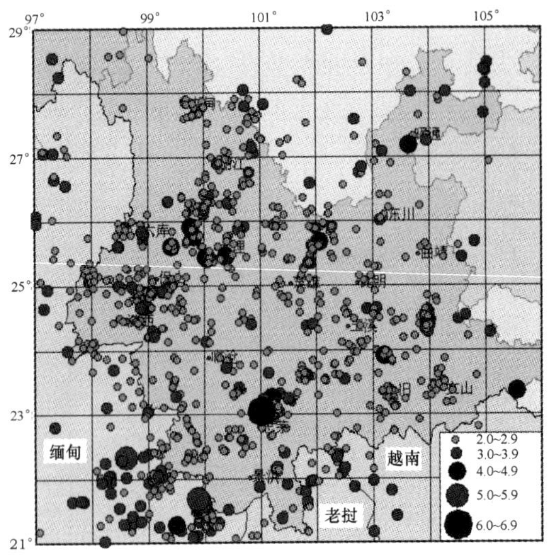

2007 年云南省 $M \geqslant 3$ 地震震中分布图

（云南省地震局　付　虹）

西藏自治区

据西藏地震台网测定，2007 年西藏及其邻区（26°～37°N，78°～100°E）共发生大于 1.0 级以上地震 1058 次，其中：1.0～1.9 级地震 475 次，2.0～2.9 级地震 466 次，3.0～3.9 级地震 92 次，4.0～4.9 级地震 22 次，5.0 级以上地震 3 次（图 1）。最大地震为 2007 年 5 月 5 日发生在日土、改则间的 6.1 级地震。

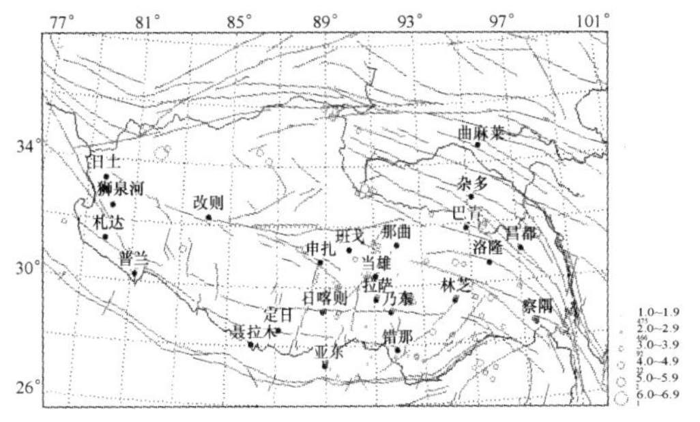

2007 年西藏自治区地震震中分布图

2007 年西藏地区的地震活动有以下特点：

（1）小震活动水平自 2004 年起开始明显下降，但于 2007 年始小震活动的频次有增加的趋势。

（2）5 月 5 日及 5 月 7 日西藏地区相继发生了阿里 6.1 级地震及妥坝 5.6 级地震，短短两天内发生了两次 5 以上中强震，表明西藏地区中强地震趋于活跃。

（西藏自治区地震局）

陕　西　省

2007 年陕西省数字地震遥测台网共记录到陕西省境内可定震中地震 47 次，其中 M_L1.0～1.9 地震 29 次，M_L2.0～2.9 地震 15 次，M_L3.0～3.9 地震 3 次，最大地震是 2007 年 2 月 24 日临潼 M_L3.3 地震。

地震活动特点如下：

（1）2007 年地震频次低，而 M_L3 地震相对活跃。2006 年 7 月 26 日镇安 M_L3.6 地震打破了陕西省长达 876 天的 M_L3 地震平静后出现了 3 级地震明显活跃的现象，不到一年时间发生了 6 次 M_L3 以上地震，特别是 2007 年 2 月至 4 月不到 3 个月的时间接连发生了 3 次，频次之高在陕西省是非常少见的现象。

（2）在空间上，2007 年的地震活动主要分布于关中地区，在关中中部比较集中。

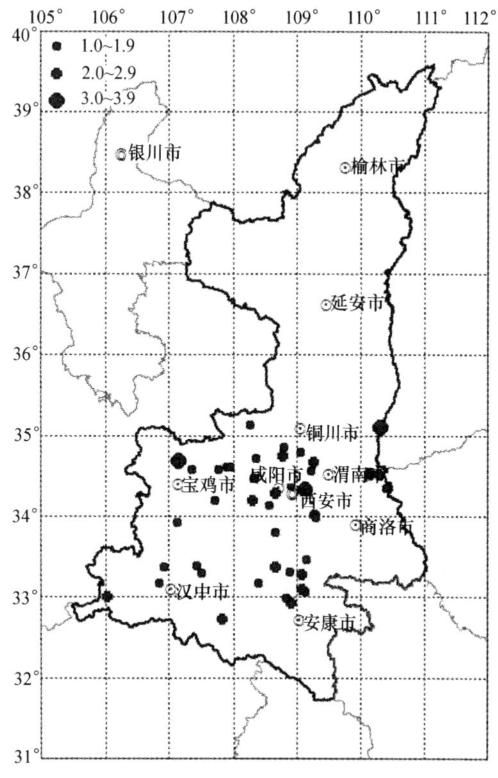

2007 年陕西省地震震中分布图

（3）在时间上，2007 年 2～4 月的地震活动相对较强，4 月和 7 月的地震次数最多，都达到7次，其余月份均不超过4次。

（陕西省地震局　石　军）

甘　肃　省

据甘肃省地震台网测定，2007年甘肃地区共发生 $M_L \geqslant 2.0$ 地震289次。其中，2.0～2.9级地震247次，3.0～3.9级地震34次，4.0～4.9级地震6次，5.0～5.9级地震2次，最大地震为7月22日发生的民乐 $M_L5.3$ 地震。

地震活动主要特征为：

（1）地震活动在时间上具有成丛性，$M_L2.0$ 以上地震除2月活动水平偏低外，其余月份地震活动水平较高。$M_L3.0$ 以上地震活动水平呈逐月增强的特征，10月达到最高水平。

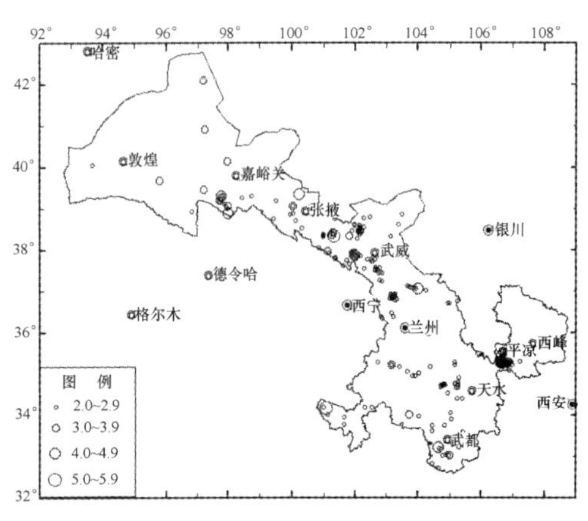

2007年甘肃省地震震中分布图

（2）地震活动在空间上主要分布于祁连山地震带和甘青川交界地区，M_L 3.0～4.0地震在祁连山中段和西段的肃南—临泽—民乐形成中等地震高度丛集活动态势。M_L 3.0～4.0地震在玛曲—武都相对活跃。

（3）2007年6月18日，在甘肃省玛曲发生了 $M_L5.1$ 地震，微观震中为34.37°N，101.07°E，位于东昆仑活动断裂的东段，没有监测到余震。2007年7月22日，在甘肃省民乐发生了 $M_L5.3$ 地震，微观震中为38.35°N，101.3°E，位于2003年民乐—山丹 $M_S6.1$ 地震震中附近，余震比较发育。

（甘肃省地震局　代　炜）

青　海　省

据青海省地震台网测定，2007年1～12月青海省境内发生 $M_L \geqslant 2.0$ 以上地震256次，其中2.0～2.9级地震202次；3.0～3.9级地震46次；4.0～4.9级地震6次；5.0～5.9级地震2次，分别为2月3日茫崖5.5级和2月25日青藏交界地区5.3级地震。

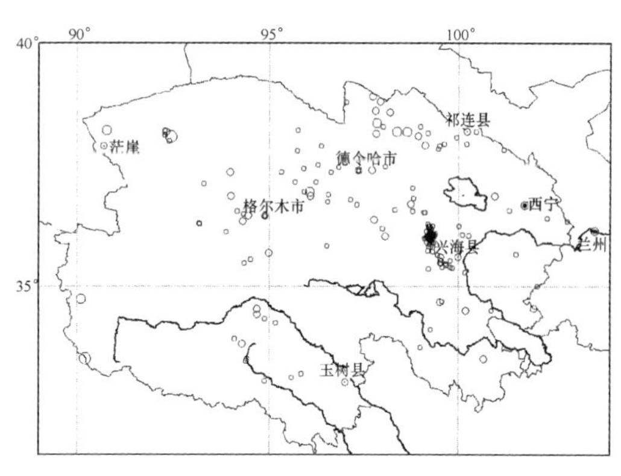

2007年青海省地震震中分布图

2007年青海及邻区地震活动表现为如下特征：

（1）与2006年度地震活动相比，2007年 $M_L \geqslant 4.0$ 地震在青海中部较为平静，而周边活动显著增强；

（2）沿鄂拉山断裂带 $M_L \geqslant 2.0$ 小震活动显著，2007年1月29日～2月1日和5月1～15日在鄂拉山断裂带的兴海—共和之间发生2次突出震群事件；

（3）柴达木盆地内部地震活动零散分布。

（青海省地震局　陈玉华）

宁夏回族自治区

2007年，宁夏回族自治区及邻区共记录到M_L2.0以上地震154次，其中M_L2.0～2.9地震129次，M_L3.0～3.9地震24次，明显低于1970年以来年平均31.9次的水平；M_L4.0～4.9地震1次，也低于1970年以来4.3次的年平均水平。地震释放总能量为1.72×10^{11}J，低于历年5.5×10^{11}J的平均水平。最大地震为2007年1月9日甘肃景泰M_L4.7地震。

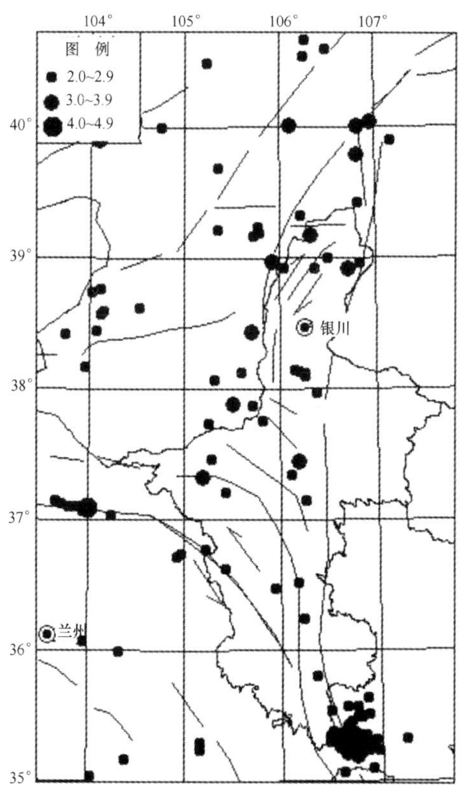

2007年宁夏回族自治区及邻区M_L2.0以上地震震中分布图

宁夏境内共发生M_L2.0以上地震24次，其中M_L2.0～2.9地震20次，M_L3.0～3.9地震4次，最大地震为2007年7月9日平罗M_L3.8地震。低于2005年同期26次、2006年同期39次的水平，宁夏境内弱震活动水平进一步降低。

（宁夏回族自治区地震局　罗国富）

新疆维吾尔自治区

2007年新疆维吾尔自治区境内共发生2级以上地震876次，其中M_S2.0～2.9地震730次，M_S3.0～3.9地震115次，M_S4.0～4.9地震30次，M_S5.0～5.9地震1次。最大地震是2007年7月20日特克斯5.9级地震。2007年新疆2级以上地震发震频度高于2006年，地震强度与上年基本持平。

地震活动主要特点是：

（1）新疆境内东经85°线以西地区4级以上地震活跃。2007年新疆境内发生的30次4级地震有27次发生在85°线以西地区。

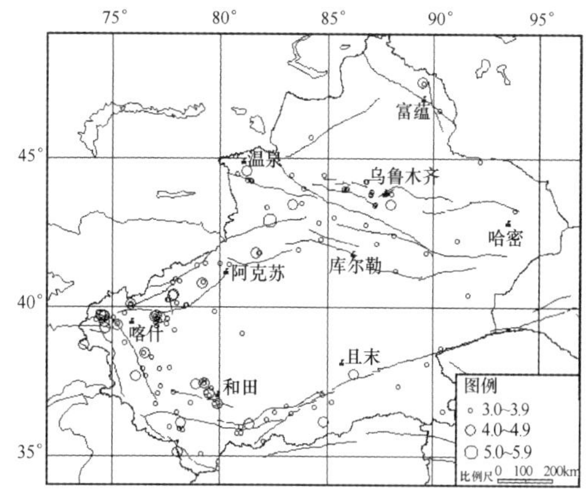

2007年新疆维吾尔自治区4级以上地震分布

（2）西昆仑地震带地震活动显著增强。全年115次3级地震中的52次发生在西昆仑地震带，其中4级地震16次。

（3）天山地震带3级以上地震活跃。2007年新疆境内天山共发生74次3级以上地震，占新疆3级地震发震总数的64%。

2007年地震频次高，5级以上地震偏少是新疆地震活动的基本特点。西昆仑地震带的地震增强活动最为显著。

（新疆维吾尔自治区地震局预报中心 王筱荣）

重要地震与震害

2007年6月3日云南省普洱市宁洱县6.4级地震

一、地震基本参数

发震时刻：2007年6月3日05时34分56.8秒

微观震中：23°00′N，101°06′E

宏观震中：宁洱县宁洱镇太达—宁洱—同心乡曼连一带

震　　级：M_S6.4

震源深度：5km

震中烈度：Ⅷ度

地震类型：主震－余震型

余震情况：截至2007年6月11日12时，云南数字地震台网记录到震区$M \geqslant 1.0$以上地震1983次，其中1.0～1.9级地震1622次，2.0～2.9级地震324次，3.0～3.9级地震32次，4.0～4.9级地震3次，5.0～5.9级地震1次，6.4级地震1次。最大余震为6月3日10时49分00秒发生的5.1级地震。

云南数字强震台网在震区布设了4个观测点，记录仪获得主震记录，各强震观测点的峰值加速度见表1。

二、烈度分布与震害

1. *烈度分布*

对震区156个居民点进行的调查显示，宏观震中位于宁洱县宁洱镇太达—宁洱—同心乡曼连一带，极震区烈度为Ⅷ度，地震临近宁洱县城，属于近城直下型地震。等震线形状呈椭圆形，长轴走向为北西向。灾区总面积为3890km^2。

表1　震区各观测点获得的主震峰值加速度

地名	震中距/km	峰值加速度/Gal		
		NS向	EW向	垂向
宁洱德化	22	431	267	157.4
景谷正兴	39	404.9	211.3	102.6
宁洱勐先	12	121.8	157.7	53.8
思茅盲昔坝	36	58.4	49.7	23.7

注：表中峰值加速度取自云南数字强震台网强震仪原始记录，未经校正。

Ⅷ度区：分布在宁洱县境内，北起宁洱镇般海村，南到同心乡前进村，东起宁洱镇温泉村，西近宁洱镇化良村，面积约167km^2。其中，宁洱镇太达—新平—曼连村一带地面开裂，喷砂冒水，陡崖崩塌，个别自然村达Ⅸ度破坏。宁洱县城位于该区，达Ⅷ度破坏。

Ⅶ度区：主要分布在宁洱县境内，北近宁洱县宁洱镇曼端村，南到思茅区思茅镇坡脚村，东起宁洱县勐先乡政府驻地，西到宁洱县德化乡的窝拖村。面积约775km^2。

Ⅵ度区：北起景谷县正兴乡通达村，南到思茅区南屏镇政府驻地，东近宁洱县普义乡普治村，西到思茅区云仙乡团山村，面积约2948km^2。思茅镇城区位于该区。

2. *震害特征*

本次地震造成大量房屋建筑和工程结构

不同程度的破坏。

（1）房屋震害特征。

Ⅷ度区房屋破坏严重：绝大多数烤烟房倒毁；土木结构部分房屋整体倒毁，部分有墙体倒塌、屋架倾斜现象，其余房屋震害为墙体稍有倾斜、变形、开裂，梭瓦、掉瓦现象普遍；砖木结构房屋个别倒塌，少数有屋架倾斜，部分墙体严重开裂或倒塌现象，另有部分房屋墙体稍有倾斜、变形、开裂或局部墙面抹灰层脱落，多数有梭瓦、掉瓦现象；砖混结构少数构造柱断裂、墙体位错，部分房屋墙体 X 形裂缝贯通，多数墙体开裂明显；框架结构房屋个别框架梁柱开裂，部分填充墙出现剪切裂缝，多数填充墙上部与框架梁交接位置裂缝明显。

因淤泥质场地条件，部分多层结构地基沉降导致周边地面出现开裂现象。间距较小的相邻多层房屋和后接房屋（多层）接缝处有局部碰撞破损。

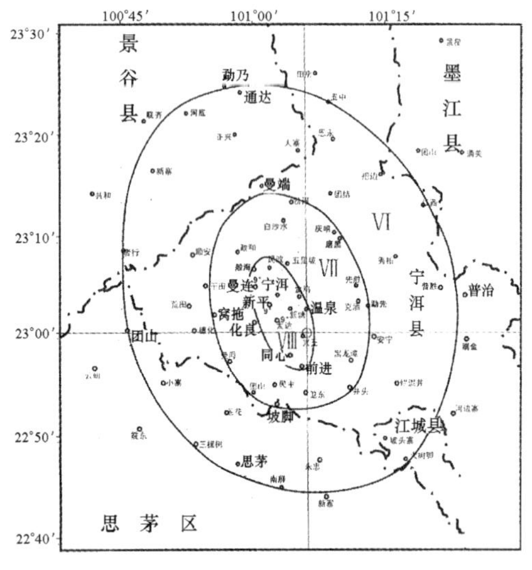

2007 年 6 月 3 日宁洱县 6.4 级地震分布图

Ⅶ度区房屋破坏较为严重：部分烤烟房倒毁；土木及砖木结构房屋个别墙倒架歪，部分墙体局部倒塌，多数墙体开裂、梭瓦；砖混结构房屋个别墙体开裂严重，少数墙体开裂普遍，部分墙体开裂明显；框架结构房屋个别承重构件产生轻微裂缝，部分填充墙开裂、抹灰层脱落。

Ⅵ度区：土木和砖木结构房屋除个别年久失修者倒塌外，主要以轻微破坏和基本完好为主，震害现象主要为墙体开裂，少量梭瓦；砖混结构房屋，极个别墙体出现贯通裂缝，少数墙体出现显见裂纹；框架结构房屋极个别承重梁可见细微裂纹，部分填充墙开裂。

（2）工程结构震害特征。

本次地震中通讯系统、电力系统、供排水系统、交通系统和水利工程等均有破坏。

通讯系统：个别光缆杆路倾斜，光端机、电源监控模块受损；部分光缆杆路、广播电视光缆被拉断。

电力系统：个别变压器、基杆塔受损，线杆倾斜或拉断，造成供电中断。

供排水系统：输水管道、配水管网受损，导致地震后供水压力下降。

交通系统：国道、县乡公路和乡村公路多处塌方，崩塌体掩埋路面，堵塞交通，涵洞拉裂，路基下沉，挡墙开裂或垮塌，路面开裂、下沉；个别桥墩、桥台、桥面出现裂纹。

水利工程结构：个别水库坝体变形，输水闸门竖井开裂渗水，放水闸变形，输水洞局部坍塌；引水渠道、溢洪道出现取水坝体开裂、渠身拉裂、滑坡垮塌等现象。

地震灾区主要涉及普洱市的宁洱、思茅、景谷、墨江、江城等 5 个县（区），18 个乡（镇），111 个行政村或居委会，涉及 94286 户，受灾人口 403128 人，失去住所约 61780 人，地震造成了 3 人死亡，28 人重伤，391 人轻伤。

宁洱 6.4 级地震造成的直接经济损失为 189860 万元。

（云南省地震局　李胜德）

2007 年 6 月 23 日中缅边境 5.8 级、5.6 级地震

一、地震基本参数

发震时刻：2007 年 6 月 23 日 16 时 17 分、27 分

微观震中：21°39′N，99°54′E；21°33′N，99°51′E

震　　级：M_S5.8、5.6

震源深度：16km、13 km

余震情况：截至 2007 年 6 月 27 日 11 时，云南数字地震台网记录到震区 $M \geq 1.0$ 以上地震 790 次，其中 1.0～1.9 级地震 542 次、2.0～2.9 级地震 209 次、3.0～3.9 级地震 34 次、4.0～4.9 级地震 3 次、5.0～5.9 级地震 2 次。

二、烈度分布与震害

1. 烈度分布

这两次地震微观震中距中国边界最近距离仅 10km，中国云南省西双版纳州勐海县部分乡镇遭受不同程度破坏。对震区中国境内 17 个居民点进行的调查显示，中缅边界 5.8、5.6 级地震在中国境内达Ⅵ度破坏，等震线形状呈椭圆形，长轴走向为北东向。西双版纳州景洪市、勐腊县和普洱市澜沧县、孟连县、西盟县、思茅区以及临沧市沧源县有感。中国境内灾区总面积约 280km^2。

2. 震害特征

本次地震造成房屋建筑和工程结构不同程度的破坏。

（1）房屋震害特征。震区民房建筑以傣式建筑（又称傣家竹楼）为主，这种房屋为木构架承重、木板或竹板围护，自重较轻，抗变形能力较强，抗震性能较好，地震中仅有轻微损坏。土木和砖木结构房屋除个别年久失修者倒塌外，主要以轻微破坏和基本完好为主，震害现象主要为墙体开裂，少量梭瓦；砖混结构房屋，极个别墙体出现贯通裂缝，少数墙体出现显见裂纹；框架结构房屋极个别承重梁可见细微裂纹，部分填充墙开裂。

（2）工程结构震害特征。地震中个别生命线工程和水利工程等有轻微损坏。

地震灾区主要涉及西双版纳州勐海县的 2 个乡镇，受灾人口 26410 人，涉及 6610 户，地震造成 1 人轻伤。

中缅边界 5.8、5.6 级地震造成中国境内直接经济总损失 4960 万元。

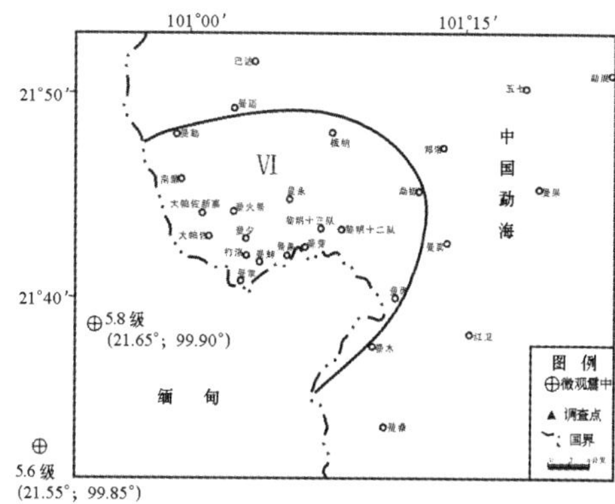

2007 年 6 月 23 日中缅边界 5.8、5.6 级地震中国震区烈度分布图

（云南省地震局　李胜德）

2007 年 7 月 20 日新疆特克斯 5.7 级地震

一、地震基本参数

发震时间：2007 年 7 月 20 日 18 时 06 分 53 秒

微观震中：42.9°N，82.4°E

震　　级：M_S 5.7

震源深度：25km

宏观震中：特克斯县

震中烈度：Ⅶ度

二、地震烈度及震害

根据对震区各考察点的调查和烈度综合评定结果，确定本次地震烈度等震线图（图1）。极震区烈度为Ⅶ度，出现几处规模不等的土层滑坡和基岩松散表层滑塌，宏观震中位于特克斯县南琼库什台村附近（42°54′N、82°11′E）；Ⅵ度区的范围西南自特克斯县齐巴尔塔勒村一带，东北至巩留县阔克塔勒村；西北自乌孙山南麓，东南到那拉提北坡高山区。等震线长轴呈北北西向。烈度区长半轴 49.9km，短半轴 28.9km，面积 4224.2km^2。由于受自然地理环境和交通条件限制，南部大部分地区缺乏烈度调查的参照点，等震线未能圈闭。

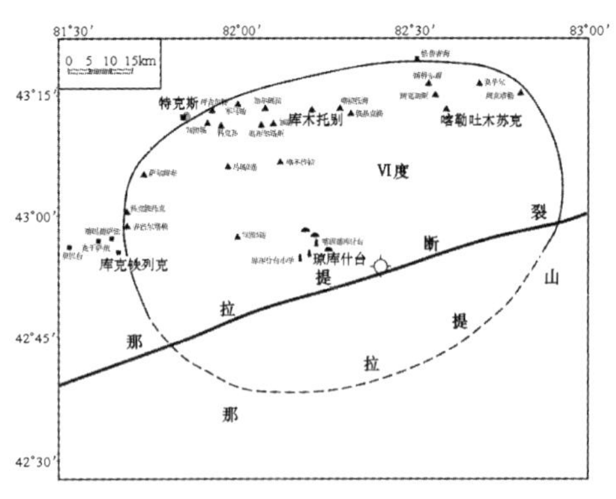

图1　2007年7月20日新疆特克斯5.7级地震烈度图

Ⅶ度点（极震区）：位于特克斯县喀拉达拉乡琼库什台村。人普遍有强烈震感，大多数人惊逃户外，听到巨大地声（东面），远处山顶出现尘土（南面），该村房屋基本为木质结构，新建的抗震安居房基本没有遭到破坏，老式木房受到水平方向（由南向北）挤压，大多房门变形，后墙横木脱落，外墙墙皮脱落；附近山坡出现几处规模不等的土层滑坡和基岩松散表层滑塌，有一处山体出现巨大滑坡，约有200m宽，滑落约2m，山路上有多处滚石。学校和卫生所砖木结构房屋，为轻微破坏，普遍的震害现象有：房屋的纵横墙交接处有轻微裂缝，门、窗四角出现倒八字形裂缝，女儿墙及挑檐出现裂缝。

Ⅵ度区：主要包括特克斯县喀拉达拉乡、乔拉铁热克乡、喀拉托海乡、科克苏乡、呼吉尔特乡、科克铁热克乡，巩留县莫乎尔乡、吉尔格朗乡，农四师78团和马场。人普遍有较强震感，屋内摆放的盘子类的东西有落下。砖结构房屋普遍为轻微破坏和中等破坏，基本完好约占一半，破坏现象主要有：纵横墙交接处出现裂缝，山墙出现通长裂缝，烟筒倒塌；土木结构房屋超过一半为中等以上破坏，一部分为轻微破坏，其余为基本完好，破坏现象主要有：墙体外倾，山墙出现多处不同程度的裂缝；砖混房屋完好。

特克斯县城、恰普其海水库位于Ⅴ度区，多数静止的人有震感，活动的人普遍没有震感。公用建筑物没有遭到破坏，居民房屋有细微裂缝，绝大部分基本完好，有个别烟筒被震倒；水库大坝没有遭受破坏。

灾区面积 3451.3km^2。总受灾户数30311户，总受灾人口约115845人。地震没有造成人员伤亡。由于房屋严重破坏和中等破坏造成室外避难共计5074户，19383人。此次地震造成土木结构房屋毁坏占1.5%，15364m^2，严重破坏占14.4%，145438m^2，中等破坏占36.1%，369739m^2，轻微破坏占26.7%，273464m^2，基本完好占21.5%，220206 m^2；造成砖木结构房屋中等破坏占17.6%，221890m^2，轻微破坏占34.5%，434951m^2，基本完好占47.9%，603890m^2；地震造成直接经济损失11060.33万元。属一般破坏性地震。

（新疆维吾尔自治区地震局
宋立军）

防震减灾

这一部分收载中国地震局系统、各级政府防震减灾三大工作体系（地震监测预报、地震灾害预防、地震震灾应急救援）的建设与进展，全面记录政府、专业队伍、社会各界的作用和贡献，从中可看到我国防震减灾事业的发展。

2007 年防震减灾工作综述

2007 年，我国共发生 5 级以上地震 17 次，其中大陆地区 6 次，最大为 6 月 3 日发生的云南宁洱 6.4 级地震。地震共造成 3 人死亡，28 人重伤，391 人轻伤，直接经济损失约 20 亿元。

国家防震减灾规划落实工作稳步推进

2007 年是落实《国家防震减灾规划（2006～2020 年）》的重要一年。以《国家防震减灾规划（2006～2020 年）》为核心的防震减灾规划体系进一步建立健全。地震局会同国务院防震减灾工作联席会议各成员单位，对防震减灾 2020 年奋斗目标进行了细化分解，编制完成了《防震减灾 2020 年奋斗目标实施方案》。民政部编制完成《国家综合减灾“十一五”规划》、海洋局编制完成《“十一五”期间国家海洋灾害应急体系建设规划》等，都很好地细化分解了阶段性目标任务。中国数字地震观测网络项目进入全面试运行阶段，并在震情监视等方面发挥了重要作用。全国 26 个省（区、市）、260 多个市县的防震减灾规划印发实施，《国家防震减灾规划（2006～2020 年）》部署的发展战略和重点任务在各级各类防震减灾规划中得到细化和落实，辽宁、福建、山东、广东、陕西等地的防震减灾“十一五”重点项目也已完成立项并开始实施。

此外，《中国地震局“十一五”事业发展规划》、《地震科学技术发展规划（2006～2020 年）》的实施，在合理配置资源、科学安排“3+1”防震减灾工作体系建设上发挥了重要作用。

地震监测能力进一步提升

通过中国数字地震观测网络项目建设，新增的约 2000 套测震、前兆仪器实现了实时传输、实时监控。完成了地震速报技术系统升级更新，地震监测和速报能力得到明显提升。全国建成测震台站 970 余个，前兆台站 610 余个，形成了基本覆盖全国的现代化地震观测网络，地震监测、速报能力明显增强。首都圈地区可监测 1.0 级以上地震，速报时间已缩短到 10 分钟之内。数字地震项目的实施使我国防震减灾基础设施现代化建设跃升到了一个新的水平，并已在地震监视跟踪、地震速报、应急处置、国土规划和城市建设等方面取得了初步效益。发挥地震科技优势，援外台网建设取得重要进展。援助阿尔及利亚台网建设项目全部建成并投入正式运行，援助印度尼西亚项目主体完工，援建缅甸、老挝项目基本竣工。

社会防御地震灾害能力进一步增强

城乡抗震设防能力进一步提高。2007年，在12个城市开展了地震重点监视防御区试点工作，涵盖活断层探测、地震小区划、震害预测、避难场所建设、地震应急管理、社区志愿者队伍建设、农居工程、科普教育基地建设、“三网一员”等九项社会管理和公共服务内容。通过试点，促进了当地防震减灾工作，为在全国进一步加强重点监视防御区工作积累了经验。农村民居防震保安工作继续扎实推进，云南、甘肃等还出台了有关管理条例，将农居工程纳入法制化管理。据不完全统计，全国已建成农居地震安全工程示范点3000多个，近200万户农民住上了地震安心房。

启动新一代地震区划图编制工作，确定了新一代区划图编制的技术思路和工作方案。推进地震安全性评价管理规范化建设，印发了《地震安全性评价报告评审要点》、《关于进一步规范和加强地震安全性评价工作的通知》，开展了首次一级地震安全性评价工程师资格考试。

大力推进以城市为重点的地震安全基础工作和重大工程抗震设防监管。开展了长春轻轨、北京亦庄轻轨、安徽芜湖核电站等100余项国家重大工程的地震安全性评价工作，确定了科学合理的抗震设防要求，兰州、宁波等18个城市组织完成了活断层探测工程，其成果已逐步应用于城市建设发展规划。交通部对新建公路严格按照抗震设计规范进行管理，国防科工委进一步加强核电站的地震安全防范工作，国土资源部优先安排地震重点危险区内的地质灾害调查，环保总局组织各地开展环境安全隐患排查，铁道部积极开展京津城际铁路地震紧急自动处置系统研究工作，水利部加大病险水库除险加固力度，水库地震紧急自动处置系统研究和试点工作取得阶段性成果，保监会探索建立保险业地震灾害应急保障机制，鼓励保险企业开展商业性地震保险业务。

多样化的宣传模式逐步形成，公众防震减灾意识逐步增强，科学素养得到新的提升。据不完全统计，2007年全国各地共开展防震减灾宣传活动6200多次，发放宣传品200多万份，展出展板10000多块，在各种媒体发表文章1500多篇，举办地震科普夏令营近200次，建成各类地震科普教育基地400余个。防震减灾示范学校建设进展喜人，山东省已达到165所，实现了每县一所地震科普示范学校的目标。市县防震减灾工作进展明显，机构不断完善，队伍不断壮大，人员素质不断提高，管理不断规范，已经成为防震减灾事业越来越重要的力量。

地震标准化工作加速推进，发布实施了1项国家标准和6项行业标准，目前国家标准共有16项，行业标准共有30项。

地震应急救援能力建设取得新进展

2007年12月28日成功组织了首次国务院抗震救灾指挥部地震应急演练，通过演练使指挥部成员单位进一步明确了职责，了解了应急指挥的流程与工作要求。健全完善指挥部办公室工作制度、指挥工作规程和震情灾情通报机制，加强了指挥部成员单位间信息沟通。

加强地震突发事件应急处置能力建设。云南、陕西、海南等地举行大型地震应急救援综合演练，组织开展了华东五省一市地震应急协作联动演练，大力加强地震应急协作区域联动机制建设。举行了国家地震灾害紧急救援队伍协同训练，强化在各种困难、复杂条件下的地震救援能力。建立了中国地震局和公安部消防局地震灾害紧急救援联席会议制度，共同加强对省级救援队的指导。国家地震灾害紧急救援训练基地建设基本竣工，2008 年将全面投入使用，该基地建成后可为各级各类救援队伍提供培训。目前已有 26 个省成立了地震灾害紧急救援队伍，并具备紧急救援实战能力，国家级和省级救援队伍总规模达到3000 多人。

地震应急处置能力进一步提高。2007 年，对 13 次地震突发事件，启动应急预案，快速反应，妥善处置。特别是云南宁洱 6.4 级地震，从信息收集报送、应急指挥和队伍联动、现场应急、流动监测、趋势分析判断、应急新闻宣传和维护社会稳定等方面全方位检验了地震应急处置工作。

地震科技创新工作取得实效

2007 年 8 月，经国务院同意，地震局、科技部、国防科工委、中科院、自然科学基金会联合召开全国地震科技大会，对推进地震科技创新做出全面部署。并在广泛调研的基础上，联合制定印发了《国家地震科学技术发展纲要（2007 ~ 2020)》。

《国家地震科学技术发展纲要（2007 ~ 2020)》是第一部国家层面的地震科技发展纲要，提出了到 2020 年我国地震科技发展的总体目标，确定了地震科技发展要解决的三个关键科学问题和三个核心技术问题，提出了一个综合性科学研究计划——“国家地震减灾科学计划”。

坚持科技创新，一批重大科技项目获得国家大力支持。科技、财政等部门不断加大对地震科技的投入，地震行业科研专项、国家科技支撑计划、科技基础条件平台项目、国家科技基础性专项等获得近 3 亿元的经费支持。2007 年 12 月 18 日，地震局、总参测绘局、中科院、国家测绘局、气象局和教育部等六部门共同实施的中国大陆构造环境监测网络项目正式开工建设。

加大地震科技平台建设、基础理论研究和科技攻关支持力度，自主研发一系列地震观测设备，为进一步认识地震孕育发生机理，提高监测预报能力提供了科技支撑。进一步加强地震科技交流与合作，积极参加国家、区域国际组织活动，第 14 届世界地震工程大会筹备工作进展顺利。

加强局校合作，中国地震局与北京大学、中国科技大学、云南大学积极开展科研合作和人才培养，与北京大学签署地震科技合作协议，共同成立“北京大学—中国地震局现代地震科学技术研究中心”，实现地震科研领域的强强联合，并充分利用北京大学教学资源培养地震行业专门人才。

（中国地震局办公室）

防震减灾法制建设与政策研究

2007 年防震减灾法制建设进展

一、积极推进《中华人民共和国防震减灾法》修订工作

年初，中国地震局陈建民局长主持召开局务会议对《中华人民共和国防震减灾法》修订案进行了审议，根据审议意见对修订案进一步修改完善后，报国务院审议。2 月 27 日，陈建民局长、刘玉辰副局长约见国务院法制办公室曹康泰主任、张穹副主任，就防震减灾法的修正工作交换了意见。鉴于近年来防震减灾工作取得了全面的发展，在修改法律中需要增加的条文和修改的条文较多，决定对《中华人民共和国防震减灾法》进行全面修订。

3 月 16 日，全国人大教科文卫委员会在人民大会堂云南厅召开第 31 次全体会议，听取中国地震局工作汇报。中国地震局陈建民局长向会议做了防震减灾工作汇报，刘玉辰副局长出席会议。会上，就《中华人民共和国防震减灾法》的修订工作与委员们进行了全面、充分的沟通，委员们对中国地震局近年来依法推进防震减灾工作取得的进展给予了充分的肯定，并表示将大力支持该法的修订工作。

3 ~ 7 月份，国务院法制办公室将《中华人民共和国防震减灾法》修订案先后两次征求了 31 个省级政府、27 个相关部委、10 个相关科研院所、各行业近 20 名资深专家的意见。根据各单位和专家提出的意见和建议，多次组织专家对修订案进行了修改完善，目前已经形成了较为完善的法律修订案稿。

二、积极推进依法行政

推在总结前期地震系统贯彻落实国务院发布的《全面推进依法行政实施纲要》情况的基础上，为进一步加强和推进地震系统依法行政工作，成立了中国地震局推进依法行政工作领导小组。根据国务院发布的《全面推进依法行政实施纲要》，结合地震系统工作实际，制定了《中国地震局关于全面推进依法行政实施意见》，该意见明确了地震系统全面推进依法行政的必要性、重要性，提出了推进依法行政的指导思想、根本原则、主要任务、主要措施、自身建设和条件保障等 6 个方面 21 项内容，对地震系统全面推进依法行政具有重要的指导意义。

加强对地方立法的指导，2007 年地方立法取得新进展，江西、甘肃、云南、福建等省修订或者制定了地方法规。积极推进普法工作，各单位通过举办培训班、知识讲座、上街宣

传等形式，利用网络、电视、广播等媒介，广泛开展防震减灾法制宣传教育工作。积极推进行政执法工作，全年实施立案调查的案件3482件，实施行政处罚的案件213件，实施赔偿的案件55件，获得赔偿的总金额约803万，实施法院强制执行的案件87件，未结案数99件。加强法制监督检查工作，通过人大、政府或者联系政府相关部门开展执法检查、行政检查和专项检查活动，有力地推进防震减灾法律法规的实施和各项工作的开展。

三、积极推进地震标准化工作

加强对全国地震标准化技术委员会秘书处工作的指导，为推进地震标准化工作提供组织保障，组织召开了地标委年会，中国地震局刘玉辰副局长到会并作重要讲话。加强标准制定工作的管理，积极推进标准的制定工作。随着科技部基础平台建设项目《数字化地震前兆观测技术标准》基本完成，《地震现场工作技术标准制定》和《数字地震前兆观测地电方法标准》的实施进入关键阶段，共有55项地震标准处于起草阶段。主要涉及地震台站建设、地震台网设计、地震仪器产品质量、地震台网运行、观测方法以及地震现场工作等领域。列入《全国服务标准2005~2008年发展规划》的9项地震行业服务标准的起草工作已全部启动，进展顺利。全年开展了3批次共12项标准文本的征求意见，组织了4次会审，对21项行业标准进行审查。共发布实施了6项地震行业标准，报批了1项国家标准，已经国标委批准发布了1项国家标准。中国地震局组织起草的GB/T 19531. 2—2004《地震台站观测环境技术要求　第2部分：电磁观测》获得了第二届“中国标准创新贡献奖”二等奖。积极推进地震行业标准体系表研究工作，完成《地震行业标准体系表》修订稿初稿，正在面向全系统广泛征求意见。配合国家标准化管理委员会，提出《中国地震烈度标准研究》和《数字化地震前兆地壳形变观测方法标准研究》两项标准化公益性行业科研专项已获得批准，《中国地震目录编制原则与方法标准研究》等5个标准研究项目获得2007年公益性行业科研专项经费支持。这些都为下一步地震标准化基础研究工作的大力发展奠定了良好的基础。举办了1期地震标准化知识培训班。

（中国地震局震害防御司）

2007年度政策研究工作综述

2007年，政策研究工作在中国地震局党组领导下，围绕《“十一五”期间防震减灾政策研究重点》和全局年度重点工作部署，突出为重大决策和重点工作服务，扎实推进，局重点政策研究课题取得较大进展，地震系统各单位组织开展政策研究的氛围基本形成。一年来，各单位的研究者和局客座（特约）研究员共提交61篇研究报告，研究成果已经得到应用，为局党组对重大问题的决策发挥了参谋作用。

一、局党组高度重视政策研究工作

先进性教育活动期间，局党组明确提出要用科学发展观统领防震减灾工作，把防震减灾事业发展战略研究作为一项重要工作来抓。同时要求各级领导干部特别是机关的领导干部要切实转变工作作风，深入基层开展调研，加强政策研究。陈建民局长率先垂范，不仅多次深入防震减灾一线实地调研，还亲自撰写了多篇调研报告，系统提出了牢固树立“震情第一”观念、切实加强“两个能力”建设、建立健全“3+1”体系、始终坚持“四个面向”的工作思路。局党组成员深入基层调研，紧密结合实际，研究新情况，提出解决新问题的措施和办法。近两年来，在局党组的高度重视下，加大了政策研究经费支持力度，研究力量和政策研究组织管理得到加强，第一次印发了《中国地震局“十一五”期间防震减灾政策研究重点》和《中国地震局2007年度重点政策研究方向》，组织开展了重点政策研究课题，制订了《中国地震局政策研究重点课题管理暂行办法》，对重点政策研究课题规范了管理，这些举措，有力推进了政策研究工作的开展。

二、机关各部门注意发挥主导作用

局机关有关部门认真落实局党组的要求，进一步转变观念，抓住机遇，积极探索开展政策和战略研究的新思路、新举措，并重视把研究成果应用到相关工作推进上。震害防御司把《农居地震安全工程典型经验分析课题》和各省推进的农居防震保安工作结合起来，召开研讨会，把调研结果应用到工作当中去，与推进的主要工作结合起来，抓试点，立样板，做得非常不错。震灾应急救援司结合组织召开全国地震应急管理工作会议，会前就如何加强基层的地震应急管理工作专门做了调研，会上还专门组织基层应急管理工作经验交流。监测预报司结合最近几年震情形势比较复杂的局面，根据局领导指示，对震情跟踪包括大形势的分析开展了对策研究。发展与财务司及时启动了防震减灾“十二五”发展战略研究。离退休干部办公室结合中央组织部的要求，组织开展了《加强离退休干部队伍管理和服务措施》调研和研究。监察司、人事教育科技司就地震系统领导班子和一把手的监督开展专题调研。办公室（政策研究室）今年根据工作的实际，开展了防震减灾新闻宣传工作机制、地震科技创新形势分析等课题研究，注意增强政策研究参阅等信息服务的针对性。特别是局机关各部门围绕国务院防震减灾工作联席会议、全国地震科技大会、全国地震局长会的筹备，做了一些专题性的研究，为会议文件材料的形成发挥了重要作用。

三、各单位领导重视，各省局和直属单位的政策研究工作呈现新的气象

中国地震局《关于印发〈2007年度政策研究重点方向〉的通知》（中震发办［2007］35号）下发后，各单位高度重视，围绕2007年度国务院防震减灾工作联席会议、全国地震局长暨地震系统党风廉政建设工作会议精神的贯彻落实，把防震减灾政策研究工作摆到了重

要位置来抓，结合政策研究重点方向和本地区本单位实际，围绕事业发展主题和相关领域问题，确定了本单位重点政策研究选题，并组织力量，集思广益，深入开展调查研究，积极探索推进防震减灾事业发展的各项政策措施，取得了较好的成果。在中国地震局2007年度政策研究工作研讨会上，地震系统26个单位的研究者和局政策研究客座研究员共提交政策研究报告（交流材料）61篇，经局机关各部门推荐，有22篇政策研究报告（交流材料）在研讨会上作交流发言。除了省局和直属单位，一些市县地震局也开始重视调查研究，也撰写出了高质量的研究报告。

（中国地震局办公室）

2007年度政策研究重点方向

（一）全面贯彻落实“坚持‘震情第一’观念，加强‘两个能力’建设，建设‘3+1’体系，坚持‘四个面向’思路”的政策措施研究

紧紧围绕实现防震减灾2020年战略目标，结合实际，研究提出各地、各部门按照中国地震局党组确定的这一基本思路推进防震减灾各项工作的配套政策、具体行动和落实措施。

（二）推进重点监视防御区和重点监视防御城市的防震减灾工作典型经验调研

对重点监视防御区和重点监视防御城市防震减灾工作进行总结分析、归纳，总结经验，提出进一步推进重点监视防御区和重点监视防御城市防震减灾工作的政策措施和建议。

（三）地震灾害应急救援联动机制建设政策措施研究

分析推进地震灾害应急救援区域联动机制建设发展趋势，研究提出依靠各级政府联动、部门联动、军地联动、整合各类应急资源、实现地震灾害应急救援区域联动、有效应对地震灾害特别是大震巨灾的政策措施。

（四）水库地震监测状况调查及管理对策研究

摸清水库等重大工程专用地震台网建设和监测情况，分析存在的主要问题，研究提出加强水库等专用地震台网建设、纳入依法管理的政策措施和建议。

（五）加强地震科技创新体系建设研究

总结回顾地震科技发展历程，分析地震科技现状（具备的创新条件、氛围和差距），研究地震科技创新体系与防震减灾事业发展的关系，提出加强地震科技创新体系建设的政策性

措施和建议。

（六）创新推进市县地震工作机制和政策措施研究

摸清市县地震组织机构现状，通过典型分析，研究提出推进市县地震工作的新模式、机制和政策措施。

（七）推进城中村、城乡结合部防震保安工作政策措施研究

选择典型城市，分析城中村、城乡结合部防震保安工作现状，提出推进城中村、城乡结合部防震保安工作的具体政策措施和建议。

（八）加强离退休干部队伍管理和服务措施研究

开展离退休干部队伍现状调研，摸清情况，研究分析离退老干部队伍在思想建设、政治待遇、精神文化生活、发挥作用等方面的出现的新情况、新问题，提出切实可行的意见和建议。

（九）“十一五”重大项目管理体制与政策措施研究

总结分析地震系统国家重大项目管理实施情况，研究提出国家重大项目顶层管理体制和实施重大项目运行机制的政策措施。

（中国地震局办公室）

地震监测预报工作

2007 年度全国地震趋势会商意见

2007 年 1 月 9 ~ 10 日，中国地震局在北京召开了 2007 年度全国地震趋势会商会。会议认真分析和研究了 2007 年全国的地震形势，对可能发生破坏性地震的重点危险区进行了综合判定。依照《中华人民共和国防震减灾法》和《地震预报管理条例》，中国地震预报评审委员会评审并通过了 2007 年度全国地震趋势会商结果，结论如下：

2007 年我国大陆地区存在发生 7 级地震的可能，发生 6 ~ 7 级地震的可能性很大。主体活动地区是青藏块体东部及其边缘和天山地震带，特别是南北地震带中、南部。东部地区继续保持 5 ~ 6 级地震活跃的态势。经过分析和研究，判定了 7 个 2007 年可能发生破坏性地震的重点危险区及可能的地震强度，具体如下：

（1）川滇交界东部地区（6 ~ 7 级）

（2）滇西南至滇南地区（6 级左右）

（3）甘青川交界地区（6 级左右）

（4）新疆乌恰至塔什库尔干（6.5 级左右）

（5）南天山中东段（6 级左右）

（6）祁连山中东段（6 级左右）

（7）苏鲁皖交界至南黄海（5.5 级左右）

此外，还判定了 2007 年可能发生破坏性地震需要注意的 9 个地区，分别是：北天山中西段、滇西至滇西北地区、川西至川藏交界地区、晋冀蒙交界地区、冀鲁豫交界至山西中南部、黑吉蒙交界地区、粤桂琼交界地区。

根据首都圈地区地震活动和前兆异常情况，2007 年可能发生 5 级左右地震，将首都圈地区判定为强化监视区。

（中国地震局监测预报司）

2007 年度监测预报工作综述

一、狠抓震情不松懈，全力做好震情监视与跟踪

（1）加强地震形势跟踪，全力应对前所未有的复杂地震形势。2007 年，我国大陆出现了近百年来最长的 5 级、6 级地震平静，面临前所未有的地震形势。为克服困难，更好的应对复杂的地震形势，及时加强了全国地震形势的动态跟踪与趋势判定，针对突出的地震平静现象开展了广泛、深入的专题研究，多次召开地震形势研讨会，基本准确的把握了地震发展趋势，有力地配合了震情短临跟踪工作的开展。

（2）切实加强震情短临跟踪，取得一定程度的减灾实效。按照年度趋势判定意见和局领导的讲话精神，制定了全国地震趋势会商意见地震跟踪工作方案，确定了首都圈、川滇等地区为短临跟踪强化区，全面加强了前兆异常监视、震情跟踪与判定和有针对性的专题研究。2007 年初，云南地区地震活动逐渐增强、前兆异常增多，强震背景最为突出。为切实作好云南地区短临预报，多次调集全国分析预报专家在昆明召开强震形势会商会，就云南地区强震危险开展了深入细致的分析研究，组织多个学科专家组赴现场开展重大异常调查。对云南 6 月 3 日的宁洱 6.4 级地震作出了一定程度的短临判定，取得了一定的减灾实效。地震发生后，及时组织开展震后趋势判定，及时准确预测意见为尽快稳定地震灾区社会秩序、特别是当地高考的顺利进行做出了重要贡献。

（3）认真筹划、周密部署，全力做好党的“十七大”震情保障。作好重点地区、重要时段的震情保障是 2007 年的工作重点之一，首都圈及“十七大”的震情保障是重中之重。为此制定了详细具体的震情保障工作方案，加强了首都圈地区的地震前兆监测，实施了地磁、重力、形变加密流动观测，加强了震情形势分析与判定，在“十七大”会议期间，部署了加密会商和应对突发震情的应对措施。

（4）奥运震情保障有效推进。进一步细化了奥运震情保障筹备工作方案，加强专项实施的组织协调，成立震情跟踪工作组，强化对各项工作进展的检查督促，奥运震情保障各项工作进展顺利。

二、全力以赴，推进“十五”网络项目建设

2007 年是局党组确定的“中国数字地震观测网络项目”建设的决战年。按照要求，上半年以“基本完成主体建设任务并进入试运行”为阶段工作目标，下半年以“保障和完善试运行，力争完成各单位测震、前兆、信息三个分项的验收”为年度总体目标，全力以赴推进网络项目建设。

1. 台网分期分批进入试运行

台站基建和专业仪器设备安装是试运行工作的基础。截止到 12 月中旬，测震、前兆、信息分项土建及仪器安装主体任务基本完成。其中，测震分项全国测震仪器安装总数 850 套，已经完成 839 套；前兆分项前兆仪器安装总数 1195 套，已经完成 1123 套；信息分项所有设备全部安装到位。

网络项目专业软件的研发与部署是试运行工作的核心。测震分项已经完成全部 11 个软件包（23 个模块）的研发以及 1 个国家中心、32 个区域台网、19 个流动台网的部署工作；前兆分项已经完成全部 7 个软件包（26 个模块）的研发以及 1 个国家中心、36 个区域中心、5 个学科中心和 305 个台站的部署工作；信息分项已经完成全部 28 个软件包（47 个模块）的研发以及 1 个国家中心、42 个区域中心、60 个大中城市、300 个市县节点、300 个台站节点的部署工作。系统运行稳定正常。

系统集成与组网联调是试运行工作的关键。积极推进辽宁、安徽等 7 个区域测震、前兆、信息台网组网，以及与国家台网中心的联调试点工作。在试点基础上，逐步扩大范围，通过 2007 年 5 月份的广州培训，全国大部分单位实现了区域台网与国家地震台网中心的联调，连通台站的实时波形数据通过区域和骨干网络实时传送到了中国地震台网中心。

加强管理和规范运转是试运行工作的重要保障。为保障试运行期间的技术系统正常稳定运行，加强台网技术管理工作，组织制定了《测震台网试运行技术要求》和《前兆台网试运行工作细则》，举办了试运行工作细则培训班，强化系统运行实时监控，对仪器故障率偏高、数据报送率、数据预处理率低、管理不到位的少数单位进行了通报和处罚，保障了系统运行质量。

2. 推进项目建设的重点难点工程

在抓住主体工程进入试运行、保障全国总体进度的同时，积极推进了一些重点工程和难点工程的实施，确保了项目建设总体进度。

为推进流动数字测震台网的建设，检验应急响应能力，开展了辽宁省地震局等 7 个单位流动数字测震台网重点工程实战协同演练。云南省地震局、四川省地震局和重庆市地震局在当地同时进行演练，通过演练，不仅检查了流动台网建设进展情况，还有效促进了流动台网建设的质量和在实战中的应用能力。

积极协调组织西藏阿里难点工程会战。完成了狮泉河台、普兰台和改则台的基建验收和测震设备、卫星通信设备和电源设备的安装调试；通过会战，西藏自治区地震局在人员技术力量严重不足致使进度严重滞后的情况下，确保了国家项目建设的整体进度。

海上试验台难点工程项目几经周折终于建成。“十五”项目建设中的 2 个海洋台属于试验项目，在技术上有很大的不确定性。承担建设任务的上海局、天津局在经历了两次安装不成功的失败后，认真总结经验教训，重新制定了实施方案，终于在上海黄海海域建成了 2 个海底台，数据连续可靠地传回到区域中心。天津渤海海域海底台也将在 12 月底建设。

测震境外台建设既是重点又是难点工程。由于在境外建台建设进度和质量无法和国内那样得到保证。7 个境外台全部完成了台址堪选，完成了老挝、缅甸台站建设设计论证工作。其中老挝土建工作已经启动，设备安装将于年内完成。缅甸台也将于 2008 年 6 月建成，蒙古国正在签订有关建设合同，计划在 2008 年 6 月份开工建设。

3. 建设单位分项工程竣工验收

根据局党组提出的“严守规定、集中简化、节约高效”的验收工作原则，在试点工作基础上，确定了验收工作采取“测试到现场、会议集中验收”的方式，在建设单位和有关部门的支持配合下，达到了年底前建设单位测震、前兆、信息分项工程验收基本完成的预期目标。

为做好全国大范围47个建设单位的验收工作，首先开展了项目验收试点工作，探索总结验收经验，全面部署建设单位分项验收工作。以“辽宁局、安徽局、山东局、山西局”为验收试点，通过试点检验和完善测试大纲，培养和锻炼测试人员队伍，摸索验收工作经验，为验收工作的全面展开铺平道路，为各建设单位提供示范。在试点验收基础上，印发了“关于做好数字地震观测网络项目测震、前兆、信息分享验收工作的通知”，对建设单位测震、前兆、信息分项工程的验收工作做了全面安排和部署，明确了验收工作的组织原则与总体要求以及时间进度安排。

在试点的基础上，全面铺开建设单位测震、前兆和信息分项验收工作。分批派出多个测试专家组分赴到有关省局，根据测试大纲对技术系统进行了严格的测试，并分片区召开测震、前兆、信息分项工程联合验收会。截止到2007年12月5日，已完成26个省局（84%的省局）和5个直属单位（30%的直属单位）测震、前兆和信息分项工程的验收。后续省局和直属单位的分项工程验收工作预计在2008年1月前后完成。

三、地震监测能力和水平得到提升

2007年地震监测工作紧紧围绕“震情”，以《国家防震减灾规划》为指导，科学规划地震监测未来发展蓝图，规范系统运行秩序，保障台网稳定运行，加大数字化观测资料应用力度，创新制度化、规范化、程序化的管理水平，地震监测“两个能力”建设取得丰硕成果。

（1）科学规划地震监测发展规划。为具体落实《国家防震减灾规划》，密切结合“十一五”背景场和监测预报实验场观测计划，科学谋划“十二五”监测工作发展，确定了国家台网、区域台网规划布局原则以及地震监测工作发展的重点领域，进一步修订完善和形成了《地震监测发展规划（2006～2020年》蓝皮书。

（2）加强制度标准建设。积极推进地震监测系列标准编制。完成了《地震观测网络仪器进网技术要求　主要技术参数与测试方法》等台网设计、仪器入网技术要求等20个标准的具体技术内容的把关和审定工作，为标准正式颁布提供了可靠的技术保证。及时修订了地震速报发布规定。新修订的速报规定，对速报时间、主体责任提出了更高、更严、更明确的要求，进一步规范了地震速报流程和提高了速报效率。及时制定“十五”新系统运行工作细则。有效地规范了台网运行管理，进一步提高了新建台网的运行质量和效益。

（3）组织开展全国地震监测质量评比与质量周活动，进一步提高地震监测质量。自年初以来，组织开展了自下而上的全国地震观测资料评比工作。全国测震、流体、电磁、形变四个学科共计2800个测项参加了评比，最终评选出了获得全国前三名110个单位。同时，为体现中国地震局党组对一线职工的关爱，促进台站观测技术人员广泛深入交流，2007年8月在昌黎科教培训中心举办首次台站观测质量活动周活动，150余名台站代表参加了质量活动周活动极大地激发了监测一线职工进一步做好本职工作的积极性，达到了相互提高和工作休息劳逸结合的目的。

（4）加强观测技术应用研究，为监测发展提供科技支撑。加强新技术集成与整合，努力提高地震速报时效。经过近半年多的速报新技术试验，并通过改进和优化地震速报流程管理，目前在首都圈等试验地区基本上实现了1分钟内地震速报的初报，地震速报时效明显地得到了提高；大力推进新参数应用研究及示范推广工作，首批示范工作的11个单位目前按照总体部署正在开展震源物理和介质参数的各项准备工作。

（5）抓好台站观测环境优化改造，稳妥推进援外台网建设。组织完成了2007年度全国26个单位、30个地震台站的环境优化改造任务，台站经改造后，其整体功能和环境均发生了翻天覆地的变化。阿尔及利亚、印尼、巴基斯坦三个援外台网项目建设进展顺利。2007年11月19日，回良玉副总理出席了中国政府援建阿尔及利亚政府数字地震台网的签字仪式，这标志着中国援阿尔及利亚数字地震台网项目已经圆满完成；援建印度尼西亚台网项目已完成8套仪器设备以及1个数据中心的安装与调试工作，另外2套设备将于明年初印尼方准备好场地即可进行安装；援建巴基斯坦地震台网建设项目经过双方的紧密磋商，目前已经初步确定了援建项目的主要内容、规模以及技术方案设计，待国家有关部门批复后即可实施。

（6）拓展地震科学数据共享，保障信息网络安全。在前几年数据共享工作的基础上，2007年全面启动了除贵州以外的30个省局数据资源的整合，使参与数据共享的单位由17个扩展到了40个，完成了由点到面的过渡，并将逐步接入科技部数据共享门户网站。组织验收了上年度“地震科学数据共享”子项目任务，开展了数据共享业务交流，部署了今年40个单位子项目任务并进行了跟踪检查，项目总体进展良好。为提高信息网络安全保障能力和水平，下发了加强信息网络安全的通知，签订了网络安全协议，并密切关注网络安全防范，加强网络信息安全指导和监督，既保障了地震数据的快速传输，也保证了网络的安全运行。

四、“十一五”有关项目的实施与立项

1.“中国大陆构造环境监测网络”等“十一五”项目立项取得进展

由中国地震局牵头、六部委合作的“中国大陆构造环境监测网络”（简称“陆态网络”）项目，10月份得到了国家发改委立项批复，建设周期4年，总投资5.2亿元，其中2007年投资1.5亿元。该项目中国地震局占投资的近50%，已正式启动了我局承担的GPS基准站、区域站的勘选、设计和施工任务。

“子午工程”项目初步概算得到了国家发改委的正式批复，我局承担10个地磁台站和一个数据分中心的改扩建任务，正在组织实施。“水库地震监测预测方法与危险性评定”可行性研究报告通过了科技部的评审。我局白家疃等8个台站，正式成为“国家科技基础条件平台建设”国家野外科学观测站。从科技部成功申报了“国家地震网络应用系统建设”新的年度工作任务。“极低频探测项目”正在积极推进。这些项目的立项和实施，必将对推进地震科学研究的发展、推进地震科技创新发挥重要的作用。

2.“十一五”国家科技支撑计划“强震监测预报技术研究”进展顺利

精密可控人工震源系统等11个子专题研究任务基本过半，目前正在开展样机试验室组装与联调工作。“强震预测”2个子专题已完成招标评审，各中标单位按照项目要求积极开

展研究攻关，项目执行总体良好，有的已提交了阶段进展报告。

3. 行业科研专项等稳步推进

完成了有关项目的申报指南编制。组织实施了2006年度通过科技部评审的“首都圈地区走时表研究”等9个监测行业专项研究，6个预报项目获得了第一批项目支持，并取得了阶段性的研究成果。“基于IPv6的地震传感器网络项目”顺利通过了国家发改委和工程院组织的验收。

五、加强监测预报队伍建设

（1）通过技术交流和岗位培训，培养基础型人才。2007年继续推进台站观测岗位资格考核培训工作，共完成了测震、电磁、地下流体和形变观测岗位考核4期培训班，约200名一线观测技术人员参加了培训，全部通过了资格考试，并将获得中国地震局统一颁发的资格证。配合观测岗位资格考核培训的系列教材出版工作进展顺利，2007年完成出版观测岗位考核培训系列教材其中的8册（共计10册）。

（2）通过“十五”等项目的实施，培养技术型人才。组织开展了测震、前兆、火山、流动台网的建设和运行技术培训，各单项软件和集成软件的应用培训，为项目实施和运行维护培养了大量的技术人才。组织进行了全国地震信息网络技术人才队伍调研，制定了信息人才队伍培养长期规划，举办了信息系统日志管理和运营管理等一系列软件的业务培训，推动了信息网络人才的培养。继续加强了分析预报人员的学科业务知识培训，分别举办了测震学、地磁学技术理论与分析预报方法培训班，不断提高分析预报水平和能力。

（3）通过国际、国内学术交流，培养创新型人才。结合当前国内外地震监测预报研究发展的趋势，组织召开了全国测震学科技术交流会、超宽频带观测应用研讨会、地球动力学在地震预报中的应用研究交流研讨以及数字地震学分析预报应用研讨会等，并分批组织地震分析预报专家赴美国、日本等进行学术业务交流。

（中国地震局监测预报司）

2006年度地震监测预报工作质量全国统评结果（前三名）

一、监测综合评比

（一）测震学科

第一名：高台台（甘肃省地震局）

第二名：昆明台（云南省地震局）

第三名：兰州台（甘肃省地震局）　南京台（江苏省地震局）

（二）地壳形变学科

第一名：张家口台（河北省地震局）

第二名：南通（常熟）台（江苏省地震局）

第三名：易县台（河北省地震局）

（三）电磁学科

第一名：成都台（四川省地震局）

第二名：静海台（天津市地震局）

第三名：嘉峪关（甘肃省地震局）

（四）地下流体学科

第一名：聊城台（山东省地震局）

第二名：乌鲁木齐台（新疆维吾尔自治区地震局）　盘锦台（辽宁省地震局）

第三名：庐江台（安徽省地震局）　宝坻台（天津市地震局）　西昌台（四川省地震局）

（五）遥测地震台网

第一名：成都台网（四川省地震局）

第二名：广东台网（广东省地震局）

第三名：呼和浩特台网（内蒙古自治区地震局）

（六）流动观测

第一名：第二监测中心

第二名：安徽省地震局

第三名：四川省地震局

二、监测单项评比

（一）测震学科

1. 测震Ⅰ类台

第一名：兰州台（甘肃省地震局）

第二名：昆明台（云南省地震局）　高台台（甘肃省地震局）

第三名：呼和浩特台（内蒙古自治区地震局）　乌鲁木齐台（新疆维吾尔自治区地震局）　成都台（四川省地震局）

2．测震Ⅱ类台

第一名：延边台（吉林省地震局）

第二名：乌加河台（内蒙古自治区地震局）　碾子山台（黑龙江省地震局）

第三名：洱源台（云南省地震局）　克拉玛依台（新疆维吾尔自治区地震局）　鹤岗台（黑龙江省地震局）

3．大震速报

第一名：大连台（辽宁省地震局）

第二名：沈阳台（辽宁省地震局）

第三名：南京台（江苏省地震局）

4．中国数字地震台网（CDSN）

第一名：昆明台（云南省地震局）

第二名：海拉尔台（内蒙古自治区地震局）

5．区域遥测地震台网

第一名：成都台网（四川省地震局）

第二名：上海台网（上海市地震局）　辽宁台网（辽宁省地震局）

6．地方遥测地震台网

第一名：广东台网（广东省地震局）

第二名：呼和浩特台网（内蒙古自治区地震局）　河北台网（河北省地震局）

（二）地壳形变学科

1．区域水准测量

第一名：第二监测中心103组

第二名：第一监测中心203组

第三名：第二监测中心108组

2．流动重力观测

第一名：物探中心

第二名：河北省地震局

第三名：辽宁省地震局

3．断层形变场地观测

第一名：四川省地震局（水准）

第二名：第二监测中心（水准）

第三名：江苏省地震局（水准）　广东省地震局（水准）

4．断层形变观测台站

第一名：合肥台（安徽省地震局）

第二名：炉霍台（四川省地震局）

第三名：清源台（辽宁省地震局）

5．倾斜潮汐形变单项台

第一名：张家口台（河北省地震局）

第二名：铁岭台（辽宁省地震局）

第三名：双阳台（吉林省地震局）　木奇站（辽宁省地震局）

6．倾斜潮汐形变综合台

第一名：攀枝花台（四川省地震局）

第二名：乌加河台（内蒙古自治区地震局）

第三名：库尔勒台（新疆维吾尔自治区地震局）　常熟台（江苏省地震局）

7．重力潮汐台站

第一名：银川台（宁夏回族自治区地震局）

第二名：佘山台（上海市地震局）

第三名：宜昌台（湖北省地震局）

8．洞体应变台站

第一名：宜昌台（湖北省地震局）

第二名：姑咱台（四川省地震局）

第三名：易县台（河北省地震局）　永胜台（云南省地震局）

9．钻孔应变台网

第一名：南通台（体应变，江苏省地震局）

第二名：泰安台（差应变，山东省地震局）

第三名：张家口台（体应变，河北省地震局）　昔阳台（体应变，山西省地震局）

（三）电磁学科

1．地电阻率

第一名：高邮台（江苏省地震局）

第二名：宝鸡台（陕西省地震局）　蒙城台（安徽省地震局）

第三名：武都台（甘肃省地震局）　大同台（山西省地震局）

2．地电场

第一名：嘉峪关台（甘肃省地震局）

第二名：昌黎台（河北省地震局）

第三名：通州台（北京市地震局）　静海台（天津市地震局）

3．地磁 I 类台

第一名：成都台（四川省地震局）

第二名：兰州台（甘肃省地震局）

第三名：通海台（云南省地震局）、武汉台（湖北省地震局）

4．地磁 II 类台

第一名：静海台（天津市地震局）

第二名：昌黎台（河北省地震局）

第三名：嘉峪关台（甘肃省地震局）　重庆台（重庆市地震局）

5．定点核旋

第一名：新沂台（江苏省地震局）

第二名：淮安台（江苏省地震局）　蒙城台（安徽省地震局）

第三名：隆尧台（河北省地震局）　成都台（四川省地震局）　高邮台（江苏省地震

局）

6．流动磁测

第一名：安徽省地震局

第二名：云南省地震局

（四）地下流体学科

1．水氡

第一名：夏县台（山西省地震局）

第二名：姑咱台（四川省地震局）

第三名：宁波台（浙江省地震局）　宝坻台（天津市地震局）　武都台（甘肃省地震局）

2．水位

第一名：庐江台（安徽省地震局）

第二名：聊城台（山东省地震局）　本溪台（辽宁省地震局）　加积台（海南省地震局）

第三名：周至台（陕西省地震局）　西昌台川03井（四川省地震局）　高村井（天津市地震局）　花都台（广东省地震局）　乌鲁木齐台04井（新疆维吾尔自治区地震局）

3．地热

第一名：保山台（云南省地震局）

第二名：盘锦台（辽宁省地震局）　乌鲁木齐台（新疆维吾尔自治区地震局）　平凉台（浅井）（甘肃省地震局）

第三名：澜沧台（云南省地震局）　鞍山台（辽宁省地震局）　聊城台（山东省地震局）　高村台（天津市地震局）

4．水汞

第一名：洱源台（云南省地震局）

第二名：下关台（云南省地震局）

第三名：南京蒲口台（江苏省地震局）　怀来台（河北省地震局）

5．气氡

第一名：聊城台（山东省地震局）

第二名：盘锦台（辽宁省地震局）

第三名：庐江台（安徽省地震局）　石嘴山台（宁夏回族自治区地震局）

6．气汞

第一名：庐江台（安徽省地震局）

第二名：聊城台（山东省地震局）

第三名：怀来台（河北省地震局）

7．氦气（试评）

第一名：聊城台（山东省地震局）

第二名：弥勒台（云南省地震局）

（五）主干通信网

1．省局系列

第一名：上海市地震局

第二名：安徽省地震局　云南省地震局

第三名：内蒙古自治区地震局　江西省地震局

2．局直属单位系列

第一名：地壳所

第二名：第二监测中心

（六）地震编目

1．一类单位

第一名：四川省地震局编目组

第二名：云南省地震局编目组

2．二类单位

第一名：广东省地震局编目组

第二名：山西省地震局编目组

3．三类单位

第一名：浙江省地震局编目组

第二名：江西省地震局编目组

三、分析预报评比

（一）分析预报综合评比

1．一类单位

第一名：河北省地震局

第二名：新疆维吾尔自治区地震局

2．二类单位

第一名：安徽省地震局

第二名：山东省地震局

3．三类单位

第一名：广西壮族自治区地震局

第二名：海南省地震局

（二）日常分析预报

第一名：安徽省地震局

第二名：山东省地震局　河南省地震局

第三名：广西壮族自治区地震局　北京市地震局

（三）年度会商报告

1. 一类局

第一名：云南省地震局

第二名：新疆维吾尔自治区地震局

第三名：甘肃省地震局

2. 二类局

第一名：北京市地震局

第二名：安徽省地震局

第三名：山东省地震局　内蒙古自治区地震局

3. 三类局

第一名：浙江省地震局

第二名：重庆市地震局

第三名：上海市地震局　江西省地震局

4. 局直属单位

第一名：台网中心

第二名：预测所

第三名：第二监测中心

（中国地震局监测预报司）

“十五”中国数字地震观测网络项目测震、前兆台网建设综述

为在“十五”期间建立起地震监测预报、震灾预防和紧急救援三大工作体系，提高我国地震监测预报能力、地震灾害综合防御的能力和各级政府地震应急指挥能力，有效减轻地震灾害损失，保护人民生命财产安全和维护社会稳定，经国务院批准在发改委、财政部的支持下，中国地震局实施了“中国数字地震观测网络”项目。项目自 2004 年开工建设，至 2007 年基本建设完成，现将测震和前兆台网建设结果综述如下：

一、测 震 台 网

中国数字测震台网由国家测震台网、区域测震台网、流动测震台网和火山台网组成。国家台网建设完成了 97 个国家级测震台、2 个小孔径台阵、1 个国家测震台网中心、1 个国家测震台网数据备份中心、1 个国家测震仪器检测与技术支持系统、1 个国家数字测震观测技

术教育培训系统和1套数字测震台网专业处理软件系统；区域测震台网建设完成了685个区域测震台和32个省级测震台网部；流动测震台网建设完成了由200套流动观测设备和19个流动台网中心组成的19个应急流动测震台网、由600套流动观测设备和台阵中心以及2个主动探测震源系统组成的1个科学探测台阵；火山测震台网建设完成了33个火山测震台、2个火山前兆台、4个省级火山台网部、6个区域火山台网中心和1个国家火山台网中心；本项目还对47个“九五”国家台和31个首都圈台站进行了升级改造。中国数字测震台网项目的总体架构见图1。

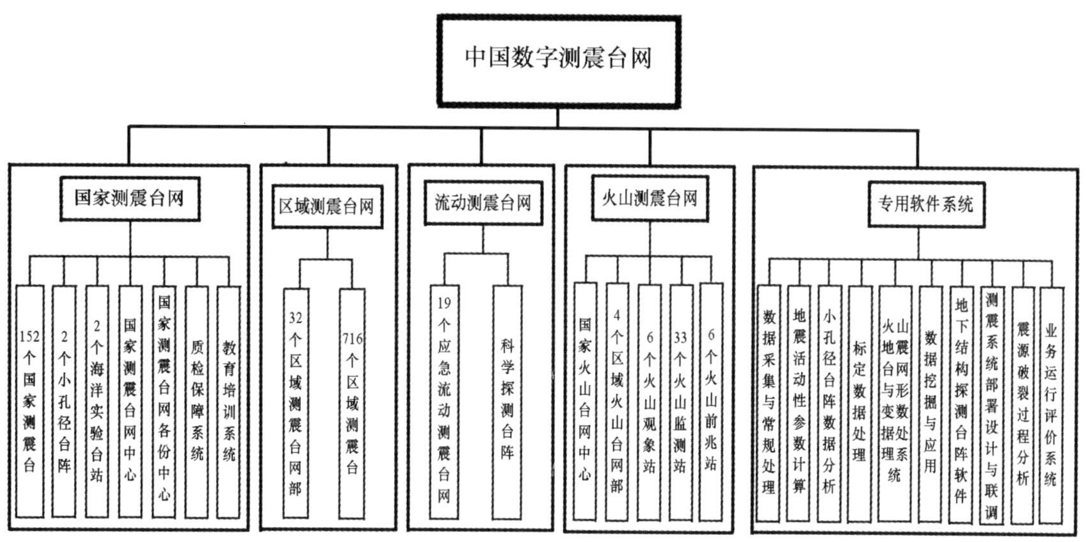

图1　中国数字测震台网系统总体结构示意图

1. 固定观测台网

建设完成了由97个国家测震台、2个小孔径台阵、685个区域测震台、32个区域测震台网部、1个国家测震台网中心和1个国家测震台网数据备份中心组成的主要用于常规观测任务的永久性固定观测台网。

项目的建设极大地提高了中国测震台网的监测能力，实现了对全国绝大部分陆地疆域的地震监测能力达到M_L2.5以上，其中华北大部分地区，东北部分地区，华中、西北及东部沿海地区地震监测能力达到M_L2.0，部分地震重点监视防御区、人口密集的主要城市以及东部沿海地区达到M_L1.5。国家测震台网的监测能力由原来的“东部地区4.0级，西部地区5.0级，边境地区6.0级”提高到“绝大部分陆地疆域M_S3.0，海南、新疆、西藏部分地区M_S3.5”。

项目的建设实现国家和区域两级台网实时波形数据、速报信息和常规分析结果的在线共享交换，实现了国家、区域两级台网的协同工作、统一产出，提高了地震目录和观测报告的质量，极大地提高我国测震台网的数据共享服务水平。数据流程见图2。

（1）国家测震台。97个已建成的国家测震台中，56个台站的观测场地采用山洞型，34个台站采用地表摆房型，3个台站采用地下室型，2个台站采用摆坑型，2个台站采用井下型。6个台站采用超宽频带观测系统，观测频带达到360s~50Hz（3dB）地动速度平坦；91

个台站采用甚宽频带观测系统，观测频带达到120s～50Hz（3dB）地动速度平坦。台站全部采用24数据采集器，实现了实时IP数据传输和本地存储。大部分国家台配备了本地数据处理系统。

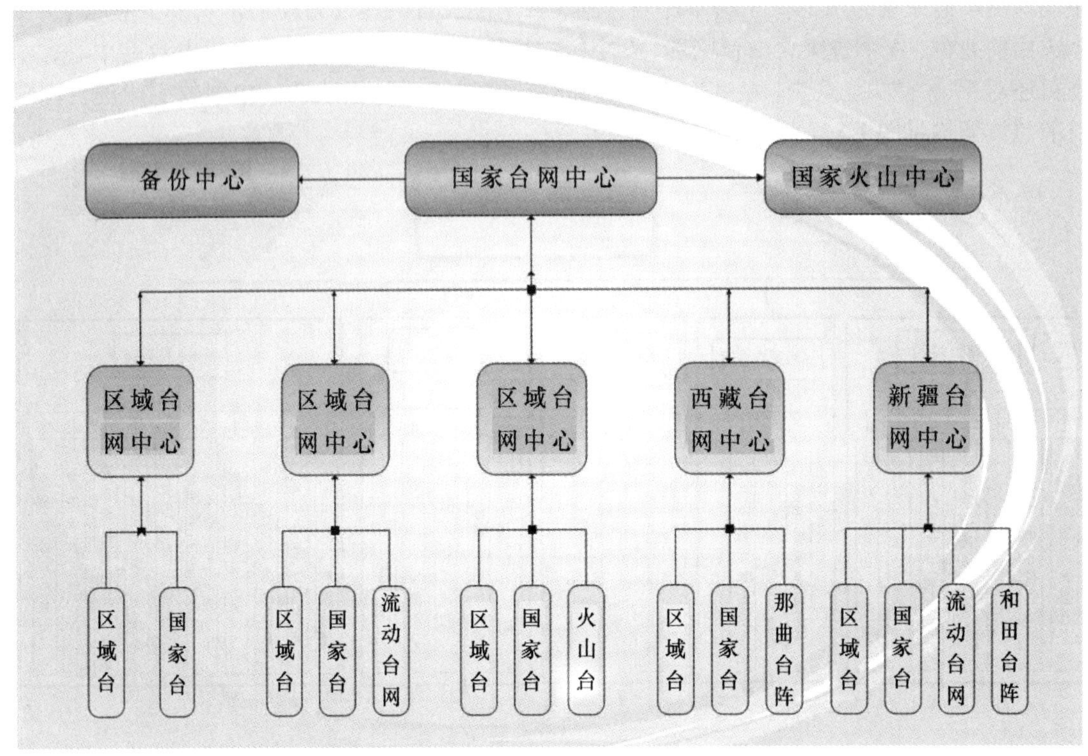

图2　中国数字测震台网数据流程示意图

（2）区域测震台。区域测震台的观测场地一般可分为三种类型5种形式：即地表型、山洞型和井下型，其中地表型又可分为地表形式、摆坑形式、半地下室形式。摆墩可分为基岩直接磨平型和水泥浇筑型。

区域测震台一般采用宽频带观测系统，少量台站采用甚宽频带观测系统或井下短周期观测系统，宽频带观测频带达到60s～50Hz（3dB）地动速度平坦，甚宽频带观测频带达到120s～50Hz（3dB）地动速度平坦，短周期观测频带2s～50Hz（3dB）地动速度平坦。台站全部采用24数据采集器，实现了实时IP数据传输和本地存储。区域测震台一般采用无人值守模式。

（3）小孔径台阵。西藏那曲小孔径台阵和新疆和田小孔径台阵均采用圆形阵列方式布设，每个台阵包括9个子台，分为阵心（1个台）、内环（3个台）、外环（5个台），呈几近均匀圆形分布，内环半径为500m左右，外环半径为1500m左右。那曲台阵的B3子台与和田台阵的A0子台采用甚宽频带地震计，其余子台均采用三分向短周期地震计。子台全部配备24位数据采集器，实现了IP数据传输和本地存储。台阵子台实时波形数据分别汇集到西藏自治区测震台网部和新疆自治区测震台网部，并转发到国家测震台网中心。

（4）区域测震台网部。在全国新建或改扩建了32个区域测震台网部，其中新建12个、改扩建20个。区域测震台网部配备计算机服务器、客户机、通信设备、网络交换机、数据存储设备和其他输入输出设备，配备区域测震台网数据处理软件系统，能够实现数据汇集转发、自动处理、交互分析、联机地震速报、地震编目、监控、数据库管理服务以及与国家测震台网中心和其他区域台网数据共享等功能，能够实现3个月连续波形数据在线存储服务、1年以上事件波形数据在线存储服务以及地震目录和震相数据的长期在线存储服务。

（5）国家测震台网中心。国家测震台网中心配置了高性能的DELL和SUN服务器、工作站和台式机及EMC大容量存储，在线存储能力200T。国家测震台网中心共使用了5个C类子网。5个子网的交换机使用千兆多模光纤与核心交换连接，交换机之间带宽达到或超过4G，桌面到交换机带宽达2G。

国家测震台网中心技术系统由数据汇集与转发系统、数据处理系统、数据管理与服务系统、业务运行评价系统和综合显示系统等5个系统构成。数据汇集与转发系统包括全国测震实时数据汇集与转发和全国测震非实时数据交换2个子系统，数据处理系统包括实时处理、人机交互处理、快速CMT、精细分析、编目5个子系统，数据管理与服务系统包括台站参数管理、连续波形数据存储、事件波形自动截取、数据服务和数据库5个子系统，总共14个子系统，见图3。

能够实现了对全国测震数据进行实时收集与共享交换、实时处理与交互分析、数据存储与入库归档、业务运行评价、数据管理与产品发布等功能；能够通过互联网接收我国援建境外地震台和美国GSN全球地震台的实时数据，构建了“全球虚拟台网处理系统”，从而增强了对我国周边和全球地震的监控能力。

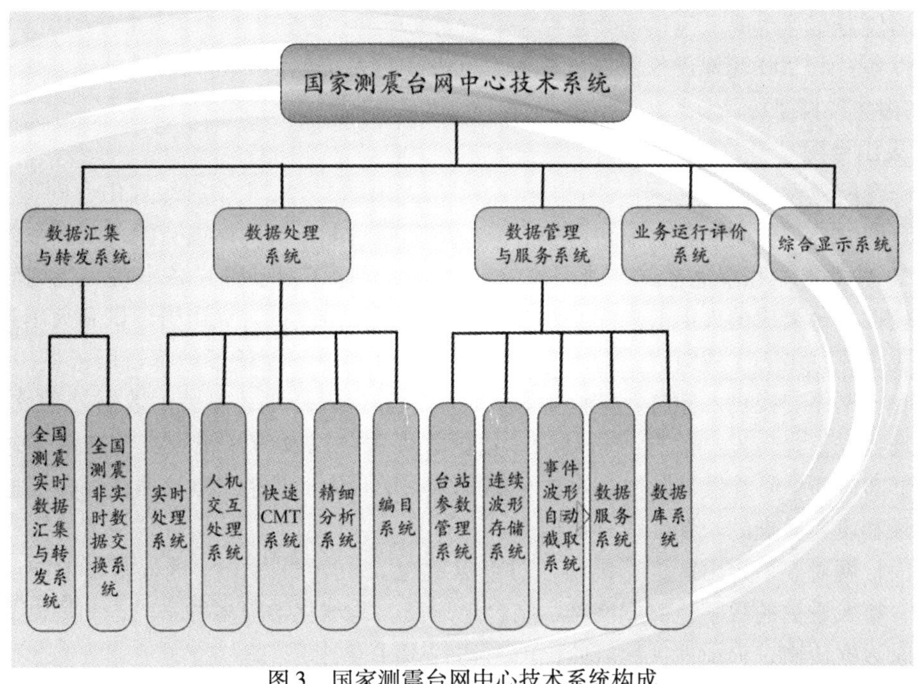

图3　国家测震台网中心技术系统构成

（6）国家测震台网数据备份中心。国家测震台网中心数据备份中心配备接入交换机、数据备份存储管理和数据处理终端和打印机等，数据存储能力21T。备份中心技术系统由实时波形数据接收系统、数据存储与服务系统组成。能够实现从中国地震台网中心接收实时传输的全部测震台站的连续波形数据；备有实时应急接收系统，以应对中国地震台网中心的实时数据汇集系统出现故障情况；实现了实时数据存储、MiniSeed、SAC、EVT 等多种格式转换与服务功能。

2. 流动台网

（1）应急流动测震台网。建设完成了由 200 套流动观测设备和 19 个流动台网中心组成的 19 个应急流动测震台网。流动子台配备地震计、数据采集器、数据传输设备、供电设备、控制计算机和导航与远程通讯设备等；流动台网中心系统包括数据处理系统、数据传输设备、供电设备、网络设备、个人工作装备和车辆。能够实现观测系统快速安装部署、数据收集、处理、管理服务功能，能够实现流动台网与固定观测台网协同观测、数据交换共享、联合处理等功能。可以达到为地震应急监测、重大事件震情保障和科学研究观测服务的目标，大幅度提高了我国地震应急流动观测能力和应急响应能力。

（2）科学探测台阵。建设完成了科学探测台阵系统的流动观测仪器子系统、观测单元监控管理子系统、可控震源子系统、流动观测技术保障子系统、流动观测数据中心子系统、流动观测实验场和应急流动测震系统集成。形成了由 600 套流动地震仪及其配套系统组成的、综合的、完整的技术系统；建成了一个仪器中心和一个数据中心；形成了对外仪器服务和技术服务能力。

流动观测仪器系统配备了 600 套流动观测设备，其中宽频带观测设备 500 套、甚宽频带观测设备 10 套、短周期观测设备 90 套。观测单元监控管理系统由无线通讯网络监控系统和流动观测仪器车等组成，包括一个总控中心（中心监控设备）、6 个流动监控中心（野外流动监控设备）和 200 套地震仪器通讯单元。可控震源系统包括 1 套大容量气枪震源系统和 1 套 40t 精密控制震源系统。

3. 火山台网

火山台网建设完成了 33 个火山测震台、2 个火山前兆台、4 个省级火山台网部、6 个区域火山台网中心和 1 个国家火山台网中心。火山测震台配备短周期或宽频带观测系统，实现了实时 IP 数据传输和本地存储。国家火山台网中心建立了由硬件设备平台、通用软件平台和专用软件平台组成的火山数据中心；以及由火山挥发份测试、火山岩测试和火山灾害模拟组成的火山测试中心。省级火山台网部和区域火山台网中心配备了计算机服务器、客户机、通信设备、网络交换机、数据存储设备和其他输入输出设备等，安装了数据处理软件系统，能够实现数据汇集转发、数据分析处理、数据管理服务以及与区域测震台网数据共享等功能，能够实现 3 个月连续波形数据在线存储服务、1 年以上事件波形数据在线存储服务以及地震目录和震相数据的长期在线存储服务。

火山台网对 6 个火山区进行设防，对重点危险火山（长白山）进行密集设防。采用无人职守、有人看护的数字化测震网络，结合地形变、地球化学等多种手段，利用网络技术实现准实时数据传输，火山地区地震监测能力达到 $M_L1.0$。

4. 测震仪器检测与技术支持系统

建成了 1 个测震仪器质检中心，包括地震计振动检测子系统、地震计噪声检测子系统、地震仪电子检测子系统、地震仪环境试验子系统和地震仪功能检验子系统。建成了 1 个测震专业软件评测平台，包括震例库子系统、数据回放子系统、测试评价管理子系统、地震定位测试工具子系统、数据结构测试工具子系统和技术支持网站子系统。制定了6个测震仪器质检技术规程，包括：测震仪器质检技术管理规程、地震计质量检测技术规程、地震数据采集器质量检测技术规程、测震台网（台站）软件质量评测技术规程、测震台站观测系统质量在线检测技术规程和测震仪器入网认证管理（试行）办法。

5. 教育培训系统

建设完成了能够满足100名学员开展教学活动的培训教室，配备了教学用电脑电化教学设备、音响等，具有支持多媒体教学功能。

建设完成了能够同时满足20人实习的测震仪器实验室，安装了甚宽带地震计、加速度计各1套，配备PC机6套。具有开展数字化仪器原理、操作、安装、调试等技术培训的功能。

6. 专业软件系统

中国数字测震台网在建设过程中完成了10个功能软件包，23个软件功能模块的建设任务。在研制过程中贯彻了统一规划、模块化、分布式和数据库管理等设计思路，实现了波形数据汇集转发、自动处理、交互分析、精细分析、联机地震速报、统一地震编目、监控、数据管理服务等功能。实现了观测数据的高效处理、业务流程的集成和台站、区域台网部与国家中心的协同。研制了一批数据挖掘引用软件，具有台基响应等走时介质类参数和震源破裂过程等震源力学类参数的分析计算功能。

“十五”测震台网建设大幅度提高了我国的地震监测能力，我国绝大部分陆地疆域的地震监测能力达到M_L2.5以上，部分地震重点监视防御区、人口密集的主要城市以及东部沿海地区达到M_L1.5；提高了我国地震应急速报和应急能力，对全国及邻区的$M_S \geqslant 4.5$以上地震初报时间不超过10分钟，最终速报时间不超过20分钟；对区域数字测震台网内$M_L \geqslant 3$地震速报初报时间不超过3分钟，最终速报时间不超过15分钟；提高了我国地球深部探测和火山灾害的监测预防能力，推进了地震观测技术进步。同时，新建测震台网也将在经济建设、综合减灾和国防等领域发挥积极的作用。

二、前 兆 台 网

通过项目建设好完成了1个国家重力台网、1个国家地磁台网、1个地壳形变台网、1个地电台网、1个地下流体台网、2个前兆台阵、31个区域中心前兆台网部和1个国家地震前兆数据中心构成的中国地震前兆台网。整个台网以国家地震前兆数据中心为核心，辐射到5个学科台网中心、31个区域中心以及全国375个台站。台网基于最新的网络化前兆观测设备为基础，以地震信息服务网络为依托，实现了地震前兆台网网络化数据汇集、远程动态监控的组网观测。

1. 国家重力台网

国家重力台网由24个台站、1个流动观测系统和1个台网中心构成。台网观测设备：相对重力仪24套、绝对重力仪1套、超导重力仪1和流动重力仪8套。

2. 国家地磁台网

国家地磁台网由28个地磁基准台、62个基本台、1个地磁流动观测系统和1个台网中心构成。台网观测设备：地磁台网专业设备包括地磁总场与分量记录组合观测系统28套、磁通门经纬仪（DI）28套、基本台磁通门磁力仪37套、分量质子磁力仪46套、核旋仪29台、dIdD2套；流动观测设备1套包括DI仪20套、核旋仪30台、差分GPS测量仪15套、流动磁通门磁力仪10台。

3. 地壳形变台网

地壳形变台网由130个形变固定台、1个形变流动观测系统和1个台网中心构成。台网观测设备：垂直摆倾斜仪42套、水平摆倾斜仪27套、井下摆倾斜仪14套、水管倾斜仪55套、伸缩仪53套、体应变仪41套、分量应变仪39、跨断层形变仪2套及流动观测系统1套。

4. 地电台网

地电台网由100个台站和1个台网中心构成。台网观测设备：地电阻率仪21套、地电场仪81套、ELF仪12套、MT仪2套、N－MT仪2套、电磁波10套。

5. 地下流体台网

地下流体台网由204个台站、1个地下流体流动观测系统和1个地下流体台网中心构成。台网观测设备：水氡仪19台、气氡仪58台、水汞仪17台、气汞仪40台、水温仪167台、水位仪157、测氦仪3台、水电流1台、红外遥感测量仪1台和流动观测设备1套。

6. 前兆台阵

前兆台阵由四川西昌台阵和甘肃天祝台阵2个前兆台阵和1个数据处理系统构成。观测台阵观测设备：地电场6套、钻孔应变5套、磁通门磁力仪18套、水位仪8套、水温仪12套、垂直摆倾斜仪7套、电磁扰动仪4套、电阻率仪2套、多极距电阻率仪2套、测氡仪2套、测氦仪1套、流量测量仪1套和超短基线应变仪1套等69台观测仪器。

7. 区域前兆台网部

中国地震前兆台网在全国31个省、自治区、直辖市分别建立区域地震前兆台网部，担负区域前兆台网的数据汇集、处理、服务和监控功能，并向国家中心实时或准实时报送观测数据。

（1）系统构成。区域前兆台网部技术系统主要由数据汇集系统、数据存储系统、数据管理与服务系统构成，主要设备包括应用服务器、数据库服务器、磁盘阵列等存储设备、数据处理微机、网络设备级设备维护工具等，部署前兆台网数据管理软件和数据处理软件。核心交换、核心路由、磁盘阵列服务器、备份带库等基础信息信息系统平台及数据库平台、操作系统GIS平台等与信息服务系统分项集成建设。

（2）技术性能。实现区域台网前兆台站的仪器观测数据及相关信息的自动采集和入库；在线存储观测数据和预处理数据，具备区域前兆台网所有数据5年在线存储能力；提供数据查询、数据下载、数据波形显示等功能和服务；对台站观测仪器实现实时、准实时运行监控；区域前兆台网部数据库与国家中心数据库实现准实时自动同步。

8. 重力、形变、电磁、地下流体学科中心

学科中心技术系统自动接受国家地震前兆数据中心分发的全国重力台网观测数据并自动入库。基于Oracle数据库平台在磁盘阵列上在线存储，具备保存台网10年的秒钟值数据和20年的分钟值数据以及10年的日报、月报及年报等数据的能力。实现数据处理、台网监控和运行评价功能。提供数据查询、数据下载等功能，并可通过台网中心网站提供用户访问咨询服务。建立相应比测系统，具备如下主要功能：数据处理、比对观测数据研究处理、测量标准传递比测、标准参数数据处理等功能。

9. 国家地震前兆数据中心

（1）系统构成。国家地震前兆数据中心技术平台主要由数据汇集系统、数据存储系统、数据管理系统、数据处理系统、数据服务系统、时间服务系统和台网监控系统等构成，主要设备为数据汇集服务器、数据库服务器、GIS服务器、网站服务器、数据质量跟踪处理机、台网和数据管理工作站、数据交互处理机以及打印机等外围设备等，系统软件为Suse Linux Enterprise 10操作系统，Oracle10g for Suse Linux Enterprise 10数据库平台，部署中国地震前兆数据管理系统、中国地震前兆台网数据处理系统、中国地震前兆台网运行评价系统、国家地震前兆台网中心数据管理与监控管理系统、国家地震前兆台网中心数据服务系统等应用软件。

（2）技术性能。除具备区域前兆台网部的数据汇集、数据存储、数据库备份、数据处理、数据共享服务、台网运行监控和运行评价等功能外，负责向重力、地磁、形变、地电和流体台网中心分发各学科观测数据。建立由2台服务器热备的前兆台网时间服务系统，为全国的前兆仪器网络授时提供服务。

前兆台网建设，新建了台站和测项，填补了西藏、新疆等空白监测区域，提升了地震前兆监测能力；采用高精度和高采样率的数字化观测设备，产出分辨率更高、频带更宽的观测数据，丰富了地震前兆观测信息，提高了地震前兆监测反应能力；采用数据准实时汇集，提高数据应用的时效性，数据共享服务能力显著提高。前兆台网的观测数据在广泛应用于地震预测预报、地球构造等地学研究的同时，也在资源勘探、工程建设地质探查、定向导航等国民经济建设和国防等领域有着重要的应用价值。

（中国地震局监测预报司）

地震信息网络基础设施建设和新技术应用取得重要进展

1. 中国地震信息服务系统建设任务全面完成

中国地震信息服务系统是“中国数字地震观测网络”项目的重要组成部分和基础，总投资32539.00万元，2007年全面完成建设任务并通过了国家验收。该系统采用现代计算机技术、通信技术和Internet网络技术，构建了“国家—省（自治区）—大中城市、县和台站”3级架构、总数达700余个节点的宽带地震行业信息网络基础平台，大大提高了我国地震行业网络的信息通信能力和业务信息处理能力，有力推动了我国地震信息资源的共享与利用，为监测预报、震灾防御、应急救援、科学研究等方面提供了有力的技术支撑。

建成了覆盖全国地震行业的通信网络。国家中心、区域中心与Internet网络出口带宽普遍达到10～100M，为地震信息的快速发布提供了通信支撑。目前，国家中心每天汇集、存储、管理的观测数据量达到35GB以上。建立了大容量、高可靠性综合地震数据平台，目前行业网络总流量达到流入 40. 1TB，流出 23TB，平均日流量约 695GB。

构建了地震数据信息服务系统。该系统为基于数据库的三层高效应用系统，支持全文检索，国家中心和区域中心还具备大容量客户突发访问的行业新闻和消息发布能力，显著增强了地震信息面向行业内部和全社会的服务能力。

电子政务系统功能得到明显加强。初步建立了国家、省和部分大中城市节点的电子政务办公系统，建立了国家和省级涉密政务信息系统，显著提高了全国地震行业的办公自动化程度和工作效率，政务涉密信息的传输能力与可靠性明显得到加强。

建立了实时动态运行网络监控系统。在国家中心通过网管软件实现了全国网络运行、台网中心关键业务运行、卫星系统管理集中监控，并可实时显示台站设备运行状态、测震台站数据传输状态等全国关键业务运行情况。

2. 初步形成面向社会公众和不同行业的地震科学数据共享、服务体系

信息系统是地震系统各项工作的基础，数据共享是我局地震科学信息长远发展的信息基础平台。作为科技部启动的“国家科学数据共享”首批试点单位之一，近几年我局结合“地震科学数据共享”项目建设，努力推进地震科学数据的全面整合和共享。

2007 年，在原有 1 个国家地震科学数据共享中心、10 个专业数据共享分中心和 6 个试点省局的基础上，全面启动了全国 30 个省局的数字地震资料的整合工作，参与数据共享项目的单位由原来的 17 家增加到 40 家，完成了由点到面的过渡工作，初步形成了面向社会公众和不同行业的地震科学数据共享、服务体系。

为检查“地震科学数据共享”项目前期任务完成情况和工作成果，中国地震局于 2007 年 8 月组织专家对各承担单位任务进行了现场验收和检查。实地检查了各承担单位基础设备、数据存储、共享情况和成果。

在检查和调研的基础上，结合“中国数字地震观测网络”项目的实施和科技部关于国家科学数据共享的规划，对地震科学数据的汇交、整理、主体数据库建设、数据管理和服务进行了规划设计和升级改造。进一步提升与国际接轨、面向全社会的网络化、智能化的地震科学数据管理与共享服务能力。

目前，地震科学数据共享已完成 32 个主体数据库（集）的建设与数据更新，在线数据达 668G 以上，离线数据 1. 2T 。由“地震科学数据共享”工程直接支持的大型科研和工程项目达到了 36 个、地方与部委项目 56 个，包括 973 项目、国家自然科学基金项目、国家科技攻关重点项目和国家大型建设工程。地震科学数据共享系统提供的数据，在国家科技进步、政府决策、重大工程、国家安全等社会经济发展方面发挥了重要作用。

3. 推进“IPV6”等新技术、新方法在地震行业的应用

以地震应用建模和并行超级计算为主要内容的“国家地震网络计算应用示范系统”建设取得了重大进展。目前国家地震网络计算系统已经成功部署到中国地震局地球物理研究所曙光 TC4000L 集群服务器上，网络计算能力达到 1T。建立了地震网络计算应用门户系统，制定了地震网络计算应用资源注册管理、计算应用软件封装规范、信息安全规范、系统管理规范、系统运行规范等技术规范。国家地震网络计算应用系统中可以针对接入到系统中的多集群进行管理，并具有可扩展性，同时实现了与基于新一代互联网演示系统的连接。成功实践了观测台网、观测数据、地震科学计算和基础资源的互连互通、资源共享的现代网络信息技术。

作为“中国下一代互联网（CNGI）示范项目”重要的成员之一，我局承担的“基于IPv6的地震传感器示范网络系统”研究项目，已全面完成，并通过了国家发改委和中国工程院组织的验收。

该项目搭建了IPv6试验网络平台；完成了基于IPv6的地震烈度传感器研制和传感器示范网络建设；完成了地震观测设备IPv6化改造、组网技术研发与观测试验；完成了地震行业IPv6网络规划研究.

这是我国政府行业建立的第一个IPv6网络试验平台，在正式接入IPv6和CNGI网络的同时，与科技网实现了利用城域光缆进行高速广域网互联，两网的联接带宽达到1Gb（双工）。

该项目首次将下一代互联网IPv6技术应用于地震监测和防震减灾，开创了具有行业特点的典型应用。为构建可管理、完整、先进、智能化的监测网络提供了全新的组网方式，奠定了技术基础。

（中国地震局监测预报司）

2007年度流动观测工作概况

流动观测台网是固定台网观测的重要补充。根据任务需要，2007年度全国常规流动观测工作主要完成以下四个部分工作：

一、区域流动水准

2007年区域水准测量共完成4549.7km，其中一测中心结合2008年北京奥运会完成首都圈地区垂直形变监测网复测工作，测区北京、天津、河北，水准测量2960.6km。二测中心完成甘肃河西、天武和宁夏银北地区区域精密水准测量共计1589.1km。

二、跨断层水准和场地观测

辽宁省地震局，四川省地震局等21个单位开展水准、基线、测距流动观测，场地数273，期次170次，1789场次观测。

三、流动重力观测

2007年流动重力观测使用了“十五”中国数字地震观测网络项目购买的8台加拿大SCINTREX公司生产的CG-5流动重力仪以及以前引进的14台美国LaCoste&Romberg G型

重力仪。

2007 年度有 20 个单位执行地震重力监测任务，共完成 38 个测网（线）的 30 期常规监测任务。总计完成联测测点数 1954 个，联测段数 2172 段，总计行程 246300km。全年度总体运行状态正常，资料报送基本及时。

2007 年对全国 20 个执行地震重力测量单位按规定提交的观测资料进行了及时的预处理和平差计算，获得了各单位资料的精度指标；其结果作为年度质量评价的重要依据，并为年度预测预报提供了数据分析。

分布在各省区的区域监测网运行已 20 多年，网形结构和运行模式都已很陈旧，且与近年来建设和运行中国地壳运动观测网络重力网、中国数字地震观测网络重力网缺乏有机的联系。网形呈现出大网套中网、中网套小网，网网覆盖、网网交叉，经费预算离国家标准相差甚远的现象，限制了区域重力观测效应的发挥。改善这种局面的有效途径是尽快改进或完善网形结构和运行模式。

四、流动地磁观测

流动地磁观测主要使用 G－856 磁力仪和 G816 磁力仪。河北省地震局流动测量队、局地球物理研究所等 10 个单位承担观测任务。全年共完成 2007 年度华北环测网等 18 个测网，61 期常规监测任务，1501 个测点。全年度测量工作完成良好，资料报送基本及时。

观测资料质量将在 2007 年度资料评比工作后提交，并为资料预测提供依据。

（中国地震局监测预报司）

中国地震应急搜救中心监测预报工作

2007 年，在中国地震局统一部署下，按照“平战结合”的原则，一方面做好地震应急准备工作，同时紧紧围绕首都圈地区重点监视区开展工作。为首都圈及华北地区地震预报和研究提供了完整、可靠的基础数据。

一、流动监测

1．跨断层水准测量

全年完成 25 个场地 12 期的测量任务，往返观测精度高差偶然中误差为 ±0.30mm/km。

2．跨断层基线测距

全年完成 10 个场地 12 期测量任务，相对中误差比上年度有较大提高为：

距离区段/m	≤50	50~100	>100
相对精度	1: 168 万	1: 334 万	1: 4622 万

3. 流动重力测量

全年完成 152 个测点 2 期的测量任务，平均精度为：自差 $7.1\times10^{-8}ms^{-2}$，互差 $10.7\times10^{-8}ms^{-2}$，单位权中误差 $\pm9.7\times10^{-8}ms^{-2}$，点值精度 $\pm10.4\times10^{-8}ms^{-2}$。

4. 流动地磁测量

全年完成 51 个测点 4 期的测量任务。野外仪器差均方差为 0.098nT，野外桩位差均方差为 0.107nT，通化均方差为 0.383nT，测区均方差为 1.045nT，比测仪器差均方差为 0.140nT，比测桩位差均方差为 0.123nT，测量精度较 2006 年有所下降，主要原因是因为仪器老化，比测场地干扰引起的。

二、分析预报工作

全年完成流动水准、基线、重力、地磁等资料日常分析预报工作；共会商 21 次，其中月会商 10 次，应急（加密）会商 9 次，半年会商 1 次，年度会商 1 次；完成年中、年度震情趋势研究报告的研究与撰写；完成对首都圈流动形变观测场地全面的普查；完成异常落实工作并撰写报告；完成首都圈震情短临跟踪组及奥运保障组工作。全年对首都圈及邻近地区没有提出 5 级以上地震预报意见，与实际发生情况一致，较好地把握了 2007 年的震情发展。

（中国地震应急搜救中心　张成强）

中国地震局地球物理勘探中心地震监测预报工作

一、防震减灾科研工作

（1）圆满完成中国数字地震观测网络项目。物探中心承担的数字地震观测网络项目有：城市地震活断层探测技术系统建设分项；信息服务系统建设分项；测震分项科学台阵系统建设分项。总投资 4685.87 万元。顺利通过中国地震局组织的第一批网络项目验收。获得中国地震局 136 万元运行费的奖励。

（2）完成“广州市活断层地震勘探（二期）”、“太原市活断层地震勘探（三期）”等活断层探测项目 11 项。

（3）完成“华北人工源超长剖面观测”项目、“宁夏大峰露天煤矿 5000 吨矿山爆破观测”项目和“长江航道爆破”项目等。

二、流动重力测量及监测预报工作

2007年完成河南重力测网、山东重力测网、山西重力测网和内蒙古重力测网4期流动重力测量任务，测量21个闭合环，163个测点，181个测段，行程8万余公里。复测成果综合指标达到“优秀”级标准，2007年在全国地震系统重力复测成果评先达标工作中，物探中心荣获第一名。

三、项目申报和获奖情况

2007年，积极组织项目申报工作，落实各类项目11项，其中，国家自然科学基金项目3项，地震科学基金项目3项，基础性研究项目2项，活断层项目3项，项目总经费达到1052万元。2007年物探中心申报3项国家自然科学基金项目立项成功。2007年在国内各类刊物上发表论文23篇，其中，SCI收录3篇、EI收录2篇、CSCD收录14篇。

（中国地震局地球物理勘探中心　方盛明　王广亚）

中国地震局第一监测中心2007年监测预报工作

一、监测工作完成情况

1．完成中国数字地震观测网络工程

（1）完成9个跨断层场地GPS观测92个点，作业区域：北京、河北、山西、内蒙古、山东等5省、市、自治区。

（2）完成9个跨断层场地重力测量97段，作业区域：福建、河北、山西、内蒙古、山东等5省、市、自治区。

（3）完成地震重力基本网测量251段，作业区域：北京、天津、河北、山东、河南、陕西、山西、内蒙古和宁夏等9省、市、自治区。

2．完成形变监测工作

（1）完成中国地壳运动观测网络区域网第四次GPS联测227个点，成果质量全优。作业区域：北京、天津、河北、陕西、山西、内蒙古、辽宁、四川、甘肃等9省、市、自治区。

（2）完成陆态网络基准站勘选33个，作业区域：北京、天津、河北、辽宁、吉林、黑龙江、安徽、江苏、浙江、山东、河南、山西、内蒙古和宁夏等14个省、市、自治区。

（3）完成山西网GPS监测39个点。

（4）完成北京奥运会保障专项GPS监测60个点，作业区域：北京、天津、河北、内蒙古、山西、辽宁、山东等7省、市、自治区。

（5）完成中国大陆环境监测网络区域站建设62个，作业区域河北、山东两省。

（6）完成张家口—渤海地震带及周边的深浅构造与动力学环境研究项目野外GPS建站18个。

（7）完成区域水准测量2960.6km，每千米偶然中误差±0.41mm，作业区域天津、北京、河北等省市。

（8）完成三峡库区垂直形变监测水准测量845.6km，每千米偶然中误差±0.38mm。

（9）完成天津控制地面沉降水准点标石埋设102座。

（10）完成天津控制地面沉降水准测量约2100km。

（11）唐山台完成日常的水准监测和基线观测。唐山台改扩建项目，在局里支持下，目前工程已经完成，并通过了单位验收。

二、分析预报工作

中心高度重视分析预报工作，对分析预报岗位不断调整补充新生力量，并保证经费落实到位。为提高分析预报水平，坚持把工作重点放在资料分析上，多次派人收集断层形变资料、重力资料，还定期派人收集全国GPS基准站观测数据，及时计算处理GPS复测资料，并应用于震情预测之中。加强对地震中短期预测预报的方法研究。利用形变复测数据，进行分析，绘制出首都圈地区重力场变化图，为地震预报增加了新的方法和手段。为了做好中长期预报工作，积极参加中国地震局组织的各类会商会议以及天津市地震局和省市地震趋势会商会20余次，提交的年度会商报告10篇。分析预报工作在中国地震局系统取得了较好的成绩，受到同行专家的好评。

三、科 研 工 作

2007年承担的科研课题12项，公开发表文章23篇，其中：SCI一篇，国际会议交流文章一篇，发表核心刊物以上19篇，一般刊物2篇。

四、“十五”项目顺利通过验收

“十五”项目，我中心承担“中国数字地震观测网络”流动形变监测系统和地震信息服务系统两个分项的建设任务，其中流动形变监测系统包括六个分项的建设：①区域流动形变监测网的改造与观测；②跨断层综合观测场地的建设与观测；③全国地震重力基本网完善和观测；④大地形变仪器设备的购置；⑤数字水准仪、条形码尺标定检修系统的建设；⑥大地形变数据库建设和地震信息服务系统建设。先后于11月7日和8日完成档案验收和两个分项的单位工程验收。11月20日至22日局监测预报司组织专家在天津召开验收工作会议，两个分项顺利通过专家验收。

（中国地震局第一监测中心　杨春花）

中国地震局第二监测中心地震监测预报工作

一、地震监测预报

1. 地震监测

（1）完成甘肃河西、兰（州）天（水）武（都）和宁夏北部区域精密水准测量共计1589.1km，每千米偶然中误差为±0.32mm。

（2）跨断层水准测量63个场地，复测6期，共332处次，每千米偶然中误差±0.20mm；跨断层红外测距12个场地，71条边；甘肃地区3个跨断层长剖面水准测量178.4km。

（3）完成甘肃河西地区常规流动重力观测177个站点，186个测段，点值精度平均值0.0095mGal；数字地震观测网络项目流动形变监测系统陕甘宁青区域网相对重力联测259个站点，270个测段，点值精度平均值0.0133mGal；地震重力基本网相对重力联测81个测点，82个测段，点值精度平均值0.0173mGal。

（4）完成中国地壳运动观测网络区域网191个站点的联测；陕西GPS观测形变监测网37个站点的观测；山西大同盆地GPS观测14个站点，西安地区GPS观测16个站点。

（5）完成中国大陆构造环境监测网络项目25个区域站的勘选建设任务。

2. 分析预报

（1）根据2007年度全国地震趋势会商会精神和震情形势，针对性地提出了中国西部地区地震监测方案。

（2）向全国2007年度地震趋势会商会提交的《2007年度震情研究报告》，被评为中国地震局直属单位第三名。

（3）应中国地震局要求，提交《2007年年中地震趋势研究报告》《2008年度震情趋势研究报告》《2008年度地震大形势跟踪研究报告》等，全年召开震情会商会16次。

（4）参加西部各省、区的年度震情会商会和第三十届陕甘宁地震联防区工作会议。2007年5月1日举行了本中心地震应急演练活动，对大震应急指挥决策、应急队伍的组建、地震应急经费、仪器、资料、车辆及其他设备的紧急调动等工作环节进行了全面检验。针对演练中发现的问题，重新讨论修订《地震应急预案》，各部门制定了应急预案实施细则。

（5）本中心被评为中国地震局2007年度监测预报先进集体，陈文礼被评为中国地震局2007年度地震监测预报工作先进个人。

二、地震科学研究

1. 中国数字地震观测网络项目

本中心承担的中国数字地震观测网络工程项目任务，主要包括地震前兆台网建设（流动形变监测系统部分）和地震信息服务系统建设2个分项工程，项目建筑规模为3616m²，总投资1414.58万元。其中建筑工程总投资927.5万元，设备及安装总投资467.18万元，其他19.9万元。工程实施中，单位法人与承担项目的实施部门签订了项目执行合同，明确责任，按照项目建设程序，规范管理项目进度与质量，严格执行国家、行业标准，保证了项目按计划稳步实施。

根据《中国数字地震观测网络项目档案管理细则》要求，完成了中心数字地震观测网络项目档案归档工作。整理归档共170卷，其中永久112卷，长期58卷。

2. 2007年获准资助的各类科研项目共27项（表1）

表1　2007年获准资助的各类科研项目

序号	项 目 名 称	任务来源	投资金额（万元）	项目负责人	课题周期	备　　注
1	青藏铁路南段活动断裂GPS观测研究（延续）	中国地质调查局		王双绪	2005.05～2007.12	国土资源大调查
2	大地形变数据库系统软件包研制（延续）	中国地震局		张　希	2004～2007已结题	十五数字地震观测网络
3	川滇菱块构造深部应力时空演变与强震预测（延续）	中国地震局		张　希	2007.06～2009.06	地震联合基金
4	利用GPS资料研究昆仑山、苏门答腊两大地震对青藏块体东部地壳运动和应变积累的影响（延续）	国家自然基金		张　希	2007.01～2008.12	国家自然基金
5	玛尼M_S7.9地震与昆仑山口西M_S8.1地震动应力作用及关系的研究（延续）	中国地震局		张晓亮	2006.06～2008.06	地震联合基金
6	青藏块体东北缘断层形变异常识别与量化指标研究（延续）	中国地震局		张四新	2006～2007	三结合课题
7	活动断裂带构造变形动态特征及地震危险性研究	中国地震局	30.00	张　希	2007.01～2008.07	“十一五”国家科技支撑项目子专题
8	青藏块体东北部强震孕育—发生动态过程研究	中国地震局	29.00	张　希	2007.07～2009.07	地震预测研究所科研业务项目
9	利用重力复测研究大地水准面变化与强震关系	中国地震局	6.00	王双绪	2008.06～2010.06	地震联合基金
10	活动断裂带及其附近三维构造变形定量研究	中国地震局	3.00	张晓亮	2008.06～2010.06	地震联合基金

续表

序号	项 目 名 称	任务来源	投资金额（万元）	项目负责人	课题周期	备 注
11	多传感器综合形变测量新技术与监测方案跟踪研究	中国地震局	6.00	刘文义	2008.06 ~ 2010.06	地震联合基金
12	数据共享	中国地震局	15.00	刘文义	2005.08 ~	
13	地震前驱波在短期预测中的应用研究	中国地震局	30.00	王庆良	2007.01 ~ 2008.12	科技支撑计划子专题
14	高精度流动压力观测仪研制	中国地震局	25.00	王庆良	2007.01 ~ 2008.12	科技支撑计划子专题
15	三分量跨断层仪研制	中国地震局	25.00	崔笃信	2007.01 ~ 2008.12	科技支撑计划子专题
16	火山形变、流体与岩浆活动关系	中国地震局	32.00	王庆良	2007.01 ~ 2008.12	科技支撑计划子专题
17	川西地区现今地壳垂直形变场研究	中国地震局	28.00	王庆良	2008.01 ~ 2010.12	973 项目专题
18	中国活动火山调查与灾害预测	中国地震局	10.00	王庆良	2008.01 ~ 2010.12	地震行业专项
19	GPS 精密单点定位方法研究	中国地震局	3.00	郝 明	2008.06 ~ 2010.06	地震联合基金
20	国土资源调查项目	中国地质调查局	50.00	王庆良	2007.01 ~ 2008.12	
21	火山与地震预测	中国地震局	6.00	王庆良	2007 年已结题	
22	大地形变数据库软件包（延续）	中国地震局		崔笃信	已结题	十五项目
23	青藏高原东北缘重力场时空动态变化研究（延续）	中国地震局		祝意青	已结题	地震联合基金
24	中心资助课题（4 项）	本中心	1.00		2007	

（中国地震局第二监测中心　于建民）

各省、自治区、直辖市地震监测预报工作

北　京　市

1. 震情跟踪与分析预测

北京市地震局结合震情形势和北京市地震监测预报工作实际，继续强化震情跟踪和分析会商工作。年初印发了《关于做好2007年震情跟踪工作的通知》，明确跟踪工作的任务和目标，制定了相应的工作措施。继续认真执行周、月、年度、紧急等会商制度和异常落实制度，全年共组织66次震情会商会，完成现场重大异常落实10次，进行地震速报8次，启动震情应急预案1次，圆满完成"十七大"和"好运北京"测试赛等重大活动和特殊时段的震情保障工作，较好地把握了北京地区的地震趋势。由北京市地震局牵头组织的"北京近期震情强化研究"项目取得重要成果，为北京及邻区震情趋势的科学判定提供了有力依据。北京市地震局编写的《2007年度地震趋势研究报告》在中国地震局组织的全国会商报告评比中，获得二类局第二名的好成绩，日常分析预报工作也首次获得全国评比二类局第三名。

2. 台站建设与管理

继续推进台站观测环境和技术改造，强化日常管理。为提高台网观测质量，先后三次组织观测规范和评比标准培训活动，完成了通州台、昌平台地电外线路改造和各台站的避雷系统、供电系统的改造。房山台已被中国地震局正式纳入2007年全国重点台站改造项目中，并拨付了全部改造经费。平谷台、丰台台以及海淀小营台各项建设工作都取得一定进展。

2007年，我局参加全国前兆观测资料评比的测项共计29个，其中通州台大地电场获单项评比第三名，其余测项均为优秀；在北京市首次开展的区县和台站年度会商报告评比中，延庆台获得第一名，丰台台获得并列第二名。

3. 数字地震观测网络项目

2007年是"十五"北京市数字地震观测网络项目的决战之年。该项目中涉及监测预报体系的有测震、前兆和信息等三个分项，概算批复经费为1431.15万元。测震分项的建设包括1个测震台网部、10个区域测震台站和1个流动台网；前兆分项由一个前兆台网部和分布在21个地震台站的28个测项组成；由1个省级信息服务部、18个县级信息节点和6个台站节点共同组成了信息分项的建设任务。测震台网、前兆台网构建于信息网络基础之上，实现了高效集成，构成了北京市地震监测预报体系的基础。测震、前兆、信息三个分项都顺利通过了中国地震局组织的验收。

4. 奥运地震安全保障

2007 年是做好奥运震情保障工作的关键之年。组织制定的《2008 年北京奥运会地震安全保障工作实施纲要》，明确了保障工作的目标和原则，明确了保障工作的组织协调机制等内容。纲要在 2007 年 5 月 22 日由王岐山市长主持召开的市政府专题会议上审查通过，并由北京市防震抗震工作领导小组印发给各有关单位，通过《纲要》对奥运地震安全保障工作进行了全面部署。

根据北京市应急委开展突发公共事件风险评估工作的总体部署，北京市地震局开展了奥运地震风险评估工作。先后编写了《北京市 2008 年奥运会期间地震风险源调查报告》、《北京市奥运期间地震风险评估与对策报告》，对不同档次的地震事件和地震谣传的发生可能性、后果等级等进行评估，并提出地震风险的具体控制措施。

向北京市政府申请了奥运保障项目，北京市政府的投资批复经费为 2255 万元，该项目的实施，对进一步提升北京市的地震监测预报能力具有重要作用。

5. 地震专用仪器研发

2007 年，北京市地震局自主研制的井下地震计首次被用于海底地震观测和高海拔的西藏那曲台网建设。在测震仪器研发方面，全年完成的生产和销售任务有：DS－4A 短周期三分向地震计 41 套；JDF－1 短周期井下地震计 3 套，海洋六分向 JDF－1 短周期井下地震计 1 套，JDF－2 型宽频带三分向井下地震计 1 套；DS－3K 宽频带三分向地震计 2 套，模拟地震仪三套。其中，有 5 套地震计出口到印度尼西亚，3 套地震计用于上海地震局和天津地震局的海上地震观测。在前兆仪器方面，2007 年开展了电磁波仪的研制，研发产品已用于北京市地震局“十五”网络项目前兆分项的建设中。

（北京市地震局　兰从欣）

天　津　市

1. 加强震情监视，提高震情分析处理能力

天津市各级地震部门牢固树立“震情第一”的观念，密切关注震情动态。根据震情形势，市地震局组织制定并实施了《震情短临跟踪工作方案》，落实了目标、任务、人员和措施。组织 10 余次技术人员深入现场落实各种地震前兆异常，做到了发现及时、上报迅速、落实准确。针对本市及邻近地区地震能量释放偏低等问题，积极探索地震预测新方法。严格执行震情值班制度和会商会制度，做好震情跟踪和趋势判定分析。认真收集京冀鲁等周边省市震情信息，先后 2 次组织召开津、唐、廊、沧“联防区震情会商会”。落实周、月、半年和年度会商会制度，于6 月 12 日召开了年中会商会，11 月 13 日召开了年度会商会，并在春节、五一、十一以及全国、全市“两会”等各个重要时段召开了加密会商会，确保不遗漏震情。市奥足办和市地震局保持密切联系，进一步细化和完善了 2008 年北京奥运会震情保障工作方案。

2. 加强台网运行管理，提高地震观测数据质量水平

天津市各级政府及地震部门严格按照《地震监测管理条例》的要求，认真做好地震监测设施及地震观测环境的保护工作。市地震局加强了台网运行管理和维护，通过采取严格台网运行管理制度、研制应用“天津市地震前兆台网管理软件”、及时排除仪器设备故障等各种有效措施，积极构建观测质量保障体系，确保了地震观测数据质量。积极开展地震台网优化和台站改造任务，完成了蓟县台技术系统集成和监控室建设，围墙改造和变压器增容改造建设，完成静海台围墙建设。全面维护和检修宝坻台、塘沽台、青光台、徐庄子台地电野外线路，确保仪器设备正常运行。完成了武清杨村小世界和宁河台流体专用井，以及北辰辛侯庄和东丽湖流体观测井建设。初步确定了宝坻地震台迁址方案，完成了新台址勘选。积极推进中韩地震科技合作项目，与韩国地质矿产资源研究院一起做好联合观测台网设备维护工作。各区县政府积极主动防范，加强了宏观测网的管理和观测设施的维护。塘沽区宏观观测网具备了五大要素，津南区定期向宏观网哨询问情况，北辰区、武清区、蓟县、静海县召开“三网一员”会议，进行工作总结、部署和交流、培训，汉沽区自筹资金现场维护测井达32次，保证地震观测资料及时、连续、可靠。截至12月底，地震前兆台网观测数据连续率达到99%以上，前兆台网中心设备运行完好率为100%，地震速报均在规定时间内完成。前兆观测资料在全国统评中取得较好成绩，参加测项全部获得优秀以上奖项，其中7项获得前3名。静海台、宝坻台分别取得电磁学、流体学科综合评比第三名。静海台地磁首次获得单项评比第一名，宝坻台高村水位、高村地热，王四井水氡，静海台地电场均获得单项评比第三名。《现代无金属地磁观测室设计与建造研究》等5个项目获得地震科学基金资助。张道口台-1井1998~2004年度水位观测资料成果荣获中国地震局年度防震减灾优秀成果三等奖。

3. 加快地震监测基础设施建设与改造，增强地震观测能力

市地震局承担的防震减灾中心大楼和天津滨海地震监测预警中心基建工程全部竣工并投入使用。“十五”数字地震观测网络项目由中央和地方共同投资8000多万元，包括数字前兆台网、测震台网、强震动台网和应急指挥、信息服务和活断层探测技术系统等共7个分项工程。经过5年的建设，测震台点由28个增加到31个，强震动台点由34个增加到144个，前兆台网测项由94个增加到138个，建成了地震应急指挥中心和覆盖全市的地震信息网络，实现了与市应急指挥平台的互联互通，完成了天津断层和沧东断层的探测与地震危险性分析。截至本年底，项目建设工程全部通过了验收。其中，活断层探测技术系统被验收专家组评价为具有特色的优质工程，应急指挥技术系统被评价为优秀工程。作为本市“十一五”重点专项规划之一的《天津市防震减灾“十一五”规划》建设项目《天津地震安全基础工程》，已经批准立项，区县防震减灾“十一五”规划已纳入当地“十一五”规划体系，这为全面提升本市防震减灾综合能力打下了坚实的基础。

（天津市地震局　刘爱平　孙继忠）

河　北　省

1. 地震监测预报工作

河北省地震局始终牢固树立“震情第一”的观念，切实抓好地震监测预报工作，特别是地震重点监视防御区和地震重点危险区的震情跟踪工作。2007 年全省共发生 3 级以上地震 12 次，河北省地震局都在规定时间内作出了准确的速报，按要求及时报告了省委、省政府，并较为准确、迅速地报告了震后趋势意见，及时为政府和社会公众提供地震信息服务，保障了当地群众正常的生产、生活秩序。全年共处理地震事件 991 条，爆破事件 161 条，完成地震速报 18 次，编辑河北省地震目录、观测报告共计 24 册，定时向中国地震局 APNET 网报送快报 50 多期，完成野外台站维护任务 100 余台次，送修各类设备 20 余套，强震动台站巡检 50 余轮次，获得近场强震加速度记录 10 余条。震情跟踪工作落实到位，年初根据中国地震局的年度会商意见及河北省实际情况，制定了河北省地震短临跟踪工作方案。继续开展分片研究工作，并且取得了很大收获。对文安地震进行深入研究和震例总结。2007 年 9 月参加了中国地震局监测预报司组织的华北片区地震应急流动台网现场演练，利用“十五”网络工程建设的流动台网，现场假设了 4 个流动地震台，实现了流动中心与省中心的实时数据交换。并现场与其它省局进行了交流观摩，圆满完成了演练任务。2007 年 12 月，投入大量人力、物力，架设了 7 个流动测震台、4 套流动强震仪，圆满完成了怀来的“明灯 1 号”爆破的流动观测任务。根据全国地震趋势预测意见和河北省年度地震趋势会商结论，全省地震系统严密监视震情，制定并组织实施地震短临跟踪方案，认真组织周、月、半年、全年地震趋势会商，做好晋冀蒙京、冀鲁豫、津唐廊沧联防会商，及时核实地震异常，不断改进地震趋势会商方式等取得明显成效。

2. 不断提高观测资料质量

2007 年河北省验收评比资料 174 台项，170 项达到优秀，优秀率 98%。在中国地震局地震监测预报工作质量评比中，河北省参评项目 80 项，优秀率达 100%，获得学科综合评比和单项评比前三名 13 项，比上一年又增加 1 项。其中，张家口台获地壳形变学科第一名、倾斜潮汐形变单项第一名、钻孔应变台网第三名；易县台获地壳形变学科第三名、洞体应变第三名；后土桥台获地电场第二名、地磁Ⅱ类台第二名；红山台获定点核旋第三名；怀来台获气氡第三名、气汞第三名；保定中心台野外组获流动重力观测第二名；省局遥测台网获地方遥测地震台网第二名；河北省地震局分析预报工作获一类单位综合评比第一名。

3. 台站优化改造

完成涉县地震台、后土桥地震台、承德中心台培训中心、保定中心台办公楼改造。完成了廊坊电磁波改造项目、何家庄台搬迁、唐海子台线路维修、沧 13 井、黄骅台、永年北杜井、红山磁房维修改造、石家庄市地震观测站、元氏地震台、文安井、三河赵河沟观测井维修改造任务等，其中部分建设改造任务是由市局完成的。特别是廊坊电磁波网改造项目，投资大、任务重，技术难度高，廊坊市地震局克服了种种困难，圆满完成了改造任务并在原基础上增设了2个台，进一步扩大了监测范围。台站观测环境保护得到加强。

4. 奥运地震保障工作

河北省地震局及秦皇岛市地震局的奥运震情保障方案编写完成，并经中国地震局及河北省地震局批准。监测手段完成升级改造，完成了以下任务：①怀来地震台水平摆倾斜仪数字化改造完成；②怀来地震台4号井改造基本完成（正在调试仪器）；③怀来体应变改造完成；④电磁波数字化台网9月24日安装完毕，进入运行；⑤丰宁FHD磁房完成建设，12月27日安装仪器并进入运行；⑥唐山赵各庄矿体应变完成数字化改造；⑦保定流动重力加密观测及资料分析两期已完成。

（河北省地震局　王加林　贾宏谱　梁志琴　王　敏）

山　西　省

1. 震情监测预报方面

（1）震情及年度地震趋势会商意见。山西地区2007年地震活动频度较低，呈现一种相对平静的状态。小震时间分布较为均匀，地点相对集中，强度低。在2007年11月14日召开的山西省2008年地震趋势会商会上，参会代表总结了2007年震情监视工作，并对未来一年的地震趋势进行了充分讨论和判定，认为2008年山西省及周边地区地震活动仍将维持较低水平，山西北部到晋冀蒙交界地区未来一年或稍长时间发震水平为$M5$左右，其他地区发生5级以上地震的可能性较小。

（2）异常跟踪与落实。一年中对晋中生活用井水发浑变黄、代县震群、浑原电磁波异常、奇村水汞高值异常等情况进行跟踪落实，均排除了震兆因素。

2. 台网运行管理方面

（1）探索数字化监测台网运行管理模式。2007年面临的主要监测任务是保证模拟观测和网络项目数字化观测两种系统正常运行。自2006年开展观测质量年活动以来，对全省专业及地方台站的模拟观测项目进行了彻底调查，结合调查结果，积极采取措施，合理配置资源，适当增加经费，保证了观测质量的稳步提高。根据山西省数字地震观测网络运行特点，构建了以省台网中心为核心，辐射全省各观测手段的监测运行模式，并制定了《山西省数字台网运行方案》，成立相应的工作机构，承担全省监测系统运行的技术牵头工作。通过这些措施，基本完成了“网络项目”建成后工作模式的转型。

（2）加强对地方监测台网的管理。根据省、市共建监测预报系统的思路，按照“统一规划、分级管理、产权清晰、资源共享”的原则，在台网布局、布设密度等方面加强行业管理，并在技术上给地方监测台站有力的支持，在设备选型、仪器安装等方面提出指导性意见。2007年组织专家完成了长治数字地震台网、晋城电磁波台网的验收工作，使地方监测系统成为地震专业系统的有力补充。

（3）加大地震监测环境及设施保护力度。2007年在观测环境保护方面主要完成了离石地震台搬迁赔偿工作。此事由拟建太中银铁路穿越离石地震台，离石地震台观测环境将遭受严重破坏引起。经多次谈判，据理力争，2007 年 8 月 27 日，与太中银铁路公司正式签订离石地震台搬迁赔偿协议书，赔偿金额 560 万元，并由太中银铁路公司为离石地震台征用 $4572m^2$ 作为新建台站永久无偿用地。

3. 台网建设方面

（1）台站优化改造。2007 年完成了代县中心地震台的优化改造，筹备夏县中心地震台优化改造工作，拟定了昔阳地震台优化改造方案，确定了离石地震台新建方案。至此，山西省地震局完成了对太原基准地震台、临汾中心地震台、大同中心地震台、定襄地震台改造、代县中心地震台的优化改造。

（2）数字地震台网建设。通过“十五”重点项目——山西数字地震观测网络工程的实施，山西建成 1 个测震台网部、3 个国家数字地震台、29 个区域数字地震台，1 个流动测震台网，1 个区域前兆台网部、改扩建 15 个前兆数字化台站 51 个测项，30 个固定数字强震动台。

此外，建成地震信息服务系统，包括 1 个区域中心、4 个大中城市信息节点、10 个县级信息节点、7 个台站信息节点。

4. 制度建设和培训方面

为提高全省会商质量，规范异常落实工作程序，2007 年分别制订并印发了《山西省地震震情会商制度》和《山西省地震前兆异常落实工作制度》。在会商制度中，明确了各单位会商会的召开时间、参会人员、会商程序、会商意见报送时间等，使各单位会商进一步合理化、规范化。异常落实工作制度对异常落实的中心任务、异常的分类、异常落实工作的属地原则和分级制度、工作程序等内容均做了明确规定，保证了监测环节与预报环节的合理衔接。此外，加强对观测一线人员的业务培训，举办了前兆数字化综合培训班、前兆台网软件培训班，并与太原理工大学合作举办了网络技术培训班等。还分期分批将台站及两个中心技术人员送出去，参加了多次中国地震局组织的业务技术培训。

5. 地震科学研究工作

2007 年山西省地震局深入贯彻落实全国地震科技大会精神，以科技创新为主线，积极开展各类科研工作。推荐 2007 年度中国地震局防震减灾优秀成果奖 1 项；获准中国地震局“监测、预报、科研”合同制项目 2 项，中国地震局地震科学基金项目 1 项，“十一五”国家科技支撑计划项目子专题 2 项。

（山西省地震局　庞云峰　赵晋红）

内蒙古自治区

1. 震情和监测预报工作概述

（1）年内修订完善《内蒙古自治区中强地震短临预报指标体系》和《内蒙古地震速报

方案》，具体部署了重点监视区短临跟踪工作。成立了以巴彦淖尔市地震局、呼和浩特市地震局，赤峰市地震局和呼伦贝尔市地震局为牵头单位的四个短临跟踪工作协作区，制定了震情跟踪工作方案。

（2）自治区地震局年内先后完成了 2 次宝昌地震台电阻率和 1 次乌兰察布市地下流体的异常进行现场核实工作，在完成异常核实过程中，突出了异常解释的科学性和报告的时效性的工作程序。

（3）11 月 13～14 日，在呼和浩特市召开了内蒙古自治区 2008 年度地震趋势会商会。会议组织与会专家和分析预报人员对自治区 2008 年度内蒙古自治区地震趋势判定、短临预报工作思路及重点监视区强化跟踪措施进行了认真的讨论，确定了临河—乌海—巴彦浩特地区、包头—呼和浩特—蒙、晋、冀交界区、牙克石—扎兰屯地区 3 个地震重点监视区和兴安盟、锡林郭勒盟、通辽交界地区、巴林右旗—蒙、辽交界地区 2 个值得注意的地区。

2. 台网运行情况

（1）由于城市建设受到干扰的锡林浩特地震台已依法得到解决，年内正式迁建；东胜、清水河地震台正通过政府依法进入索赔阶段。

（2）参加全国 2006 年度观测资料质量评比有 7 项获得前三名，其中呼和浩特地震台获测震Ⅰ类台第 3 名；乌加河地震台获测震Ⅱ类台第 2 名、倾斜第 2 名；海拉尔地震台获 CD-SN 第 2 名；内蒙古地震监测预报研究中心获遥测台网第 2 名、年度会商报告第 3 名、主干通信第 3 名。

3. 台网建设

（1）内蒙古自治区数字地震测震台网建设工程年内全部完成，包括测震台网部和 36 个台站的全部土建任务以及所有测震观测仪器设备的采购、安装、调试。该项目中国地震局批复投资为 1273.26 万元。其中建安工程 285.73 万元；设备及安装 984.53 万元，其他费用 3.00 万元。总建筑面积 1040m^2，采购专业设备 51 台套。测震分项完成投资 1101.80 万元，其中，建安工程 287.78 万元，设备及安装费 811.02 万元，其他费用 3.00 万元，专业设备 51 台套。2007 年 11 月 16～18 日通过中国地震局组织的验收组的现场测试验收；11 月 20～22 日在天津正式通过验收。

（2）内蒙古自治区数字地震前兆台网建设工程年内全部完成，包括前兆台网部和 14 个台站的全部土建任务以及除 2 台套磁通门经纬仪（DI 仪）所有地震前兆观测仪器设备的采购、安装、调试。该项目中国地震局批复投资为 1139.32 万元，其中，建安工程费 280.76 万元，设备及安装费 858.56 万元。总建筑面积 1379m^2，采购专业设备 57 台套，辅助观测设备 13 套。地震前兆分项完成投资 1259.71 万元，其中，建安工程 430.51 万元，设备及安装费 829.20 万元，专业设备 57 台套，辅助观测设备 13 套。2007 年 11 月 16～18 日通过中国地震局组织的验收组的现场测试验收；11 月 20～22 日在天津正式通过验收。

（3）内蒙古自治区强震动台网建设工程年内全部完成，包括强震动台网部和 32 个台站的全部土建任务以及所有强震动观测仪器设备的采购、安装、调试。该项目中国地震局批复投资为 483.49 万元，其中，建安工程费 137.44 万元，设备及安装费 259.05 万元，其他费用 87.00 万元。总建筑面积 446m^2，采购专业设备 32 台套。强震动分项完成投资 472.55 万元，其中，建安工程 152.37 万元，设备及安装费 233.18 万元，其他费用 87.0 万元，专业设备 32 台套。2007 年 12 月 16 日通过中国地震局组织的验收组的函验。

（4）内蒙古自治区地震信息服务系统建设工程年内基本完成，包括1个内蒙古自治区地震信息服务部；16个地震台地震信息节点；3个大中城市地震信息节点；10个县级信息服务节点的全部土建任务以及所有地震信息服务系统仪器设备的采购、安装、调试。该项目中国地震局批复投资为801.20万元。其中建安工程108.38万元；设备及安装692.82万元。总建筑面积686m^2。地震信息服务系统分项完成投资793.46万元，其中，建安工程99.13万元，设备及安装费694.33万元。2007年11月16～18日通过中国地震局组织的验收组的现场测试验收；11月20～22日在天津正式通过验收。

（5）依托项目建设，地震台站的工作条件、生活环境得到了整体改善和提高。宝昌、阿尔山、克什克腾3个地震台搬迁新楼，西山嘴台、锡林浩特台配备了交通用车。

（6）按照中国地震局要求，完成了国家重点台站条件优化改造项目”锡林浩特地震台、乌加河地震台二期改造项目的立项工作，年内已进入设计和论证阶段。

4. 监测预报基础和应用研究工作

（1）由内蒙古地震局和兴安盟地震局自主开发研制的数字化多功能地下流体监测仪，7月已进入测试考核运行阶段。

（2）内蒙古自治区地震局承担的自治区科技厅“十五”预测，预警、预报系统科研项目，年内通过自治区科技厅的初步验收。

（3）自治区地震局申请承担的自治区发改委“十一五”期间科研项目“内蒙古自治区地震灾害现场应急反应信息系统”，已批准列入自治区级“十一五”实施，项目批准投资30万元，已到位10万元。

（内蒙古自治区地震局　弓建平）

辽　宁　省

1. 强化监测、速报、会商制度的落实

实现省内破坏性地震不漏报、不虚报的工作目标。在2007年度辽宁省地震趋势会商会上，辽宁省地震预报研究中心和全省14个市地震局以及部分地震专家均做了详细的地震会商专题报告，做到有会有商。运用新知识、新技术拓展新思路，对震情趋势的判断从内容到方法，更具实用性和可靠性。2007年度辽宁地区确定的地震危险区是辽西至辽蒙交界地区有发生5～6级地震的可能；地震值得注意地区是营口、海城至渤海海峡地区有发生5级左右地震的可能。

2007年辽宁省境内共发生地震800余次，向中国地震局速报地震46次，局内发短信35000条。

2. 加强台网运行管理，确保观测资料质量

2007年省局对全省150个测项的观测资料质量进行了评比，优秀率达到97.9%，比上年增长4%。参加全国地震系统评比的测项76个，优秀率达到100%。获前三名的有12项，其中大连地震台大震速报连续5年获第一名。

2007年局监测主管部门增强服务第一的意识，在进一步健全和完善各类规章制度的同时，一是重点加强一线监测人员的培训和交流，共派出4组8人次的业务培训，选派地震台一线监测技术骨干参加学术会议交流，取长补短；邀请学科组专家到台站检查指导工作。二是确保监测仪器正常运转，由于“十五”项目的启动，新的数字化仪器使用和运行软件还不十分熟悉，省局管理人员带着评比中出现的问题深入台站了解情况，指导工作，与观测人员一起研究确保观测数据准确可靠。

3. 加强台站建设，保障地震观测环境

提高执法意识，依法保护地震观测环境。大连地磁台因新农村建设，监测环境受到影响，经双方协商，实现了原场地不动赔偿1900万元的全国地震系统首例噪声赔偿案；营口盖县测震摆房受新建工厂影响已由厂方换地新建；昌图地电、泉头水井、新城子地电、苏家屯电磁波等测项因高速铁路建设影响，其搬迁赔偿工作正在洽谈中。

2007年10月完成本溪地震台优化改造工作；协助大连地震台完成新建地磁台厂址征地和报批工作，新台址征地50亩，承包30亩，共80亩土地；配合中国地震局完成GPS辽宁重点站的选址和初步设计工作，确定沈阳地震台、金州地震台为新建基准台，下达经费16.5万元。2007年10月辽宁地震海啸预警中心建成并投入使用，填补了省内地震海啸监测预警的空白。辽宁地震灾害速报网络工程完成67个子台的51个建设任务。

（辽宁省地震局　韩　平）

吉　林　省

1. 震情会商与监测

吉林省地震局以地震速报工作为核心，以抓震情会商、抓异常核实为重点，认真执行周、月会商制度，及时组织2次地震异常核实工作；地震应急人员参加了东北三省地震应急演练工作，提高了地震应急能力。2007年11月13～14日，在长春召开2008年度吉林省地震趋势会商会，吉林省地震预报委员会听取了各市（州）地震局和分析预报中心的地震趋势报告，最终形成吉林省2008年度地震活动趋势意见：

（1）东北地区仍处于地震活动的活跃时段，在未来1～3年时间里，还将有1～2次5级以上地震发生，地震活动的主体地区为大兴安岭隆起带及松辽盆地。

（2）吉林省具有发生5级以上破坏性地震的背景，测震学时间及空间参数A值、AB值、MF值、S值及ES值，前郭钙离子和氯离子、四平水温均存在异常显示。据此认为，2008年度吉林省存在发生5级左右地震的可能。重点监视区为：第二松花江断裂带与北东向断裂交汇的松原市及白城市大安一带、伊舒断裂带中段地区。

（3）长白山天池火山依然处于活动状态，近期无喷发危险。

2. 台网运行管理

2007 年吉林省地震监测台网处于新建“十五”数字地震观测网络和旧地震观测系统并行工作阶段，台网观测设备运行正常，保证地震速报和数据报送工作；完成 2007 年度长白山火山流动监测任务，其中吉林省地震局承担了 GPS 点 17 个和短水准 50km 的流动观测，地质所承担水化学监测任务，地球所承担了流动测震任务。吉林省地震局制定并印发了《吉林省地震台站管理规定》，实行台站工作目标化管理，从台站行政管理、业务管理、人员管理及精神文明建设几个方面提出了明确的要求。为落实国家有关科研项目管理经费使用的管理规定，及时修订并下发《吉林省地震局科研项目管理办法》，进一步规范科研管理规章制度。全年通过各种形式培训人员达 70 人次。其中，选派 8 位台站业务骨干参加中国地震局组织的 4 期台站上岗培训，每期培训 40 ~ 50 天；选派 13 位同志参与中国地震局组织的学科评比和网络项目培训；吉林省地震局举办了第一期数字前兆观测和信息系统软件培训班，参加培训人员 40 余人。认真落实中国地震局《关于加强地震台站观测环境保护工作的通知》精神，完成地震台站保护标志的制作和安装，制作石质公告板 8 块，铝质 7 套，制作警示牌 60 块。为降低台站遭受自然灾害的损失，统一组织省属 10 个地震台站办理了自然灾害损失保险工作。组织完成 2006 年度全省地震台站观测资料质量评比及观测成果验收工作，对 16 个台站、14 个手段、48 个台项观测资料进行了评比。组织参加全国观测资料质量评比 14 个手段、22 个台项，其中延边台测震获单项第一名、双阳台倾斜获全国评比单项第三名，19 个台项获得优秀。

3. 台网建设

吉林省数字地震观测网络投入试运行，并通过中国地震局验收。目前，吉林省数字测震台站达到 37 个，前兆观测手段新增改造 44 个，总数达到 55 个，新建区域信息中心 1 个，新建信息节点 24 个，数字化地震台网的建成填补了吉林省没有数字化台网的空白，全省地震监测能力和速报能力明显提高。在吉林省松原地区新建成 5 口地下水观测井网并投入使用，提高了吉林省西部地区前兆的震情监测能力。新建 2550 平方米的长白山火山监测站全面投入使用，数字化火山测震监测台网正式投入运行。制定了白城地震台和白山地震台优化改造方案，年底两个地震台优化改造工程全部完成并通过吉林省地震局的验收。组织编写丰满地震台优化改造方案，待中国地震局批复后于 2008 年实施。

4. 监测预报基础和应用研究工作

长白山火山观测站正式被批准为国家野外观测研究站，为长期开展火山地震监测研究工作提供了必要的观测条件和工作条件。长白山火山站定点 GPS 连续观测站和合隆地磁台子午工程项目都已启动，目前已进入实施阶段。全年组织科技人员申报地震联合基金 3 项，申报省科技发展计划项目 2 项，申报监测预报三结合课题 1 项，参与申报地震行业专项 3 项，现已有 4 项申请获得资助。组织完成了 2006 年度吉林省地震局防震减灾优秀成果奖评奖工作，对 5 项成果给予奖励，对 8 篇公开发表学术论文给予奖励。

（吉林省地震局　孙继刚　张京辉）

黑 龙 江 省

1. 震情监测与会商工作

（1）继续推行台站管理目标责任制，健全各项管理制度，坚持执行周检查、月考评，加大奖惩力度。积极创造机会选派台站人员参加各类技术培训，全年共有6名台站人员参加全国的岗位培训。

在2006年全国台站观测资料评比中，测震上游率为57%，比2005年度上升了7%，其中碾子山、鹤岗台测震在二类台评比中分别进入了全国第二、三名，进入前三名的台项与2005年一致，上游率保持62.5%，中上游率为87.5%。从黑龙江省地震局总体情况看，上游率为54.2%、中游率为25%、下游率为16.7%。其中上游率比上一年度提高了9.7%；中游率和下游率分别比上一年度降低了8.3%和5.7%。黑龙江省地震局编目获得全国三类单位上游。

按照地震构造和区域地震活动的特点，将省内及邻区分成八个区域，并对各区域的地质构造和历史地震进行研究，为将来发生中强地震及分析我省及东北地区地震活动趋势提供了依据。加强震情会商，认真实行周、月会商制度，努力提高前兆观测数据分析处理能力，发现异常及时核实。组织完成了省内三个片区年中、年度会商工作，召开了全省2008年度地震趋势会商会，制订了《黑龙江省地震短临跟踪方案》，加强了震情跟踪和异常核实工作。

（2）年度地震趋势会商情况及判定意见。2007年度执行了地震趋势的年会商、季会商、月会商、周会商制度，严格按照地震预报管理条例的要求开展震情趋势判定工作，及时上报各会商意见，遇有紧急情况及时会商，落实异常核实，保证异常不过夜。全年进行异常核实5次。

2008年度黑龙江省地震局地震趋势意见：黑龙江省及其邻近地区地震活动的主体地区为嫩江断裂西侧甘南—扎兰屯—牙克石地区（5~5.5级），值得注意的地区为肇源—乾安附近地区（5~6级），萝北—俄罗斯附近地区（4~4.5级）。

2. 台网运行管理

2007年在保证“十五”网络项目建设的同时，认真完成了黑龙江省地震观测台网的工作目标。全年保证了较高的台网运行效率，台站整体观测资料质量进一步得到提高，数字地震台网完成责任区内的地震速报；刻录光盘24张；完成地震月报编辑12册。

全年对测震台网、依兰台、碾子山台、鹤岗台、五大连池台、黑河台的供电、网络设备、DDN传输、地震计和数采进行了维修和维护。

3. 台网建设

完成了宾县台、五大连池台的台站改造，漠河台土建工程基本完成。为部分观测点购置了必要的观测设备，保证了地震观测正常进行。配合一测中心完成了中国陆态网络建设在我省鹤岗、五大连池两个站点勘选、资料收集和土建设计招标工作。目前，项目建设已正式启动。

“十五”黑龙江省数字地震观测网络项目建设顺利通过验收。测震、前兆、信息、强震、应急指挥中心等各建设分项均顺利通过了国家局验收。

其中，测震分项完成一个测震台网部、28 个测震台站，一个火山台网部、7 个火山子台的建设内容。前兆分项完成一个前兆台网部、63 套前兆仪器的安装建设。信息分项完成 1 个区域中心信息服务部、1 个大中城市节点，7 个台站节点和 14 个市县节点建设内容。各项仪器运行正常，资料已经应用到实践工作中。

4. 监测预报基础和应用研究

我局积极加大科研投入力度，每年科研经费达到 20 多万元，2007 年共计通过省局一般性课题 3 项，科研成果审核评定 4 项。

（黑龙江省地震局　李登恒）

上　海　市

1. 地震监测预报工作

（1）地震计算机自动测报系统建成运行，实现地震三要素的自动测定，缩短了地震速报时间。利用已有的地震观测条件，结合上海市数字地震台网的现状和福建台网在“区域数字地震台网实时速报系统研究与应用”工作中的成果，实施区域数字地震台网实时速报系统软件的安装调试和软件升级，运行情况良好。

（2）抓好震情会商工作。在重大节假日、党的十七大会议召开期间及国内外发生较大地震时，及时组织震情会商，安排好震情值班，确保及时应对。组织召开 2008 年度上海及邻近地区地震趋势会商会，形成 2008 年度趋势意见，并组织评审。

（3）狠抓观测资料质量。对 2006 年度地震观测资料进行验评，召开 2006 年度地震观测资料验评总结会。在全国年度资料质量评比中取得较好成绩。监测中心在区域遥测地震台网评比中获第二名，预测分析中心在年度会商报告评比中获三类局第三名，佘山台在重力潮汐台站评比中获全国第二名，主干通信网评比获全国第一名，其他观测项目均获得优秀。

（4）积极推进区县地震监测工作。召开上海市 2006 年度地下流体（水氡）观测资料质量评比工作会议，举办 2007 年度水氡观测技术培训班。五是做好重要会议的震情保障工作。在 2007 年世界特奥会召开期间，圆满完成震情保障工作。进一步完善奥运地震安全保障工作方案，做好 2008 年奥运会期间上海市的地震安全保障工作。

2. 台网建设

上海数字地震观测项目测震分项单位工程建成测震台网部 1 个，测震台站 11 个（竹园、青浦金泽、崇明东滩、天马山、小昆山、大洋山、横湖、秦皇山、天平山、崇明大新中学、南汇），安装设备 12 台套。上海数字地震观测项目前兆分项单位工程建成前兆台网部 1 个，前兆台站 6 个（崇明长江农场台、浦东张江地电台、南汇流体台、虹桥流体台、青浦金泽地电台、松江佘山形变台），安装设备 22 台套。上海市数字地震观测网络项目信息分项单位工程建设信息节点总计23个，其中区域节点1个，县级节点20个，台站节点2个。上海数字地震观测项目强震动分项单位工程建成强震固定台站14个（长江台、长兴台、大团台、东滩台、惠南台、金泽台、南翔台、佘山台、吴淞台、莘庄台、新海台、新桥台、张江台、张堰台），安装设备14台套。

3. 监测预报基础和应用研究工作

2007年共开展相关课题研究22项，课题总金额406.1万元。其中自然科学基金资助课题1项，地震科学联合基金资助课题8项，上海市科委下达项目2项，其他来源课题11项。2007年共有“2006～2020上海市地震重点监视防御区确定”、“上海高层建筑在强震强风作用下的损害评估”、“基于高分辨率卫星遥感影像的城市震害信息提取模型研究”和“海啸在浅水大陆架的传播和地形效应研究”4项课题结题验收。

（上海市地震局　孙敏震）

江　苏　省

1．震情监测与预测

江苏省政府拨出专项经费用于加强全省震情监视及应急准备工作。省地震局制订印发了2007年度全省震情监视和短临跟踪工作方案，以地震重点危险区和异常突发地区为震情监视和短临跟踪重点区域，强化震情监视和地震速报工作。在地震重点危险区增上流体、电磁波、形变等观测项目，加大台网密度，提高监测实效。遇有异常情况，及时落实，加强短临跟踪和预测预报研究工作。较好地处置了发生在全省及邻省的数次有感地震，没有发生虚报和漏报事件。

2．台网运行管理

江苏省参加全国地震观测资料质量评比的地震观测资料项目，优秀率100%，进入全国前三名的测项有11项，其中南通地震台体应变项目、高邮地震台地电项目、新沂地震台核旋项目均获第一名。依法加强地震监测设施和地震观测环境保护工作，经过多次与当地政府和建设单位商谈，新沂地震台获得600万元赔偿、征用50亩土地，海安地震台获得近500万元赔偿。高度重视台站优化改造建设，高邮台、盐城台、新沂台、宿迁台的新台建设基本完成；南京台高淳观测基地和射阳台、溧阳台的新台建设正在进行。

3．全省数字台网建设

（1）江苏省数字测震台网建成并通过国家验收。全省建成了37个数字测震台站、1个流动数字台网中心和1个数字测震台网中心，安装运行了地震观测仪器设备40台套，建筑面积960m^2。2007年11月28日该项目顺利通过了中国地震局监测预报司组织的验收。数字测震台网的建成，进一步提高了江苏及其邻区的地震监测与速报能力，陆地的地震监测能力达到1.5级以上，部分地区地震监测能力达到1.0级以上，近海海域地震监测能力提高到2.0～2.5级；省内地震速报时间缩短到10分钟，省外邻近地区缩短到20分钟。

（2）江苏省数字前兆台网建成并通过国家验收。全省建成了14个数字前兆台站、1个数字前兆台网中心，安装运行地震观测仪器设备 34 台套，建筑面积 745m²。2007 年 11 月 28 日，该项目顺利通过了中国地震局监测预报司组织的验收。江苏省数字前兆台网的建成，进一步优化调整地震前兆观测项目，实现了地震数据采集、传输、处理和共享的网络化。

（3）江苏省数字强震动台网已建成并通过国家验收。全省建成了 50 个固定强震台站、1 个区域强震动流动基地和国家东南强震动台网中心，安装运行地震观测仪器设备 55 台套，建筑面积 1178m²。2007 年 10 月 23 日，该项目顺利通过了中国地震局震害防御司组织的验收。江苏数字强震动台网的建成，标志着全省建立起数据共享的现代化数字强震动网络，地震重点监视防御区发生 4 级以上地震时，可以获得记录完整清晰、时间精度高的多台强震动记录。

（4）地震信息网络服务系统建成并通过国家验收。全省建成了 30 个信息节点，其中 1 个区域节点，3 个大中城市节点，15 个县级节点，11 个台站节点，安装运行地震观测仪器设备 30 套，建筑面积 676m²。2007 年 11 月 28 日该项目顺利通过了中国地震局监测预报司组织的验收。江苏省地震信息网络服务系统担负着全省地震信息服务系统枢纽和地震数据信息共享服务总节点的职责和任务，成为江苏省地震局数据共享和信息服务的网络管理中心。

4. 地震重点监视防御区工作

2007 年 9 月 2 日，经省政府同意，《省政府办公厅转发省地震局关于加强地震重点监视防御区（2006 ~ 2020 年）防震减灾工作的意见的通知》，下发到各市政府、各有关县（市）政府及省各有关部门，要求认真贯彻执行。《通知》从 5 个方面对做好地震重点监视防御区的防震减灾工作提出了具体要求，具有较强的可操作性。

（江苏省地震局　龚寿荣　朱庆和）

浙　江　省

1. 地震会商与宏观异常落实工作

浙江省地震局于 2006 年 11 月召开浙江省地震趋势会商会，对 2007 年浙江省地震趋势作出预测和判定。2007 年共组织各类会商 64 次，省内宏观异常得到及时落实。年度会商报告连续第二年获全国地震系统三类局第一名。

2. 台网运行管理

台站运行率继续保持较高水平，大部分达 99%。全年成功完成地震速报 4 次，2007 年，浙江省数字地震台网共记录地震 1162 次。地震观测质量稳步提高，浙江省监测台网地震编目获全国地震系统三类局第一名，宁波地震台水氡观测获第三名。地震台站管理工作进一步规范，制定出台了《浙江省地震局台站管理办法》及其实施细则。

3. 台网建设

2007 年，浙江省数字测震台网完成 13 个台站的设备升级，完成宁海地震台建设；数字地震前兆台网共完成 4 个台站建设；强震台网完成 2 个台站建设；地震信息服务系统完成 13 个节点建设。“珊溪水库地震监测台网”建设完成，并投入试运行。台站优化改造工作稳定推进：新安江地震台优化改造完成验收；宁波地震台优化改造工作全面启动。全省地震测震台站达到26个，前兆台站达到22个。杭州、宁波、嘉兴、台州、温州、舟山等中心城市加快区域地震监测台网建设。

4. 监测预报基础和应用研究工作

浙江省防震减灾“十一五”重点项目完成立项工作，地壳形变观测网络工程启动建设。地震科研工作再上新台阶，“基于浙江省情的地震灾害损失盲估技术方法研究”和“浙江省区域强地面运动参数关系及应用研究”两个科研项目被列为浙江省科技计划项目，并获省级财政补助；浙江省社会发展项目“浙江省数字地震资料的信息提取及其在地震预测和抗震设防中的应用”通过验收。

（浙江省地震局　庞银照）

安　徽　省

1. 年度监测预报工作

2007年，安徽的震情形势极为严峻复杂，全省首次有6个市12个县被列入全国年度地震重点危险区和短临跟踪工作强化区。面对严峻震情形势，省地震局在争取多方支持，共同应对考验的同时，加强了短临跟踪，密切监视震情。成立了短临跟踪工作领导小组，制定了震情跟踪工作方案，增上了观测手段。加强监测管理，与各地震台签订年度目标责任书，进一步优化改造了蒙城、庐江、淮北、泾县、金寨、蚌埠、安庆等地震台，进一步加大对第三类台站的投入，桐城市地震台数字化改造、利辛深井观测项目等9个台站得到省局设备和技术上的支持。及时下拨了群测群防工作经费，督促落实了14个市局的配套工作经费。强化了震情会商制度，及时核实异常。全省各市局和专业台站增加了周、月会商及宏观异常周报或日报，及时正确判定了巢湖、霍山震群震后活动趋势。对泗县形变、安庆水管、霍山33井水位等重大异常，开展核实和专题研究工作。综合分析研究，提出了年度地震趋势会商会情况及判定意见。

2. 台网运行管理

（1）2007年，安徽省全面完成数字地震台网“十五”项目建设并投入运行，初步发挥了数字台网的效能。自运行以来，仪器整体运行率为99.8%；数据报送率为100%；仪器故障率控制在5%以内。

（2）建立了《安徽台网值班工作制度》、《安徽台网工作职责》、《安徽台网岗位责任》、《地震台站值班制度》等制度，完善了《安徽测震台网地震速报规程》、《安徽前兆台网数据异常处理规程》等规范，详细规范了台网的数据采集入库、存储备份、数据汇集、日志录入、地震速报、异常处理、环境卫生等各项工作。为深入做好数字化台网运行管理工作，制定了《安徽台网运行管理细则》、《测震台网运行管理规定》、《前兆台网运行管理规定》、《安徽台网仪器维护制度》、《安徽台网系统维护制度》、《安徽台网中心机房管理制度》等一系列管理制度和办法，做到分工协作、责任明确，切实做好安徽省地震台网日常运行维护工作。为充分调动地震台网监测人员工作积极性，落实各项管理制度，制定了《地震台站定量考核办法》，修订完善《安徽省地震台站管理办法》相关配套措施和规定，及时修订各学科资料检查及评比办法。

（3）2007 年先后组织举办了测震、前兆业务培训班，群测群防骨干网点及宏观信息观察员培训班，全省地震分析预报培训班，防震减灾行政执法培训班等。派出 6 批次年青业务骨干参加中国地震局举办的各类技术培训。据不完全统计，全省各级地震部门各类业务和技术骨干共 200 多人次参加培训。

（4）2007 年妥善解决了五河皖 11 井、香泉地震台、蚌埠地震台、蒙城地震台以及黄山地震台等 5 个台站观测环境保护问题。

（5）2007 年，全省 31 个观测项目参加全国评比，优秀率在 100%。其中，肥东台短水准获第一，庐江台水位、气汞获第一、气氡、综合获第三，蒙城台核旋、地电阻率获第二，预报研究中心地震分析预报综合、日常分析预报获第一、地震趋势研究报告获第二，工程研究院流动地磁获第一、综合获第二，信息中心的主干通讯网获第二。据此，安徽省地震局再次被中国地震局授予全国地震监测预报工作先进单位，连续 10 年获此殊荣，受到省政府的通报表彰。2007 年，省地震局获 3 项中国地震局防震减灾优秀成果奖，公开发表论文 23 篇，参与发表论文 9 篇，获 2007 年度安徽省第五届自然科学优秀学术论文三等奖 3 项。

3. 台网建设

（1）台网布局调整。安徽数字测震台网（包括 1 个区域数字测震台网部、2 个国家测震台、22 个区域测震台、2 个应急流动测震台）、前兆台网（包括 1 个前兆台网部和 9 个前兆观测地震台站）、信息分项、应急项目建设全面完成投入试运行，并于年底前通过了中国地震局验收。

为加强短临跟踪，新建了明光、凤阳、泗县和五河等 7 个二氧化碳断层气观测网点，恢复和加密流动地磁、水准、重力观测网点。重点危险区内的合肥、淮南、淮北、蚌埠、滁州等市局分别增上了水位、水温、测震、钻孔应变和电磁波等观测项目。加强了群测群防工作，对已建的 360 个群测群防网点进行了筛选、优化，确认和保留了有效的 306 个宏观信息观测网点。省属安庆、泾县、蒙城、金寨等地震台进行台站观测环境、条件等项目优化改造项目，桐城地震台、霍山皖 33 井、舒城水化观测站等第三类台站进行全面改造和技术升级，金寨皖 05 井、泾县凤村井等正在改造。

（2）技术系统和观测环境升级改造。2007 年，安徽省“十五”数字地震台网建设全部完成，实现了地震自动检测、自动触发、事件报警、自动处理等一系列技术，大大缩短了地震应急反应时间，实现了以区域前兆台网部为中心、以台站为节点，以各前兆仪器为端点的前兆数据采集、汇集报送、监控、处理、存储、服务为一体的集成网络系统。改造一个测震台网中心，改造、升级、新建全省 24 个测震台站的技术系统和土建基础设施。其中：改造升级合肥、蒙城两个国家基本台、新建巨山、烂泥坳、阜阳井下台 3 个测震子台，改造 14 个区域测震子台，含安庆、黄山、注县、金寨、佛子岭、嘉山、淮北、蚌埠、铜陵、马鞍山、滁洲、泗县、豹子崖、石家河等。升级合肥遥测台网 5 个子吧，包括淮南、定远、含山、舒城、六安。改扩建 1 个区域数字前兆台网部，3 个台站的 4 项地磁观测，4 个台站的 7 项形变观测，两个台站的 3 项流体观测，两个台站的 2 项地电观测，采购设备 27 台套。

4. 监测预报基础和应用研究工作

2007 年共获得 7 项不同层次的科研课题，组织申报了 9 项 2008 年地震行业科研专项基金和安徽省科技计划项目。省地震局设立了专项地震重点基金和 33 个科研合同制项目。承担了中国地震局监测预报司和台网中心的“华东现今地震活动状态及九江地震后地震形势的综合”等 6 项短临跟踪研究工作。2007 年 5 月，省地震局和中国科技大学联合申报的新建蒙城地球物理国家野外科学观测研究站获国家科技部批准。

（安徽省地震局　杨秀生）

福　建　省

1. 震情监测工作

根据年度会商意见，各地震台站加密观测，发现前兆异常及时报告，对出现的每一个地震前兆异常，进行临时会商，组织有关人员出队现场落实，为震情识别做好基础工作。为促进震情会商科学决策水平的提高，福建省地震局组织召开了二次由中国地震局台网中心专家参加的、其他省局预报专家到会的华东南地区震情会商会和东南沿海地区震情研讨会，印发了《关于进一步加强地震趋势会商工作的通知》，组织召开了年中、年度震情会商会，开展了全省会商质量评比工作。

2. 台网运行情况

加强了全省地震前兆监测手段管理，严格数据规范报送流程，努力提高观测资料质量水平。对全省地震前兆观测质量评比办法进行改革，编写了全省地震台站观测资料调研报告。全面启动了地震台站改革工作，优化改造了台站的工作环境，努力建设现代化地震台站。在泉州基准地震台和厦门地震台试点改革的基础上，制定了福建省现代化地震台站建设规划。调整部分台站领导班子，加强制度化管理，制定了《福建省地震局地震台站职工年度定量考评工作暂行办法》，做到台站人员待遇与观测资料质量和绩效考评挂钩。抓好台站台容台貌建设，开展了台站综合评比活动，表彰了 2006 年度福州台、厦门台、泉州台 3 个先进台站。积极开展业务人员培训工作，建设学习型台站。继续稳步推进台站职工的业务培训工作，选派科技人员参加中国地震局举办的学科专业培训班，选派部分台长参加中国地震局的培训班，同时举办了全省性的地震前兆观测技术培训班。统一为台站订阅专业期刊和学习资料，利用省局网络转发各类会议、培训资料，使台站学习氛围逐步提高。

3. 台网建设

完成了泉州地磁台的基建改造任务和仪器配置、安装任务，使台站的工作条件、工作环境得到了极大的改善；漳州地震台和莆田地震台主体综合楼基本竣工；南平地震台完成施工图设计，永安地磁台搬迁前期工作正在稳步推进，平潭地震台正在进行项目前期设计工作。狠抓网络项目建设，完成了测震、前兆和信息分项工作任务。按照中国地震局有关部门的要求，精心组织实施，积极与学科组联系，安装专业设备，整理文档，编制材料，协助台站，全力以赴推进项目建设任务完成。

4. 监测预报基础和应用研究工作

自主研制了一套实时地震速报软件系统，着重解决了震相自动识别、台网触发条件、实时定位、等时线绘制、地震计记录的实时仿真、地震动峰值参数的实时绘制等问题，实现了地震三要素的计算机自动速报，速报时间为1～2分钟。

（福建省地震局　曾建民）

江　西　省

1. 震情监视与跟踪

2007年江西省地震局进一步强化了震情监视与跟踪工作，除了坚持日常的周、月会商外，还根据情况多次召开了紧急会商会，对全省的地震形势进行跟踪分析；在地震监测方面，继续发挥“十五”早期建成的赣北上饶、宜春、九江、修水4个台站及赣南数字遥测台网的作用，对全省地震活动进行有效监控。

2. 台网运行管理

从制度建设入手，确立相关运行工作机制。对各业务单位监测预报工作目标进行量化考核，出台了《江西省地震局监测预报工作目标考核办法》，并向全省监测预报业务部门和各专业地震台站各业务单位下达了年度监测预报工作目标。4月份组织全局各业务单位开展了以“如何提高我省地震观测资料质量”为主题的监测预报质量月活动。活动内容包括了中国地震局下发的各种观测规范、评比办法和技术规程的学习，“结合岗位摆问题找差距”有奖征文和地震速报演练等。通过活动的开展，调动了大家学业务、促提高的积极性，夯实了观测资料质量基础。

积极做好仪器设备的保障管理工作。江西省地震局出台了《江西省地震局地震观测仪器维修与维护管理办法》，规范了仪器维修流程，缩短了各台站仪器设备维修时间。江西省雷雨天气多，台站的仪器设备易遭受雷击损坏。2007年省地震局对遭受雷击严重的南昌中心地震台的避雷地网等进行了改造，使其经受住了7、8月份大面积雷击灾害天气的考验，保障了监测系统的正常运行。

加强业务学习、培训与科研工作。2007年举办了两期“十五”网络项目技术培训班，组织选派台站技术人员参加了两期在防灾学院举办的为期40天的岗前培训班。全局专业技术人员的科研热情得到了提高，科研成果质量明显提升。2007年江西省地震局争取中国局台站三结合课题3项，并在多种核心期刊上发表论文。

通过上述一系列措施的实施，2007年我省台网运行率达99.97%，台站运行率达98.76%。江西省地震趋势研究报告取得了同类局评比第三名、遥测台网获全国地方遥测台网观测资料质量评比优秀第七名、地震编目取得了全国三类局第2名、信息网络在全国评比中取得了第三名。

3. 台网建设

2007 年，江西数字地震观测网络项目全面竣工，并通过了中国局组织的集中验收。江西省“十五”防震减灾重点项目——江西数字地震观测网络项目由地震前兆台网、数字测震台网、数字强震动台网、地震应急指挥技术系统和地震信息服务系统等 5 个分项组成，各分项构建于信息网络基础之上，实现高效集成。测震、前兆信息分项建设规模及内容项目的建成，构建了一个具有高科技含量的地震应急处置综合平台、提升了本省的地震监控能力。从测震方面说，全省数字测震台站由“九五”期间的 8 个增加到 24 个，增加了 200%；有效监控 3.0 级地震覆盖全省、面积增加了 200%，有效监控 2.5 级地震覆盖全省、面积增加了 150%，省会南昌周边及局部地区的监控能力达到 1.5 ~2.0 级。项目的实施实现了促进事业发展和锻炼队伍、培养人才、储备技术的目标。

（江西省地震局　胡翠娥　刘圣炳）

山　东　省

1. 震情跟踪与落实

山东省地震局成立 2 个短临跟踪工作组，各市局也制定实施短临跟踪工作方案。坚持震情趋势周、月、半年、年度会商制度，日常会商和紧急会商相结合，及时排查落实各类异常近百人次，全省地震系统 7 月中旬至 8 月下旬进入内部震情应急期。对 4 月 8 日莘县与河南范县交界 3.9 级、5 月 6 日江苏响水 4.4 级、7 月 10 日蓬莱 4.4 级、8 月 2 日平度 3.5 级地震及 11 月 29 日长岛 3.4 级小震群等 14 次显著性地震事件作出较准确的趋势判定。牵头区域震情跟踪工作，3 月 9 日组织召开苏鲁皖地区联席会商会，6 月 20 日、10 月 26 日先后组织召开两次华东地区震情研讨会。

2. 优化地震台网布局

“十五”防震减灾重点项目的测震、前兆、强震、GPS 等观测项目全面完成，6 月 1 日起全面试运行，先后通过验收。鲁西深井观测台网项目进展顺利，7 个地面观测室全部建成、安装设备 4 台套，7 个深井观测点有 6 个完成钻井和设备安装。“山东省地震监测中心台”立项、征地等前期工作稳步推进，已确定建设场址并通过规划论证、土地利用总体规划调整论证以及林业、环保方面的评审论证。全省现有 82 个测震台，25 套流动观测台，160 个前兆台项，44 个强震台，6 个 GPS 观测站，132 个群测骨干点，主体地区地震监控能力达到 1.6－1.8 级。地震台网运行效能不断提高，速报天然地震 205 次，处置爆破、矿震、塌陷事件 782 次。帮助建成兖州矿区遥测矿震台网，实现地震现场流动台网与省台网中心同步对接。开展观测资料质量年活动，加强对聊城、安丘、长岛等台站的观测环境保护，在 2007 年全国观测资料通评中获得 3 项第一、5 项第二和 2 项第三。

3. 加强地震基础科研

山东省地震局科技委员会完成换届。山东省地震台网中心完成的“数字化地震观测数据处理的新方法及其在地震监测预报中的应用”获得省科技进步二等奖，山东省地震工程研究院完成的“潍坊市活断层探测与地震危险性评价”获省科技进步三等奖。组建“数字地震波应用研究”科研团队，获得13万元横向科研经费支持，研究成果在震情会商中得到应用。积极推进科技合作与交流，与省气象局签订共享观测数据协议，建成中国地震科学数据共享山东省节点，继续推进中韩合作“黄海海域地震活动监测研究”项目，邀请专家学者来局作学术报告10余次，派员赴德国、瑞士等国家和台湾地区开展交流访问、合作研究28人次。营造更好学术交流环境，联办《华北地震科学》、试办《齐鲁地震科学》效果良好。

（山东省地震局　苏培雨）

河　南　省

1. 监测预报与地震趋势会商

（1）加强管理，督促检查。根据震情跟踪工作的需要，除正常对台站监测检查外，7月30日至8月3日，河南局组织3个检查组对全省7个市地震局、12个县、24个测报点、6个地震台从4个方面进行了震情短临跟踪和应急工作情况检查。调整更新《河南省地震宏观测报点数据库》，促进了全省震情短临跟踪工作的开展。

（2）切实加强地震监测、震情信息报送和异常落实工作。2007年，现场落实异常4次，电话指导地市、台站落实宏观和微观异常70余次，所有电话异常的落实均在24小时以内完成。向中国地震局发送区域地震快报信息54期。

（3）提高会商质量，加强合作与交流。先后派出10人次，分别参加在安徽合肥和山东济南召开的华东片区震情会商会、南京召开的“华东地区震情研讨会”、北京举办的“测震学技术理论和分析预报方法培训班”、福州举行的“华东、华南地区震情会商会”。邀请了中国地震局监测预报司、台网中心、河北局、山东局的有关领导和专家30余人，在濮阳召开了豫鲁冀交界区震情会商研讨会，对豫鲁冀交界区地震趋势进行了会商和研讨。2007年共召开周会商会54次、月会商会12次、紧急会商会10次。

（4）年度地震趋势会商会情况及判定意见。2007年11月6~8日，河南局召开2008年度地震趋势会商会。监测预报中心高级预报员对全省地震形势作了总体报告，中国地震局物探中心、省辖市地震局（办）的专家先后作了专题发言，收到地震趋势会商报告16篇，专题报告61篇。与会代表以震情为中心，以高度的责任感和创新意识，认真分析本省的地震活动情况和前兆资料异常情况，研讨2008年河南省地震趋势。

2. 台网运行管理

经过“十五”期间的建设，河南省数字测震台网和数字前兆台网在2007年陆续建设完成，并经中国地震局监测预报司批准，数字测震台网于2007年6月1日投入试运行，数字前兆台网于2007年7月1日投入试运行。运行的结果为：测震台网，台站的实时波形连续率为 97.4%，台网总体运行率为 99.99%；前兆台网，台站数据连续率为 95.27%，台网总体数据报送率为 100%。

为了保证台网的正常运行，根据台网工作实际情况建立、完善了多项规章制度：河南测震台网地震速报及参数发布规定、河南测震台网值班管理制度、河南省前兆台网部运行工作制度、河南省前兆台站运行工作制度。

为了加大对地震监测设施和观测环境的保护力度，2007 完成对 12 个地震台保护范围和保护标志牌等工作的调研。文件已起草，并上报河南省人民政府批准发文。

狠抓地震监测资料的内在质量，每月对台站仪器运转状况、资料完整率进行综合统计和检查，发现问题及时解决。

3. 台站建设

2007 年河南省测震台网由模拟台网升级改造为数字化测震台网，将信阳、南阳 2 个区域模拟测震台升级改造为国家数字测震台，商城、浚县、平顶山、焦作、济源、周口、卢氏、商丘等 13 个模拟区域测震台改造为区域数字测震台，新建郑州、驻马店、许昌等 5 个区域数字地震台。

2007 年河南省前兆台网由模拟台网升级改造为数字化前兆台网，新建和改造 26 个前兆测项，如洛阳台的地电场、地电阻率、气氡、核旋、磁通门、DI 仪、钻孔应变，信阳台的 FHD、伸缩仪、倾斜仪等。

2007 年还对部分台站进行了台站优化改造工作。浚县台建设综合观测室两栋、改造地磁相对观测室，供电系统改造、多功能室装修、排水系统的改造、道路硬化、办公家具的购置等主要项目均已全部竣工。卢氏地震台综合观测楼主体工程基本竣工，其后续工程即将完工。

（河南省地震局　刘建华　王文旭）

湖　北　省

1. 监测预报工作

2007 年度全省地震台网运行情况良好，圆满完成了地震监测任务。湖北省地震局在监测预报工作中狠抓工作质量，将地震速报作为对台站工作质量考核的主要方面。严格了台站工作管理，要求台站每月进行工作自查，地震日报每天一次，前兆数据每天传送一次，观测数据同时上报中国地震局，省监测预报中心对台站进行不定期抽查，及时掌握台站观测仪器的运行情况。坚持每个月对全省地震台站的观测资料质量进行检查评审，以《台站观测资料质量月检查通报》的形式每月定期在网上公布并下发至各台站和地方地震局。2007 年度湖北省共发生 29 次速报范围内地震，其中有 5 次为 M_L3.0 以上地震，全部采用数字化测震台网速报，均在 15 分钟内报出了地震三要素，实现了全省范围内地震速报工作准确、及时、无差错。同时通过周会商、月会商、节假日加密会商、地震发生后紧急会商等地震会商制度，提出地震趋势意见，为政府决策服务，为保障人民生命财产安全服务。

2. 台网运行管理

（1）通过严格的管理，全省测震台网、前兆台网运行率都达到了考核要求，运行率达到99%以上，为地震分析预报提供了及时、可靠的数据。

（2）长江三峡工程诱发地震监测系统运行正常，2007年三峡地区共速报地震38次，其中三峡重点监视区$M_L \geqslant 2.5$地震15次，最大地震为7月10日17时53分的巴东县平阳坝$M_L 3.2$地震，均在10分钟内完成地震速报任务。密切监视震情，关注了三峡库区蓄水对大坝安全产生的影响，为三峡工程安全提供了保障。

（3）局域网及三峡地震监测总站网络实行了二十四小时专人管理，并严格按照有关规定进行操作，按时、按规定给中国地震局网络中心报送各种资料，接受中国地震局网络中心对网络运行工作的检查。确保了网络安全、有效、稳定的运行，各种网络设备均能正常运行，正常运行率及通信率接近100%。

（4）在2007年全国地震观测资料评比中，武汉基准地震台获全国地磁Ⅰ类台评比第三名，宜昌地震台获全国洞体应变台站评比第一名和重力潮汐台站评比第三名。

3. 台网建设

湖北省数字地震观测网络完成了全部建设任务，总体功能和技术指标达到设计要求，通过了中国地震局专家组的验收。湖北省数字地震观测网络项目的建设，初步建立了湖北地震信息网络平台，基本实现了上至中国地震局，下至部分市（州），横向与邻省的信息互通和数据共享，测震及前兆观测手段基本实现了由模拟观测向数字化观测记录的转变，测震台网、地震前兆观测实现了远程管理，观测数据实时传输和共享，实现了从分点定时报数到连续数据传输转变，由零星小量数据向海量数据转变，地震监测能力和速报能力得到了明显的提高，地震速报时间大为缩短。

2007年度襄樊地震台和黄梅地震台纳入了财政部支持的全国重点地震台站优化改造项目。目前，黄梅地震台已完成新建365m^2综合观测楼、GPS墩优化改造建设项目，新征1.1亩观测环境保护用地等。襄樊地震台已修缮平房150m^2，630m^2综合观测楼已按原定计划如期完工。

（湖北省地震局）

湖　南　省

1. “十五”湖南数字地震观测网络项目

2007年是湖南“十五”数字地震观测网络项目实施的最后一年。年内，全面完成衡阳、张家界、永州、郴州、娄底、益阳、汨罗、津市、洪江、吉首、石门、溆浦测震台站改造与建设任务，完成张家界、长沙前兆台站建设。同时，新建常德、邵阳、岳阳、益阳、娄底、韶山、郴州和张家界信息节点。开展了各分项的试运行及验收准备工作。到年底，测震、前兆、信息、应急、强震五个分项的建设任务全部完成，并顺利通过中国地震局验收。

2. 台网运行管理

认真开展地震监测、地震速报工作。编制地震目录、地震观测报告并在全国编目评比中获得优秀成绩。制定试运行工作制度、机房管理制度、设备管理制度、试运行值班规程等工作制度，实现台网运行管理的规范化。派出技术人员参加中国地震局组织的测震、前兆技术培训3次，信息技术培训4次。举办测震技术培训1期。针对部分台站处于由模拟向数字观测转变的实际情况，制定“用新不弃旧”的观测方针，确保了全省地震监测数据资料的连续稳定和准确可靠。

3. 震情分析预报

做好地震前兆观测和测震资料的日常处理分析，做好每周、每月及年中华南片区地震趋势会商研究工作。加强对市、州地震局（办）预报工作的指导，督促各市州做好月会商工作，及时解决市州地震局（办）在地震预报方面存在的问题。组织召开全省半年和年度地震趋势会商。

4. 台站优化改造

茶陵地震台办公楼建设已完成并通过验收，职工公寓楼主体工程、山洞改造、供电设施、大门重建等任务基本完成，测震仪器设备已开始安装。吉首地震台优化改造已于10月开工建设。邵阳地磁台已完成仪器安装并投入试运行。

5. 基础和应用研究工作

年内开展了国家科技支撑计划课题湖南中强地震活动地区抗倒塌地震区划图示范编制和全国第五代地震区划图（湖南幅）的地震构造图编制工作，开展了湖南地震地质构造及场地地震反应特征研究，对“湖南地区小地震（震群）序列类型及特征”进行了分析。以周友华高级工程师为主申报的“双向应变结构与地震关系的实验及应用研究”课题，列为国家自然科学基金面上项目，获专项资助35万元。陈立军研究员主持的“中国强震活动的时空特征研究”课题，获地震科学联合基金会立项和资助。衡阳市地震办联合南华大学开展的“氡浓度的变化在地震预报研究中的应用”课题，列为中国地震局2007年度地震监测、预报、科研“三结合”课题，目前已完成相关研究。

（湖南省地震局　王沛华）

广　东　省

1. 年度监测预报工作

完成全省地震前兆监测仪器的维护工作、全省数字化前兆和测震仪器运行及地热台站观测情况的调查工作，完成《1996～2005年全国防震减灾基本情况调查表》（省级）中监测预报预警部分的调查工作。对汕尾、惠州、阳西地震震后趋势作出正确判断；对湛江、汕头、韶关等地进行现场异常落实。广东省地震局在2006年度全国地震监测预报工作质量评比中，综合分析预报获优秀第4名。2007年11月14～15日在广州召开2008年度广东省地震趋势会商会，对广东省地震趋势作出了预测和判断：广东省陆地和近海发生5级以上地震的可能性不大，预计最大强度为4.5级左右；与上一年度相比，总体地震活动水平将基本持平。

2. 台网运行管理

2007年广东省遥测地震台网连续率达98.5%，记录地震2935次。速报地震20次，速报完成率及准确率均达到100%。省地震局与汕头等11个地市签订地震台站共同管理协议书。重新修订印发了《广东省地震速报及地震参数发布规定》。5月14日至16日，省地震局举办全国“十五”测震台网《数据采集与常规处理》软件第三期培训班，全国各省、自治区、直辖市地震局及中国地震局直属单位代表参加培训。10月31日至11月2日，举办全省“十五”测震单台“SeismicMix”软件培训班，全省国家测震台和部分市县地震部门的科技人员代表参加培训。2007年全省有20多个单位共35个观测项目参评，全部达到优秀。在全国同行评比中，省地震局（水准）取得断层形变场地观测获第三名、花都市地办水位观测获第三名、省遥测地震台网获第一名，其中省遥测地震台网连续6年获得全国第二名并获中国地震局防震减灾优秀成果奖二等奖。

3. 台网建设

完成“十五”广东省数字地震观测网络项目建设测震、强震、前兆项目顺利通过验收。完成担杆岛、南澎列岛、上川岛、东莞、花都、台山测震台站的仪器安装调试工作，完成梅州、潮州、龙川、汕尾、阳江、肇庆、珠海、惠州、连州测震台等9个区域升级台帧中继线路开通工作。完成5个前兆综合台站（汕头台、信宜台、韶关台、新丰江台和梅州台）和1个前兆台网部的建设任务。

建成广东省第一批数字化强震动反应专用台阵——新丰江水库大坝和汕头礐石大桥强震动反应专用台阵。完成37个强震台站的设备安装调试以及基建的收尾工作。

完成“十一五”规划重点基建项目——阳江市海洋地震观测基地和地震海啸监测基准站的立项工作，完成《中国地震安全工程（广东部）可研报告》及省基建项目建议书的编写及立项审批。

4. 监测预报基础与应用研究

完成中国地震局“十五”网络项目测震软件核心模块CZ－01包的研制任务和中国地震局测震数据共享项目；承担中国地震局“震源参数在地震预测中的应用”项目；完成汕头市科技计划项目“汕头市地震速报与应急基础数据平台建设”研究课题；向省科技厅申报“新丰江水库诱发地震精细预报技术综合研究”项目，承担省科技厅研究项目2项。

（广东省地震局　何晓玲）

广西壮族自治区

1. 地震台网建设与管理

（1）广西数字地震观测（“十五”）网络项目2007年底前建成并通过国家验收，2008年1月正式投入正常监测，标志着广西地震观测技术系统已实现数字化、网络化，丰富的数据产出将为地震分析研究、地震速报、地震信息、地震应急提供了可靠的技术平台。

（2）数字测震台网布局趋于合理，数量及密度得到增加，观测动态范围得到改善，高速的网络平台提高了数据传输速度，极大地使提高了台网监测能力，速报能力不超过10分钟，实现了广西测震台网观测系统由模拟向全面数字化、网络化和现代化观测的转变。

（3）数字前兆台网的建成优化改造了全区的地震前兆观测网络布局，前兆监控能力明显增强，观测环境明显改善，实现了地震前兆观测数据的网络化传输、准实时汇集数据和计算机处理，以及仪器设备的动态监控，实现了地震前兆观测数据的共享。

（4）数字强震动台网填补了广西地震重点监视防御区内无固定强震动观测台网的空白，实现强震观测的数字化、网络化和现代化，在获取近场强地震动记录能力方面得到显著加强。为研究震源机制、地震动衰减规律、场地和活断层对地震动的影响等提供可靠的基础资料，为我国的地震动参数区划图和各行业抗震设计规范的编制和修订提供依据，从而使建设工程的抗震设防要求和抗震设计更为科学、合理。

（5）广西地震信息服务系统分项工程的建设完成，改善了广西地震监测和信息服务的网络环境，为广西数字地震信息的数据传输、存储、处理提供了足够的带宽和存储能力，成为地震监测预报、地震灾害预防和地震应急救援工作的基础信息支撑平台，为广西地震行业信息化发展发挥重要的作用，并能与中国地震局信息网络的联通，使数据共享、信息服务面向全国。

（6）广西地震应急指挥技术系统进一步完善了广西区域地震应急基础数据库，实现了大震灾情的快速获取、快速处理、快速评估、抢险救灾的辅助决策，为自治人民政府开展地震应急提供了科学的技术手段，大大提高了广西地震应急指挥能力和现场处置能力。

2. 地震预测预报

2007年度桂西北地区分别发生了3月17日广西天峨—贵州罗甸3.8级、5月29日崇左扶绥3.7级、7月17日河池天峨4.6级、8月3日来宾忻城4.1级、8月10日河池天峨3.7级等5个显著有感地震，而且4.6级和4.1级地震还造成一定的经济损失。

（广西壮族自治区地震局　李青春　张均洲）

海　南　省

1. 监测预报工作

2007年海南省地震局以震情为中心，强化震情跟踪工作，密切监视震情发展趋势，对重大异常迅速进行核实判断，较好地把握了海南岛及邻区年度地震活动趋势和最高震级水平，年度地震趋势预测准确，全年完成周、月和临时地震趋势会商51次。加强观测质量管理，发挥新建数字化地震监测信息技术系统的综合效能，提高地震响应能力，全省台站（网）的运行率在95%以上。加强日常值班和节假日及重要时期的震情保障工作，圆满完成了春节、国庆节、全国人大政协“两会”、“十七大”、“博鳌亚洲论坛”、“中共海南省第五次代表大会”、“海南欢乐节”等时期的震情保障工作。

在2007年全国地震监测预报工作评比中，海南省地震局综合分析预报获第2名，日常分析预报获第6名，年度地震趋势报告获第5名；20个台项观测资料均获优秀，其中，海口地震台地热（浅井）观测资料在全国114个台站评比中获第9名；琼海水位观测资料在全国125个台站评比中获第二名；琼中地震台CDSN测项获4名；琼中地震台大震速报在全国评比中获第10名。

2. 台网运行管理

2007年海南省有地震台（网）13个，其中，国家台1个，省直属台（站）4个，市县台站7个，数字地震观测台网1个。开展了包括测震、强震、地磁、流体、形变、大地电场、重力、GPS观测8种地震监测手段。台站（网）的运行率达95%以上，观测质量稳中有升。其中，海南省数字地震观测台网运行率为98.5%，海南省地震前兆台网运行率为99.6%。

建立健全规章制度，制订《海南省地震速报及地震参数发布细则》和《海南省地震前兆台网运行管理暂行规定》。加强监测预报技术人员培训，全年有30人次参加了各学科的岗位培训及项目培训。

依法开展地震监测设施与观测环境保护工作，有效保护地震监测设施和观测环境，地震观测环境基本稳定。

3. 台网建设

2007年海南省地震局完成“十五”测震、强震、前兆、信息网络项目建设并通过中国地震局验收。测震台网新建10个宽频带子台、升级10个宽频带子台；新建4个火山测震台，7个前兆测震台项，5个台站信息节点，5个市县信息节点，1个大中城市信息节点，1个区域中心信息节点，实现了台站、区域中心、中国地震局观测资料信息的互连互通。完成海口地震台、那大地震台观测环境优化改造，完成南沙群岛国家数字地震台台址勘选工作。

4. 监测预报基础和应用研究工作

2007年海南省地震局完成国家地震科学联合基金科研项目1项，完成海南省重点科研项目1项和国家地震科学联合基金科研项目1项阶段性工作。在核心刊物发表学术论文8

篇，获海南省优秀论文三等奖一篇。获海南省防震减灾优秀成果奖2项。完成首期琼北GPS流动观测工作。完成海南岛重力复测工作，观测资料应用于地震分析预报。

（海南省地震局　胡金文）

重　庆　市

1. 震情监测

2007年，重庆市地震局把震情监视跟踪作为重中之重来抓，牢固树立“震情第一”的观念，坚持月会商、周会商、节假日会商和特殊时段会商制度，出现异常做到及时追踪和落实。每逢重大节日特别是“十七大”召开期间，组织精干力量，制定周密工作方案，对应急准备和监测预报系统进行全面细致检查。

加强了对年度重点危险区——荣昌地区的震情跟踪工作。2007年荣昌数次有感地震的社会影响较大，重庆市地震局积极应对，及时落实异常，派人对荣昌5月21日M_L3.5地震进行了现场考察，并对震情可能的发展趋势与当地地震部门进行了情况沟通，对保持社会生产秩序的稳定起到了重要作用。加强了巫山及其附近地区的震情跟踪工作，及时处理和分析库区地震资料，及时入库和建档，对巫山培石10月27日M_L3.5地震进行了现场考察，还对重庆周边地区——四川兴文、长宁一带显著震群活动进行了长期跟踪。

截止到2007年12月31日，重庆市地震局向中国地震局报送各类会商报告共72期，明确提出无震意见的会商报告共有45期，占63%，明确提出引起注意的会商报告共有23期，占32%。实际检验情况：本年度会商时段内重庆辖区没有发生5级以上地震，紧急会商和临时会商对震情的预测意见都通过了实践检验，没有漏报和虚报现象，日常会商预测自检结果较好。

在2006年度地震监测预报工作质量全国统评中，重庆地震台的测震被评为Ⅱ类台优秀，地磁基本观测获全国第三名，形变和G856核旋观测均被评为优秀；在监测单项地震编目评比中，重庆市地震局获编目Ⅲ类局优秀。“2007年度重庆市地震趋势研究报告”获全国评比三类局第二名，连续三年保持全国同类评比前三名的好成绩。

2. 台网运行管理

2007年，重庆已有27个地震观测台站投入观测，重庆市地震监测能力有了很大的提高，初步建成重庆地震监测技术体系。重庆市地震局切实加强对台站的管理和服务保障工作，保证了地震台站观测记录的连续性和可靠性；建立健全了台网中心的各项规章制度，完善了地震数据资源共享的FTP模式，提供了方便快捷的数据服务；加强了资料的深入分析处理，积极学习引进先进的分析处理方法，扩展对数字化观测资料的分析深度，充分发挥数字化观测资料的优势。重庆市的地震监测工作起步较晚，技术力量薄弱。2007年，积极组织和参加了地震前兆观测、基础数据库、地震速报和地震参数发布技术的学习和培训，为地震观测台网的正常运行打下了基础。

三峡库区流动台网于三峡水库蓄水156m前成功架设，2007年，重庆市地震局克服了台网仪器在野外连续工作老化、维护工作增加、维护路途艰险等实际困难，及时出动维护了三峡库区流动台网，并创造出预留易损件、远程指导和现场培养看护员维护等经验，使三峡流动台网经历了数百年不遇的暴雨雷电和干旱季节等恶劣天气影响，一直正常工作，数据及时发布，为库区安全与水库诱发地震研究作出了贡献。

3. 台网建设

2007年是重庆地震监测台网建设的关键一年，在台网建设上取得了很大的进展。“十五”数字地震观测网络项目完成了1个国家数字测震台的升级改造，完成了16个区域数字地震台站的建设，通过中国地震局组织的测试并投入试运行；三峡重庆库区段地震监测系统项目，在“十五”数字地震观测网络项目建设的基础上，在三峡库区重庆段新建15个测震台站、15个GPS基准站、6个钻孔应变观测站、3个地下流体观测站、地磁台站6个、电磁波观测站5个。2007年度项目进展顺利，土建完成率达85%，仪器安装率达40%，已有10个观测台站投入试运行。预计2008年6月，仪器将安装完成并全部投入试运行。项目建成后，将使重庆的地震监测能力特别是三峡库区的地震监测能力有很大的提高。另外，由于乌江彭水电站的蓄水期临近，固定地震台站建设周期较长，为了确保电站大坝及下游群众的生命财产安全，重庆市地震局在项目建设工作繁重、人员严重不足的情况下，统筹安排、合理调配，制定出周密的实施方案，于2007年9月底前完成了乌江彭水电站电站地震临时监测台网的建设工作，加强对该电站蓄水后地震活动情况的监测，尽可能积累本区的地震活动本底资料。

（重庆市地震局　谭小龙）

四　川　省

1. 地震监测与震情跟踪

（1）加强地震监测。本年度完成了重点监视防御区12个井泉观测数据的加密报送和71个宏观观测点的观测和异常的上报工作；鲜水河、安宁河—则木河断裂带及附近的16个跨断层短水准、短基线场地6期加密观测，6个DSJ蠕变观测台的观测资料加密收取；巡检了重点监视地区23个强震台工作；增上了北川和普格2台数字流动断层气仪。

（2）震情分析会商。坚持震情周、月日常分析会商制度，按时提交震情会商结论意见；组织震情紧急、加密会商23次，密切监视震情发展变化；派出现场工作组，及时核实了前兆及宏观异常45次；先后组织召开全省地震趋势年度、年中会商会，对全省地震趋势做出分析判断。

（3）积极开展震情跟踪。制定全省年度震情跟踪工作方案，下达了实施计划任务，召开了震情跟踪工作研讨会，开展地震短临预测方法与指标研究并已形成研究总结报告。强化震情监视跟踪工作，特别在宜宾长宁震情跟踪工作中，增上流动台，先后派出4批工作组会同宜宾市地震局工作组开展现场工作，组织专家认真分析研究，对监测震情和稳定社会发挥了较好的作用。同时，会同省财政厅落实了省级震情短临跟踪工作经费，并联合下发《关于安排落实地震震情跟踪专项资金的通知》（川财教［2007］14号），督促市州政府安排好震情跟踪专项资金，建立健全稳定的震情跟踪工作经费渠道，促进了全省震情监视跟踪工作的开展。

（4）加强协作联防。积极开展川滇、川甘青、川青藏协作区的震情跟踪工作，细化工作措施。共同制定了《2007年度川滇交界东部地区协作区地震短临跟踪方案》和《2007年度甘青川交界协作区震情跟踪工作方案》。在西昌和云南召开了3次川滇交界协作区震情跟踪工作会议，实现了数据交换与资源共享。西藏妥坝5.6级和云南宁洱6.4级地震后，四川省地震局均向震区派出震情跟踪工作组，为震后趋势准确判断做出了努力。

（5）及时落实宏微观异常。全省本年度共完成异常落实报告45项，异常落实野外行程4万多公里，为震情跟踪和会商提供了准确的第一手资料。

2. 台网运行管理

（1）台网运行概况。2007年，在台站“十五”项目建设与验收工作抓紧实施、许多台站数字化设备与模拟设备须并行观测、技术人员新老交替等诸多困难的情况下，地震监测管理部门及地震台站保证了全省各级地震台网（点）的正常运行，地震监测质量大幅度提升。2007年，四川省参加全国年度地震监测预报工作质量评比共71台项，有15项进入前三名，其中成都遥测台网、成都I类地磁观测、短水准测量等5项获得全国第一名，成都地磁核旋观测、攀枝花洞体摆观测、姑咱形变观测、西昌地下流体综合等10项分别获得全国第二、三名，其余全部优秀，达到历史最好水平。

（2）建立健全规章制度。继续推行前兆台网月评比制度，严格数据报送程序，数据时限、内容和质量有了较大提高。修订完善《四川省地震观测质量评比与奖励办法》，通过四川地震监测网技术平台，进一步强化质量跟踪，体现了分级管理、层层负责的责任形式，提高了评比的时效性。全面落实《观测质量目标考核办法》，与各监测单位负责人签订《地震观测质量目标责任书》，将地震监测质量紧密纳入了单位年度目标考核，与奖惩挂钩，增强了责任意识。

（3）加强业务培训。大力选派年轻人参与“十五”项目执行过程中，赋予重任，使30余人成为分项技术骨干；组织40余人参与“地震短期预报方法与预警指标应用研究”工作，并组织分析研讨会，提高了全省分析预报骨干人员的技术水平；派出28人（次）参加了中国地震局各类培训班；邀请14名外国专家、2名中科院院士等国内外专家来川作学术报告，开办学术讲座，同时派出10人（次）出国（境）进行技术考察、学术交流及参加国际会议，让技术和管理人员及时了解最新国内外研究动态；实施全省地震台站观测人员全员培训计划，相继举办前兆、测震、强震、信息四期培训班，来自全省各市州地震局和局属有关台站约130人（次）学员参加培训。

（4）观测环境保护。通过四川省政府行政审批窗口，2007年共对141项工程建设项目进行了“建设工程地震监测环境”审批。对其中可能造成影响的13项工程和其他有可能破坏地震观测环境的事件，四川省地震局均进行了较好处理，台站环境得以最大限度保护，如：攀昆高速规划在距南山地震台50m处拟建手机站和西昌地磁台周围拟建手机站事件，经及时与设计方取得联系，使项目提前改变设计；距乡城地震台约5km的洞松电站，其拦水坝距台站约3km，经咨询有关专家并实地了解了同类电站的影响程度，决定同意其修建拦水坝；黄金坪电站距姑咱形变台仅2km，经与承建公司及当地政府协商，对影响的手段开展了提前另选台址工作；某豆瓣厂欲在成都台地电阻率观测布极区修建厂房，由于其地线将影响成都台地电观测被明确拒绝。

（5）资料和科研成果。为提高预测预报水平，不断探索新的方法和手段，进行了MODIS卫星远红外资料对重点危险区的跟踪研究；应用RS卫星遥感数据，跟踪分析重点监视防御区的异常变化；对西昌、美姑、宜宾、内江、泸州站及973项目在鲜水河、安宁河断裂带上的6个GPS站连续观测站的观测资料进行了解算和分析，跟踪研究四川地壳运动的变化。

3. 台网建设

（1）成都、乐山、雅安、阿坝等地先后建成了虚拟数字台网，实现了数据及时共享，信息相互沟通，极大地提高了监测预报和快速反应能力。宜宾市投入资金229万元建设地方地震台网。

（2）2007年，四川省防震减灾“十五”重点建设项目——四川省数字地震观测网络项目全面完成，并顺利通过检查验收，对相关台站设备进行了数字化升级改造，并且新建和改造了观测房和观测山洞，对观测环境也全部进行了改造。测震台网完成中心和所有台站土建工程，采购并安装所有地专设备和通用设备；前兆台网除1个钻孔需重建外，土建全部完成，完成全部设备仪器安装；信息系统完成31个节点及区域中心的土建工程、二级节点硬件设备安装调试工作，网络全部联通，完成区域中心服务器上架安装工作和数据库服务器、存储的安装调试工作，完成VOIP、VOD、邮件系统的安装调试工作；西昌前兆台阵已完成所有土建工程，仪器基本完成安装；强震台网完成并验收210个台点土建工程，完成自贡地形影响台阵、二滩结构台阵土建工程，瀑布沟台待建，完成率99.5%，设备仪器安装209台，完成率99.0%。

（3）2007年中国地震局投资70万元、地方政府配套资金15万元对若尔盖地震台进行优化改造。四川省地震局编制了台站优化改造实施方案，严格按照设计组织实施，加强管理。工程完工后，该台站观测技术及办公用房、供电、供水等将得到极大改善。

4. 监测预报基础和应用研究工作

（1）2007年，四川省地震局承担和参加科研项目53项，其中历年延续课题16项，新立项37项；开展了防震减灾科研成果评选工作，对5项成果进行了奖励（其中一等奖1项、二等奖1项、三等奖1项、四等奖2项）；获省部级科研成果奖励2项、中国地震局优秀成果奖励3项；发表论文37篇，其中2篇被SCI国际科学检索引用。

（2）开展了四川震例的收集整理；完成《四川省震情预测预警方法和指标应用研究总结》；完成《四川省15年地震预报水平的汇总研究》。

（3）“MODIS卫星遥感热红外数据处理与应用系统”研究项目于2007年8月通过四川省科学技术厅组织的专家验收后，已在四川省地震局地震日常分析预报工作中应用，并提交周、月、半年和年度会商报告。

（四川省地震局　邓一唯　邹洪生　田玉萍　杨志敏）

贵 州 省

1. 加快数字地震台网的建设

“十五”贵州数字地震观测网络项目中新建和改建13个数字地震台站，1个前兆台站，1个测震前兆台网部。至2007年8月底，在中国地震局的大力帮助下，经省地震局和台站干部职工的共同努力，已全部按中国地震局的标准和要求完成了数字地震观测网络项目的土建、仪器安装调试试运行，由中国地震局“十五”项目专家组现场测试验收，全部合格。贵州数字地震观测网络的建立，标志我省地震监测工作步入正轨，提高了地震监控能力和速报能力。

2. 召开全省地震趋势会商会

该年度的6月和11月省地震局召开了全省地震趋势会商会，参加会议的有全省9个地、市领导及毕节、威宁、赫章、六盘水、安顺、贞丰、晴隆、兴义、罗甸、荔波、遵义、德江、玉屏、凯里、黎平及贵阳16个地震台站和县、市科技局的领导、技术人员共60余人。会期各地震台站的技术人员对贵州境内2007年下半年及2008年度可能发生的最大地震活动从定性定量上进行了积极的发言和讨论，提交了地震趋势预报意见材料。

3. 台站和观测点地震资料评比

2007年贵州省地震局对台站和观测点的地震资料、地震趋势预报意见材料进行了综合评比，全省13个测震台站、1个前兆台站、2个群测点，测震罗甸台为第一名，兴义台第二名，德江台第三名。水化观测资料评比赫章县群测点第一名，威宁县地震台第二名。对一、二、三名颁发了奖状和奖金。并要求各台站向工作搞的好的台站学习，提高自身的业务技能和水平。

（贵州省地震局　罗远模）

云 南 省

1. 监测预报工作

2007年云南省重点对川滇交界东部、滇西南至滇南和滇西至滇西北地区开展震情跟踪监视工作。共下发20余份关于震情方面的文件，对震情跟踪监视工作进行指导。围绕震情，加强监测预报研究，一是召开监测、预报、信息等单位领导和专业技术人员参加的协调会议，对前兆观测数据的汇集、处理、入库等提出明确要求；二是召开局地震观测质量评定委员会和各学科组负责人会议，对确保地震监测仪器正常运转和提高地震观测质量等问题进行研究；三是安排专项经费对云南省前兆观测仪器进行巡回检查和维修，对布设在云南省的

13个二氧化碳观测点和布设在小江断裂带上的2个跨断层形变测量场地进行加密观测，要求新建的昭通GPS观测站尽快开展连续观测，为震情跟踪提供资料；四是结合“十五”项目系统集成和数字地震网络项目的实施，加强云南省数据传输网络的管理和维护，初步建成地震行业信息网，为震情跟踪提供更为快捷、安全、丰富的数据资料和信息；五是安排专项经费加强云南省地震台站观测效能评估和多路直流电压采集器的研制，保障用于震情分析预报的观测资料连续、可靠、管用。2006年11月至2007年9月，云南省地震局共收到正式上报的宏观异常30项，省、市、县地震部门共110名专业技术人员到现场进行了落实，调查组按照《地震前兆异常落实工作指南》的要求，对每项宏观异常进行了详细调查和认真分析处理，最后确定宏观异常21项，为地震短临跟踪及地震趋势判定提供了重要依据。中国地震局和云南省地震局8次派出专家组分别到昆明、玉溪、曲靖、红河、保山、德宏、昭通、楚雄、丽江等州、市指导震情跟踪工作。5月16日，距中老边境交界约70km的老挝境内发生6.6级地震，召开紧急会商会，分析老挝6.6级地震与云南省滇西南地区地震的相关性。5月24日，召开“云南近期震情研讨会”，对老挝地震后云南省的震情趋势进行深入分析研究，会议认为，老挝6.6级地震发生后，并没有缓解云南严重的震情形势，尤其是要注意滇西南地区近期有发生5~6级破坏性地震的危险，形成短临预测预报意见，并立即召开云南省地震局地震预报评审委员会会议进行评审，5月25日，将预测预报意见上报中国地震局和省委、省政府，并于当日派出工作组到普洱市地震局通报震情，检查指导震情跟踪工作。6月3日05时34分56.8秒，普洱市宁洱县发生6.3级地震，地震发生后9分钟，向中国地震局、省委、省政府速报准确的地震三要素，向省抗震救灾指挥部成员单位发出地震信息手机短信。震后第二天，云南省地震局明确给出地震类型为主震－余震型，并对最大强余震5.1级和几次有感余震作出了正确预测。保证了云南省高考、华商论坛、昆交会等重大活动如期进行。对宁洱“6·3”地震作出了较为准确的短临预测预报，得到了国务院、云南省委、省政府和中国地震局领导的充分肯定和当地政府和社会各界的高度评价和称赞。受到了中国地震局和云南省政府的联合表彰和奖励。

云南省地震局被授予2007年度全国地震监测预报工作先进单位，云南省地震预报研究中心被授予监测预报工作优秀集体，江川县防震减灾局李绍华同志被授予监测预报工作优秀个人。“云南宁洱6.4级地震预报成功”被中国地震局评选为2007年度十大地震科技进展之一（排名第二）。

2007年6月3日宁洱6.4级地震发生在（3）预测区内，震级、时间、地点正确。

2007年云南省地震局共召开震情会商会76次，其中加密会商和紧急会商23次，会商意见和突出异常图件及时上报中国地震局。

2. 台网运行管理

2007年，云南地震台网共处理地震事件1122次，产出速报目录10308条，发布地震短信60000余条，地震台网运行率平均为96.70%，比2006年的95.22%提高了近1.5个百分点，完成170多个测项数据收录、资料预处理、入库工作，云南省50个信息节点试运行期间系统总体运行率达99.67%。云南省98个观测项目参加全国地震观测质量评比，有15个项目获前三名，连续四年居全国第一，其余项目均获优秀。强震动观测连续三年参加全国评比获第一名。

系统清理了云南省地震监测台网运行情况、信息网络运行情况、水库火山监测情况、震情跟踪工作、地震应急工作、“十五”测震、前兆、信息项目运行情况，对云南省地震监测系统的仪器故障问题进行了摸底，安排专项经费，对故障仪器进行抢修，要求各单位要有责任意识，明确责任，加强领导，齐抓共管，确保云南省地震监测台网的正常运转。

举办两期“十五”前兆集成软件安装调试培训班，2007 年 8 月 21 日至 12 月 8 日，举办地震台站全员培训班 3 期，共有 108 名台站人员参加了培训，学员来自云南省地震局 21 个台站，云南省 12 个州、市地震局（防震减灾局）台站，学习内容主要为地震监测专业基础知识、技能知识、法律法规及提高台站人员综合素质的内容等。

经云南省地震局建议，2007 年云南省人民政府办公厅下达了行政执法检查计划，将《地震监测管理条例》列入专业类行政执法检查计划项目。云南省地震局制定检查实施方案，要求 16 个州、市人民政府 2007 年 6 月份前完成本行政区域内《地震监测管理条例》执行情况自查，并将自查情况报省地震局。12 月，省地震局与省政府法制办公室组成联合检查组，对大理州政府进行执法检查。

3. 地震监测台网建设

（1）2007 年度，云南省地震局高度重视台站优化改造工作，召开台站改造联席会议，明确台站优化改造的组织管理、目标任务和职能职责，成立优化改造实施小组和绩效考评工作小组，制定《关于地震台站观测环境优化改造现场实施管理办法（试行）》。建立机制、强化管理、突出特色、提高效率。完成贵阳台、永胜台、楚雄台、弥渡台、洱源台的优化改造工作。

（2）完成“十五”网络工程建设项目。测震分项完成了 45 个数字地震台、1 个测震台网部、12 个流动台和 1 个流动台网中心的技术系统的建设；前兆分项完成了 26 个前兆观测台、1 个前兆台网部和 1 个流体流动系统，新增专业仪器 118 套、辅助观测仪器 22 套；信息分项完成了 28 个台站节点、15 个县级节点、6 个大中城市节点和 1 个信息服务部。

三个分项的建设和试运行资料全部归档，固定资产全部入账。2007 年 12 月，顺利通过了中国地震局的验收。测震分项的完成，通过实时和人机交互两套处理系统，一套基于 LINUX 系统，一套基于 UNIX 系统，两套系统互为备份，确保地震速报准确及时，云南省范围内地震监控能力达到 $M_L \geq 1.8$，定位精度小于 5km，重点城市地区监控能力达到 $M_L \geq 1.0 \sim 1.5$，定位精度小于 3km，浅源地震的震源深度定位精度小于 5km，特别是在宁洱地震现场监视中，流动台网的组网模式就是一种创新，极大的提高了现场监测的工作效率和社会显示度。

前兆分项的完成，进一步优化了云南省地震前兆观测网络布局，改善了地震前兆观测环境和工作条件。通过观测仪器的 IP 功能，实现地震前兆观测数据的网络化传输和计算机处理，实现了准实时的观测数据汇集和仪器设备的动态监控，提高了观测仪器的可靠性和数字化程度，丰富了前兆信息量。特别是地震前兆观测数据的共享，从整体上提高了云南省地震前兆监测能力。

信息分项的完成，通过集成设计和统一标准的机房改建工程建设，采用 SDH 专线信道与固定 IP 地址的 ADSL VPN 备份信道，构成稳定可靠、满足地震观测数据实时传输要求的信息系统，初步构建云南地震远程数据备份中心。制定《云南省地震行业网络管理办法》，率先建立省级行业网络运行管理模式，实现了从单点到网络、从单机到集成的过渡。

4. 监测预报基础研究

坚持科研与预报相结合，安排专项经费加强云南省地震台站观测效能评估和多路直流电压采集器的研制；承担国家支撑项目子专题“西南构造区强震预测预警技术和指标研究”、“地下流体数字化资料分析与实用化研究”、“地下流体协调性特征与强震综合异常判定技术研究”、“地震活动三维图像和参数的动态演化特征研究”、“具有动力学含义的多参数动态图像预测指标和方法研究”、“云南地区流体长期观测资料加速与转折变化的时空演化特征及其与构造、强震的关系研究”、“中国大陆成功预报震例的总结研究”、“层析成像技术在介质参数三维动态图像提取中的应用研究”、“小湾电站水库诱发地震监测预警系统工程”、“云南强震中短期预测技术研究”、“云南地震预测预报实用化技术系统建设”、“澜沧江流域重大水利枢纽工程诱发地震监视与研究”、“印尼大地震对云南及邻区地震应力场的影响研究”、“中小地震波辐射能及其预测应用研究” 等。

2007 年共发表学术论文 16 篇，出版 100 万字的专著《云南澜沧江流域水库诱发地震监测与研究》。

（云南省地震局　李道贵　李跃红）

西藏自治区

2007 年，西藏自治区地震局继续实行台站目标管理责任制。与下属各台站签定了《2007 年度地震（磁）台经费承包实施办法》，加强对台站的管理，确保了地震监测工作的正常开展。

一年来，西藏自治区地震局克服人员少，各项工作任务重的困难，全力维护了地震台网的正常运转，完成了资料处理、大震速报、台网维护等日常工作；完成了全年《西藏地震目录》、《西藏地震台网观测报告》的编辑，并及时将数据送入 AP－NET 网络，提供给科研工作者共享。

2006 年年底，西藏自治区地震局召开了年度地震趋势会商会，完成了《2007 年度西藏地区地震趋势研究报告》。全年西藏共发生 5 级以上地震 2 次。这些地震发生后，西藏自治区地震局都积极组织分析预报人员，通过对历史地震和震后地震序列的研究，及时进行会商，提出趋势判断意见。并根据前兆异常变化情况，在震情紧张期间，制定该期间的震情工作制度和具体落实措施，加强地震预测预报工作。5 月 5 日阿里日土、改则交界处 6.1 级地震和 5 月 7 日昌都妥坝 5.6 级地震发生后，都及时进行会商，提出趋势判断，收集报送灾情信息，为各级人民政府进行抢险救灾决策提供了科学准确的依据。

按照《西藏自治区地震局地震灾情速报实施细则》的要求，西藏自治区地震局组织业务人员认真学习、履行职责，确保在区内发生较大地震后能及时准确收集震情、灾情，并快速报送。进一步检查和完善监测中心及台站震情值班人员岗位责任制，加强节假日震情值班，实行局领导亲自带班制度。

在 2007 年完成的“十五”中国数字地震观测网络项目西藏部分建设中有两个单项工程是重点也是亮点——狮泉河地震台和那曲台阵。狮泉河地震台位于被称为“世界屋脊的屋脊”的阿里高原上，地处中国、印度、巴基斯坦三国交界处，地理位置十分重要，对填补藏西北地震监测空白区，完善我国地震台网布局有着重要的意义，它的建成也结束了西藏阿里地区无地震监测台站的历史。那曲台阵位于气候恶劣的羌塘盆地，是世界上海拔最高的地震台阵，也是我国目前第一个投入实际观测的台阵，它的建成对青藏铁路沿线的地震监测将发挥重要的作用。

信息系统技术集成是“十五”项目建设完成后，整个系统能否正常运转的关键。为此，西藏自治区地震局集中全局主要技术力量，成立了“十五”项目信息系统集成技术小组，通过聘请顾问，邀请专家指导等方式，在没有“九五”系统，一片空白的基础上，自己摸索、尝试，把技术系统建立起来。

2007 年年底，西藏“十五”数字地震观测网络项目已基本建设完成，它包括 1 个现代化的数字信息系统、1 个现代化的地震应急处理中心、3 个业务数据处理中心、8 个有人值守台、2 个无人值守台（普兰、改则）、1 个区域遥测台网（拉萨遥测台网，含 6 个子台）、1 个地震台阵（那曲，含 9 个子台）。通过“十五”项目的建设，西藏的地震监测能力得到极大的提升，除藏西北、藏东部分地区外，已经基本具备监控 4.0 级地震的能力，拉萨及周边地区能达到 3.0 级。

根据中国地震局有关科技合作项目的要求，2007 年年初，西藏自治区地震局与美国雷舍利尔工学院签订了“西藏西部岩石圈结构和地球动力学宽频地震数据的收集和处理”合作项目。此项目于 2007 年 6 月完成了野外仪器安装和调试工作，12 月，项目组成员又克服重重困难，进行了巡台，确保了该项目的顺利实施。

西藏自治区地震局还承担了交通部课题“西藏扎墨公路新改建工程地震活动与主要断裂的关系”，课题组成员冒着生命危险，两次走进墨脱，完成了仪器的安装和调试工作，通过卫星传输得到了从“高原孤岛”传回的第一手地震监测资料。

此外，西藏自治区地震局承担的马尼翁和嘉黎断裂活动性研究也已在中水集团立项。

（西藏自治区地震局　喻景阳）

陕　西　省

1. 震情监视工作

2007 年，全省地震监测预报人员在承担繁重的网络项目建设任务的同时，克服各种困难，圆满完成了全年的监测预报任务。

认真开展震情会商工作。全年共进行周会商 49 次、月会商 11 次，临时会商 4 次，在春节、“五一”、“十一”长假期间加密会商 3 次。召开了年中和年度震情趋势会商，提出 2007 年下半年以及 2008 年度地震趋势预测意见。

根据年度地震趋势会商意见和震情发展趋势，制定了短临跟踪工作方案，安排地震短临跟踪工作，强化地震分析预报和异常落实工作。全年共实施 5 次短临跟踪。落实了宝鸡地电、华县毕家乡井群宏观异常、泾阳地裂缝、临潼地震台气体总量异常变化等 9 次异常现象。对元旦、“五一”、“十一” 等重要时期和省上重大活动期间的震情监视工作做出专门安排，加强了重要时期震情监视工作。应对了省内 3 次 3 级有感地震。

2. 台网运行管理

（1）台网运行情况：全省 18 个台站 40 个测项完成了全年的监测任务。数字地震遥测台网全年记录可分析地震 432 个，速报地震 68 个，编辑发送震情简报 56 期，编制地震观测报告 11 期。数字前兆台网每天产出并处理数据量达 103. 88 万个，并处理、备份、报送至中国地震局台网中心，参与大华北数据共享。流动测量完成 3 期 13 个场地 180 个测段、单程距离 84km 的跨断层流动形变测量工作以及 115 个测点、126 个测段，行程约 3000 多公里的流动重力测量任务；与中国地震局第二监测中心合作完成 150 公里关中水准剖面和流动 GPS 监测网的观测任务。

全年台网仪器设备运转正常。共维修测震、前兆仪器 80 台次。观测资料连续可靠，在年度地震观测资料质量评比会上，观测资料省评优秀率达 95. 1%。在全国观测资料质量评比中，宝鸡台地电测项获全国第二名，周至台水位测项获全国第三名。

陕西省地震局地震监测中心在全国地震监测预报工作评比中被评为优秀集体。

（2）规章制度建立情况：修订并下发执行《地震速报及地震参数发布规定》。

（3）观测环境保护：开展了榆林台和乾陵台观测环境的保护工作。

（4）资料和科研成果：2007 年立项中国地震局地震科学联合基金课题 2 项、三结合课题 3 项、协作课题 3 项。此外，省地震局自筹经费，设立青年科研基金，资助 6 项课题。全年发表科技论文 13 篇，组织验收三结合课题 2 项。省地震局优秀成果评审奖励评出二等奖 4 项，三等奖 2 项。

3. 台网建设

截至 2007 年年底，陕西省数字地震观测网络项目前兆、测震、信息、强震分项目基本完成了全部建设任务。经过测试运行，前兆、测震项目于 2007 年 10 月 29 日、强震项目于 2007 年 9 月 12 日通过了中国地震局相关司室组织的分项工程验收。

完成了安康台优化改造工作，推进了榆林地磁台建设工程。

省地震局自筹经费 60 万元，总投资 446 万元，实施了乾陵、西安、泾阳、上王等 7 个台站道路修缮工程，解决台站人员出行难问题。

（陕西省地震局　谭玉娥）

甘 肃 省

1. 地震预报工作

地震预报工作以年度地震重点危险区为重点，制定了周密的工作方案和措施，开展了不间断的震情监视与分析研究，提高了地震预测的科学性和准确性，加大资料的分析处理力度，落实宏微观显著异常，努力捕获强震前的短临异常信息。本年度对甘肃省境内发生的8次显著地震事件做出了准确的震后趋势判定，为政府抗震救灾决策提供了可靠的依据。

年度地震趋势会商会情况及判定意见。2007年甘肃省地震趋势会商会，通过充分的讨论和论证，系统预测了甘肃及边邻地区中强以上地震的危险性和强震发生的可能地区，确定了2007年度甘肃省地震重点危险区和应注意地区，提出了可能发生地震的震级。

2. 台网运行管理

（1）台网运行概况。本年度甘肃省测震台网运行率达到96%以上，共速报国内外地震166个，编目省内外地震2606个，处理震相21000条，及时向中国地震局地震预测研究所、各市（州）地震局提供观测资料近700份；前兆台网运行率达到98.3%，数据完整率达到99%以上；强震动台网运行率达到98%以上，23个固定台站工作正常；信息网络运行率达到98%以上，满足了信息发布、地震速报、地震目录和前兆资料的查询。

（2）规章制度建立健全情况。制定了《甘肃省遥测地震台网地震速报实施细则》、《甘肃省地震台网日常运行规定》、《甘肃省地震台网中心机房管理制度》、《甘肃省地震信息网络机房管理办法》。

（3）培训情况。参加中国地震局举办的各种技术骨干业务学习培训65人次；参加由甘肃省地震局组织的全省地震台站全员轮训117人次；参加中国地震局监测司举办的地震台站人员上岗培训班5人次；进入中国地震局系统全国技术培训的教师行列2人。

（4）观测环境保护。落实地震观测环境保护措施，对嘉峪关、武威、安西地震台站等8起影响地震观测环境的事件依法依规进行了大量的协调和交涉。其中铁道部铁路设计院兰新铁路电气化改造工程影响武威、嘉峪关台地电观测事件获得110万元赔偿；安西—敦煌高速公路干扰安西地震台测震观测获得安西县政府无偿划拨土地$2000m^2$，使得安西地震台优化改造工程得以顺利完成；定西地震台地电观测受私营企业影响事件被阻止。

（5）资料和科研成果。在2007年全国地震观测资料评比中，甘肃省地震局共获前三名12台项，其中第一名4台项，第二名4台项，第三名4台项。“平凉地震台水氡观测资料全国评比连续五年前三名（2000～2004）”获得“2007年度中国地震局防震减灾优秀成果奖”三等奖。

3. 台网建设

台网布局调整。本年度“甘肃省数字地震观测网络项目”各子项目先后竣工并通过验收。新建、改建44个测震台；新建150个强震动台；新增46个地震前兆测项，新建1个天祝前兆台阵；新建1个区域台网中心，新增15个信息节点。地方地震监测台网新建1个测震台网，新建12个电磁波台，改造4个地下流体遥测台和1个地电台。

技术系统和观测环境升级改造。进行了嘉峪关、天水中心地震台从区域台改造升级为国家级台站；兰州观象台、高台地震台、安西地震台等三个国家级台站进行了技术系统升级；所有区域测震台更换了数据采集器、拾震器，通讯线路从96KDDN更换成2兆SDH。本年度实施了临夏、安西地震台优化改造，使得两个台站的观测环境、工作环境和生活环境得到显著改善；完成武山台水氡观测点、平凉台流体观测点搬迁；完成台站基础设施、观测环境和观测技术条件改造23项。

4. 监测预报基础和应用研究工作

继续开展了预报指标的系统清理与研究工作，重点开展对已有预报方法的清理和中强以上地震预报指标的提取；加强数字化资料的研究与应用力度，依托中国地震局“十一五”科技支撑计划，积极开展数字化测震及前兆资料的研究及应用，将尾波 Q 值、应力降、振幅比、小震震源机制解等地震学参数研究的阶段性成果应用于日常震情分析中；开展了小震频度特征研究及应用。

（甘肃省地震局　张元芳）

青　海　省

2007年青海省地震台网共处理地震事件1300个，完成地震速报56次，编辑完成《青海省地震观测报告》12期，编辑地震周报52期，收集地震宏观资料数据2500条，综合处理模拟地震图纸4000余张，数字光碟100张，保证了基础观测资料的连续可靠、及时、准确。

进一步提高预报服务意识，中期预测效果和社会效益显著。2007年共召开震情紧急会商会15次，出临时会商意见9期，周会商52期，月会商12期，完成重大异常落实5次。有4次地震落入年度会商确定的危险区，这是近7年来地震预测效果最好的一年。

2007年青海省地震监测系统加强了重点时段的监测预报工作，2007年3月，全国两会召开，7月“第六届中信杯国际自行车环湖赛暨青海省经济洽谈会”，10月召开的中国共产党第十七次全国代表大会以及“五一”、“国庆”等重要会议，赛事及重大节假日期间均召开专题会商会，提出地震趋势判定意见，并采取加密监测、加密会商、专人值班、应急检查、零报告等措施，确保各项重大活动期间的地震安全，得到了上报主管领导的肯定和好评，体现了防震减灾服务社会的功能，取得了良好的社会效益。

（青海省地震局　荣建生）

宁夏回族自治区

1. 地震监测工作

强化地震监测工作管理，认真落实震情监视制度，确保地震仪器和观测台网正常运行，观测数据连续可靠。在全国观测资料评比中，银川基准台重力获第一名，石嘴山地震台气氡获第三名，固原地震台水氡排名优秀第一名。积极与地方政府相关部门联系，依法实施地震监测设施和监测环境安全保护，妥善解决了银川北塔地磁台环境破坏、磁窑堡测震台观测环境遭破坏的赔付问题。完成中卫地震台、灵武地震台优化改造任务，台站环境、面貌得到明显改善。积极做好神华宁煤集团大峰矿洞室爆破的监测和研究工作，架设各类观测仪器 30 多台（套），2007 年 12 月 20 日 11 时 30 分，大峰矿洞室爆破成功，观测仪器成功记录到相关基础数据。

分析预报人员及时收集、认真分析地震观测数据，密切跟踪震情，及时落实和追踪各种异常，做好震情会商和地震预测研究。全年共召开各类会商会 60 多次，落实宏观、微观和疑爆事件 20 次。加强地震科研工作。科技人员承担中国地震局地震联合基金课题 1 项、“三结合”课题 1 项、宁夏科技公关计划项目 1 项，宁夏地震局科研项目 9 项，在公开刊物上发表论文 14 篇。

2. 宁夏数字地震观测网络项目建设

2007 年是宁夏数字地震观测网络项目建设决战年。宁夏地震局制定了 2007 年网络项目建设的详细计划和进度要求，提出要克服一切困难，年内全面保质保量完成建设任务，完成测试、报告编写和归档工作，确保如期验收。2007 年 5 月 2 ~ 7 日，张思源局长、金延龙副局长带队，相关部门负责人一行 13 人，进行全区项目巡检，实地检查，现场办公，解决项目建设中遇到的管理协调、人员调配、施工方案抉择，以及供电、通信、征地、环境保护等具体问题，对滞后项目提出明确整改期限。宁夏地震局重点项目办认真履行职能，及时召开协调会，统筹落实项目建设进度和计划，协调各项目组抓好实施工作；各项目组成员放弃节假日休息，加班加点，全力推进项目建设。经过宁夏地震局共同努力，宁夏数字地震观测网络项目建设进展顺利，按期完成各项任务，工程质量符合要求。2007 年 10 月中旬，银川市活断层探测与地震危险性评价项目通过验收，并被评为优质工程；2007 年 10 月底，测震、前兆、信息分项通过验收；11 月下旬，应急指挥系统分项通过验收；2007 年 12 月初，强震动分项通过验收。宁夏防震减灾应急指挥中心大楼工程也通过了自治区发改委的验收。宁夏地震局被中国地震局网络项目监理总部评为“数字地震项目”建设监理工作一等奖单位。

（宁夏地震局　孙立新　闫　冲）

新疆维吾尔自治区

2007 年，新疆地震形势较为复杂，新疆地震局加强地震现场监测和震情跟踪工作。在重点危险区新增 7 个台项，恢复、升级、改造 5 台项地震前兆观测手段，完成一期流动重力加密观测、一期 GPS 流动测网加密观测。截至 12 月 5 日全年召开正式会商会 65 次，共派出震情短临跟踪工作组 5 次，组织一次常规短临跟踪检查工作。在 11 月 13 ~ 15 日召开的 2008 年度新疆地震趋势会商会上，根据各类异常进行跟踪分析和充分论证，综合多学科研究领域的研究成果，形成 2008 年度新疆地震活动强度与危险区判定意见。

2007 年，是新疆数字地震观测网络项目实施攻坚年，全局上下齐心协力，相关单位、部门通力协作，顺利完成项目任务并通过中国地震局验收。该项目的完成，标志着我区地震观测数字化改造基本完成，与此同时工作中本着依靠科技、依靠法制，健全体系、提高能力的原则，注重数字化资料的产出与应用，加强台站一线人员的技术培训，积极稳妥全面推进我区监测预报各项工作，顺利完成监测预报任务。

2007 年，新疆地震局获得国家自然科学基金资助的课题一项，中国地震局地震科学基金资助项目 2 项，自治区科技厅资助项目 2 项，与中国地震局有关单位及省区合作项目 14 项。新疆地震科学基金课题共受理申报课题 16 项，批准资助申报课题 8 项，推荐申报中国地震局“三结合”课题 2 项。

新疆地震局数字地震观测网络项目活断层项目，于 10 月通过中国地震局和乌鲁木齐市验收。经过几年来的认真组织、实施，主要完成：（1）通过活断层试验探测、区域探测，对乌鲁木齐市目标区活动断层的存在性和活动性鉴定；（2）对全新世活动断层或规模较大的晚更新世活动断层的地震危险性评价；（3）对城市深部发震构造探测；（4）对从市区通过的地震活断层位置详细探测和准确定位；（5）对活断层危害性（活断层永久位移与强地面运动）的预测；（6）建立活断层数据库和信息系统。

2007 年，新疆地震局学术委员会评选出新疆地震局防震减灾优秀成果奖一等奖 1 项、二等奖 2 项。2007 年新疆地震局科技人员发表论文近 90 篇。新疆地震局在首次全国地震科技大会上被评为“全国地震科技工作先进单位”。2007 年度对全疆 191 台项地震观测资料质量进行了检查评比，173 项优秀，16 项良好。

（新疆维吾尔自治区地震局　邓建国）

台　　站

静海地震台

静海地震台属于国家基本台，隶属天津市地震局，台站字母代码为 JIH，数字代码为B47016。台站位于天津市静海县梁头镇小李庄村。占地面积 52 亩，现有观测办公用房 $700m^2$，观测人员 6 人。台站始建于 1975 年，是天津也是首都圈地区唯一的地磁综合观测专业台。台址周围地区地域辽阔，没有工厂企业和重大建筑设施，地磁要素分布均匀，是华北地区电磁环境干扰最小的台站，相关资料能代表该地区地磁场的真实变化，具备良好的自然观测条件。

随着科学技术的发展和地磁观测精度的提高，为达到高精度观测规范的要求，2000 年台站进行了大规模改造。为使之更能适应满足观测要求，台站在基础设施上做了全新的改造，对原有的地磁房进行全面设计，严格按照《地磁观测规范》要求，且在国内首先采用了碳纤维无磁技术，进行精心选材、严格施工。先后建成无磁（弱磁）地磁观测室和记录室各一座。采用复合碳纤维筋混凝土新技术建造的地下结构地磁房为国内首例，该技术的成功应用，解决了长期困扰人们的地磁房选材问题，同时也为解决高盐碱地区地下工程的耐腐蚀问题找到了一条有效途径。该台重建过程中遵循的科学思路、采取的技术措施和严格的科学管理，被写入正在编制的国家行业建设标准，对国内外地磁台站建设有一定的借鉴作用。建成后的观测室和记录室共有仪器墩 14 个，可以同时满足多台（套）模拟和数字化观测仪器的同步观测。经专家鉴定，改造后的地磁观测用房各项技术指标完全达到国内一流磁房标准。观测改造后的台站扩大了观测场地，改善了观测设施，增加新的观测项目，现有地磁（57、CR2－69、GM3、FHD、DI、CJ6）、地电场（ZD9A）、流体（LN－3、SZW－1A）、测震等多个学科的观测项目。

台站自 2000 年改造以来，观测资料在全国评比中多次取得较好成绩，其中地磁连续三年获得全国评比前三名，2001 年地电场观测资料全国评比获得第三名，2004 年电磁综合评比获得第三名，2004 年、2005 年连续两年获得天津市地震局优秀集体称号。

随着“十五”项目的实施，静海地震台进行了比较全面的系统改造，更新了仪器设备，改善了观测环境，实现了数字化观测与传输，提高了综合观测能力。在“十一五”及未来的发展中，静海地震台将充分发挥自己的优势，进一步提高现代化水平，实现仪器先进、设备齐全、资料可靠、国际资料交换的地磁专业台站和科研基地。

呼和浩特基准地震台

呼和浩特基准地震台是国家24个基准地震台之一，是国家基本台，隶属于内蒙古自治区地震局，台站字母代码HHT，数字编码为15001。该台位于呼和浩特市西北郊的攸攸板乡东乌素图村，海拔1160m，院落占地面积约20亩，外围保护占地面积约25亩，现有测震、形变、磁电三大学科观测手段，12台套观测仪器，承担着全球大地震速报任务，目前有在职职工20人。

该台测震始建于1972年，1973年建成形变台，1975年建成地磁台，1976年建成地电台，2000年建成卫星小站通讯系统。

该台现有观测项目有测震（DD－1、DK－1、SK、763、JCZ－1），地磁（CHD－5、CHD－6、CZM－2、CJ6、ZNC－Ⅱ、CTM－DⅠ、G856、72型、CB－3、GM－3），地电（DDC－2A、DDC－2B、ZD8B），形变（JB、SQ－70、SQ－70B、SSY、SSY－Ⅱ、DSQ、FSQ）观测。

该台测震观测资料质量在参加全国评比中多次获优秀成绩，1987～1991年，“763”观测资料质量连续5年获单项评比前三名，1992年大震速报获第二名，1994年大震速报获第三名，1995年大震速报获第二名，综合评比获第二名。

2000年呼和浩特地震台条件优化改造项目由中国地震局批准投资108万元，其中中国地震局投资70万元，地方配套38万元，实际投入130.37万元，地方配套60.37万元，超出中国地震局规定的配额。本着“科学规划，因地制宜，突出重点，注重实效”的原则对呼和浩特的基础设施及办公环境进行了改造，共改造观测用房1000m^2，办公用房600m^2，附属用房300m^2，绿化200m^2，在改造过程中还建设了自治区地震科普教育基地。

从2002年4月开始，呼和浩特基准台所有观测项目的数字化改造已全部完成进入正式运行，这标志着该台已进入了地震数字化观测的新阶段，并且成为集地震监测、科学研究和科普教育为一体的开放性的综合台站，成为向社会展示自治区地震科技发展的窗口。

洛阳地震台

洛阳地震台为国家基准台，隶属河南省地震局，台站字母代码LOY，数字代码41001。该台位于河南省洛阳市南郊龙门镇魏湾村，东邻闻名中外的世界文化自然遗产龙门石窟。占地面积10870m^2，现观测与办公用房1049.4m^2，观测人员17名。

该台始建于1971年7月，观测方法为测震（65型）、地磁（日变仪）、地电、水氡、钍氡、应力。1989年，测震成为国家Ⅱ类台、全国大地震速报台，2000年，水氡成为国家基准台。

该台现有观测项目有测震（DD－1、DK－1、SK、CTS－1）、地磁（CB－3、CZM－2）、地电（ZD8B）、水氡（FD－105K）。

该台自1985年以来，观测资料在全国统评中，共取得2个前三名，并获得河南省科技进步奖2项、中国地震局科技进步奖1项。

在全国地震重点台站优化改造中，2001～2003年期间，国家财政部投入115万元，对台站基础设施和办公环境实施改造，改造办公楼750m^2，改造观测用房170m^2，新建辅助用房124m^2，改造地电观测外线路2000m，绿化改造2400m^2。

在中国数字地震观测网络建设中，2004年底完成地电阻率、大地电场项目的土建工作；2005年底完成强震台的土建工作。

南昌中心地震台

南昌中心地震台为国家基本台，是全国36个大震速报台之一，隶属于江西省地震局，台站字母代码NNC，数字代码36001。该台位于南昌市北郊著名风景区梅岭内，占地面积153180.00m^2，现有观测与办公用房1510.0m^2，职工人数10人。

该台始建于1973年6月，"十五"建设后，目前观测项目有：测震；地壳形变（水管倾斜仪、伸缩仪、体应变、垂直摆）；地磁（磁通门）；地电（大地电场）；地下流体（水位、水温）；辅助观测（气象三要素，洞温）。

该台自1973年以来，观测资料在全国统评中，均取得优秀，先后获得中国地震局科技进步一等奖1项，1次被人事部、中国地震局评为全国地震系统先进集体，3次被省人事厅、省地震局评为防震减灾工作先进集体，2次被授予省直文明单位，研制工作软件1项，获得省防震减灾优秀成果奖三等奖4次，二等奖2次，发表论文36篇。

在"十五"全国地震重点台站优化改造中，2003～2004年期间，国家财政部投入100万元，江西省地震局自筹100万元，对台站基础设施和办公环境实施改造。新建综合办公用房500m^2；改造观测用房800m^2；绿化改造6660m^2；建立了全国第一家省级青少年校外科普教育基地，也是全国防震减灾科普教育基地之一。

成都地震基准台

成都地震基准台为国家基准台，隶属于四川省地震局，台站字母代码测震CD2、地磁CDP，数字代码51001。该台位于成都市郫县唐昌镇平乐村，占地面积27000m^2，观测与办公用房总建筑面积为2455m^2。现有观测人员21人。

该台始建于1957年（初在成都市金牛区光华村，1970年选建测震台新址确定郫县现址，1980年光华村台撤销，仪器迁入现址合并）。1971年建成成都地磁台，1973年建成成都重力台，1974 年建成成都地电台，2005 年建成 GPS 观测基准站。

该台现有观测项目为：测震（DD－2，DK－1，JCZ－1）、地磁（DI、G856、GSI、ZNC、72 型、CB3、FHD－1、GM3、ZZZ－1）、地电（ZD8B）、重力（GS－15）、GPS、强震。测震、地磁资料参与国际资料交换。

该台自 1984 年以来，观测资料在全国统评中，共取得前三名 14 项，获得中国地震局科技进步奖 1 项。1976 年松潘—平武 7.2 级地震成功预报，中国地震局 1977 年授予成都地震基准台“全国地震系统工业学大庆红旗单位”，中共四川省委 1978 年授予成都地震基准台“科学技术先进集体”称号。

成都台在“十五”期间重点地震台站优化项目中，中央投资和地方配套经费投入计 70 万元。新征地 4295 m^2、新建业务楼 350m^2，改造办公楼 480m^2，改造道路 1000m^2；进行了重力观测室川西民居格调改造、地磁观测区 1550m^2 山坡绿化、台站文化建设等项目，营造了一个风格独特、风景宜人的花园式台站。

中国数字地震观测网络建设项目在成都台投入 180 余万元，将完成所现有项目的数字化改造。增上大地电场、ELF、强震、气象三要素等观测项目；并对地磁观测进行升级（掩土式记录室已经建成）。项目的完成，将使我台监测能力有较大幅度的提升，整体上达到国际先进水平。

（中国地震局监测预报司）

地震灾害预防

2007年度抗震设防要求和地震安全性评价管理工作

2007年度，各级地震工作部门规范管理、加强监督，积极推进建设工程抗震设防要求管理和地震安全性评价工作，进展显著。

抗震设防要求和地震安全性评价管理工作稳步推进。中国地震局制定下发了《关于进一步规范和加强地震安全性评价工作的通知》和《地震安全性评价报告评审要点》，明确了地震安全性评价管理的主要任务，规范报告评审工作，为地震安全性评价工作健康发展提供了保障；组织开展了地震安全性评价报告质量检查，根据复查结果，通报批评了11家未能严格执行安评相关技术标准的资质单位，同时，向抽查报告中存在一定质量问题的资质单位和相应的评审机构专门反馈了复查意见，通过督促检查促进安评报告质量的提高；组织召开了地震安全性评价资质单位负责人研讨会，促进各单位之间的交流与合作，积极引导行业自律；依据地震安全性评价执业资格的相关规定，组织实施了首次一级地震安全性评价工程师资格考试，经人事部审核，2007年度的考试共有210人全部通过3个应试科目，取得一级地震安全性评价工程师资格证书，为全面实施地震安全性评价执业资格制度奠定了良好的基础；履行国家地震安全性评定委员会办公室职责，完成了137项地震安全性评价报告的审查。

履行法定职责，组织编制新一代全国地震区划图。为不断提高地震科技服务工程建设的水平，满足不断增长的社会需求，中国地震局自2007年起，将用4年的时间，编制新一代全国地震区划图，为一般工程提供抗震设防依据。2007年，中国地震局成立了区划图编制委员会、顾问组，组建了工作组、任务组和任务小组，并进行了任务分解，签订了任务书；组织召开了区划图编制咨询会和启动会，对技术思路、工作方案和工作大纲等进行了咨询论证，陈建民局长出席会议并作了重要讲话，从履行职责做好服务、坚持科技创新、加强部门沟通协作、发挥集体智慧等几个方面，对全国地震区划图编制工作提出了明确的要求；为保证区划图编制的顺利进行，震害防御司多次组织召开编委会和工作组负责人会议，对工作任务、工作方案和进度控制等进行细化分解，协调解决编图中的重大问题。各省（区、市）地震局积极参与全国地震区划图的编制工作，系统总结、整理并及时提供本地区的地质构造、地震目录等基础资料和研究成果，为全国地震区划图的编制提供了丰富的基础资料。目前，各工作组正在按照工作方案稳步推进各项研究工作，基础资料收集整理、潜在震源区划分、地震动衰减关系确定、土层参数调整等专题已取得阶段性成果。

各地在推进抗震设防要求和地震安全性评价管理工作方面开展了大量的工作。全国共审查批复了2350项地震安全性评价项目，为建设工程提供了科学合理的抗震设防要求；甘肃等地积极开展地震安全性评价相关法规规章的制定与修订工作，有些地区还出台地方标准，进一步明确应当开展地震安全性评价工作的工程范围，规范安评工作管理；各级地震部门按照当地政府的要求，积极开展新一轮行政许可清理工作，积极争取保留抗震设防要求和地震安全性评价相关行政许可事项，经过努力，此类相关行政许可事项基本得到确认，予以保留，许多地级市还将其纳入基本建设管理程序；各地加快推进安评执业资格制度的实施，制定二级地震安全性评价工程师管理办法及其相配套的资格考试办法、资格考核认定办法，开展二级地震安全性评价工程师资格考核认定工作。

（中国地震局震害防御司）

2007年度市县防震减灾工作进展

一、全国市县防震减灾工作综合评比结果

中国地震局于2007年4月22～26日在江苏省无锡市召开2006年度全国市县防震减灾工作综合评比会议。山西省太原市地震局等8个单位获得一等奖，新疆维吾尔自治区吐鲁番地区地震局等10个单位获得二等奖，天津市蓟县地震办公室等10个单位获得三等奖，吉林省松原市地震局等44个单位获得优秀奖。安徽省马鞍山市地震局等6个单位获得防震减灾法制工作单项奖，辽宁省铁岭市地震局等6个单位获得地震监测预报单项奖，河南省安阳市地震局等6个单位获得地震灾害防御单项奖，青海省海西州地震局等6个单位获得地震应急救援单项奖，青海省海东地区地震局等6个单位获得防震减灾社会动员单项奖，山东省潍坊市地震局等9个单位获得防震减灾创新奖（9名），山东省地震局震害防御处等6个省局的震害防御处获得管理奖。河北省涉县地震局等100个单位获得全国县级防震减灾工作先进单位荣誉称号。

二、全国市县地震部门加强交流与合作，多次深入研讨防震减灾工作

第十九届东部十省市市县防震减灾工作会议于2007年10月19日在安徽黄山召开。来自北京、天津、河北、上海、山东、河南、福建、安徽、江苏等省市的七十多位代表参加了研讨会。刘玉辰副局长参加会议并作了重要讲话，卢寿德司长作了会议总结。刘玉辰副局长介绍了近年来中国地震局在推进事业发展中取得的主要成绩，充分肯定了市县地震部门在防震减灾中的重要作用，要求各级地震部门要把落实党中央和国务院的部署作为首要任务，认真学习和贯彻落实全国地震局长会议精神，紧紧围绕2020年奋斗目标开展工作，把防震减

灾法赋予政府的职责落到实处，为防震减灾事业又好又快发展做出积极贡献。

第21届中心城市防震减灾工作会议于2007年9月26日在浙江宁波顺利召开。来自南京、杭州等十五个中心城市的地震部门负责人参加了研讨会，张家口市地震局和昆明市地震局的负责人也应邀参加了会议。会议的主要议题是交流2007年防震减灾工作，总结经验并商议未来发展防震减灾工作的具体措施。卢寿德司长出席会议并发表了讲话。

第三届中国西部防震减灾论坛于2007年6月10～12日在青海省西宁市召开，西部14个省、区、市地震部门和有关单位近200名代表参加了会议，中国地震局副局长刘玉辰和青海省副省长吉狄马加出席了会议并作重要讲话。会议分析研究了当前和今后一个时期西部地区防震减灾工作所面临的形势和任务，交流探讨了西部地区防震减灾工作的发展战略。

三、中国地震局和省级地震局加强对市县工作的指导力度，促进了各地防震减灾工作不断进步

（1）各地市县防震减灾工作进一步规范，机构建设进一步健全和完善，队伍素质进一步提高，防震减灾能力和社会服务能力不断提高，例如四川省地震局规范了市县防震减灾机构的名称和职能，统一命名为防震减灾局。

（2）深入了解和指导市县防震减灾工作，采取实地调研、组织区域性经验交流会议等方式，努力开拓市县地震部门领导的视野，强化对市县防震减灾工作的指导力度。先后赴甘肃、吉林、江苏、海南、山东、河北、山西、四川等省部分市县开展防震减灾工作调研，通过听取当地政府工作汇报、检查法规及文件、看望和慰问市县地震部门和地震台站的工作人员等方式，对市县防震减灾工作的思路和基本情况有了进一步了解，同时也及时指导了市县有关工作，得到了市县地震部门和地方政府领导的认可。

（3）市县防震减灾工作指导委员会职能得到良好发挥，及时研究解决市县防震减灾工作中的问题。

（中国地震局震害防御司）

2007年地震科普宣传教育工作综述

一、加大常规宣传教育工作力度

各地都能抓住时机，加大宣传教育力度，多样化的宣传模式逐步形成，做到电视有影、报纸有字、电台有声、道路有牌，公众防震减灾意识逐步增强。各地借助各种纪念日进行广泛的防震减灾宣传，在各类报纸、期刊等大众传媒开设丰富多彩、生动活泼的地震知识栏目，举办防震减灾知识竞赛、地震科普夏令营等活动。据不完全统计，各地共开展宣传活动6200多次，发放宣传品200多万份，展出展板1万多块。

二、媒体宣传丰富多彩

充分发挥多种媒体的作用，针对全局防震减灾事业和大型会议、大型活动，在多种媒体开展了丰富多彩的活动。网络宣传的作用越来越大，各单位对网络普遍改版，从框架、布局和内容方面进行更新，并发挥了实效。据粗统计，各地报刊共发表防震减灾宣传报道文章1500多篇，举办地震科普夏令营近200次。例如，在西藏台站建设事迹在中央电视台播出，兰州活断层和云南隔震技术顺利报道等。

三、地震科普教育基地、示范学校的作用明显

各地地震科普教育基地建设和防震减灾示范学校建设逐步推进，在数量和质量方面都取得显著成效。建成各类地震科普教育基地超过400个。各地利用科普教育基地开展多种宣传活动，得到了地方政府和公众的广泛认可。例如，山东全省地震科普示范学校达到165所，做到了每个县拥有一所省级地震科普示范学校的目标。

四、深入宣传农居地震安全知识

各单位深入农村，借助民居的改造和建设，针对干部和农民两个重点，广泛宣传抗震民居的作用，广大干部和农民群众对抗震民居的好处和建设方法逐步了解，深受大家欢迎，有力促进工作的开展。例如有些省摄制了几分钟短篇，在农村播放电影前播放，效果很好。

五、12.4法制宣传形式多样

各单位高度重视，措施具体，普遍组织学习、宣传了《中华人民共和国防震减灾法》、《突发事件应对法》及相关地方性法规，举办了讲座，开展了知识竞赛等形式多样的12.4普法宣传活动，大力弘扬法制精神，推进依法治国，取得很好的宣传效果。例如，安徽省蚌埠市开展了应急演练，2000多名学生和100多名公安、消防、卫生、民政人员参加，效果显著。

六、多部门联合宣传成效显著

各地充分利用社会资源，共同开展地震科普宣传教育工作，形成了多部门联合宣传模式，成效显著。例如，辽宁省地震局与红十字会、消防局、辽沈晚报联合策划，组织大型宣传活动，多个新闻媒体参与报道；甘肃省酒泉市联合多家单位举办防震减灾知识志愿者宣传演唱会。

七、开展有针对性的科普宣传

各地大力加强地震科普宣传教育的管理和规划。比如，青海、甘肃等省将防震减灾知识宣传教育纳入了省委党校、社会主义学院、行政学院教学计划，并且将省台网中心、应急指挥大厅、科普展厅作为“一校两院”教学实践基地，深入持久地开展地震科普宣传教育。

各地突出宣传重点，开展了大量因地制宜地针对性宣传，不断拓宽宣传渠道，增强宣传的针对性，“进机关”、“进企业”、“进农村”、“进学校”取得了很好的效果。

（中国地震局震害防御司）

农村民居地震安全工程实施情况

2007 年，各地、各有关部门积极贯彻落实全国农村民居防震保安工作会议和《关于实施农村民居地震安全工程的意见》（国办发［2007］1 号）等中央会议和文件精神，扎实推进农村民居地震安全工程的实施，取得了显著进展。

中国地震局深入甘肃、海南等地开展调研，全面了解各地农村民居地震安全工程实施情况；在海南省组织召开推进实施全国农村民居地震安全工程研讨会，总结交流各地工程实施的进展与经验，实地考察了海南省的示范工程，全面部署了推进全国农村民居地震安全工程实施的具体工作；完成了“农村民居地震安全关键技术研究”和“农村民居地震安全技术服务工程”等项目建议书的编制，并积极组织项目的立项申报工作，其中，“农村民居地震安全技术服务工程”已经纳入中国地震局拟申请的《国家地震安全工程》。

全国各地积极组织实施农村民居地震安全工程，进展显著，势头良好。一是国务院总体部署逐步得到全面深入贯彻落实。16 个省（区、市）召开了农村民居防震保安工作会议，17 个省（区、市）下发了《进一步加强农村民居防震保安工作的意见》，部分省（自治区、直辖市）制定了农村民居地震安全工程规划和实施方案。二是组织领导得到进一步加强，工作机制初步建立。16 个省（区、市）成立了省级农村民居防震保安工作领导小组，部分地区成立了市县级农村民居防震保安工作领导小组，海南成立了省、市（县）、镇三级农村民居防震保安工作领导小组，各地初步建立起了党委、政府统一领导下，各部门职责分工明确的工作运转机制，一些地方的各级政府之间签订了农村民居地震安全工程责任书，强化目标责任管理。三是广泛开展基础服务工作。14 个省（区、市）开展了农村民居现状调查或普查，21 个省（区、市）编制出版了农村民居建筑设计图集，12 个省（区、市）开展了农村建筑工匠培训，各地逐步开始建立农村民居技术服务网络，为全面实施农村民居地震安全工程奠定基础。四是积极筹集资金，大力开展示范工程建设。各地结合灾后重建、移民搬迁、村镇规划改造和新农村建设等，在群众自筹的基础上，政府辅以适当补贴，多渠道、多层次筹措资金，大力开展示范工程建设，引导农民主动参与农村民居地震安全工程。新疆实施“城乡抗震安居工程”4年来，累计建成122万户农村抗震安居房，云南2007年完成了16.6万农户的加固改造或重建，其他省（区、市）已经建设农居地震安全工程示范点3000多个，40多万户农民住上了抗震新居，大大改善了农民居住条件和抗震安全环境。

农村民居地震安全工程的实施，不仅增强了农村民居的抗震能力，而且改善了居住条件，改善了乡村面貌。农村民居地震安全工程的实施，已经成为社会主义新农村建设的重要组成部分，更为重要的是树立了党在人民群众中的良好形象，在新疆，“吃水不忘挖井人，安居不忘共产党”、“住上抗震房，永远跟着党”等标语随处可见。

（中国地震局震害防御司）

中国数字强震动台网建设全面完成

强震动观测是认识地震动特征、工程结构地震反应和地震破坏影响程度的主要手段，强震动记录是建设工程抗震设防的重要基础依据。为了尽快改变我国强震动记录匮乏的现状，“十五”期间，国家投入大量的财力和物力，建设中国数字强震动台网，以获取更多的强震动记录，为国民经济建设提供服务。

数字强震动台网分布全国30个省（区、市）（重庆市除外），分别由相应的省（区、市）地震局和中国地震局工程力学研究所承担建设任务。2007年，各建设单位加强管理，在前期完成的台址勘选、基本建设、仪器设备采购等工作的基础上，精心组织施工，在仪器设备安装调试、台网的试运行等方面开展了大量的工作，完成了所有建设内容。在全国21个地震重点监视防御区布设了1154个固定自由场强震动观测台；在北京、天津、兰州、乌鲁木齐、昆明等5个大城市建设了地震动强度（烈度）速报台网；在全国建设了活断层影响、地震动衰减、场地地形影响、大型桥梁、水库大坝、典型建筑结构等12个地震反应专用台阵；在燕郊建成了国家强震动台网中心，在昆明、兰州、南京建设了西南、西北、东南等3个区域强震动台网部；在国家中心和区域台网部配置了200台数字强震仪作为流动观测备用。

中国地震局震害防御司强化工程建设的监督管理，严格控制质量和进度，积极协调解决建设中出现的重大问题，组织整个台网的系统集成、联调、试运行，并通过集中验收和委托验收的方式，完成了所有建设单位的强震动分项工程的验收。从验收的情况看，除个别单位工程由于其依附的主体工程尚未竣工而影响进度外，其他各建设单位均完成了全部建设任务，技术功能符合设计要求，试运行状态良好，通过了验收。在试运行过程中，获得了3000多条强震动记录，其中大于10Gal的记录有500多条。

中国数字强震台网的建设完成，极大地提高了我国强震动台站密度、台网规模和强震动记录获取能力，强震动的观测技术水平、强震动数据的质量、数据处理能力、数据服务水平等已接近或达到国际先进水平，我国强震动观测事业的发展进入了一个崭新的时代。台网今后的运行及其产生的成果，将为地震区划、建筑结构抗震设计等地震工程科学的发展提供可靠的基础资料，为各级政府地震应急反应决策、震害快速评估和灾后重建提供决策依据。

（中国地震局震害防御司）

中国地震活断层探测技术系统分项工程全面完成

中国地震活断层探测技术系统工程包括活断层探测子系统、活断层鉴定子系统和活断层数据信息子系统，建设1个国家活断层中心和1个国家活断层分中心以及20个城市活断层中心，这20个城市包括：北京市、天津市、太原市、呼和浩特市、沈阳市、长春市、上海市、南京市、杭州市、青岛市、郑州市、广州市、海口市、昆明市、西安市、兰州市、西宁市、银川市、乌鲁木齐市和拉萨市。

按照中国数字地震观测网络项目整体要求，2007年是城市活断层探测与地震危险性评价分项目实施的决战之年。各单位高度重视，按照《中国数字地震观测网络项目管理办法》及有关规定的要求，充分发挥专家的作用，加强管理和协调，通过检查、指导，督促各建设单位确保按期完成任务，取得了决定性的胜利。

一、加强管理和协调力度，推进项目顺利实施

震害防御司强化管理，对各建设单位项目实施情况进行检查，及时了解各单位项目进展情况和出现的问题，及时协调解决存在的管理和技术问题。监理组认真负责，加强工程监理工作，开展现场监理近413人次。各建设单位落实责任，严格履行二级管理单位法人职责，严格执行项目管理办法和相关规定，严格遵照《中国地震活动断层探测技术系统技术规程》要求，按设计要求完成各阶段任务。

二、按时保质完成项目，顺利完成项目验收

根据项目的总体安排和进展情况，中国地震局震害防御司根据《中国数字地震观测网络项目验收管理办法》及时编写《中国数字地震观测网络项目活断层探测分项验收细则》，并下发各建设单位，明确了验收的要求、程序、内容等。借助兰州首次验收会议，组织所有建设单位观摩和经验交流，统一要求、统一材料，督促完成项目任务并作好验收各项准备。

严格按照项目管理办法和细则要求的规定，有条不紊地组织验收工作。组织国内该领域资深专家组成的专家组，先后对“中国数字地震观测网络项目活断层探测分项试验探测工程”，“中国数字地震观测网络项目活断层探测分项技术系统工程”及20个城市的活断层探测工程进行了验收。验收专家组本着严肃、认真的态度，既顺利完成了验收工作，又对项目服务于城市规划建设和经济、社会发展提出了宝贵建议。

三、积极推进成果的应用

项目取得了显著的社会、经济效益，通过工程的实施，部分城市否定了过去对城市存在活断层的结论，部分城市提高了活断层分布位置精度及其危险性的认识，可以有效提高城市土地利用率，提高工程设防的针对性。项目验收后，为了使工程成果更好地转地应用，震害防御司对后期工作进行了科学的指导，要求探测城市采取恰当的方式，与当地政府有关部门进行沟通，建立起项目成果在城市规划、建设、土地利用和减轻地震灾害中应用的方式和渠道。甘肃省建设厅和甘肃省地震局联合印发了“关于印发推广使用兰州市活断层探测与地震危险性评价成果意见的通知”（甘建设［2007］437 号），项目成果为城市的土地利用和城市建设规划已经发挥了积极作用。另外，《科技日报》对兰州市活断层工程社会效益和银川活断层科研成果进行了深入宣传报道，社会反响良好。

（中国地震局震害防御司）

各省、自治区、直辖市地震灾害预防工作

北　京　市

1. 召开全市防震抗震领导小组会议

2007年，北京市地震局把贯彻国务院防震减灾联席会议和全国地震局长会议精神作为工作重点，多次召开专题会议，研究落实具体措施并积极推进。4月6日，北京市政府组织召开市防震抗震工作领导小组会议，吉林副市长出席会议并讲话，北京市防震抗震工作领导小组成员、十八个区县主管领导以及奥组委秘书行政部负责人出席会议。会议对震情趋势、奥运地震安全保障、“十一五”项目落实等2007年北京市防震减灾重点工作进行了安排和部署。各区县也相继召开了本区县的防震减灾工作会议，在加强地震监测预报能力，提高抗震设防管理水平，推进应急救援体系建设和加强防震减灾宣传教育等方面加大工作力度，取得了明显成效，全市防震减灾工作呈现出良好的发展态势。

2. 建设工程抗震设防管理

在行政许可法的贯彻实施过程中，在北京市政府的要求和相关部门的支持下，将“北京市地震安全性评价报告审定和抗震设防要求确定”纳入了2007年6月份出版的《北京市固定资产投资项目办理指南》中，从形式上和制度上进一步保障了首都建设工程地震安全性评价和抗震设防要求工作的顺利开展。

2007年，北京市地震局完成了门头沟医院急诊综合楼、京包高速公路、京丰热电厂、昌平振兴路、原华国际中心、高压天然气改线工程、中科院遗传综合楼等工程场地地震安全性评价项目为这些重大建设工程提出了科学合理的抗震设防要求。

3. 实施“十五”网络项目与落实“十一五”防震减灾发展规划

2007年，“十五”网络项目建设取得了突破性进展，各分项目进展顺利，全体分项目已经完成建设、试运行、测试工作。同时，为落实“十一五”项目中的“北京市防震减灾中心大楼建设工程”做了大量工作，该项目已在北京市发展改革委员会立项。

4. 农村民居地震安全工程的实施

2007年，北京市地震局认真贯彻落实中国地震局和建设部《关于实施农村民居地震安全工程的意见》，在与北京市建设委员会、北京市规划委员会和北京市农村工作委员会共同调研的基础上，结合北京市新农村建设工作的推进情况，联合下发了《关于我市实施农村民居地震安全工程的意见的通知》。对北京市农村民居地震安全和管理的基本现状进行了客观分析，明确了2007年的主要任务和工作要求，提出了具体措施，为推进农村民居地震安

全工作的开展奠定了基础。

5. 防震减灾宣传教育工作

2007 年，北京市地震局利用地球日、国际减灾日、唐山地震纪念日、北京科技周等纪念日，组织开展丰富多彩的防震减灾科普知识宣传普及工作。昌平区组织开展了“迎奥运·和谐昌平·安全社区”市民大讲堂活动，历时 3 个月时间，共组织开展了 20 多场讲座，听课人员数千人。

2007 年北京市丰台科技馆被评为国家级防震减灾科普教育基地，使北京市国家级防震减灾科普教育基地达到 4 家，居全国前列。

2007 年，北京市地震局为奥运地震安全保障服务制作完成了一批防震减灾宣传产品。其中制作完成了三维动画片《笨笨狗 PK 巨能霸》盘片 2000 片，印制宣传挂图 1 万套、宣传折页 10 万份，制作防震减灾科普宣传展板 31 块，完成《家庭地震应急三点通》科普卡通画册第二次印刷 2 万册。

6. 区县防震减灾工作

2007 年 10 月，全市十八个区县地震管理机构已经全部改称为“区县地震局”，人员编制不少于 12 人，并按照监测预报、震灾防御和应急救援三大体系合理设置内设科室机构。全市区县地震局总共增设 27 个科室，人员增编 57 名，增加处级干部职数 14 名。加强了区县防震减灾工作职能履行的力度，为保障防震减灾工作深入到基层，增强全市防震减灾综合能力打下了坚实的基础。

区县防震减灾工作取得显著进展：丰台区组建了区县级专业地震救援队伍；2007 年，在全国市（地）防震减灾工作综合评比中，昌平区地震局获得全国评比二等奖，这是继 2006 年昌平获三等奖后再次取得历史性突破；海淀区地震局和平谷区地震局分别荣获全国地市防震减灾工作综合评比优秀奖；海淀区地震局还荣获了“地震灾害防御”单项奖。

（北京市地震局　任振起）

天　津　市

1. 完善法制建设，加强防震减灾行政执法队伍管理

市地震局完成了防震减灾政府规章和规范性文件的清理工作，提出立法规划。印制《天津市防震减灾行政执法手册》，加强对行政执法人员管理，集中开展公共法和专业法知识培训。截至本年底，本市 18 个区县全部建立了防震减灾行政执法队伍，市区两级地震部门共开展了 10 次行政执法检查，效果明显。

2. 加强抗震设防和地震安全性评价管理，提高社会综合防御地震灾害的能力

市地震局严格遵守防震减灾行政审批窗口的审批规程、请假制度、回访企业制度，加强了抗震设防要求管理，本年共办理行政审批 40 件，咨询服务接待 150 余人次，申请人评议满意率 100%，审查了本市 37 个中心镇、示范镇、小城镇建设规划。市地震局与市安监局联合印发了《关于做好安全生产领域防震减灾工作的通知》，要求本市重点企业落实防震减灾工作措施，并对大无缝、天津碱厂等大型企业的防震减灾工作进行了督查。市地震局与市奥足办完善了“天津市地震局奥运地震安全保障工作方案”，借女足世界杯在津举办之际，在确保做好震情监视工作的基础上，对奥运地震安全保障工作方案进行了对照检查和检验。

全市30余个重点工程开展了地震安全性评价，完成了《临港产业区围海造地工程场区地震地质环境与灾害评价》等项目。《天津港口贸易经济规划区地震影响评价研究》获天津市科技进步奖三等奖。汉沽区和蓟县严格执行地震小区划新技术规范，顺利完成了城区地震小区划项目。市地震局、市建委、市农委联合制定了“关于我市农村民居地震安全工程的实施意见”，在本市范围内进行了统一安排和部署，并着手开展了农村民居地震安全工程立项申请。

3. 深入开展防震减灾宣传活动，增强社会公众防震减灾意识

市委宣传部和市地震局联合印发了《天津市防震减灾宣传计划》，在本市范围内安排部署年度宣传工作。市地震局积极参与《市民防灾应急手册》编辑工作，认真撰写地震应急避险知识，在全市30万居民家庭中广泛开展防震减灾科普常识，同时印制了“科普宣传图片素材”、“科普宣讲电子幻灯”、“天津市地质构造图”、“中国地震动参数区划图”等宣传材料，组织专家深入农村、学校、党校、机关和企事业单位，举办科普讲座。市委宣传部和市科委、市教委、市地震局联合成立了市防震减灾示范校创建工作领导小组，制定了“天津市防震减灾科普教育示范学校建设标准”，并部署了本市开展防震减灾科普示范学校建设工作，本年已有10所示范校通过验收并挂牌。“7.28防震减灾宣传周”期间，市地震局在本市范围内集中开展了防震减灾宣传活动，共组织系列宣传活动25场。市人民广播电台和市电视台通过播放科教片、现场直播等形式，宣传普及防震减灾知识。和平区开展了社区公共安全教育活动和“专家与市民互动讲谈”活动，其它各区县也纷纷以不同形式开展宣传活动，取得了良好的社会效益。在全国地市级防震减灾工作综合评比中，蓟县地震办公室获得综合评比三等奖，河东区地震办公室获得社会动员单项奖。

（天津市地震局　刘爱平　刘允秀）

河　北　省

1. 河北省农村民居地震安全工程全面启动

2007年6月成立了河北省农村民居防震保安工作领导小组。由分管建设工作的副省长宋恩华和分管地震工作的副省长龙庄伟担任领导小组组长，省建设、地震、发改、财政、国土资源、农业、科技等有关部门为成员单位，统一领导和协调河北省农村民居防震保安工作。6月19日，河北省政府召开了全省防震保安工作电视电话会议，进一步贯彻落实全国农村民居防震保安工作会议精神，全面部署了河北省防震保安工作。9月17日，河北省地震局联合省建设厅制定的《河北省农村民居防震保安实施意见》经省政府办公厅印发，为下一步全省农村民居地震安全工作的全面铺开提供了依据和保障。秦皇岛、邢台、沧州等市政府成立了农村民居防震保安工作机构，开展了农村民居现状调查，编制了指导农村民居建设的资料图件。

2. 修订、印发有关震灾预防的条例和通知

（1）修订《河北省地震安全性评价管理条例》。《条例》修订案于9月18～21日召开的河北省第十届人民代表大会常务委员会第三十次常委会议上正式通过，并于2007年11月1日开始实施。新《条例》除了对地震安全性评价作出相应规定外，还明确规定了省、市、县三级地震工作主管部门具体的抗震设防要求管理职能。河北省地震局于10月30日组织省人大和有关部门召开《条例》新闻发布会，并于11月1日条例实施日，省、市（县）地震部门均举行了大型的宣传活动。

（2）《河北省人民政府关于进一步做好防震减灾工作的通知》印发。该《通知》明确提出了河北省2020年防震减灾目标，并对全省当前和今后一个时期的防震减灾工作进行了全面部署，是全面建设河北省3+1体系的纲领性文件，各市都依据此《通知》制定了加强本地防震减灾工作的具体措施，并开始取得一定成效。

（3）《关于加强县（市）级地震机构建设的通知》由河北省编办印发。该《通知》对县（市）级地震机构的建设提出了明确的要求。各市积极响应，县级地震工作机构建设出现新气象。保定市县级地震工作机构已全部建立起来，石家庄市县级地震工作机构建议也基本完成，张家口市、秦皇岛、唐山、邯郸等也取得了不同程度的进展，为进一步将防震减灾工作落到实处奠定了组织基础。

3. 开展行政执法检查，规范执法行为

河北省地震局组织开展“2007年度全省地震系统建设工程地震安全性评价和抗震设防要求行政执法检查”活动。实地检查石家庄、衡水、保定、承德、秦皇岛等抗震设防要求审批工作情况。

4. 地震安全性评价工作

2007年全省共完成地震安全性评价项目近200项。全省11个设区市的城市活断层探测与地震危险性评价项目正在按程序有计划的积极推进。投资约为1.1亿元的11个设区市活断层项目已完成在省、市两级发改部门的立项工作，并于2007年12月底前全部进入项目实施阶段。

5. “三网一员”建设取得进展

邢台市地震局完成了21个县市区的“三网一员”建设，共建成地震宏观测报点86个，防震减灾宣传点90个，设立防震减灾助理员195名。石家庄市在105个乡、118个镇、48个办事处、4488个行政村、552个居委会共设立了5311个防震减灾助理员，形成了县县有站、乡乡有网、村村有员的群测群防网络体制，做到了人员、责任、经费、补贴四落实。邯郸市按照要求共建立了地震宏观测报点320个，防震减灾宣传网点190个，联络员190个，地震灾情速报点190个，每个网点的标牌、制度、职责全部上墙公布。

在中国地震局组织的2006年度全国市（地）防震减灾工作综合评比中，河北省再次取得好成绩：邯郸市地震局荣获一等奖，石家庄市地震局荣获创新奖，涉县地震局等6县荣获“全国县级防震减灾工作先进单位”。

6. 宣传教育不断深入

河北省科技馆防震减灾展厅的建成使用，成为河北省防震减灾科普宣传的重要窗口。石家庄市地震局依托地震观测站建成的防震减灾宣传基地，被中国地震局命名为国家防震减灾科普教育基地。邯郸市地震局会同市教育局、科技局、科协等部门对本市 11 所防震减灾科普示范学校进行了验收、命名，并经政府批准成立了防震减灾宣传教育培训中心。各市利用网络、电视、报纸等媒体在科普宣传周、7. 28、12. 4、国际减灾日等都开展了知识讲座、知识竞赛、咨询服务、夏令营等丰富多彩的防震减灾科普和法制宣传活动，收到良好宣传效果。

（河北省地震局　王加林　贾宏谱　梁志琴　王　敏）

山　西　省

1. 明确防震减灾目标任务

2007 年，山西省以省政府办公厅名义印发了《关于做好我省国家级重点监视防御区和省重点监视防御城市防震减灾工作的意见》，列出了国家级重点监视防御区涉及山西的市县区域和山西省 6 个重点监视防御城市，明确了所涉区域的工作目标、指标要求和任务进度，对做好山西国家级重点监视防御区和省级重点防御城市的防震减灾工作具有指导意义。

2. 加强防震减灾法制建设和行政执法工作

省、市、县三级地震局开展了形式多样的防震减灾法制宣传活动。全省共制作宣传版面 600 余块，发放宣传资料 60 余万份，报纸、杂志、广播电视、网上等刊发宣传文章、专题讲话 32 篇。播放专题片 11 部，受益群众达百万人次。举行各级、各类法制培训班 12 次，其中省级 2 次，市级 6 次，接受培训人数达 600 余人次。经过培训，2007 年又有 21 个县局申请了行政执法主体资格证；新成立了永济市、太谷县 2 个行政执法监察大队。迄今为止，全省具有行政执法主体资格证的有 65 个局；执法队伍有 1 个省总队、11 个市支队、7 个县大队；持有执法证的 408 名，监察证 50 名。

重点开展了《中华人民共和国突发事件应对法》和地震应急知识宣传活动。在《中华人民共和国突发事件应对法》实施之日，山西省地震局与 11 个市级地震局分别展开形式多样、声势浩大的地震应急宣传活动，通过专题讲座、播发电视宣传片、刊发专题文章等多种形式进行宣传，受众达 60 余万人次。

3. 进一步加强抗震设防管理

全省共有 4 个市将抗震设防要求审批纳入基本建设管理程序。共审批重大工程抗震设防 93 项，一般工程抗震设防要求 836 项。2007 年以省政府办公厅名义印发《山西省实施地震安全农居工程意见》，加强农村民居抗震设防，截至 2007 年底，共建设 235 个农村民居示范点，建成抗震安全民居 60955 套。

4. 规范地震安全性评价工作

组织全省地震安全性评价专业人员参加中国地震局和人事部组织的一级地震安全性评价资格考试。印发了《山西省二级地震安全性评价工程师资格考试实施办法》、《山西省二级地震安全性评价工程师资格注册实施办法》、《山西省二级地震安全性评价工程师资格考核认定办法》，完成了127项建设工程地震安全性评价工作。

5. 开展震害预测工作

2007年8月20日，“朔州市城区震害预测与防御对策研究项目”完成并通过了验收。该项目总投资155万元，成果主要有：朔州市城区震害预测信息管理系统，包括支持其运行的相关硬件、软件平台等；朔州市城区建筑物及生命线电子底图（1∶5000）；《朔州市城区震害预测与防御对策研究工作报告》、《朔州市城区地震环境评价报告》。该项目的实施为朔州市的城市建设提供了可以信赖的基础信息，使朔州市在面临地震灾害时能快速预测可能遭受的损失并依此进行应急救灾。

6. 活断层探测工作取得成效

太原市活断层探测项目作为“十五”重点项目——山西数字地震观测网络项目6个分项之一，2007年完成了项目系统集成、总报告编制及数据库和信息系统建设。12月4日，项目通过了专家验收。该项目对太原市目标区7条主要活断层的准确位置进行了确定，并对其活动性和地震危险性进行鉴定和评价。项目成果将为太原市城市规划、建设、土地利用和减轻地震灾害、保障社会经济的可持续发展提供科学依据。

7. 防震减灾宣传工作广泛深入

山西省地震局向全省各市印发了《关于搞好2007年防震减灾宣传教育工作的通知》，全面开展防震减灾“进校园、进社区、进农村”活动，截至2007年底，全省共建成268所地震科普示范学校，3个防震减灾科普教育基地，其中，阳泉市赛鱼小学被认定为国家级防震减灾科普教育基地，大同、晋城建成了市级防震减灾科普教育基地。此外，利用7.28地震纪念日，全省11个市都在7.28所在周开展了大规模的防震减灾知识宣传。

8. 群测群防工作取得新进展

山西省地震局印发《关于进一步做好“三网一员”工作的通知》，制定了“三网”验收标准，各市相继对“三网”进行重新认定或挂牌。截至2007年年底，共建成“三网”骨干点166个，一般点5876个，防震减灾助理员共3124名。

（山西省地震局　尉燕普　赵晋红）

内蒙古自治区

2007年9月21日，《包头市地震安全性评价实施条例（草案修改稿）》经包头市第十二届人民代表大会常务委员会第三十一次会议审议通过。自治区人民政府以内政［2007］1号转发了《国务院办公厅转发地震局建设部关于实施农村民居地震安全工程意见的通知》，并对全区农村民居地震安全工程提出了要求。

5 月 23 日内蒙古自治区安全生产监督管理局和内蒙古自治区地震局以内安监应急字［2007］75 号向全区联合下发了《转发国家安全生产监督总局、中国地震局关于进一步做好安全生产领域的防震减灾工作的通知》，要求做好安全生产领域防震减灾工作。

内蒙古自治区呼和浩特活断层探测系统工程年内全部完成，包括活断层咨询服务部和 4 条断层的全部探测任务以及所有仪器设备的采购、安装、调试等工作。该项目中国地震局批复投资为 860.10 万元，其中，建安工程费 6.90 万元，设备及安装费 48.70 万元，其他费用（城市地震活断层探测与地震危险性评价工程）804.50 万元，总建筑面积 100m^2。活断层分项完成投资 860.0 万元，其中，建安工程 6.90 万元，设备及安装费 46.88 万元，其他费用 806.22 万元，专业设备 3 台套。2007 年 12 月 27 日在北京通过中国地震局和呼和浩特市政府共同组织的验收组的验收。

开展完成了杭锦煤矸石发电厂、呼和浩特市玉泉区热电厂、锡—乌公路黄河大桥等 30 余项工程场地地震安全性评价项目，合同额达到了 500 多万元。2007 年共评审安评报告 52 项，其中函审 45 项、会审 3 项、与国家局联合会审 2 项，国家局评审 2 项，其中 51 项通过，1 项未通过。并对全区 47 项评审通过的安评报告进行了行政审批。

按照中国地震局的要求，组织完成 2005～2006 年全区工程场地地震安全性评价报告的统计和上报工作；完成对全区甲、乙级资质单位安评报告抽查上报工作。开展了“十一五”项目——第五代地震动参数区划图资料的收集、整理和编辑工作。内蒙古地震局和自治区人事厅配合，完成了全区 23 名二级地震安评师的认定工作，年内已由人事厅完成了公示，并发文通知。

完成呼和浩特地震科普教育基地建设前期准备工作。组织参加了自治区科普宣传周活动，开展 7.28 唐山地震纪念日宣传活动，在呼和浩特市中、小学和街道办事处举办了防震减灾科普知识宣传讲座，并在部分学校举办了应急避震演练。

在中国地震局组织的盟市、旗县地震工作综合评比中，呼伦贝尔地震局获全国综合评比第 2 名，鄂尔多斯地震局获震害防御先进集体奖，扎兰屯、土右旗、开鲁县、阿鲁科尔沁旗、磴口县获旗县先进单位。

（内蒙古自治区地震局　弓建平）

辽　宁　省

1. 防震减灾法制建设

2007 年 7 月经辽宁省人民政府同意，省发改委、省经委、省地震局联合下发了《关于发布辽宁省抗震设防重大建设工程和可能发生严重次生灾害建设工程范围及其投资管理有关问题的通知》（辽发改投资［2007］691 号），将安评项目管理纳入投资项目的核准和审批程序。其主要目的一是进一步加强全省抗震设防要求管理有法可依，有据可查；二是强化地震部门公共安全和社会服务职能；三是规范依法行政行为，提升依法行政能力和服务能力。

2007 年辽宁省地震局将依法行政工作作为年度综合评比和目标考核工作的重要内容；将法定职权和责任分解落实到具体执法机构和执法岗位；建立健全《辽宁省地震局行政执法公示制》，行政管理相对人可在机关行政许可审批大厅或在辽宁省防震减灾信息网上查询地震行政执法依据、职责和流程；对全省地震系统行政执法案卷开展了评查活动，制定《辽宁省地震局地震行政执法案卷立卷归档规定》、《丹东市地震局规范行政执法自由裁量权标准》、《丹东市地震局自由裁量指导性标准公示制度》。进一步加强对市县级地震执法机构的指导和监督，做到量罚准确、程序规范、法律文书完备。

2007 年辽宁省地震系统制定普法计划在全省各地开展形式多样、内容丰富的法制宣传教育活动。组织开展了《中华人民共和国物权法》和《公务员处分条例》等法律法规的学习活动。

2. 抗震设防要求的管理

2007 年进一步加强对全省新建、扩建、改建的重大建设工程和可能发生严重次生灾害的建设工程抗震设防要求的监督和管理。省级和市县级地震行政执法机构定期和不定期地对建设工程抗震设防要求进行了多次检查。对 75 项重大建设工程和可能发生严重次生灾害的建设工程进行了地震安全性评价。同时为加强地震行政许可的管理，按照规定程序和时限办理行政许可审批。并对 75 项工程场地地震安全性评价结果审定及抗震设防要求确定进行了行政许可，对每项行政许可进行监督管理。

为贯彻《辽宁省农村民居地震安全工程的实施意见》，辽宁省地震局选择了 3 个有代表性的县（市）（辽东地区的岫岩县、辽北地区的开原市、辽西地区的北票市）开展农村民居抗震性能普查和危险性评估。并会同省建设厅向省政府作了专题报告。经省政府同意，制定了《辽宁省农村民居地震安全工程实施方案》。

为配合从业单位地震安全性评价资质和从业人员执业资格的管理和考试工作，辽宁省地震局与吉林省地震局、黑龙江省地震局、工程力学研究所联合举办地震安全性评价技术培训班，有 6 人通过全国首次地震安全性评价工程师资格考试，取得一级工程师资格。

3. 震害预测工作

2007 年实施“十一五”项目，辽宁省地震重点监视防御区大中城市震害预测工程项目已完成沈阳、大连、营口、辽阳、盘锦、朝阳等大城市第一阶段建筑物普查工作，并进行数据入库整理；完成全省县级以上城镇建筑物抗震性能现场普查工作，数据整理入库已完成 85% 。

4. 活动断层探测工作

“沈阳市地震活断层探测与地震危险性评价”工程项目作为“十五”重点项目经过四年的努力工作，于 2007 年 10 月通过了中国地震局专家组验收。“辽阳、鞍山、营口及盘锦四城市活断层探测与地震危险性评价”工程项目作为辽宁省“十一五”重点项目，于 2007 年 1 月通过辽宁省地震局专家组验收。

5. 防震减灾宣传工作

一是加强全省各市、县防震减灾宣传工作的指导。各市、县以“三网一员”建设主要内容的群测群防体系不断完善，制定建设方案，制定群测群防岗位津贴发放标准，加强各乡镇助理员队伍建设，建立群测群防正常经费渠道。一些市、县已将群测群防经费列入地方年度财政预算。二是借助唐山地震纪念日与辽宁省红十字会、省消防局、辽沈晚报在沈阳皇寺广场组织策划了大型纪念、宣传、演练、救护等一系列活动。近200名地震救援志愿者和红十字会志愿者以及数千名群众参加了活动。三是组织地震专家，参与媒体宣传，借政府搭建的平台推进防震减灾工作。2007年8月的最后一周是辽宁省人民政府设立的应急宣传周，活动主题是“防震减灾、和谐平安”。辽宁省地震局特别推出了专家讲座栏目和科普知识网站宣传两项重点活动。安排局地震预报研究中心主任焦明若博士全程参加宣传周活动，主讲防震减灾科普知识。

（辽宁省地震局　韩　平）

吉　林　省

吉林省人大教科文卫委员会开展防震减灾执法检查。2007年10月16~19日，吉林省人大教科文卫委员会组成调查组，对吉林省贯彻落实《中华人民共和国防震减灾法》和《吉林省防震减灾条例》情况进行了调查。调查组到吉林省防震减灾指挥中心、吉林省地震与火山监测中心、净月地震台和三岗地震台进行了实地调查。听取了吉林省地震局、松原市人民政府和白城市人民政府贯彻防震减灾法律法规工作的汇报。

为加强吉林省建设工程地震安全性评价工作的质量管理，规范地震安全性评价行为，依据《地震安全性评价管理条例》、《建设工程地震安全性评价结果审定及抗震设防要求确定行政许可实施细则》（中震发防［2005］51号），制定印发了《吉林省建设工程地震安全性评价报告审定工作管理办法》（吉震发［2007］4号）和《关于规范丙级地震安全性评价资质单位管理的通知》（吉震发［2007］79号）。为提高吉林省广大农村民居抗御地震灾害的能力，根据国家有关精神，吉林省地震局和建设厅联合制定了《吉林省农村民居地震安全工程实施意见》和《吉林省农村民居地震安全工程实施方案》（吉政办发［2007］21号），并经吉林省人民政府批准印发。

为推进吉林省二级地震安全性评价工程师资格考核和考试工作，根据国家人事部、中国地震局《关于印发〈地震安全性评价工程师制度暂行规定〉、〈地震安全性评价工程师资格考试实施办法〉和〈地震安全性评价工程师资格考核认定办法〉的通知》（国人部发［2005］72号）精神，吉林省人事厅、吉林省地震局联合印发了《关于开展吉林省二级地震安全性评价工程师资格考核认定工作的通知》和《吉林省二级地震安全性评价工程师资格考试实施办法》（吉人联字［2007］135号）。2007年对长春轻轨三期、吉林丰满发电厂、松原热电厂等23项重大工程进行了地震安全性评价，为以上工程提供了科学的抗震设防依据。

为加强吉林省地震群测群防工作管理，推进宏观观测、灾情速报和防震减灾宣传工作的发展，规范地震群测群防工作，根据中国地震局《地震群测群防工作大纲》，制定印发了《吉林省地震群测群防工作管理办法》（吉震发［2007］87）号。

完成了吉林省数字强震台网建设。吉林省数字强震台网由10个具备电话拨号遥测功能的固定台组成，10个台站沿长春—哈尔滨一带布设，该台网的建成结束了吉林省没有强震观测的历史，将为提高吉林省对抗御地震灾害规律的认识，发展工程抗震方法与技术，研究东北地震动衰减规律，制定和修订地震动区划图及抗震设计规范，采取地震应急措施等提供相应的基础资料。

完成了长春市活断层探测与地震危险性评价项目。该项目于2005年立项，由吉林省地震局和长春市地震局共同组织实施，并于2007年12月13日通过中国地震局验收。项目分14个子专题，分别从地质调查、地球物理探测、危险性评价、危害性评价及数据库建设等方面开展了研究。查清了长春市城区及其周围隐伏地震构造，确定了与地震活动相关的活动断层及其地震危险性，建立了地下地震构造数据库和三维可视化地理信息系统。

（吉林省地震局　孙继刚　王军亮）

黑 龙 江 省

1. 防震减灾法制建设与抗震设防监督管理

2007年进一步规范了地震安全性评价收费行为，黑龙江省物价局、黑龙江省地震局重新修订了《黑龙江省地震安全性评价收费管理办法》，对地震安全性评价服务范围、收费单位的资质、收费性质做出了具体要求。

根据防震减灾法律法规，对黑龙江省重点推进的200个建设项目进行梳理，确定出应做地震安全性评价的项目共71项，其中已完成地震安全性评价的项目46项，未做地震安全性评价项目25项。按照25个项目分布，黑龙江地震局抗震设防监督管理站组织两个组深入各地市，并与市（地）地震局开展了联合执法，先后对大庆炼化厂、大庆机场、污水处理厂、佳木斯同江大桥、乙酸乙酯、煤化工、农药厂、牡丹江第二发电厂、绥阳供水水库、东宁水库、宁安热电联产、鸡西密山电厂、双鸭山热电厂、七台河宝泰龙电厂、中煤集团煤化工、北大荒农垦集团化肥、鹤岗乙醇、化肥等项目开展行政执法，下达了抗震设防要求通知书，通过执法与建设单位达成共识，在项目审批后经费到位前进行地震安评工作。此外，先后与黑龙江电力公司、黑龙江水利厅、黑龙江交通厅取得联系，就黑龙江省重点工程地震安全性评价工作相互交换了意见，对220千伏以上输变电站和大型以上水库大坝、承担城市供水水库工程及特大型桥梁工程进行地震安全性评价达成了共识，督促行业主管部门方面严格把关，不留地震安全隐患。

2. 地震安全性评价的管理

黑龙江省地震安全性评价报告质量、评审规范化处在全国中上游。地震工程技术部门积极拓展服务领域。实现了由单一的安评工作逐步向多元化转变，先后增加了抗震性能鉴定、地质灾害、岩土工程勘察、震害预测等工作。全年共完成地震安评项目60项，大庆林源国家原油贮备库、同江中俄铁路大桥、五大连池机场选址等国家及省内重大工程，地震安评的质量稳步提高。严把地震安评服务单位资质、收费标准、报告评审委托书、项目合同审检、登记关。根据《地震安全性评价管理条例》、《黑龙江省抗震设防管理细则》、《关于进一步加强地震安全性评价项目管理通知》（黑震办［2007］7号）文件要求，对承担地震安全性评价单位资质、服务内容、收费标准、报告评审委托协议、项目合同等进行了严格审查，对上报材料要件不全的坚决退回；对工程建设单位提出的特殊要求，积极采取特事特办的方法，保证建设单位工程计划正常运行。全年共完成地震安评服务单位承揽项目的审查、登记、评审、确认个案51项。

3. 震害预测工作

2007年4~5月黑龙江省地震局组织开展了全省农村民居地震安全工程基础情况调查。组织工力所专家和局内有关人员，深入全省8个市地的26个村屯，实地走访了2489户农户，对2263栋房屋进行了实地调查，各市（地）也集中开展了普查，形成了《全省农村民居地震安全工程基础情况调查报告》。通过调查摸清了当前农村民居建设中存在的主要问题，计算出了我省农村民居地震安全工程量，为我省的农村民居防震保安工作的开展以及震害预测工作奠定了坚实的基础。

4. 防震减灾宣传工作

积极组织开展《防震减灾法》颁布实施9周年、“7.28”唐山大地震31周年宣传活动。《防震减灾法》颁布实施9周年宣传活动期间，全省共设立宣传站点30余处，悬挂宣传标语60余幅，展出展板140余块，发放宣传资料11万份，发表电视讲话两次，刊登科普知识20余篇。“7.28”宣传活动期间，与哈尔滨市地震局联合在革新街教堂广场设立宣传站，悬挂宣传条幅，展示宣传展板，发放宣传资料，解答有关咨询。当天各市（地）也都组织了大型宣传活动。宣传活动有效地增强了广大群众的防震减灾意识，提高了社会公众应对突发事件和识别地震谣言的能力。此外，还积极参与了黑龙江省科技活动周以及国际减灾日的宣传活动，积极组织开展防震减灾科普知识进校园等宣传活动，取得了良好的社会效应。

5. 其他工作

9月14日，召开了黑龙江省农村民居防震保安工作会议。传达了全国农村民居防震保安工作会议精神，部署了黑龙江省农村民居地震安全工作，确定了2020年我省农村民居地震安全工程的长远目标。会议还讨论了《省政府关于实施农村民居地震安全工程的通知》和《黑龙江省农村民居地震安全工程规划纲要》两个文件草案。

全国市县防震减灾工作综合评比获得较好成绩。黑龙江省地震局推荐的哈尔滨市地震局荣获全国市县防震减灾工作综合评比三等奖；大庆市地震局、绥化市地震局荣获全国市县防震减灾工作综合评比优秀奖；另外绥化市地震局还荣获了地震应急救援单项奖。这次评比中我省荣获全国防震减灾工作县级先进单位的有：望奎县、肇东市、鸡东县、萝北县。

（黑龙江省地震局　张东凯）

上　海　市

1. 防震减灾法制建设

继续推进《上海市防震减灾条例》立法工作，2007年7月，上海市人大常委会主任龚学平率领市人大常委会副主任周禹鹏、胡炜及部分常委会组成人员视察上海市防震减灾工作，就进一步做好上海市防震减灾立法工作进行重点研究。上海市人大领导在认真听取汇报后，就上海市防震减灾立法问题提出了建设性的意见和建议，并表示将予以大力支持。

2. 抗震设防要求管理和地震安全性评价管理

2007年，在上海地震信息网上对上海市6家具有地震安评资质的单位信息、上海市地震安评收费标准和安评报告评审工作流程予以公布。制作《地震安全性评价意见调查反馈表》，增加安评报告评审专家人数，逐步提升行业管理整体能力。2007年，先后完成世纪大道等17项工程安评报告的评审工作。

3. 震害预测工作

根据震后应急工作需要，确立震后灾害评估体系课题的研究，完成《地震灾害快速评估系统工作指南》、《上海市地震现场工作建筑物安全鉴定方法工作指南》、《上海市地震灾害损失现场评估工作指南》和《上海市地震局地震现场科学考察工作指南》的编写。

4. 防震减灾宣传工作

上海地震信息网于2007年6月完成改版，2007年点击量逾15000人次。电子地震信息显示牌升级完成，进一步扩大了信息传递量。全市中学生防震减灾Flash动漫作品比赛顺利举办，突破了传统宣教模式。修订完成地震宣传应急预案，明确日常宣传、地震谣传、有感地震和破坏性地震时的各种宣传对策。迅速平息2007年1月12日互联网上关于上海2007年会发生地震海啸的谣传，得到上海市政府领导的肯定和赞扬。

（上海市地震局　孙敏震）

江　苏　省

1．省政府召开全省防震减灾工作会议

2007年5月22日，省政府在南京召开全省防震减灾工作会议，研究部署2007年及“十一五”防震减灾任务，与各市人民政府签订防震减灾工作目标管理责任书。仇和副省长出席会议并作重要讲话，省政府张大强副秘书长主持会议。省地震局丁仁杰局长传达了国务院防震减灾工作联席会议精神，通报了当前震情形势。无锡市、连云港市、徐州市和高邮市政府负责同志作了大会交流发言，与会同志还观看了省地震灾害紧急救援队工作情况资料片。各省辖市分管防震减灾工作的副市长和市地震局、建设局局长，地震重点危险区的33个县（市、区）政府分管副县（市、区）长和地震局、建设局局长，省防震减灾工作联席会议成员及联络员等近200人参加了会议。

2. 省政府办公厅印发实施《江苏省防震减灾规划（2006～2020年）》

2007年4月，省政府办公厅印发《江苏省防震减灾规划（2006～2020年）》给各市县人民政府，省各委、办、厅、局及省各直属单位组织实施，规划明确了“十一五”期间将要实施的9个重点项目。规划印发后，省地震局及时把规划转发到各市地震局，要求认真贯彻执行，并做好省、市两级规划间的衔接。江苏省大多数省辖市的防震减灾规划已印发实施。江苏省防震减灾“十一五”重点项目建议书——《江苏省地震安全工程》的编制工作已完成，并上报省发改委。

3. 建设工程抗震设防要求管理

2007年12月，省地震局与省人事厅联合制定印发实施江苏省地震安全性评价工程师的考试、考核工作管理办法，进一步规范和加强地震安全性评价技术队伍建设。省地震局采取多种形式对地震安全性评价资质持证单位进行业务指导和技术培训工作，在全省有关市、县行政审批中心抗震设防要求管理“窗口”推广使用抗震设防要求管理软件。

4. 省政府办公厅转发加强农村民居防震安全工程建设意见的通知

2007年3月29日，省建设厅、省地震局关于加强农村民居防震安全工程建设的意见经省政府同意，由省政府办公厅转发到各市县政府，省各委办厅局和省各直属单位，要求认真贯彻执行。文件中确立了实施农村民居防震安全工程建设的指导思想、目标任务和工作原则，提出了7项主要任务、3项保障措施。省地震局会同省有关部门加强对农村建房抗震设防工作的指导，推进全省农村民居地震安全工程的实施。一些试点市县政府已安排专项资金，用于集中居住区内基础设施建设。

5. 南京地震活断层探测项目建设完成并通过国家验收

南京地震活断层探测项目重点探测了南京地下4条主要断层，建成1个活断层探测中心、1个活断层咨询服务部，安装运行3台套地震观测仪器设备，建筑面积200平方米。2007年12月8日该项目顺利通过了中国地震局震害防御司组织的验收。南京地震活断层探测项目的建设完成，查明了南京地下主要活动断层的空间位置，获取了断层活动性的定量参数，为南京城市建设、发展规划和防震减灾等活动提供了科学依据，将进一步提高政府对防震减灾的决策效能。

6. 地震科技为经济建设服务

省地震工程院进一步开拓市场，建立了较为完善的市场网络体系，完成南京地铁二号线东西延线、三号线、江苏第二核电东陬山厂等70多项重大工程的地震安全性评价项目，完成南京化学工业园、宏图三胞宁南大道等200多项检测项目。加强科技创新，研制出临震电磁信息监测仪，技术较为先进、性能稳定，市场前景良好。

7. 防震减灾宣传教育

全省各级地震部门通过组织和参加科普宣传周、科普进社区、科普进学校、地震夏令营等活动，普及防震避震知识，提高群众的防震减灾素质。江苏防震减灾网站改版，申报江苏省防震减灾电子宣教公共服务系统项目已获省信息产业厅批准。积极创建国家级防震减灾科普教育基地，江苏省清江中学被中国地震局授予国家防震减灾科普教育基地，全省拥有5个国家级科普教育基地，是全国最多的省份。省教育厅、省地震局、省科协联合在重点危险区开展创建防震减灾宣传示范学校工作，全省建成75所省级科普示范学校。

8. 市县防震减灾工作

协助中国地震局组织召开全国市县防震减灾综合评比暨国家防震减灾科普基地评审会议。无锡市地震局荣获全国市县防震减灾综合评比一等奖；南京市地震局荣获三等奖；高邮市、宜兴、射阳、如皋4县（市）被评为全国防震减灾工作先进单位；省地震局连续第2年荣获全国市县防震减灾工作管理奖；无锡市地震局在2007年全国地震科技大会上获得全国地震科技创新先进集体。无锡、南通两市开展城市基底构造轮廓探测和震害预测等工作。

（江苏省地震局　龚寿荣　朱庆和）

浙　江　省

1. 防震减灾法制建设

全省依法行政工作得到进一步规范和加强，制定并出台了行政执法组织领导、执法岗位责任等依法行政责任制度。浙江省地震局防震减灾行政执法工作通过浙江省政府联合考察组考核；“防震减灾行政许可类工作事项”经浙江省法制办审核通过，向社会公告。

2. 建设工程抗震设防要求管理

依法加强对重大建设工程和生命线工程的抗震设防要求管理，浙江省地震安全性评价委员会2007年共组织评审并审批宁波轨道交通1号线、杭州—嘉兴天然气输气管道工程等近40项重大工程地震安全性评价结果，为建设工程提供了科学合理的抗震设防要求。农村民居地震安全工程稳步推进，宁波市建设完成了浙江省首个抗震安全示范村“宁波市奉化岩头村”；金华市、舟山市和义乌市出台实施农居地震安全工程的意见或方案，并组织实施。文成县的重建小区被定为省级首个“农村民居地震安全农居示范区”。

3. 震害预测工作

浙江省人民政府办公厅2007年8月6日转发浙江省地震局《关于全省地震重点监视防御区（2006～2020年）判定结果和加强防震减灾工作意见的通知》（浙政办发［2007］67号）。根据该通知，浙江省共有5个市的城区和下辖的12个县（市）被列为全国地震重点监视防御区；6个市的城区和下辖的7个县（市）被列为省级地震重点监视防御区。通知提出了加强地震重点监视防御区防震减灾工作的意见。

4. 活动断层探测工作

宁波市地震活断层探测项目和余姚市地震活断层探测项目全面完成，并通过验收。杭州市地震活断层探测项目完成一期工程。

5. 防震减灾科普宣传

防震减灾科普教育基地和科普示范学校建设工作全面推进。全年共有嘉兴防震减灾科普基地、平湖师范附小、宁波北仑区地震科普馆、余杭瓶窑中学等6个基地和学校被定为首批省级防震减灾科普教育基地。宁波市完成了防震减灾科普宣传教育中心建设规划工作。防震减灾卡通片完成首期制作，共印发13000册到全省各乡、镇；防震减灾知识宣传系列挂图编绘工作取得了阶段性成果。平湖市编写了浙江省第一本防震减灾校外课本读物，在当地学校印发了1000余册。各市充分利用“科技活动周”、“7.28唐山地震纪念日”、“科技三下乡”等特定时间，开展形式多样的宣传活动，温州市在军分区举办防震减灾专题 讲座，瑞安市用方言剧进行文艺表演向群众宣传防震减灾知识，湖州、衢州等市通过发放宣传册、画报，向广大群众宣传防震减灾自救、互救知识和法律、法规常识，等等，取得良好的社会效果。

（浙江省地震局　庞银照）

安　徽　省

1. 防震减灾法制建设

积极组织人员参加省直机关“五五”普法工作的法律“六进”活动，先后与合肥市五里墩街道等单位建立了“五五”普法联系点，并抓住“国际减灾日”、“科技活动周”等时机，利用防震减灾科普基地和示范学校等，加大防震减灾法律法规知识宣传力度。根据省人民政府办公厅要求，对安徽省防震减灾4项行政许可项目，进行了认真地分析研究，提出了保留的建议。加强了对市县地震主管部门行政许可工作指导，2007年，合肥、马鞍山、铜陵、安庆、亳州、淮北、濉溪、颍上等市县已经完成了行政许可事项的清理、保留工作。依法办理了安徽省水利水电勘测设计院法定代表人及住所变更许可。依法对省地质矿产勘查局321地质队超越资质承揽宣城市通信枢纽工程地震安全性评价项目进行了查处。合肥等市地震局对部分不按规定进行地震安全性评价的项目业主依法分别下达了责令改正通知书、行政处罚告知书、行政处罚决定书等，加强了抗震设防要求监管。

2. 抗震设防要求管理

阜阳、界首、六安等市县以清理行政许可事项为契机，进一步将建设工程抗震设防要求纳入了基建管理程序。马鞍山市地震局通过与市建筑管理处联合发文，2007年10月正式介入工程竣工验收程序，规定没有经过抗震设防审核的工程，不能通过竣工验收。这一措施使得该市抗震设防要求实现了事前、事中、事后全方位监管，在推动全省抗震设防要求管理中起到了典范作用。高度重视地震重点危险区的震灾预防工作，对合肥等六市的病险水库、通信等重大基础设施、生命线工程、中小学校舍和城市危旧（城中村、农村民居）房屋提出了调查统计、采取抗震加固措施的指导意见。对合肥市长丰县重点危险区的危旧建设工程进行了调研，指导长丰县对有关重点工程开展震害预测工作。2007年，共核定一般建设工程抗震设防要求4700余项。

省地震局与建设厅联合印发进一步推进和实施农村民居地震安全工程意见，并确立了池州市贵池区牛头山镇姥山新村为省地震局与建设厅的联合试点单位；同时，省地震局编印和发放了《安徽省农村民居防震知识手册》。合肥、铜陵、淮北、马鞍山、宣城、濉溪、利辛等市县认真选取试点村镇，将农村民居防震保安工作纳入社会主义新农村建设管理程序，地震部门力争加入新农村建设成员单位，为统一规划、统一设计、统一施工的集中建设村镇提供了抗震设防要求核定，为自行建造、改造的农村民居积极提供抗震设防住房图集。马鞍山积极争取市政府、市新农办的大力支持，在当涂县丹东村、长江村、园艺村开展地质普查，确定适合当地地震地质条件的抗震设防要求，建立农村民居地震安全示范村；濉溪县在刘桥镇召开了全县农村民居地震安全工程现场会。

3. 地震安全性评价

规范全省地震安全性评价资质管理工作，制订了《省外地震安全性评价资质单位登记备案》等规定，对来安徽承担项目的北京工业大学、哈尔滨震工科技有限公司等资质单位提交的申报材料、项目来源等进行了认真审核，并对北京工业大学提交的六安新都会工程项目地震安全性评价报告进行了会审。积极组织业务人员参加一级地震安全性评价执业资格考试，全省共有4人获得通过。起草了安徽省二级地震安全性评价执业资格认定、考试和管理办法。2007年，全省共完成重大建设工程地震安全性评价85项。

4. 防震减灾宣传工作

全省各级地震部门主动面向社会，通过媒体，依靠社会力量宣传防震减灾知识，利用科技活动周、唐山大地震纪念日、国际减灾日等有利时机，积极开展防震减灾法律法规和地震科普知识宣传。省地震局先后向社会公众免费发放了《安徽省农村民居防震知识手册》、《地震小常识》、《防震减灾科普宣传资料》等宣传资料30000余册，向17个市发放了《应对地震灾害》、《九江地震灾区行》等防震减灾科普宣传片，并结合法律“六进”活动，先后在五里墩街道、安居苑小学等单位进行了地震科普知识讲座，受到欢迎。全年，省地震信息网共发布省局、各市县及台站各类信息近800条，省地震局共在省内主流媒体发表新闻稿件12篇，制作防震减灾声像作品4部，完成防震减灾声像宣传作品4部，完成防震减灾新闻宣传工作调研报告1篇，组织、策划新闻媒体进行专题采访，报道省地震灾害紧急救援队成立和合肥市应急避难场所挂牌等重要活动，扩大了防震减灾工作的社会影响。

（安徽省地震局　成业明）

福　建　省

2007年，福建省继续加强法制建设，健全和完善地震安全性评价及抗震设防要求管理机制；创新宣传形式，进一步加强固定宣传阵地建设，深入开展地震科普活动；全面构建防震减灾“三网一员”，建立健全地震群测群防工作机制，充分利用群测群防资源，不断提高综合防御地震灾害的能力。

1. 加强防震减灾法制建设

2007年9月21日，福建省人民政府以省政府第100号令公布了《福建省地震安全性评价管理办法》（以下简称《办法》），于2007年11月1日起施行。该《办法》的颁布施行，使福建省地震安全性评价的管理工作更具可操作性，进一步促进了全省地震安全性评价管理的规范化。《办法》颁布后，福建省地震局通过专题会议、讲座等形式积极开展宣传贯彻工作。

2007 年适值《福建省防震减灾条例》（以下简称《条例》）颁布 10 周年，福建省组织了较大规模的纪念活动。福建省人大常委会在省地震局举办《条例》颁布 10 周年纪念座谈会，同时福建省各市、县（区）地震局（办）以《条例》公布 10 周年纪念活动为主题，采取丰富多彩的形式，广泛深入地宣传防震减灾法律法规。此外，福建局加强了领导干部学法用法工作，强化干部职工的法制培训，积极采取措施提高地震系统全体干部职工的法制意识，增强干部职工法律素养，提高其依法进行防震减灾社会管理和公共服务的水平。

2. 加强抗震设防要求管理，积极推进农居地震安全工程的实施

进一步推进福建省农居地震安全工程的实施，与福建省建设厅、民政厅、国土资源厅、农办、移民开发局等 6 个单位联合印发了《关于推进农村民居地震安全工程建设的通知》，明确福建省在“十一五”期间，结合“村镇住宅小区建设”、“水库移民工程”等建设项目，在地震基本烈度Ⅵ度及Ⅵ度以上地区选择有典型示范意义的地方，实施农村民居地震安全示范工程，新建一批经济适用、抗震安全且能影响带动广大群众的示范区、示范村、示范户，并逐步推广，每年应按不少于 10% 的比例，作为农居示范工程实施，并逐步提高农居示范比例，确保“十一五”末上述工程有 70% 的农村民居达到抗震设防建设标准。

3. 进一步加强地震安全性评价管理

进一步加强对重大工程建设项目抗震设防要求的管理力度，下发《关于进一步加强重点建设工程地震安全性评价管理工作的通知》，加强了对重大项目的跟踪执法检查力度，2007 年完成地震安全性评价项目 70 多项。加强了对地震安全性评价从业单位资质和从业人员执业资格的管理，通过地震安全性评价执业资格考试，提升地震安全性评价从业队伍的业务素质，为提高地震安全性评价工作质量打好基础。

4. 进一步加强防震减灾宣传工作

继续做好我国第一部防震减灾科普动画片《蟾童》及其续集的推广和编写工作，进一步扩大该动画片的社会影响。进一步加强防震减灾科普基地建设，新建的一批科学技术含量高的基地开放给群众，普及宣传福建省防震减灾知识，目前福建省已建立了近 30 个防震减灾科普教育基地。继续加强与教育部门合作，推进防震减灾科普示范学校建设，明确了示范学校建设的基本要求，提出了五个“一”的意见：即设立一个防震减灾科普展室，组织一项课外防震减灾科普活动，采用一本教材，安排一个科普教育课程，指定一个负责防震减灾科普教育的辅导教师。

5. 防震减灾“三网一员”全面构建，并显示良好效能

根据福建省震情形势的变化，进一步加强防震减灾“三网一员”建设，目前已全面完成了全省“三网一员”系统建设的初步构建任务，全省地震群测群防工作人员约达 6 千名。同时建立了地震灾情手机速报系统，震时第一时间从震区的“三网一员”人员手中收集信息，在 2007 年顺昌 4.9 级地震、永春 4.7 级地震、水口水库 3.9 级震群等多次强震中发挥了重要作用。

（福建省地震局　苏旭耀）

江　西　省

1. 推进防震减灾法制建设

（1）完善地方法规。在对《江西省防震减灾条例》（以下简称《条例》）修订开展进一步调研、征求意见、完善修订草案的基础上，2007 年 3 月 29 日，省人大第十届常委会第二十八次会议通过《江西省防震减灾条例》修订。这是该条例自 2000 年 6 月 24 日由江西省第九届人民代表大会常务委员会第十七次会议通过后，立法机关第一次作出修订。针对 2005 年“11·26”九江—瑞昌 5.7 级地震暴露出的城市震害高风险、农村普遍不设防等突出问题，这次修订完善、细化了地震监测预报、抗震设防要求管理、地震应急救援、灾后恢复与复建等方面的规定，提高了科学性、规范性和可操作性。

（2）加强法制宣传。在全省地震局长会上对《条例》宣传贯彻工作作了部署。2007 年 5 月举办了全省防震减灾法制培训班，并组织各设区市地震部门负责人赴湖南省开展防震减灾行政管理专项调研，组织编制了行政许可的参考文本。2007 年 7 月 1 日，江西省地震局会同省人大教科文卫委、省人大法制委、省人大常委会法工委、省政府法制办等部门召开了《江西省防震减灾条例》贯彻实施新闻发布会。省人大常委会副主任全文甫主持会议，省人大常委会副主任万学文、省人民政府副省长胡振鹏，中国地震局卢寿德司长出席会议并讲话。各市县也开展了丰富多彩的《条例》实施宣传活动。

加强行政执法监督。通过培训提高执法人员的政治素质和业务素质，规范行政执法监督程序，加大对重大项目的执法监督力度。对南昌中航大厦、昌北国际机场扩建等一批重大建设工程开展地震安全性评价专项执法检查。

2. 抗震设防要求管理

加强对市县防震减灾工作的指导，推进市县抗震设防管理办法的出台。宜春市颁布实施了《宜春市建设工程抗震设防要求监督管理办法》，南昌、赣州、九江等地也开展了试点工作。

加强对地震安全性评价行政许可工作的管理。年内完成了昌北国际机场、昌九城际轨道、井冈山电厂等一批建设工程的地震安全性评价工作，并依据地震安全性评价结果确定了抗震设防要求。省地震安全性评定委员会完善了工作制度，调整了安评委成员。

加强对地震安全性评价工作从业资格和单位资质的管理。2007 年 7 月，江西省地震局与省人事厅联合下发了《关于做好我省地震安全性评价工程师资格考试和考核认定工作的通知》（赣人字［2007］167 号）和《关于印发〈江西省二级地震安全性评价工程师资格考试实施办法〉和〈江西省二级地震安全性评价工程师资格考核认定办法〉的通知》（赣人字［2007］168 号），明确了全省地震安全性评价工程师资格考试的工作程序、实施办法。

推进实施农村民居地震安全工程。江西省地震局与省建设厅联合提请省政府印发《关于实施农村民居地震安全工程意见的通知》。开展了农村民居基础数据调查和完善，在瑞昌市、九江县、寻乌县、会昌县等地开展了农村民居地震安全工程示范点建设，组织各级地震部门与建设部门一道开展了农村建筑工匠培训，免费提供农村民居设计。

3. 防震减灾宣传工作

2007 年，江西省地震局组织在全省范围内开展了《中华人民共和国防震减灾法》实施九周年、唐山大地震 31 周年和《江西省防震减灾条例》实施等宣传纪念活动。在《中华人民共和国防震减灾法》实施纪念日、唐山大地震纪念日和 2005 年九江—瑞昌 5.7 级地震纪念日，江西移动通信公司和江西联通公司在全省设区市播发了防震减灾公益短信。南昌、九江、赣州、宜春等地中小学开展地震科普夏令营活动。省电视台、《江西日报》等新闻媒体播发了防震减灾科普节目或文章。各级地震部门深入社区开展防震减灾科普宣传咨询活动，向全社会宣传普及减灾知识、弘扬抗震救灾精神。

（江西省地震局　吴光君　刘圣炳）

山　东　省

1. 突出重点，全面加强抗震设防管理

研究判定省级地震重点监视防御区（2007～2020 年）和重点防御城市，提出加强重点区防震减灾工作的意见，省政府以鲁政办发［2007］51 号予以转发。积极推进农村民居防震保安工作，会同建设厅印发农村民居地震安全工程实施方案，成立联合工作机构，编制《山东省农村民居抗震技术导则》和《山东省农村建筑工匠培训教材》。加强抗震设防要求管理，依法审批华能石岛电厂等 263 个重大工程的抗震设防要求。肥城等 11 个城市完成或开工地震小区划项目，青岛市、威海市城区活断层探测与地震危险性评价项目通过验收，济南、潍坊、淄博 3 市的项目成果通过验收并交付使用，山东半岛北部近海区划项目通过中国地震局验收和省科技厅技术鉴定。强化地震安全性评价行业管理，制定安评项目实施方案标准文本，贯彻安评报告评审要点，推行地震安全性评价工程师制度，组织参加一级地震安全性评价工程师考试，认定二级地震安全性评价工程师，开展地震安全性评价单位资质年审，召开省内地震安全性评价资质单位自律座谈会。

2. 坚持依法行政，促进防震减灾法制建设

《山东省地震监测设施和地震观测环境保护条例》、《山东省地震重点监视防御区管理办法》立法进展顺利，省政府常务会议通过《山东省地震监测设施和地震观测环境保护条例（草案）》并同意提交省人大审议。6 月 25 日至 28 日，省地震局会同省政府法制办联合检查日照、临沂、枣庄、济宁 4 个市《山东省地震安全性评价管理办法》贯彻实施情况。省防震减灾领导小组印发文件，明确县级以上政府、有关部门以及地震部门防震减灾法定职责。加强地震行政执法机构建设，山东省地震行政执法监察总队由归口管理改为独立设置。加强地震执法工作指导，编写出版《山东省地震安全性评价管理办法释义》和《山东省地震活动断层调查管理规定释义》，召开行政执法经验交流会，调整山东省地震局行政复议委员会，制定执法证件管理办法，对东日石油管线等 15 个建设项目开展执法。

3. 防震减灾宣传教育深入开展

坚持开展常规宣传，抓住3·1防震减灾法实施纪念日、7·28唐山地震纪念日、12·4普法宣传日、科技活动周、国际减灾日、安全生产月等有利时机，积极宣传地震科普知识和防震减灾法律法规知识，省和有关市地震部门在济南炼油厂联合开展地震安全知识进企业宣传活动，在日照、胶州等地联合开展广场宣传，市县地震部门采取电视、报纸、下乡等多种形式开展丰富多彩的宣传活动。加强防震减灾宣传阵地建设，确认命名第三批96所省级地震科普示范学校，省级地震科普示范学校达到165所，市县级地震科普示范学校达到430余所。临沂、枣庄市政府分别为郯城麦坡地震活断层遗址、熊耳山地震崩塌遗址举行国家典型地震遗址揭牌仪式，枣庄、诸城等市县建成防震减灾科普基地。省灾协编印《青少年防灾减灾必读》，威海市地震局主编并向全市中小学生发放《公共安全知识手册》。

（山东省地震局　苏培雨）

河　南　省

1. 防震减灾法制建设方面

2007年河南省政府决定废止《河南省地震安全性评价管理办法》（豫政办［1994］71号）。在了解71号文废止的情况和原因后，为确保全省正在开展的建设工程地震安全性评价工作不受影响，河南省地震局积极和相关部门汇报、沟通，后经省政府研究同意，将《河南省实施〈地震安全性评价管理条例〉办法》列为2008年河南省人民政府规章制定计划项目。

2. 建设工程抗震设防要求管理

2007年，深入推进河南省农居工程工作。一是印发了《河南省政府办公厅关于推进农居工程的实施意见》，并及时组织召开各省辖市地震局（办）会议，具体贯彻落实。截至2007年12月，全省共有11个市成立了农居工程领导小组或加入了新农村建设领导小组，有3个市制定了农居工程建设规划，6个市出台了本市农居工程实施意见，设计农村民居抗震图纸49套，成立农居工程技术服务组织15个。全省共建立了农居工程示范点（村为单位）96个，比去年新增50多个，覆盖农户6800多家。二是将建筑工匠抗震知识和技能培训纳入省农村劳动力就业转移阳光工程培训计划。2007年新乡、安阳、濮阳、洛阳、三门峡等8个市通过阳光工程培训建筑工匠人员3830人次。三是积极开展农村民居工程宣传活动。7月28日，在全省开展了以“建设安全农居，构建和谐家园”为主题的宣传活动。各地借助农村庙会、集市、科技网、有线广播、电视台、报纸等形式广泛宣传。2007年，全省共开展宣传活动50余次，发放宣传品14.3万余份。

3. 地震安全性评价管理

2007年对3个具有丙级建设工程地震安全性评价资质的单位进行了年审，对2个甲级资质单位进行了检查。对10万以上合同额的建设工程地震安全性评价项目全部进行了会评，制订并要求各单位使用统一的《安评现场工作日志》记录现场工作，邀请专家进行现场检查，加强了形式审查，对达不到国家标准的工作内容、工作级别、合同额明显偏低的项目，一律要求补充工作，有效遏制了压低合同额、恶意竞争的行为。召开了本届安评委委员第一次会议，并成立了河南省安评质量现场监督检查小组。组织专家起草了《关于规范建设工程地震安全性评价市场的有关规定》和《河南省各类建筑工程安全性评价收费参考标准》，提出统一安评价格、规范安评市场的具体措施和要求，制定了安评收费参考标准，详细规定了各项安评需要开展的工作量和现场工作。与人事厅联合印发了《河南省二级地震安全性评价工程师管理制度》，并联合下文，完成了对26名取得二级安评工程师资格的人员的考核认定工作，并进行公布。全年共评审建设工程安评报告180份。

4. 活动断层探测工作

2007年，完成了“郑州市活断层探测与地震危险性评价”所有专题的施工和验收，并于2007年11月28日在北京顺利通过专家组验收。安阳市开展的“安阳市地震活断层探测与地震危险性评价”项目完成了野外探测，包括浅层人工地震勘探和钻探，已经进入室内资料处理阶段。

5. 防震减灾宣传教育不断深入

由河南省地震局举办的《中原减灾》报向全国28个省发行2300余份；利用河南省地震局门户网站，加大宣传工作力度，有力地配合了中国地震局和河南局重点工作的有效开展。与河南省教育厅、科技厅联合评审认定了15所省级地震科普示范学校，安阳、郑州、新乡、焦作、许昌、濮阳等市也认定了74所市级地震科普示范学校。充分抓住省地质博物馆建设的有利时机，争取到地震展厅面积约120m^2，目前正在与博物馆一起，精心规划布设展厅，一个全新的地震宣传窗口即将建成。积极开展防震减灾科普作品创作，编印了《中小学生防震减灾知识读本》，首批征订发行量已达15000册。

（河南省地震局　万　娜　李　卓）

湖　北　省

1. 防震减灾法制建设

（1）《湖北省地震安全性评价管理办法》（修订草案）已进入立法程序。在充分征求有关方面意见和配合省政府法制办开展调研活动的基础上，制定了《湖北省地震安全性评价管理办法》（修订草案），该草案现已经省政府法制办征求有关厅局意见，正在进一步修改完善过程中。

（2）根据湖北省政府要求，对湖北省防震减灾地方性法规和省政府规章进行了清理，清理结果和有关建议已呈报省政府。

（3）依法实施行政许可，完成地震安全性评价报告结果审定、二级地震安全性评价工程师执业资格等管理行政许可事项。

（4）依法开展了地震安全性评价和地震监测环境等方面的执法工作。依法要求神农架机场、武汉至宜昌铁路、麻线坪水库等多项重大建设工程开展地震安全性评价工作。依据《地震监测管理条例》，敦促长江水利委员会开展“南水北调中线工程水源工程专用地震监测台网建设”。对武汉地铁公司建设武汉市地铁造成武汉地磁台观测环境影响提出协商解决意见。

2. 抗震设防要求管理

（1）积极推进我省农村民居地震安全工程建设。与省建设厅等部门协调，以省政府办公厅名义制定出台了《省人民政府办公厅关于实施农村民居地震安全工程的意见》，对全省实施农村民居地震安全工程提出了具体的意见。

（2）积极部署安排农村民居地震安全工程具体实施步骤。在咸宁组织召开了“全省农村民居地震安全工程工作会议”，贯彻落实国务院、湖北省人民政府的有关精神，安排全省农村民居地震安全工程具体的实施步骤。

（3）大力推进示范村和示范点建设。在湖北省地震重点监视防御区（2007～2020 年）内的襄樊、咸宁、随州、荆门、荆州、黄冈、十堰、鄂州等地，建设了一批地震安全农居试点。并与建设厅联合授予襄樊市襄阳区老李家村和咸宁市咸安区浮山村为“湖北省农村民居地震安全工程示范村”。

（4）组织编印了一套《农村民居抗震设防知识》宣传折页，购买了一批《湖北省农村住宅优秀设计方案》，发放到各市州地震局，广泛开展农村民居抗震设防宣传。

3. 地震安全性评价的管理

（1）全年组织省地震安全性评定委员会完成了 30 余项工程场地地震安全性评价报告的评审。

（2）组织省地震安全性评定委员会完成对“鄂州市评价防震减灾技术服务中心”和“黄冈市建设工程抗震设防所”丙级地震安全性评价资质延期申请的评审。

（3）通过考核，与省人事厅联合认定了全省 28 名专业技术人员具备二级地震安全性评价工程师执业资格。

（4）举办“地震安全性评价工作培训班”，全省多个单位 50 余名人员参加了培训班。

4. 防震减灾宣传工作

（1）与省教育厅、省科技厅、省科学技术协会等四部门联合发文，对全省创建防震减灾科普示范学校作了具体部署。在地震重点监视防御区（2007～2020 年）内创建了“防震减灾示范学校”。黄冈市、黄梅县防震减灾科普示范学校现已挂牌，鄂州、襄樊等市防震减灾科普示范学校正在建设之中。

（2）组织编制了多套图文并茂的地震科普知识图册和 20 多块宣传展板，并购置了地震科普光盘《蟾童》200 余份，发放到全省每个县市区和部分学校、街道，扩大宣传面。

（3）组织参加了“《防震减灾法》实施日”、“全国科技周”，“全国科普日”，“国际减灾日”、“全国法制宣传日”等一系列宣传活动，成效显著，多次受到省政府的表彰。

（4）与省政府应急办和省灾害防御协会联合，成功举办了“湖北省防灾减灾与应急管理体系建设”分论坛活动。分论坛活动获得，“2007 中国科协年会湖北筹备委员会”授予“2007 中国科协年会专题论坛优秀组织奖”。

（湖北省地震局）

湖　南　省

1. 防震减灾法制建设

2007年6月，湖南省地震局和省法制办联合举办全省地震系统法制培训班，各市州、县（市）100多名行政执法人员参加培训并取得行政执法证。起草了《湖南省防震减灾行政执法管理规定》，统一行政执法文书格式，提高执法效率。部分市州积极开展地震安全性评价等行政执法活动。

2. 抗震设防要求监管

对省、市、县地震部门实施重大工程抗震设防要求确定行政许可范围进行了划分，明确审批职责，完善审批程序，规范上报材料和审批文书。各市州以当地政府政务服务中心为依托，加强对一般建设工程抗震设防要求监管，审批确认了932项一般建设工程抗震设防要求。

3. 地震安全性评价管理

全省共有69项重大建设工程依法进行了地震安全性评价。从所做安评项目来看，其中有不少是有重大影响的项目，如长沙湘江航电枢纽、湖南筱溪水电站、武广客运专线长沙站地下配套交通枢纽。全省80米以上的高层建设项目几乎全部进行了地震安评。

4. 防震减灾宣传普及工作

湖南省地震局机关建成了防震减灾宣传展示室，开展了科技活动周防震减灾科普知识宣传活动和纪念唐山大地震31周年宣传活动，被湖南省委宣传部评为科技活动周先进集体。还参加了全省安全生产月、公共应急宣传活动。各市州充分利用科技活动周、科技下乡、唐山大地震纪念日等重要时段、重大纪念日，广泛开展防震减灾法律法规、地震基本知识、避震自救互救常识宣传活动。常德市率先实现了每个县（市）有一个教育基地、有一所示范学校的“十一五”目标要求；长沙、株洲、湘潭等10市也开展了教育基地、示范学校建设。全省共建成防震减灾科普教育基地28个，示范学校36个。全省各级地震部门积极开展防震减灾知识宣传，使社会各界的防震减灾意识和应急避险能力得到进一步增强。

5. “十一五”防震减灾规划编制及执行情况

湖南省人民政府印发了《湖南省“十一五”防震减灾规划》（湘政办［2007］14号），正式启动了“十一五”规划项目的立项工作，组织完成了“十一五”湖南地震安全工程项目建议书的编制，已报省政府审批。

6. 农村民居地震安全工程实施情况

2007年，全省有5个市州召开了农村民居防震保安工作会议，6个市成立了领导机构，2个市下发了实施意见，4个市落实了农居工程专项经费。常德、湘潭、邵阳、岳阳、衡阳、郴州、湘西、怀化6市州结合新农村建设、灾后重建等工作，在36个县（市）开展农居工程建设示范，共建设示范村38个，示范户4212户。岳阳举办了农村工匠技术培训班，邵阳编印了《农村砖房屋抗震设防指南》。经过一年的努力，地震安全农居工程逐步在全省铺开。另外，湖南省地震局和相关部门共同开展的“湖南省农村民居建筑抗震防灾实用技术及相关政策”课题项目研究进展顺利，已经完成农居抗震性能和农村地区震害特点调查，收集了大量资料。

7. 重点监视防御区防震减灾工作

国务院文件明确湖南常德市为全国24个重点监视防御区之一，长沙市为11个重点监视防御城市之一。为提高对重点监视防御区防震减灾工作的认识，强化工作措施，湖南省地震局组织召开了洞庭湖区域和长株潭等全省地震重点监视防御区（城市）防震减灾工作研讨会，理清了工作思路。

8. 湖南地震动参数区划图预编项目

中国地震局将湖南省列为全国第五代地震动参数区划图的预编示范区，为此，湖南省地震局成立了专门的地震动参数区划图预编项目工作组，协调、承担区划图编制工作。两次邀请第五代区划图主编、中国地震局地球物理研究所副所长高孟潭研究员对湖南的地震构造进行考察，项目实施进展顺利，完成了前期资料的收集、整理、初步计算等任务。

（湖南省地震局　王沛华）

广　东　省

1. 防震减灾法制建设

为配合《中华人民共和国防震减灾法》修订，广东省人大代表团向十届全国人大五次会议提交了《关于修订〈中华人民共和国防震减灾法〉、进一步提高全民防震减灾意识的议案》。省地震局行政执法职权及依据经省政府审核确认，并在省政府门户网站、省法制办门户、省电子监察网站予以公布。

2007年，广东省人民政府公办厅印发《关于做好我省防震减灾工作的通知》、《转发国务院办公厅关于印发国家防震减灾规划（2006～2020年）的通知》、《广东省防灾减灾“十一五”规划》、《广东省地震应急预案》及《关于加强农村民居地震安全工程建设的意见》等文件，对各地做好防震减灾工作提出了明确要求。广东省地震局结合省防震减灾“十一五”重点项目，向全省21个地级市印发了“十一五”重点项目任务书。

2. 抗震设防要求管理

2007年，广东省地震安全性评定委员会组织专家评审通过地震安全性评价报告共计374份。广东省地震局依法实施地震安全性评价报告核准48项，其中有12项地震安全性评价报告提交中国地震局审批。广州、东莞、珠海等市对一般工程抗震设防开展了备案登记和现场监督工作，阳江市对农村民居抗震设防管理情况进行了调研。

全省首批建设的19个地震安全农居示范村全部完成建设任务并通过验收。12月19日，省政府召开全省农村民居地震安全工作电视电话会议，部署全省农居地震安全工作。

3. 地震安全性评价管理

2007 年中国地震局对广东省 5 家甲级安评资质单位和 1 家乙级安评资质单位，省地震局对全省 5 家丙级资质单位分别办理了年审及地震安全性评价证书延展。9 月，省地震局在广州举办地震安全性评价技术培训班。姜慧、闻则刚、吴业彪、黄新辉、卢帮华同志通过国家一级地震安全性评价工程师资格考试，取得国家一级地震安全性评价工程师资格证书。省地震局投入资金 5 万元，建立广东省地震局电子监察行政审批业务管理数据库，实现与省直机关行政审批电子监察系统自动接入接受在线监察的功能。

4. 震害预测工作

2007 年 4 月，“东莞市市区震害预测与防御对策系统建设项目”通过验收。该项目对 89.3 平方公里工作区开展了地震小区划和概率设定地震分析，完成 85000 多栋建（构）筑物和生命线工程震害预测和损失评估，建立了基于 C/S 和 WebGIS 信息服务系统；开发了基于 ArcGIS、MVS 等三维建模与可视化软件，实现了地表建筑物和地下钻孔等数据的三维综合建模和展示。

深圳市完成震害预测与防御对策研究项目的建筑物基础资料调查工作，数据全部入库；防震减灾对策、次生灾害源、生命线工程等资料调查工作已启动。中山市城区震害预测与防御对策研究项目完成震害预测建筑物基础资料调查项目招投标工作。广州市萝岗区启动防震减灾规划编制工作。

5. 活断层探测工作

广州市活断层探测与地震危险性评价项目由中央、省、市共同投资 1320 万元，于 2003 年正式启动，2005 年 4 月正式组织实施，2007 年 11 月 27 日通过验收。深圳市活断层探测项目是由深圳市政府投资 679 万元实施的城市防震减灾工程，2007 年度完成招投标任务。东莞市活断层探测项目通过了项目立项审批和实施方案。

6. 防震减灾宣传工作

以“创地震安全、建和谐社会”为主题，以省地震科普馆被认定为“国家防震减灾科普教育基地”为契机，充分利用新闻媒体力量，大力开展防震减灾宣传活动。全省各地悬挂宣传标语 500 幅，发放宣传资料 40 万册、VCD 光盘 1000 张，播放地震知识音像专场 70 场，开展街头宣传咨询活动及讲座 40 场，制作宣传展板 100 套，组织专家专题报告会 12 场。通过各种形式，推进防震减灾知识进社区、进学校、进乡村。

（广东省地震局　何晓玲）

广西壮族自治区

1. 防震减灾法制建设

广西防震减灾法规体系基本框架基本形成，并逐年完善。2007 年分别从自治区、地级市、县（市、区）3 个层面围绕防震减灾“3 + 1”体系建设及组织机构等方面制定或修订了一批配套的规范性文件。

（1）自治区层面的规范性文件有：《广西壮族自治区人民政府关于印发行政审批项目清理结果的通知》、《关于公布我区经营性收费、公益性收费、中介服务收费清理整顿结果的通知》、《广西壮族自治区人民政府办公厅关于开展农村民居防震保安工程建设工作的通知》、《关于印发广西壮族自治区农村民居保安工程建设规划的通知》、《关于印发广西壮族自治区农村居民防震保安工程建设实施方案的通知》、《关于切实做好2007年广西特困户茅草房改造工程防震保安工作的通知》、《关于做好农村民居防震保安工程建设宣传工作的通知》，这些规范性文件对于指导规范广西防震减灾工作的开展起到重要的作用。

（2）地级市层面的规范性文件。2007年，全区14个地级市以政府或政府办或以政府同意等方式，由同级防震减灾工作领导小组（办公室）印发的文件共74件。文件内容涉及防震减灾领导工作机构的成立和调整、防震减灾规划、防震减灾三大工作体系建设等方面的具体要求。

（3）县（市区）级层面的规范性文件。全区县级政府或政府办发文的文件共有114件，文件内容主要与自治区、地级市政府关于防震减灾有关的内容相衔接，同时，注重如何实施上级政府的文件规定和要求，这批文件的制定更体现实用性。

（4）防震减灾行政执法检查，2007年度全区有南宁、桂林、梧州、北海、钦州、河池等地级市人大或政府开展防震减灾行政执法检查；另外有灵山、浦北、博白、大化、都安等县进行防震减灾综合或单项行政执法检查，从而推动广西市县依法治震工作。

2. 抗震设防管理与服务

（1）进驻政府政务服务中心。2007年9月28日，自治区地震局进驻广西壮族自治区政务服务中心，履行行政审批项目的职责。截至2007年12月31日止，全区有13个地级市20个县（市区）地震部门已进入当地政府政务服务中心，开展一个“窗口”行政许可服务。

（2）抗震设防行政许可和技术咨询。2007年度自治区层面实行防震减灾行政许可32项，14个地级市抗震设防行政许可1633项，技术咨询2484项。

（3）地震安全性评价。全区2007年度有11个地级市开展地震安全性评价，共完成了95个项目，其中南宁市49个、百色市9个、桂林市7个、河池市6个、北海、崇左市各5个，来宾市4个、梧州、贺州市各3个、玉林、钦州市各2个。上述地震安全性评价为重点工程建设业主提供了科学的抗震设防依据。

3. 农村民居防震保安工程开展情况

2007年广西自3月2日召开全区农村民居防震保安（4级）电视电话会议以来，各地级市和部分县（市区）都贯彻落实电视电话会议精神和《广西壮族自治区人民政府办公厅关于开展农村民居防震保安工程建设工作的通知》要求，据不完全统计，全区有南宁、北海、玉林、钦州、百色、河池等地级市共10个县开展了农村民居防震保安工程建设试点工作。

4. 防震减灾宣传教育

2007年度广西全区14个地级市充分利用《防震减灾法》颁布实施周年纪念日、7.28唐山大地震纪念日、科技宣传月、“三下乡”等活动，采取电视台、电台、报纸、网络、通信短信、横幅标语、多媒体、板报等形式，宣传防震减灾科普知识和防震减灾法制知识。如南宁市为促进中法两国的地震科学和影视传播及国际文化交流与合作，9月24日，法国蒙娜丽莎制片公司摄制组一行4人到南宁市拍摄以“地震中的动物感知”为主题的科学纪录片，制作电视专题向国外介绍；柳州市用3个月的时间在全市范围内开展防震减灾巡回展览宣传；北海市全市每年开展防震减灾宣传周的常态宣传之外，2007年又充分运用网络和手机现代化工具进行广泛宣传；防城港市在全市开展防震减灾科普大篷车宣传；贺州市采取领导与专家作客该市电视台，开展防震减灾专题电视讲座宣传；钦州市在防震减灾宣传上点面结合，在市辖8所中学开展讲座咨询宣传；崇左市在火车站广场拉开防震减灾宣传序幕，分管副市长发表电视讲话，增加防震减灾的宣传效果。2007年广西防震减灾宣传教育受众约848多万人次。

（广西壮族自治区地震局　李青春　张均洲）

海　南　省

1. 防震减灾法制建设工作

2007年，海南省人大、省政府进一步加强了防震减灾法制建设工作，2007年3月30日，海南省三届人大常委会第29次会议审议通过了《海南省防震减灾条例（修正案）》，新条例自2007年7月1日起施行。2007年6月26日，海南省人民政府召开《海南省防震减灾条例》（修订）新闻发布会，省人大常委会副主任秦醒民、省政府副省长林方略出席发布会。海南电视台、海南日报社、新华社海南分社、人民日报和法制时报等19家新闻单位记者参加新闻发布会。《海南省防震减灾条例》（修订）的颁布实施，进一步理顺海南省防震减灾工作管理体制，完善地震应急救援机制，强化建设工程抗震设防管理，加强实施农村民居地震安全工程的法律保障，规范地震监测设施及其观测环境的保护行为。

海南省有16个市县出台了“工程场地地震安全性评价管理办法”或“实施细则”，5个市县将工程建设项目抗震设防要求管理纳入基本建设管理程序。海南省地震局积极开展“五五”防震减灾法制宣传教育，制定了《2007年海南省防震减灾法制宣传教育计划》。加强执法人员培训教育，大力开展地震行政执法活动，2007年海南省地震行政执法人员有78人，执法队伍初具规模，整个队伍的执法水平不断提高，有法不依、违法不究现象得到初步遏制。

2. 抗震设防要求管理工作

2007年，海南省地震、建设、规划、发改等职能部门加强协调，进一步加大抗震设防要求管理力度，全力推进农村民居地震安全工程，依法加强对重大工程、生命线工程和易产生严重次生灾害工程的抗震设防要求管理，严把建设工程抗震设防关，全年共审批264项建设工程的抗震设防要求，其中有57项重大建设工程；对500余项建设工程施工图设计进行抗震设防专项审查。

（1）海南省城乡规划委员会召开第七次、第八次会议，审议了《三亚市城市总体规划（1995～2010）重大调整》、《三亚市海棠湾分区规划及城市设计》等七项总体规划，充分吸收地震部门的意见和建议，进一步强化了城市规划建设地震安全问题。

（2）坚持政府引导、农民自愿、因地制宜、经济适用、协调发展、抗震安全的原则，广泛发动群众，调动各方面积极性，扎实开展农村民居地震安全工程试点工作，初步建立了组织机构、保障机制和技术服务体系，探索出政府引导、部门协作、农民自治管理的农村民居地震安全工程模式。①4 月 6 日，海南省政府办公厅下发《关于实施农村民居地震安全工程的意见》。明确了实施农村民居地震安全工程的指导思想与基本原则，提出了海南省实施农村民居地震安全工程总体目标，对海南省实施农村民居地震安全工程的组织领导、重点工作、扶持政策、质量监管体制和技术保障措施等作了具体规定。②5 月 31 日，海南省政府召开全省防震减灾暨农村民居地震安全工作会议，部署推进实施全省农村民居地震安全工程工作。③全省组织举办海南省乡镇防震减灾助理员、村镇建设助理员、地震群测群防员培训班及农村民居地震安全建设工匠培训班等各类培训班 15 期，培训 1800 人次，并由省抗震办公室颁发培训合格证。④海南省地震局编印了《防震减灾、建设地震安全家园》、《海南省地震群测群防手册》等 7.5 万册，印制了农居工程宣传资料 8 万份，免费发放给农民；在全省 18 个市县试点乡镇和村庄举办农居工程宣传图片展览；制作《海南省农村民居地震安全工程建设》宣传片，编印《海南省农村民居地震安全工程宣传招贴画》，在全省每个村委会张贴，做到进乡村，入农户。⑤海南省地震局在万宁、儋州、陵水、琼海、白沙、昌江等市县农村民居地震安全示范村建立了海南省农村民居地震安全工程示范亭，示范亭包括房屋抗震构造节点（构造柱、马牙槎、圈梁、拉结钢筋、砖墙砌筑等做法）实例、有当地房屋抗震设防要求文字说明、农村民居地震安全知识宣传栏等农村建房抗震知识等，形象生动地展示了农村民居地震安全建设知识和抗震构造节点做法，有效推广示范农村民居地震安全工程。⑥万宁、白沙、昌江、三亚等市县成立农村民居地震安全工程技术服务中心和乡镇服务站，为推进实施农村民居地震安全工程技术服务提供了技术支撑。⑦全省 18 个市县紧密结合社会主义新农村建设、文明生态村建设、民房改造、整体搬迁，通过宣传、教育、引导和设立服务站，举办培训班等方式积极开展农村民居地震安全试点工作。全省已建立农居工程试点乡镇 44 个，示范区 1 个，示范村 51 个。⑧11 月 16 日，中国地震局在海南省召开了“推进实施全国农村民居地震安全工程研讨会”，现场观摩学习海南省农村民居地震安全工程实施经验，部署推进实施全国农村民居地震安全工程工作。

3. 地震安全性评价管理工作

（1）组织召开了海南省地震安全性评定委员会年会，总结部署全省地震安全性评价工作。

（2）2007 年海南省共完成“松涛水库主坝”、“海口市龙珠新城三期”和“海口润德商业广场工程”等 58 项建设工程地震安全性评价和地震动参数复核工作，确保了建设工程项目按抗震设防要求科学设防。全省有 5 名工程技术人员通过了国家一级地震安全性评价工程师考试，取得了一级地震安全性评价工程师任职资格。

（3）2007 年海南省地震安全性评定委员转发了《中国地震局关于印发地震安全性评价报告评审要点的通知》，加强对地震安全性评价从业单位资质和从业人员执业资格管理；配合国家地震安全性评定委员会对海南省海洋地震与工程地震研究中心完成的地震安全性评价报告进行检查；配合国家地震安全性评定委员会完成“松涛水库主坝场地地震安全性评价及抗震性能鉴定报告”的评审。

4. 活动断层探测工作

2007 年海南省地震局精心组织、加强管理、严格程序、稳步推进，按计划完成“海口市地震活断层探测与地震危险性评价项目”年度实施任务，及时组织召开“海口市地震活断层探测与地震危险性评价项目”各子项目的招标、评标会和验收会。项目通过了国家验收，验收组充分肯定了“海口市地震活断层探测与地震危险性评价项目”建设成效，认为项目工程技术思路清晰，工作扎实，报告内容完整，符合技术规程和施工设计的技术要求，提交的工程竣工、工程技术、工程试运行、工程财务、工程档案、工程监理等各类报告规范齐备，符合规定要求。

5. 防震减灾宣传工作

2007 年是新《海南省防震减灾条例》施行第一年，地震部门抓住契机，针对震情形势和防震减灾实际，会同宣传、教育、法制、新闻等部门，结合“7·28”唐山大地震纪念日、法制宣传日、科普宣传周和海南省第三届科技月，以面向青少年、面向农村和城镇社区、面向社会公众为重点，通过报刊、电视、广播、互联网、现场回答咨询、举办防震减灾知识巡回展和大型防震减灾图片展等多种形式，“主动、慎重、积极、有效”地开展防震减灾法宣传活动，普及防震减灾法律法规和科普知识，进一步提高广大人民群众的防震减灾意识，增强应急避险技能和自救互救能力，动员全社会的力量，共同做好防震减灾工作。

（海南省地震局　胡金文）

重　庆　市

1. 防震减灾法制建设

重庆市地震局起草了《二级地震安全性评价工程师资格考核认定办法》和《地震安全性评价资质行政许可实施细则》，与市人事局和法制办多次沟通，反复修改，已正式报市政府法制办。就市政府 61 号令修改工作向市人大进行了专题汇报，并向设计单位征求意见，起草了修订工作方案。按照市政府办公厅规章清理的相关工作。

2. 加强抗震设防要求的管理

市政府 190 号令出台后，重庆市地震局被排除在行政审批部门之外，建设工程地震安全性评价报告的审定未纳入行政审批项目，重庆市地震局积极采取相关补救措施。按照 2007 年度重庆市防震减灾联席会议的要求，积极与市规划局协商，定期到市规划局电子平台查看相关信息与规划局建立了地震安全性评价的监管机制。组织重庆市有资质的设计单位召开会议，进一步强化重大工程和生命线工程建设场地的地震安全性评价工作。经征求相关部门意见并反复修改，重庆市地震局会同市建委代市政府起草了《关于切实做好农村民居防震保安工作的通知》，市政府已将做好农村民居防震保安工作的实施意见转发各区县和相关部门；协调市科委，申报了《重庆市村镇建筑地震安全实用技术研究》课题。2007 年进一步推动巫山、奉节、云阳的“三网一员”建设试点，并根据试点情况，完成了“三网一员”

建设试点工作总结和推广报告，准备下一步在全市进行推广。积极推动区县的防震减灾工作机构，到现在为止，全市已有38个区县设立了工作机构或明确了机构和部门负责防震减灾工作。

3. 地震安全性评价的管理

2007年组织完成了对13个地震安全性评价报告的评审工作。组织开展了地震安全性评价一级工程师考试的报名考试工作。

4. 活断层探测工作

2007年，重庆市发改委已对都市区活断层工程总投资概算和初步设计进行了正式批复，工程主要内容有：活断层初查与目标区主要断层活动性鉴定，活断层深部及中深层地震反射勘探，地震活动断层鉴定与危险性评价，目标区主要活动断层详探与综合制图，目标区地震危险性评价，活断层信息咨询服务部建设等。重庆市地震局积极与市财政衔接落实了年度项目资金300万元，完成了项目投资概算的上报审批，签订了招标委托合同和监理合同，制定了项目的管理方案，聘请了首席专家，完善了初设方案。目前，该项目进展较为顺利。

5. 防震减灾宣传工作

重庆市地震局积极参加科技周活动，5月25日开展了街头宣传，收到了很好的效果。开展了“7.28”和《重庆市防震减灾条例》实施五周年宣传活动。云南普洱地震后，重庆市地震局邀请重庆日报、重庆晨报、重庆时报的记者前来采访，宣传防震减灾知识，还主动为《中华儿女》杂志撰写稿件，宣传重庆市的防震减灾工作，扩大影响。在大足县委组织部、县科委、县委党校共同举办的科技管理干部培训班上，重庆市地震局派人讲授防震减灾知识，对推动大足县防震减灾工作的开展起到了积极的作用。

（重庆市地震局　章　荣）

四　川　省

1. 防震减灾法制建设

（1）组织修订《四川省工程建设场地地震安全性评价管理规定》。四川省地震局和省政府法制办先后4次召开会议开展修订工作，并通过网页公告的方式向社会公众征求了对修订稿的意见建议，于2007年底正式报请省政府常务会议批准。修订后的《四川省工程建设场地地震安全性评价管理规定》增加了安评资质管理的内容，创设了市、县地震部门地震安全性评价“初审权”，强化了省、市、县三级地震部门抗震设防要求监管的协作联动，将促使全省抗震设防要求管理效能整体得到较大幅度提升。

（2）2007年12月3～4日，四川省人大常委会副主任钮小明率人大教科文卫委员会调研组共14人对乐山市贯彻落实防震减灾法律法规暨防震减灾工作开展情况进行调研，听取了乐山市政府贯彻实施《中华人民共和国防震减灾法》和《四川省防震减灾条例》情况的汇报；实地考察了乐山市地震局台网中心、西南交大地震台和五通桥区地震应急避难场所，还参观了西南交大峨眉校区。调研组与乐山市人大、政府有关领导进行了专题座谈。

(3) 2007 年 6 月 5 日，四川省地震局在宜宾组织召开全省震害防御暨法制建设工作会议，表彰了“四五”法制建设先进单位和个人。

(4) 2007 年 7 月，四川省地震局在成都举行全省防震减灾行政执法培训班。各市州地震部门分管法制工作的领导暨业务科室负责人参加了培训。

(5) 开展防震减灾行政处罚案卷评查工作。2007 年下半年，四川省地震局对宜宾、绵阳两局的地震行政处罚案卷进行了评查。总的来看，宜宾、绵阳两局的行政处罚案卷材料齐全，手续完备，相关文书填写较为规范。

(6) 全年各市州开展行政执法检查达 116 次，及时发现制止了违反防震减灾法律法规的不法行为，维护了防震减灾法律法规的严肃性和权威性。乐山市防震减灾局在全市开展了高层建筑抗震设防普查；凉山、自贡等局还积极协助省地震局有关职能部门妥善处置了地震监测设施遭到破坏的问题。凉山州地震局还获得了州政府年度行政执法一等奖，1 名同志被评为行政执法先进个人。

(7) 自贡、甘孜等市州防震减灾行政审批项目经清理获得保留，并进入当地政务服务中心窗口。

(8) 深入开展法制宣传。年初制定了全年防震减灾法制宣传计划，全年共出八期宣传栏；派员参加了省政府举办的法制培训班；全国法制宣传日期间开展了普法宣传活动，各市州地震局也同步开展了一系列普法活动，将防震减灾法律法规宣传深入到了学校、乡村、社区。

2. 抗震设防要求和地震安全性评价管理

(1) 认真贯彻落实《四川省必须进行地震安全性评价的建设工程范围》，加大防震减灾法制宣传力度，严格抗震设防要求管理，宣传教育与行政执法相结合，规范行政审批程序，切实做好行政审批窗口服务工作。2007 年，在四川省政务中心受理并完成地震安全性评价行政审批 135 项，确保重大、重要及生命线工程的抗震性能。

(2) 2007 年 6 月 11 日，四川省物价局发出《关于对四川省地震安全性评价收费标准的批复》(川价发［2007］112 号)，正式公布已试行两年的《四川省地震安全性评价收费标准》。该标准明确规定四川省地震安全性评价收费范围包括：地震安全性评价、地震小区划、地震动参数复核、地震危险性分析、设计地震动参数确定、活动断层探测与危险性鉴定、地震地质灾害评价、震害预测、振动监测等。这一标准的发布，完善了地震安全性评价工作的管理体系，规范了地震安全性评价工作的收费行为，促进了四川省地震安全性评价工作的健康、有序发展。

(3) 2007 年 10 月，四川省地震安全性评价委员会组织地震安全性评价相关单位、人员及评委认真学习和讨论了《中国地震局关于进一步规范和加强地震安全性评价工作的通知》(中震发防［2007］112 号)，并就一些具体的技术问题进行了研讨。

(4) 2007 年 11 月 1 日，国家地震安全性评定委员会和四川省地震安全性评定委员会在成都联合评审并通过了绵阳市城区地震小区划报告，专家一致认为该报告野外工作扎实，基础资料翔实，报告编写水准、质量较高。

(5) 为提高和保证地震安全性评价报告评审质量，2007 年 3 月和 7 月，四川省地震安全性评定委员组织专家对攀枝花仁和工业园区地震安全性评价、绵阳市城区地震小区划工作进行了野外工作的考察和验收。

（6）推进农村民居地震安全工程。四川省地震局与省建设厅在深入调研的基础上，拟定了《四川省农村民居地震安全工程实施方案》，正待报省政府批准实施。出资与四川省建筑勘察设计研究院联合出版农村民居房屋建设设计图集，并于年底对设计图集进行了审核。部分市州结合当地实际，进一步加强了农村民居抗震技术的服务与指导。

3. 防震减灾宣传

（1）编制防震减灾宣传资料。完成《防震减灾知识十讲》的编印工作，全书约 16 万字，资料丰富、图文并茂，较为全面地介绍了防震减灾基本知识；针对农村抗震设防需要，专门制作了农房抗震宣传拉页；购买和翻刻了 200 多张防震减灾科普声像资料下发到市州地震部门；编印内部刊物《四川防震减灾信息》三期。

（2）积极宣传防震减灾知识。全省各地充分利用“科技之春”、“科技三下乡”、唐山地震、松平地震纪念日、国际减灾日等重大节日和时段通过设立宣传咨询台、设置宣传展板和标语、组织宣讲团、发放宣传资料、举办知识讲座和知识竞赛等多种形式，积极向公众宣传防震减灾知识。如：成都市地震局和市电影公司联手在社区开展“防震减灾法制科普知识电影宣传活动”；雅安市地震局将防震减灾知识讲座“搬”进市干部培训课堂；石棉县地震办将防震减灾知识编成快板走乡串巷进行表演型宣传；阿坝州壤塘县在学校中开展防震减灾知识征文活动；攀枝花市和德阳市的防震减灾科普基地常年对学生开放；四川省地震局及时更新“四川防震减灾信息网”，宣传普及地震科普知识，绵阳、德阳、宜宾、眉山等地也陆续建立了防震减灾知识宣传专用网页。

（3）继续推进四川省防震减灾科普示范学校建设。2007 年 5 月，四川省地震局与省教育厅、省科协联合印发了《四川省防震减灾科普示范学校申报认定工作（暂行）办法》，对防震减灾科普示范学校建设的申报和认定进行了规范。2007 年 11 月 16 日，由四川省地震局、省教育厅、省科协组成的评审组对本年度申报省级防震减灾科普示范学校的 16 个单位进行了严格评审，最终 9 所学校被认定为省级防震减灾科普示范学校。至 2007 年底，全省共建有省级防震减灾科普示范学校 24 所，市县级防震减灾科普示范学校 97 所。

（4）推广防震减灾科普示范社区建设。2007 年，各市州防震减灾部门与街道办事处联手，在社区中开展形式多样的宣传活动。尤其是德阳市旌阳区城南街道花园巷社区建成了防震减灾科普示范社区，社区内建造了防震减灾科普文化活动中心、科普阅览室，成立了地震志愿者队伍、地震科普电影放映队，修建了地震科普画廊；4 月开展了一次以“迎奥运，讲文明，树新风”为主题的大型活动，社区地震救护队在 120 急救中心的支持配合下，现场演练急救应急处理，使救护队员和现场观摩的群众都学到了医疗和应急处理知识；社区还对残疾人进行了专门的防震减灾知识培训，培训面达 96%。德阳市防震减灾科普示范社区建设受到了中国地震局的关注。四川省地震局对德阳经验进行了宣传推广。

（5）继续协同《四川日报》坚持地震月报制度，定期通报全省地震活动及灾害损失情况。全年该制度运行情况良好。

（6）组织参加全国青少年地震科技夏令营。2007 年 7 月 27 日至 8 月 1 日，四川省地震局组团参加了中国地震局主办的第二十三届全国青少年地震科技夏令营（河北营）。

4. 地方防震减灾机构建设

2007 年，四川省编委出台了《关于建立健全我省防震减灾工作机构有关问题的通知》

（川编委［2007］28 号），确定了全省市（州）、县（市、区）防震减灾工作机构的性质和名称、机构设置的方式，以及主要职责任务，对机构的人员编制、领导职数和经费渠道等重要问题作出了具体的规定，推进了四川省防震减灾工作体系建设。截至年底，攀枝花、成都、德阳、阿坝等市州地震部门已正式更名为防震减灾局。同时，四川省地震局在资金、技术、业务等方面，加大了对各市州的支持力度，较好地解决了部分市州防震减灾工作基础薄弱的问题，促进了全省防震减灾事业平衡发展。

5. 防震减灾规划

2007 年 9 月 28 日，在四川省人民政府省长蒋巨峰主持召开的省政府第 131 次常务会议上，《四川省防震减灾规划（2007～2020 年）》获得审议通过，并正式印发实施。相关重点建设项目的可行性研究和项目建议书已经准备就绪。

（四川省地震局　周　玮　韩　震　田　力　杨志敏）

贵　州　省

（1）加大行政执法工作力度。推进《贵州省工程建设场地地震安全性评价管理规定》及有关法律法规的执行，对重大建设工程、易发生次生灾害的工程等必须进行地震安全性评价，严格执法。对不依法进行地震安全性评价的建设单位，责令改正，并依法进行行政处罚。

（2）加快农村民居地震安全工程试范工程点的建设。按照《国务院关于加强防震减灾工作的通知》（国发［2004］25 号）和《国务院办公厅转发地震局、建设部关于实施农村民居地震安全工程意见的通知》（国办发［2007］1 号）精神，切实加强贵州省农村民居地震安全工程建设，全面提高农村民居抗御地震灾害的能力。“十一五”期间，在贵阳市乌当区水塘村、六盘水市水城县前进村、安顺市关岭县场坝村、黔西南自治州望谟县前峰村、黔东南自治州丹寨县老八村、黔南自治州荔波县板寨村、毕节地区威宁县双包塘村、黔西县韦寨村、纳雍县安乐村 9 个村开展农村民居地震安全工程试点，2007 年度已完成了 9 个村的前期工作，2008 年将进行具体的设计施工。

（3）加强贵阳市建设工程场地地震安全性评价管理。贵阳市是贵州省的省会城市，是全省政治、经济、文化的中心，又是我国南北交通枢纽的城市。1996 年国务院明确为全国 12 个地震重点监视防御城市之一。加强贵阳市建设工程场地地震安全性评价管理，是提高城市房屋抗震性能，减少地震造成的人员伤亡和财产损失的有效途径。贵州省地震局贯彻执行《贵州省工程建设场地地震安全性评价管理规定》，通过严格执法，贵阳市林恒房地产开发有限公司、嘉黔房地产开发有限公司所承建的高层建筑依法进行了工程场地地震安全性评价。

（4）积极搞好地震科普宣传。2007 年积极组织印制地震科普宣传传单，购置防震减灾小册子，购置南亚地震录像光盘，分发到毕节、威宁、六盘水、贞丰、兴义、晴隆、都匀、德江、织金等9个建立台站的市县。利用5月科技宣传周和7月28日唐山地震纪念日，向广大人民群众发放地震科普传单，防震减灾小册子，放映南亚地震应急救援录像，进行防震减灾宣传和地震应急救援宣传。

（贵州省地震局　罗远模）

云　南　省

1. 防震减灾法制建设

由云南省政府法制办公室、省地震局、省建设厅联合起草的《云南省建设工程抗震设防管理条例》（以下简称《条例》），于2007年5月23日云南省第十届人民代表大会常务委员会第二十九次会议审议通过并公布，自2007年10月1日起施行。该《条例》共九章五十七条。7月25日省政府办公厅向各州、市人民政府，省直各委办厅局印发贯彻实施《云南省建设工程抗震设防管理条例》的通知，要求深入学习、广泛宣传，充分认识贯彻实施《条例》的重要意义。省地震局向各州、市地震局印发贯彻实施《云南省建设工程抗震设防管理条例》的通知，对云南省地震系统如何贯彻该条例作了具体部署。并印刷《条例》单行本12000册分发各州、市地震局进行宣传贯彻。

云南省人大常委会2007年9月27日在昆明召开《云南省建设工程抗震设防管理条例》新闻发布会，会议由省人大常委会秘书长沈安波主持，省人大教科文卫工作委员会副主任高苏平就如何深入宣传贯彻《条例》，全面推进全省抗震设防工作做重要讲话，省地震局副局长王彬、省建设厅副巡视员顾若刚分别从部门角度就如何贯彻实施《条例》做了发言，并回答了记者提问。省人大常委会法制委员会主任张金康、财政经济委员会主任程政宁出席发布会，省政府法制办公室、省地震局、省建设厅领导以及新华社、云南日报、香港大公报、省电视台等20家新闻媒体记者参加了新闻发布会。

经与云南省质量技术监督局协商，起草了《云南省建设工程地震安全性评价分类标准》。

2. 抗震设防要求管理

按照云南省政府的要求，对云南省地震局现有的“地震安全性评价结果和抗震设防要求确定”、“地震安全性评价单位资质许可”、“地震安全性评价执业资格许可”三项行政许可进行清理，新增加“省级权限内的全省危害地震监测设施和地震观测环境的建设工程项目审核”，已列入《省政府决定保留的行政许可项目初审目录》，待省政府批准后，正式公告。

普洱市地震局与省地震工程研究院合作成立了云南省地震工程研究院滇西南分院。按照普洱市政府要求，进入市便民服务中心窗口服务，办理抗震设防要求管理手续。保山市地震局进驻保山市投资便民服务中心综合窗口进行服务。昭通市地震局向市政府报送了《关于行政审批事项的报告》，并及时与市投资中心联系，力争把抗震设防审批列入投资中心的审批窗口。迪庆州地震局与州发改委联合发文，要求将建设工程抗震设防要求和工程场地地震安全性评价纳入基本建设管理程序。红河州地震局对辖区内6个建设工程发出《重大建设工程地震安全性评价管理的通知书》，为11个建设工程办理了抗震设防要求审核手续，发放了《建设工程抗震设防审核意见书》。其他州、市地震局也把抗震设防监管工作作为重要工作来抓。

2007年依法审批了112项建设工程。丽江、玉溪、临沧、德宏、红河等州、市地震局（防震减灾局）分别对丽江机场、星云湖出流改道工程、华南纸浆厂、开远云瑞公司15万吨二甲醚等重大工程依法开展工程场地地震安全性评价工作。

参加中国地震局和人事部举办的一级地震安全性评价工程师资格考试，圆满完成昆明考点的考务工作。组成调查组，到有地震安全性评价资质的单位进行调查，了解存在的问题，不断完善地震安全性评价工作规范化、制度化管理。

3. 活断层探测工作

2007年8月14日，由中国地震局活断层首席科学家徐锡伟研究员和中国地震局地球物理勘探中心副主任方盛明研究员分别担任专家组组长，中国地震局城市活断层项目总监理部总监杨主恩研究员、中国地震局地质研究所冉永康研究员以及云南省地震局专家组成验收组，对①昆明深部构造环境探测资料解释；②控制性浅层人工地震探测工程（变更）；③详勘阶段浅层地震数据采集工程；④浅层地震详细勘探数据处理和解释工程；⑤详勘阶段跨断层钻孔勘探工程；⑥目标断裂活动性综合评价及三维构造分段性研究与综合制图工程；⑦Arc/GIS环境下1：1万基础地形数据转换七项子专题进行验收，验收组专家认真审阅了验收材料、听取了工作汇报，经质询、答辩和有关技术问题的讨论后，专家组认为各个专题资料翔实、基础工作扎实思路清晰，满足合同规定的工作内容，达到技术指标，同意七个专题通过验收。

2007年9月11日，由中国地震局活断层首席科学家徐锡伟研究员担任专家组组长，中国地震局城市活断层项目总监理部活断层项目总监理研究员杨主恩、中国地震局地质研究所研究员汪一鹏、苏州大学教授丁海平以及云南省地震局专家组成验收组，对“昆明市目标区主要活断层地震危险性评价”与“昆明市地震活断层地震危害性综合评价”二项子专题进行验收，验收组专家认真审阅了验收材料、听取了工作汇报，经质询、答辩和有关技术问题的讨论后，专家组认为各个专题资料翔实、基础工作扎实、技术思路清晰，评价方法合适，满足了合同规定的工作内容，并达到了活断层《技术规程》和《施工设计》相应的技术指标，同意此两项专题通过验收。

完成已验收的“目标断裂活动性综合评价及三维构造分段性研究与综合制图工程”、“昆明深部构造环境探测资料解释”、“昆明市目标区主要活断层地震危险性评价”、“昆明市地震活断层地震危害性综合评价”材料及图件的整理归档，完成活断层项目档案立卷78卷，并通过云南省地震局内部验收。

完成“昆明市地震活断层基础数据库与管理系统建设”专题验收。此专题按照中国地震局《活断层探测及研究成果数据规范》的专业划分和项目11个专题进行了数据库建设，在此基础上集成了1：25万区域地震构造图、1：5万活断层分布图和1：1万地震活断层条带状分布图，是昆明市地震活断层探测与地震危险性评价项目资料与成果的汇总。专家组经质询与讨论，认为专题组完成了合同规定的各项内容，专题数据库和专业数据库符合规范要求，入库数据完整、准确，达到活断层数据库建设规范要求，专家组一致同意通过验收。

2007年11月26日，“昆明活断层探测与地震危险性评价工程”项目在北京通过中国地震局总验收。验收组由中国地震局活断层项目首席科学家徐锡伟担任专家组组长，中国科学院丁国瑜院士、邓起东院士、中国地震局震害防御司卢寿德司长、中国地震局地质研究所所长张培震研究员、中国地震局地球物理勘探中心副主任方盛明研究员、中国地震局城市活断层项目总监理部总监杨主恩研究员等12位专家为验收组成员。

云南省地震局皇甫岗局长率主持部门、监理组、项目组一行7人参加验收汇报。验收会上，专家组听取了项目负责人云南省防灾研究所所长张建国、昆明活断层项目总监汤永安研究员等关于工程竣工、工程技术、工程试运行、工程财务、工程档案归档、工程监理以及数据库管理系统测试等报告，并审阅了全部验收材料。经质询和讨论，形成验收意见：本项工程技术思路清晰，工作扎实，报告内容完整，符合《中国地震活断层探测技术系统技术规程》和《昆明市活断层探测与地震危险性评价施工设计》的技术要求；提交的工程竣工报告、工程技术报告、工程试运行报告、工程财务报告、工程档案归档报告、工程监理报告等验收材料齐全，符合有关规定要求，验收专家组认为，项目在目标断层定位和活动性判定及其地震危险性和危害性评价等方面取得重要成果，将为昆明市的土地利用和城市建设规划、减轻地震灾害、保障社会经济的可持续发展提供科学依据，特别是综合利用了浅层、中深层和深部人工地震探测方法获得了昆明盆地结构和目标断层深部构造展布等信息，取得了重要进展。专家组一致同意通过验收。

4. 防震减灾宣传工作

制定《云南省地震局系统2007年防震减灾宣传工作方案》，印发各州、市地震局（防震减灾局），要求结合实际，制定本地区宣传工作方案，并开展形式多样的宣传活动。

利用“三下乡”、“11·6”澜仓—耿马地震宣传周、科技活动周，向群众发放《云南省防震减灾知识问答》、《抗震救灾大众手册》，普及防震减灾科普知识。向昆明市官渡区和东川区副科级以上干部、企业负责安全的领导干部以及地震宏观联络员举办防震减灾科普报告会。云南省地震系统均开展了《云南省建设工程抗震设防管理条例》宣传活动。

5. 农村民居地震安全工程

农村民居地震安全工程是云南省委、省政府决策实施的惠民利民的重要项目之一，是省政府2007年十件实事之一。根据省委和省政府的要求，按照云南省地震局的职能职责，在省委农办的统一协调下，云南省地震局主要开展六个方面的工作：一是成立实施农村民居地震安全工程领导小组，加强组织、加强领导；二是认真履行职责，努力推进农居工程建设，参加省委、省政府组织的农居地震安全工作会议30多次；参加省委、省人大、省政府和相关部门组织的对该项目实施、推进、督察和检查等相关工作9次，与建设厅共同协商讨论决策农居工程相关问题和管理规定10多次，召开4次专题会议，商讨省地震局如何在农居地震安全工作中发挥作用、如何开展宣传工作的相关问题；三是起草了《云南省人民政府关于实施农村民居地震安全工程的意见》、《云南省农村民居地震安全工程项目管理办法》、《关于下达2007年农村民居地震安全工程计划的通知》和《云南省农村民居地震安全工程建设补助资金管理办法（试行)》、《云南省农村民居地震安全工程建设十年规划》等重要文件和材料，下发《云南省地震局关于实施农村民居地震安全工程建设的通知》，要求各州市地震部门积极配合相关部门，做好各地民居工程；四是积极推进项目实施。组织专业技术人员开展云南省农居基础资料的收集整理工作，进行农居基础数据库建设，组织相关领导和专家研讨、咨询，在云南防震减灾网页上，建立农村民居地震安全工程专栏，加强农居工程宣传动员工作，指导州、市、县地震部门积极开展农居工程宣传；五是完成《云南省2008年地震重点危险区基本情况统计》，为全省农村民居地震安全工程整体规划及2008年度工程计划、资金安排等提供科学依据。

（云南省地震局　谢　巍）

西藏自治区

2007年，为加强西藏自治区工程建设场地地震安全性评价工作和抗震设防要求的管理，防御和减轻地震对工程建设的破坏，根据《中华人民共和国防震减灾法》、《地震安全性评价管理条例》、《西藏自治区实施〈中华人民共和国防震减灾法〉办法》、《西藏自治区建设工程场地安全性评价管理办法》等有关规定，西藏自治区地震局对青藏铁路拉日支线、贡嘎机场专用公路、藏木水电站、墨脱公路隧道等重大工程进行了地震安全性评价工作，加强了抗震设防管理力度。

为进一步贯彻落实西藏自治区农牧民安居工程建设现场会议精神，检查各地（市）农牧民安居工程实施情况，根据自治区的安排，1月，西藏自治区地震局对拉萨、山南、林芝、日喀则等地的农牧民安居工程进行检查。9月，又参加了对农牧民安居工程及配套设施建设落实情况进行的中期检查。

在中国地震局震害防御司的组织下，中央电视台派出记者对西藏防震减灾“十五”项目进行了现场专访，并在中央电视台一、四套及新闻频道播出。同时，西藏自治区的区、地、县三级多家新闻媒体克服路况差、自然环境恶劣等诸多困难，与西藏自治区地震局项目建设人员一道深入阿里、那曲、墨脱等地，对项目建设情况进行报道。一年来，各级新闻机构共派出记者14人次，采访行程近万公里，各级电视台编播西藏防震减灾工作情况达60分钟。本年度，西藏自治区地震局用于宣传的经费达到11.5万元，通过这些宣传，使各级政府和社会各界对西藏防震减灾工作有了新的了解，也更加关注西藏防震减灾事业的发展。

此外，西藏自治区地震局及地（市）地震局还利用12·4法制宣传日、地震现场考察等时机走上街头、走进学校和深入农牧区开展了形式多样的地震科普知识宣传工作。

“十五”数字地震观测网络项目之“活断层探测与地震危险性评价”项目是填补西藏该领域空白的重大课题，项目于2004年正式进入初勘，于2004年5月至9月完成了地球化学勘探工作和地质踏勘工作，并完成了浅层物探、大地电磁、地质调查工作及其他室内工作，2007年完成了探槽的开挖工作，数据库的建库工作也已完成。

（西藏自治区地震局　喻景阳）

陕　西　省

2007年陕西省地震局被纳入省规划审查成员单位，并对陕南地区城镇协调发展规划和城固县城市总体规划进行了防震减灾方面内容的审查。省地震局会同省建设厅，启动重大建设工程地震安全性评价地方分类标准的制定工作，并向省技术监督局申报立项。省政府办公厅、发改委、建设厅、省法制办和省地震局联合检查了渭南、西安、咸阳三市电力和交通行业建设工程抗震设防情况。省建设厅开展了全省建设工程抗震检查。省地震局全年共审批、确认34项重大建设工程的地震安全性评价结果和抗震设防要求。

省政府办公厅转发省地震局、省建设厅《关于陕西省实施农村民居地震安全工程的意见》；省政府成立以副省长洪峰为组长的全省农村民居地震安全工作领导小组，省建设厅厅长、地震局局长任领导小组副组长。省建设厅制定农村民居抗震技术要点与图册，并在杨凌农高会期间，与省地震局联合举行了首发仪式。全年新增农居示范点77个，全省农居示范点达到116个。

全省共有14名专业技术人员通过了人事部和中国地震局组织的一级地震安全安全性评价工程师考试，取得相应资格。省地震局与省人事厅联合组织了二级地震安全性评价工程师资格的考核、认定，全省25人取得了二级地震安全性评价工程师资质。召开了地震安全性评价资质单位会议，提出了进一步加强地震安全性评价工作的要求，加强对持证单位的资质管理。

西安市地震活断层探测与地震危险性评价项目完成施工设计规定的全部工作任务，并于2007年10月31日通过了中国地震局震害防御司、陕西省发改委等部门共同组织的验收。

在全省“科技之春”宣传月开展防震减灾宣传活动，举办西航二中和陕建三小地震科普知识讲座、渭南市地震灾害及其防御报告会，渭南市大荔县平民乡送书下乡活动、宝鸡市第十五届“科技之春”宣传月城市科普示范活动等重点活动，分别针对中学生、领导干部、农村、城市社区进行宣传。

在中国地震局组织的全国市县防震减灾工作评比中，西安市地震局获全国市县防震减灾工作综合评比二等奖，同时获得防震减灾创新奖；咸阳市地震局、宝鸡市地震局获全国市县防震减灾工作综合评比优秀奖；眉县地震办公室、兴平市地震办公室、韩城市地震办公室、洛南县地震办公室、高陵县地震办公室、志丹县防震减灾办公室获全国县级防震减灾工作先进单位称号。

（陕西省地震局　谭玉娥）

甘 肃 省

1. 防震减灾法制建设

（1）《甘肃省地震安全性评价管理条例》（以下简称条例）于2007年9月27日甘肃省第十届人民代表大会常务委员会第三十一次会议表决通过，甘肃省人民代表大会常务委员会第56号公告公布，自2008年1月1日起施行。条例既全面体现了国家相关法律法规的精神，又充分考虑了甘肃省的实际情况，既明确了甘肃省抗震设防和地震安全性评价管理工作中需要解决的问题，又反映了防震减灾工作改革发展的新趋势、新要求，具有较强的前瞻性、可操作性和地方特色。

2007年11月2日，甘肃省地震局起草了《关于学习宣传贯彻〈甘肃省地震安全性评价管理条例〉》的通知（甘震发［2007］120号），下发各市州地震局，局属各单位，就学习、宣传和贯彻落实条例的各项工作进行了安排部署。

2007年11月30日，甘肃省人大教科文卫委员会、省人大法制委员会、省人大常委会法制工作委员会、省政府法制办、省地震局联合举行了《甘肃省地震安全性评价管理条例》实施新闻发布会。甘肃省人大常委会副主任杜颖、省政府副秘书长周强，中国地震局震害防御司司长卢寿德出席了会议。甘肃省地震局王兰民局长就社会公众普遍关心的问题回答了甘肃日报、新华社甘肃分社等新闻媒体的提问。

（2）甘肃省地震局积极推进防震减灾行政审批工作，完善工作程序；充实行政执法队伍，省局又有1人取得行政执法证、3人取得执法监督证；加大了行政执法力度，对嘉峪关、安西、定西、陇南等7起影响地震台站观测环境事件进行了行政执法。

（3）甘肃省地震局对酒泉、武威、张掖市和临夏州的抗震设防要求和地震安全性评价、应急准备工作进行了执法检查或专项检查。天水市地震局积极争取市人大支持，将《防震减灾法》实施情况纳入市人大执法检查，提出了进一步加强防震减灾工作的四项措施和要求，促进了当地防震减灾工作的开展；平凉市地震局印发了《关于规范抗震设防行政执法工作的通知》，从执法依据、执法程序、执法责任、技术规范、执法纪律等方面提出要求，促进了当地抗震设防要求监督管理工作的法制化、规范化管理。

（4）组织实施“五五”普法规划。邀请甘肃省行政学院教授进行《公务员法》知识培训；参加甘肃省委、省政府和地震系统法律知识及配套技术规范培训30人次；利用甘肃省委党校、省行政学院高层平台，对领导干部进行防震减灾法制宣传讲座；组织开展了“7.28防震减灾日”大型法制和知识宣传活动，接受教育群众超过10万人次。

2. 建设工程抗震设防要求管理

加强抗震设防要求管理。甘肃省地震局与省建设科技专家委员会联合主编颁布了《兰州市建筑抗震设计规程》，把城市特殊工程建设抗震设防要求和“城中村”的抗震设防要求通过技术标准落到实处，在建设工程的规划、设计、勘察、施工各个环节做了相应的规定，创新了抗震设防要求管理和提高震害防御能力的途径与方式。本年度全省共审批包括一般工程在内的抗震设防要求405项。

3．建设工程地震安全性评价管理

强化重大建设工程抗震设防要求和地震安全性评价监督管理，举办了地震安全性评价技术研讨班，努力提高从业人员业务能力；组织了一级地震安全性评价工程师资格考核认定和考试，进一步加强地震安全性评价执业资格和资质管理；开展了全省地震安全性评价资质单位报告抽查年检与结果通报，提高了地震安全性评价报告质量；市州地震局完成了地震安全性评价和抗震设防要求执法依据和监管程序的清理工作。本年度对32项重点项目的地震安全性评价报告进行了审查、评审，确定科学合理的抗震设防要求。特别是“四0四厂核废料处理厂建设场地地震安全性评价”工作，为“大型核废料后处理厂建设”项目立项发挥了重要作用。

4．农村民居防震保安工作

甘肃省政府召开了全省农村民居防震保安工作会议，总结交流了各地推进的经验，全面安排部署了今后一个时期全省农村民居防震保安八项重点工作任务。中国地震局刘玉辰副局长和甘肃省政府石军副省长出席会议并作重要讲话，各市州政府分管领导和地震、建设等部门负责同志参加了会议，与会地震系统领导和代表会后赴平凉市，现场观摩农居地震安全示范工程建设情况，刘玉辰副局长对平凉市农村民居地震安全示范工程建设给予了高度评价。会后有7个市州召开了贯彻落实全省农村民居防震保安工作会议，加强了对推进农居地震安全工程建设的领导。张掖、平凉、陇南等市在工作过程中积极参与，加强指导，创新机制，形成了当地政府领导、地震部门主导、相关部门参与配合，共同推动农居地震安全工程建设的良好局面；酒泉市地震局积极参与全市新农村建设“十镇百村”示范村镇建设总体规划评审论证，平凉市地震局加强与建设、新农办、乡镇局等部门的协调配合，严把农居地震安全工程选址、设计、施工、验收关。甘肃省地震安全农居建设已逐步由地震部门的号召变为建房群众的自发要求行为，已建成农村民居地震安全示范点486个，示范户43528户。

5．震害预测工作

甘肃省地震局对震害预测数据库实行动态管理，在做好全省防震减灾基本情况调查的基础上，指导各市州地震局继续推进城市震害预测工作。平凉、天水、白银、定西、临夏等市州补充、更新了数据库，完成了本地区震害预测报告，其中平凉市震害预测报告获得市科技进步奖。全省震害预测数据库的不断完善，为地震应急、震害损失评估及防震减灾决策提供了重要依据。

6．活动断层探测工作

《兰州市活动断层探测与地震危险性评价》于2007年8月正式通过中国地震局组织的验收，并被评为优秀工程。该工程项目取得了创新性成果，获得了对金城关、雷坛河、寺儿沟和西津村4条断层活动时代的新认识；否定了穿过兰州主要市区的刘家堡断层和深沟桥断层的存在，对兰州市城市规划和土地利用产生了巨大的经济和社会效益。甘肃省地震局与省建设厅联合印发了《兰州市活动断层探测与地震危险性评价项目主要成果推广使用意见》，并对成果推广应用提出具体要求；项目成果荣获本年度甘肃省优秀工程勘察设计一等奖。项目组得到甘肃省建设厅和甘肃省地震局的联合表彰奖励。

7．防震减灾宣传工作

一是，开展高层宣传。甘肃省地震局王兰民局长在省行政学院为中高级干部作了防震减灾知识专题讲座；临夏、酒泉等市州地震局利用各种会议和工作简讯向当地政府领导进行宣传。二是，面向社会宣传。在“7.28 防震减灾日”当日，在兰州市东方红广场组织开展了大型宣传活动，甘肃省政府石军副省长莅临现场指导并作重要讲话，同时各市州地震局组织开展了形式多样、内容丰富的宣传活动，全省接受防震减灾知识教育群众超过 50 万人次。三是，开展创建科普示范学校活动。甘肃省地震局与省教育厅、省科协联合印发了《关于在全省中小学开展创建防震减灾科普示范学校活动的通知》，在全省中小学校部署组织创建防震减灾科普示范学校活动，为天水市三中、酒泉市肃州中学进行了挂牌，12 个市州地震局推荐申报了省级防震减灾科普示范学校。四是，加强主流媒体宣传。甘肃省地震局在《甘肃日报》、《人大之声报》等发表署名文章，接受电视台的专题访问，各市县利用当地媒体做了大量的宣传工作，本年度省市县在新闻媒体共刊登发表防震减灾宣传稿件 300 余篇；依托网络开展宣传，扩大了全省防震减灾工作宣传的覆盖面。

（甘肃省地震局　汤爱华）

青　海　省

1. 依法行政，保障城镇地震安全

2007 年，以青海省地方标准《建设工程地震安全性评价分类》发布为契机，进一步加强对城镇建设工程抗震设防的要求和监督管理。青海省地震局组织青海省地震安全性评定委员会对《青海玉树巴塘民用机场工程场地地震安全性评价报告》等 17 个重大工程地震安全性评价报告进行了评审。进一步规范了地震安全性评价市场，促进了城市重大建筑物及生命线工程的抗震设防工作。加强执法队伍建设和管理，编写了《青海省防震减灾行政执法实用手册》，举办了 1 期防震减灾行政执法培训班，推动了防震减灾行政执法工作，《青海省地震重点监视防御区管理办法》已被列入 2008 年青海省政府立法计划。

2. 把握时机，积极推进农村牧区民居地震安全工程

2007 年 4 月 12 日，青海省人民政府办公厅转发了青海省地震局、青海省建设厅联合起草的《关于推进青海省农村牧区民居地震安全工程意见的通知》，提出了推进农村牧区民居地震安全工程实施的具体措施。青海省各级地震机构以此为契机，结合社会主义新农村、新牧区建设、城镇建设、移民搬迁、恢复重建等工作，开展广泛宣传。积极建议当地政府建立有关管理制度。玉树、果洛、海西等地地震局抓住“三江源移民项目”的机遇，联合当地建设部门，积极推广科学合理、经济实用的农牧区民居设计和施工技术指南，将农村牧区民居抗震设防纳入建设管理。2007 年 9 月，青海省地震局联合西宁市地震局在大通县东峡镇举办了首届全镇农居安全工程培训班，对推进农村牧区民居地震安全工程的实施，增强广大农村牧区民居防震能力及抗震设防工作起到了积极的推动作用。

3. 防震减灾宣传工作

2007 年，青海省地震局将防震减灾知识宣传教育纳入了青海省委党校、青海省社会主义学院、青海行政学院（“一校两院”）教学计划，青海省地震局台网中心、应急指挥大厅、青海省地震科普展厅成为“一校两院”的教学实践基地。2007 年 9 月举办了青海省首期领导干部防震减灾知识讲座，特邀中国地震局原副局长何永年主讲，收到了良好的宣传效果。2007 年共组织“一校两院”干部培训班学员参观台网中心、应急指挥大厅 2 次，参观地震科普展厅 3 次。2007 年 3 月 26 日，青海省第一所防震减灾科普示范学校揭牌仪式暨学校地震应急演练活动在格尔木市第二中学举行。2007 年，青海省共有 11 所“防震减灾科普示范学校”挂牌。2007 年青海省地震局完成了《昆仑震线》宣传片的制作和发行工作。并与黄南州地震局、黄南州少数民族语言办公室共同编译了《地震预防与应急知识读本》宣传册，制作了大量展板和宣传画册。2007 年青海省地震局利用国际减灾日、科技宣传周、唐山地震纪念日、共和地震纪念日，在西宁市中心广场及各州、地向市民进行防震减灾知识宣传教育，推进防震减灾知识进机关、进学校、进社区、进乡村。

（青海省地震局　荣建生）

宁夏回族自治区

（1）宣传、贯彻《宁夏回族自治区地震重点监视防御区管理办法》。组织专家开展宁夏地震重点监视防御区的调研和论证，划分了重点监视防御区范围，提出了加强防震减灾工作意见，以宁夏回族自治区政府文件印发全区执行。宁夏地震局及部分市、县地震局分别举办重点监视防御区管理办法专题讲座和培训班，加强宣传，增强了各级政府对防震减灾工作的重视与支持。

（2）抗震设防管理。市县地震工作部门依法履行防震减灾行政管理职责，积极做好抗震设防要求和地震安全性评价管理工作，共审批 46 个地震安全性评价项目和一般建筑工程项目 1000 多个。

（3）地震安全农居工程。2007 年 9 月 6 日，宁夏回族自治区政府召开“全区农村民居防震保安工作会议”，部署全区农居地震安全工程工作任务，印发《关于实施农村民居地震安全工程的意见》，批准平罗县为“农居地震安全工程”示范县。编印下发 1.6 万套《建设地震安全的社会主义新农村》宣传挂图，指导农村民居建设工作。各级地震工作部门积极参与“塞上农民新居”和“南部山区危窑危房改造工程”，开展危窑危房鉴定、抗震知识宣传、农民新居选址等工作，推进农村民居地震安全工程。宁夏回族自治区累计改造危窑危房改造 3 万多户，新建住房 9 万多间，受益 15 万多人。

（4）防震减灾“三网一员”建设。认真落实宁夏回族自治区政府《关于在全区乡（镇）街道配备防震减灾助理员的通知》精神，建立了 226 个宏观观测点、274 名防震减灾助理员和 561 名地震灾情速报员，建立了档案，颁发了证书，组织了培训，落实宏观观测员补助经费 20 万元。

（5）积极开展防震减灾科普知识宣传。宁夏各级地震部门利用“7・28”唐山地震纪念日、“12·16”海原地震纪念日、科技活动周等时机，通过设立宣传咨询点，播放声像资料、发放传单、现场解答等方式，大力宣传防震减灾知识，直接受教育群众10万人（次）以上。

（宁夏回族自治区地震局　孙立新　闫　冲）

新疆维吾尔自治区

2007年，新疆维吾尔自治区地震局进一步建立健全行政执法，行政许可相关制度。印发了《新疆维吾尔自治区地震局规范性文件审查备案办法》、《新疆维吾尔自治区地震局规范性文件制定程序规定》、《新疆维吾尔自治区地震局行政复议工作程序》、《新疆维吾尔自治区地震局行政处罚程序》；成立领导小组，健全领导机构，为开展相关工作奠定了组织基础。继续贯彻落实行政许可法，完善行政许可程序，加强行政许可管理，严把抗震设防要求的管理关，年内组织完成50余份地震安全性评价报告的审定和抗震设防要求的确定。

按照中国地震局下达的《防震减灾宣传教育工作要点》和新疆防震减灾宣传教育工作计划，对我区防震减灾宣传教育工作进行统一安排部署，各地、州、市地震局开展了一系列宣传教育活动，通过电视、广播、报纸、讲座、画廊、画板、横标等渠道和形式，将防震减灾知识送进学校、社区、乡村，引起全社会关注、参与和支持防震减灾工作，促进我区防震减灾事业的全面发展。2007年新疆地震科普教育基地接待各类参观人员逾万人，其中中小学生过半。

2007年，是新疆维吾尔自治区实施“城乡抗震安居工程”建设的第四年，在党中央、国务院的亲切关怀下，在自治区党委、人民政府的领导下，经过广大干部群众的辛勤努力，已超额完成全年任务。全区15个地、州、市已新建和加固改造抗震房44.3万户，超额完成自治区人民政府下达的41万户的计划任务。在南疆三地州地震多发区解决农村2万特困户、15.3万贫困户、3.2万困难户的住房问题。利用冬季举办各类培训班879期，培训各类管理人员1.3万人次、农村工匠11.1万人次、建房户13.7万人次。通过培训，强震后抗震安居房无损害的事例对各族群众的防震减灾知识宣传效果更加明显。

（新疆维吾尔自治区地震局　戴晓敏）

地震灾害应急救援

2007 年地震应急救援工作综述

一、召开全国地震应急救援工作会议

2007 年 11 月 12～14 日，中国地震局震灾应急救援司在山东济南市组织召开了 2007 年全国地震应急救援工作会议，陈建民局长对开好这次会议作了重要批示，赵和平副局长出席会议并讲话。会议认真总结了近年来地震应急救援工作，科学分析了地震应急救援工作所面临的形势和要求，研究讨论了加强对市县地震应急救援管理工作的指导，并对推进地震应急救援工作又好又快发展进行了全面部署。会议还组织了突发事件应对法和地震现场媒体组织策略讲座。

二、加强地震现场应急工作

2007 年，我国共发生 5 级以上地震 17 次，其中大陆 6 次，台湾省及其临海 6 次，东海及南海海域 5 次，造成 3 人死亡，28 人重伤，391 人轻伤，直接经济损失 20.19 亿元。中国地震局派出国家级地震现场应急工作队 4 批 33 人次，协助地方政府有效处置了福建顺昌、云南宁洱、新疆伊犁、福建永春等地震事件。完成了每次地震灾情快速收集和处理，包括速报每次地震的灾情、提供灾区基础数据、快速编印 23 期《国内灾害地震快报》。完成了对智利、秘鲁、印度尼西亚、俄罗斯、缅甸、老挝等 28 次国外地震快速反应和灾情的快速收集处理，及时编发了 18 期《国外灾害地震快报》。

三、加强地震预案管理工作

开展地震应急预案编制和管理情况调查工作，了解和掌握各地预案体系建设现状，对各地预案工作存在的问题，一方面，推广预案管理方面好的经验和做法，指导，督促预案工作相对滞后的地区加快落实；另一方面，督促各地落实预案备案制度。目前，全国各级各类地震应急预备案已达 17350 件，较 2006 年增长近 1 倍，有 12 个部委、29 个省级政府和 29 个省级地震部门和 11 个直属单位的地震应急预案完成了备案工作。组织制定了《地震应急预案管理暂行办法》，开展了预案管理信息平台建设和建立预案评估工作机制的准备工作，起

草了预案评估办法及评估标准草案，加强预案规范、动态管理和技术研究工作。

四、建立完善地震应急区域协作联动工作机制

推进地震应急区域协作联动工作深入开展，印发了《关于推进地震应急区域协作联动工作的意见》，同时，加强对全国6个协作联动区域应急联动工作的监督检查。促进将预案建设、队伍建设、装备建设和思想准备、技术准备、机制准备的适应性调整到应对大震巨灾上来。各地积极推进联动机制建设，制定联动工作方案和措施，开展联动工作培训和演练。

五、加强地震应急救援队伍和条件保障建设

建立健全中国地震局地震现场工作队现场工作制度，修订印发了《地震现场工作管理规定》和《地震现场工作装备基本配置清单》，完善地震现场应急工作队装备、设备，设置全国统一的地震现场工作标识，举办地震现场应急培训班，出版了《地震现场灾害损失评估宣贯教材》，编辑出版《2003年地震现场应急工作报告》，编译出版了《国际搜索与救援指南和方法》，组织编写了《地震灾害评估实用培训教程》。

编制《地震灾害紧急救援队训练和考核大纲》，规范和指导各级救援队伍的训练和考核工作。组织开展由地震局、工兵团和武警总医院三方共同组成的国家救援队94名队员参加的协同训练。建立了省级地震灾害紧急救援队伍联席会议制度，强化对省级救援队伍建设的协调和指导。目前，除国家地震灾害紧急救援队外，有26支省级地震灾害紧急救援队已经相继成立，国家级和省级救援队伍的总规模3000人左右。在国家级和省级救援队伍建设的带动下，市县级地震灾害紧急救援队伍和城市社区地震应急救援志愿者队伍建设也在蓬勃开展，全国地震灾害紧急救援力量网络正在形成。

完善了地震现场应急工作队仪器设备和装备，建立专业化、制式化、标准化的地震现场应急工作队伍，创建自成一体的地震现场工作装备配备标准。国家地震灾害紧急救援队已配备了9大类装备，并逐步推进救援装备建设制度化、标准化和规范化管理，印发实施了三个管理细则、两个实施方案、一个管理规定和一个工作规范。加强对地方紧急救援队伍装备建设的指导，为部分省、市紧急救援队伍装备建设和发展提供了技术支持。

六、组织“十五”项目建设和“十一五”项目立项

加大对地震应急指挥技术系统项目建设的组织管理和实施力度，顺利完成各建设单位项目的验收，开展项目运维管理的准备工作，组织编制地震应急指挥技术系统运行维护规范，印发了《省级地震应急指挥中心运行管理办法》，实现从建设到运行的平稳过渡，确保指挥技术系统在地震发生后发挥作用。国家地震紧急救援训练基地建设取得重要进展，2008年全面投入使用。

积极推进“十一五”国家地震安全工程中地震应急救援分项目的立项和“十一五”科技支撑项目的实施，组织开展了2007年地震科研专项研究和2008年地震科研专项申请工作。

积极参与和推进“十一五”期间国家突发公共事件应急体系建设规划重点项目建设，落实了由中国地震局牵头负责2个项目的建设，即由甘肃省地震局负责建设的国家陆地搜寻与救护基地建设项目和由中国地震应急搜救中心负责的国家应急管理人员培训基地建设项目。此外，参与了国家突发公共事件预警信息发布系统、国家应急平台体系、国家应急物资保障系统和国家公用应急卫星通信网络等项目的建设和研究工作。

七、加强国内应急救援培训和演练

指导江西、甘肃等地举办了多次各级地震应急管理人员和技术人员培训班。成功组织了国务院抗震救灾指挥部举行了指挥部成立以来首次地震应急桌面演练，国务院抗震救灾指挥部33个成员单位参加了演练，检验了国家地震应急预案和各单位地震应急协同工作机制，促进了各部门的协同配合和职责落实。加强对福建、陕西、广东、辽宁、云南和海南等省开展了联动、专项和综合应急演练的指导，及时将各地演练情况报送国务院应急管理办公室，向地震系统通报各地演练中好的经验和做法，促进各地演练工作的深入开展。

八、加强对市县管理工作指导

开展了市县地震应急救援工作的调研，加强对市县地震应急救援工作的服务和指导，印发实施了《关于加强市县地震应急救援管理工作的意见》，推进市县地震应急救援工作全面、协调发展。

九、推进社会动员机制建设

完善了国家救援队重大事项联席会议制度，增加外交部和商务部为联席会议新成员。召开了2007年国家救援队重大事项联席会议，加强对国家救援队建设的协调与指导。

中国地震局与总参、武警部队和公安部消防局就国家和省级地震灾害紧急救援队建设建立了联席会议工作机制，并制定了联席会议工作制度，成立了联席会议办公室，加强对省级救援队工作的指导。

印发《地震应急避难场所及措施》国家标准，组织编写《地震应急避难场所规划设计》国家标准，加强对地震应急避难场所建设的指导，推进大中城市和重点城市地震应急避难场所建设试点，目前，全国有20个省（区、市）68个大中城市已建成和正在建设应急避难场所。

组织开展了《社区志愿者地震应急与救援工作指南》的编写，加大志愿者队伍建设指导力度，目前，全国16个省（区、市）共建立了104支社区志愿者队伍，总人数10多万人。

十、加强国际交流、培训与合作

组织了两批国家级与省级救援队58名骨干队员赴新加坡进行城市搜索救援的技术理论和技能集中培训，其中省级救援队35人。

组织瑞士专家组来华对国家救援队教官、队长以及犬搜索等方面进行培训与考核。

举办了第二届发展中国家应急救援培训班，来自24个国家45名学员参加了在华举办的为期近两周的应急救援理论与实践培训。

加强联合国灾害评估协调队伍（UNDAC）和亚太地区人道主义事务合作伙伴（APHP）中国队员管理工作。2007年，地震系统又有2名专家成为了UNDAC新成员，目前中国的UNDAC成员已增加到8名。

组织中国国际救援队队员及APHP队员参加了8月在蒙古进行的INSARAG多国地震救援演练和在新西兰组织的APHP培训。

推进实施了中日“地震应急救援能力合作计划”（JICA计划），目前该项目已得到正式批准，现正在开展实施前的准备工作。

（中国地震局震灾应急救援司）

地震应急救援科技发展

一、中国地震局承担科技部下达的国家地震应急救援科技支撑计划项目建设

地震科技支撑体系是防震减灾工作三大体系的重要支撑，“十一五”国家科技支撑计划重点项目《地震防御与应急救援技术研究》，重点研究地震区划、重大工程地震参数确定、地震灾情快速获取与评估、救灾指挥等方面的关键技术和地震废墟搜索设备，研究成果直接用于国家标准修订和国家地震安全工程建设，推动国家防震减灾目标的实现和国家突发公共安全事件总体应急预案的实施。

1. 主要研究内容

该项目分解为4个课题，其中地震应急救援领域包括“应急灾情识别评估与决策技术研究”和“现场灾情监控与救援装备研究”：

“应急灾情识别评估与决策技术研究”主要研究内容是开展地震灾区信息的快速获取、评估分析技术、地震灾区重点目标与交通线快速评估技术和智能辅助救灾决策等指挥技术研究，形成实用化的地震应急灾情识别、评估与决策模型，并通过集成形成系列技术规范和技术系统。

“现场灾情监控与救援装备研究”主要研究内容是开展地震现场灾情监控仪研制及布控技术研究，开展现场灾情救援场景模拟技术研究；研制智能化电磁波生命探测技术与装备，研制基于模拟现场建筑物破坏场景的救援技术系统；研制现场结构形变峰值测试仪。

2. 项目组织与管理

科技部于2006年底项目进行了评审和批复，中国地震局震灾应急救援司经商人事教育和科技司于2007年初发布《应急灾情识别评估与决策技术研究和现场灾情监控与救援装备研究子专题申报指南》，对课题实施方案和子专题承担单位进行了公开申报，通过公开竞争确定了子专题承担人，并于3月完成了全部项目任务书的签订工作。

2007年6月4日，震灾应急救援司在中国地震局工程力学研究所召开了地震应急救援的两个课题的项目启动会，课题的29位专题、子专题负责人参加了会议，明确了项目实施和集成方案，加强了专题和子专题研究的工作力度，使课题成为一个有机的整体，使项目完成后可以在地震应急救援工作中发挥真正的科技支撑作用。2007年11月底，又对各子专题研究进展进行了检查和交流，促进了项目实施。

二、中国地震局承担国务院应急管理办公室委托的国家科技支撑计划项目建设

国务院应急管理办公室组织的“国家应急平台体系关键技术研究与应用示范”和“部门应急平台研发与示范”两个课题，由中国地震局震灾应急救援司委托中国地震应急搜救中心和中国地震台网中心负责实施，内容包括地震重点危险区预测模型研究、地震灾害预警模型研究和模拟仿真技术研究。通过课题研究，建立地震灾害的预测预警模型、仿真建模方法和可视化仿真软件系统，实现对地震灾害发生发展过程的有效预测及灾害预警，在可视化平台上，真实再现地震灾害过程。课题研究中基于地震系统目前已有的研究与建设成果，通过开展国务院应急平台与地震应急平台之间的互联互通研究、针对国家应急平台体系建设要求的地震应急平台整合研发、资源与数据整合研究、软件系统接入研发等工作，实现地震应急平台和国务院应急平台之间的信息互通与共享及应急系统的整合与接入，实现部门平台与国务院应急平台之间互联互通、资源共享。目前课题研究即将完成并进入应用阶段。

三、地震应急救援行业科研专项研究

自2006年末启动地震行业科研专项工作以来，先后申报了两批应急救援项目。2007年度项目已进入实施阶段，2008年度项目即将批复。地震应急救援部分2007年度项目7个，实施期限均为3年，项目总经费超过1000万元。由于启动初期项目的管理模式没有完全定型，按照上级主管部门的要求，申报单位主要从局系统内的几家研究所产生。7个项目分别是：由地球物理研究所牵头承担，甘肃省地震局、青海省地震局、河北地震局邯郸中心台、云南省地震局、北京市地震局参与的“面向震后应急救援的地震参数快速测定技术研究”项目；由地球物理研究所牵头承担，成都理工大学、四川省地震局减灾救助研究所、四川赛思特科技有限责任公司参与的“地震应急救援技术和装备的需求及关键参数研究”项目；由地质研究所牵头承担，中国地震应急搜救中心、中科软科技股份有限公司、地壳应力研究所、中国科学院地理科学与资源研究所参与的“地震应急数据指标化和应急能力评价指标体系技术研究”项目；由地壳应力研究所承担的“地震救援装备检定/校准技术研究”项目；由地壳应力研究所牵头承担，中国地震应急搜救中心参与的“现代网络技术在地震应急救援现场应用的关键技术研究”项目；由地壳应力研究所承担的“震后烈度分布快速判定方法与应用技术研究”项目；由工程力学研究所承担的“地震次生灾害危险性评估及震时成灾的数值模拟”项目。

从评选结果来看，2007年度项目基本上达到了地震专项支持地震行业应急性、培育性、

基础性科研工作的目的，且参加单位中系统外科研院所和企业的比重分量明显。2007年初震灾应急救援司召开项目实施工作会议，及时对7个项目的技术思路进行分析和把关，并部署了下一步进度。

2008年，中国地震局提前编写公布了重点支持方向，申报单位范围进一步放开，所有省级地震局和直属事业单位都可以申报。申报情况非常踊跃，针对应急救援领域的16个方向，收到了57套申报书。中国地震局统一组织了评审，经筛选查重之后向上级主管部门报批。地震应急救援行业科研专项的顺利实施，进一步解决了地震应急响应与处置技术中的若干难点问题，如基于多源信息的灾情快速获取与服务技术、救援现场搜救技术及装备、国内外地震巨灾快速判断和应急预案效能评价等。

（中国地震局震灾应急救援司）

地震应急指挥技术系统项目建设

中国地震应急指挥技术系统是中国数字地震观测网络的一个重要组成部分。其目标是充分利用现有高新技术，在全国一盘棋的指导原则下，建立覆盖全国各区域的国务院抗震救灾指挥部地震应急指挥技术系统和31个区域级抗震救灾指挥部的地震应急指挥技术系统，同时在地震危险性较大和人口密集地区建设地震现场应急指挥技术系统，为国务院和各省级人民政府开展地震应急、实施抗震救灾指挥提供指挥场所和各种必要的技术手段。在地震发生时，在基础数据库和现场信息的支持下，可以迅速判断地震的规模、影响范围、损失等情况，并据此提出一系列科学的救灾方案和调度方案，协助指挥人员实施各种地震救灾行为，实现地震应急信息快速传递、高效处理，提高应急救灾指挥与决策的技术水平，最大限度地减少震时的混乱和人员伤亡。

通过四年多的努力，到2007年底，初步完成了1个国家级、15个一类区域和16个二类区域应急指挥技术系统，21个现场流动指挥技术系统，60个重点城市快速反应系统。初步建立了全国一体化的地震应急指挥技术体系，大幅度提高地震应急指挥信息的传输和紧急事务的处置能力，可实现各类地震事件的快速响应、灾情评估和辅助决策，并可为地震应急处置提供信息、出好主意、传达命令，目前各级地震应急指挥技术系统已经在地震应急处置和各类应急演练中发挥了重要作用，同时也在为各省（自治区、直辖市）突发事件公共应急平台建设提供积极的技术支持。各级地震应急指挥技术系统已经成为地震系统形象重要的展示窗口，是地震部门服务政府、服务社会的重要阵地。

（中国地震局震灾应急救援司）

“十一五”国家应急体系建设规划重点项目建设

中国地震局积极参与《“十一五”期间国家突发公共事件应急体系建设规划》工作，并与有关部门共同承担规划中的两个重点项目建设，一是国家应急管理人员培训教学基地项目，二是国家陆地搜寻与救护基地项目。

国家应急管理人员培训教学基地项目，由国家行政学院会同中国地震局负责建设。该项目是利用建设中的国家地震紧急救援训练基地，进一步拓展培训和教学功能，为各级领导干部开展应急救援处置的体验式教学和培训。根据国务院应急管理办公室关于开展应急管理人员培训和培训设施建设的构想，从如下方面重点考虑基地的建设功能：第一，增加对应急管理人员的培训；第二，在专业队伍培训，拓展功能，加强综合性、一队多能的培训；第三，加强社会志愿者、企业专兼职应急队伍的培训，主要是完善应急救援培训与演练设施，为广大社会志愿者、企业专兼职队伍的培训和教学提供条件。

国家陆地搜寻与救护基地项目，由中国地震局会同武警总部负责建设。该项目按照“十一五”期间国家突发公共事件应急体系建设规划的要求，结合我国大陆地区地震灾害分布的特点和队伍分布情况，经过多次与武警总部协商沟通，参考其他7个国家基地的总体布局，依托于甘肃省地震灾害紧急救援队进行建设，主要是配备和完善装备与训练场地等设施，使其具备建（构）筑物坍塌、地震、山体滑坡、泥石流、坠崖、矿山等灾害（事故）的应急救援能力，并可在国内外开展远程救援行动，自我保障独立工作72小时。该基地本部建设工程由主体建筑、附属工程、外线及专用设备等组成，建筑面积4892m^2，基地室外训练场5000m^2，其中基地室外训练场含构筑物4500m^2。

（中国地震局震灾应急救援司）

地震应急预案建设

2007年，中国地震局认真总结地震应急预案管理工作，着力推进健全科学管理的地震应急预案体系，不断完善地震应急管理“一案三制”，开展了全国地震应急预案建设调查，了解预案发展现状，创新工作思路，谋求科学发展。2007年11月1日，《突发事件应对法》的正式实施将应急管理上升到法律层面，并明确了预案管理的法律地位，为依法加强地震预案管理提供了法律依据。中国地震局学习贯彻《突发事件应对法》，制定实施了《地震应急预案管理暂行办法》，依法加强地震应急预案的规范管理，组织建设地震应急预案管理信息平台，强化地震应急预案的动态管理，开展了地震应急预案技术研究和建立评估工作机制准备工作，为强化地震应急预案分类指导和科学管理提供技术支撑。各地扎实推进地震应急预案建设，取得新进展。截至2007年底，全国各级各类地震应急预案已达17350件。其中31个省（区、市）、96.4%的市（地）、近70%的县（市）、4100多个乡（镇）人民政府编制修订了地震应急预案；铁道部、商务部等18个部（委、办、局），510多个省级、860多个市级、830多个县级政府委（办、局）、1000多个各级地震部门编制修订了地震应急预案；3000多个人口密集场所、近1600个生产经营单位和科研院所及社会团体、3100多个街道、社区（村）编制修订了地震应急预案。

（中国地震局震灾应急救援司）

地震应急救援演练

中国地震局认真落实《国家地震应急预案》，扎实推进地震应急救援演练工作。2007年组织开展了国务院抗震救灾指挥部地震应急演练，指导云南、陕西、海南、福建、辽宁等省和中国地震局地质研究所等单位开展了地震应急救援联动、专项和综合演练，并及时将演练总结情况报送国务院应急管理办公室，并将各地演练中好的经验和做法通报地震系统，促进各地地震应急准备工作有效落实。

一、国务院抗震救灾指挥部地震应急演练

2007年12月28日上午9点，国务院抗震救灾指挥部在国务院抗震救灾指挥部指挥大厅举行了地震应急桌面演练。这是自2001年国务院防震减灾联席会议成立以来进行的首次演练。

国务院抗震救灾指挥部33个成员单位派出本单位联络员参加了演练。中国地震局赵和平副局长担任指挥长，总参作战部、发展改革委、民政部、公安部的代表担任副指挥长，其他成员单位的联络员担任指挥部成员。国务院应急管理办公室有关领导和国务院应急管理专家组闪淳昌组长观摩演练并做点评。中国地震局机关各司室，以及中国地震台网中心、中国地震应急搜救中心、中国地震局机关服务中心等单位的负责同志观摩了此次演练。

此次地震应急演练共分：序幕、常态转变为Ⅰ级响应、紧急处置抗震救灾重大事项、部署紧急支援行动、演练总结等5个部分。演练强调指挥、决策和信息支持，充分展现了指挥部的基本功能和特点，体现了指挥层面的演练。各成员单位根据设定的地震灾害场景和本单位的职能职责，就地震造成的人员伤亡、经济损失、生命线工程和基础设施破坏、物资缺乏等可能出现的灾害，所采取的应对措施和紧急支援行动等，进行了桌面推演。通过演练，使国务院抗震救灾指挥部成员熟悉了应对特别重大地震灾害的一级响应工作流程和内容，检验了《国家地震应急预案》，提高了指挥部的决策、指挥和协调能力，加强了部门之间的信息沟通。

此次演练充分发挥指挥部技术保障系统的优势功能，将指挥部的灾情初判、辅助决策、

指挥调度和信息支持紧密结合，各指挥部成员根据大屏幕实时注入、展示的灾害情境和情况态势发展做出了切实可行的抗震救灾行动安排和部署。

国务院应急管理专家组闪淳昌组长和周伟处长在点评中指出，此次演练进行得很好，非常成功，既使各成员单位熟悉了地震应急处置流程，又展现出新时期应对灾害的要求和能力。通过现代化的装备和信息系统，使地震应急处置更加快速、高效、有序，各部门的救援决策充分体现了以人为本的救灾理念，对新时期、新形式下的突发公共事件的应急处置有很好的借鉴作用，同时也对演练提出了建设性的意见和建议。

中国地震局副局长赵和平在演练总结中指出，这次演练内容设置合理，结构紧凑，程序明晰，达到了预期目的。他结合此次演练就加强应急能力建设讲了五点意见：一是要高度重视地震应急工作。地震是一种突发性强、破坏性大、影响面广的重大自然灾害，对人民生命财产安全和经济社会发展构成了巨大威胁。我国是地震灾害较为严重的国家之一，当前面临的地震形势依然十分严峻，因此，各有关部门要充分认识地震应急工作的重要意义，始终保持常备不懈的震情观念，切实提高防震减灾能力。二是要加强地震应急预案体系建设。实践证明，有预案和没有预案大不相同，地震应急预案是做好地震应急工作的重要保障。通过这次演练，要进一步完善预案体系，提高预案编制工作的质量，用预案来明确应急工作程序，落实各部门职责，形成统一指挥、分级管理，各负其责、协调一致的应急体系。三是要重视并进一步加强预案演练。没有预案不行，有了预案不练也不行。各部门要定期开展不同形式的地震应急演练，熟悉预案规定的应急响应程序，提高反应响应能力，确保临震不乱、高效有序。四是要做好各项应急准备，合理建设应急物资储备网络，做好救灾物资紧急运输的准备工作，加强对交通基础设施的维护管理，了解掌握各医疗机构救治资源状况等。五是要对此次演练进行认真总结，查找问题，制定措施，完善预案。

二、云南省地震应急救援综合演练

2007 年 4 月 18 日，云南省地震局和驻滇集团军在昆明和玉溪两地间共同举行了云南省“云震·07”地震应急救援演习。这是云南省历史上持续时间最长、空间跨度最大、涉及单位和部门最多的一次地震应急救援演习。云南省人民政府、云南省抗震救灾指挥部 38 个成员单位、云南省玉溪市等 16 个州、市政府和地震部门领导，以及云南省地震灾害紧急救援队和云南省地震局地震现场应急工作队队员、77221 部队部分官兵、西南和中南地震应急协作联动区地震部门代表，共 300 余人参加了演习。演习共出动车辆近 160 余台次，仪器设备 200 余台套。此次演习由秦光荣省长任指挥长、孔垂柱副省长担任副指挥长，中国地震局赵和平副局长和黄建发司长等一行出席演练活动。

三、西北区地震应急协作联动演练

2007 年 6 月 26 日，陕西省人民政府在宝鸡市举行了地震应急联动综合演练，这是陕西省首次举行的大规模地震应急联动综合演练。陕西省人民政府常务副省长赵正永、主管副省长罗振江、中国地震局副局长赵和平和震灾应急救援司司长黄建发一行，以及国务院应急办、总参作战部、武警总部、公安部消防总局等有关方面领导进行了现场观摩和指导。陕西省防震减灾工作领导小组各成员单位、省其他有关部门负责同志，宝鸡市党委、政府、人大、政协等主要领导、各设区市、国家级地震重点监视防御区的县（市、区）有关负责同志，以及甘肃、青海、宁夏、新疆、山西、河南、内蒙古、四川、湖北等省（区）地震局、中国地震局第二监测中心、中国地震应急搜救中心和中国灾害防御协会负责同志观摩了演练。参演人员共约1500人。

四、海南省地震、火山、海啸应急救援联动演练

2007年12月8日，海南省举行了全省18市县地震、火山、海啸应急救援联动演练。海南省副省长、省抗震救灾指挥部常务副指挥长林方略担任演练总指挥，中国地震局赵和平副局长和黄建发司长等一行出席演练活动并检阅了演练全过程。海南省地震、火山、海啸应急救援演练是海南省人民政府首次举行的省、市县大规模地震应急救援联动演练。演练由省抗震救灾指挥部和18个市县抗震救灾指挥部共同主办，省地震局、省公安消防总队和各市县地震局共同承办，省抗震救灾指挥部和18个市县抗震救灾指挥部成员单位以及72支参演队伍共7000余人参加了演练。

五、华东区地震应急协作联动演练

2007年6月9~10日，华东区地震应急协作联动演练在福建省顺昌县举行。华东区地震应急协作联动单位上海市、江苏省、浙江省、安徽省、江西省和福建省五省一市地震局、地震灾害紧急救援队及消防部队共约190人参加了演练。这是我国建国以来的首次跨区域地震应急协作联动演练，是一次检验华东区各省市地震部门和地震灾害紧急救援力量跨区域应急协作联动、共同处置突发地震灾害事件能力的常规演练。旨在加强华东区地震应急协作联动能力，提高华东区各省市地震局和地震灾害紧急救援队伍的快速响应和协同作战水平。中国地震局赵和平副局长和黄建发司长等一行出席演练活动。

六、东北区地震应急协作联动演练

2006年10月23~24日，东北区地震应急协作联动牵头单位辽宁省地震局，在铁岭市举行了东北区地震应急协作联动演练，辽宁、吉林和黑龙江省三省地震局地震现场应急工作队等共166人参加了演练，中国地震局赵和平副局长和苗崇刚副司长等一行出席演练活动。

七、中国地震局地质研究所地震应急演练

2007年6月1~2日，中国地震局地质研究所在北京和京西北与河北交界处两地间举行了2007年度地震应急演练，参演人员31人。中国地震局震灾应急救援司黄建发司长和苗崇刚副司长等一行进行了观摩和指导。

（中国地震局震灾应急救援司预案管理处、应急协调处）

地震现场应急工作队伍建设

2007 年，各级地震部门继续加强地震现场应急工作队伍建设。目前，除国家级地震现场工作队外，31 个省（区、市）地震局和相关直属单位都已成立了地震现场应急工作队，部分省（区、市）地震局还纳入了市、县地震工作部门和台站人员，发挥他们第一时间赶到现场的优势。大部分省级地震现场应急工作队具备处理本省区域内一般地震灾害事件的能力。

国家级地震现场工作队完善地震现场应急工作队装备和设备，向专业化、制式化、标准化迈进，创建现场工作装备配备标准，增加现场工作队装备的种类，提高队员单兵作战能力，提高队员在艰苦工作环境下的安全性。同时，为指导省级地震部门现场工作队装备建设，印发《地震现场工作装备基本配置清单》，完善省局必要的工作装备、仪器设备和生活装备配备，为地震多发省区配备工作装备和现场应急指挥系统，增强各单位的装备技术水平和工作能力。

为进一步规范各类地震现场应急工作处置程序，加强省级地震现场工作队管理制度和现场工作制度建设，修订印发了《地震现场工作管理规定》。为配合《地震灾害直接损失评估规范》国家标准的实施，组织专家编写并出版了《地震现场灾害损失评估宣贯教材》。

为建设训练有素、能战斗的地震现场应急队伍，在安徽省合肥市组织了地震灾害损失评估培训班，邀请地震现场工作专家通过理论培训、典型案例分析和实际操作等训练，提高了各位学员的理论水平，提升了现场灾害损失评估技术能力，取得了良好的效果。

（中国地震局震灾应急救援司）

地震灾害紧急救援队伍建设

进一步加强国家地震灾害紧急救援队能力建设。召开了国家地震灾害紧急救援队重大事项联席会议，总结 2006 年工作，提出存在的问题和改进建议，指出 2007 年工作要点，同时，提出队伍建设需要考虑的几个重大问题供会议讨论。召开联席会议办公室会议，初步审议《国家地震灾害紧急救援队训练与考核大纲》，指出中国国际救援队参加国际重型救援队分级测评是今后一段时间的重要工作，要积极做好筹备工作。开展为期 2 天的救援队协同训练，包括分头地面机动集结、分组研究性科目训练、全队协同训练和总结评估等内容，具有队伍组织结构清晰、训练计划方案完备、训练和研究相结合、新老队员密切配合同台训练等特点，取得了预期的成果。

推进省级地震灾害紧急救援队伍建设。召开全国省级地震灾害紧急救援队工作会议，建立中国地震局和公安部消防局地震灾害紧急救援队联席会议制度，会议分析目前省级救援队建设中存在的主要问题，部署2007年工作计划。2007年先后有湖北、安徽、河南、西藏和河北等省、自治区成立了地震灾害紧急救援队。华东区和西北区的省级救援队积极配合参加各自区域内的地震应急协同演练，海南省救援队参加本省地震应急救援演练，组织开展部分省级救援队骨干培训班，对重庆救援队进行短期培训。

2007年6月3日云南普洱发生6.4级地震，云南省地震灾害紧急救援队分三批奔赴灾区救援，一是，省地震局派出现场工作队赶赴灾区，为后续出发的救援队提供信息；二是，某军工兵团的救援队员在外执行任务，返回玉溪集结，根据前方提供的信息，派出30~40名救援队员，携带相应的装备，由地面机动赶赴灾区；三是，8~10名武警医院医疗队员从昆明奔赴灾区，开展救援行动。

（中国地震局震灾应急救援司）

地震应急避难场所建设

2006年国务院颁布的《国家防震减灾规划（2006~2020）》要求“在省会和百万人口以上城市将应急避难场所和紧急疏散通道、避震公园等内容纳入城市总体规划，拓展城市广场、绿地、公园、学校、体育场馆等公共场所的应急避难功能，设置必要避险救生设施”。中国地震局按照《国家防震减灾规划（2006~2020）》关于编制城市应急避难场所建设规划的要求，统一全国应急避难场所标志标识，制定应急避难场所管理制度，推进应急避难场所系列国家标准制定等。从应急避难指挥机构、民众疏散路线、进入避难场所的位置、通知发放、疏散引导、安置的工作程序和有关保障等方面开展应急避难（疏散）行动预案的编制工作，确保安全、有序地组织市民避难能够在灾后第一时间进入预定位置。

继2003年北京元大都遗址公园应急避难场所建设以来，全国各地的大中城市陆续开展了应急避难场所建设。截至2007年底，据不完全统计，北京、天津、上海、重庆、浙江、福建、山西、山东、陕西、新疆、内蒙古、辽宁等省（市、区）建设完成或正在建设的地震应急避难场所有300多个。北京市在城八区建设了28处避难场所，天津市推出了《应急避难场所标志》地方标准，市政府还将全市28个地震应急避难场所列入市民手册，上海市在大连路绿地公园建造了首个地震应急避难所，区县和街道的避难所建设纳入了规划。重庆市针对主城区高楼林立、空间狭小的特点将在车站、机场、码头等公众场所建立隔离安全带和应急避难所，按照社区划分不同的疏散群体，将大型体育场、学校操场、城市绿地、城市公园作为临时避难所。西安市在长延堡、明德门社区两处建立了5处紧急避难所，设立了应急避难标志牌和应急避难通道，并编制了应急疏散应急预案和疏散路线平面图。青岛市李沧文化公园和八大峡广场在有效利用现有城市公园和广场资源的基础上增强公园和广场的实用功能，完成了两处地震应急避难场所的建设。太原市在迎泽公园建成全市首个地震应急避难场所示范点，可容纳3万人应急避难。杭州市首个应急避难所在拱墅区杭州汽车城正式落户，避难所规划建设 9.47 万平方米，可容纳 1.1 万人。济南市建设了泉城广场。泉州市建设了刺桐公园、芳草园、东湖公园等多个应急避难场所。

（中国地震局震灾应急救援司）

地震救援物资装备保障建设

搜救犬作为救援队特殊的搜索装备，在救援工作中发挥了重要作用。为完善国家地震灾害紧急救援队搜索装备管理的规范化和制度化管理，2007 年成立了国家地震灾害紧急救援队搜救犬专家工作组，印发实施了《搜救犬工作规范》，组织编写了《搜救犬管理细则》。在搜救犬管理工作方面，补充了一批搜救犬，经过训练并通过考核合格后，将正式列装成为救援搜救犬，并对搜救犬用具、训练用具、驯导员用具进行了选型和规范工作。

为救援队员和装备维护人员提供一套内容全面、方便使用、快速查寻的工作手册。《手册》是针对救援装备使用人员而编制的，目的为了在使用救援装备器材时，对经过专业训练的队员在现场实施救援工作时起到提醒和注意的作用，使救援工作能够顺利、高效的完成。《手册》内容主要包括了侦检、搜索、营救、动力照明、通讯、个人、后勤保障和救援车辆，并在附录编写了常用技术术语和单位换算，以及机电、灾害和救助常识。目前，《手册》初稿已完成。

（中国地震局震灾应急救援司）

地震应急区域协作联动机制建设

地震发生概率小，但造成的破坏严重，受灾范围很大，地震应急工作面临着时间紧、任务重、难度大的特点，单靠某省地震部门自身的力量是很难做到地震灾害的高效处置，同时多个省级地震部门参与后，没有有效的统一协调指挥，不仅会影响地震现场应急工作的效率，甚至会造成混乱，如果没有日常联动的准备，临时参与地震现场工作，也达不到快速、高效、有序的现场应急处置工作要求。为此，中国地震局于 2006 年尝试建立了地震应急工作的协作联动模式，开展区域地震应急协作联动工作。按照地震活动、自然地理环境和社会经济条件，充分考虑各省级地震局应急工作能力现状，参照国家通常的大区域划分，将大陆 31 个省级地震局划分为东北区（辽宁省、吉林省、黑龙江省）、华北区（北京市、天津市、河北省、山西省、内蒙古自治区、山东省、河南省）、华东区（安徽省、江苏省、上海市、浙江省、福建省、江西省）、中南区（湖北省、湖南省、广东省、海南省、广西壮族自治区）、西南区（云南省、四川省、重庆市、贵州省、西藏自治区）和西北区（陕西省、甘肃省、青海省、宁夏回族自治区、新疆维吾尔自治区）6 个协作区域。

建立地震应急协作区域目的是通过加强区域协作，统一指挥、协调联动、资源共享、优势互补、形成合力，高效、有序地开展地震应急工作。6 个地震应急联动协作区建立以来充分利用现有资源、挖掘潜力，提高效率，实现各地信息、队伍、装备、物资等方面的有机整合，提高了地震系统的整体应急反应和灾害处置能力。区域应急联动协作能力的高低，取决于协作区各单位地震现场应急工作能力的强弱，多数单位能力强，以强带弱，整体能力就高，联动起来应急能力就强，反之就弱。应急联动协作能力发挥的好与差，根本因素取决于能否建设有效合理的工作机制和高效的应急能力，只有建设好机制和能力，应急协作联动才能在地震应急工作中起到重要作用。

地震应急协作区域建设伊始就非常注重机制建设，建立了区域协作区联席会议制度，明确了每年度的牵头单位和成员单位的职能职责，制定了联动工作预案、资料共享制度、资金物资保障制度、人员调配制度、人员培训制度、联合演练制度和震后应急指挥协调制度等各种配套制度。6 个应急协作区按照区域划分、属地为主、资源共享、优势互补的原则，整合了区域内的队伍、装备、车辆等各种应急资源，加强日常和震后的相互协作与联动，初步形成了区域的应急合力，并根据各自特点开展了应急联动工作，华东区、西北区、东北区、中南区、西南区、华北区均开展了应急联动演练，有效推动了各地应急工作的开展。在 2005 年 11 月 26 日的江西九江—瑞昌 5.7 级、2006 年 7 月 4 日的河北文安 5.1 级、2007 年云南宁洱 6.4 级等地震的应急处置中，区域协作联动机制发挥了非常重要的作用，震后区域联动工作预案迅速启动，各单位迅即调遣急需人员和装备赶赴地震灾害现场协助开展工作，取得了抗震救灾工作的良好效果，充分发挥了区域应急合力的优势力量。

开展好区域协作联动，一是坚持属地为主原则，地震发生后应按照属地为主的原则建立地震现场应急联合指挥部，各省级地震局派出的现场队伍按照各自承担工作内容混编入地震现场工作队各专业组，按指挥部的统一部署开展工作。二是地震应急区域协作联动方案应包括平时应急协作联动方案和震后地震应急协作联动预案，平时应急协作联动方案内容包括基础资料共享、指挥系统联通、紧急救援联动物资准备、联动应急演练等。震后地震应急协作联动预案包括震后震情灾情信息交换、震情和灾情的统一发布、统一宣传口径、地震现场应急工作指挥机制、现场工作队伍统一调度、物资统筹协调、紧急救援队调动等。三是要经常性举行联动应急演练，通过演练检验预案的可操作性和可实施性，检查各单位的应急反应和处置能力，建立协同作战模式。

目前地震应急区域联动进一步向部门间、政府间的联动推进。

（中国地震局震灾应急救援司）

国内破坏性地震应急综述

2007 年我国境内共发生 5 级以上地震 17 次（我国大陆地区发生 6 次，海域和台湾地区发生 11 次），6 ~7 级地震 7 次，5 ~6 级地震 10 次，最大地震为 2007 年 4 月 20 日发生在东海海域的 6.5 级地震，大陆地区最大地震为 2007 年 6 月 3 日发生在云南省普洱市宁洱县 6.4 级地震。我国大陆地区造成破坏的地震仅有 3 次，分别是 3 月 13 日福建顺昌 4.7 级、6 月 3 日云南宁洱 6.4 级和 7 月 20 日新疆特克斯 5.7 级地震。

1. 福建顺昌 4.7 级地震应急行动

地震发生后，中国地震局立即启动地震应急预案Ⅳ级响应程序，了解震感和破坏情况，安排部署应急救援行动，派出震灾应急救援司米宏亮副调研员带领专家组赶赴现场协助开展相关工作。震后，福建省地震局立即启动地震应急预案，全省地震系统进入应急状态，按三级应急响应实施地震应急，派出现场工作队高效有序开展了震害调查、灾害损失评估、地震活动监测、现场震情趋势判定、信息报告等工作，全面掌握了震区灾情，确定了震害烈度范围，有效地防止了地震谣传，积极协助当地政府抗震救灾和维护社会稳定，为保证震区正常的生产和生活秩序发挥了重要作用。

2. 云南宁洱 6.4 级地震应急行动

地震发生后，党中央、国务院十分关注。胡锦涛、温家宝和回良玉等中央领导同志先后作出重要指示，温家宝总理和回良玉副总理还亲赴灾区慰问群众，指导抗震救灾工作。我局迅速启动地震应急预案，成立了以陈建民局长为指挥长的地震应急指挥部统一安排部署地震应急和救援行动，迅速了解地震造成的人员伤亡和破坏情况，及时向党中央、国务院报告震情和灾情，派出以党组成员、副局长岳明生同志带队，由监测预报司李克司长、震灾应急救援司苗崇刚副司长和震情趋势判断、灾害评估和科学考察等专家组成的 21 人国家地震现场应急工作队，于 3 日赶到宁洱县开展地震现场应急工作，协助当地政府开展抗震救灾工作。云南省地震局也立即启动地震应急预案，皇甫岗局长和胡永龙副局长率领现场应急工作队快速奔赴灾区，同时，云南省地震灾害紧急救援队及时启动了调用程序，派出以医疗、救援为主的地震灾害紧急救援队，携带便携医疗、破拆等专业装备赶赴灾区。中国地震局和云南省地震现场应急联合工作队 81 人和云南地震灾害紧急救援队 45 人一道在岳明生副局长的指挥下，在宁洱地震灾害现场高效、有序地开展了地震监测、震情趋势分析、紧急救援、灾害调查和损失评估、科学考察和防震避震知识宣传等工作，取得了显著的地震应急行动成效。

3. 新疆特克斯 5.7 级地震应急行动

地震发生后，新疆维吾尔自治区地震局立即启动了地震应急预案，及时了解灾情，组织现场工作队伍赶赴震区。中国地震局也及时派出现场工作组与自治区地震局、伊犁州地震局组成联合地震现场工作队在震区开展了为期 5 天的地震现场工作。中国地震局副局长岳明生、监测预报司司长李克、震灾应急救援司司长黄建发和新疆地震局局长张云峰到灾区指导应急工作。

（中国地震局震灾应急救援司）

中国地震应急搜救中心应急救援工作

1. 完成四次地震现场应急工作

截至2007年12月10日，全国共发生福建顺昌（M_S4.7）、云南宁洱（M_S6.4）、新疆伊犁特克斯县（M_S5.7）和福建泉州永春县（M_S4.5）四次中强地震。中国地震应急搜救中心圆满完成现场工作队出动的组织工作，每次应急，启动中心（简称）应急预案，完成了现场工作队的信息技术、综合保障等工作。中心共有14位同志前往国内地震现场和湘西坍塌大桥处开展工作，完成了地震现场的灾害损失评估和科学考察工作。

2. 完成国内外30次中强地震信息跟踪和速报

为加强地震信息报送工作，2007年中国地震局正式赋予中心国外地震信息应急响应任务，要求在接到震情后30分钟内做出快速响应。为此，中心领导高度重视，成立了以青年业务骨干组成的地震灾情应急响应保障组，制定值班制度，对全球地震灾害进行信息响应跟踪。多次在半夜接到震情信息的情况下，对国内外38次中强地震进行了信息跟踪和速报，向局值班室报送震区基本情况14期、地震应急响应快报和国内外震灾及救援信息快讯40期，很好地完成了信息保障任务，得到了局职能部门的充分肯定。

（中国地震应急搜救中心　尹　智）

各省、自治区、直辖市地震灾害应急救援工作

北　京　市

1. 健全应急救援体系

2007年9月，经过修订完善的《北京市地震应急预案》由北京市政府正式颁布实施。同时，在北京市地震局的指导和协助下，具有北京特色的北京市地震应急预案体系初步形成，北京市46个市级委、办、局、北京卫戍区、武警北京市总队和42个城市重大生命线工程和重要企事业单位，18个区（县）人民政府、区（县）各相关部门及乡镇、街道、社区（村）都制定了地震应急预案；还制定了人口密集场所地震应急预案、地震应急避难场所疏散预案；完成了家庭预案的试点工作。编制完成《北京市地震应急预案管理办法（试行）》并颁布实施。

2. 地震应急避难场所建设

2007年应急避难场所建设进一步向前推进。新建的应急避难场所有：昌平区永安公园地震应急避难场所，海淀区世纪坛周边绿地地震应急避难场所，朝阳区奥林匹克森林公园地震应急避难场所，海淀区曙光公园地震应急避难场所。

3. 社区地震救援志愿者队伍建设

为了全面提升北京市重大突发公共事件的抢险救灾能力，为2008年奥运会提供安全保障，北京市地震局积极指导区县开展各种地震应急救援力量的组建工作。2007年丰台区成立了区级地震灾害紧急救援队。我市的密云县、海淀区、东城区共建立了6支社区地震应急救援志愿者队伍。昌平区完成了防震减灾志愿者队伍体系建设，全区共成立镇（街道）防震减灾应急救援队18支，队员1085名，村（社区）防震减灾志愿者队伍389支，队员11762名，实现了每个镇（街道）有一支防震减灾应急救援队伍，每个村（社区）有一支防震减灾志愿者队伍。

4. 建立地震应急区域协作联动联席会议制度

2007年，按照中国地震局要求，北京市地震局作为华北地区地震应急区域协作联动牵头单位，建立了地震应急区域协作联动联席会议制度，在山东省组织召开了“2007年度华北地区地震应急区域协作联动联席工作会议”，初步形成联动调配制度、演练培训制度、指挥组织协调制度、资金与物资保障制度和资料共享制度等一整套较完备的工作制度，为区域

联动工作的顺利开展提供了制度保障。

5. 地震应急演练

为了加强“十七大”期间北京市的地震应急工作，检验和提高北京市地震系统应急预案的可操作性，2007 年 9 月 28 日上午 8 点 30 分，北京市地震局组织开展了地震模拟演习，模拟北京海淀区凤凰岭附近（北纬 40. 12°，东经 116. 09°）发生 *M*5. 0 地震。应急人员按照北京市地震系统应急预案立即启动应急响应，逐项开展演习任务。这次演习，进一步检验了《北京市地震系统地震应急预案》，提高了应急人员的地震应急意识和地震现场工作能力，为今后预案的完善和更好地做好地震应急工作奠定了基础。

（北京市地震局　师宴宾）

天　津　市

2007 年天津市各级政府和各有关部门高度重视地震应急救援工作，采取多种工作措施，加强地震应急指挥体系建设，积极开展地震应急的各项准备工作，取得了新的进展。

市地震局积极落实市政府对本市地震应急工作职能划转以来的工作要求，采取各种措施努力理顺全市地震应急管理体制。依据《国家地震应急预案》和《天津市突发公共事件总体应急预案》的要求，起草完成了《天津市地震应急预案》。建立了与天津市突发公共事件应急指挥信息平台的链接，实现了市抗震救灾应急指挥中心与市应急指挥中心之间互联互通。建立了地震灾情速报员和应急志愿者队伍数据库档案，建立健全地震应急值班制度，不断增强地震应急值守能力。市地震局、市发改委、市安监局、市民政局联合印发了《天津市地震应急检查工作制度》，对应急检查工作进行了规范。

2007 年市应急委会同市地震局指导各区县在本市共设置了 28 个应急避难场所，其中和平区中心公园、河西区银行广场、红桥区长虹公园于 7 月 28 日举行了启用揭牌仪式，市长戴相龙、常务副市长黄兴国、副市长崔津渡出席了揭牌仪式。市地震局先后 4 次开展地震应急通讯检查，确保地震应急工作人员随时处于待命状态，并于 11 月 25 日以假想地震突发事件为地震应急预案启动条件，组织开展了地震应急室内演练，认真查找应急处置工作的薄弱环节，制定了具体的整改措施。7 月 3 日，市质量技术监督局批准发布了《应急避难场所标志 》地方标准。

（天津市地震局　刘爱平　姚兰予）

河　北　省

（1）河北省地震灾害紧急救援队正式组建。2007 年 8 月 16 日，河北省地震灾害紧急救援队正式成立。中国地震局副局长赵和平、公安部消防局李久宽少将等领导到会祝贺，省政府副省长龙庄伟、省军区参谋长赵海滨少将以及省政府防震减灾联席会议成员单位、省公安消防总队、石家庄市政府以及有关部门的领导出席了成立大会。河北省地震灾害紧急救援队共由 117 名成员组成，其中救援队员 101 名，医疗专家 8 名，地震专家 8 名。2007 年度省财政落实专项经费 530 万，用于河北地震灾害救援队筹建、急需装备的购置和 2007 年度的日常维护和运转。

（2）全省各市地震紧急救援队伍不断扩大。邯郸市以市消防局为依托成立了邯郸市地震应急救援队。石家庄市在原志愿者队伍的基础上，又建立了遍布学校、医院、企业、农村、机关、社区等 17 类 59 支不同行业、专业特点的地震应急救援志愿者队伍，其他市也不同程度开展了此项工作。

（3）河北网络项目应急分项获中国地震局验收优秀。河北省地震局严格按照网络项目应急分项的实施方案完成地震应急指挥技术系统的建设。其中包括：单项工程基础设施、应用软件、数据库、地震现场工作系统（中国地震局统一实施）、大中城市应急反应系统等系统的建设以及项目的档案工作。2008 年 1 月 11～12 日，中国地震局震灾应急救援司在河北省地震应急指挥中心组织专家对河北数字地震观测网络项目应急指挥分项工程进行验收。经过专家评审，河北被评为优秀。

（4）预案制度进一步完善。省、市都结合实际，制定和修订了本级地震应急预案，建立了省、市、县、乡四级预案体系。做好《河北省地震应急预案》、《河北省地震局地震应急预案》的解读和宣传工作，完成《河北省地震局地震应急预案》的修订并印发各市地震局、中心台，编辑出版《河北省地震应急预案汇编》，收录最新一轮修订的各类地震应急预案，下发全省地震系统。

（5）认真开展地震应急演习。2007 年 11 月 15～18 日，河北省地震局在石家庄市举办地震应急工作培训班暨桌面演练。培训班邀请中国地震局、云南地震局、新疆地震局和山东地震局四位具有多年地震应急实际工作经验的专家为学员们进行了专题培训，各市地震局、中心台，机关各处室、直属事业单位的会议代表 60 余人参加培训和演练。演练的主要内容为模拟地震发生后，省级地震应急现场工作队从启动到撤离的整个应急过程；按照地震应急准备、应急响应、应急行动 3 个阶段，对各时间段注入的信息进行分析和判断，并对提出的问题进行思考和讨论，给出解答。整个演练过程中，各小组组长分工明确，思路清晰，组织得力；学员们按照即定程序逐步认真的完成各项任务，热烈讨论，全身心投入，取得了良好的演练成效。

11 月 1 日 7 时 50 分张家口中心台举行了联动地震应急模拟演练，河北省地震局及时给予指导。

（6）召开应急联动工作会议，指导和推进市县应急工作。2007 年 9 月 26 ~ 28 日，河北省地震局在廊坊市召开市、县、中心台地震应急联动研讨会。中国地震局震灾应急救援司应急协调处侯建盛处长应邀参加，并就应急工作在三大体系建设中的重要位置、市县如何开展地震应急工作、如何建立行之有效的市县中心台应急联动方案做了指导性的介绍和说明。各市地震局、中心台负责应急管理工作的领导也纷纷展开交流发言，主要内容围绕本单位地震应急管理工作介绍、讨论市、县、中心台地震应急联动机制和模式展开，采取了边发言边交流的互动模式，不仅相互交流了各自的应急工作开展情况，更形成市、县、中心台地震应急联动机制和模式的一致共识。同时也提出了一些目前存在的和急需解决的制约工作开展的不利因素，共同探讨了解决这些问题的办法和方案。

（河北省地震局　王加林　贯宏谱　梁志琴　王　敏）

山　西　省

1. 基本完成应急指挥技术系统建设

以山西数字地震观测网络建设为依托，完成山西省地震应急指挥中心建设。该中心是山西省行政区域内破坏性地震发生后省人民政府的地震应急指挥场所，指挥中心内设指挥控制室、计算机房、指挥大厅，建有覆盖全省省、市、县、乡四级，涉及行政管理、社会管理、经济管理、公共安全管理等各方面 42 个类型 71 种门类的以空间地理信息系统为基础的数据库管理系统和先进的计算机网络系统。其数据库中包括 11 个市、22 个省直部门、119 个县（区）、1800 余个乡镇（街办）、3 万余个行政村，38 类、17 万余条数据、5246 张典型建筑图片。目前是山西省最大最全的应急数据库。指挥中心技术系统在门类齐全的 GIS 数据库支撑下，可以实现对地震和灾害信息进行及时、高效的自动化采集和处理，以可视化形式提供给指挥部成员，并为抗震救灾指挥提供科学的辅助决策方案，快速准确地进行震情和灾情信息发布。以远程电话会议、视频会议、数字会议系统和地震现场技术系统的卫星通讯平台，为特殊紧急状况下指挥调度的实施提供了强有力的保障。

除建成省级地震应急指挥中心外，大同、忻州、临汾、运城四个大中城市建成了指挥决策反应系统。长治、晋城、朔州三个城市自筹资金也完成了指挥决策反应系统的建设。

2. 继续加强地震应急救援准备工作

加强各级各类地震应急预案的编修。全省有 4 个市政府、18 个政府部门修订预案并通过审批，268 个县级政府、部门和企事业单位、11 个市地震局修订或制定了地震应急预案。

进行应急工作检查。在国庆期间和 12 月 28、29 日分别对太原、长治、晋城、吕梁、运城五市地震局进行应急检查，各市地震局的应急责任意识很强、反应迅速、应急能力较好。

开展地震应急演练。全年共举行各级各类演练 88 次。其中，学校演练 79 次，县级政府演练 2 次，市级政府演练 1 次，市级地震局演练 2 次，省地震局、省救援队、超市和农村志愿者队伍演练各 1 次。2007 年首次在大同阳高县举行了由农民参与的地震应急救援演练。

推进应急避难场所建设。2007 年共建市级避难场所 12 个，其中，晋城 2 个、晋中 4 个、大同 6 个；县区级避难场所 12 个，其中太原市县区 10 个；均按照“就近疏散、因地制宜、一所多用、平震结合”的原则建设。

3. 建立健全地震应急救援队伍

建立省、市、县三级应急救援队伍。2004 年 7 月 13 日成立了山西省地震灾害紧急救援队，是山西省政府成立的第一支专业救援队，承担地震灾害、其他自然灾害和重大事故的抢险救援任务。这支队伍依托太原市消防特勤大队、山西省地震局组建，编制为 150 人。自省级救援队组建以来，共处置各种抢险救援事故 1000 余起，抢救遇险群众 300 余人，为国家挽回经济损失上千万元。太原、大同、晋中、临汾、运城、晋城、阳泉、长治等 8 个市已建立市级综合救援队，由各专业抢险、抢修、矿山救护队等综合组建，并建立了协调联动机制，震时由政府统一调度，总人数达 3 万余人。城市社区、乡村组建了地震救援志愿者队伍。至 2007 年底，全省共有 1741 支志愿者队伍约 3 万余人。由省级专业救援队、市、县综合救援队和社区、农村志愿者救助队组成的三级应急救援队伍基本建成。各救援队均举行了不同形式、不同规模的地震应急救援演练。

4. 逐步装备山西省地震灾害紧急救援队

至 2007 年底，山西省地震灾害紧急救援队共配置四大类装备，主要有：

（1）搜索侦检类：拉普拉多搜索犬 5 条；德国库玛特蛇眼探测仪 RC3000 型 2 套；德国贝勒热视仪 1 套；芬兰 Chempro100 型手持式化学气体探测仪 1 套；手持式探照灯 ZR—2018 型 50 把。

（2）交通运输类：丰田越野指挥车 2 辆；丰田柯斯达通信指挥车 1 辆；奔驰通信指挥车 1 辆；丰田柯斯达运兵车 2 辆；全顺运犬车 1 辆。

（3）顶升类：40 吨起重气垫 4 个；60 吨起重气垫 2 个。

（4）医疗救护类：急救呼吸机 1 台；担架车 1 个。

5. 高效处置安泽“地动”事件

2007 年 10 月 4 日 8 时 20 分，正值国庆长假期间，山西省临汾市安泽县发生不明原因的地动。山西省地震局接到报告后，迅速派出现场工作组携流动台网赶赴现场进行调查。经实地查看，逐项排除了山体滑坡和过往重型卡车等原因，认为地动可能是蓄水后的沁河水坝溢流造成的。经对比分析水库开闸放水前后流动监测仪器的波形，认定水坝蓄水后溢流冲击河床是造成地动的原因。此次国庆期间快速高效地处置地动事件，迅速安定了民心，稳定了社会，得到了省及当地政府的好评。

（山西省地震局　郄晓芸）

内蒙古自治区

（1）内蒙古自治区地震应急指挥系统建设工程年内基本完成，包括抗震救灾指挥大厅、应急物资储备库土建任务；抗震救灾指挥部技术系统以及 1 个地震现场应急指挥技术系统和 3 个重点城市地震应急技术系统仪器设备的采购、安装、调试。该项目中国地震局批复投资为 962.58 万元，其中，建安工程费 204.15 万元，设备及安装费 710.43 万元，其他费用 48.0 万元。建筑面积 1301m^2。地震应急指挥系统分项完成投资 1004.60 万元，其中，建安工程 192.14 万元，设备及安装费 764.64 万元，其他费用 48.0 万元。2007 年 12 月 11 ~ 13 日通过中国地震局组织的验收组的现场和远程测试验收。

（2）内蒙古自治区地震应急基础数据库建设完成了全区 12 个地级市城区图库、全区 1: 25万地形图、全区 1: 5 万的 GIS 数据、呼和浩特市 1: 1 万 GIS 数据、地震相关图件（地震活动、地震区划等）、全区 1: 50 万地质图；收集全部 12 个盟市的相关数据，并已按照区域抗震救灾指挥部地震应急基础数据库规范完成建库工作。

（3）按照中国地震局要求，结合内蒙古自治区的实际情况，修定完善了《内蒙古自治区地震现场应急工作方案》；根据华北地区地震应急联动协作会议要求，建立了地震应急联动工作体系，制定了《内蒙古自治区地震应急联动实施方案》。

（4）根据人员变动情况，内蒙古自治区地震局在 4 月调整、充实了应急人员，并进行了相应的培训；补充了应急流动监测设备、应急越野车辆、冬夏装等必要的应急物质装备、设备。

（5）2007 年 1 月 15 日，内蒙古自治区公安厅、财政厅、地震局联合下发通知，要求在自治区财政厅拨付组建应急救援队经费 1020 万元的基础上，各盟市政府按照自治区和盟市 1: 1.5 的比例落实配套经费，并将配套经费于 2007 年 5 月底前落实到位；自治区和盟市配套经费全部用于购置除救援车辆以外的专用设备，救援运输车辆等购置费用由各盟市分年度逐步解决，装备器材购置费应纳入同级政府财政预算。

（6）经自治区人民政府发文（《自治区人民政府关于同意建立自治区地震灾害紧急救援队联席会议制度的批复》内政字［2007］133 号）同意，内蒙古自治区地震局牵头，与自治区公安消防总队、自治区人防办建立了地震紧急救援队联席会议制度

（7）7 月 10 日，自治区地震局组织召开了自治区地震灾害紧急救援队第一次联席会议，讨论通过了《内蒙古自治区地震紧急救援队联席会议规定》，组成了以自治区地震局副局长张建业为组长的联席会议领导小组。同时就 7 月 16 日地震紧急救援队授旗仪式准备情况进行了安排、协商。

（8）7 月 16 日，内蒙古自治区在呼和浩特新华广场举行了地震紧急救援队成立授旗暨 60 周年大庆消防保卫联勤联动启动仪式。授旗启动仪式上宣读了《内蒙古自治区人民政府办公厅关于成立内蒙古自治区地震紧急救援队的通知》；郝益东副主席为地震紧急救援队授了队旗；地震紧急救援队队长和全体队员进行了宣誓。地震紧急救援队员还进行了原地着隔热服、原地着防化服、原地佩戴空气呼吸器、机动链锯破拆木门、无齿锯破拆防盗门、钢筋速断器破拆铁栅栏、脉冲水枪灭火演示和灭火实战演练，展示了消防坦克等各种应急救援装备。

中国地震局副局长赵和平、公安部冷俐处长和内蒙古自治区人民政府副主席郝益东参加了授旗启动仪式并作了讲话。内蒙古地震局、公安厅、卫生厅、消防总队、人防办、呼和浩特市政府、呼和浩特地震局等有关单位、部门的领导以及内蒙古地震灾害救援队、内蒙古自治区地震局地震现场应急工作队、卫生防疫应急队、志愿者队伍等各方队共 2000 余人参加

了授旗启动仪式。

(9) 2007 年5 月6 日20 时23 分，包头市发生 $M_S2.8$ 地震，市区普遍震感强烈，并出现市民纷纷涌向街头滞留的现象。自治区地震局迅速宣布启动城市有感地震应急预案。按照有关程序，快速作出震后趋势判断意见上报中国地震局和自治区党委、政府，同时，通报包头市地震局，并采取有序接受媒体记者采访形式，在电视台连续滚动字幕向市民播发了震情信息，有效地稳定了市民的恐震局面。

（内蒙古自治区地震局　弓建平）

辽　宁　省

(1) 加强预案体系管理，推进全省各县、区及企事业单位地震应急预案的编制修订工作。2007 年全省已有 101 个县、区政府按照新的预案编制框架要求，重新修订完成本级地震应急预案；14 个市政府所属的有关局、委、办制订了本系统地震应急预案；40 个人员密集场所、120 个重大企业和生命线工程、242 个城市社区（乡镇）均编制了地震应急预案。基本形成了纵向到底、横向到边的预案体系。同时还制定了《2008 北京奥运会沈阳分赛场地安全应急保障行动方案》。

按照中国地震局和辽宁省政府应急办公室的要求，已将辽宁省人口百万以上城市的地震应急预案呈报上级备案，建立健全预案管理登记统计制度，实行跟踪动态管理，并把各级预案分门别类装订成册。

(2) 加强应急演练，建立区域地震应急协作联动工作机制。中国地震局将全国划分为 6 个地震应急协作联动区域。辽宁省地震局作为东北区应急协作联动的首任牵头单位，建立了区域应急协作联动联席会议制度。整合东北三省地震应急队伍、装备、车辆等各种应急资源，形成合力。并在沈阳召开了东北三省地震局协作区第一次联席会议，制定了《东北区域地震应急协作联动联席会议章程》，编写了《东北区地震应急联动工作实施方案》，明确了工作目标、原则、职责、权利义务等。同时建立了东北三省地震应急人员、装备、物资等基础数据库，统一规范了协作区现场工作标准。于 2007 年 10 月 23 日在辽宁铁岭市举行了东北区域地震应急协作联动演练。参加演练 100 多人，出动车辆 30 多台，以全员、全装、全速的姿态进入现场。各项演练环节均达到考核要求。实现资源共享，提升区域协作能力。

(3) 推进地震灾害紧急队伍建设。辽宁省地震应急救援队伍起步早，发展快，采取专业培训、以会代训、以演促训，走出去，请进来等办法，积累了经验。市级地震救援队和社区救援志愿者队伍发展迅速。目前辽宁省市县“三员”（防震减灾工作助理员、灾情速报员、地震应急志愿者）人数已达到 4380 人。同时以创新的形式在铁岭地区建立了手机烈度短信网络试点，现有 362 名信息员已开通。

2007 年采购定制地震应急工作专用背包 65 个，现场工作仪器装备等 46 件（套）。

(4) 把应急准备检查纳入制度管理，加快地震应急基础数据库建设。已用两年时间将

14 个市的应急准备工作进行了全面检查，摸清底数，查找薄弱环节，提出的整改更有针对性。2007 年完成 9 大类、42 个分项、37 个专业底图的地震应急数据库建设。同时完成全省 44 个县（市）和 8 个市城区房屋普查数据整理和房屋建筑 1∶1 万底图的制图工作。在全国地震应急数据库建设评比中，取得优秀成绩。

（5）加强震情速报网络建设，及时应对处置地震事件，开展应急救援科普宣传。对全省灾情速报网络软件进行更新，实行动态管理，对重要时期及节假日地震应急值班进行抽查。2007 年省内共发生 3.0 级以上地震 5 次。每次地震发生后，省市及时启动地震灾情速报网，向各级政府上报震情灾情，达到畅通、及时、准确。并派出现场应急人员 19 人次。

利用纪念唐山地震 31 周年之际，与辽宁省红十字会、省消防局、辽沈晚报联合组织了以地震防御与应急演练为主题的大型纪念、宣传、演练、救护等活动。近 200 名地震救援志愿者和红十字会志愿者以及数千名群众参加了活动。同时在辽宁卫视和广播电台推出专家讲座栏目和科普知识网站宣传两项活动，重点介绍了地震灾害、地震活动的基本特点、地震三大体系的发展与建设以及平时应做好的防震准备和震后自救互救工作等。

（辽宁省地震局　韩　平）

吉　林　省

1．地震应急指挥系统建设

“吉林省地震应急指挥技术系统”是中国地震局“十五”重点项目——“中国地震应急指挥技术系统”的组成部分。由地震应急指挥技术系统支撑平台、地震应急基础数据库群、地震应急快速响应系统、地震应急指挥命令系统、地震应急指挥辅助决策系统、地震应急信息通告系统及地震应急指挥与管理系统集成等部分构成。具有震情和灾情信息获取、快速评估、信息公告、动态显示、信息查询、辅助决策、命令发布等功能，并为地震应急指挥系统的“通信畅通、现场及时、数据完备、指挥到位”提供技术保障。

吉林省应急指挥技术系统 2002 年开始建设，完成了地震应急指挥大厅的装修，综合布线、音响系统、空调系统、数字会议系统、视频会议、大屏幕显示系统的安装及调试；完成了系统软硬件平台、应急数据收集及数据库系统的建设。2007 年 10 月系统总体竣工，顺利通过中国地震局的验收并投入使用。建成后的吉林省地震应急指挥系统将达到以下技术指标：可对全省实施地震应急监控、动态跟踪，并实施救灾指挥。应急指挥技术系统能在破坏性地震发生后 25 分钟内作出灾害评估并准备好相应指挥信息，50 分钟内全面进入指挥状态。

吉林市地震应急决策反映系统由城市灾情获取及上报子系统、城市地震应急反应决策系统构成。该系统可以在震后第一时间获得地震灾区的震情与灾情上报信息，同时在各级指挥中心尚未下达救灾命令之前，可根据城市地震应急反应决策系统，先期开展必要的救灾行动。吉林省地震局建立了本城市辖区范围内以乡为基础的人口、建筑物、社会经济、救灾力量等等基础地理信息数据库。在发生相应的灾害时，通过灾情上报系统得到吉林省抗震救灾指挥部的相关信息，利用决策反应系统为当地政府主管部门提供相关决策信息。吉林省地震局地震应急基础数据库建设项目通过中国地震局专家组测试，将于2008年1月通过中国地震局专家组验收。

2. 地震应急救援准备

根据吉林省地震局机构设置和人员变化情况，及时修订完善了《吉林省地震局机关应急实施行动方案细则》，修订后的应急预案进一步明确职责，理顺关系，落实岗位，细化分工，使预案更具有可操作性。吉林省省直各部门和9个市州地震应急预案，根据各自的实际情况，都做了相应的修订和完善。2007年，吉林省地震局先后对延边朝鲜自治州、吉林市、白城市等地震应急工作进行不定期检查。此外，2007年10月16～19日，吉林省人大教科文卫委员会调查组一行6人，到吉林省西部的白城、松原地区进行检查，均收到较好效果。2007年4月27日，吉林省地震局举行了局机关及长春市地震局、净月地震台参加的地震应急演练，地震应急现场工作队40余人在30分钟内携带应急装、设备赶到指定集结地点，经受了类似实战的演练。2007年10月24日，吉林省地震局12名现场工作队成员分乘三辆应急车辆，分成流动监视组、现场灾评组、后勤保障组参加了的东北地区区域协同地震联合演练，在规定时间内完成了地震流动台架设、观测数据现场读取、应急车辆轮胎更换等三个参演科目，锻炼了队伍，提高了应急救援意识。

3. 应急救援队伍建设

2007年，吉林省地震局和长春市地震局、松原市地震局、白山市地震局分别调整充实了本级地震现场应急工作队。目前，吉林省9个市州都已组建了自己的地震现场应急工作队。吉林省地震局积极与吉林省消防总队沟通协商，就共同组建吉林省地震灾害紧急救援队达成意向性协议，并向吉林省人民政府提交了建议组建吉林省地震灾害紧急救援队的方案，正在等待批复。

4. 应急救援条件保障建设

2007年，吉林省地震局加大了地震应急装备购置，在原有的应急装备基础上，又投入17万元购置了部分新的设备仪器，如冬季应急防寒服100件和单兵装备30件套。

（吉林省地震局　孙继刚　米洪冬）

黑 龙 江 省

1. 应急指挥技术系统建设

完成黑龙江省地震应急指挥中心建设及各种专业软件的安装和调试工作，通过了中国地震局的检查验收。完成大庆市地震应急中心建设工作。完成黑龙江省地震局地震应急基础数据库收集和录入工作，并保证地震应急软件的运转。

2. 地震应急救援准备

重新修订《黑龙江省地震局地震应急预案》，并编写《黑龙江省地震局地震应急预案组织流程》和《黑龙江省地震局地震现场工作程序》，由4月16日经局长办公会议批准通过。目前，全省13个市（地），已有7个市（地）政府批准颁布新修订的地震应急预案，其余6个市（地）政府正在评审中。

5月16日，黑龙江地震局机关各部门地震应急第一责任人在张莹副局长的领导下，举行了首次地震应急桌面演练。10月23～24日，参加了在辽宁省铁岭市举行的东北区域地震应急协作联动演练。

7月3日，在黑河市举办了北部地区应急救援培训班。参加这次地震应急救援培训的有大庆市、齐齐哈尔市、绥化市、伊春市、鹤岗市、大兴安岭行署和黑河市的地震局局长、主管地震应急工作的副局长、应急科科长和所辖6度区（含7度区）的县（市、区）地震局局长共计40余人。

3. 应急、救援队伍建设

黑龙江地震局应急救援处组织了5次地震灾害救援装备仪器的专门培训。

（黑龙江省地震局　秦志华）

上　海　市

1. 应急指挥技术系统与应急、救援队伍建设

（1）上海地震应急指挥技术系统项目于2007年12月22日通过中国地震局组织的项目验收。

（2）华东地震应急联动协作区第二次联席会议于2007年9月13～14日在上海召开，来自华东五省一市的地震、应急和消防部门人员参加会议。编制完成《华东地震应急联动协作区联合演练暂行规定》、《华东地震应急联动协作区公章使用规定》及协作区第二届工作计划等。华东地震应急联动协作区印章正式启用。

（3）2007年，上海市地震灾害紧急救援队先后召开3次筹备组工作会议和救援队技术装备配置内部审定会。编制完成《上海市地震灾害紧急救援队调动方案》和《上海市地震灾害紧急救援队培训大纲》。组织救援队骨干赴四川、广西等地进行学习考察并开展相关培训。2007年6月，救援队参加了在福建顺昌举行的华东地震应急协作联动单位演练，较好地完成了联演指挥部下达的各类科目演练。

（4）在事业单位职责任务调整后，对地震现场工作队进行重组和人员整合，明确职责与分工，做到岗位到人、职责到人。

2. 地震应急救援准备

重新修订《上海市地震局地震应急预案》。在对区县地震应急预案进行修订的同时，全面启动上海市各区县乡、镇、街道、开发区的地震应急专项预案编制。至2007年底，大部分区县已完成预案修订，近半数区县乡、镇、街道、开发区的预案编制已完成，上海市“纵向到底”的三级预案体系基本形成。2007年5月，组织开展了一次应急演练，达到预期效果。11 月，组织了为期两天的军训，系统接受军事化基础训练，训练成效显著。同时开展流动台网建设，对应急现场工作技术装备、车辆等及时进行购置、更新，建立了应急体能训练室。《上海市应急避难场所规划》已经 2007 年 11 月 12 日上海市政府常务会议批准。2007 年共协助 6 个区县地办开展了应急演练，为区县地震志愿者队伍开展辅导讲座 4 次。

（上海市地震局　孙敏震）

江　苏　省

1. 地震灾害紧急救援队伍建设

进一步抓好江苏省地震灾害紧急救援队和省地震局地震现场工作队建设，制定了地震应急救援联动方案。修订印发了《江苏省地震局地震应急预案》。继省地震灾害紧急救援队成立后，泰州、镇江两市紧急救援队的组建，也得到市政府批准同意。

2. 地震应急能力建设

加快补充应急装备，完善应急通讯手段和信息发布系统，加强应急通讯管理，确保应急人员及时到岗。运用移动通信和 GIS 技术，以南通为试点开展了地震灾情速报研究工作。完善重点危险区地震应急基础数据库建设。加快应急避难场所建设，13 个省辖市均已建设避难场所，20 个市县在积极筹建避难场所，进一步提高震害防御能力。

3. 强有感地震应急工作

对发生在五一黄金周期间的 5 月 6 日 4.0 级响水强有感地震，震前省地震局作出一定预测并召开会议进行全面部署，要求有关市地震局向当地市政府汇报，做好相应准备。震后应急有序、措施得当，震后趋势判定准确。

4. 地震应急指挥系统建成并通过国家验收

建成了江苏省抗震救灾指挥部地震应急指挥技术系统、3 个地震重点城市应急技术系统、1 个地震现场应急指挥系统和 1 个地震应急物资储备库，安装运行地震观测仪器设备 5 台套，建筑面积 1301m^2。2007 年 12 月 24 日该项目顺利通过了中国地震局应急救援司组织的验收。全省地震应急指挥系统的建成，为省政府进行地震应急、抗震救灾指挥提供了指挥场所和各种必要的技术手段。

5. 江苏省防震减灾中心大楼建成并投入使用

防震减灾中心大楼为江苏数字地震观测网络工程项目的配套土建项目，建筑面积 9133m^2，总投资 2400 万元。防震减灾中心大楼外观设计庄重典雅，内部技术系统先进、安全，主要用于集成江苏数字地震观测网络技术系统，并满足地震监测预报、震灾预防和应急救援业务工作用房需要。

（江苏省地震局　龚寿荣　朱庆和）

浙　江　省

（1）应急指挥技术系统建设。浙江省省级地震应急数据库建设工作全部完成，地震应急基础数据得到进一步补充，应急指挥大厅正式投入运行。

（2）地震应急救援准备。加强重大节假日震情值班，适时组织地震应急演习，切实做好地震应急准备工作。浙江省地震局全年共组织地震应急演练2次。以《浙江省地震应急预案》为核心的地震应急预案体系基本形成，全省11个设区的市中有10个完成了本级地震应急预案的修订工作。《浙江省地震应急预案操作手册》编制工作完成。

（3）应急救援队伍建设。基层地震应急救援队伍建设稳步推进，金华市成立了浙江省第一支市级地震应急救援队，并完成挂牌工作；嘉兴市的平湖市继嘉善县之后，成立了浙江省第二支县级地震应急救援队。嘉兴市和嘉善县组织成立了浙江省首批地震救援志愿者队伍。

（4）应急条件保障。地震应急避难场所建设试点工作稳步推进，宁波将地震应急避难场所建设纳入人防系统的综合疏散点、疏散基地建设体系。

（浙江省地震局　庞银照）

安　徽　省

1. 应急指挥技术系统建设

“安徽省抗震救灾指挥部技术系统”经过几年的建设，于2007年顺利通过中国地震局验收，投入试运行。系统建成了安徽省地震应急基础数据库和蚌埠、铜陵2个应急指挥分中心，并根据需要增购了一批监测仪器设备。

2. 地震应急救援准备

先后3次统计整理全省地震系统和重点市、重点单位地震应急预案的编制、修订和落实情况，备案并上报。启用中国地震局《地震应急预案管理系统》，实现预案管理信息化、系统化并逐步向市县地震机构推广使用。至2007年底，全省17个市政府、市地震局和相关省直单位都修订了地震应急预案，重点市的重点单位以及部分乡、镇、街道、社区、学校和企业也认真制定了地震应急预案。发挥网络平台资源，建立地震系统网上应急检查月例会制度，将应急检查与信息工作相接合。并于春节、五一、国庆和十七大前夕成功开展系统内网上应急检查。先后多次组织对重点市局、台站及相关仪器设备、应急车辆、应急网络等的地震应急工作检查，极大地促进各地各部门地震应急准备工作的有效落实。

根据实际工作要求，省局在全省范围内建立了皖北、皖南、皖中西部3个地震应急协作联动区，并与省武警总队建立了地震灾害预警防范协作机制，共同印发了地震灾害预警防范协作工作方案。6 月，安徽地震应急救援联合演练工作队参加华东地震应急救援联合演练，圆满完成演练任务。8 月，指导皖南协作区成功举行全省协作区首次破坏性地震应急演练。12 月，针对加强重点区地震应急联动工作的需要，指导皖北协作区成功举办“2007 蚌埠学校避震疏散与地震应急救援演练”。

注重加强应急管理人员业务培训，组织多批地震应急培训班，多层次，全方位，开展地震应急管理、地震现场工作和应急救援等知识培训。承办全国地震灾害损失评估技术高级培训班，举办省地震灾害紧急救援队骨干培训班，主办全省市级地震应急综合培训班，开展“地震灾害预警防范知识讲座”，积极参加安徽省应急管理考察团赴欧学习培训等，同时面向学校、企业、社区和专业群体开展形式多样的知识讲座和培训，广泛宣传普及地震应急知识。

为推动全省应急避难场所建设，省地震局与省民政厅联合发文做出部署，组成调研组赴工作开展较好较快的合肥、滁州两市进行调研。省地震局和省民政厅还联合授予合肥市天鹅湖公园、滁州市人民广场为省级减灾应急避难场所、合肥市蜀山区竹荫里小区为社区应急避难示范场所称号。到 2007 年底，安徽省已有合肥、滁州、安庆、淮北、宿州等多个市的 30 多个地震应急避难场所通过政府规划。

3. 应急、救援队伍建设

4 月 26 日，安徽省地震灾害紧急救援队正式挂牌成立。省地震局作为应急救援联席办公室所在单位承担救援队日常管理任务，多次组织召开省地震灾害救援联席会议，制定并通过《安徽省地震灾害紧急救援队管理办法》,《安徽省地震灾害紧急救援队首批装备采购方案》和《安徽省地震灾害紧急救援队启动经费安排》，建立了省紧急救援队合肥特勤大队队部，制作了《省地震紧急救援队成立纪实片》，举办了首次省紧急救援队骨干培训班，医疗急救知识培训班。

各市地震局分别成立了市局地震现场工作队伍，参加区域联合行动和演练，锻炼队伍，提高现场工作能力。在省地震局指导下，市地震局运用灵活多样的形式，发展不同层次的志愿者队伍。其中合肥市蜀山区西园新村街道竹荫里社区就利用自身良好的地震科普宣传基础和群众参与热情，建成安徽省第一支社区地震应急救援志愿者队伍，先后获得省政府应急办和国务院应急办的好评。全省各地也根据区域特点，依托企业专业队伍、结合共青团志愿者建设等形式发展地震应急志愿者队伍。

4. 应急救援条件保障建设

设立省地震灾害紧急救援队装备库地震局分库，首批 330 万元装备已陆续到位，包括搜救设备、医疗急救设备和地震监测设备等。省地震局应急装备库新增 2 台地震流动监测仪，补充了现场实用工具。

（安徽省地震局　刘涌梅）

福　建　省

2007 年是福建省十多年来陆地地震活跃、地震灾害最严重的一年。3 月 13 日顺昌 4.9

级地震、8 月 19 日永春 4.7 级地震及 10 月 16 日水口水库库区 3.9 级震群，均给我省造成一定经济损失和较大社会影响。面对复杂的地震活动形势，国务院、福建省委、省政府及中国地震局领导先后做出重要批示达 23 次，要求福建省地震局密切关注震情发展，做好地震应急、监测预报工作，及时准确报送灾情，维护社会秩序，确保人民群众生命财产安全。

（1）实时速报快速及时，趋势判定准确无误。利用自主研发的地震实时速报系统，1 分钟内准确判定了上述几次有感地震的三要素，并在第一时间向中国地震局和省委、省政府、省军区报送震情信息，震后及时召开地震会商会，迅速且较准确地做出震后地震趋势判断。

（2）应急统筹协调，处置高效有序。震后立即启动地震应急预案，快速做出应急工作部署，立即派出地震现场工作队，以最快的速度奔赴震区。震后半小时内快速通过计算机模拟系统初步评估地震现场人员伤亡和经济损失，并通过当地“三网一员”系统初步核实，为当地政府采取震后应急措施提供参考依据。顺昌地震和水口水库震群发生时，正值全国“两会”和党的“十七大”召开敏感期，社会各方面十分关注，局党组在及时向上级汇报应急工作的同时，积极采取措施抓好舆论导向，及时将震情、震后趋势判断意见等信息在电视台和广播电台不间断滚动播出，联合省通讯管理局及时向震区发布震情短信，通过政务网在互联网上发布震情和应急工作情况，召开震情新闻通报会，开通专家热线电话解答民众咨询等。通过这些工作，既保障了民众的知情权，也有效地稳定了震区的社会秩序，充分发挥了防震减灾工作的公共服务效能，树立了福建省地震部门良好的社会形象。

（3）准备充分，保障有力。震前做好思想准备，本着“宁可千日无震，不可一日不防”原则，坚持预防为主，保持常备不懈；扎实抓好应急预案，不断修订并完善应急预案实施细则，进一步明确相关责任人的地震应急职责及工作流程；不定期开展应急检查，加强对基层应急工作的指导和地震重点监视区的工作部署；做好装备物资准备，加强应急设备设施的日常维护；积极开展应急演练，增强实战能力。

通过 2007 年几次地震的应急实践，福建局处置地震突发事件的社会管理能力和服务水平不断提高，得到了中国地震局和省委、省政府的充分肯定。此外，加强了与各设区市政府的沟通与联系，进一步修订完善《福建省地震系统地震应急预案》以及三明、南平、龙岩等市的地震应急预案，开展了 2007 年华东区地震应急协作联动演练、福建省行政学院地震应急桌面推演和漳州市抗震救灾指挥部地震应急指挥桌面推演等。积极开展地震应急检查，与省政府有关部门联合，重点对龙岩、漳州、厦门、三明、南平等地以及水口、街面两个水库地区的地震应急工作进行了检查。召开省抗震救灾指挥部成员单位联络员会议，积极推动与各单位的沟通和联系。继续推进省地震灾害紧急救援队建设，加紧购置相关救援装备，开展地震现场救援处置实战演练。泉州、晋江、南安等地因地制宜推动地震应急志愿者队伍和地震应急避难所建设，全省救援力量不断壮大，救援能力逐步提高。

（福建省地震局　陈　中　张永春）

江 西 省

1. 推进应急指挥技术系统建设

（1）完成省级地震应急技术系统建设任务。江西省省级地震应急指挥技术系统在2008年1月通过了中国地震局组织的测试及验收。江西应急指挥技术系统由1个二级区域地震应急指挥技术系统和1个重点城市地震应急决策反应系统组成。区域抗震救灾指挥部位于江西防震减灾中心六楼，重点城市地震应急决策反应系统节点位于赣州市地震局。

（2）完成地震应急基础数据库建设。江西地震应急基础数据库在2007年11月通过了中国地震局组织的检查和验收。该数据库以区、市、县、乡、村为单位，范围涵盖人口、经济、建筑、基础地理、城市地图、公路、铁路、气象、地震灾害、地质、生命线工程、医疗、消防、水库、应急预案、应急联络等47大类数百个小类。项目坚持边建设边使用边发挥效益，2005年11月九江—瑞昌5.7级地震发生后，正在建设的地震应急基础数据库得到及时使用，并在地震灾害损失调查工作中发挥了重要作用。

2. 认真做好地震应急救援各项准备工作

（1）着手修订省级地震应急预案。2007年下半年，根据省政府领导指示，省政府应急办和省地震局共同启动了对2005年9月20日印发的《江西省地震应急预案》（赣府厅字［2005］113号）的修订工作。《预案》修订全面总结了九江地震应急工作的经验，进一步强化了科学性和可操作性，为全省其它各级各类应急预案的修订完善做出了表率。

（2）开展地震应急检查工作。省地震局坚持在重点时段和节假日开展地震应急检查，提高干部职工的震情观念。10月3日上午9时至11时，省地震局对全局干部职工进行了应急通讯检查，提醒大家进一步认识应急准备工作的重要性，牢固树立“宁可有备无震，绝不震而无备”的观念，从保持好自身的联络畅通做起，提高应对大震大灾的反应能力。

（3）开展地震应急演练。2007年6月9～11日，江西省地震局与省消防总队联合参加了在福建顺昌举行的2007年度华东区地震应急协作联动演练，按要求较好地完成了监测、灾评、桌面推演等各项演练任务。11月24日，在“11·26”九江—瑞昌5.7级地震两周年纪念日前夕，江西省地震局组织开展了一次地震应急演练。演练模拟在赣州市寻乌县发生5.0级地震后全局的应急行动，内容包括震情速报、流动监测仪器架设、震相分析、地震趋势会商、新闻通稿和灾情信息发布、灾情快速评估、地震波形远程调用等。

（4）开展应急救援科普宣教工作。充分发挥南昌中心地震台、九江地震台、会昌地震台作为国家级和省级防震减灾科普教育基地的作用，接待了来自机关、学校、部队、旅行社等各方面的参观学习团队5万余人次，通过观看防震减灾图片展、录相片、开展应急避震演习等多种形式，提高公众应急意识和自救互救技能。

3. 推进省级地震灾害紧急救援队伍组建

2007年，江西省地震局联合省消防总队，开展了救援队组建的前期工作。根据省领导的指示，组织了联合调研组，赴黑龙江、山西等地，调研地震灾害紧急救援队伍建设，借鉴兄弟省队的工作经验，结合本省经济状况和震情实际，向省政府呈报了组建方案。

（江西省地震局　许阿祥　刘圣炳）

山　东　省

1. 地震应急预案体系更加健全

省防震减灾领导小组制定印发《山东省地震应急预案管理办法》。省地震局基本完成地震应急预案管理信息系统软件研制。17 个市全部完成地震应急预案修订，140 个县（市、区）有 130 余个完成地震应急预案编制修订。积极推进地震应急预案向社区、医院、学校、商场、影剧院、体育场馆和重点行业等基层延伸，有 661 个乡镇（街道）政府和 1078 个医院、学校等基层单位制定地震应急预案。“横向到边、纵向到底”的地震应急预案体系初步形成。

2. 地震应急准备工作扎实开展

9 月 17 日至 20 日，省地震局会同省应急办、发改委、民政厅对潍坊、东营、青岛 3 市开展地震应急工作检查。12 月 28 日，省地震局及青岛、潍坊、威海、烟台 4 市地震局参加国务院抗震救灾指挥部地震应急桌面演练。济南、烟台、济宁、临沂、日照、东营等市地震局也开展内部应急演练。加强地震应急联动机制建设，省地震局组建现场工作队，与省武警总队联合制定应急协作方案，与省通信管理局建立地震短信发布机制，与省人防办共同制定利用人防资源服务地震应急的意见。省内成立东、中、西三个应急联动协作区，区域快速反应能力得到提高。全省地震灾情速报网络完成更新，速报员队伍达到 4900 人，市县地震局培训速报员 4000 多人次。在 7 月 10 日蓬莱 M_L4. 4 地震等多次地震事件后，启动地震应急预案，派出现场工作队，应急工作高效有序。

3. 地震应急避难场所建设全面推进

5 月 22 ~ 24 日，在东营市召开地震应急避难场所建设现场工作会议，全省应急避难场所建设工作得到促进。潍坊、东营、济南等市应急避难场所建设有新进展，有三分之一的城市已经完成或正在建设应急避难场所，淄博市编制中心城区应急疏散规划，部分县市区制定应急避难场所预案，全省共建成应急避难场所 173 处，可安置人员约 333. 08 万人。开展《地震应急避难场所标志》地方标准调研，完成征求意见稿起草。

4. 地震应急救援队伍发展迅速

加强省地震灾害紧急救援队建设，省地震局与救援队建立联席会议制度。第 2 支市级地震灾害紧急救援队在东营市成立，县级地震灾害紧急救援队达到 16 支、队员达到 1246 人。省地震局、团省委加强地震应急救援青年志愿者队伍建设的意见普遍落实，全省地震应急救援青年志愿者队伍规模不断扩大，潍坊、烟台、临沂、诸城、莒南、乳山、平邑、费县、东明、五莲相继成立地震应急救援青年志愿者队伍，全省志愿者超过两万人，开展志愿者培训 6985 人次。

（山东省地震局　苏培雨）

河　南　省

1. 应急指挥技术系统建设方面

（1）省级地震应急指挥技术系统建设。在中国地震局和河南省政府的大力支持下，“河南省地震应急指挥技术中心”已于2006年4月投入使用，其中“地震应急指挥技术系统”于2007年12月10日正式建成，并顺利通过中国地震局验收。

（2）市级地震应急指挥技术系统建设。按照《中国数字地震观测网络建设项目》规划设计，在河南省安阳、三门峡两个省辖市各建设一个市级地震应急指挥技术中心。该项目已按照规划设计完成，2007年12月10日通过中国地震局验收。

（3）地震应急基础数据库建设。截至2007年12月，河南省已有17个省辖市、25个省直单位提交地震应急相关数据，河南省地震应急基础数据库基本建成，并于2007年12月10日通过中国地震局验收。

2. 地震应急救援准备

（1）各级各类地震应急预案修编情况。2007年河南局进行了河南省地震应急预案的修订工作，已于2007年6月11日以省政府办公厅文件（豫政办［2007］51号）下发实施；截至2007年12月，河南省18个省辖市政府已全部制定了本级地震应急预案，其中5个市参照《河南省地震应急预案》修订了本市地震应急预案；《河南省地震应急预案》涉及的27个省直有关部门制定了本单位的地震应急预案；在有关省辖市地震局的积极努力下，河南省已有103个省辖市局（委、办）、16个省辖市地震局、129个县（市、区）、35个县（市、区）地震机构、251个乡（镇、办事处）、154个重要企事业单位、16个社会基层组织制定了《地震应急预案》。

（2）地震应急检查工作落实情况。2007年8月，河南局派出地震应急检查组，按照《2007年冀鲁豫交界地区地震应急工作方案》要求，对位于地震重点监视防御区的安阳、濮阳、新乡、开封、商丘等市的地震应急工作进行检查。

（3）地震应急演练工作落实情况。为检验地震应急人员的快速反应能力，2007年河南局又开展了一次较大规模的地震应急桌面演练。在演练中，绝大多数应急人员都能在规定时间内完成演练科目。

（4）地震应急救援科普宣教情况。河南局通过《中原减灾》报开展地震应急科普宣教工作，使应急科普宣教的影响力进一步增强；经过广泛深入的调研和反复讨论，由河南局牵头与河南省教育厅和科技厅联合印发了《河南省防震减灾科普示范学校申报认定暂行办法》。

（5）地震灾情速报网络建设和管理情况。截至2007年底，河南省已初步建立了全省地震灾情速报网络，其中位于地震重点监视防御区的8个省辖市已建成市、县、乡、村四级速报网络。通过近几年发生的3级以上地震的实际工作检验，大部分速报员都能发挥一定作用。

（6）应急避难场所建设情况。在2006年濮阳市建成2个地震避难场所的基础上，2007年，安阳市建成了3个避难场所，郑州市也建成了2处设施比较完善的避难场所。

3. 应急救援队伍建设

（1）各级地震救援机构建设情况。省政府和18个省辖市政府和位于重点监视防御区的县（市）均建立了防震抗震指挥部。2007年11月调整了“河南省地震局地震应急指挥部”成员，由局长任指挥长，其他副局长任副指挥长，河南省地震局应急救援处负责日常工作。

（2）各级地震现场应急工作队伍建设和管理情况。2007年11月，河南省地震局地震现场工作队伍适当调整，进一步明确现场工作人员职责，完善地震现场工作方案；全省18个省辖市地震局有16个建立了地震现场工作队。

（3）各级地震灾害紧急救援队伍建设和管理情况。按照中国地震局的要求，按照“一队多用、专兼结合、军民结合、平战结合”的原则，2007年6月21日，“河南省地震灾害紧急救援队”在河南省防震减灾指挥技术中心隆重成立。中国地震局副局长修济刚出席并发表重要讲话，河南省副省长徐济超为救援队授旗。

经过两年酝酿、筹备，由濮阳、安阳、新乡、开封、郑州、焦作6市地震局共同协商，于2007年11月1日正式组建了一支豫北地震重点监视防御区地震快速应急联队，并制定了《应急联队章程》，开展了首次联合演练。

（4）青年志愿者队伍建设和管理情况。经过有关政府、地震部门的不懈努力，2007年，河南省安阳市、濮阳市已建起了城市社区地震救援志愿者队伍。其中，安阳市2个社区各建1支，规模分别为40人；濮阳市2个社区各建1支，规模分别为100人。

4. 应急救援条件保障建设

（1）地震现场应急装备建设情况。截至2007年12月，河南省地震局的地震现场应急装备主要有：数字流动地震仪7套；笔记本电脑3台，无线网卡3套；数码照相机2部；数码摄相机1部；手持GPS定位仪3部；望远镜3部；流动地震仪7套；发电机7台；帐篷5顶；睡袋20个；折叠桌、椅5套。

（2）救援物资及装备建设情况。除国家在河南建有1个大型物资储备仓库外，由商务厅牵头，在河南省18个省辖市与92家企业联合，建立城市生活必需品储备制度。如遇突发公共事件，形成快速反应、保障有力的市场调控机制，稳定市场应急商品供应。

5. 地震应急救援行动

2007年，河南省地震局及时、有效地处置了9次M_L3.0～3.8有感地震。每次地震发生后，河南省地震局和有关市地震局都能迅速启动相应规模的地震应急预案，迅速处理震情，及时向中国地震局、河南省委、省政府报告，有效地维护了社会稳定。

（河南省地震局　袁忠华）

湖　北　省

1. 应急指挥技术系统建设

（1）湖北省数字地震观测网络（即地震应急快速反应系统）项目中的应急指挥、数字测震、地震前兆、信息服务、强震、形变台网中心、重力台网中心、流动形变监测等分项目完成了全部建设任务，总体功能和技术指标达到设计要求，通过了中国地震局专家组的验收。湖北省数字地震观测网络项目的建设，初步建立了湖北地震信息网络平台，地震应急指挥基础设施条件和装备得很大的改善，地震应急实现了网络化、远程可视化等。应急能力有了明显的提高。2007 年度利用已建成的应急指挥技术系统进行震情会商、地震应急等，取得了良好的效果。

（2）地震应急基础数据库建设取得阶段性进展。在省直有关单位的大力支持下，该数据库的建设已基本满足全省地震应急指挥决策系统的运行需要。

2. 地震应急救援准备

（1）积极推进应急案体系建设。制定了《湖北省地震应急短信群呼管理规定》、《湖北省地震局地震应急预案实施细则》，制定了《湖北省地震速报及地震参数发布实施细则》，并积极参与省政府制定的《“十一五”期间湖北省突发公共事件应急体系建设规划》、《湖北省地震应急预案操作手册》编写工作，指导全省 17 个地级市（州、区）政府及地震部门、50 多个县级政府制定了地震应急预案。

（2）开展应急培训和演练。为提高全局及市（州）、县地震部门的地震应急处置能力，分别在荆州和武汉举办了两期地震应急现场工作培训班，全省市（州）、县地震部门及有关业务部门 200 多人参加了培训，培训期间还组织开展了地震应急桌面推演。

为进一步提高全省地震系统地震应急实战能力，在湖北黄冈举行了全省首次省、市、县地震局三级联动应急演练。

（3）加强地震应急检查工作。应急检查是地震应急工作重要环节。全年的重要节日及长假都对应急装备、应急人员进行检查落实，确保发生地震时应急所需的人员、装备拉得出，用得上。

3. 应急救援队伍建设

为有效应对地震灾害，经湖北省人民政府批准，“湖北省地震灾害紧急救援总队”正式挂牌成立。救援总队由省消防总队武汉支队特勤大队 100 名指战员、省消防总队医院 10 名医护人员、省地震局 20 名地震分析预报、震害评估、工程结构专家组成。

4. 地震应急救援活动

2007 年全省发生 $M_L \geqslant 1.0$ 地震 1100 余次，其中 $M_L \geqslant 2.0$ 地震 150 余次，$M_L \geqslant 3.0$ 地震 5 次。最大地震为 6 月 3 日荆州市荆州区李埠镇 $M3.7$ 地震。坚持了“有感必应、应必及时”的原则，对 30 余次有感以上地震进行了有效处置，应急处置实行了省、市、县地震局联动。及时派出人员到现场了解灾情、震情，做好宣传和稳定工作，确保了震区社会安定。

（1）高效有序应对荆州 $M3.7$ 地震。6 月 3 日 6 时 0 分 14 秒，荆州市荆州区李埠镇发生 $M3.7$ 地震。荆州市城区和李埠镇震感强烈。发生后省地震局迅速启动预案。震后 10 分钟，省地震监测预报中心定位完毕并迅速将地震三要素通过短信平台发送给局应急指挥部及相关人员。震后 20 分钟，局领导及应急人员到达指挥部。姚运生局长亲自主持应急工作，并部署应急措施。立即组织专家进行震情趋势会商，向省委、省政府及有关部门通报趋势意见。

震后 40 分钟，流动监测和科学考察人员已准备完毕，将地震流动监测仪器和相关应急装备装车待命。震后 1 小时龚平副局长带领现场工作队出发赶赴震区开展现场应急指导工作。

此次荆州地震发生后，指挥部、现场工作队、各专业工作组（流动监测、灾害评估、宏观考察、宣传报道等）分工明确、行动高效，在完成专业工作任务的同时，很好的指导了地方政府及地震部门开展应急工作。

（2）较好地处置了3月22日松滋县M_L3.2地震，以及三峡库区秭归9月罗圈荒微震群，12月泄滩乡微震群等事件。同时，牢固树立地震应急救援为政府、为社会、为人民服务的大局意识，积极响应省政府布置的应急工作。11月派队参加了由省政府组织的11.20湖北省野三关岩崩滑坡抢险救援工作。

（湖北省地震局）

湖　南　省

1. 地震应急救援准备

全省各市州县地震机构大多数明确了应急救援组织机构和工作机构，确定了专人负责应急救援工作。各市、州及部分县（市、区）地震部门对本级地震应急预案进行了重新修订，并全部由本级政府陆续向全社会发布实施。对市州地震工作部门和地震台站的地震应急准备、应急值班开展经常性检查。“春节”、“五一”、“十一”等长假和全国、全省重要会议期间，制定了专门的地震应急预案，安排了应急值班人员。年初举办了由各市州地震局（办）和台站负责人参加的应急桌面演练。4月，组织了重点监视防御区和重点监视防御城市应对地震突发事件的专题研讨会。9月，开展了地震应急模拟演练。利用“3.1”《中华人民共和国防震减灾法》施行日、全省科技活动周、“7.28”唐山地震纪念日、国际减灾日和全国科普日等时机，与宣传部门、新闻单位协作，在报刊、电视、网络等媒体传播地震应急救援知识。参加了省应急办组织的应急知识宣传活动，参与了由省政府应急办组织的《公众应急手册》编写工作。常德、娄底、邵阳、张家界4市设置了地震应急避难场所。长沙应急避难场所建设也已得到长沙市政府批准。

2. 省级应急指挥技术系统建设

争取省政府办公厅下发了《关于做好湖南省地震应急基础数据库建设工作的通知》。通过与四川高地公司合作加快了数据收集处理进度。所收集的数据完整率达到95%以上，并已全部导入应急指挥技术系统，试运行效果良好。完成了地震应急指挥技术系统支撑平台建设任务，完成了地震应急快速响应系统、地震应急指挥命令系统、地震应急指挥辅助决策系统、地震应急信息通告系统、地震应急指挥管理系统、重点城市地震应急决策反应系统建设任务，并制定了《指挥大厅管理制度》、《机房管理制度》等管理制度。系统于12月通过中国地震局组织的技术测试和验收。

3. 省地震灾害紧急救援队成立

10月26日，湖南省人民政府办公厅下发了《关于转发〈湖南省地震灾害紧急救援队组建方案〉的通知》（湘政办函［2007］188号）。10月底完成救援队专业设备及个人装备的采购。11 月 9 日，湖南省地震灾害紧急救援队在省公安消防总队教导大队召开成立大会，并开展了应急救援演练。中国地震局副局长赵和平，湖南省委常委、省政法委书记、省公安厅厅长李江，省人大常委会副主任唐之享等领导出席大会，省政府副秘书长姜儒振主持会议。省防震减灾领导小组 33 个成员单位、省政府应急办及相关部门的负责同志和省地震局工作人员、省公安消防部队官兵约 600 人参加会议并观摩应急救援演练。

4. 灾难事件现场救援

8 月 13 日下午 4 时 40 分，湖南凤凰县在建的沱江大桥发生坍塌事故，数十人被压埋。省人民政府要求省地震局协助救灾。省地震局接到指示后，一边与中国地震局地震灾害紧急救援队取得联系，邀请中国地震局应急搜救中心和中国地震局地质研究所专家来现场协助开展工作。一边派出地震地质、建筑工程专家赶赴现场开展工作。在事故处理过程中，省地震局专家提出的生命在压埋 72 小时后，救活的可能性为 30% 的指导意见，以及通过生命探测仪等探测，没有发现任何生命迹象，对省政府决定实施 2 号、3 号桥墩定向爆破方案，加快现场清理进度，发挥了重要的作用。在此次救援压埋人员和清理事故现场的工作中，省地震局所做的工作得到现场总指挥徐宪平副省长的充分肯定。

（湖南省地震局　王沛华）

广　东　省

1. 应急指挥技术系统建设

2007 年 7 月，省地震局召开全省地震应急基础数据收集工作会议。开展全省行政境界矢量数据的收集、加工和入库等项工作，组织协调开展基础地理数据加工及数据库建立等工作。12 月，广东省地震应急指挥技术系统通过中国地震局验收并正式投入使用。

2. 地震应急救援准备

2007 年 10 月，省府办公厅印发《广东省地震应急预案》。省地震局修订印发《广东省地震局应急预案》和《广东省地震信息报告工作规定》。省委宣传部、省地震局联合印发《地震应急宣传报道预案》。10 月下旬至 11 月初，省地震局、发展和改革委员会、民政厅、安监局组成省地震应急工作检查组，对汕头、佛山、东莞、湛江、阳江、清远、揭阳等 7 个市进行了地震应急工作检查。广州市、珠海、汕头市、佛山市，阳江等市相继开展地震应急演练。全省共建成 18 个地震应急避难场所。

3. 应急、救援队伍建设

省地震局印发《广东省地震灾害紧急救援队一般事项联席会议制度》和《广东省地震灾害紧急救援队 2007 年度培训计划》，并开展培训和演练；协调省公安消防总队采购省地震灾害紧急救援队专用装备。阳江、汕头市分别组建 35 人和 60 人的地震灾害紧急救援队。深圳市组建地震（民防）应急救援队。清远、中山市成立了市级地震应急救援青年志愿者队伍。全省建成地震应急青年志愿者队伍 17 支共 5100 人。

4. 应急救援条件保障建设

省地震局完成地震应急救援物资储备仓库建设，购置了个人应急装备和现场通讯设备。

5. 地震应急救援行动

2007 年 3 月 13 日福建顺昌 4.7 级地震发生后，在中国地震局震灾应急救援司的协调下，省地震立即派遣 5 人工作组参加地震应急工作。

（广东省地震局　何晓灵）

广西壮族自治区

1. 地震应急指挥技术系统建设

2007 年广西数字地震观测网络 5 个分项目包括地震应急指挥技术系统建设率先通过国家验收。地震应急指挥技术系统建设内容包括在南宁市古城路 33 号广西防震减灾中心大楼内建成了 1 个 2 级区域地震应急指挥技术系统和 1 个地震应急物资储备库，在柳州市地震局和北海市地震局院内分别建设两个重点城市地震应急决策反应系统。进一步完善广西区域地震应急基础数据库，实现大震灾情的快速获取、快速处理、快速评估，抢险救灾的辅助决策，为自治区人民政府开展地震应急提供了科学的技术手段，提高了广西地震应急指挥能力和现场处置能力。

2. 地震应急救援准备工作

2007 年广西地震应急救援准备工作主要是修订或制定各级各有关单位的地震应急预案，对市县进行地震应急检查、地震应急演练、应急避难场所建设及应急队伍建设等 5 个方面工作。

（1）地震应急预案修订或制定。全区有北海、玉林、贵港、百色、来宾、贺州、崇左 6 个地级市政府修订地震应急预案；有北海市的合浦县，钦州市的浦北县、钦南区，防城港市的防城区、港口区，玉林市的容县、北流市，百色市的田东、平果、田林、乐业、隆林、靖西、凌云县，柳州市的柳北区、柳南区、鱼峰区、城中区、柳江、融安、融水、三江、柳城、鹿寨县，河池市的天峨县，宜州市，贺州市的八步区、昭平县，崇左市的宁明、龙州、天等县，全区 31 个县（市区）政府修订或制定了地震应急预案。

（2）地震应急检查。2007 年广西有南宁、桂林、柳州、玉林、钦州共 5 个地级市人大或政府开展了地震应急行政检查。另外由县级人大或政府组织地震应急检查的有横县、鹿寨县、玉州区、博白县、灵山县、浦北县、钦州港经济开发区共 7 个县（区）。

（3）地震应急演练。2007 年，自治区地震局先后开展了 3 次对象针对不同的地震应急演练；全区地级市有南宁、桂林、柳州、梧州、北海、玉林、百色 7 个市和 4 个县（区）采用不同的方式，扎扎实实的做好地震应急工作，如桂林市地震局与桂林地震台实行政府部门与专业地震台联合演练，检验局台地震应急的协调磨合应对能力，值得倡导；又如北海、梧州、玉林市地震局与教育部门联合在中小学开展模拟地震避震演练，从而提高中小学生避震自救能力；再如玉林的博白县政府组织县城区开展县防震减灾工作领导小组成员单位人员200多人参加快速到岗的地震应急演练，取得预期效果。

（4）地震应急避难场所建设。自治区首府南宁市决定总投资430万元，建设南湖应急避难场所，2007年实际投入资金150万，各项准备工作基本就绪，市政府要求在2008年10月底完成建设；另有玉林、钦州等地级市正在调研筹备之中。

（5）地震应急救援队建设。自治区地震局会同武警广西消防总队就组建地震灾害紧急救援队有关事宜形成了共识，并就组建方式、管理机制、组队规模、经费保障等达成了一致意见，编制完成了《广西壮族自治区地震灾害紧急救援队组建方案》，并报自治区人民政府，为地震应急做好准备。

（广西壮族自治区地震局　李青春　张均洲）

海　南　省

1. 应急指挥技术系统建设

2007年，海南省地震应急指挥技术系统和三亚市城市应急决策反应系统的软硬件平台基本构建完成，所需数据库系统和数据安装完毕，并通过中国地震局的验收。

海南省区域应急数据库建设，按照《区域抗震救灾指挥部地震应急基础数据库格式规范》（修订稿）进行，并通过了中国地震局检查测试和验收。

2. 地震应急救援准备

（1）地震应急预案修编情况。2007年，海南省18个市县和省抗震救灾指挥部成员单位都按照《海南省地震（火山）应急预案》要求，对本地区本部门预案进行了修订，并根据工作的需要和情况变化，及时调整了人员，进一步完善了预案备案制度。

（2）地震应急检查工作落实情况。海南省抗震救灾指挥部办公室根据《海南省地震应急检查工作制度》要求，对省有关职能单位和各市县进行了地震应急工作检查，并提出了加强地震应急工作的明确要求和具体措施。指导市县开展专门地震应急工作检查，促使市县地震应急工作措施得到落实。

（3）地震应急演练情况。2007年12月8日，海南省人民政府首次举行省、市县大规模联动的全省开展地震、火山、海啸灾害应急救援演练。演练由海南省人民政府分管防震减灾工作副省长林方略担任总指挥，省抗震救灾指挥部和18个市县抗震救灾指挥部主办，省地震局、省公安消防总队和各市县地震局承办。中国地震局副局长赵和平应邀出席演练，并与副省长林方略等领导现场检阅海口、三亚、琼海等市县实战演练。省、市县抗震救灾指挥部成员和各参演单位约有7000多人参加了演练。

演练以模拟2007年12月8日上午8时30分在海口市境内发生6.8级“地震”为背景，海南省政府启动了《海南省地震、火山应急预案》二级应急响应，全省18个市县同时启动了市县地震、火山、海啸应急预案。演练分为桌面演练和实战演练两部分。桌面演练主要进行震情处理、启动预案、应急指挥。实战演练主要进行省、市地震、火山、海啸灾害紧急救援队地震现场应急、联动搜索与救援、生命线工程抢险、次生灾害抢险、道路塌陷抢险、电力抢险、应急通信抢险、天然气泄漏抢修、自来水抢修、储油罐灭火、疫区消毒及食品检测、平息聚众骚乱事件、平息趁火打动事件、灾民自救互救、青年志愿者救助、学生避震疏散与自救互救等等 16 类 72 个科目。

演练取得的主要成果：一是检验了省、市县地震、火山、海啸应急预案及地震、消防、通讯、民政救灾等专项应急预案的操作性；二是检验了海南省地震、消防、通讯、民政等多部门协同处置突发地震灾害事件的能力，集中展示了海南省多年来地震、火山、海啸应急反应、指挥和救援工作的成果；三是增强了各级政府应对地震、火山、海啸应急救援的责任意识；四是锻炼了地震、火山、海啸应急救援专兼队伍；五是有效提高了社会公众地震、火山、海啸应急意识。六是通过演练发现了地震、火山、海啸应急救援体系建设存在的问题和不足。演练进一步加强海南地震应急救援体系建设、完善应急预案和促进各单位协同配合及落实职责，提高海南省地震、火山、海啸应急处置能力。

（4）应急科普宣教工作情况。海南省地震局结合防震减灾宣传，深入开展地震应急科普知识宣传活动。通过举办地震安全知识广播讲座，到各市县进行地震安全知识巡回展览，发放防震减灾宣传册，在全省市县开展地震安全知识进学校、进社区、进农村、进企业等活动，宣传普及地震应急科普知识。

（5）地震灾情速报网络建设和管理。2007 年，海南省地震局结合农村民居地震安全工程建设，建立健全农村三合一网络，在原来“三网一员”基础上，增加一名乡镇防震减灾助理员，形成农村防震减灾“四网一员”，开展了 15 期农村防震减灾工作培训班，进一步完善了全省农村防震减灾网络。

（6）应急避难场所建设。2007 年，海南省结合城镇规划和“十一五”规划，将地震应急避险场所建设落到实处。海口、儋州、琼海、白沙、万宁等 10 市县已在市区规划建设地震应急避难场所。

3. 应急救援队伍建设

2007 年，海南省继续加强省和琼海市地震与火山灾害紧急救援队建设，购置了部分应急救援仪器和设备，进行了专业训练和培训。新成立了三亚市地震（海啸）灾害紧急救援队，积极筹建其余 16 个市县地震、火山、海啸灾害紧急救援队伍。积极开展海南救灾物资储备建设调研，制定海南救灾物资储备建设规划，筹建省级物资储备仓库。调整充实了地震现场工作队，更新了部分技术装备和流动观测设备，开展了地震应急演练和岗位训练，确保地震应急能力。

（海南省地震局　胡金文）

重 庆 市

1. 应急指挥技术系统建设

地震应急数据库建设从2006年实施以来，完成了数据的收集、整理、录入、建库工作，在2007年11月通过中国地震局组织的验收。重庆市应急指挥技术系统是重庆数字地震观测网络项目4个分项之一，从2002年开始建设，2007年已全面完成。该系统为二级区域系统，总投资1130.48万元，建设有地震应急指挥、现场应急指挥技术系统、地震应急指挥大厅、应急物资储备库。地震发生时，能为中国地震局和重庆市政府开展地震应急、抗震救灾指挥提供指挥场所和各种必要的技术手段，迅速判断地震的规模、影响范围、损失等情况，并据此提出一系列科学的救灾方案和调度方案，协助指挥人员实施各种地震救灾行动，实现地震应急信息快速传递、高效处理，提高应急救灾指挥与决策的技术水平，最大限度地减少地震造成人员伤亡和财产损失。

2. 地震应急救援准备工作

2007年以来，重庆市地震局认真落实国家应急检查组建议和重庆市防震减灾工作联席会议决定，全力推进应急救援工作。《重庆市地震应急预案》正式出台后，重庆市地震局结合2007年11月1日实施的《中华人民共和国突发事件应对法》，组织职工进行认真学习和领会，对预案中涉及的组织指挥体系及职责、预防和预警机制、应急响应、后期处置、保障措施、宣传培训和演练等主要内容逐一进行落实，并做好与市政府预案的衔接工作。

根据重庆市联席会议的要求，重庆市地震局配合重庆市规划局组织编写公共突发事件紧急避难场所规划，参加了市规划局组织的公共突发事件紧急避难场所规划编制的调研。2007年，重庆市地震局积极推进花卉园应急避难场所试点工作的开展，划分出各功能区域和疏散通道，并配以功能指示牌、路标等基本设施，已初步建立起花卉园地震灾害紧急避难场所的雏形，基本达到在地震灾害或其它公共突发事件发生时，能够有序的组织和安置灾民，在有关部门的共同支持与配合下，使灾民在短时间内能够有一个安全的安身之处。

3. 应急、救援队伍建设

2007年，重庆市地震灾害紧急救援队明确了机构职责，救援队装备经费和日常工作经费也得到了落实。重庆市地震局与重庆市公安消防总队形成了救援队工作会议制度，起草完成了救援队内设机构的人员组成和职责，制定了救援队全年工作计划，组织救援队相关人员到新疆进行了学习考察，在消防总队特勤支队专门安排了一间办公室作为救援队办公室，配备了相应的办公家具和办公用品，加强了救援队档案的管理。

2007年12月22～23日，由重庆市地震局和公安消防总队特勤支队在消防培训中心共同举办地震灾害应急救援培训班，对重庆市地震灾害紧急救援队进行理论和技能培训。为检验学员们对地震灾害应急救援知识的掌握情况，此次培训还组织安排了桌面演练。2007年12月28日，重庆市地震灾害紧急救援队举行了一次紧急拉动训练，救援队50余人参加了拉练。拉练活动对救援队在紧急情况下的快速反应能力进行了检验，增强了队伍体能，进一步提高了战斗力。

重庆市地震局2007年在荣昌、石柱两县开展了地震应急志愿者队伍建设试点，编制了《荣昌、石柱地震应急志愿者队伍建设试点方案》，试点工作正在积极推进。石柱县已初步完成了组织机构建设，荣昌县编制了《荣昌县昌元镇桂花园（玉屏）社区地震应急救援志愿者队伍建设试点方案》，现正在落实。2007年12月29日，重庆市巴南区地地震灾害应急救援志愿者队伍正式成立，为重庆市防震减灾事业增添了一支重要力量，对于提高巴南区及邻近地区地震紧急救援能力，具有十分重要的意义。

4. 应急救援条件保障情况

2007年，重庆市地震局专门建立了应急物资库，切实做好地震应急物资准备。重庆市地震灾害紧急救援队正在通过政府采购补充救援队装备。

5. 地震应急救援行动

2007年5月21日凌晨1时33分、53分荣昌连续发生了M_L3.2、2.5两次有感地震。2007年10月27日10时22分，重庆市巫山县培石乡发生3.5级有感地震。面对震情，重庆市地震局都及时采取了有效的应急处置措施，为保障震区的经济发展和社会稳定发挥了积极作用。

（重庆市地震局　章　荣）

四　川　省

1. 应急指挥技术系统建设

2007年，“四川省地震应急指挥技术系统”（又名“四川省区域抗震救灾指挥部技术系统”）建设项目全面完成。该系统由1个地震应急指挥技术系统、1个地震现场应急指挥技术系统、5个大中城市（重点城市）地震应急决策反应系统组成。

应急指挥技术系统可在接收到地震触发响应参数后15分钟内根据基础数据库的内存数据做出灾害评估，获得灾害评估信息后的15分钟内准备好相应指挥信息；接收到触发响应参数后50分钟内全面进入指挥状态。实现地震应急监控、动态跟踪和救灾指挥。其软件系统主要有地震应急指挥管理系统、用户安全和日志管理平台、分布式数据交换系统、地震应急快速触发响应系统、地震应急评估系统、地震辅助决策系统、地震应急指挥反馈记录系统、应急救援辅助决策系统等。

地震现场应急指挥技术系统由地震现场技术系统硬件平台、软件平台构成。地震现场硬件平台包括地震现场保障系统和地震现场工作系统。地震现场保障系统含有：通讯保障子系统和后勤保障子系统。通讯保障子系统中包括现场外联子系统和现场网络系统。后勤保障子系统中包括：电力、照明、野营装备及经改装的指挥车辆等。地震现场工作系统包括：现场指挥应用系统和现场工作组工作系统。地震现场软件平台包括地震现场灾害损失评估、地震现场灾害损失数据库、地震现场科学考察信息管理、地震现场应急信息管理、现场数据库管理系统及GIS

地理信息处理。地震现场应急指挥技术系统可在地震发生后2小时内出发，到达地震现场30分钟后可第一次发回灾区信息，同时确保现场指挥场所和设备可进入工作状态。

大中城市（重点城市）地震应急决策反应系统包括广元、自贡、乐山、西昌、攀枝花五个大中城市。系统可在破坏性地震发生后，2小时内获得灾区的震情与灾情上报信息的技术系统，具有灾情获取、灾情传输和灾情接收与处理的功能。同时，在各级抗震救灾指挥部尚未下达命令之前，可根据城市地震应急反应决策支持系统，先期开展必要的抗震救灾工作。在条件具备时，城市地震应反应系统可作进一步扩充与升级，建成地（市）级地震应急指挥系统，为当地政府抗震救灾指挥部提供技术保障和应急指挥服务。大中城市（重点城市）地震应急决策反应系统包括硬件平台、软件平台以及数据库平台。

2. 地震应急救援准备

（1）地震应急预案体系建设。2007年四川省地震重点监视防御区各市州结合当地实际，制定和完善了相应的地震应急预案。四川省地震局联合省安监局制发了《转发国家安全监管总局、中国地震局关于进一步做好安全生产领域防震减灾工作的通知》（川安监［2007］156号），对安全生产领域尤其是工矿企业制定应急救援预案、做好应急救援准备等工作提出了具体要求，进一步完善了全省地震应急救援预案体系。编制上报了《四川省地震应急救援体系“十一五”规划》，待批准实施。

（2）地震应急演练。2007年12月18日，四川省政府在四川省地震局应急指挥大厅举行了一次地震应急桌面演练。这是四川省首次由多个政府部门参与并进行应急联动的地震应急演练。演练由四川省地震局组织承办。演练由四川省人民政府副省长张作哈担任演练指挥长，省政府应急办、省政府新闻办、省民政厅、省交通厅、省卫生厅、省地震局、省通信管理局和四川省地震灾害紧急救援队等八家单位参加。四川省防震减灾领导小组全体成员单位及四川省部分市州政府领导到演练现场观摩。演练模拟在四川省凉山州宁南县发生6.9级地震后，各参演单位按地震发生、省政府应急响应、各部门应急响应、地震现场处置、应急结束五个阶段进行桌面推演。演练采取模拟现场实况、视频互动等形式，结合四川省地震应急指挥技术系统的应用，对地震发生、地震现场事件等模拟事件进行了应急联动和应急处置，演练环节众多，节奏紧凑，达到了接近实战的演练效果。演练检验了政府各部门在地震发生后的应急响应、紧急处置和协调联动能力，获得圆满成功，得到省政府领导和观摩单位的高度评价。

（3）应急避难场所建设。2007年，四川省攀枝花市为提高城市地震应急能力，按照“避灾入手、平灾结合、综合利用”的建设原则开展了城市应急避难场所建设。经过攀枝花各区县对各自辖区内的广场、绿地、公园、花园、体育（场）馆、学校操场进行了普查，再经有关部门实地勘察、筛选、论证及评审，共挑选出16个条件较好、设施较完善的场地作为攀枝花市首批应急避难场所，并列入到攀枝花市“十一五”建设规划。这16个场地几乎遍及攀枝花市市区及周边区县，总面积33.6万平方米。其他市州也陆续推进了该项工作。

3. 应急救援队伍建设

四川省地震灾害紧急救援队按照年度计划，完成了日常规定科目训练；组织成都医学院专家对救援队员进行了心理状况调查及应急心理辅导，提高了救援队员的心理素质；配合四川英特尔公司开展了地震应急演习，增强了与社会团体组织的配合协调能力；派员参加了云南普洱地震现场救援活动，积累现场工作经验。

四川省地震局推进了全省地震应急志愿者队伍建设，加强了对市县地震应急救援管理工作的具体指导。各地区志愿者、社区地震救援队伍建设积极推进，凉山州等地正抓紧组建当地的地震灾害救援队伍。

加强地震现场队伍建设，先后举办了全省少震地区地震应急工作培训和全省地震现场技术规范专项培训，参训人数达到150余人次，使省地震应急现场工作队伍的业务能力进一步提高。

4. 地震应急救援行动

2007年，四川省地震局坚持大震值守制度，规范了地震信息报送渠道和程序，积极应对地震突发事件。年内四川省未发生5.0级以上地震，但针对省内发生的4级以上强有感地震，均按照相关预案要求，派出工作组赴现场调查震情灾情。

同时，积极主动地与邻省的地震应急工作进行联动，2007年5月7日、6月3日西藏妥坝和云南宁洱分别发生5.6级、6.4级地震。地震发生后，四川省地震局立即与2007年西南地区地震应急协作联动联席会议轮值单位云南省地震局和地震发生地的地震工作主管部门联系，开展地震应急联动工作。组织有关技术人员组成现场工作组赶赴震区与当地地震工作主管部门一道开展了地震现场工作。

（四川省地震局　龚　宇）

贵　州　省

1. 加快贵州地震应急系统的建设

贵州“十五”数字地震观测网络项目的核心工程，地震应急系统工程的建设，由于场地一直未解决，致使该项工程迟迟不能投建。根据中国地震局“十五”项目专家组的有关文件精神及我省地震应急工作需要，为进一步推动全省防震减灾工作。鉴于贵州省特殊情况，经请示中国地震局，同意省地震局租用房屋建立临时区域防震减灾应急指挥中心。现已租用124m^{2}的房屋，加班建设，仪器安装调试试运行，2008年元月已通过了中国地震局的验收。贵州地震应急指挥系统的建立，必将推动我省地震应急工作的发展。

2. 及时搞好地震应急工作

（1）2007年3月17日和4月6日罗甸县、望谟县分别发生3.8级、3.5级的地震，省地震局及时派遣地震现场考察队，携带流动仪器，赶赴震区进行现场调查和地震跟踪监测。根据震区现场跟踪监测情况和地震活动规律及区域构造展布，深入分析震区地震活动趋势及地震的成因机制，将情况和意见向县政府和州政府进行汇报，并向省政府呈报了报告。5月遵义市的桐梓县、习水县分别发生3.0级、3.5级地震，省地震局及时组成地震考察小组，携带流动仪器，赶赴震区进行现场调查和地震跟踪监测，将调查处理意见呈报省政府及省应急办公室。

（2）2007年12月17日，贵州省东部的余庆县与石阡县之间发生M_L3.9地震，省地震局地震考察小组及时赶赴震区进行地震调查。这次地震，震级小，震源浅，震感强。屋内的人惊慌跑出屋外，房屋上下振动，左右摇晃，墙体开裂，电线杆晃动，个别房屋梭瓦掉瓦，河坝镇还引起停工停产，造成一定的经济损失。经地震考察小组及时调查、宣传、解释，才安定民心，恢复了生产。

（3）2007 年 7 月 14 日，贵州省东部的锦屏县三板溪水电站上游地带的河口乡发生 4.0 级水库诱发地震，致使该乡的格翁村、朴尾村、文斗村及所辖村民组遭到不同程度的破坏。省地震局地震考察小组及时进行了调查。分析给出了该地震的诱因。三板溪水电站上游地段河口乡发生 4.0 级水库诱发地震，造成格翁村、朴尾村、文斗村及所辖村民组地面开裂、塌陷、滑坡、地裂缝，村寨房屋墙体开裂，窗户玻璃振破，仅滑坡体积达 1000 立方米。地震考察小组将调查结果向县政府、水电站进行了通报，并向省政府呈报了报告。

（4）地震现场宣传。在震区进行地震科普宣传是地震应急工作中最重要的环节。一般地震发生后，考察小组随身带一些地震科普宣传资料，在震区散发给村民，及时搞好地震现场应急科普宣传。

（贵州省地震局　罗远模）

云　南　省

1. 应急指挥技术系统建设

通过五年不懈努力，初步建成了云南地震应急指挥中心技术系统、现场应急指挥技术系统、6 个大中城市应急指挥技术系统。

云南地震应急指挥中心技术系统指挥场所完成包括指挥大厅、辅助工作厅、应急机房、信息处理与监控室、物资仓库等建设，面积 627m^2。硬件平台建设主要包括大屏幕系统、数字会议系统、视频会议系统、硬盘录像系统、中央控制系统、联动系统、多媒体录播系统、快速响应支持系统、网络平台、卫星接收系统等。开发了 17 套相关应用软件，完成 9 大类 42 小类的应急空间数据库建设。为大震应急指挥提供指挥场所和强大的技术支撑平台，实现了地震自动触发、快速评估、动态评估、辅助决策、信息发布等应急服务功能，同时实现了系统管理、监控等功能。

现场技术系统主要为 2 辆集成应急车，集成了卫星通讯系统、现场应急指挥系统、网络系统等，主要承担地震现场应急指挥“通讯”的中心任务。

大中城市系统在大理、丽江、保山、昭通、曲靖、玉溪 6 个大中城市配备了海事卫星系统、GPS 系统、移动通讯系统以及灾害基础评估决策系统，在救灾队伍到达灾区前，实现灾区灾情的迅速获取、灾情上报、灾情简单评估和辅助决策等功能。

“云南地震应急指挥技术系统建设”于 2007 年 11 月 10 日通过中国地震局组织的验收。

楚雄、红河、昭通等州、市相继完成地震应急指挥中心建设。

2. 地震应急救援准备

云南省地震局根据2007年度地震趋势预测判断意见，由局领导带队到各州市县进行地震应急检查。

经成都军区、云南省人民政府批准，在云南省人民政府的统一领导和指挥下，驻滇某集团军和云南省地震局于2007年4月18日在昆明和玉溪两地间共同举行“云震·07”地震应急救援联合演习。这次演习主要是检查省抗震救灾指挥部的指挥决策、整体协调能力和省地震灾害紧急救援队、地震现场工作队的紧急救援能力。演习分为后方桌面推演和前方实战演习两个阶段，以模拟云南省通海县境内4月18日07时52分38秒发生7.1级特别重大地震灾害事件为线索，桌面推演云南省人民政府启动应急预案和现场指挥抗震救灾工作的全过程。此次演习由省长秦光荣任指挥长，副省长孔垂柱为副指挥长，中国地震局副局长赵和平，成都军区副参谋长刘永新，驻滇某集团军政委朱汉宾、副军长熊作明，省政府秘书长丁绍祥等有关领导进行了观摩和指导。

桌面推演为，云南省人民政府接到云南省地震局震情和灾情报告后，省政府领导立即奔赴云南省地震应急指挥中心，9时10分，秦光荣指挥长在云南省地震应急指挥中心主持召开云南省抗震救灾指挥部紧急会议，宣布启动云南省地震应急预案Ⅰ级响应，并听取省地震局、省民政厅、省建设厅等省抗震救灾指挥部有关成员单位的情况汇报，指挥长下达抗震救灾命令，并对抗震救灾工作做了全面部署。桌面推演结束后，秦光荣指挥长率领抗震救灾指挥部成员单位驱车赶赴“地震现场”指挥抗震救灾工作。12时30分，秦光荣指挥长在现场指挥部内通过卫星通讯与国务院抗震救灾指挥部副指挥长、中国地震局局长陈建民进行了视频通话，并就抗震救灾工作交换了意见。整个演习历时320分钟，演习共出动车辆近160余台次，仪器设备200余台套。应急预案启动及时，各项应急措施基本合理，演练高效、有序，圆满完成了各项任务，中国地震局专家对此次演习进行了现场点评。演习结束时省长秦光荣作重要讲话，他说云南省地震之多，灾害之重为全国罕见，防震减灾任务十分繁重，做好防震减灾工作，保障人民群众的生命财产安全，始终是云南省经济社会发展中的一项重要任务，也是深入贯彻落实科学发展观和构建和谐社会的必然要求。我们一定要牢固树立防大震意识，切实做好防震减灾工作，落实防震减灾规划，深入开展地震趋势研究判定，强化地震重点危险区的震情监视与短临跟踪工作，加强建设工程抗震设防的监管，提高各类建设工程的抗震设防管理，在全社会大力宣传普及防震减灾知识，提高公众防震减灾的意识和能力，全面推进全省农村民居地震安全工程建设，提高云南省广大农村抗御地震的能力，坚持“平战结合”，加快地震应急救援体系建设，增强地震应急预案的实效性、实用性和可操作性，确保组织落实、责任明确、工作到位，切实做到居安思危，常备不懈，有备无患，确保一旦发生地震灾害，能够有条不紊的开展救灾工作。

云南省人民政府、云南省抗震救灾指挥部39个成员单位、云南省玉溪市等16个州市政府和地震部门领导，以及云南省地震灾害紧急救援队和云南省地震局地震现场应急工作队队员、驻滇某集团军部分官兵、西南和中南地震应急协作联动区地震部门代表，共300余人参加了演习。

经中国地震局批准，昆明市纳入全国地震重点监视防御区防震减灾示范城市。昆明市东川区开展“应急救援志愿者建设”项目示范工作。

3. 应急救援队伍建设

2007 年云南省地震局作为西南应急联动区牵头单位，认真履行牵头单位职责，建立震后应急指挥协调制度、资源共享制度、资金物资保障制度、人员调配制度、联合演练制度等。同时安排协作单位参加云南省“云震·07”地震应急救援联合演习，提高联动协作区地震应急联合处置能力。在宁洱地震中，四川省地震局抽调技术骨干参加云南省地震局地震现场应急工作。

根据 2007 年度训练计划，按照《救援队训练大纲》，以提高救援队员综合救援能力，增强心理素质为重点，以学习专业基础知识和增强体能为突破口，采取边训练边摸索、边探讨边总结的方法，形成一套具有连队特点的训练模式，2007 年，云南省地震灾害紧急救援队参训率达 96% 以上。

4. 应急救援条件保障建设

完成救援队 150 万元专项设备的调拨工作，完成救援队物资储备仓库及道路建设工作，有效解决了救援队器材正规化管理问题。

对搜索犬进行全面体检和复训，9 月份救援搜索犬参加在昆明举行的警犬大赛，取得综合第三名。

“云南省县级地震机构防震减灾基础能力建设”工程立项并启动实施，该工程包括基层业务楼建设、应急车辆购置和办公设备配置三方面。云南省发改委组织四次专家评审会议对新建 89 个县级地震机构业务用房可行性研究报告进行论证，项目总投资预算额为 2970 万元。应急车辆购置计划分三年实施，总投资预算额为 1040 万元，2007 年完成了首批 34 个县级地震机构地震应急车辆的配发工作。县级地震机构办公、应急装备的配置，总投资预算额为 200 万元，2007 年完成了 109 个县级党政机构的配发工作。

5. 地震应急救援行动

组织对 2 月 3 日大理州洱源县 4.5 级地震、3 月 9 日大理州漾濞县 4.6 级地震、3 月 28 日大理州云龙县 4.6 级地震、5 月 16 日老挝 6.6 级地震对云南省西双版纳州的影响等进行灾情调查，及时将调查情况上报云南省委省政府。

6 月 3 日宁洱 6.4 级地震发生后，云南省地震局立即启动地震应急预案，派出 63 人地震现场工作队赶赴地震灾区开展应急工作，云南省地震灾害紧急救援队派出 45 名队员赶赴灾区开展紧急救援工作，中国地震局派出 22 人现场工作组到灾区指导工作，经过 5 天的野外调查，完成了宁洱 6.4 级地震灾害损失评估工作。

按照调用程序，经省政府批准，云南省地震灾害紧急救援队派出一支 45 人的工作分队携带发电机、液压破拆设备、土木作业工具、医疗等相关器材，出动 2 台指挥车、4 台救援车、1 台炊事车、1 台医疗急救车，1 台器材车，于 6 月 3 日中午 12 时 30 分紧急赶往宁洱灾区承担急难险重任务，在余震不断的情况下，共出动人员 380 余人次，车辆 120 余台次，深入村寨、街道、学校、工厂，拆除危房 200 余间，约 7000m^2，修复受损建筑物 50 余处；消除安全隐患 500 余处，抢救被废墟压埋的牲畜 12 头，抢救出财产物资折合人民币 20 多万元；为宁洱中学搭建高考应急帐篷 30 顶，保证宁洱县高考如期进行；接诊伤病员 200 余人次，为 8 个自然村实施防疫消毒，宣讲防震减灾知识，增强灾区人民重建家园的信心等。

2007 年云南省地震局被中国地震局评为地震应急救援先进单位。

（云南省地震局　钱　进）

西藏自治区

2007年，西藏全区共发生5级以上地震2次，这些地震的发生给当地人民群众的生产、生活和经济社会的发展带来了不同程度的影响，造成了一定的经济损失。地震发生后，根据西藏自治区领导的指示和《西藏自治区破坏性地震应急预案》的要求，西藏自治区地震局都立即启动地震应急预案，成立临时应急指挥部，在第一时间以《震情简报》的形式向自治区党委、政府及时汇报震情、灾情，并组织精干高效的地震现场考察队，克服道路险峻，天气寒冷等诸多困难，赶往地震灾区开展抗震救灾、地震灾害评估和震后趋势判断等相关工作。全年共出动地震现场考察队3次。由于应急工作开展及时，受到了当地人民群众和西藏自治区党委、政府领导的充分肯定。

西藏自治区地震灾害紧急救援总队的成立是西藏防震减灾事业发展史上的一件大事。经过多年的努力和多方协调调研，2007年8月11日，西藏自治区地震灾害紧急救援总队在拉萨正式挂牌成立。自治区党委副书记、人民政府主席向巴平措、自治区党委常委、常务副主席白玛赤林、副主席尼玛次仁、中国地震局副局长赵和平等领导出席了成立大会。西藏自治区成为全国第24个拥有专业地震灾害紧急救援队伍的省（市、区）。

在“十五”项目地震应急指挥技术系统分项的建设过程中，西藏自治区地震局克服建设起步晚，建设任务重的困难，集中组织人员赶时间、抢进度，重点加快地震应急基础数据库、应急指挥大厅等建设步伐，在极短的时间里便基本建成一个比较先进、全面的地震应急指挥技术系统，并在中国地震局年终组织的项目验收中取得良好的成绩。

（西藏自治区地震局　喻景阳）

陕　西　省

陕西数字地震观测网络项目信息分项目完成了全省地震信息网络系统集成工程实施。主要有：实现了信息、测震、前兆、强震、应急、政务办公等系统集成；实现了省地震应急指挥技术系统与10个台站（20个子节点）、12个市县节点、26个强震台站及中国地震局的互联互通，并实施了网络系统优化和安全策略工作；安装部署了数据库系统、存储系统、DNS、FTP、Web、Mail、Liss、网络管理、数据交换平台、信息上报、日志管理、网络防病毒、入侵检测、门户网站等共35套系统管理及服务软件。2007年10月24日，项目通过了中国地震局组织的信息分项工程验收。

陕西省数字地震观测网络项目应急分项目在完善应急系统硬件平台建设的基础上，重点实施了应急基础地理数据库建设和应用软件系统的部署安装。省地震局与省测绘局地理信息中心签订地震应急地理信息基础数据库建设合作协议，完成了应急基础地理数据库建设。此外，还完成了全省1: 5万乡镇勘界电子地图、1: 20万数字化地质图、陕西第五次人口普查房屋和少数民族统计资料的采购整理工作。2007年11月22日，项目通过了中国地震局组织的分项工程验收。

继续强化各部门、各市、各行业应急预案的编制、修订和备案工作。制定印发了《陕西省抗震救灾指挥部应急预案》，进一步增强了《陕西省地震应急预案》的可操作性。省地震局会同省发改委、民政厅、应急办、安监局开展了全省地震应急检查工作。2007年6月26日，陕西省政府在宝鸡市首次开展了地震应急抢险救灾演练。

加强了省地震灾害紧急救援队管理制度建设，起草了省地震灾害紧急救援队管理办法和行动预案。调整了省地震灾害紧急救援队联席会议组成人员。对救援队开展了针对性的训练。调整了省地震局地震现场工作队员，配备了现场工作队员野外个人生活装备。宝鸡、咸阳各建设了1支、渭南建设了2支地震应急救援志愿者队伍。在华县华州公园建设了陕西省第一个县级应急避难场所。

（陕西省地震局　谭玉娥）

甘　肃　省

1. 应急指挥技术系统建设

地震应急指挥技术系统建设。完成了甘肃省地震应急指挥大厅数字会议系统的安装。安装了快速处发、区域应急指挥辅助决策支持、应急指挥终端、地震灾害评估等17个系统应用软件，目前系统正常运行。完成了金昌市地震应急指挥技术系统硬件设备、软件系统安装及联调测试，系统运行正常。

地震应急基础数据库建设。完成了基础地理空间数据、各类专题空间数据的制作；各市州地震局收集了交通、教育、卫生、电力等13类基本数据。现已建成由42大类、72小类基础地理信息和属性数据构成的甘肃省地震应急基础数据库，建立了地震应急基础数据库共享机制，实现了省市县三级地震应急数据库动态管理。

2. 地震应急救援准备

各级各类地震应急预案修编情况。甘肃省防震减灾领导小组成员单位的兰州铁路局、中石油甘肃销售分公司、省教育厅、省交通厅、省电力公司修订了本单位的地震应急预案；甘肃省地震局会同省经委联合行文，要求各市州经委和地震局指导督促大中型企业及时完成本单位地震应急预案的编制、修订及备案工作；甘肃省地震局及时修订了地震应急预案，把预案的适应性调整到应对大震上来，增强了预案的可操作性；金昌市、平凉市修订了本市的地震应急预案，增加了预警预防机制、灾情速报等相关内容，细化了各应急工作小组的责任和保障措施；白银市要求各县区、市直有关部门以及在白银的各大企业，重新修订地震应急预案，完善补充乡镇、街道一级地震应急预案。

地震应急检查工作落实情况。在“元旦”、“五一”、“十一”和“十七大”期间，甘肃省地震局对各市州地震应急准备工作进行了检查，落实了相关应急措施。

地震应急演练落实情况。甘肃省地震局地震应急现场工作队和甘肃省地震灾害紧急救援队于2007年6月26日参加了陕西省在宝鸡市举行的地震应急抢险救灾演练；2007年7月28日，甘肃省地震局组织实施了省市县三级联动地震应急救援桌面演练，通过演练，使各级政府和各级抗震救灾指挥部成员进一步熟悉了省市县三级地震应急预案和灾情收集、报告、指挥决策等过程，提高了应急反应和指挥决策能力，展示了各级地震应急指挥技术系统在抗震救灾工作中的重要作用；平凉、天水、甘南等市州政府和有关部门、单位组织了本地区、本系统和学校、企业的地震应急救援演练。

应急救援科普宣传教育情况。甘肃省地震灾害紧急救援队4条搜救犬归队服役后，甘肃卫视、兰州晨报和甘肃经济日报社对救援队进行了采访，对救援队进行了大量的宣传报道。一周内互联网站上有关甘肃省地震灾害紧急救援队的报道达到4000条。甘肃卫视西部军旅栏目录制了一期以《紧急救援队》为片名的专题片，在甘肃卫视和甘肃经济频道进行了播放。极大地提升了甘肃省地震灾害紧急救援队的形象，产生了较好的社会效应。2007年5月23日，甘肃省防震减灾工作领导小组会议期间，甘肃省政府石军副省长和防震减灾领导小组成员单位负责人观看了《紧急救援队》专题片，向政府领导及部门负责人宣传甘肃省地震应急救援工作，收到良好的效果。

应急避难场所建设情况。甘肃省地震局加大指导力度，不断推进地震应急避难场所建设，各市州地震局争取政府支持，协调发改委、建设、民政等部门，把应急避难场所建设纳入城市总体规划，对新建、改建、扩建广场、绿地、公园、学校操场等均考虑了应急避难功能。兰州市政府印发了《兰州市应急避难场所建设实施意见》，并启动了36个应急避难场所的建设工作，酒泉市建成了2个应急避难场所。兰州、酒泉、平凉等地已建成有标志的应急避难场所共计94处。所有避难场所做到了有规划、有方案、有组织、有场地、有标志、有设施。

3. 应急、救援队伍建设

各级地震现场应急工作队伍建设和管理情况。甘肃省地震局针对地震现场应急工作队员普遍年轻，缺少现场工作经验的现状，加强了队员的培训，3次邀请国内知名专家为地震现场应急工作队员开展专业知识讲座，提高现场工作能力。在开展现场地震应急工作注意新老队员的搭配，充分发挥老队员传帮带作用，取得良好效果。

各级地震灾害紧急救援队伍建设和管理情况。甘肃省地震局大力推进市州级地震灾害紧急救援队伍建设，在技术和经费方面给予了相应支持，白银、平凉等市对本级地震灾害紧急救援队组织了培训，发放了《地震灾害应急救援技术》、《救援医疗》、《搜救与救援》教材，有效提高了救援能力。

青年志愿者队伍建设和管理情况。甘肃省地震局积极稳妥地推进社区志愿者队伍建设，本年度建成了酒泉市肃州区新世纪社区、平凉市崆峒区新民路社区、金昌市金川区宝运里社区志愿者队伍。截至目前，甘肃省共建立了11支社区志愿者队伍，通过制定规章制度和专业培训，做到了有组织、有旗帜、有章程、有计划、有场所、有装备、有演练，提高了城市地震应急救援的能力。

4. 地震应急救援行动

地震现场应急工作情况。本年度高效应对了1月9日景泰4.2级、4月20日临泽4.3级、6月18日玛曲4.6级、7月22日山丹4.7级、9月1日肃南4.5级地震应急工作。特别是6月18日玛曲县4.6级地震发生后，甘肃省地震局立即启动了内部应急预案，在局领导的统一指挥下，各职能部门按照职责有条不紊地开展了震情速报、灾情收集、趋势判定等工作。地震现场工作队克服高山缺氧、交通不便等困难，深入灾区，出色地完成了灾情调查和灾害损失评估工作，为甘肃省地震灾害损失评定委员会客观地进行地震灾害损失评估提供了第一手资料。甘肃省政府石军副省长在《2007年6月18日玛曲县4.6级地震灾害损失评估报告》上批示："省地震局行动迅速，工作扎实，报告详实，希望继续发扬这种工作作风，切实做好防震抗震工作，确保人民群众生命和财产安全。"

（甘肃省地震局　景天孝）

青　海　省

1. 开辟应急绿色通道

2007年4月，青海省地震局与青海机场有限公司，青藏铁路公司分别签署了《青海省地震局与青海省机场有限公司关于加强灾情信息交流及地震应急救援工作备忘录》、《青海省地震局、西藏自治区地震局与青藏铁路公司关于加强地震灾情信息交流及地震应急救援有关事宜的会谈纪要》。两个文件的签署，加强了与交通部门的信息交流，为地震应急救援工作开辟绿色通道提供了有力保障。

2. 建立社区地震应急救援志愿者队伍

2007年10月，青海省地震局与青海省民政厅、共青团青海省委联合制定下发了《青海省社区地震志愿者队伍组建方案》，并在西宁和格尔木作为试点率先组建了社区地震应急救援志愿者队伍，作为专业救援力量的有力补充。

3. 应急预案落在实处

2007年，《青海省地震应急预案》和《青海省地震局地震应急预案》被青海省人民政府应急管理办公室评为典型预案，并在全省范围内作为样板预案进行推广宣传。

（青海省地震局　荣建生）

宁夏回族自治区

1. 应急预案管理

完成《宁夏回族自治区地震应急预案》、《宁夏地震局应急预案》修订工作，宁夏100%的市县政府、90%以上的乡（镇）编修了地震应急预案；70%以上的中学、车站、医院、影剧院、大中型企业、生命线工程单位制定了地震应急预案；宁夏回族自治区抗震救灾指挥部30个成员单位全部重新修订了地震应急预案；部分街道办事处社区制定了地震应急预案。

2. 应急救援队伍建设

修订《宁夏地震现场工作规则》，进一步规范地震现场工作程序；开展了地震应急现场工作队培训，组织桌面演习；举办“全区地震应急管理培训班”，进行现场工作演练。组织指导宁夏地震灾害紧急救援队进行系统理论知识和实战紧急救援训练；2007年6月宁夏地震灾害紧急救援队和宁夏地震局地震现场工作队参加陕西省在宝鸡市举行的地震应急救援联动演习，完成了任务，锻炼了队伍。坚持自治区地震灾害紧急救援队伍联席会议制度，完善各级地震救援队伍联动工作机制。银川市组织了首届社区地震应急演习，灵武市举行了地震应急模拟演练。

3. 地震应急指挥技术系统建设

完成自治区级地震应急指挥技术系统和石嘴山市、固原市城市应急反应决策技术系统建设，顺利通过验收。中卫市地震应急指挥中心项目已经被自治区发改委批准立项。

4. 应急物资储备库和应急避难场所建设

建成自治区应急物资储备库，形成自治区、市、县三级相互支持、相互补充的应急物资储备网络。认真贯彻自治区政府《关于贯彻落实推进地震应急避难场所建设的意见》，吴忠市政府印发《建设市区盛元广场为地震应急避难场所实施意见》，银川市、石嘴山市、固原市、灵武市、平罗县分别制定了地震应急避难场所建设规划。

（宁夏回族自治区地震局　孙立新　闫　冲）

新疆维吾尔自治区

2007年，自治区防震减灾指挥中心、技术系统建设工作于年底顺利完成，并通过中国地震局分项目验收，工程质量被评为优秀；技术系统试运行正常，可实现对全区境内发生的破坏性地震的快速响应、灾情快速评估，提出初步的应急救灾辅助决策意见，及应急信息的分级发布和系统安全管理。该项目的建成将为自治区政府开展地震应急指挥、灾情快速处置提供坚实的支撑平台，提升我区地震应急救援能力，为自治区公共安全应急平台的建设提供技术支撑和服务，以及为与中国接壤的中亚国家和俄罗斯相邻地区地震灾害信息共享和地震现场灾害评估国际协作提供各种必要的技术手段。

完成自治区财政一次性拨款350万元为自治区地震灾害紧急救援队配备地震救援装备的采购任务，补充了救援队急需装备。目前救援装备规模近2000万元，部分装备还配发到全国地震重点监视防御区的喀什地区、阿克苏地区，以及伊犁哈萨克自治州等地。完成新疆地震灾害紧急救援队协同训练计划。由自治区地震局、乌鲁木齐消防局特勤大队和武警新疆总队医院共同完成地震紧急出动、地震灾情速报、余震监测预报、搜索营救，战地救护、负重行军等科目演练；完成西北五省在陕西举办的地震灾害紧急救援队联动演练；组团赴俄罗斯进行的应急救援能力建设培训。

完成7月20日特克斯5.7级地震应急和地震现场工作，以及3月29日发生在乌鲁木齐市的4.0级地震应急工作。

2007年，新疆地震局应急救援工作连续第四次被评为全国推进地震应急救援工作先进单位。

（新疆维吾尔自治区地震局　宋立军）

重 要 会 议

国务院2007年度防震减灾工作联席会议在京召开

1月24日，国务院2007年度防震减灾工作联席会议在北京召开。中共中央政治局委员、国务院副总理、国务院抗震救灾指挥部指挥长回良玉在会上强调，各地区、各有关部门要认真贯彻党的十六届六中全会精神，全面落实科学发展观，坚持以人为本，依靠科技，创新机制，强化服务，扎扎实实地做好防震减灾各项工作，不断增强应对地震灾害的预报、防御、救援能力，全面提高全社会的防震减灾意识，为构建社会主义和谐社会作出贡献。

会议听取了中国地震局等有关部门和专家关于我国防震减灾工作情况的汇报，研究部署了2007年的工作任务。回良玉指出，党中央、国务院始终高度重视防震减灾工作，制订了一系列政策措施。各地区、各有关部门在加强地震监测预报、震灾预防、应急救援、防震知识宣传普及等方面做了大量艰苦细致的工作，防震减灾工作取得显著成绩。

回良玉强调，做好当前防震减灾工作，必须坚持科技创新，不断攻克技术难关，提高预测预报准确率；必须坚持理念创新，在重视震后救助工作的同时，高度重视震前积极防御，全面提高综合防御能力；必须坚持机制创新，充分发挥市、县在防震减灾中的基础性作用，合理利用各方面减灾资源，增强工作的实效性和针对性；必须坚持服务创新，把防震减灾作为各级政府履行公共服务职能的重要内容，健全公共服务网络，丰富和完善防震减灾公共服务产品。

回良玉要求，各地区、各有关部门和单位要以更加积极的态度，更加扎实的作风，更加辛勤的努力，做好2007年各项防震减灾工作。一要切实提高地震预测预报能力。加强监测台网建设，优化台网布局，及时科学地采集分析相关预警信息。二要切实提高地震防御能力。继续强化大中城市、重大基础设施和生命线工程的防震减灾工作，认真开展基础设施、建筑物地震安全性评价，加强对抗震设防的管理与监督；突出抓好农村、西部地区等薄弱环节，积极推进地震安全农居工程。三要切实提高地震应急救援能力。从组织领导、预案建设、队伍建设、救援物资储备等各个环节认真做好防震减灾的各项准备工作，防患于未然。四要狠抓防震减灾规划的落实。把规划的主要任务分解落实到各有关地区和部门，对规划的重点工程要明确进度安排及资金筹措方案，确保如期完成。五要努力形成防震减灾工作的合力。加强部门、区域、军地协调联动机制建设，充分依靠各方面的力量，发挥整体优势。同时，要积极开展防震减灾法制建设、宣传教育等工作，切实提高全民识灾防灾及自救互救能力；加强对外交流与合作，认真吸收借鉴国外先进的理念和经验，促进我国防震减灾工作的全面加强。

（中国地震局办公室）

全国地震科学技术大会召开 暨《国家地震科技学技术发展纲要（2007～2020年）》发布

2007年8月23～24日，全国地震科学技术大会在北京顺利召开，会议的主题是：创新发展、开放合作、防震减灾。大会由中国地震局、科技部、国防科工委、中国科学院、国家自然科学基金委员会联合召开。会议发布了《国家地震科技学技术发展纲要（2007～2020年）》（以下简称《纲要》）。

这次会议是建国58年来首次召开的全国地震科学技术大会，是在全国上下落实全国科学技术大会精神，全面落实国务院2007年工作要点中“深入实施国家防震减灾规划，促进地震科技创新，加强防震减灾能力建设”，充分发挥科技对国家防震减灾事业的支撑和引领作用，以科技创新为国家安全、经济建设和社会发展提供良好服务的社会背景下召开的我国地震科技界的一次盛会。

中共中央政治局委员、国务院副总理回良玉出席会议并作重要讲话，中国地震局党组书记、局长陈建民同志在大会上作了主题报告，科技部副部长刘燕华同志作了大会总结。

全国地震科学技术大会的顺利召开和《纲要》的发布，对贯彻全国科技大会精神、落实《国家中长期科技发展规划纲要》，对实施《国家防震减灾规划（2006～2020年）》、实现国家防震减灾2020年奋斗目标，对构建地震科技创新体系，提升我国地震科学技术水平和能力，推进地震科技事业全面协调快速发展，都将产生重大而深远的影响。这次大会的召开和《纲要》的发布，对我国防震减灾事业的发展起到积极的推动和促进作用，它将是我国地震科技发展史上的一座重要的里程碑。

（中国地震局人事教育和科技司）

2007年全国地震局长会议暨地震系统党风廉政建设工作会议召开

2007年3月20～22日，中国地震局召开2007年全国地震局长会议暨地震系统党风廉政建设工作会议，深入贯彻党的十六届六中全会、中纪委七次全会、国务院第五次廉政工作会议和 2007 年防震减灾工作联席会议精神，坚持防震减灾及党风廉政建设工作两手抓，全面部署 2007 年各项工作。

会前，国务院副总理回良玉认真审阅会议主题报告并作了重要批示。会上，陈建民局长首先传达了回副总理的重要批示，他指出，回副总理的重要批示肯定了 2006 年地震系统推进防震减灾各项工作取得的成绩，肯定了推动防震减灾事业发展的基本思路，对做好 2007 年和今后一个时期防震减灾各项工作提出了更高要求和殷切希望。陈建民同志强调，回副总理的重要批示充分体现了对防震减灾工作的关心和重视，地震系统一定要认真学习领会，遵照回副总理重要指示，扎扎实实做好防震减灾各项工作。

陈建民同志代表局党组作了主题报告，回顾总结了 2006 年主要工作进展，分析了防震减灾工作面临的新形势，结合实际，提出了当前和今后一个时期推动防震减灾事业又好又快发展的基本思路，对 2007 年防震减灾和党风廉政建设主要任务作出了部署。

与会代表认真学习了回良玉副总理重要批示精神，深受鼓舞，纷纷表示要以此为强大动力，按照会议要求，结合实际，深入贯彻落实。针对地震系统实际，会议安排了加强民主集中制、规范和改进资金管理使用两个专题讲座。与会代表普遍反映，此次会议符合中央关于业务工作和廉政工作一起部署、一起抓的要求，体现了精简会议的要求，是一次学习的会议，收获很大。

中国地震局党组全体同志，各省（区、市）地震局和直属单位主要负责人和纪检组长（纪委书记）、计划单列市和新疆生产建设兵团地震局主要负责人、局机关各司室主要负责人等参加了会议。中纪委、国务院办公厅、中央国家机关纪工委的有关领导应邀出席会议。

（中国地震局办公室）

2007 年度全国地震趋势会商会在京召开

2007 年度全国地震趋势会商会于 2007 年 1 月 9 日在北京召开，会期 2 天，会议的主要内容是研究判定 2007 年度全国地震形势和地震重点危险区。中国地震局领导和中国地震预报评审委员会部分委员、机关各司（室）有关领导、各单位业务骨干、部分单位的主要负责人或主管领导参加了会议。

1 月 9 日上午会议开幕，共有 3 个主题报告，分别是：预测所江在森研究员做的“2007 ~ 2009 年中国大陆地震大形势预测研究报告”、台网中心刘杰研究员做的“2007 年度地震形势和地震重点危险区汇总研究报告”、云南局苏有锦研究员做的“云南地震活动指标研究”。1 月 9 日下午大会分为四个片区（华北东北片区、西北片区、西南片区、华东华南片区）对全国地震趋势进行研讨。1 月 10 日上午讨论形成了 2007 年度全国地震会商意见，下午举行会议闭幕式。在闭幕式上，首先通过了 2007 年度全国会商意见，随后对 2006 年度地震监测预报工作先进单位、优秀集体和先进个人进行了表彰，最后陈建民局长、岳明生副局长做了重要讲话。

根据《中华人民共和国防震减灾法》和《地震预报管理条例》规定，中国地震预报评审委员会于1月11日在北京召开会议，对2007年度全国地震趋势会商意见进行了评审。委员们认真听取了重点危险区综合判定专家组对我国2007年度全国地震趋势和地震重点危险区判定结果及其科学依据的详细介绍，并进行了质疑、讨论和评议，最后经过投票表决，通过了对2007年度全国地震趋势会商意见的评审。

（中国地震局监测预报司　黄蔚北）

第二届直辖市防震减灾工作交流研讨会在津召开

2007年5月15～17日，第二届直辖市防震减灾工作交流研讨会在天津召开。天津市地震局党组书记、局长赵国敏，北京市地震局党组书记、局长吴卫民，上海市地震局党组书记、局长张骏，重庆市地震局党组书记、局长陈铁流出席了会议。北京市地震局副局长刘松清，上海市地震局纪检组长李红芳，天津市地震局副局长冯俊生、李振海、聂永安，纪检组长武丁辰及各单位有关部门负责人参加了会议。原天津市地震局局长徐德诗应邀出席会议。

会上，结合大城市防震减灾工作的共同特点，与会代表就如何贯彻2007年全国地震局长会议精神，落实牢固树立“震情第一”的观念、切实加强“两个能力”建设、建立健全“3+1”体系、始终坚持“四个面向”的工作思路，进行了深入交流与研讨。北京市地震局的发言题目为:《积极推进“十一五”防震减灾规划》、上海市地震局的发言题目为:《加强防震减灾工作三大体系建设》、重庆市地震局的发言题目为：《做好重点规划，加强震防监管》、天津市地震局的发言题目为:《加强台网建设，提高监测能力》。会议还就直辖市地震部门的应急机构设置、救援队伍管理、事业单位改革和推进直辖市农居地震安全工程建设等问题进行了深入研讨。

（天津市地震局　刘爱平　赵　阳）

河北省防震减灾工作会议在石家庄召开

河北省2007年度防震减灾工作会议于1月29～31日在石家庄召开。各市地震局局长、中心台台长，机关全体、直属事业单位处级和副高职以上共计80余人参加了会议。周清良局长出席会议并作重要讲话，中国地震局副局长岳明生于31日到会并指导。

会上，周清良局长作重要讲话，认真回顾了2006年度河北省地震系统工作取得的成绩，总结了经验，并对2007年度河北省防震减灾工作任务进行全面部署，明确了指导思想，指明了工作思路，安排了重点工作，并提出了具体要求。石家庄市地震局等10余个单位分别结合自身特色工作做了经验介绍，各与会单位负责同志进行了分组讨论和交流。

正在河北检查指导监测预报工作的中国地震局副局长岳明生到会，岳副局长首先对河北局2007年度防震减灾会议的召开给予充分肯定，并传达了国务院2007年防震减灾联席会议精神，并对春节前河北的监测预报、应急准备和节假日期间值班等工作提出具体要求。

此次会议统一了思想，提高了认识；理清了思路，明确了任务；鼓舞了士气，坚定了信心；交流了经验，开阔了视野。与会代表纷纷表示，一定认真领会会议精神，齐心协力、努力拼搏、锐意创新、狠抓落实，不断开创河北防震减灾工作新局面，促进河北省防震减灾事业又好又快发展。

（河北省地震局　王加林　贯宏谱　梁志琴　王　敏）

内蒙古自治区召开防震减灾工作电视电话会议

2007年3月19日，内蒙古自治区人民政府召开防震减灾工作电视电话会议，总结了全区的防震减灾工作，结合全国有关会议精神安排部署2007年及今后内蒙古自治区防震减灾工作。各盟市分管防震减灾工作的副盟市长；自治区及盟市两级防震减灾工作领导小组成员单位负责人；部分大中型企业负责人和各地震台站负责人参加了会议。自治区人民政府郝益东副主席出席了会议并作了重要讲话；自治区人民政府副秘书长冯有恩主持了会议。

（内蒙古自治区地震局　弓建平）

辽宁省召开防震减灾工作会议

2007年2月6~7日辽宁省防震减灾工作会议在沈阳召开。各市地震局局长、各地震台台长、省局机关处室负责人80余人参加了会议。辽宁省人民政府副省长闫丰到会并做重要讲话。

会议传达了全国地震趋势会商会精神，通报了全省震情；总结2006年全省防震减灾工作，安排部署2007年主要工作任务；表彰2006年全省地震系统先进集体和先进个人。会议期间分别召开了各市地震局局长和各地震台台长研讨会。就2007年“十一五”重点项目实施方案、2008~2010年“十一五”项目安排建议、“十五”网络项目运行管理、2007年台站经费计划安排情况等问题进行了认真讨论。

会议提出2007年全省防震减灾工作要以“三个代表”重要思想为指导，认真贯彻科学发展观，全面落实“四个面向”着力提高两个能力，全面完成辽宁省防震减灾“十五”计划重点项目的验收，确保“十一五”计划跨跃式发展。闫丰副省长在讲话中充分肯定了辽宁省防震减灾工作，指出做好防震减灾工作是各级政府和地震部门义不容辞的责任，要继续加强震情监测预报、震灾预防和地震应急准备工作，提高全省防震减灾综合能力和社会公共服务能力。

（辽宁省地震局　修维山）

福建省召开地震系统工作会议

2007年3月30日，2007年度福建省地震系统工作会议在福州召开，省地震局处级以上干部、各地震台站负责人及九个设区市地震局的负责人约60人参加了会议。会议传达了国务院防震减灾工作联席会议和全国地震局长会议暨党风廉政建设工作会议精神，省地震局党组书记、局长金星在会上做了提为《求真务实、开拓创新、推进我省防震减灾事业又好又快发展》的主题报告。会议指出，2006年我省及周边地区地震活动趋于活跃，省委、省政府领导多次就发生的中强以上地震作出重要批示，分管防震减灾工作的福建省政府苏增添副省长和中国地震局有关领导多次亲临省局检查指导工作。根据省委、省政府和中国地震局的部署，福建省地震局紧紧围绕防震减灾奋斗目标，在监测预报、震灾预防、紧急救援、地震科技创新、市县地震工作机构建设等方面做了大量艰苦细致的工作，有效有序应对地震灾害，防震减灾工作取得显著成绩。会议强调，2007年各部门、各单位要进一步认清当前的形势和任务，牢固树立“震情第一”观念，切实加强“两个能力”建设，建立健全“3+1”体系，始终坚持“四个面向”，以高度的紧迫感、责任感和使命感，从十个方面做好福建省防震减灾各项工作：一是切实履行职责，努力提高突发地震事件处置能力和公共服务水平；二是牢固树立震情观念，着力提高地震监测预报水平；三是完善法制与执法机制，着力提高震灾预防水平；四是切实加强应急准备，着力提高地震应急救援能力；五是重视学术交流，着力提高地震科技创新水平；六是努力完成各项重点项目建设任务，为防震减灾长远发展奠定基础；七是加强队伍建设，努力构筑单位和谐；八是进一步改进机关作风，努力提升反腐拒变能力；九是进一步理顺关系，着力抓好事业单位改革；十是进一步推进行业管理，加强对市县防震减灾工作的指导。

（福建省地震局　王福成　陈　中）

广东省召开农村民居地震安全工作电视电话会议

2007 年 12 月 19 日，广东省人民政府在广州召开全省农村民居地震安全工作电视电话会议，贯彻落实全国农村民居防震保安工作会议精神，总结近年来广东省农村民居地震安全工作，研究部署下一阶段工作。省地震局、建设厅、省军区等 26 个相关单位参加主会场，分会场收听收看电视电话会议。李容根副省长出席会议并作讲话。

会议要求，到 2010 年，全省农村新建、改建房屋建筑和工程设施具备抗御各地区基本烈度地震的能力；建立和完善适合农民需要的房屋抗震管理和技术服务体系，建设一批农村民居地震安全工程示范村，并逐步推广。到 2020 年，全省农村民居基本实现具备综合抗御 6 级左右、相当于各地区基本烈度地震的能力，最大限度地减轻地震灾害损失。

（广东省地震局　何晓灵）

广西壮族自治区召开防震减灾工作领导小组会议

2007 年 1 月 19 日，广西壮族自治区政府在邕召开防震减灾工作领导小组全体成员会议。自治区副主席、领导小组组长吴恒出席会议并作讲话。自治区政府副秘书长、领导小组副组长宋晓天主持会议。自治区党委宣传部副部长、领导小组副组长唐华，领导小组副组长、自治区地震局长高荣胜及领导小组 17 名成员出席了会议，25 个成员单位的联络员列席了会议。

会议听取了 2007 年全国和广西地震趋势分析预测意见，以及高荣胜局长代表领导小组作了 2006 年广西防震减灾工作总结和 2007 年工作要点的报告。自治区建设厅、自治区地震局分别就广西农村民居防震保安工程建设规划和实施方案的编制情况做了说明，部分领导小组成员就广西农村民居防震保安工程建设和 2007 年防震减灾工作提出了意见和建议。吴恒副主席就 2007 年广西防震减灾工作作了讲话部署，现摘要如下：

（1）加强建设，提高能力，扎实做好重要时段地震监测预测工作。全面完成“十五”建设任务，尽快启动“十一五”项目建设项目，加强地震监测预报能力建设，全力做好重要时候震情跟踪工作。

（2）依法行政、加强管理，全面提高社会震害防御能力。依法行政，进一步规范抗震设防管理，进一步建立健全县级防震减灾机构，加强水库地震安全工作，有的放矢地加大防震减灾宣传教育工作力度。

（3）未雨绸缪，常备不懈，完善地震应急预案，提升地震现场救援能力。加快自治区地震紧急救援队的组建工作，推进中心城市地震应急避难场所建设，加快做好地震应急预案的细化工作。

（4）紧盯震情，突出重点，全力抓紧抓好重点监视防御区（城市）的防震减灾工作。紧盯震情，密切注视异常发展，率先启动区域地震安全工程建设，完成环北部湾区域地震安全评价和对策研究，全力以赴开展防震减灾工作督查。

（5）提高认识，加强领导，全面启动农村民居防震减灾保安工程建设工作。加强农村民居防震保安工程建设的领导，健全政策措施和工作机制，稳步推进农村民居防震保安具体实施工作，自治区直属各部门要扎实做好农村民居防震保安工作。由自治区建设厅牵头，全面调查、分析广西农村民居抗震水平与现状，开展农村工匠对房屋加固抗震的培训试点、并结合广西农村民居特征，提出若干抗震保安实用的房屋设计图；由自治区地震局牵头，指导市县乡政府制定农村民居防震保安工程规划；由自治区发展和改革委员会牵头，结合新农村2007年建设任务，指导农村民居的抗震加固及新建工作，并拟定地震重点监视防御区和抗震设防要求较高区域的公共建筑（学校、卫生院等）的抗震加固方案；由自治区民政厅牵头，结合水毁民房恢复重建等实际需求与任务，指导农村民居的抗震加固工作。

（广西壮族自治区地震局　李青春　张均洲）

海南省召开防震减灾暨农村民居地震安全工作会议

2007年5月31日，海南省人民政府在省政府召开2007年海南省防震减灾暨农村民居地震安全工作会议。会议由海南省人民政府副秘书长王扬俊主持，副省长林方略出席会议并作重要讲话。海南省地震局牟光迅局长对2006年度全省防震减灾工作进行了总结，部署了2007年度全省防震减灾工作。海南省地震局沈繁銮研究员介绍了海南岛及邻区震情形势。会议对获得2006年度海南省防震减灾工作先进单位和个人代表进行颁奖。

海南省抗震救灾指挥部成员单位负责人，各市、县政府及洋浦管理局防震减灾工作分管领导和防震减灾部门负责人共110余人参加了会议。

会议主题是：贯彻落实2007年国务院防震减灾工作联席会议和《国务院办公厅转发地震局建设部关于实施农村民居地震安全工程意见的通知》精神，总结和部署海南省防震减灾工作，表彰2006年度防震减灾工作先进单位及个人，进一步推进农村民居地震安全工程，切实提高全省综合防震减灾能力。

林副省长对做好全省防震减灾工作提出要求，各级政府必须高度重视地震安全，牢固树立科学发展观和坚持以人为本的思想，始终把保护和维护人民生命安全作为防震减灾的第一要务，以高度的政治责任感和使命感积极负责的做好防震减灾和农村民居地震安全工作。一、不断优化防震减灾环境，积极构建和谐安全海南。充分发挥防震减灾的保驾护航作用，保障人民群众的生命财产和国家公共安全，促进全省经济社会平稳、快速、健康和可持续发展。二、进一步建立健全防震减灾三大工作体系，全面增强防震减灾综合能力。加速地震监测预报工作体系建设，积极开展海洋地震监测，切实提高对南海及周边地区的地震监测和应急响应能力；加强抗震设防要求和建筑质量管理，依法编制城镇防震减灾规划和开展地震小区划和地震安全性评价等震灾预防工作体系建设，最大限度地减轻地震灾害；加强紧急救援工作体系建设，从组织领导、预案修编、队伍建设、救援物资储备等各个环节全面做好地震灾害紧急准备工作。三、全力推进全省农村民居地震安全工程，切实提高农村民居抗震水平。按照政府引导、农民自愿、因地制宜、经济适用、协调发展、抗震安全的原则，加强领导，健全工作机制，完善扶持政策，科学制定建设规划，依法加强农村建房抗震管理，强化宣传引导，做好技术指导和培训，全面开展农村民居地震安全工程。

（海南省地震局　胡金文）

重庆市召开防震减灾工作联席会议

2007 年 3 月 2 日，重庆市副市长吴家农主持召开 2007 年度重庆市防震减灾工作联席会议，专题研究重庆市防震减灾工作有关问题。市政府副秘书长侯行知、市防震减灾工作联席会议成员单位有关负责同志参加了会议。会议听取了重庆市地震局关于 2006 年度全市防震减灾工作联席会议议定事项的推进情况、全国地震应急工作检查组来重庆市检查的基本情况汇报，围绕如何落实检查组建议，进一步推动防震减灾工作的开展进行了专题研究和议定。

（重庆市地震局　章　荣）

四川省召开防震减灾领导小组扩大会议

2007 年 3 月 12 日，四川省政府在四川省地震局组织召开 2007 年省防震减灾领导小组扩大会议。副省长张作哈、省政府副秘书长敖玉明出席会议，省防震减灾领导小组成员、甘孜州、阿坝州、凉山州、雅安市三州一市政府分管领导及地震部门负责人参加会议。

会上，四川省地震局专家通报了全省 2007 年的震情形势；敖玉明传达了回良玉副总理在 2007 年国务院防震减灾工作联席会议上的讲话精神；四川省防震减灾领导小组副组长、省地震局局长吴耀强代表省防震减灾领导小组办公室，总结了 2006 年度全省防震减灾工作主要进展，并部署了 2007 年度工作重点；四川省政府副省长、省防震减灾领导小组组长张作哈就进一步做好全省防震减灾工作发表了重要讲话。会议由敖玉明主持。

张作哈在讲话中充分肯定了全省2006年防震减灾工作取得的显著成绩，同时要求各级各部门强化震情意识，增强责任意识，做到“四个坚持”：坚持以人为本，大力推进服务创新；坚持科技创新，大力加强防震减灾能力建设；坚持理念创新，认真贯彻全面防御要求；坚持机制创新，切实形成防震减灾工作合力。对于2007年防震减灾工作，各地区要扎实做好震情监视与跟踪、严格落实震灾防御措施、抓好应急工作机制建设、大力推进农居防震保安、抓好防震减灾规划落实等方面的工作，准备好接受省政府组织进行的省级地震应急指挥演练的检验，并要求重点地区政府对防震减灾工作从思想上提高认识，从财力上加大投入，从机构上加强建设，从人才上优化配置，切实履行好防灾减灾、保障人民群众生命财产安全的政府职能。

（四川省地震局　赵　永）

甘肃省召开防震减灾工作领导小组会议

2007年5月23日，甘肃省防震减灾工作领导小组会议在省地震局防震减灾指挥大厅召开。甘肃省人民政府分管防震减灾工作的石军副省长出席会议并作了重要讲话，省防震减灾工作领导小组成员单位的相关负责人共40余人参加了会议。会议由甘肃省人民政府副秘书长周强同志主持。甘肃省地震局杨立明副局长介绍了2007年全国地震趋势会商结论和甘肃省地震形势。与会代表观看了介绍省地震灾害紧急救援队建设的专题片《紧急救援队》。甘肃省防震减灾工作领导小组副组长、省地震局局长王兰民同志作了“开拓创新，真抓实干，推进防震减灾工作又好又快发展”的主题报告。报告全面总结了2006年我省防震减灾工作的主要进展，提出了2007年全省防震减灾要采取有效措施，切实做好震情跟踪预测工作；统筹协调，推进有重点的全面防御；加强应急救援能力建设，认真做好地震应对准备；强化法制和宣传教育，提升公众防震减灾综合素质；大力推进地震科技创新，支撑引领防震减灾事业发展等五项重点工作内容。与会代表对王兰民局长的报告进行了讨论，并对2007年的重点工作内容在地震灾害防御、地震安全性评价、农村民居防震保安、地震科普知识宣传等方面工作提出了意见和建议。甘肃省防震减灾领导小组组长、副省长石军在会上作了重要讲话，对2007年的防震减灾工作提出了要狠抓震情监测，切实提高地震预报能力；狠抓重点部位和薄弱环节，切实提高地震防御能力；狠抓防震准备工作，切实提高地震应急救援能力狠抓防震减灾规划的落实，切实完成规划目标和任务狠抓联动机制建设，切实形成防震减灾工作的合力等五项重点工作任务。

（甘肃省地震局　景天孝）

四川省政府召开“开展县级防震减灾综合能力建设试点工作”动员大会

2007年12月18日，四川省人民政府在省地震局召开“开展县级防震减灾综合能力建设试点工作”动员大会。省政府副省长张作哈出席会议，省政府副秘书长敖玉明主持会议，省地震局、省财政厅有关负责人，甘孜州、阿坝州、凉山州、雅安市、乐山市及上述三州两市下辖的康定县、泸定县、汶川县、马尔康县、冕宁县、西昌市、盐源县、宁南县、沐川县、天全县、石棉县共11个县（市）的政府负责人和地震部门负责人参加了会议。

省政府副秘书长敖玉明传达了省政府办公厅《关于在地震重点监视防御区内11个县（市）开展防震减灾综合能力建设工作的通知》（川府办发电［2007］97号）。省地震局局长吴耀强概要总结了全省县级防震减灾工作的现状，指出了省政府开展此项工作的重要意义，并就试点工作总体设想进行了部署。省财政厅副厅长张其昌表示财政厅将按照省政府要求，积极做好此项全省试点工作；同时，他要求11个试点县及所在市州政府处理好可能出现的矛盾、调整好支出结构、保障好经费开支。张作哈副省长从“各级政府要明确各自承担着防震减灾的主体责任、通过三年建设11个县的防震减灾综合能力要达到预期水平、试点县要加强工作领导和经费管理”三个方面，对做好四川省县级防震减灾综合能力建设试点工作提出了明确要求。

（四川省地震局　赵　永）

甘肃省召开全省农村民居防震保安工作会议

2007年7月18～20日，甘肃省农村民居防震保安工作会议在兰州召开。甘肃省人民政府副省长石军，中国地震局副局长刘玉辰出席会议并作重要讲话，会议由省政府副秘书长周强主持。14个市（州）分管副市长（州长）、地震和建设部门主要负责人，省防震减灾工作领导小组成员单位有关负责人，有关单位代表，省主要新闻媒体记者共120人参加了会议。

甘肃省地震局王兰民局长传达了全国农村民居防震保安工作会议精神和甘肃省农村民居防震保安工作实施意见，重点强调了八项重点任务和工作措施。甘肃省平凉市、酒泉市、张掖市政府分管副市长分别作了交流发言，介绍了本地区实施农村民居地震安全工程典型经验和成功做法。中国地震局副局长刘玉辰作了重要讲话，介绍了全国各地农村民居防震保安工作进展情况，对甘肃省推进农村民居防震保安工作提出了各级政府要一如既往地高度重视和组织好农村民居防震保安工作；各相关职能部门密切配合，分工合作，齐抓共管；要结合甘肃省的实际情况和需求，制定切实可行的推进计划和落实措施等三点意见。甘肃省人民政府副省长石军作了重要讲话，提出了做好农村民居防震保安工作要科学制定农村民居地震安全工程总体规划；切实加强农村民居建设的组织管理和质量管理；全力以赴为农村民居防震保安工作提供技术服务；积极组织实施农村民居地震安全示范工程四项重点任务。

（甘肃省地震局　汤爱华）

科技进展与成果推广

本部分主要刊载获国家级、省部级、中国地震局局级的科技成果奖项及通过中国地震局、省部级鉴定的项目；收载重点项目的实施情况；综述主要学科的研究进展，科技成果的推广以及地震地质、物探、城市活动断裂、历史地震事件等重大考察活动。

科 技 成 果

2007 年中国地震局获得国家级科技奖励项目

奖 种	获奖等级	成果名称	主要完成单位	主要完成人
科技进步奖	二	甚低频标准震动测试系统	中国地震局地震预测研究所、浙江大学	庄灿涛 童汪练 何 闻 薛 兵 陈 阳 杨贵存 马玉麟 崔瑞兰 刘明辉 娄文宇

2007 年获省部级科技奖励项目

奖励名称	成果名称	获奖等级	主要完成单位	主要完成人
云南省科学技术奖	云南地震应急救援与减灾实效	二等奖	云南省地震局	秦嘉政 钱晓东 叶建庆 皇甫岗 刘丽芳 张俊伟 和宏伟
省科技进步奖	数字化地震观测数据处理的新方法及其在地震监测预报中的应用	二等奖	山东省地震台网中心	刘希强 李 杰 耿 杰 张继红 王 梅 林怀存 韩海华 沈 萍 李 红
河南省科学技术进步奖	高精度水位测量仪研制	二等奖	河南省地震局监测预报中心	付建华
黑龙江省科学技术奖	半空间弹性波散射理论研究	二等奖	工程力学研究所	袁晓铭 廖振鹏 门福录 李雨润 孙 锐

续表

奖励名称	成果名称	获奖等级	主要完成单位	主要完成人
四川省科技进步奖	四川 GPS 观测网络	二等奖	四川省地震局、四川省地震局减灾救助研究所、四川省地震局测绘工程院、西南交通大学、成都理工大学	吴耀强　廖　华　黄丁发 陈维锋　吕弋培　杨永林 梁　宏
中国测绘科技进步奖	基于 Internet 的网络 GPS/VRS 数据处理技术	二等奖	西南交通大学、四川省地震局减灾救助研究所	黄丁发　刘经南　周乐韬 廖　华　李成钢　陈维锋 龚　涛　吴耀强　徐　锐 熊永良
省科技进步奖	潍坊市活断层探测与地震危险性评价	三等奖	山东省地震工程研究院	王志才　孙昭民　王红卫 姜早峰　张玉田　王华林
应用技术成果奖	数字水准仪和光学水准仪室内检定装置	三等奖	中国地震局第二监测中心	罗官德　杨　辉　丁　平 胡　斌　任道胜　陈如丽 种　宇
中国地震局防震减灾优秀成果奖	平凉地震台水氡观测资料全国评比连续五年前三名（2000～2004）	三等奖	甘肃省地震局	杨　斐　史继平　杨晓鹏 张幼敏　袁文武
黑龙江省科学技术奖	五大连池火山喷发记录的发掘研究与应用	三等奖	黑龙江省地震局、黑龙江大学满族语言文化研究中心	陈洪洲　吴雪娟　高　峰 杨金山　韦庆海　欧阳兆国 张立忱

（中国地震局人事教育和科技司　张大维）

2007年中国地震局防震减灾优秀成果奖获奖项目

序号	成果编号	获奖等级	成果名称	推荐单位	主要完成单位	主要完成人
1	200710301	2	山西省地震行政执法工作创新与实践	山西省地震局	山西省地震局	樊　琦　兰青龙　闫正萃　田德茂　尉燕普　樊光明　张跃平　郄晓芸
2	200710404	2	2001～2005年度“内蒙古自治区地震编目”连续五年全国评比前二名	内蒙古自治区地震局	内蒙古自治区地震局	刘　芳　赵蒙生　春　怡　莫日根　钟春兰　宿中南　娜仁花　郝美仙
3	200710501	2	辽宁省地震前兆指标及前兆成因机理的研究	辽宁省地震局	辽宁省地震局	焦明若　李　芳　孙文福　王玉莹　李宇彤　曹凤娟　李海林　张　颖　郭晓燕
4	200710801	2	上海市地震动参数区划	上海市地震局	上海市地震局　同济大学	沈建文　楼梦麟　王　炜　高华平　章振铨　王忠良　石树中　宋治平　丁颂华
5	200711201	2	数字化地震观测数据处理的新方法及其在地震监测预报中的应用	山东省地震局	山东省地震局	刘希强　李　杰　耿　杰　张继红　王　梅　林怀存　韩海华　沈　萍　李　红
6	200711501	2	广东地区流动重力监测成果（2000～2005）	广东省地震局	广东省地震局	廖桂金　何德华　孙崇赤　陈　俊　伍明浪　韦明昌　廖忠献　李春明
7	200711701	2	四川省防震减灾法制建设与管理	四川省地震局	四川省地震局	邓昌文　吴耀强　龚兆和　王　力　吕弋培　朱　荃　余位清　贾晋康　李广俊

续表

序号	成果编号	获奖等级	成果名称	推荐单位	主要完成单位	主要完成人
8	200712702	2	中国地磁图技术平台建设与《2005.0中国地磁图》	中国地震局地球物理研究所	中国地震局地球物理研究所　安徽省地震局　甘肃省地震局　云南省地震局　四川省地震局　湖北省地震局	顾左文　高玉芬　安振昌　高孟潭　高金男　曹学锋　姚同起　韩　炜　赵从利
9	200712801	2	中国东部中、新生代岩石圈物质活动研究	中国地震局地质研究所	中国地震局地质研究所	樊祺诚　刘若新　李　霓　隋建立　孙　谦
10	200712802	2	国家地震应急预案	中国地震局地质研究所	中国地震局地质研究所　中国地震局震灾应急救援司　中国地震局地震预测所	陈建英　杨懋源　王公学　徐德诗　尹光辉　白春华
11	200712902	2	地震现场灾害损失调查评估与科学考察软件系统	中国地震局地震预测所	中国地震局地震预测所　中国地震局工程力学研究所　新疆维吾尔自治区地震局　中国地震台网中心　中国地震局地球物理研究所　北京大学应用文理学院　河北省地震局	王晓青　丁　香　袁一凡　宋立军　吕金霞　韩　炜　王米伊　李松阳　刁建新
12	200713002	2	长江三峡工程诱发地震监测系统设计、研制、建设及应用	湖北省地震局	中国地震局地震研究所　中国地震局地震预测所　中国地震局地质研究所　四川省地震局	庄灿涛　王建华　车用太　韩　进　胡兴娥　陈步云　杨大克　姚运生　宁立然
13	200713201	2	建筑工程抗震性态设计通则	中国地震局工程力学研究所	中国地震局工程力学研究所　哈尔滨工业大学　中国建筑科学研究院	谢礼立　王亚勇　江近仁　尹之潜　谢君斐　张敏政　张耀春　刘曾武　张克绪
14	200713203	2	岩土动力性能及与地震动关系研究	中国地震局工程力学研究所	中国地震局工程力学研究所	袁晓铭　孙　锐　孙　静　孟上九　石兆吉　曹振中　刘晓健　孟凡超　李雨润

续表

序号	成果编号	获奖等级	成果名称	推荐单位	主要完成单位	主要完成人
15	200710101	3	天津市蓟县地震台水管倾斜潮汐形变 2000 ~ 2005 年观测成果	天津市地震局	天津市地震局	李恩建　邢世海　陈　嵩　董洪军　李春胜
16	200710803	3	核电站土压力、孔隙水压力测试系统	上海市地震局	上海市地震局	姚保华　火恩杰　江沁洪
17	200710901	3	苏通长江公路大桥地基抗震与设计地震动参数研究	江苏省地震局	江苏省地震局　南京工业大学	杨伟林　陈国兴　徐　徐　黄伟生　严新育
18	200711001	3	安徽省地震应急快速反应机制建设及安徽定远 4.2 级地震应急实践	安徽省地震局	安徽省地震局	张　鹏　王　跃　姚大全　刘　欣　夏浩明
19	200711002	3	安徽省防震减灾综合数据库及应用	安徽省地震局	安徽省地震局	姚大全　沈业龙　吴华章　蒋春曦　谢庆胜
20	200711003	3	安徽省流动地磁观测连续五年全国评比前三名（2001 ~ 2005）	安徽省地震局	安徽省地震局	张　毅　张　明　顾春雷　牛宏兵
21	200711101	3	福建省地壳形变观测台网建设	福建省地震局	福建省地震局	史彝华　丁学仁　林继华　王志鹏　吴绍祖
22	200712302	3	“新疆 2004 ~ 2006 年度地震趋势研究报告”连续三年获全国会商报告评比前三名	新疆维吾尔自治区地震局	新疆维吾尔自治区地震局	高国英　王筱荣　曲延军　温和平　杨　欣

续表

序号	成果编号	获奖等级	成果名称	推荐单位	主要完成单位	主要完成人
23	200712701	3	黄河黑山峡河段地震地质综合论证	中国地震局地球物理研究所	中国地震局地球物理研究所　中国地震局地震预测所　中国地震局地质研究所　中国地震局地壳应力研究所　中国地震局地球物理勘探中心	高孟潭　陈国星　周本刚　李小军　田勤俭
24	200712901	3	高温高压下水－岩石反应的物理化学特征及其地质意义	中国地震局地震预测所	中国地震局地震预测所　地震出版社	杜建国　刘　巍　白利平　张友联　易　丽
25	200713104	3	平凉地震台水氡观测资料全国评比连续五年前三名(2000～2004)	甘肃省地震局	甘肃省地震局	杨　斐　史继平　杨晓鹏　张幼敏　袁文武
26	200713202	3	土层结构对设计反应谱的影响	中国地震局工程力学研究所	中国地震局工程力学研究所	薄景山　刘德东　刘红帅　吴兆营　齐文浩
27	200713301	3	基于渤海地震环境的海洋石油平台抗震设防水准研究	中国地震局地壳应力研究所	中国地震局地壳应力研究所　中海石油(中国)有限公司研究中心	彭艳菊　吕悦军　唐荣余　沙海军　赵建涛
28	200713401	3	复杂结构的地震波前成像方法及其应用研究	中国地震局地球物理勘探中心	中国地震局地球物理勘探中心	徐朝繁　张先康　段永红　刘　志　杨　健
29	200713402	3	壳幔过渡带的复杂性和非均匀尺度方法与应用研究	中国地震局地球物理勘探中心	中国地震局地球物理勘探中心	赖晓玲　张先康　李松林　杨　健　段永红

（中国地震局人事教育和科技司　张大维）

2007 年通过省级科技成果鉴定项目

云南地震应急救援与减灾实效

成果完成单位： 云南省地震局

主要完成人： 秦嘉政　钱晓东　叶建庆　皇甫岗　刘丽芳　张俊伟　和宏伟　胡永龙　苏有锦　徐　彦　李白基

组织鉴定单位： 云南省科技厅

鉴定日期： 2007 年 3 月 12 日

鉴定批准日期： 2007 年 4 月 20 日

鉴定形式： 函审

一、简要技术说明及主要技术性能指标

本项目为云南省科技厅 2001 年 9 月批准，计划 4 年完成的“十五”重点科技攻关项目（2001NG46），课题组按计划圆满完成，并且在许多研究内容及成果方面超额完成了原课题设计任务，于 2005 年 12 月省科技厅组织的验收专家组作为特优验收通过，专家结论为总体达到国内外同类研究的领先水平。

项目利用云南丰富的历史和现代地震资料、前兆资料，对云南 100 年强震活动规律进行了深入分析研究，结合研究区域应力场、强震动力源、新构造活动分析等，给出了云南 100 年强震活动时、空、强的动态研究结果。尤其是利用现代数字地震观测资料，从云南强震活动规律认识、地震波谱研究、震源参数测定、强震活动图像、地震波衰减、地震波辐射能的定量测定、应力场强度和方向动态变化、改进型破裂时间法和强震危险地点搜索技术以及前兆多参数综合预报方法等多方面开展了深入的研究，获得了开创性、实用性新的研究成果。这些成果近几年逐步应用到我省的震情监视与预报工作中，对一些破坏性作出了较成功的中短期预报，作出了贡献，取得了显著社会效益。

课题自行研制的基于局域网的“云南前兆数据专用处理软件”，不但在云南省地震局地震预测预报科技人员中作为常规分析工具使用，还广泛推广于云南省各地、州；地震环境应力参数测定已应用于云南省地震局日常地震预报工作中，对云南地区的环境应力进行监测，取得显著效果；破裂时间法进行中短期预测成果，应用于日常预测预报工作，长期坚持动态跟踪，2003～2004 年连续 2 年刊登在云南省地震局年度地震趋势预测报告中；地震序列趋势判定新方法——EC－k 量板法的研究，应用于日常地震预报工作、震后趋势判断中，效果较好；基于小波分析的云南地震释放能量折合震级时间进程和周期图谱新技术，应用于日常地震预报工作，坚持长期动态跟踪，研究成果已被云南省地震局 2006 年度地震趋势报告采纳。

二、鉴定意见

该课题属云南省“十五”科技攻关重大研究课题。课题在数据库建设、应用地震学研究、云南强震活动规律、地震活动统计模型和多参数综合预报方法方面取得一系列重要成果：

（1）在国内首次取得多次地震近场的波形资料，对数万条资料进行了整理，实现了数据共享，国内领先。

（2）对云南省20世纪以来的地震活动进行了全面系列的研究，统计分析了百年强震的活动规律。

（3）在对地震的特征和发生规律的认识上，开展了参数测定、S波分裂、尾波分析、辐射能量和标定律的分析研究，加强地震发生规律性的认识。

（4）对国内外的地震预测模型（如时间破裂模型）进行了改进，发展了一套地震年度预测指标体系，提出了前兆多参数综合预报的Synthesis等方法，并在多次中强震预报上取得了实效。

该课题超计划完成了合同规定的研究计划，取得了大量研究成果（发表论文50篇和5部专著）和研究新进展，总体达到国内外同类研究的领先水平。

兰州市活断层探测与地震危险性评价

成果完成单位： 甘肃省地震局（中国地震局兰州地震研究所）

主要完成人： 袁道阳　王兰民　石玉成　张新基　何文贵　葛伟鹏　张　慧　王爱国　张元生　梁明剑　郑文俊　刘兴旺　荣代潞　刘洪春　陈永明等

组织鉴定单位： 甘肃省科学技术厅

鉴定日期： 2007年12月28日

鉴定批准日期： 2007年12月29日

鉴定形式： 会议鉴定

一、简要技术说明及主要技术性能指标

1. 技术说明

兰州市活断层探测与地震危险性评价属“十五”国家重大科学工程项目“中国数字地震观测网络技术系统”分项目“中国地震活动断层探测技术系统”中的子项目。该项目通过系统收集、分析整理兰州市地震地质和地球物理等基础资料，进行历史地震考证、航卫片解释和野外地震地质调查。采用地震地质条带填图与多手段地球物理探测相结合的技术途径，特别是创造性地应用大型探槽技术。对其中出露地表的活断层采用地质地貌调查和条带状地质填图、槽探研究为主；对隐伏活断层采用地球物理探测（主要包括浅层地震勘探、多道直流电法等）、地球化学探测（土壤气汞测量为主，氡测量为辅）、钻孔探测、地震学、测年技术以及地质综合解释等技术手段，尽可能克服单手段和单方法的多解性和不确定性。在此研究基础上，对原来地学结合工程界普遍认定的兰州市区内7条断层的存在性、新活动性及盆地构造变形的研究取得了重要进展，否定了2条市区内的晚第四纪活断层，修改了4条断裂活动性参数，肯定了1条断裂的新活动性。

2. 性能指标

根据兰州市城市发展和防震减灾的需要以及主要活断层的展布情况，确定的探测目标区为兰州市城区及规划发展区。通过地质地貌、地球物理和地球化学等综合探测，查明兰州市具有发生“直下型”地震能力的刘家堡断层、金城关断层、雷坛河断层、深沟桥断层、寺儿沟断层以及马衔山北缘断层西段和西津村断层等7条主要活断层的精确位置、规模、活动性及地震危险性；提供标绘在1∶10000地形图上的主要活断层分布图和近断层强地面运动场分布图；使城市的新建工程，尤其是生命线工程和可能引起严重次生灾害的工程避开活断层；使城市发展和工程设施建设更具有防御地震灾害的能力，从而提高政府对防震减灾的决策效能。

二、鉴定意见

2007年12月28日，甘肃省科技厅组织并主持，邀请有关专家组成鉴定委员会，对甘肃省地震局完成的《兰州市活断层探测与地震危险性评价》项目进行科技成果鉴定。鉴定委员会听取了项目主要完成人所做的技术报告和工作技术报告，审阅了相关资料，经质询讨论后，形成如下意见：

（1）本项目根据兰州盆地特殊的地质地貌条件和复杂的探测环境，采用航卫片解译、地质地貌填图、差分GPS测量与地球化学探测，浅层人工地震探测、电成像探测、钻孔探测、测年技术及小震精确定位等综合探测技术，特别是在兰州盆地内首次应用大型探槽技术，为在厚覆盖区准确探测隐伏断层提供了成功范例。

（2）判定了前人提出的晚第四纪刘家堡断层、深沟桥断层乃上新世泥岩与早更新世胶结砾石层之间不同岩性的分界线，而不是断层；修正了金城关断层、雷坛河断层、寺儿沟断层和西津村断层4条晚第四纪活动断层的最新活动时代应为第四纪早中期，为非发震断裂；肯定了马衔山北缘断层为晚更新世—全新世活动断层，也是1125年兰州7级地震的发震断层。

（3）首次得出了兰州盆地的深部构造剖面，前人提出的七里河第四纪断陷区应为第四系向斜构造，得出兰州盆地为晚新生代褶皱盆地的结论。对认识和理解兰州盆地的形成演化、盆地性质和地貌发育等具有重要的科学意义。

（4）本项目所取得的成果为兰州市的土地利用和城市建设规划、减轻地震灾害损失、保障社会经济的可持续发展等提供了重要的科学依据，社会经济效益巨大。

本项成果技术思路清晰，工作方法合理，基础工作扎实，探测技术先进，技术资料完整，论证严谨有据，结论明确可信。项目成果为兰州市及其邻近地区的防震减灾工作以及青藏高原动力学研究提供了扎实的基础资料，也为其它城市开展活断层探测工作提供了成功范例。其成果达到了国际先进水平，同意通过科技成果鉴定。

基于WebGis的地震烈度快速评估系统

成果完成单位：河南省地震局
主要完成人：何加勇
组织鉴定单位：河南省科学技术厅
鉴定日期：2007年9月29日
鉴定批准日期：2007年11月8日
鉴定形式：会议鉴定

一、简要技术说明及主要技术性能指标

利用数字化台网和强震动台网的产出数据，在地震发生25分钟内计算出地震发生区域的地震烈度分布，并通过网络进行发布：烈度分布计算考虑地下结构、震源机制、场地影响、传播途径与距离等因素。

完成对于Shake－map模型的相关设计，包括各类场地、地质条件影响因素，强震质心、衰减关系的修正算法实现，各类数字插值的算法以及振动图渲染方法模型。

利用多种数据接口，获取地震仪、强震仪和人工上报的各类地震状态记录数据和信息，按照一定的模型和方法对获取的测震、强震和人工信息进行格式转换和预处理，使之符合数据处理的要求；

具备在台站稀疏地区的数据处理功能；

具备对不同地质条件台站进行参数修正的功能；

在处理地面运动值时应考虑地震强震动质心、地震动衰减关系及基于QTM类别的场地放大因子等因素；

提供短信、人工上报数据和设备产出数据的处理功能；

基于振动图数据模型，根据输入边界条件，产出震后地震仪器烈度、速度、加速度、响应谱等分布图所需的数据。配合综合信息显示与消息通告系统，应用GIS方式对综合信息处理结果进行展示；

具备与综合信息显示与消息通告系统的接口与流程。

体系架构：分布式数据库、分布式运用，BC/S。

开发技术和环境：J2EE、TCP/IP协议、WEBGIS、分布式数据库。

运行环境：操作系统：服务端采用Unix或Linux；客户端采用Windows或Linux。

处理模型：UML建模，数学模型、处理方法、实现过程等。

安全：统一用户认证，数据的授权访问。

部署：服务端：国家中心、区域中心；

客户端：国家中心、区域中心、大中城市、县信息节点。

接口和数据规范：应当遵行地震观测仪器的接口规范；

制定以下规范：语音、短信等信息源接口规程；综合灾情数据规范、市、县数据库接口规范。

遵循数据库、交换平台接口规范；

统一认证和权限管理；

产出的数据和图形格式符合地震数据共享规范。

二、鉴定意见

2007年9月29日，受河南省科技厅委托，河南省地震局在郑州组织有关专家对河南省地震局监测预报中心主持完成的“基于WebGIS的震后烈度快速评估系统”进行了技术鉴定。鉴定委员会听取了课题组的成果汇报，经过质询和讨论，形成以下鉴定意见：

（1）该项目充分考虑了地质结构、台网分布、系统传递函数等因素，以国家颁布的烈度与速度和加速度的对应关系为技术依据，研究了速度、加速度和烈度的数据处理方法。该方法经过实践检验，符合中国国情，具有创新性。

（2）该项目采用MVC软件架构，将Oracle作为数据库管理系统，以ArcInfo为处理平台，Java 为开发工具。项目技术新颖，功能齐全。经过运行，表明系统性能稳定可靠，具有较强的实用性。

（3）该项目以 Internet Shake－map 为基本模型，实现了表示层、应用层、数据层的数据无缝链接，具有良好的数据传输性。

（4）所提供的鉴定材料规范、齐全，符合鉴定要求。

鉴定委员会一致认为，该项目采用的技术先进，方法可靠，在基于网络的震后烈度快速评估方面达到国内领先水平，同意通过技术鉴定。

建议该系统在运行过程中不断进行升级，加大推广应用力度。

MODIS 卫星遥感热红外数据处理与应用系统

成果完成单位：四川省地震局预报研究所

主要完成人：辛　华　刘　放　程万正　张铁宝　路　茜　任越霞

组织鉴定单位：四川省科学技术厅

鉴定批准日期：2007 年 8 月 24 日

鉴定形式：会议鉴定

一、简要技术说明及主要技术性能指标

本研究课题为四川省科技攻关计划下达项目课题，计划编号为 05SG031－004，课题名称：“卫星遥感热红外数据处理与应用系统”。2004 年 3 月，四川省地震局建成了四川省第一套（也是中国地震局第一套）EOS/MODIS 地面接收处理系统。该系统的建成，为我国地震科学研究搭建了一个新的数据平台，同时也为提高四川省及我国西部地区生态环境的监测能力、防灾、减灾能力和领导的决策能力提供了科学、客观的重要依据。本课题的申请和实施，就是为了研制国内首套 MODIS 遥感热红外数据应用于地震监测预报的软件系统。其目的是尽快使 MODIS 数据为我省乃至我国地震监测预报工作所用，使卫星遥感技术为改善我省及我国西部地区地震前兆监测网的布局结构，增强我国西部地区地震前兆监测能力作出应有的贡献。

1. 本课题要解决的主要技术难点和问题

（1）MODIS 数据包含了岩石、大气、海洋等圈层丰富的遥感信息，这无疑给地震监测预报研究工作提供了新的线索和机会，但 MODIS 数据本身的海量数据特性决定了其处理和研究的复杂性和艰巨性，数据库是一项成熟的技术。但大容量数据的有限空间存储，以及减小大容量数据的数据库访问时间。是该项目所建数据库必须首先解决的问题。

（2）卫星遥感热红外数据具有覆盖面广、数据分布均匀的特性，其数据处理方法完全不同于常规前兆数据处理的思路。如何采用新的数学物理和统计分析方法，提取并反映出时间和空间上的异常变化，从而有助地震监测预报中异常的识别和异常点的判定，是该项目能否最终有效服务于地震监测预报所必须解决的问题。

2. 本课题研究的内容和创新点

（1）海量数据库设计及建设；

（2）海量数据库管理；

（3）数据预处理；

（4）单机数据库的数据导入和二次数据生成；

（5）卫星遥感热红外数据的时、空图像处理；

（6）卫星遥感热红外数据的正常背景分析；

（7）卫星遥感热红外数据的异常分析方法；

（8）温度反演及长波辐射值（OLR）数据处理。

3. MODIS 卫星遥感热红外数据软件系统

（1）数据库设计及建设；

（2）数据库管理；

（3）数据预处理；

（4）单机数据库的数据导入和二次数据生成；

（5）数据应用时、空图；

（6）其他功能。

目前课题完成和提交的软件系统不仅全部完成了上述内容，而且还进行了较大的扩展，因此，其实用性也更强。目前国内外尚无 MODIS 卫星遥感热红外数据应用于地震监测预报的软件系统。

4. 本课题成果的创造性、先进性

（1）本课题提交的是 MODIS 卫星遥感热红外数据应用于地震监测预报的国内首套软件系统。

（2）利用研制的软件系统可实时地从遥感热红外数据中提取异常信息并用于地震监测预报。该软件系统的研制成功，为地震监测、分析预报增添了一种新的手段；使 MODIS 卫星遥感热红外数据从研究向地震监测预报应用迈出了新的一步。本课题的研制成果已经在四川省地震局、江西省地震局、云南省地震局投入了正式运行或试运行。福建省地震局在用户证明中指出："四川省地震局《RS 卫星遥感系统》软件所提供的 MODIS 亮温增温比值的异常变化在一定程度上反映了 2005 年台湾地区 5 级以上地震的前兆异常。我们认为 MODIS 卫星遥感数据作为一种新的地震前兆观测资料，将为日常地震监测预报事业发挥积极有效的贡献"。因此，可以认为，本课题提交的软件系统，有助于推动 MODIS 卫星遥感热红外信息应用于地震监测预报的实用化进程，其经济效益和社会意义是明显的。由于四川省地震局建成的四川省第一套（也是中国地震局第一套）EOS/MODIS 地面接收处理系统。不仅为我国地震科学研究搭建了一个新的数据平台，同时还可以为四川省及我国西部地区生态环境的监测、森林防火、植被和农作物监测、环境保护等领域提供重要的实时的科学数据，因此，本课题所提交的软件系统在进一步充实内容和功能之后，可以推广到更大的应用范围。此外，目前四川省地震局 MODIS 地面接收处理系统在国内众多 MODIS 地面接收站中首家解出了另外两个探测器"先进的微波探测器（AMSU，Advanced Microwave Sounding Unit）"以及"大气红外探测器（AIRS，Atmospheric Infrared Sounder）的数据，前者所具有的可穿透云层的微波探测特性使得其探测到的地表信息基本上不会受到云层的影响。而后者以 2378 个红外通道对地表的温湿度和大气温湿度廓线进行高光谱分辨率探测。AMSU 和 AIRS 这两个探测器的数据与 MODIS 数据的联合应用将极大地拓展和延伸卫星遥感数据用于地震监测预报的研究和应用领域。由于时间和经费的限制，本课题提交的软件系统尚未具备对这两种数据的处理应用功能。目前课题组正在为此作技术准备。

二、鉴定意见

受四川省科技厅委托，四川省地震局于2007年8月24日在成都组织有关专家对四川省科技攻关计划课题（编号：05SG031－004）“MODIS卫星遥感热红外数据处理与应用系统”进行了成果鉴定。鉴定委员会认真听取了课题组作的课题研究工作报告、技术报告与应用情况介绍，听取了测试组的测试报告，查阅了课题组提交的成果资料等，并进行了质疑。鉴定意见如下：

（1）课题组提交的文档资料齐全，符合科技成果鉴定有关要求。

（2）该项目成果达到且部分超过了计划任务书的技术要求，其系统设计规范、数据库管理功能完善、运行速度快、用户界面友好、易于更新维护。

（3）该课题针对地震监测预报实时性要求，首次在国内建立了可覆盖我国西部地区400万km^2面积的MODIS实测热红外资料数据库。所提出的云层干扰去除方法和MODIS亮温异常处理方法具有创新性。

（4）课题所研发的MODIS卫星遥感热红外数据处理与应用系统及其有关成果已应用于四川、福建、江西、云南等省的地震监测预报研究中，发挥了积极的作用。该系统的研制有助于推动MODIS卫星遥感热红外信息应用于地震监测预报的实用化进程。

鉴定委员会认为：该项目研制开发的用于地震监测预报的MODIS热红外资料数据库及处理软件系统属国内首创，其MODIS数据库管理和数据处理方法具有创新性，达到国内领先水平。同意通过鉴定。

建议进一步扩展系统功能，以推广和应用于更大的范围。

山东地壳运动GPS观测网络

成果完成单位：山东省地震预报研究中心

主要完成人：李　杰　陈时军　韩海华　邹钟毅　刘　敏　冯志军　张　玲　董晓娜　殷海涛　李希亮　李建奎　陆汉鹏　张慧峰　李永红　胡旭辉

组织鉴定单位：山东省科技厅

鉴定日期：2007年9月30日

鉴定批准日期：2007年10月15日

鉴定形式：会议鉴定

一、简要技术说明及主要技术性能指标

本项目建设任务包括6个连续观测的GPS基准站和1个GPS数据中心建设；基准站建设包括观测墩、观测室施工图纸设计、观测墩和观测室土建工程建设、供电和避雷建设、通讯线路建设、仪器设备安装、调试；GPS数据中心建设包括数据处理分析系统建设、台网监控和管理系统建设和系统集成；完成基准站相对重力和相对水准联测工作。2007年1月1日~6月30日“山东地壳运动GPS观测网络”进入为期半年的试运行。试运行期间系统运行正常，各项技术指标均达到了设计要求。此外，为扩充网络的实用功能，项目建设考虑了网络 PTK 功能，试验效果良好。

基准网相邻站间 GPS 基线长度年变化率测定精度优于 2mm；基准站相对重力测定同一测段上三台仪器所测段差的互差限差最大为 $21.6\times10^{-8}ms^{-2}$，优于 $35\times10^{-8}ms^{-2}$ 的指标；平差后联测精度为 $12.5\times10^{-8}ms^{-2}$，均优于 $20\times10^{-8}ms^{-2}$ 的指标。烟台、即墨、日照和苍山基准站相对水准测量精度达到国家一等水准测量精度，无棣达二等水准测量精度，符合特殊困难地区达到国家二等水准测量精度的要求。水准测量精度为每公里单位权中误差为 ±0.35mm/km，满足规范要求。

数据中心数据获取能力为 790M/d，在线存储量 106G/a，处理能力 90 个站，均优于工程设计方案指标。

二、鉴定意见

根据山东省科技厅鲁科成字［2007］464 号文件，受山东省科技厅委托，山东省地震局于 2007 年 9 月 30 日，在济南组织召开“山东地壳运动 GPS 观测网络”科技成果鉴定会议。该成果技术文档齐全，符合鉴定要求。鉴定委员会（名单附后）在听取项目组技术汇报、测试级测试报告和质疑答辩的基础上，形成以下鉴定意见：

（1）山东地壳运动 GPS 观测网络建设了 6 个连续观测的基准站和 1 个数据中心，采用了目前国际先进的 GPS 观测设备。数据通讯传输技术和 GPS 数据处理方法，实现了 GPS 观测数据的实时传输。下载和自动处理，在 GPS 观测数据处理与应用及网络功能的设计上起出项目工程设计指标，观测成果已初步应用于地震监测预报等领域。

（2）该项目取得以下创新成果：

① 项目设计科学合理，基准站公布及观测资料基本上反映了山东省整体地质构造，特别是沂沭断裂带的活动状况，并与具有测震、前兆等地震监测手段的综合台站并址，观测采取有人看护，无人值守的方式，运用先进的避雷供电技术，确保仪器连续正常运行，观测资料的完整率优于 99.5%。

② 采用先进的 SDH 光纤专线通讯技术，通过防火墙、入侵检测系统、异常流量分析与响应系统、病毒防护系统等网络安全体系，实现了基准站 GPS 观测数据的实时、连续、安全和稳定传输，传输连续率优于 99.1%。

③ 在 GAMIT/GLOBK 定位软件包的基础上，发展了数据质量检验、数据的筛选和定时处理的智能化方法。基准网基线长度年变化率测定精度优于 2mm/a。

鉴定委员会一致认为：该项目是目前我国首个省级范围内实现了 GPS 观测数据实时传输和定时自动处理的地壳运动 GPS 观测网络系统，填补了山东地区缺乏大尺度水平形变观测手段的空白，具有重要的社会效益和防灾效益。

项目在同类观测台网中整体居于国内领先水平，在数据实时传输与定时自动处理方面达到国际先进水平。

鉴定委员会建议：

（1）尽快运行嘉祥基准站建设，条件许可时，进一步加密站点。

（2）加快该观测网络产出数据在地震、科研及其它灾害预测和综合防御等方面的应用推广。

山东半岛北部近海地震区划

成果完成单位： 山东省地震工程研究院

主要完成人： 晁洪太　王志才　邓起东　杜宪宋　陈时军　王红卫　刁守中　崔昭文　陶九庆　贾荣光　闵　伟　孙昭民　吴子泉　杨希海　李长川

组织鉴定单位： 山东省科技厅

鉴定日期： 2007 年 12 月 10 日

鉴定批准日期： 2007 年 12 月 17 日

鉴定形式： 会议鉴定

一、简要技术说明及主要技术性能指标

《山东半岛北部近海地震区划》是省发改委、省财政厅立项的山东省防震减灾“十五”重点项目（SD10504）。在项目预研究中得到了山东省自然科学基金重点项目（Z98E01003）、山东省科技发展专项（012150110）和地震科学联合基金重点项目（201019）的资助。

山东是一个海洋大省，濒临渤海和黄海。山东沿海地区已成为经济发展的龙头地区。然而黄海、渤海又是多地震和地震灾害严重的海域，大部分地区位于国家确定的全国地震重点监视防御区内。为保障半岛城市群地震安全和沿海经济可持续发展，开展近海地震区划具有重要现实意义和科学意义。早在 1998 年我们就开展近海地震区划预研究，2001 年列为山东省重点项目，2007 年初完成。

该成果主要涉及以下内容：

（1）首次系统地利用声波探测方法对蓬莱—威海沿海和渤海中南部—莱州湾两个重点海域进行了精细海域活断层探测。完成测线 38 条，总长度约 1100km，发现 70 余个断裂点，基本查明了这些断裂活动段的分布与最新活动时代，获得了大量错断晚第四纪地层的活动证据。

（2）在系统收集整理区域 313 条主要断裂活动参数和分析考证多次历史地震事件基础上，结合上述海域活断层精细探测，对山东海域及沿海 12 个潜在震源区进行了补充、细化和调整，体现了潜源研究工作新进展。

（3）完成了山东沿海地区 100 余个钻孔钻探和资料整理工作，对山东沿海地区土层结构进行系统研究，揭示了山东沿海第四纪沉积特征及土层结构特点。并对山东沿海地区地震地质灾害进行了预测。

（4）采用目前国内外先进的地震危险性概率分析方法，对山东沿海及近海地区地震危险性进行分析和计算，在考虑土层结构基础上完成了 1：50 万近海地震区划图编制，给出了未来 50 年超越概率为 10% 和 5% 的地表水平向地震峰值加速度分区以及地震加速度反应谱特征周期分区。

这是一项探索性的工作，在海域活断层精细探测和近海地震区划方面填补了空白，成果具有创新性。

二、鉴定意见

2007年12月10日，山东省科技厅组织有关专家对“山东半岛北部近海地震区划”进行了技术鉴定。与会专家听取了完成单位的研究报告，并认真查阅了技术资料，经质询、讨论，形成如下鉴定意见：

（1）提交的技术资料齐全完整，图表、数据翔实可信，符合鉴定要求。

（2）该项研究取得了以下成果和创新：

① 在国内首次系统地利用声波探测方法对蓬莱—威海沿海和渤海中南部—莱州湾两个重点海域进行了精细海域活断层探测。完成测线38条，总长度约1100km，发现70余个断裂点，基本查明了这些断裂活动段的分布与最新活动时代，获得了大量错断晚第四纪地层的活动证据。

② 在系统收集整理区域313条主要断裂活动参数和分析考证多次历史地震事件基础上，结合上述海域活断层精细探测，对山东近海12个潜在震源区进行了补充、细化和调整，体现了潜源研究工作新进展。

③ 完成了山东沿海地区100余个钻孔的钻探和资料整理分析工作，对山东沿海地区土层结构进行系统研究，揭示了山东沿海第四纪沉积特征及土层结构特点。并对山东沿海地区地震地质灾害进行了预测。

④ 采用目前国内外先进的地震危险性概率分析方法，对山东沿海及近海地区地震危险性进行分析和计算，在考虑土层结构基础上完成了1：50万近海地震区划图编制，给出了未来50年超越概率为10%和5%的地表水平向地震峰值加速度分区结果以及地震加速度反应谱特征周期分区图。

（3）该项研究成果技术思路清晰，方法先进，基础资料扎实，海域活断层探测精细，地震区划图表述符合山东半岛北部沿海实际，是一项具有创新性的成果。对于山东半岛北部近海海域和沿海地区建设工程抗震设防、土地利用规划、编制经济发展规划以及防震减灾辅助决策具有重要实用价值，对该地区防震减灾基础研究具有显著的科学意义。该项研究技术思路和方法具有示范性和重要推广价值。

综上所述，鉴定委员会专家一致认为，该项研究成果总体达到国际同类先进水平。

建议：在上述工作基础上，进一步开展该地震活动区带未来20～30年内可能有高风险区的研究。

济南市主城区活断层探测与地震危险性评价

成果完成单位： 山东省地震工程研究院　济南市地震局

主要完成人： 吴子泉　杜贻合　陈时军　张　勇　崔昭文　苏传军　陶久庆　魏吉利　冯志泽　徐　波　战　宁　王华林

组织鉴定单位： 山东省科技厅

鉴定日期： 2007年12月12日

鉴定批准日期： 2007年12月29日

鉴定形式： 函审鉴定

一、简要说明及主要成果

1. 本项工作主要工作内容

（1）研究济南市主城区所外的区域地震构造环境，预测未来可能遭遇的地震风险水平。

（2）对近场区地震构造环境进行分析研究，探索是否存在发生城市直下型地震的构造背景。

（3）对长清断裂、桑梓店断裂、文祖断裂等断裂进行地震地质考察、地球物理勘探等方面的研究，结合有关资料，分析其活动性质。

（4）对济南市主城区主要断层（千佛山断裂）进行重点探测，确定千佛山断裂的空间位置、分布范围与活动方式，确定断裂的活动性。

2. 本项目的成果

（1）查明了济南市主城区及其附近25km范围内主要断裂的活动性质、位置等，编制了更准确的近场区地震构造图。为该地区的地震预报、地质灾害调查等提供了科学依据。

（2）对千佛山断裂在济南市主城区内的走向进行了探测和精确定位，明确了千佛山断裂在济南市主城区通过的空间位置。对于千佛山断裂活动时代进行了鉴定，得到了千佛山断裂为第四纪中更新世活动的结论。

（3）发现千佛山断裂西侧还存在次级断裂，得到其最新活动时代早于千佛山断裂的结论。

（4）得到了千佛山断裂与桑梓店断裂不相交，也不是同一条断裂的结论。解决了多年来该两断裂的位置关系问题。

（5）提供了济南市主城区范围内的地震动参数，对济南市主城区的城市建设、发展规划、抗震设防等工作提供了科学依据。

二、鉴定意见

该项目以防震减灾为目标，以活断层探测为主要任务，开展了多方面研究工作，取得了多项研究成果：

（1）查明了近场区内主要断裂的活动性，编制了更准确的近场区地震构造图。通过详细的野外调查、物探探查、年代测试等，确定了近场区范围内的主要断层位置、运动性质和活动时代，特别是确定了千佛山断裂在济南市主城区内的位置。

（2）浅层地震探测结果等综合资料分析认为，千佛山断裂和桑梓店断裂不相交，也不是同一条断裂。

（3）得到通过济南市主城区的千佛山断裂西侧还存在次级断裂，其活动时代早于千佛山断裂的结论。

（4）活断层探测与地震小区划GIS信息管理系统的建设使本项目的成果使用更加方便、快捷。

（5）所提供的断层活动性和地震危险性评价信息以及相关的图件对于济南市的城市建设、土地利用、发展规划、抗震设防等工作具有重要意义。

总之，该项目研究思路清晰，技术方法先进，工作量大，资料详实，所取得的一系列成果不仅可以直接用于济南市的城市建设、发展规划和抗震救灾工作，而且也提高了济南主城区附近的地震地质研究水平，对于基础地震地质研究具有科学意义。

该项目提出与人们日益关注城市地震安全的背景之下，对济南周围的地震构造环境进行了科学论述。该项目达到预期目标，产出了多项实用成果，具有创新性，是一项优秀工作成果，该项目处于国内先进水平，同意通过鉴定。

（中国地震局人事教育和科技司）

关于 2007 年度十大地震科技进展评选结果的通告

经中国地震局所属各单位推荐和科技委评审，2007 年度十大地震科技进展评选结果如下：

一、全国地震科技大会召开暨《国家地震科学技术发展纲要（2007 ~ 2020 年）》发布。

二、云南宁洱 6.4 级地震预报成功。

三、地震监测的自动化、网络化、集成化与信息共享系统全面完成。

四、国家重大科技基础设施“中国大陆构造环境监测网络”正式开工。

五、我国自主开发研制的“区域数字地震台网实时速报系统”通过验收并在 5 个省区推广应用。

六、甚低频标准振动测试系统喜获国家科技进步二等奖。

七、20 个大中城市活断层探测的成果应用于城市建设与规划。

八、中国援阿尔及利亚数字地震台网建设竣工并顺利交接。

九、土木工程领域首个 973 项目“城市工程的地震破坏与控制”立项成功。

十、中国地磁图技术平台建设与《2005.0 中国地磁图》。

（中国地震局人事教育和科技司）

宁洱 6.4 级地震预报成功

2007 年 6 月 3 日，云南省宁洱县境内发生 6.4 级地震。这次地震前，云南省地震局按照中国地震局的部署和要求，采取了一系列强化震情跟踪工作的措施，作出了较好的短临预测判定，取得了明显的减灾实效，得到了国务院、省委、省政府和中国地震局领导的充分肯定，中国地震局和云南省人民政府的联合表彰奖励。

宁洱地震的成功预测预报，是实践长、中、短、临渐进式地震预报思路的典型例子。在 2004 年完成的《云南省 2020 年前强震危险性预测及防震减灾对策研究》报告中，该区划定为 6 级地震危险区；在云南省 2007 年度地震趋势会商会上，该区判定为可能发生 5 ~ 6 级地震的危险区；在全国 2007 年度地震趋势会商会上，该区被进一步确定为 6 级左右地震的重点危险区；在 2007 年 3 月 8 日召开的川滇震情跟踪工作会议上，该区被确定为云南地区近期应注意发生6级左右地震的危险区。5月16日，老挝北部发生6.6级地震，震中距云南边境约70公里。在5月24日召开的云南近期震情研讨会上，该区被判定为近期特别要注意发生5~6级地震的危险区，并召开地震预报评审委员会会议对判定意见进行了评审，形成了《震情反映》(2007 06)，于5月25日上报中国地震局和省委、省政府主要领导。同时，派出工作组到普洱市通报震情，检查指导震情跟踪工作。6月3日，宁洱发生6.4级地震。

宁洱地震发生在全国高考、昆交会、亚太华商论坛等重大活动前夕，省委、省政府要求加强震情会商，为省委、省政府决策提供科学依据。6月5日，云南省地震局向省政府上报了《关于宁洱6.4级地震类型及其影响的报告》。明确提出：宁洱6.4级地震类型为主震－余震型，宁洱6.4级地震对昆明地区不会造成影响，一切社会和经济活动可以正常进行。保证了高考、华商论坛、昆交会等重大活动的如期进行，取得了较好的社会和经济效益。

(云南省地震局)

甚低频标准振动测试系统获2007年度国家科技进步二等奖

中国地震局地震预测研究所与浙江大学合作，研制并建成的甚低频标准振动测试系统，荣获2007年度国家科技进步二等奖。

现代数字地震台网是地震科学研究和防震减灾事业的重要基础。1990年以来，中国地震局研制了数字地震观测技术系统，逐步建成了我国各级数字地震台网。现代数字地震台网采用了宽频带、大动态的地震计，其中甚宽带地震计低频达到0.0003Hz。这类地震计的频率特性的最终测试依赖于甚低频振动测试系统（甚低频标准振动台），但是长期以来这样的振动测试系统在国内是空白，宽带地震仪在全频带范围内的绝对标定（得到传递函数）的问题并没有解决，它成为近代测震学中的难题。著名的地震学家、现代地震仪的发明者wielandt曾在著作中写道“因为在很宽的频带上激发精确的机械标定信号是很困难的，人们不指望用这方法来确定地震仪完整的传递函数。”

地震预测研究所的地震观测技术实验室长期从事现代地震仪器的研制，本项目的主要技术人员多年以前提出了解决方案。“九五”期间，在中国地震局重点项目“数字地震观测技术实验室建设”(95－03－01)中提出了研制低频振动测试系统，此后又进一步得到了科技部支持，2003年列入了科技部的科学仪器升级改造项目。经过攻关研究，在北京市大兴区黄村地震台建成了甚低频标准振动测试系统。

建成的甚低频标准振动测试系统低端振动测量频率达到2×10^{-4}Hz（周期5000秒），失真度小于0.5%，完全能满足我国各类地震计的绝对校准。此系统采用了高精度数据采集、反馈控制、高压气浮、激光测距、隔震等一系列新技术。台面运动的控制引入了闭环反馈系统，大大拓宽了频带、降低了失真度。用高精度超低频信号源作为台面振动的输入，并用高精度24位数据采集器作数字化转换，进一步确保了测量精度。整个系统还采用了实时分析处理软件，使得即使在5000秒周期的振动时也能实时在线地得到幅度和相位的测量结果。

由于精心的技术集成，失真度优于类同的国家计量标准，能产生高精度、水平和垂直分向的机械振动，对各类振动传感器（含地震仪）进行绝对校准，得到全频带的传递函数。

整个研制工作和实验室建设任务于 2004 年底完成。这一系统作为计量标准，通过了国家计量检定单位中国计量科学院的检定，准予合格使用。2005 年又通过了科技部组织的验收。同时还通过了中国地震局组织的项目鉴定，鉴定委员会一致认为建成的甚低频标准振动测试系统低频振动周期过到了 5000 秒，填补了国内空白，具有国际先进水平。

这一振动计量标准的主体技术推广到我国的振动计量标准和有关行业标准的建立。成为“十五”期间我国地震台网建设期间采用的国产地震计、美国及英国产宽频带地震计测试和校准标准，确保了我国数字地震台网使用地震观测系统的观测质量。2007 年此项目获中国地震局防震减灾优秀成果一等奖，并获国家科技进步二等奖。

（中国地震局地震预测研究所　庄灿涛）

地震动力学国家重点实验室通过验收

2007 年 2 月 14 日科技部基础研究司在北京组织了“地震动力学国家重点实验室”建设验收会议。验收会由科技部基础研究管理中心张峰处长主持，科技部基础研究司张延东处长、中国地震局人事教育和科技司李明副司长分别代表科技部基础研究司和主管部门讲话。

以马在田院士为组长的验收专家组听取了实验室建设报告，现场考察了实验室仪器设备和工作环境，并与实验室人员进行了座谈。专家组经过认真讨论形成了验收意见。专家组认为，地震动力学国家重点实验室定位准确，特色鲜明；建设期间，购置和研制了一批仪器设备，拓展和改造了实验用房，满足了国家重点实验室硬件环境建设的要求；通过公开招聘和依托单位内部调整等方式，形成了一支老中青相结合、中青年科技骨干为主体、知识结构和年龄结构合理的研究团队；制定了一系列管理章程和制度，保障了实验室的正常运行；建设过程中，在构造物理学、活动构造与年代学、空间对地观测技术应用、流动台阵地震学等领域形成了技术优势，取得了有国际影响的研究成果。据此，专家组认为地震动力学国家重点实验室完成了建设任务书规定的各项建设要求，一致同意通过验收。

专家组同时也对实验室今后的发展提出了意见和建议，建议继续加强实验室队伍建设，积极引进和培养高层次青年人才；希望实验室充分利用建成的研究平台，开展高水平的研究工作，进一步取得有国际影响的标志性研究成果。

（中国地震局地质研究所地震动力学国家重点实验室）

专利及技术转让

自动地震煤气关闭阀门

专　　利　　号：ZL200520021854.4
成果完成单位：中国地震局工程力学研究所
主 要 完 成 人：杨学山　刘华泰
专 利 类 型：实用新型

申报立项、转让及效益简要说明：

本专利项目来源是2004年科技部重点项目“能源供应系统智能地震安全控制系统”，于2007年获得实用新型专利。煤气地震阀门是一种全机械式的地震自动阀门，当地震发生时，可在设定的地震加速度（或烈度）值自动关闭阀门，切断煤气（或其他流体）的流动。当需要接通煤气时，仅需拨动地震阀门的复位开关，即可供应煤气。该阀门具有稳定可靠，使用方便等特点。目前有很好的市场潜力和前景，随着市场的不断开发将会产生可观的效益。

裂　缝　计

专　　利　　号：ZL200520021853.X
成果完成单位：中国地震局工程力学研究所
主 要 完 成 人：黄浩华　杨学山
专 利 类 型：实用新型

申报立项、转让及效益简要说明：

该裂缝计为中国地震局工程力学研究所自筹经费开发研制的。它主要用于结构、构件动静态应变、裂缝的测量，特别是出现裂缝时裂缝开展的测量。该传感器具有如下特点：被测点的振动不产生输出，仅在被测点产生应变或产生裂缝时，传感器才有输出；体积小、连接简单，安装容易，操作方便。现在市场已经打开，2007年研制成功后已经销售10多套，受到用户好评。

差分式短基线伸缩仪

专　　利　　号： ZL 2006 2 0095083.8

成果完成单位： 中国地震局地震研究所

主 要 完 成 人： 吕宠吾

专利申报立项、转让及效益：

专利类型为实用新型专利，专利申请日为2006年1月19日，授权公告日为2007年6月6日。本发明公开了一种差分式短基线伸缩仪，涉及一种地学观测技术领域中的伸缩仪。本发明或为自由差分式短基线伸缩仪，或为固定差分式短基线伸缩仪。自由差分式短基线伸缩仪的结构是：基线1的两端均为测量端B，分别由两个悬吊系统2托起，垂直自由悬吊；两个测量端B均分别设置有传感器3和标定装置5；两个标定装置5均分别安装在两个第2基墩b上，两个传感器3分别和两个前置放大器5连接，两个标定装置5、两个前置放大器4均分别和一个记录与控制器5连接，所得测量结果为两测量端B的测量值之和。本发明能有效地提高仪器的抗干扰能力，可进一步缩短基线的长度，从而降低山洞改造的成本；能广泛应用于全国前兆数字台网的改造和建设。

（中国地震局工程力学研究所　罗　靖）

科 技 进 展

中国数字地震观测网络项目2007年综述

1. 中国数字地震观测网络项目组织实施管理

(1) 项目经费与任务对应工作。配合中国地震局发展与财务司，地壳运动监测工程研究中心完成中国数字地震观测网络项目各建设单位任务与经费的一一对应工作。2007年10月，国家发展和改革委员会以发改投资［2007］2230号文件正式批复中国数字地震观测网络项目投资概算调整。

(2) 项目免税办理工作。在中国地震局发展与财务司的指导下，2007年地壳运动监测工程研究中心共完成了5批次的设备免税申请与办理工作。截至2007年底，除1台超导重力仪和14台磁通门磁力仪未完成进关申报外，中国数字地震观测网络项目免税申请工作已全部完成。根据项目实施进度，2008年免税衔接工作申请已正式提交局发展与财务司。

(3) 项目档案整理与管理工作。2007年8月，地壳运动监测工程研究中心将全部项目管理档案资料移交中国地震局办公室档案处，档案资料包括中国数字地震观测网络项目建议书及批复、可行性研究报告论证及批复、初步设计论证及批复等立项期间的资料，以及23次公开招标、2次单一来源采购期间的招投标文件和合同原件。

(4) 项目月报出版工作。2007年中国数字地震网络项目月报共印制6册，全部印刷品按期发行至各建设单位。同时，根据项目进度，网络月报系统已于2007年10月圆满完成预定任务，进入封闭状态。

2. 中国数字地震观测网络项目地震台站建设工作

(1) 老挝地震台网建设。2007年1月17日，根据中国地震局与老挝农林部的框架性合作协议，地壳运动监测工程研究中心与气象水文厅签订建设合约。合约中明确，中方为老方建设2个地震观测台和1个小型地震数据接收处理中心，中方负责提供全部设备、完成土建施工和对老方进行相关业务培训等，老方负责提供老挝境内的运输、设备入关手续和为台站配备相关工作人员等。

2007年1月15~27日完成台站初勘及详勘，最终确定在老挝琅勃拉邦和腊肖建设地震观测台。

(2) 缅甸地震台网建设。2007年1月29日，根据中国地震局与缅甸交通部的框架性合作协议，地壳运动监测工程研究中心与气象水文厅签订建设合约。合约中明确，中方为缅甸建设2个地震观测台和1个小型地震数据接收处理中心，中方负责提供全部设备、完成土建施工和对缅甸方进行相关业务培训等，缅甸方负责提供缅甸境内的运输、设备入关手续和为台站配备相关工作人员等。

2007 年 5 月 16 ~ 31 日完成台站勘选，最终确定在缅甸密支那和南山建设地震观测台。

（3）蒙古地震台网建设。2007 年 6 月 3 ~ 8 日，地壳运动监测工程研究中心与蒙古天文与地球物理研究中心确定了台网建设意向。2007 年 8 月 26 日 ~9 月 10 日完成台站勘选，最终确定在蒙古布尔干台、车车尔勒格和达兰扎德嘎德建设地震观测台。

（4）南沙永暑礁地震台建设。2007 年 11 月，遵照中国地震局监测预报司及中心领导指示，根据海南省地震局提供的现场勘选记录，地壳运动监测工程研究中心完成了南沙永暑礁地震台的勘选报告，并于 2007 年 12 月初通过局监测预报司论证。2007 年 12 月，经与总参相关部门多次沟通，完成永暑礁地震台设计报告，并正式上报中国地震局。

3. 中国数字地震观测网络项目信息节点建设

（1）中心信息节点建设。2007 年 12 月，中国数字地震观测网络项目中地壳运动监测工程研究中心信息节点顺利通过中国地震局验收。

（2）高校节点建设。根据中国地震局的总体安排，2007 年 4 月，地壳运动监测工程研究中心组织相关部门与中科院地质与地球物理所、中科院研究生院、北京大学及中国科技大学相关部门完成了高校节点建设协议的签订工作。并于 2007 年 6 月完成了全部款项的划拨工作。

2007 年 7 月，完成了四个高校节点的施工设计，10 月完成全部建设任务，包括设备采购、专业应用软件开发、系统搭建及调试、地震数据应用环境测试等工作。四个高校节点已于 2007 年底通过中国地震局验收。

4. 中国数字地震观测网络项目宣传工作

2007 年 1 月，地壳运动监测工程研究中心向中国地震局各司室发出了《关于中国数字地震观测网络项目宣传需求调查的函》（地工研函［2007］4 号），征询中国地震局各司室对项目宣传的具体要求，并形成了各司室项目宣传联系人名录。

2007 年 2 月中旬，地壳运动监测工程研究中心组织完成了与三家网站制作公司的竞争性谈判，确定由其中一家公司承担中国数字地震观测网络项目宣传网站制作工作。

2007 年 3 月下旬，地壳运动监测工程研究中心组织相关人员向中国地震局各司室通报了项目宣传片拍摄及分项目宣传册制作计划，并将各建设单位宣传工作联系人名录上报各司室。

2007 年 4 月，地壳运动监测工程研究中心将六个分项目宣传册内容框架发送至各分项首席专家，并于 2007 年 5 月上旬将宣传册基本框架和宣传内容上报中国地震局相关业务司，请求完善相关内容。

为推进项目宣传工作，2007 年 7 月中国地震局发展与财务司向各建设单位发出《关于征集中国数字地震观测网络项目视频资料的通知》（中震财函［2007］105 号），并于 2007 年 10 月底就网站开通、媒体资料整理与上交等问题向各建设单位发出《关于中国数字地震观测网络项目宣传工作有关事项的通知》（中震财函［2007］146 号），同时，中国地震局就全面推进项目宣传工作向地壳运动监测工程研究中心发出了《关于中国数字地震观测网络项目宣传工作有关问题的批复》（中震函［2007］280 号）等文件，切实保障了项目宣传资料的收集与宣传工作的顺利进行。

遵照政府采购及招投标规定，地壳运动监测工程研究中心与震防中心于 2007 年 11 月底通过招标方式确定由北京安隆影视策划有限公司承担项目验收片的制作。

项目网站2007年10月10日进入运行。截至2007年12月10日，项目网站点击率超过万次，中国地震局各相关司室及项目各建设单位发表文章150余篇，共有55个部门和单位参与了网站维护工作。

（地壳运动监测工程研究中心　邹　锐）

国家重大科技基础设施
"中国大陆构造环境监测网络项目"启动建设

陆态网络是国家科教领导小组审议确定的九项国家重大科技基础设施之一。国家发展改革委于2006年10月正式批准陆态网络立项建设，该项目由中国地震局联合总参测绘局、中国科学院、国家测绘局、中国气象局和教育部共同承担，地壳运动监测工程研究中心为项目法人。

陆态网络以全球卫星导航定位系统为主，辅以甚长基线干涉测量（VLBI）、人卫激光测距（SLR）和干涉合成孔径雷达（InSAR）等空间技术，结合精密重力和精密水准观测技术，对地球岩石圈、水圈和大气圈变化进行实时监测的国家级地球科学综合观测网络。它的建设和运行将形成地球科学研究和空间信息技术进步的基础平台，使我国在空间对地观测领域的研究和应用水平跃入国际先进行列。

陆态网络以监测地壳运动服务于地震预测预报为主，同时服务于军事测绘保障、大地测量和气象预报，兼顾科学研究、教育发展、社会减灾和经济建设，并为其产业化发展打下坚实基础。

2007年12月18日来自项目承担六部门领导共同签署了陆态网络共建协议。至此，陆态网络项目前期准备工作已全面完成，正式开工建设。

一、中国大陆构造环境监测网络可研工作

陆态网络通过立项评估后，启动了可行性研究报告编制工作。在部门分工的基础上，围绕陆态网络可行性研究，成立了可行性研究专家总体组，并针对具体任务成立了GNSS基准站专家组、SLR与VLBI专家组、重力专家组、区域网专家组、数据系统及软件组；展开了建设场址勘选、标准、规范、设备、设施等信息收集，技术可行性研究及细化等工作确定可行性研究报告的基本构架，即：一份主报告，6份分报告，包括GNSS及重力连续观测站技术设计、SLR及VLBI技术设计、区域网技术设计、数据系统及软件技术设计、管理规制和经费估算等。

国家发展和改革委员会委托中国国际工程咨询公司于2007年5月中旬对中国大陆构造环境监测网络可行性研究报告进行了评估，评估充分肯定了可行性研究报告，仅对数据系统

的结构进行了局部调整，2007 年 8 月初国家发展和改革委员会正式批复可行性研究报告，明确了工程建设任务的招投标性质。

二、中国大陆构造环境监测网络初设工作

根据可行性研究报告的批复意见，地壳工程中心联合中国电子工程设计院，完成了初步设计，主要对建设工程任务进一步的细化，对 260 个基准站均进行了初步设计。2007 年 8 月 15 日国家发展和改革委员会委托国家发展和改革委员会国家投资项目评审中心对中国大陆构造环境监测网络初步设计进行了评估。

2007 年 10 月 8 日国家发改委正式批复了初步设计，陆态网络项目总投资约为 52228 万元，项目建设周期为 4 年，将在 2010 年底前全部建成投入运行。

主要建设内容包括基准网、区域网和数据系统。基准网由 260 个进行 GNSS 连续观测的基准站组成，其中新建 233 个站，改扩建 27 个站，分布于中国大陆及周边，在重点区域加密布设，用于地壳运动的连续观测，根据各站功能，相应配备甚长基线干涉（VLBI）、人卫激光测距（SLR）、连续重力、绝对重力、流动 SLR 等观测设施；区域网由 2000 个观测站（含已建设的 1000 个站）组成，进行不定期复测和应急观测；数据系统由数据中心和 5 个数据共享子系统组成，主要用于数据的传输、处理和共享，开展防震减灾等应用研究。

三、中国大陆构造环境监测网络开工仪式

由中国地震局联合总参测绘局、中国科学院、国家测绘局、中国气象局和教育部共同承担的国家重大科技基础设施项目“中国大陆构造环境监测网络”工程执委会第一次全体会议暨开工仪式于 2007 年 12 月 18 日在北京举行。

与会领导和专家听取了地壳工程中心主任李强关于陆态网络实施前的准备工作汇报和项目首席科学家马宗晋院士关于陆态网络综合科学研究构想的报告。共建各部门签署了陆态网络共建协议。一致认为陆态网络项目前期准备工作已全面完成，可以开工建设。

工程执委会主任陈建民代表工程执委会正式宣布陆态网络项目开工，陆态网络进入全面实施阶段。

四、中国大陆构造环境监测网络实施工作

2007 年 12 月，地壳工程中心制定完成了陆态网络四年投资计划和实施计划，2007 年启动了部分基准站和区域站的实施工作。截至 2007 年底已经完成 52 个基准站的施工图设计和 300 个区域站的土建工作。

2007 年 12 月，地壳工程中心与共建六部门代表协商，完成了陆态网络组织机构的建立，成立了工程执行委员会和工程技术专家委员会。

借鉴网络工程经验，根据国家大型科学基础设施的要求和陆态网络的实际，建立了陆态网络的管理规制体系，主要对网络工程建设、运行、财务、档案、监理等管理工作的基本要求、依照标准、操作流程、办理程序等进行了明确的说明。

为规范项目的实施，2007 年 12 月底，地壳工程中心已完成 GNSS 基准站施工图设计培训、区域网建设、财务培训等，为项目实施奠定人力资源基础。

（地壳运动监测工程研究中心　张　锐）

国家重点基础研究发展计划项目“城市工程的地震破坏与控制”进展顺利

由中国地震局工程力学研究所牵头，联合哈尔滨工业大学、同济大学、北京工业大学、大连理工大学、浙江大学、东南大学、中国地震局地球物理研究所等单位共同申报的国家重点基础研究发展计划（973 计划）项目“城市工程的地震破坏与控制（2007CB714200）”，通过科技部组织的初评、复评和综合评审，于 2007 年 9 月被科技部正式批准立项。这是我国在土木工程研究领域被批准的第一个国家 973 计划项目，也是以工程力学研究所为依托单位并由工程力学研究所科研人员担纲首席科学家的第一个国家 973 计划项目。

该项目以服务国家防震减灾重大战略需求，提升我国城市工程地震破坏基础研究水平，促进我国防震减灾能力提高为宗旨。围绕近场强地震动的破坏性特征及其空间分布规律、城市多龄期建筑结构与地下基础设施的地震破坏机理和城市建筑结构地震破坏的控制原理三个关键科学问题，开展近场强地震动的破坏性特征及其空间分布、城市多龄期建筑与地下基础设施地震破坏与控制、城市工程的整体抗震能力评价与灾害预测和我国典型城市历史震害重演与现代城市地震破坏模拟四个方面的研究，揭示近场强地震动的破坏性作用特性以及城市工程的地震破坏机理，建立城市工程的整体抗震能力评价与灾害预测的理论和方法，为城市工程抗震防灾规划、设计和加固改造提供科学基础。

该项目分解为 5 个课题：①近场强地震动的破坏作用及其空间分布规律；②城市多龄期建筑的地震破坏过程与倒塌机制；③城市地下基础设施的地震破坏与抗震理论；④城市建筑地震破坏的控制原理与方法；⑤典型城市地震破坏模拟与预测。工程力学研究所李山有研究员和王自法研究员分别担任第一课题和第五课题的负责人。

该项目的研究周期为 5 年，总经费为 2500 万元（前 2 年核定经费为 1192 万元）。项目启动实施大会于 2007 年 10 月 9 日在哈尔滨召开。

项目研究工作按计划顺利展开，已取得的主要进展是对国内外相关研究现状进行了系统总结。

（中国地震局工程力学研究所　李山有）

国家科技支撑计划项目 “重大工程地震参数研究技术研究”研究进展

设计地震动参数的合理确定是工程特别是重大工程建设抗震设防的基础和关键问题。重大工程地震参数确定技术研究课题将通过对特殊地震与场地环境下地震动特性以及不同工程结构地震反应与破坏特征的研究，提出重大工程抗震设防的原则及概率水准要求，建立不同类型重大工程抗震设计地震动参数确定的方法和抗震设防技术，为城市和重大工程建设提供依据和技术支撑。研究成果将直接用于国家标准修订和国家地震安全建设，以期经济有效地提高城市和重大工程抗御近场大震的能力，推动国家防震减灾目标的实现。

课题的主要研究内容包括：针对不同的地震与场地环境及工程特点，特别是近场大地震和大型盆地场地，研究并科学合理地确定各类工程的抗震设防要求和地震动输入；研究特殊地震与场地环境下典型工程结构的地震反应特性和损伤破坏机制；研究并开发特殊地震和场地环境下复杂结构抗震分析技术和减隔震优化技术。

课题分解为三个专题：①抗震设防要求与地震动输入关键技术；②特殊地震环境下复杂结构抗震性能评价关键技术；③大震近场工程结构减隔震优化技术。

本课题的研究面临的技术难点和关键问题包括：①针对不同结构形式和功能要求的重大工程，合理地确定其抗震设防的原则及概率水准要求；②建立合理的震源、地壳介质和盆地场地模型以及数值计算方法，实现高效的近场大型盆地地震动模拟；③针对典型重大工程结构提出合理的抗震性能评价原则与指标体系；④针对近场强地震动作用的特点，发展适合近场强地震动作用的减隔震优化技术。

经过了一年的研究，本支撑课题取得了初步的进展和一些研究成果。主要内容包括：

1. 抗震设防要求与地震动输入关键技术

基于历史震害资料（易损性矩阵分析资料），对现有建筑结构的地震可靠性进行了分析，探讨了现行建筑抗震设防原则的合理性和可靠性；对比分析了中国、日本、美国、英国、挪威的相关管道抗震规范。

发展了拟合多阻尼反应谱的人工地震动时程合成的时域叠加法，建立了同时拟合目标加速度反应谱、目标峰值速度及目标峰值位移的人工地震动时程合成方法；提出了基于概率地震危险性分析结果进行分解的原则和方法结合地震构造背景，确定设定地震及其地震动参数的技术思路与方法；发展了震源与地震波传播、盆地效应分析相结合的近断层地震动模拟方法，并结合兰州市、南京市、上海市、西安市、长春市、拉萨市等6个城市活断层地震危害性评价实际工程，开展了近场地震动模拟方法的应用研究；对我国规范砂土液化判别式的回判成功率和对地震液化预测的成功率进行了研究，分析了现有一些判别方法结果的合理性及方法的适用性。

2. 特殊地震环境下复杂结构抗震性能评价关键技术

改进了多维地震动空间相关模型和地震动合成方法，为空间结构地震动输入的非一致性特征及其影响分析提供了方法；计算分析了近断层速度脉冲地震动作用下钢筋混凝土框架结构地震反应的特点，研究表明反应谱能够较好地反映含速度脉冲地震动对结构弹性地震反应的影响，但当结构地震反应进入弹塑性阶段后，反应谱将不能充分体现出速度脉冲对结构地震反应的贡献，并结合振动台试验及结果分析，对结构在脉冲型地震作用下的反应特征开展了进一步研究；应用改进 HHT 技术，提出了一种高效提取表征结构损伤特征弱信号的方法，基于模型试验及实桥测试分析检验了方法在工程结构损伤识别中应用的适用性和可靠性；探讨了结构双向水平地震动输入问题，计算分析论证了结构地震反应分析中双向地震动峰值比例的合理取值。

3. 大震近场工程结构减隔震优化技术

分析了脉冲型地震动作用下实际高层建筑分别采用基底隔震和层间隔震措施的非线性地震反应特性和规律，探讨了高层建筑结构的隔震优化设计方法；完成了形状记忆合金（SMA）绞线——叠层橡胶复合隔震装置支座大变形特性振动台试验，分析了此复合隔震装置的隔震性能；研制了一种将碟形弹簧内置于密闭油缸中的竖向隔震装置，并将此竖向隔震装置和叠层橡胶支座合理组合，形成了能实现三维隔震的复合装置，并针对一层单跨钢框架结构模型计算分析了复合三维隔震装置的控制效能；分别针对简支箱梁桥、大跨刚构连续梁桥（包括高低墩桥梁）和大跨斜拉桥等不同结构形式的桥梁，开展了主动控制、半主动控制和被动控制形式的减震效果计算分析，探讨了它们的减隔震效果和特点，研究了不同结构形式和减隔震方式对于近断层地震动环境的适用性问题，提出了减隔震装置优化布置的方案和建议；依据大量试验资料分析了砌块墙片的强度和变形，建立了四折线恢复力计算模型；发展了基于钢管混凝土柱隔震系统，并分析了应用该隔震技术的混凝土砌块砌体结构基础隔震系统的抗震性能及优化技术。

本课题已正式发表论文 16 篇（其中 EI 期刊 4 篇），完成待刊（已录用）期刊论文 7 篇（其中 SCI 期刊 2 篇，EI 期刊 2 篇），参加课题研究的博士和硕士研究生 37 人，其中 5 人已毕业，完成学位论文 5 篇。

（中国地震局工程力学研究所　李小军）

科技部科技基础性工作专项“华北地下精细结构探查”

2006 年 12 月，科技部批准了科技基础性工作专项重点项目“华北地下精细结构探查”（项目编号：2006FY110100），该项目由中国地震局地球物理研究所承担，项目负责人为丁志峰研究员。该项目计划在现有深部地球物理研究成果的基础上，利用地震台阵观测技术对华北地区的壳幔结构进行探查，建立华北地区精细的三维壳幔结构模型，建立该地区较为完整的地震观测数据库，并将实现观测资料和研究结果的资源共享。项目的实施将为在我国进一步开展地下结构的大型地震台阵探测积累资料和经验。

2007年度，项目组对华北地区地震台阵的布设及维护进行了大量的野外及室内研究工作，在多个方面取得了进展。

1. 项目的组织及准备工作

“华北地下精细结构探查”项目确定了专家组和实施组的组成人员。项目专家组由滕吉文院士任组长，丁志峰任副组长；项目实施组由丁志峰任组长。

根据专项工作内容需要，专项内分为8个课题展开工作：流动地震台阵观测；华北地下结构初始模型；体波走时层析成像；台阵剖面成像；面波层析成像；接收函数成像；介质各向异性探测；数据库平台建设。

2007年8月17日，“华北地下精细结构探查”项目组在中国地震局地球物理研究所召开了项目启动会。

2. 野外地震台阵的维护

经过半年的野外工作，在地震局地震科学台阵野外实验场的基础上，在华北地区布设了210套宽频带流动地震台站和90套短周期地震台站，与现有的108个固定地震台站相结合，台站间距达到25km，形成一个台站密集、分布均匀的地震观测台阵系统，进行为期2年的地震观测，获取地震观测数据。

华北地震科学台阵目前运行状态良好，已经提取的地震事件波形数据达到300GB。

3. 地震层析成像

用华北地震科学台阵197个宽频带台站2006年12月~2007年6月记录的面波资料，双台法测定了435条路经上6~75秒周期的基阶瑞利波相速度频散曲线。首次利用华北地区高密度区域数字台网的双台相速度资料，通过Ditmar & Yanovskaya方法反演得到华北地区迄今为止高分辨率最高的相速度分布图像。

研究所选的资料中震中距都较小，记录波形中短周期信息十分丰富，对波形的挑选十分严格，计算出的振幅分布等直线都很规则典型，共获得在435个台站对之间路径的相速度频散曲线。由于台阵台站分布的优势，得到的这些面波路径较均匀地覆盖了华北地区。

目前，用华北科学台阵记录的资料对华北地区的地震层析成像研究工作正在进行中。从所用的地震波形资料看来，各台站的仪器一致性好、性能稳定，地震波波形完整清晰。用云南宁洱地震的资料计算的双台相速度频散图实例中，比较穿过华北平原西部和穿过华北平原东部的路径的结果，可以看出，频散曲线清楚地显示出二者的地壳结构存在着明显的差异。

4. 台阵剖面成像

利用总长度约550 km的唐海－商都宽频带流动地震台阵剖面49个地震台站的远震波形资料，通过接收函数反演得到了剖面下方100km深度范围内地壳上地幔S波速度结构。结果表明剖面下方的莫霍面深度总体上表现为东部浅西部深。剖面东段莫霍面深度约30~34 km，西段深度约38~42 km。在唐山7.8级地震震区附近，地壳厚度较薄，地壳内部存在明显的低速体，表明该区域可能存在壳幔物质交换。自张家口向西，剖面下方存在两个低速体，张北6.2级地震发生在这两个低速体之间狭小的高速区，发现大震的发生与壳内低速体的分布存在明显的相关性。

5. 接收函数偏移成像

利用华北台阵记录到的远震资料，应用远震体波波形的偏移叠加方法，沿K1剖面获得了可靠的华北克拉通中东部地壳上地幔结构。结果显示，沿K1剖面研究区莫霍界面总趋势是东南浅、西北深。在华北克拉通东部地壳厚度仅30km左右，而克拉通西北部的地壳厚度深达45km左右。与此相似，岩石圈顶界深度也具有由东向西逐渐加深的趋势。

6. 数据库与信息系统建设

（1）数据库与信息系统的总体设计。在调研国内外已有地学信息数据库网站的基础上，对“华北地下精细结构探测”项目的数据库与信息系统应具有的功能进行了分析，并根据科技部对本项目的要求，提出了数据库网站的主要功能为展示、交流和数据共享，即通过数据库与信息系统的建设，展示本项目在探测和研究中取得的成果，提供华北地区地学研究的交流平台，实现大量基础探测数据的共享。

根据数据库和信息系统的总体功能需求，提出数据库设计的具体功能要求：

在数据规格设计中，对于进入数据库的各种类型数据的格式、精度和数据内容作统一的规定，保证数据库中各种数据的完整性和一致性；

在数据库结构设计中要综合考虑数据安全性、完整性、存取效率和数据沉余等技术指标，实现数据的安全和高效的利用；

在数据库管理系统设计中要实现数据存取权限的分级管理。在不同用户中分配对于数据检索、提取、添加、修改和删除的权限，以保证数据的安全性和完整性。同时，还要实现数据库的可维护性，随着本项目研究工作的不断深入，可以把新的研究成果逐次添加到数据库中。

目前WebGIS技术在各种地学网站中得到应用。在本专题研究中采用WebGIS技术设计网站，提供以下几方面内容：

项目介绍，项目意义，探测研究目标，专题设置和研究方法；

研究区基础地理，地质和地球物理资料和已有的研究成果；

研究区探测工程布置与实施情况；

研究成果介绍，用WebGIS展示本项目的各种研究成果；

基础数据的授权共享。

（2）数据库和信息系统结构设计和开发。根据数据库与信息系统的总体设计开展了数据库和网站的设计和开发。数据库中的数据规格和数据库结构按照中国地震局“十五”数字地震观测网络建设中制定的测震数据库规格设计，并且考虑了本项目具体要求和条件。目前数据结构设计已经初步完成，初步实现了台阵信息的WebGIS查询。

（3）基础数据收集。对于准备放入数据库的基础数据进行了收集整理。目前已收集的数据包括本项目布设的241个流动地震观测台站的基本信息，如台站位置坐标、地名、安装的设备型号、开始工作时间、设备运行情况等信息。根据这些信息，就可以全面了解本项目中流动地震台阵的布设情况。由于目前探测台阵还在运行，这部分数据还在不断补充与更新。另一部分已收集的数据是地震事件的波形数据。根据项目的要求，对于台阵布设范围内部2级以上地震，华北及周围地区4级以上地震，对全球5级以上的地震事件都提取了波形数据。目前已经提取的地震事件波形数据达到300GB。这些数据已经提供给本项目内各研究课题使用。在数据共享网站开通之后，这些数据就可以供国内地学同行共享。

（中国地震局地球物理研究所　丁志峰）

国家科技支撑计划项目
“现场灾情监控与救援装备研究”研究进展

本课题依托单位为中国地震局工程力学研究所设为五个专题：地震灾情监控仪研制及布控技术研究；现场灾情场景模拟技术研究；智能化电磁波生命探测技术与装备的研发；现场结构形变峰值测试仪研制；现场救援技术标准与救援行为系列规范。

2007 年项目进展和取得的成果如下：

1. 地震灾情监控仪研制及布控技术研究

（1）完成了监控仪开发实施技术方案的设计和论证。从监控仪的体系架构、感震启动工作模式、仪器总控系统框架和内嵌测控软件流程等方面进行了系统技术设计。

（2）对监控仪各部分的技术性能指标进行了设计。对监控仪要集成的监测参量进行了比选，初步确定了各监测参量和各部件选型。

感震控制电源开关已成功进行了试验，其他部件的选购和调试已在进行之中。

（3）依据实际发生的情况将灾害分类为：地震烈度灾害、火灾、建筑物（高层建筑、桥隧、水库大坝）变形和毒气灾害等。

根据城市重要性、人口密度等情况，按大中小城市研究布设数量；第一期布设采用试验性布设方案，选择具有可操作性的试点城市进行布控，确定选择城市原则。

2. 现场灾情场景模拟技术研究

（1）基于以往的地震现场及震害预测工作基础，建立单体震害预测数据库；根据群体反推单体震害的新思路，建立不同结构在不同强度地震动作用下结构震害等级的预测研究。

（2）基于收集分析多个地震的结构震害图片及相关震害资料，提取并研究各类结构典型的震害特征。列举几种常见的地震作用下的钢筋混凝土框架结构破坏的实例，并利用有限元分析软件 Ansys 对钢筋混凝土框架结构在地震力作用下，框架柱的破坏进行了数值模拟分析，以深刻剖析结构破坏机理，从而能够更加深刻的认识结构典型震害特征分析。

（3）研究不同类型震害特征的图形表现方法和建模技术。对于表面特征，采用震害特征图片纹理贴图方式。实体震害特征的表现，主要依赖于三维建模技术。简而言之就是利用三维建模工具（如 3D MAX、Creator 等）建立结构不同破坏形态的三维几何模型。现已利用 3D MAX 进行初步的各类型建筑的完好、震损、倒塌状态的三维建模工作。

（4）结合实际需求，进行灾情场景的初步设计，研究仿真演示系统的架构、组成和实现方法，确定开发方案，初步建立开发环境。

研究成果：完成不同类型结构在不同地震动强度下破坏程度预测方法研究；收集、整理了多个地震的结构震害图片及相关震害资料；提取、分析了各类结构的典型破坏特征；初步开展了不同类型震害特征的图形表征方法和三维建模技术研究；完成了地震现场灾情场景的初步设计；基本完成了场景演示系统的架构设计。

3. 智能化电磁波生命探测技术与装备的研发

（1）研究了超宽带电磁脉冲的传播特性，完成超宽带电磁波的时域波场分析、波场衰减特性分析、波场散射特性分析，得出了超宽带脉冲在探测方面的优越性；用超宽带电磁波进行人体探测，完成了人体相对介电系数与电导率的 Debye 类型拟合，为进一步的人体模型数值模拟奠定了基础；采用时域有限差分法（FDTD）数值模拟方法，完成了穿墙与地下室人体探测模型的数值模拟，为进一步获取被探测目标的特征信息打下基础。

（2）完成天线的研制及发射机/接收机模块主要设计技术指标研究，进行信号预处理、生命信息提取和识别技术的初步研究。

（3）将 MUSIC 算法应用于调频连续波（FMCW）雷达的多目标识别，很好地识别了多个目标，并能得到目标的位置信息，分辨率有了显著提高。通过模拟得出，MUSIC 算法不仅能很好的分辨多个峰值，并且其可以较好地抑制旁瓣和噪声，进而提高信噪比，这点在探测环境恶劣的情况下，特别有利。

（4）完成各单元部件的装配和调试工作以及应用软件的开发。

4. 现场结构形变峰值测试仪研制

（1）经国内外相关研究调研，进行了系统文献检索，未发现国内外有同类研究成果。

（2）选取典型框架结构进行弹塑性地震反应分析。对福建省防震减灾大楼（9 层混凝土框架结构）进行了详细的弹塑性地震反应分析，重点摸索梁端和柱端塑性铰出现时刻、位置和最大变形量。

（3）通过单层钢筋混凝土框架震动台试验及理论分析，为峰值变形仪的设计提供相应的参数及设计方案；完成了变形仪的初步设计。

（4）通过对钢筋混凝土框架结构的分析以及抗震试验，初步确定了优化布置的方案。

5. 现场救援技术标准与救援行为系列规范

（1）全面收集整理资料并进行了分析研究，得出了救援队能力的准则包括三个，即反应速度、突击力、机动能力。根据上面提出的三大准则，将影响城市搜索与救援队能力的因素具体分为六大方面：①队伍组织结构；②指挥；③协调；④现场行动；⑤现场行动支持能力；⑥日常培训。

（2）初步建立了救援队能力评价指标体系及方法。本研究利用层次分析法的原理，构建出城市搜索与救援队能力的评价指标体系。其中，“城市搜索与救援队能力”为目标层；“反应速度、突击力、机动性”为准则层；队伍组成、指挥协调、现场行动、后勤保障、日常培训等六大因素为措施层，初步获得了指标权重的分析结果。

（3）完成救援队能力评价指标及评分标准初稿。

（4）完成救援队能力综合评价模型与分级初稿。

（中国地震局工程力学研究所　孙柏涛　胡长理　朱晓力）

国家科技部国际合作重大计划
“重大工程结构健康诊断暨灾变预警技术研究”进展顺利

20世纪90年代起，中国开始了大规模基础设施建设。大型桥梁、隧道、水坝、超高层建筑等体量巨大的新建工程结构总量远远高于其他发达国家。西方发达国家的经验表明，在经济高速腾飞时期建造的大量结构物在大约20年以后陆续出现损伤、老化等影响结构运营安全的问题。美国在结构损伤早期诊断和预警方面开展了大量研究工作，积累了丰富的经验。

本项目合作双方为中国地震局工程力学研究所、美国伊利诺伊大学香槟分校。双方负责人自1999年起通过国际学术会议提供的讨论机会开始认识、了解，由于研究方向相近，此后多次就学术问题讨论过。Spencer教授是中美合作的积极参与者，多年来为中美地震合作做了许多具体的贡献，他还为中国培养了众多的研究生和访问学者。郭迅研究员自1995年11月到Spencer教授的实验室作访问学者，对其研究内容有了更深入的了解，结合自己的研究基础和特长，酝酿了“重大结构健康诊断及灾变预警技术研究”，这一项目得到Spencer教授的全力支持。双方制定了详细的研究计划，到目前为止，研究项目进展良好，双方学术和人员交流频繁，有了具体的、实质性的合作，双方都因合作获得提高，特别是中方获益更大。中方除派出学者外，还获得大量美方产权的软件和先进的传感装置，使得中方研究水平有较大提升。目前双方合作提高新的健康监测系统的性能。

通过与美方结构健康诊断的代表人物Spencer教授开展合作，将郭迅研究员提出的“结构健康诊断对称信号法”与美方的DLV方法相结合，可以从全局和局部两个方面对大型桥梁结构的损伤进行有效的诊断；通过引进Spencer教授开发的智能无线传感阵列可以将结构健康诊断的整体水平大大提高。

在该项目支持下，取得两项结构健康诊断方面的方法，即“对称信号法”和“动静结合法”。

对称信号法：结构中的对称杆件应该具有对称的振动信号，假定对称杆件同时发生相同的损伤为小概率事件，那么通过对比对称杆件的动测信号的差异就可识别杆件层次的结构损伤。这就是对称信号法。实验对比表明基于对称信号法的杆件损伤识别方法可明确判断结构存在损伤，并可反映出杆件的损伤程度，这大大优于传统方法。

动静结合法：在实际的工程中，结构的安全性评估可以按照《民用建筑可靠性鉴定》GB50292—1999等规范来实施。其规定的正常使用极限条件下的结构挠度限值为跨度的1/250，超过了这一限制则认为结构已经不能继续使用，需要进行维修或者加固。为了得到结构的挠度，现有的方法是通过静载实验，对桥梁的中部分期施加多级荷载以此来获得结构的荷载—挠度曲线。在开始加载的阶段，挠度和荷载沿一条直线变化，这条直线就反映了结构的刚度。当条件允许时，可以直接施加荷载直到所施加的荷载达到结构的设计荷载值，取得此时结构的最大挠度。由于结构的初始挠度不可知，一般情况下假定结构空载时尚没有进入非线性的阶段，根据已获得的荷载—挠度曲线以及结构的自重，可以推出结构的最大挠度。当加载条件不满足的时候，亦可以根据结构的荷载—挠度曲线推算结构在最大荷载时的挠度。

静力的施加挠度的方法，既有效又可靠，但是静力的方法也存在很大的缺点，就是需要的时间和费用。静力加载的方式，特别是对于大型的结构，其加载的量非常的巨大，需要大量的人力物力，而且加载期间需要使结构处于封闭状态，影响结构的使用，造成了很大的不便。如果我们想要对大量的相似结构进行安全鉴定（例如多榀桁架，多跨桥梁），这个缺点就显的尤为突出。而相对来说动力测试具有费用少，测试精度高，速度快的特点，因此在结构的安全鉴定上，把二者结合起来应用有很大的现实意义。

2007 年本课题已发表论文 6 篇，参加课题研究的研究生 20 余人，目前已毕业 5 人。

（中国地震局工程力学研究所　郭　迅）

鲜水河—小江断裂系中段晚新生代构造变形及其形成机制

鲜水河—小江断裂系中段的菱形构造区（27°～29.5°N，102°～103°E）晚新生代构造变形及其形成机制的研究，是完善对鲜水河—小江断裂系，乃至青藏高原南东缘的构造变形及其动力学机制认识的关键。因此，获取菱形构造区晚新生代构造变形的精确定量资料，尤其是菱形构造区活动断裂的几何分布、滑动方式、滑动量和滑动速率，并据此进行数值模拟以了解菱形构造区构造变形的动力学机制就成为本研究的要点。此外，相对于大凉山断裂带而言，中段菱形构造区其它断裂带过去的研究程度较高，只要适当地补充资料，而大凉山断裂带则是执行本研究计划的中心。

1. 大凉山断裂带的几何结构和空间分布

弧形的鲜水河—小江断裂系由三大段落构成：北段的鲜水河断裂带，为一宽度很窄的线性构造带；南段的小江断裂带由东、西两条近于平行且间隔小于 20 km 的分支断裂构成；中段的结构则较复杂，断裂密度较高，总体呈纺锤状展布，构成一个菱形构造区，主要由西支的安宁河断裂带和则木河断裂带，东支大凉山断裂带组成。

由于安宁河断裂带和则木河断裂带走向的变化使北东向弧形突出的鲜水河—小江断裂系在中段形成一个缺口、一个反向突出。大凉山断裂带，北起四川石棉北的鲜水河断裂带南端，向南经越西、普雄、昭觉、布拖至云南巧家汇入小江断裂带，全长约 280 km，正好弥补了这个缺口，使鲜水河—小江断裂系成为一个完整的弧形。整体上大凉山断裂带由 6 条次级断层构成一条宽约 15 km 的构造带，结构上既不是典型的雁列式也不是平行式，而是二者的混合。在越西和石棉之间，两条次级断裂切过小相岭北端，构成一个弯曲的菱形，构造地貌上该段主要表现为大渡河一级支流和地质体的左旋位错。越西和普雄两条次级断裂近于平行，西支越西断裂发育于越西盆地东缘，构造地貌反映出该断裂为一条东盘向西上冲的逆冲断层；而东支普雄断裂沿普雄河发育，构造地貌反映出其为典型的左旋走滑断层。布拖断裂和交际河断裂成右阶斜列展布，构造地貌反映其断层活动都为左旋走滑，如果撇开越西逆冲断层，从普雄至交际河，大凉山断裂带总体表现出右阶雁列展布的特征。

2. 断裂带的左旋滑移量分布

形成于断裂带发育之前的地貌面或地质体等标志通常被用来判定断裂带的总位错量。以地质体作为标志，判定鲜水河—小江断裂系北段的鲜水河断裂带大约发生了60km的左旋水平位错，中段安宁河断裂带和则木河断裂带47～53km，南段小江断裂带48～63km（Wang et al, 1998）。可以看出，北段鲜水河断裂带与南段小江断裂带上的总位移量大致相当，而中段安宁河断裂带和则木河断裂带上的位移量，明显存在亏损。在大凉山断裂带的北段，根据基性岩体、震旦纪与寒武纪界线、三叠纪花岗岩与震旦纪界线的位错恢复，得出总位移量约为11km，其中东支断层上7km，西支断层上4km。大凉山断裂带上的11km总位移量正好弥补了中段上的亏损，使整个鲜水河—小江断裂系上的总位移量达到一个平衡。跨断层的水系、各种地貌面和其它地貌标志指示的断层位错是多种多样的，反映的也是断裂不同时代的错动量。而在大凉山的南端，断裂的左旋位错量迅速降低为大约3.2km，显示大凉山断裂带上的左旋位错量存在向南减小的趋势。

3. 水平滑动速率

在交际河断裂的中点附近次子脚村南1 km处，一小型洪积扇被左旋错动成三块，经过野外地形实测和位错恢复得出位错量约为31 m，西侧两个块体同时被挤压形成两个挠曲隆起。另外，该洪积扇的南侧一个较老的残存扇体也被挤压成挠曲隆起，再向南一个更小型的新洪积扇的南缘被位错了9.5 m。在被位错31 m的洪积扇中间块体的南端由下到上采了三个光释光（OSL）样品，测年结果从下到上由老至新，而且我们所采用的细颗粒石英的简易多测片法（SMAR）被实验证实对于非黄土类沉积物具有较高的可行性和可靠性，说明光释光（OSL）测年结果具有较高的可信度。以砾石层上覆砂黏土的年代代表阶地或洪积扇等地貌面的年代。因此，我们取砾石层上覆砂黏土底部样品的OSL年龄（9.9±1.0）ka作为该洪积扇面的年龄，根据31 m的位错量得出左旋滑动速率的估计值约为3 mm/a。

4. 古地震

鲜水河—小江断裂系中的大凉山断裂带长期被研究者们忽视的一个重要原因就是由于缺乏破坏性地震记录。在交际河断层中点附近次子脚村村口开挖探槽，该探槽至少揭示了两次古地震事件，^{14}C年代数据显示最新一次发生在距今1520～1950年之间，即公元元年至公元400年之间。宋方敏等（2002）也分别在石棉南、普雄、布拖北和交际河南开挖了四个探槽，共揭露出4次全新世以来的古地震事件，而且这些古地震的垂直位移量在0.5～1.5m之间，与鲜水河—小江断裂带历史地震所产生的垂直位移量进行对比，估计它们的震级都在7级以上。这些新发现表明大凉山断裂和鲜水河—小江断裂系中的其他断裂带一样，也是一条强震构造带。

5. 菱形构造区内其他变形

根据详细航空影像解译和野外实地调查，首次发现越西盆地东缘断层上的断层活动表现为逆冲，东盘向西逆冲到西盘之上。该发现的意义在于证实了鲜水河断裂带上的左旋走滑运动不仅仅被分解为大凉山断裂带（东支）和安宁河断裂带（西支）上的走滑运动，还被分解逆冲断层活动，藏东南地壳的东向侧移运动部分地被纵向地壳增厚所消解。

在龙门山－盐源推覆构造带前缘，伴生晚中生代前陆盆地。除小相岭发育的早震旦系变质火山岩外，菱形构造区广泛分布的中生代侏罗纪和白垩纪地层就属于上述前陆盆地沉积。这些中生代侏罗纪和白垩纪前陆盆地沉积遭受东西向挤压形成一系列走向近南北的褶皱带。利用平衡剖面方法结合误差分析得出研究区的地壳平均缩短量为（10.9±1.6）km，缩短率为17.8%±2.2%。我们推断鲜水河—小江断裂系中段的大凉山菱形构造区中发生的近东西向的地壳缩短（缩短率为17.8%±2.2%）发生在上新世16 Ma以前，以后沿主要断裂带左旋走滑运动为主要的构造活动形式。

6. 新生的大凉山断裂带

大凉山断裂带与安宁河和则木河断裂带相比几何结构更为复杂，其连续性和贯通性都远低于其它断裂带。因此，我们认为大凉山断裂带的粗糙度高于其他断裂、成熟度低于其他断裂，相对而言是一条年轻的新生断裂带。

（1）首先，大凉山断裂带由数条斜列断层构成，几何结构上反映了其较高的粗糙度和较差的贯通性。其次，小震活动明显集中成带分布在大凉山断裂带的南、北两端，中段存在一个明显的空区。这种显著的带状分布反映了小震活动与大凉山断裂带存在着显著的相关性，而中段的活动空区则反映了大凉山断裂的活动性两端强、中间弱。构造地貌反映出的大凉山断裂带活动性也明显是中间弱、两端强。此外，大凉山断裂带南北两段的左旋滑移量存在明显差异，北段的滑移量相当于南段的三倍（11 km/3.2 km）。这些现象说明了该断裂带整体上还没有完全贯通，在断裂带中段尚存在某种障碍。

（2）大凉山断裂北段地质体或地质界线所反映的总左旋位错量与水系所反映的位错一致，说明大凉山断裂带上的左旋运动开始出现的时间在该地区水系或局部水系成型以后。而鲜水河—小江断裂系中其他断裂带上，最大的水系位错量都远小于地质体或地质界线反映的总位错量。所以，我们推断大凉山断裂带要比鲜水河—小江断裂系中其他断裂带年轻。

（3）大凉山断裂带左旋滑动速率、安宁河和则木河断裂带上长期滑动速率都大致稳定在3～4 mm/a之间。而且，探槽研究揭示出大凉山断裂带全新世以来发生过多次震级不小于7级的古地震事件。这些说明大凉山断裂带也是一条强震活动构造带，其活动强度不低于安宁河和则木河两断裂带。

（4）如果以鲜水河断裂带上60 km的位移量作为鲜水河—小江断裂系的总位移，大凉山断裂带上11 km的位移量仅仅消解了18%的总位移（11 km/60 km）；而安宁河断裂带和则木河断裂带上47～53 km位移量消解了78%～88%的总位移［（47～53）km/60 km］。假设鲜水河—小江断裂系有史以来的左旋滑动速率基本保持不变，安宁河和则木河断裂带、大凉山断裂带都为3～4 mm/a，那么，安宁河和则木河断裂带完成47～53 km的位错量需要12～18 Ma，而大凉山断裂带完成11 km的位错量需要2.7～3.7 Ma。尽管这仅仅是一个粗略的计算，至少在量级上说明了大凉山断裂带的发育历史短于其它断裂带。即相当的活动强度、较小滑移量的断裂具有较短的发育历史。

7. 新生的大凉山断裂带是鲜水河—小江断裂系“裁弯取直”的结果

鲜水河—小江断裂系中各条断裂带具有各不相同的发育历史。其中，安宁河断裂带的发育历史最长，基本上可以认为与康滇地轴发育同步，最早开始于前寒武纪，控制了邻近地区的沉积过程和岩浆活动，直到晚中生代安宁河断裂带（包括则木河断裂带北段）仍作为龙门山—盐源推覆构造带的一部分在活动。在鲜水河—小江断裂系形成的早期，鲜水河—小江断裂系首先选择和利用了先存的相对薄弱的康滇地轴或者后来的龙门山—盐源推覆构造带东边界形成了安宁河断裂带，其原因可能是与在大凉山地区形成一条新的断裂相比，南北向的安宁河断裂带暂时满足了最低能量原则的需要。则木河断裂的形成极有可能是安宁河断裂带和小江断裂带之间的阶区贯通，因为安宁河断裂带的西昌以南段是在第四纪晚期才逐渐停止活动的。当青藏高原南东块体顺时针旋转，使鲜水河—小江断裂系持续发展，并导致断裂系的反向弧突部位强烈隆起积累巨大的势能，比如贡嘎山和小相岭的隆起等，最后的必然结果是“裁弯取直”，由此产生的大凉山断裂带将可能逐渐取代安宁河和则木河断裂带，并最终消除中段的反向突出，形成一条相对平滑的弧形断裂系。

此外，大凉山断裂带南、北两段的活动性比中段强，中段缺失小震活动说明这种“裁弯取直”是从两端向中间发展，即断裂发展的“末端效应”，分别从鲜水河断裂带南段和小江断裂带北端向中间相向发展。即大凉山断裂带的北段活动与鲜水河断裂带相关，而南段与小江断裂带相关。

根据我们过去和本课题的研究，给出一个鲜水河—小江断裂系中段大凉山菱形构造区的构造演化过程：上新世以前（55 ~ 16 Ma?），印度板块向北楔入欧亚板块导致印支半岛被挤出，菱形构造区遭受东西向挤压形成轴向近南北的褶皱，地壳缩短率约为 17.8% ±2.2 %；上新世以来（12 ~ 18 Ma?），左旋断层活动开始逐渐占据主导，鲜水河—小江断裂系的发展首先选择和利用了先存的薄弱带，如安宁河断裂带；其后，近南北向的安宁河断裂带和小江断裂带间的阶区贯通，形成则木河断裂带，并最终使安宁河断裂带西昌以南段在晚第四纪停止活动；在上新世晚期（2.7 ~ 3.7 Ma?），左旋的大凉山断裂带出现，它是弧型鲜水河—小江断裂系中段“裁弯取直”的必然结果，而且，随着青藏高原南东块体持续的顺时针旋转，新生的大凉山断裂带可能将逐渐取代安宁河和则木河断裂带，并最终消除中段的反向突出，使鲜水河—小江断裂系成为一条平滑的弧形断裂系。

（中国地震局地质研究所　何宏林）

PS InSAR 测量当雄断层活动性的关键技术研究进展

1. 项目摘要

本申请旨在提高干涉测量的精度，以测量活动断层的缓慢滑动，分析断层对远场强震的响应关系。当雄断层属尼木—当雄—崩错地震带，是一条具有发生强震可能性的断层。该区地壳形变幅度较大，当雄—羊八井断裂带的全新世垂直活动速率为约 15mm/a，地表岩石裸露多，粗糙度较大，植被稀少，人类活动不多，适合干涉雷达数据处理。正逐步在断层两侧布设人工角反射器阵列，并收集了该区百余景雷达数据。本申请拟采用气象资料、MERIS

水汽产品和同步观测 GPS 数据对干涉图进行大气校正，再用 PS InSAR 方法和 SBAS（小基线数据集）干涉方法对校正后的干涉图进行时空序列分析，以提高 D－InSAR 的观测精度达到毫米级，测量断层缓慢的滑动速率。在验证测量精度达到给定阈值的基础上，提取滑动速率中非常微小的异常信号，分析其与远场强震的响应关系。研究目标为提高 D－InSAR 的观测精度达到毫米级，以研究当雄断裂带的活动性。

2. 进展情况

目前已获得该地区光学影像、断层资料、气象资料以及百余景雷达数据，制作并布设角反射器 6 个，并着手设计更为合理的反射器，布设前后，项目组成员多次赴当雄断层实地考察与测量。对数据进行了预处理，初步了解当雄断层附近活动性。

（1）数据积累。

获取实验区多景光学及雷达数据，高清晰度的 ETM 遥感影像图显示，在念青唐古拉山东南麓和当雄—羊八井盆地，分布数十条延长数公里到数十公里、错动不同时代第四纪地层的正断层和走滑断层。由于该区人烟稀少，加上特殊的地质、地貌和气候条件，地震在地表形成的破裂至今仍清晰可辨，为寻找断层、安装测量仪器提供了很好的条件。

获得的雷达数据有百余景，包括存档的 ERS 和 ASAR，表 1、表 2 列举其中部分数据的信息，目前还在持续定购这一地区的雷达影像。

表 1　当雄断层 ASAR 数据信息列表

编号	轨道	track	frame	时　间	中心经纬度
1	5970	405	2997	20030422	30°15′00″　91°10′12″
2	7473	405	2997	20030805	30°15′00″　91°10′12″
3	8976	405	2997	20031118	30°15′00″　91°10′12″
4	9447	405	2997	20031223	30°15′00″　91°10′12″
5	9978	405	2997	20040127	30°15′00″　91°10′12″
6	11982	405	2997	20040615	30°15′00″　91°10′12″
7	12483	405	2997	20040720	30°15′00″　91°10′12″
8	15990	405	2997	20050322	30°15′00″　91°10′12″
9	26010	405	2997	20070220	30°15′00″　91°10′48″
10	27513	405	2997	20070605	30°15′00″　91°10′84″

表 2　当雄断层 ERS1/2 数据过境时间列表

19971104	19920704	19930306	19960527	19980428
19971209	19921017	19930410	19960702	19980602
19980113	19921121	19931002	19961015	19990413
19980217	19921226	19951030	19970408	19991109
19980324	19930130	19960108	19970617	20001024

（2）角反射器。

通过图像判读以及多次野外实地考察，确定了反射器安装的位置，沿当雄断裂带两侧安装了6个角反射器，包括金属三角反射器和二维水泥反射器各3个，其中，水泥反射器具有防水防盗等功能，是为人烟稀少的当雄地区所特别设计。

（3）方法研究。

提高InSAR测量精度的方法可以有如下三种：利用外部数据（MERIS或其它水汽产品、降雨资料等等）去除水汽误差、利用时序分析方法减小各类误差，以及利用角反射器进行重点测量。资料显示，试验区上空常年有云，因此外部水汽数据通常难以适用。

角反射器识别是后续工作的基础，通过改进已有算法，设计了反射器识别的方案，步骤如下：

①利用安装时测量的粗略地理坐标在雷达强度图上大致确定反射器位置；

②利用反射器和周围地物的相对位置关系改正其在强度图上的定位；

③利用雷达方程将以上位置坐标转化为雷达坐标；

④计算反射器在雷达强度图上的模拟图，利用一个滑动窗口进行比较，检测可能的反射器点；

⑤利用反射器点之间的相互位置关系进一步调整其位置。

（4）数据处理。

小基线像对可将地形影响降至最低，适合获取形变，对所有垂直基线小于70m的像对进行处理，得到其差分干涉图，包括4组ERS和6组ASAR。

串行数据是指时间间隔为1天的ERS1/2，这个时间间隔内如果没有地震发生，则可以认为差分干涉图的条纹主要是由大气误差造成，并以此来评估这个误差的大小。

在对当雄断层的形变模式并无先验知识的情况下，利用2003～2006年的11景ASAR雷达影像进行了PS分析，得到试验区地表形变的大致特征。

（中国地震局地壳应力研究所　张景发）

兰州市活断层探测与地震危险性评价

本项目为国家“十五”重大建设项目“中国数字地震观测网络”——中国地震活断层探测技术系统分项之一。项目依托单位为甘肃省地震局。

项目针对兰州盆地厚层黄土和粗颗粒沉积物等特殊的地质地貌条件和复杂的探测环境，采用航卫片解译、地质地貌填图、差分GPS测量与地球化学探测，浅层人工地震探测、电成像探测、钻孔探测、测年技术、微震监测与小震精确定位等综合探测技术，在兰州盆地内首次应用大型探槽技术，查明了兰州市7条活断层的分布及最新活动性。特别是否定了前人提出的从市区穿过、对城市规划和建设影响很大的刘家堡和深沟桥两条晚第四纪活动断层，不仅为兰州市及其邻区的防震减灾工作以及青藏高原动力学研究提供了扎实的基础资料，也为兰州市的土地利用和城市建设规划、减轻地震灾害、保障社会经济可持续发展提供了重要科学依据，为兰州城市发展提供了重要安全保障，其经济效益和社会效益巨大。目前，本成果正在被修编的兰州市第四版城市规划和兰州市抗震设计规程所采用。

该项目已于2007年8月通过了中国地震局震害防御司组织的专家验收，成为全国20个活断层探测城市中率先通过验收的城市。验收专家组认为本工程是一项优质工程，为其他城市开展活断层探测工作提供了成功范例。2007年12月29日甘肃省科技厅邀请汤中立院士及省内外专家组成鉴定委员会，对该项目进行了鉴定，专家组一致认为该项目达到国际先进水平。

（甘肃省地震局　袁道阳）

河套盆地晚更新世湖相地层与构造作用的相关性研究

河套盆地位于阴山隆起与鄂尔多斯隆起之间，是华北最主要的地震构造活带，盆地边缘的活动断裂以张性正断层作用为主。

对于以张性正断层为特征的强震破裂，定量评估其第四纪，尤其是晚第四纪的垂直位移量和位移速率，是认识断层长期活动习性，开展与时间相依的强震预测的重要环节。正是由于这一点，河套断陷带活动构造研究程度相对较高。无论是有关断裂带位移速率还是古地震及其重复间隔研究都取得了许多重要的成果。这些成果明确盆地北缘断裂上升盘，主要是大青山山前断裂存在两级以上晚更新世的湖岸阶地和两级冲洪积台地，并获得了这些上升地貌面大体形成年代和高度分布。但也暴露出大青山山前断裂带晚第四纪不同阶段位移速率的不协调，以及与古地震复发间隔时间显示的断裂活动强度的较大差距。如大青山山前断裂带最年轻的湖岸阶地形成以来（2.5万~2.3万年），断层垂直位移速率一般都在4mm/a以上，最高超过6mm/a，明显高于由冲洪积扇上的断层陡坎高度和古地震位移量显示的全新世位移速率（0.35~1.78 mm/a）；这种差异是否真实的反映了活动断裂在晚第四纪各个时期的运动速率的波动，还是现今古湖泊堆积地层的高度位差含有环境变化的因素？为更好地回答这个问题，在“国家自然科学基金”等项目的支持下，从河套盆地晚第四纪成湖环境入手，在系统总结、分析河套盆地周缘构造活动，湖岸阶地及冲洪积台地分布特征、高程变化的基础上，通过实测剖面、收集钻探资料，对盆地和周缘第四纪沉积物，主要是晚更新世湖相堆积物进行沉积地层学、（古）生物学、（古）气候学和年代学方面的研究，以恢复晚更新世古湖水位的范围与高程变化，找出影响古湖水位变化的主因，分解出盆地北缘断裂，主要是大青山山前断裂带活动实际造成的古湖岸阶地上升幅度和位移速率，取得了重要的进展。

1. 河套盆地地层与主要成湖时期

通过实施呼和浩特市南郊的钻井探测，以连续不停的方式钻探并采取全部岩芯，以此为基础，进行岩石学、年代学、孢粉地层的研究，并综合呼包盆地已有的水文钻孔资料和盆地边缘湖相地层研究成果，通过与邻区第四纪湖相地层、晚更新世标准地层萨拉乌苏组和早更新世标准地层泥河湾组对比，划分出河套盆地第四纪湖相地层的岩石地层、年代地层和孢粉地层序列。

河套盆地第四纪地层从下而上可划分为：下更新统、中更新统沟子板组、上更新统萨拉乌苏组和城川组、全新统，其中，本项研究新建了中更新统沟子板组，重新划分了上更新统。同时说明了河套盆地在第四纪的早更新世、中更新世早期、中更新世晚期、晚更新世4个时期存在古湖泊，也意味着黄河外流减少或停止以至成为内流河。

2. 定量恢复的河套地区晚第四纪古气候

定量恢复的古气候参数显示，年均温度（*T*）和年均降水量（*R*）曲线是同步的，说明古气候是以暖湿、冷干为主要形式的季风气候。早更新世1070～800kaB. P.，*T*与现代相当，*R*比现代多约170mm，是一个温和湿润期，也是剖面记录中最润湿的时期。中更新世524～192. 2kaB. P.，大部分时间比现代稍湿，部分时段与现代相似，存在4次明显的冷干降温事件；晚更新世12. 8～10. 1kaB. P.，*T*为6℃，*R*为518mm，7月平均温度20. 9℃，也存在4次冷干降温事件，但降温幅度已经远不如中更新世强烈。这总共8次降温事件的时间间隔相对较短，强度从早到晚是逐渐减小的。

从河套盆地沉积史和古气候定量恢复参数，可以认为构造活动决定了河套古湖泊的存亡，气候变化影响的程度较小，甚至古湖水位的变化也主要是由构造活动的强度确定的，气候变化只是起着次要的作用。气候影响湖泊可能主要体现在年降水量的大小影响到湖水位的涨落，它们之间的定量关系还有待进一步研究。

3. 托克托出水口附近的湖相地层与构造运动

河套古湖唯一的出水口是河套盆地东南部的托克托一带、现代黄河流过此地进入晋陕峡谷。此出水口喇嘛湾—城湾—天峰坪凸起在第四纪存在隆升作用。托克托台地位于此凸起的北缘，台地东南边缘大致以和林格尔断裂为界，西北边缘鄂尔多斯北缘断裂隐伏穿过。

本项目在大量野外观察的基础上，进一步确定湖相地层的分布范围；然后通过实测地层剖面、采样和室内分析，进行岩石学、年代学和孢粉带的研究，与标准地层和钻孔剖面对比确定出湖相地层的年代；再根据已有的地球物理和钻孔资料，分析托克托台地的结构、推断出其演化史；最后综合研究所有的资料，尽可能地恢复古湖水位变化、估算出影响河套古湖存亡的鄂尔多斯北缘断裂托克托段的位移参数。

结果显示：托克托台地覆盖了黄土的湖相地层形成于12万～10万年以前的晚更新世早期，相当于邻区的萨拉乌苏组，其上覆盖的黄土形成于8万年之后的晚更新世晚期，相当于邻区的城川组，与马兰黄土同期。托克托台地形成过程：上新世地层遭受风化剥蚀使地表处于准平原化，在这一过程中和林格尔断裂和鄂尔多斯北缘断裂发生明显位错；约12万年开始，和林格尔断裂停止位错，开始沉积晚更新世早期的萨拉乌苏组，约10万之后湖水向盆地中心退却，台地上的湖相地层受到风化剥蚀，约8万多年开始在其上沉积黄土，湖水未再扩展到台地之上直至全新世的风成砂覆盖地表，在这期间鄂尔多斯北缘断裂继续位错直至晚更新晚期大约3. 4万年左右停止，台地最终形成。

鄂尔多斯北缘断裂托克托段的活动性控制着河套古湖的存亡。从约12万年开始至10万年快速滑动，抬高出水口并形成湖泊，直到3. 4万年断裂停止活动，湖水位再次下降直到

2.4 万年以后整个湖泊消失。2.4 万年时湖水位海拔标高 1020m，10 万年时的实际湖水位为 1037m。

4. 大青山山前断裂的位移速率

基于河套盆地 2.4 万年时的古湖水位为 1020m、10 万年时湖水位为 1037m；同时认识到：如果不是后期断裂垂直位移的影响，不同时期湖水位的湖盆边缘湖相沉积的海拔高程应该是相同的。因此通过分析、对比盆地边缘湖相地层和台地面的岩性和测年结果，比较合理地筛选出大青山山前 2.4 万年时期湖相地层分布和顶面（标志层）的海拔高程，通过与当时的湖水位海拔高程 1020m 对比，确定出上升盘的抬升幅度和速率，并借助已有的钻孔资料标定断裂下降盘湖相地层顶部深度以近似地代替下降幅度，最后得出大青山山前断裂带 2.4 万年以来的位移参数。在此基础上，采取逐步限定的方法确定Ⅲ级台地的形成年代，加上实测的海拔高程值，得到Ⅲ级台地形成以来的断裂上升盘的抬升速率，并进而估算出断裂带的垂直位移速率。

结果显示扣除成湖环境变化影响之后，大青山山前断裂带的位移参数为：2.4 万年以来，上升盘的抬升速率 0.92 ~ 1.08mm/a，断裂带的垂直位移速率 1.84 ~ 2.16mm/a；10 万年以来，上升盘的抬升速率 0.58 ~ 0.89mm/a，断裂带的垂直位移速率 1.16 ~ 1.78mm/a。这些位移速率值只是前人受到争议的速率值的约 1/3，但与该区整体的构造活动背景和断裂上古地震研究显示的强震重复间隔和断裂活动强度有很好的一致性，说明只有在考虑环境因素变化的情况下才能获得较为可信的断层活动性参数，为地震危险性评价提供坚实的基础。

（中国地震局地质研究所　冉勇康　李建彪）

地震诱发黄土滑坡的动力学机理及评价方法研究

黄土地区是中国大陆强震活动的主体地区之一，地震诱发滑坡是黄土地区主要的地震岩土灾害。本项课题以预测和减轻黄土地震滑坡灾害为目的，采用理论分析与震害实例相结合的研究方法，探讨黄土地震滑坡分布规律、形成条件、类型、活动特点、震害特征以及变形破坏机理，揭示黄土地震滑坡与地震动参数的关系，分析研究黄土地震滑坡活动强度及其潜在危害性，在科学上有较明显的创新性和工程应用价值，取得的主要成果有：

（1）根据中国西北黄土地区地形地貌特征，对黄土斜坡的类型、岩土结构特征、几何形状（坡度、高度等）等进行了分析研究，对地震诱发黄土滑坡的形成条件和成灾规律有了较明确的认识。通过对 1920 年海原 8.5 级地震、1654 年天水 8 级地震、1995 年永登 5.8 级地震、2003 年民乐 6.1 级地震等诱发的 147 个典型黄土地震滑坡进行了研究，现场详细测量了典型滑坡剖面，分析研究了黄土地震滑坡的主要类型和基本特征，揭示了各种斜坡的地震破坏机理，初步提出了黄土地震滑坡判定准则。

（2）黄土地区岩土地震灾害与场地地貌特征密切相关。通过对黄土斜坡场地地震动特征的数值模拟分析，揭示了黄土斜坡地形对地震动效应的放大作用，给出了相应的估算公式。通过对不同厚度黄土斜坡场地的地震反应分析，揭示了黄土高边坡长周期反应谱的特点。从实用性角度出发，进一步阐述和明确了持时的内涵，分析了各种因素对地震动持时的影响和持时对震害影响的机理，提出一种解决与给定超越概率水平相匹配的地震动持续时间的概率预测方法，实现地震动强度、地震动反应谱和持续时间三者在同一概率意义下的协调和统一，给出了甘肃黄土地区的地震动持时预测结果。

（3）在阐述弹塑性动力有限元分析原理的基础上，选取黄土地区典型滑坡类型作为计算模型，采用 Drucker - Prager 屈服准则，将黄土的弹塑性动本构关系引入到动态反应分析中。首先采用拟合目标谱法，获得基于Ⅰ、Ⅱ、Ⅲ类场地标准反应谱曲线的人工模拟地震动时程，同时选取基岩地震波与强震记录，作为地震输入。通过对不同峰值加速度、频谱、持续时间作用下，黄土斜坡的位移场、应力场及塑性区的扩展特征的分析，详细展示了土体在地震作用下的动态响应和应力变化规律，揭示了地震动的工程特性对黄土边坡稳定性的影响。通过对宁夏西吉回回川滑坡的反演分析，验证了分析计算方法的可行性和合理性，强调了黄土地震滑坡研究中必须重视考虑滑坡所面临的地震地质背景、地震作用特点等因素。

（4）采用坡体波动振荡效应解释了地震滑坡的形成机理，地震动使坡体波动振荡产生的启程剧发速度会直接影响到滑后行程速度和整个滑动土体的滑移距离。最大滑距可分为地震时坡体波动振荡产生的位移和地震波动停止后滑坡的滑移距离两部分。在此基础上，建立了地震滑坡的滑距计算模型，通过 Newmark 分析法导出了分段计算折线形滑面地震滑坡的活动强度公式，选取 1920 年海原地震两个典型滑坡实例进行计算，结果表明，模拟计算值与实测值相符，验证了地震滑坡滑距计算公式的实用性和有效性，为合理判定黄土地震滑坡的潜在危害性和确定避让距离提供了依据。

（中国地震局兰州地震研究所　石玉成）

曹妃甸人工填海场地地震小区划

规划建设中的曹妃甸工业区主要位于河北省唐海县东南渤海海域中的曹妃甸岛与大陆之间的填海造陆区域，西邻南堡油田。曹妃甸工业区规划区域地震小区划面积约 240km^2，按Ⅲ级要求开展地震安全性评价工作。在工作开展过程中，针对遇到的难点问题，我们采用了相应的技术途径予以解决。

1. 填海造地工程未完成区域计算模型的选取

曹妃甸工业区为填海工程，项目开展工作时，部分区域填土还没有施工完毕。考虑到地震小区划结果是为填海工程完毕后场地拟建工程提供抗震设防依据，为了更符合工程实际需求，工作中根据甲方提供的回填土设计方案和水深图，统一采用了回填土施工完毕后的场地状况确定计算模型，最终提供了回填土施工完毕后的小区划结果。未回填完毕钻孔的回填土的动力学参数，根据已经回填钻孔的回填土的相关参数进行类比分析得到。

2. 人工岛砂土液化震害评价

由于工作区采取的是深海抽砂回填的围海造地的模式，砂土液化是该工作区面临的主要地震次生灾害。考虑到对于新建人工填海半岛，历史地震对于场地附近的震害情况不足以说明今后可能造成的震害程度，为了全面了解该地区的砂土液化情况，本次工作重点对日本类似场地进行了分析，然后从历史地震对工作区的砂土液化和对类似场地的砂土液化这两方面进行综合分析和总结，再结合现场勘查试验和计算给出了更为合理可靠的工作区砂土液化等级分区图。

3. 海上钻孔和波速延拓

曹妃甸工业区场地勘察面积广阔，且大部分地域尚未填海造陆，根据小区划工作的要求，需进行大量的海上钻孔和波速测试工作，工作量大且条件异常艰苦。本次工作在对场区及附近工程地质勘察资料大量调研的基础上，确定实施钻孔和波速测试 70 个，其中海域钻孔 52 个，陆域钻孔 18 个，孔深至少为 100m。在土层反应分析时共选取了 83 个钻孔，包括收集有剪切波速钻孔资料 13 个，钻孔深度均为 100m。83 个钻孔在孔深达 100m 处剪切波速均未到 500m/s，需要向下延拓至剪切波速值达 500m/s 深度处。具体步骤是，首先统计 83 个钻孔 100m 以内的剪切波速资料，分别按照线性回归、多项式回归和指数回归得到工作区内不同土类的剪切波速随深度变化的回归公式，然后在 100 米以下，根据统计回归公式中波速增加趋势，对剪切波速向下进行延拓至 500m/s 深度处，并且对不同延拓方式对土层计算结果的影响进行不确定性分析，综合考虑不确定性分析结果和相关系数大小等因素，最终取指数回归公式为本次工作计算模型的剪切波速延拓公式。

曹妃甸小区划工作对几个难点的解决方法紧密结合工程需求，可为今后类似工程地震安全性评价工作提供有益的借鉴。

（中国地震灾害防御中心　田学民）

基于 2001 年可可西里 8.1 级地震形变场演化分析的青藏高原黏弹性动力学模型研究

基于 2001 年可可西里 8.1 级地震形变场演化分析的青藏高原黏弹性动力学模型研究是国家自然科学基金委员会资助的重点项目。项目起止时间为 2004 ~ 2007 年。

2001 年青海可可西里 M_S8.1 地震为研究东昆仑断裂及其周边地壳的流变学介质提供了难得的机会。地震发生后中国地震局迅速在震区布设 40 个连续与流动 GPS 台站并进行了一系列观测，积累了前期震后形变观测资料。我们在 2004 ~ 2006 年对这些台站进行了复测，并且于 2006 年在北部地区增加 16 站点监测跨阿尔金断裂的形变场。将以上观测数据与本地区震前观测数据、历年中国大陆地壳运动观测网络（CMONOC）基准站数据及 2001 年、

2004 年、2007 年区域站数据结合分析，获得台站同震位移与震后位移时间序列。

结合 GPS、InSAR 及其他资料反演同震形变，得到比以往研究更为优化细致的破裂分布。首次用大地测量数据揭示了太阳湖断层东端和东昆仑主断层西端 50km 的左阶断层吸收了 0.1 ~ 0.2m 的正断层分量，昆仑山口断层段吸收了 0.8m 的逆冲分量。地震释放的总地震矩为 $9.3\times10^{20}\mathrm{N}\cdot\mathrm{m}$，对应于 $M_W8.0$ 的地震。建立有限元模型模拟断层二侧同震位移振幅的非对称性，得到南盘地壳杨式模量比北盘低 10% ~15%，验证羌塘地块与昆仑地块介质的系统差异。在此研究基础上将模型扩大到三维，根据李秋生等（2004）地震反射剖面成像结果将本地区岩石圈介质分为 6 层，其中断层南盘地壳波速低于北盘，对应南盘介质杨氏模量低于北盘。通过正演各种地壳介质模型下地震同震形变场并与 InSAR 数据比较，发现只有在南盘地壳介质杨氏模量明显低于北盘情况下才能获得 InSAR 数据较为满意的拟合。

分析震后形变场时空特征发现：震后弛豫形变时间特征以对数函数形式衰减，最佳时间常数为 46 天，90% 置信期间范围为 40 ~ 52 天。尝试其它形式的震后位移函数，如指数及幂次函数，拟合结果均不如对数函数。空间特征表现为：位移图像与同震形变相似但振幅大大小于同震形变且空间衰减率明显低于同震形变场；断层南盘近场位移大于北盘，断层南盘远场位移小于北盘；跨阿尔金断裂未见明显形变场变化。

以 GPS 震后位移资料为约束，模拟地震破裂在黏弹性成层介质中的形变场，研究震后形变物理过程。断层震后滑移与中、下地壳弛豫形变联合反演结果能够很好解释震后形变数据，二者贡献在不同时间段内是不一样的。初期（6 个月内）震后形变主要来源与断层带内 10 ~ 30km 深度范围内的震后滑移；以后震后滑移逐渐让位于来源于中、下地壳与上地幔（特别是黏滞系数为 5×10^{17} Pa s 的下地壳）的弛豫形变，至地震发生 2 年后取支配地位。上述结果显示表明地震断层面内的转换层及断层邻域岩石圈的流变学性质均对区域应力应变场的演化有重要调制作用。在地震发生后比较短暂时间范围内震后滑移主要控制着区域应力应变场的演化及余震的发生。但在地震发生 1 ~ 2 年以后岩石圈内，特别是中、下地壳内的弛豫形变结合长期构造加载场控制着区域应力应变场的演化。这一过程也许会控制其后地震孕育过程的主要时期，直到后期又会作用于断层面内的转换层造成新的慢滑移，使得断层上部锁定层出现加速加载。

（中国地震局地质研究所　沈正康）

“明灯 1 号” 项目

2007 年 12 月 12 日，中国地震局地球物理研究所启动了“明灯 1 号”项目，在华北地区顺利实施了大当量人工地震爆破，进行大范围的综合地球物理观测，对华北地区的地球壳幔结构进行强主动源探测试验。这是我国专门用于地球深部结构及地球物理学相关研究的最大当量人工爆破探测项目。该项目得到了中央级公益性研究院所基本科研业务专项（地球物理研究所）的资助。

为顺利开展“明灯1号”项目，地球物理研究所对大当量爆破进行了精心的组织，抓好每一个工作环节，严把工程质量关，重视社会稳定工作，确保了大爆破的成功实施。大当量人工源场地位于河北省怀涞县境内，人工源以洞室爆破方式实施，使用50t炸药。施工中选择基岩山体，打斜井进入山体，开凿集中药室。巷道70 m，坡度10度，过渡平巷长20m，药室直径4.2m，高5.5 m。在40天的时间内完成了洞室挖掘、装药布线和实施起爆工作。2007年12月12日凌晨3时，人工震源成功起爆，地震台网测定的震级为M_L2.8，震源激发的有效能量达到了设计要求，爆破记录效果良好。

为使“明灯一号”项目产生尽可能多的科研效益，地球物理所联合地震系统内外的多家科研单位，合作进行与大爆破有关的野外观测，参与布设野外流动观测的各类地球物理仪器达到了800台（套），其中流动地震观测除使用华北地震台阵观测外，还专门布设了两条长度各超过1000km、一条长约600km的三条地震长探测剖面，对大爆破进行观测。

通过分析多种手段的观测资料，得到了大爆破产生的各种地球物理场的时空变化特征，如区域地震走时的传播特性、华北克拉通不同构造单元的结构差异、近场强地面运动分布、波场衰减特征、爆破产生的电磁场同震效应、爆破的次声效应及其与地震对比观测。随着对记录数据的发掘处理和研究工作的深入，围绕此次大爆破可望取得一些重要的研究成果。

（中国地震局地球物理研究所　丁志峰）

农居地震安全工程技术和政策研究进展

本项目是科技部社会公益专项、甘肃省科技攻关项目、中国地震局政策研究项目。项目依托单位为甘肃省地震局。

农居地震安全是我国防震减灾事业的薄弱环节，同时是我国农村地区，特别是多震区农村震害突出的根本原因。因此推进农居地震安全技术研发，研究我国农居地震安全工程实施推进的相关政策问题，具有重要的防震减灾科学和社会意义。本项研究对甘肃省和西北其他地区农村民房进行了调查，总结了主要的农居类型及其结构特征，分析了不同结构类型农居的震害资料，得到了不同类型农居的抗震能力评价。并针对农居建设的习俗和农居地震破坏的经验，提出了农居抗震建造技术措施，为提高农居建设的抗震水平提供了科学依据。本项研究通过对我国不同地区农居地震安全工程实施和推进的调研分析，并结合国外此方面工作的经验文献，提出了农居地震安全工程推进的五种国内典型经验模式和三种国外典型经验模式，并对农居地震安全工程推进的相关部分角色、组织实施、资金融资等问题进行了系统分析，提出了地震部门灵活定位，发挥自身优势，以“旗手”、“号手”、“助手”等不同角色，提出了推进农居地震安全工程的策略和政策建议，对推动全国农居地震安全工程实施发挥了重要作用。

（甘肃省地震局　王兰民）

地磁基本场观测与研究

地磁基本场的观测与研究是地球物理学的经典内容之一，也是中国地震局地球物理研究所主要研究方向之一。2007 年度，在该领域开展了相应工作并取得了一定进展。

1. 菲律宾地区地磁基本场观测与模型研究

菲律宾位于南中国海东缘，是第一岛链的重要环节。菲律宾板块的向北运动是中国南部沿海地区地震活动的重要背景之一。而该地区的地磁观测数据是基础研究和应用研究的宝贵资源。2007 年 1 月，地球物理研究所与菲律宾国家气象、天文和地球物理服务局合作，在菲律宾地区开展了地磁基本场的野外测量和相应的数据收集工作。并在此基础上建立了"2005.0 菲律宾地区地磁基本场曲面样条模型"和"2005.0 菲律宾地区地磁基本场球冠谐模型"。此项研究填补了该地区地磁基本场研究的空白，并开创了中国科研人员与国外学术机构合作在境外开展地磁基本场观测的先例。

2. 建立"2005.0 中国领海及邻近海区地磁基本场模型"

地磁基本场数据和模型是磁导航的基础科学数据，在舰船、飞机和战术战略兵器的自主导航中有着重要的应用。研究所参与军方的科研项目，建立了"2005.0 中国领海及邻近海区地磁基本场曲面样条模型"和"2005.0～2010.0 中国领海及邻近海区地磁基本场长期变化球冠谐模型"，并编制了"2005.0～2010.0 中国领海及邻近海区地磁基本场数值查询计算模块"。该模型是中国第一代具有自主知识产权的海域地磁基本场模型，改变了有关方面依靠使用国外相关资料和模型的状况。

3. 川滇、首都圈和苏鲁皖地区地震地磁监测与动态模型计算

在川滇地区开展了 55 个测点两期地磁基本场重复测量，在苏鲁皖地区开展了 32 个测点两期地磁基本场重复测量，在首都圈地区开展了 46 个测点一期地磁基本场重复测量。并在此基础上建立上述三个地区的地磁局部异常场动态模型，指出在郯城—新沂地区存在显著的局部异常变化。

4. 香港国际机场磁罗经校正场磁偏角分布复核测量

磁罗经校正场是飞机磁罗经校正的基础设施，准确的磁罗经校正场地磁数据是飞行安全的重要保障之一。香港国际机场管理局邀请研究所对该机场的磁罗经校正场地磁场分布进行复核测量。研究所在安徽省地震局地震工程研究院的协助下开展了复核测量。根据测量结果作出了香港国际机场磁罗经校正场的地磁场分布符合英联邦民用航空管理部门的相关技术规范，满足"一级磁罗经校正场"技术要求的结论。并出具了相应技术文件。该文件是香港国际机场管理局为各航空公司提供磁罗经校正技术服务的基础技术支撑之一。

（中国地震局地球物理研究所　顾左文）

地震电磁卫星与地震遥感应用国际合作取得进展

空间对地观测技术以其快速、大范围、不受地面观测条件限制、信息量大等优势，已显示出其在防震减灾事业中的巨大应用潜力。与地面观测台网相比，空间对地观测技术可以实现大范围、高精度、高动态的物理场观测，从形变、电磁和热效应等多个侧面提取与地震孕育和发生过程有关的重要信息，可能成为地震监测预报的重要技术途径。

1. 发展卫星地震系统已正式纳入相关国家规划

2007 年 8 月全国地震科技大会上，中国地震局等五部委联合发布了《国家地震科学技术发展纲要（2007 ~ 2020）》，将“地震电磁、InSAR、重力、热红外等多源多类型遥感卫星及地面应用系统，天地一体化观测数据处理技术和地震信息识别与提取方法”列入重点发展领域与优先研究主题。并相继列入国防科工委、科技部、国家发改委等部门的规划。

2. 科研与工程项目推进取得明显进展

2007 年国防科工委“中国地震电磁探测试验卫星综合论证”项目进展顺利，已经进入验收阶段。通过项目实施，系统分析了发展地震电磁卫星的科学基础、必要性和可行性。在此基础上，将我国第一颗地震电磁探测试验卫星定位为具有明确应用前景的科学试验卫星，论证确定了试验卫星的科学目标、探测物理量和探测技术指标，提出了试验卫星及其地面应用系统总体设计方案。

“十一五”国家科技支撑计划重点项目“基于空间对地砚测的地震监测技术、预测方法与应用示范”顺利通过科技部立项，首次将卫星电磁、红外、InSAR 等空间探测技术与地面观测技术相结合，开展地震监测预报试验研究，为推进卫星地震综合应用提供科学技术支撑。

在国家高分辨率对地观测系统重大专项中，地震应用分系统是重要组成部分之一，中国地震局作为主要用户还参加了中国双天线 InSAR 卫星和重力卫星的前期论证工作。

3. 国际合作取得重要进展

中俄地震卫星合作纳入中俄总理定期会晤科技分委会第十一次议定书项目，并同时得到国际交流与合作专项重点课题支持。在国家航天局的支持下，分别建立了中法、中乌和中意等航天合作联（分）委会地震卫星工作组。在 2007 年 7 月雅加达首届“利用电磁探测卫星开展地震监测预警国际研讨会”上，中国地震局专家应邀做了主题报告。2008 年 2 月在日本举行国际地震电磁观测卫星研讨会上，中国地震局专家受邀做主题报告，提高了我国在该领域的国际声望。

（中国地震局地震预测研究所　申旭辉）

“基于 IPv6 的地震传感器示范网络”项目研究进展

“基于 IPv6 的智能型地震烈度传感器研制及 IPv6 地震烈度传感器网络技术研究与实验系统建设”主要完成了三部分工作，一是基于 IPv6 的地震烈度传感器研制，二是地震传感器网络业务服务和管理软件系统的开发，三是搭建 IPv6 接入节点的软硬件环境、建设基于 IPv6 的地震传感器示范网络。

（1）开发完成了基于两种无线通讯方式的地震烈度传感器，即基于中科院计算所无线传感器网络节点 GAINS 的 SI－1 型地震烈度计和基于 IPv6、802. 11b 无线网卡的 SI－2 型地震烈度计。传感器集成了数据采集、存储、初步处理、电源、定位、数据传输等功能，与无线传感器网络节点实现了一体化设计。

（2）开发完成的地震传感器网络业务服务与管理软件系统，具有地震传感器网络拓扑管理、故障管理、安全和日志管理、业务数据处理和展示等功能，充分结合了地震观测的行业技术特点，基本达到了实用化程度。实现了对地壳应力研究所 IPv6 接入节点设备和组网的 25 个传感器的管理，建立了不同类型传感器的自动发现机制，实现了观测数据入库、查询下载、图形显示实时数据、任选节点数据绘制地震烈度分布图等业务展现功能。

（3）由兼容 IPv6 的路由器、服务器等设备组成地壳应力研究所 IPv6 接入硬件环境，建立了 DNS 解析服务器，采用隧道方式与地震预测研究所中心节点连接，实现了和预测所中心节点的业务运行，搭建完成传感器网络接入 IPv6 环境。

（4）将研制生产的 20 个 SI－1 型和 5 个 SI－2 型地震烈度传感器与传感器网管系统及 IPv6 网络接入系统进行集成，建成了基于 IPv6 的地震传感器示范网络和地震烈度观测实验系统。建成的基于 IPv6 的地震烈度传感器示范网络采用两种无线通讯方式混合组网，实现了地震传感器网络的业务和管理在 IPv6 环境中的运行。

（5）地震传感器网络进行了人工模拟震动观测应用实验，在传感器放置点附近施以人工震动，传感器网络业务服务和管理平台可实时获取地震动变化数据并输出烈度分布图，这为快速获取监测区域地震烈度分布提供了技术保证。

（中国地震局地壳应力研究所　王建军）

高性能计算系统建设提升地震数据服务能力

“中国数字地震观测网络”地球物理研究所分项目遵循中国数字地震观测网络项目系统

集成框架，结合研究所实际，实现了地震科学探测台阵数据中心、北京地震遥测台网部、国家数字测震台网数据备份中心、国家地磁台网中心、高性能网络系统和超级科学计算环境的整合。

截至 2007 年 12 月底已圆满完成各项工作任务，取得显著成绩。建立了以高性能计算机为核心，海量存储系统和高性能网络系统为支撑的地震科学数据服务平台。该平台包括：

1. 信息化网络平台

信息网络平台是研究所数字地震观测系统、震情会商系统和地震系统政务办公的基础性平台。

项目实施过程中，通过机房装修、电源改造、网络布线、宽带接入与通信工程、核心交换、核心存储、门户系统、网络集成、软件的安装配置等工作，建成了研究所信息网络的主要组成部分——一类信息网络节点。该节点通过核心路由器和中国地震局、白家疃地震台进行专线连接，通过接入因特网构建 VPN 链路实现与中国地震局、白家疃地震台的信道备份，通过中国地震局链路实现和各区域中心的相互连接；通过政务网路由器和中国地震局进行连接。通信带宽为因特网出口 10M、与中国地震局专网连接 100M、与白家疃地震台专网连接 2M。

地震信息网络平台的优化和升级，不仅满足了研究所各类应用系统产生的大量观测数据的传输需求，而且该系统已成为其它多个系统实现集成的基础平台。

2. 数据服务平台

以高性能计算机为核心，海量存储系统、高性能网络系统为支撑建立的“中国地震科学研究数据中心”，可面向我国科学家实现数据资源和计算资源的全面共享。

数据中心的应用软件系统包括地震波形实时处理软件、非实时波形资料处理软件、波形事件自动截取软件、地震波形精细分析软件和震源机制解常规处理模块等。

通过数据中心的软件系统，可汇集、存储和管理地震科学探测台阵的野外观测数据，提供有效的数据共享服务，为台阵探测的海量数据处理和大型科学计算提供较强的计算支撑和软件支持；可收集各省区域数字地震台网中心的地震目录、震相数据和地震事件波形数据；实现地震波形的截取与格式转换。

3. 集群计算机系统

以高性能集群计算机为基础的科学计算平台，为海量地震观测资料快速处理、三维复杂介质结构中地震波传播的模拟、地震波波形反演和动力学模拟提供计算支撑。

中心集群计算系统为机架式配置，节点子系统由 84 个计算节点、2 个服务节点和 2 个 I/O 存储节点组成。计算节点采用 AMD 公司的 Opteron CPU、双路双核、主频 2.2GHz，其中 64 个节点采用 6GB 的内存配置，20 个节点的内存配置为 4GB。系统总内存 496GB，硬盘总容量 10.716TB。互连子系统采用 Infiniband 高速通信网。84 个计算节点的峰值浮点运算速度为 1.5 万亿次/秒。具有国际标准的编译系统，如 C/C++、Fortran、Java、OpenMP、MPI 等编译器，具有功能强大的并行程序开发和运行支撑环境，并广泛支持第三方应用软件，既适用于科学工程计算，又适用于信息服务和事务管理。

在中国软件行业协会数学软件分会和国家 863 高性能计算机评测中心联合公布的“2007 年中国高性能计算机性能 TOP100 排行榜”中，研究所集群计算机进入 2007 年中国高性能计算机 TOP100，排名 97 位。

4. 存储备份系统

存储备份系统由磁盘阵列、磁带库和存储管理软件三部分组成，用于数据保护、数据管理和数据访问。存储系统管理和服务系统的在线数据，为在线数据提供存储平台，保证数据的安全。备份系统将在线数据转移成离线数据，应付系统数据中的逻辑错误和历史数据保存。

依据测震台网备份中心5年地震事件和数据产品在线，北京地震遥测台网部3个月原始数据在线、5年地震事件和数据产品在线，科学台阵数据中心数据存储要求、国家地磁台网中心5年数据在线的设计目标和信息服务部相关信息5年在线的要求，共需要约为32TB的在线存储能力，同时定期将在线数据进行备份存储，备份存储容量约需要100TB。

（中国地震局地球物理研究所　马洁美）

福建省防震减灾体系二期工程进展

在“十五”期间实施的福建省防震减灾体系一期工程的基础上，为进一步提升地震部门的社会服务能力，福建省地震局积极实施“十一五”福建省防震减灾体系二期工程项目。

福建省防震减灾体系二期工程项目总投资7728万元，其中中国地震局补助1500万元，省发改委承担2514万元，省财政厅承担2514万元，9个设区市共承担1200万元。二期工程由3大工程7个专题组成，具体建设内容包括：福州、漳州两个海峡地震观测台阵、GPS连续观测台网、烈度速报台网、地震应急响应基础信息平台、地震应急指挥与辅助决策支持系统、地震现场流动应急指挥技术系统和地震安全农居工程。

二期工程可行性研究报告批复以后，福建局积极开展勘选、征地和项目初步设计等工作。2007年3月1日，福建省地震局委托中国地震局地壳应力研究所承担福建省防震减灾体系二期工程的设计任务并签订委托合同。同时，委托福建省机电设备招标公司经过公开招投标后，确定由福建地震地质工程勘察院和厦门地震勘测研究中心承担海峡地震观测台阵、地震烈度速报台网和GPS连续观测台网的站点勘选工作。虽然建设点位较为分散，地形条件复杂，但是经过各承担单位共同努力，站点勘选工作已全面完成；项目初步设计工作正在积极推进中。

（福建省地震局　季颖锋）

成 果 推 广

20 大中城市活断层探测的成果应用于城市建设与规划

十五期间，针对我国地震强度大、频度高和灾害严重的特点，采用现代先进的高分辨率地球物理勘探、活断层鉴定、年代测试和近断层地震危害性评价等高新技术，对北京、天津、福州、沈阳、长春、太原、上海、南京、青岛、郑州、昆明、西安、兰州、银川、海口、广州、呼和浩特、乌鲁木齐、宁波、西宁、拉萨等21个位于地震基本烈度≥Ⅶ、震级上限≥6.5级潜在震源区、或位于规模较大地震构造带附近的省会城市和国家经济发展规划城市进行了活断层探测与地震危险性评价工作。2007年，上述探测工程全面完成，基本查明了这些城市及其邻区106条主要断层的分布、最新活动性和发震危险性，准确确定了27条活断层的空间位置。各城市活断层探测结果为所在城市的土地利用和城市建设规划、减轻地震灾害、保障社会经济的可持续发展提供科学依据，提高了政府部门对城市活断层危害的预见性。

目前，包括银川、兰州、乌鲁木齐、天津等城市活断层探测结果已经被地方政府制定的城市总体规划采用；包括北京、呼和浩特、西安等14个城市探测、鉴定出的27条活断层准确位置，为城市重要建筑设施、生命线工程合理地“避让”活断层及其危害影响带提供了依据，对于必须通过危害影响带的建筑设施，可采取针对性的防灾措施，大大降低地震造成的经济损失；对于兰州、郑州、长春等多个城市甄别出已停止活动的断层，特别是否定城市活断层存在的结论，大大提高城市的发展空间，可合理地节省与其相关的大量建设资金，有助于改善相应城市的投资环境，促进经济发展，天津市活断层探测成果为温家宝总理和新加坡总理共同签署的天津生态城规划项目提供了重要依据；上海长江口海域北部地区首次发现的NE向活断层，为保障海域经济活动的地震安全打下了良好的基础。

随着城市活断层探测的开展，将逐步提高我国大城市抗御地震灾害的能力，有效地减轻地震灾害及其对社会经济的冲击和影响，保障社会稳定和人民生命财产安全，提高社会经济可持续发展能力，有利于向世界展示我国政府效能和社会的文明程度。

（中国地震局人事教育和科技司）

我国自主开发研制的“区域数字地震台网实时速报系统”通过验收并在5个省区推广应用

福建省地震局研制的区域数字地震台网实时速报系统，集成了实时仿真、震相自动识别、干扰信号排除、震相到时与地震事件的相关性分析、定位结果可靠性自动判定等技术，实现了实时地震定位、实时测定震级、实时测定地震动强度以及地震波动传播的同步可视化。

该系统于2007年4月通过以陈运泰院士为组长的专家组的验收，并已在福建、辽宁、首都圈、安徽、上海等地震台网推广应用，福建、辽宁、首都圈、安徽台网已尝试应用实时速报系统进行网内地震自动速报，速报时间小于2分钟，其中福建台网已把自动处理结果用于人工确认后正式速报，速报时间小于3分钟。在多个台网的长期不间断运行情况表明，该系统具有稳定、可靠的网内地震自动速报能力。

近两年来，实时速报系统已在福建台网的地震速报工作中发挥了重大作用，对2006年12月台湾南部海域 *M*7.2地震与 *M*6.7地震、2007年3月福建顺昌 *M*4.7地震、2007年8月福建永春 *M*4.5地震等影响重大的地震均在震后1分钟左右快速准确测定出地震三要素，快速有效地满足了政府和社会公众对有感地震信息的需求，发挥了良好的社会经济效益。

（中国地震局人事教育和科技司）

中国地震局工程力学研究所2007年科技开发工作

为了积极促进地震科技成果转化为生产力，充分发挥地震科学在国民经济建设和社会进步中的作用，中国地震局工程力所研究所（简称工力所）高度重视地震科技开发工作，积极扶持地震科技产业，经过10多年的努力，工力所现有3个高新技术企业：黑龙江国振建筑工程研究院（简称工程院）、哈尔滨威波瑞科技有限公司（简称威波瑞）、黑龙江震工科技有限公司（简称震工公司）。所领导非常重视公司的发展问题，鼓励自主研发、生产、营销，实现企业化管理制度、完善公司资质，不断把公司做大做强。

黑龙江国振建筑工程研究院成立于1997年，下属7个公司实体：岩土勘察公司、建筑工程设计所、基础公司、土工实验室、黑龙江中震工程质量检测有限公司、黑龙江省科佳工程建设监理公司、哈尔滨市工程爆破技术开发公司。目前，工程院有7种与建筑行业有关的资质证书，分别为：工程勘察专业类岩土工程勘察甲级（劳务类）；土工实验甲级；凿井甲级；地基承载力静载、基桩承载力、桩身完整性、锚杆锁定力检测；建筑工程设计乙级；房屋建筑工程监理乙级；大爆破和复杂环境深孔爆破、拆除爆破及城市控制爆破施工；基础施工。2007 年度工程院承接了许多技术服务项目，如：工程勘察、凿井、管线地球物理勘探、基坑支护设计、地基基础工程检测、主体结构检测、建筑工程设计、建筑工程监理、爆破施工、基础施工，共完成 200 余项，完成合同产值近 1000 万元，全年实际进款 538 万元。工程院勘察的哈尔滨理工大学国际文化教育中心获 2007 年度国家级优质工程银质奖，工程院下属的科佳监理公司获得省级奖励。

哈尔滨威波瑞科技有限公司主要从事国家防震减灾技术领域产品的设计、生产与销售，是国家级哈尔滨高新技术产业开发区重点扶持企业，是中国地震局工程力学研究所优秀科技成果转化并实施产业化的基地，是中国最大的强震观测设备生产、供应商。公司以“开启科技动力、保障公共安全”为经营使命，坚持“创新进取、国际竞争”的企业精神，坚持防震减灾技术领域产品产业化的发展战略，力争成为国家级防震减灾工程技术研究中心生产基地、国家地震工程系统集成产品的示范基地，并成为国内防震减灾公益行业的龙头企业。公司主营产品：

（1）工程振动测量仪器：已研制成功 30 余种工程振动测量仪器。水平先进，各具特色，品牌成系列，计量标准化。工程服务面广泛，深受用户的欢迎。其中 891 型测振仪成为铁道部桥检专用仪器，并被评为国家级新产品，GSM 型钢筋扫描仪获得国家专利博览会银奖。

（2）强震观测仪器及软件：填补了我国强震仪产品的空白，现已形成 8 个品牌。新近研制成功并转化为产品的 GDQJ－2 型数字固态存储强震仪，达到国内领先水平，在国家“十五”重点网络观测项目中得到广泛应用。

（3）振动计量设备：振动计量是测试振动仪器质量的保证系统。已研制成功的中频标准设备、超低频标准装置、小型超低频二次标准系统，均居国内先进水平，成为国家授权的计量单位。

（4）计算机软件及系统集成：公司研发了区域震害评估系统软件、基于 GIS 的防震减灾智能决策支持系统、强震观测系统等软件产品，产品技术成熟、性能稳定，处于国内领先水平。

（5）重大建筑工程的健康诊断和工程振动测量：重大建筑工程的健康诊断和多种领域的工程振动测量方面，处于国内先进水平。近年来，进行过南京长江大桥、九江长江大桥、新丰江大坝原型动力实验的振动检测与分析等，取得了客户的一致好评。

公司成立三年多时间里，累计实现销售产值 3100 万元，实现利税 1000 余万元，解决就业 10 余人。公司开发的新产品获得国家重点新产品 2 项，获得发明专利 2 项，获得实用新型专利 4 项。公司为科研院所服务于国家及地方经济建设，树立了良好的示范效应，并取得了很好的社会和经济效益。

工力所于 2007 年 3 月成立了作为研究所科技开发窗口的黑龙江震工科技有限公司。该公司拥有地震安全性评价甲级资质，可对外承揽结构和土工抗震分析和试验，灾害风险分析和软件开发，土木工程软件开发，地震台网设计与建设；工程场地地震安全性评价，地质灾害勘察与评估，抗震防灾规划编制，结构振动监测，安全与抗震鉴定，网格系统集成，地震保险技术咨询，工程技术咨询；结构与设备减隔震装置研发和应用，振动测量仪器研发与销售等业务。

承担的科技开发项目涉及工程场地地震安全性评价、地震台网设计与建设、地质灾害评估、结构抗震鉴定、结构与工业设备振动试验等方面，主要项目有：青藏铁路延伸线拉日段路工程场地安评，西气东输冀宁支线管道工程地震监测和报警设备，上海市活断展地震危害性评价，长春市活断层地震危害性评价等。2007 年度以研究所和黑龙江震工科技有限公司名义共签订合同 87 项，总进款额 847.5 万元。“金沙江下游梯级水电站地震监测系统”建设项目按计划执行，2007 年度进款额 2489 万元（含外协经费）。

2007 年度工力所在哈尔滨举办了一期地震安全性评价技术培训班，特邀请我国知名地震安全性评价专家高孟潭、陈国星、李小军、徐宗和等老师前来授课。专家对涉及地震安全性评价工作的地震学，地震地质、工程地震和政策法规做了全面的综合性的讲解。参加培训班的学员共计 80 余人，分别来自于辽宁省地震局、辽宁省工程勘察研究院、吉林省地震局、吉林省工程地震研究中心、黑龙江省地震局等 13 个单位。通过培训班的学习，工力所李山有、周正华、刘德东、刘红帅等 4 人顺利通过首批国家一级地震安全性评价工程师资格考试。至此，工力所已有 9 人取得国家一级地震安全性评价工程师资格。通过学习和专家们的耐心指导，地震安全性评价从业人员的素质得到提高，为今后地震安全性评价工作的健康有序发展，提高安评工作质量打下了良好基础。

（中国地震局工程力学研究所　罗　靖　曹金名　李成良　陈　雁）

中国地震局兰州地震研究所 2007 年科技开发工作

2007 年，兰州地震研究所按照科技面向市场的发展思路，以加快成果转化为重点，强化制度建设，完善内部管理，积极拓展服务领域，严格市场经营和管理，守合同、重质量、讲诚信，科技开发工作上了一个新的台阶。

（1）本年度的科技开发工作以地震安全性评价为主，并在环境地质、工程地质、岩土工程勘察方面取得突破，全年共签约开发项目 64 项。其中，“天水—平凉铁路地震安全性评价”、“兰州市城镇总体规划场地工程地质评价”、“甘肃省东乡县城高边坡抗震加固工程勘察”等项目，为甘肃省社会经济发展提供了科技保障。特别是“四零四厂核废料处理厂建设场址地震安全性评价”工作，为“大型核废料处理厂建设”项目立项发挥了重要作用，取得了巨大的社会效益。

（2）加大科技开发人员业务技能培训，举办了“西部震害防御技术研讨班”，邀请国内地震工程专家授课，80 名科技人员参加了培训；组织有关科技人员参加了甘肃省有关部门组织的业务培训班和研讨班；兰州地震工程研究院选送了 1 名科技人员在职攻读中国科学院的博士，引进了相关专业 1 名博士。

（3）兰州地震工程研究院强化内部机构改革和管理，制定了“兰州地震工程研究院发展改革方案”，调整优化了内设机构和运行机制，逐步适应市场运行规律和经营规则；出台了《科技开发项目分配比例管理办法》和《兰州地震工程研究院职工岗位津贴绩效工资发放管理办法》，调动了职工工作积极性，形成了凝聚力较强的工作团队。

（4）兰州地震工程研究院修订了“地震安全性评价工作站章程”规范了与地方工作站的各种关系。本年度新建立了甘南州地震安全性评价工作站，至此地方工作站总数达到了9个，使兰州地震工程研究院的地震安全性评价领域不断拓展；进一步整合技术力量，发挥资源优势，加速成果转化和推广应用，开发新领域，本年度在环境地质、工程地质和岩土工程勘察方面承担了项目，工程质量达到技术标准要求。

兰州地震研究所随着科技开发管理机制和服务机制的进一步完善，不断调整新思路，适应经济社会发展新要求，提高服务水平，争取科技开发取得更大的社会和经济效益。

（中国地震局兰州地震研究所　王新林）

广东省地震局科技进展和成果推广

广东省地震局完成中国数字地震项目测震分项10个软件包中8个软件包的研发任务，该所产品被全国地震台网和阿尔及利亚及印度尼西亚地震台网广泛应用。特别是在地震数据实时自动处理（地震速报）方面取得重要突破，实现区域性速报2分钟以内，远震速报3分钟左右，全球速报5分钟左右。研制的强震传输软件被地震系统广泛应用。研制开发手机短信地震信息发布系统，免费配发到21个地级以上市的地震局部门。2007年省地震局完成澳门特别行政区“屋宇结构及桥梁结构的安全及载荷规章”有关“地震作用”条文修订及更新任务。

2007年共组织申报各类科研项目25项，其中省科技计划项目10项，省自然科学基金2项，中国局地震科学联合基金5项，中国地震局地震基金项目5项，中国地震局监测预报司三结合项目3项。

（广东省地震局　何晓灵）

陕西省防震减灾科技进展及科技开发工作

2007年，陕西省政府制定印发了《陕西省贯彻〈国家防震减灾规划（2006～2020年）〉实施意见》（陕政办发［2007］41号），“十一五”防震减灾重点项目顺利启动。关中四市小区划、咸阳活断层探测、陕西GPS连续观测系统3个项目初步设计通过论证和批复，落实了部分经费。关中四市应急避难场所建设纳入省“十一五”应急重点项目。国家地震数据灾备系统建设落户陕西。陆态网络工程 GPS 基准站建设工作启动。省地震局制定了“十一五”重点项目实施办法和相关配套制度。

2007 年立项中国地震局地震科学联合基金课题 2 项、三结合课题 3 项、协作课题 3 项。此外，省地震局自筹经费，设立青年科研基金，资助 6 项课题。全年发表科技论文 13 篇，组织验收三结合课题 2 项。省地震局优秀成果评审奖励评出二等奖 4 项，三等奖 2 项。

陕西省地震学会正式成立。陕西省地震学会是由陕西省从事地震科技研究和参与陕西省防震减灾事业的科技工作者自愿结成、依法登记成立、具有法人资格、非营利性的省级科技社会团体。省地震局局长胡斌任学会理事长。学会共有来自省地震局、中国地震局第二监测中心、省测绘局、省气象局、长安大学地测学院、西北大学地质系等多家单位、高等院校的 240 余名会员。

陕西省工程地震勘察研究院完成各类开发项目180个，其中地震安全性评价项目45个，人工地基检测项目97个，工勘、地裂缝勘察项目22个，沉降观测、振动测试等项目16 个。

（陕西省地震局　谭玉娥）

青海省地震局科技进展与成果推广

2007 年，是青海省地震局科研管理制度修订后的第一年，新的科研基金管理办法和科研项目管理办法在实践中收到了良好的效果。10 万元科研滚动基金调动了科研人员的积极性、科研人员在各类刊物上发表的论文不断增加，2006 年申请的 5 项 A 类基金课题已有 2 项达到验收标准。

2007 年针对全国 6 级地震平静现象而进行的《青海省强震时空预测及震后快速判定综合研究》课题通过验收，为 6 级强震判定和震后趋势判定提供了宝贵经验，也为预报部门提供了震情判定依据。

2007 年，青海省地震局科研人员共参与了 4 项国家科技支撑计划子专题的攻关研究，累计获得 8.2 万元合作资助资金。有 1 项获青海省科技厅资助，1 项获中国地震局地震联合基金资助。

2007 年，派出 1 名高级交流访问学者到中国地震局地球物理研究所进行为期 1 年的交流访问和学习，派出 2 名短期访问学者分别到中国地震台网中心和甘肃省地震局进行交流学习，举办了地震学及数字地震学应用培训，地磁学预报地震的基础培训，宽频带和甚宽频带地震资料的应用，陆态网络 GNSS 的建设培训及数字地震资料处理培训。

（青海省地震局　荣建生）

福建省地震局深化制度改革　推进科技创新

福建省地震局党组高度重视地震科技创新工作，提出“科技兴局、人才强局”的发展战略，2007年通过采取一系列措施，深化地震科技体制改革，加强科技人才队伍建设，找准创新突破口，地震科技创新各项工作取得了显著成效。

一、深化科技体制改革，夯实科技创新基础

出台了一系列人才队伍建设制度，明确了学科带头人、学术骨干岗位职责。进一步规范了各类表彰、奖励工作，激励干部职工立足于岗位勤奋工作。重新明确了科研事业单位任务；调整了局科学技术委员会，促进了科技项目的评审、论证和咨询工作；设置预报中心首席预报专家岗位，聘请学科带头人为首席预报专家，发挥学科带头人的优势；改革震情会商模式，提出综合会商意见。根据学科成立研究室，设置重点岗位；成立了老科技工作者协会和科技顾问委员会，充分发挥老专家对年轻科技人员的“传、帮、带”作用。

二、加大科技投入，促进科技创新工作开展

一是大力改善科技人员的工作环境和工作条件，订阅电子期刊及配备应急中心大型投影显示屏和台阵观测等设备。二是加大了科技经费的投入力度。设立科研专项经费，开展急需项目的研究；安排“人才工程”专项经费；安排对台科技交流经费及科研课题专项基金；鼓励科技任用申请中国地震局基金科研项目和省科技厅资助项目，按一定比例给予配套资金。三是提高学科带头人和学术骨干的待遇，给予额外津贴，配备笔记本电脑等设备，创造良好的学习和工作环境。

三、围绕三大工作体系建设，选好科技创新突破口

一是努力实现地震监测预报方法和技术的新突破，着力提高地震三要素的速报能力和预报准确率。二是努力实现地震灾害快速评估和灾情速报技术的新突破。三是努力实现生命线工程与地震预警技术的新突破，更好地为海峡西岸经济区建设提供地震安全保障。四是努力提高地震事件的公共服务水平。

四、努力搭建交流平台，加快科技创新人才队伍建设

大力加强与高校、研究所的科技合作，邀请了国内外近30多名院士、知名专家到福建讲学和指导。加强闽台地震科技交流，举办了多期海峡两岸地震科技学术研讨会及夏令营，

联合申报科技项目。与云南大学联合举办地球物理研究生课程进修班，进一步完善了队伍的专业结构与学历结构，增强了福建局的科技后劲。同时欢迎各高校、研究所的研究生来福建局长期做论文，与福建局的导师合作。

五、科技创新成果日益明显

福建局结合省防震减灾工作实际，开展地震科技创新研究，初步解决了一些政府和社会公众关注的问题，提高了地震事件处置能力和公共服务水平。自主研制了一套实时地震速报软件系统，着重解决了震相自动识别、台网触发条件、实时定位、等时线绘制、地震计记录的实时仿真、地震动峰值参数的实时绘制等问题，实现了地震三要素的速报能力，由目前的8分钟左右缩短至20～40秒，快速定位结果及时提供给政府决策，切实起到了稳定社会、安定民心的重要作用，得到了福建省委、省政府领导的高度评价。

此外，福建局还承担了省科技厅重大课题《福建数字地震台网地震波资料在地震分析预报中的应用研究》。其他科研项目如结构大楼台阵及其结构地震反应分析、街面水库可能诱发地震研究、从脉动中提取面波速度等方面都取得了一定研究进展。福建局科技创新工作得到中国地震局等五部委的联合表彰，创新工作经验还在中国地震局政策研究会上介绍。

（福建省地震局　曾建民）

中国地震局地球物理勘探中心承担的郑州市轨道交通1号线岩土工程勘察、地震安全性评价、地质灾害危险性评估项目通过评审

郑州市轨道交通1号线横贯郑州东西，全长34.84km，其中地下线路24.2km，高架线路10.64km，共设有车站28座。受郑州市轨道交通办公室的委托，中国地震局地球物理勘探中心承担了郑州市轨道交通1号线岩土工程勘察（可行性研究阶段）、地震安全性评价和地质灾害危险性评估工作，总合同额330万元。

岩土工程勘察工作按可研阶段的有关要求和规定，查明郑州市轨道交通1号线沿线的地质、地貌、地层、岩性、水文地质、地震地质等岩土特征，提供了各土层的物理力学性质指标、天然地基承载力特征值、容许承载力、压缩模量、变形模量、抗剪强度、土的静止侧压力系数、基床系数、桩基参数等岩土工程设计参数，对线路工程场地黄土湿陷性、地震效应、地下水腐蚀性、不良地质作用等进行了评价。

地震安全性评价工作主要依据《工程场地地震安全性评价》等有关要求进行，在研究区域和近场地震地质和地震活动性的基础上，确定了基岩地震加速度峰值及反应谱衰减关系，进行了概率地震危险性分析和基岩地震动时程的合成。结合场地工程地震条件勘察、测

试和土层地震反应分析计算成果，确定了场地设计地震动参数，完成了场地地震动小区划和场地地震地质小区划。

地质灾害危险性评估工作主要依据国土资源部有关文件和要求进行，阐明了评估区的地质环境条件，指出评估区主要地质灾害类型为崩塌、滑坡、地面塌陷、地裂缝、地面沉降、地面不均匀沉陷、黄土湿陷、砂土液化等，在现状评估、预测评估、综合评估的基础上，将评估区划分为地质灾害危险性小区和中等区，进行了建设场地适宜性评价，分灾种提出了地质灾害防治措施。

以上岩土工程勘察、地震安全性评价和地质灾害危险性评估成果分别通过中国地震局工程力学研究所、国家地震安全性评定委员会和河南省地质环境监测院组织的专家评审。

（中国地震局地球物理勘探中心　贺为民　王广亚）

中国地震局地球物理勘探中心郑州青屏山振动检测实验室建成并投入运行

郑州青屏山振动检测实验室是中国地震局地球物理勘探中心承担的中国地震局地震科学探测台阵流动观测技术保障系统项目，把原有的低频振动检测实验室从郑州市区迁至郑州青屏山新址再建工程。新址基地总面积2200 ㎡，实验楼建筑面积450 ㎡，振动实验室面积100 ㎡，具有防尘、恒温、新风换气等功能。

1. 主要技术特点

（1）振动台建造在具有良好地质条件的基岩上，干扰背景小，为逐步建设成国内一流超低频振动台创造了基础条件。

（2）超低频系统校准下限频率可低于0.005Hz，上限频率达160Hz，具有相当的校准频带宽度。低频系统下限频率为0.1Hz，而上限频率可达到600Hz。在0.1～160Hz 频段内，加速度失真小于1%；在0.1～0.005Hz 频段内，速度失真小于1%，位移失真小于1%。

（3）系统采用频比技术法或正弦逼近法一次可同时完成对两台地震计幅频特性和相频特性的校准；系统可以准确地测量出地震计的寄生共振频率、横向抑制比、非线性失真等重要参数指标，并具有自动报表生成等功能。

（4）系统校准指标达到国家振动计量标准，该系统的各项性能指标均达到国内先进水平。

2. 主要测试仪器

振动检测系统的测试仪表基本上属于在线式运行，传统的仪器仪表测试系统与虚拟仪器系统结合使用。共配置了两套测试仪器仪表，为降低噪声及系统干扰，所有计算机控制系统及测试仪表与主振动系统分开供电，单独由一台单相在线式 UPS 供电。主要测试仪表有：美国安捷伦公司的 HP34420A 七位半电压表一台，英国输力强公司的 7071 七位半电压表一台，美国泰克公司的 AFG3021B 精密函数发生器两台，美国泰克公司的 TDS2014B 数字示波器两台，频率计数器是国产的 EE3386A。

3. 运行情况

本系统于 2007 年 9 月建成投入运行，系统运行情况正常，各项技术指标达到设计要求，重复性误差小于 0.5%，符合振动台鉴定标准。

（中国地震局地球物理勘探中心　李林法　王广亚）

四川省地震局组团参加“四川省科教兴川十年成果博览会”

经过精心组织、准备和布展，四川省地震局组团参加了 2007 年 11 月 29 日至 12 月 2 日由四川省人大教科文卫委员会、省发改委、省经委、省科技厅、省教育厅、省人事厅、省文化厅、省劳动和社会保障厅等 15 个部门联合在成都主办的“四川省科教兴川十年成果博览会”。

四川省地震局高度重视此次博览会活动，成立了专门的参展领导小组，由科技发展处牵头，组织预报研究所、监测研究所、减灾救助研究所、水库地震研究所、工程地震研究院、台站管理中心等多个部门联合参展，充分展示了四川省地震局在数字化地震监测系统建设、地震学及相关领域、科技创新、服务社会等领域的最新成果。

在展会现场，四川省地震局通过展板展示自主研发的地震仪器和科研新成果、播放 DVD 专题宣传片、发放《四川地震科技建设成果宣传册》等多种宣传形式，吸引了众多参观者，让更多民众对全省防震减灾工作及四川省地震局在科技进步方面取得的成果有了进一步的了解，宣传效果非常显者。

“科教兴川”战略实施十年来，四川省地震局着力打造并完善了数字化地震观测系统，先后建成新一代四川数字测震台网、地震前兆监测系统、强震动监测系统、地震信息服务系统、地震应急指挥系统等高科技项目，为不断提高全省地震监测预报水平、提升地震应急反应能力及地震灾害紧急救援水平打下了坚实基础。四川省地震局充分发挥科研优势，所承建的“四川 GPS 观测网络”、水库诱发地震监测系统、MODIS 卫星接收处理系统、地震救助生命搜索定位技术系统，在防震减灾工作中发挥了重要作用，取得了显著的社会效益和经济效益。四川省地震局还在业务服务上下功夫，通过地震灾害评估、重大建设工程场地地震安全性评价、地震仪器研发等工作，最大程度地适应政府及公众对防震减灾工作的需求。

（四川省地震局　陈　宁）

科 学 考 察

中国第 24 次南极科学考察长城站地震台建设

中国自 1984 年开始派出科考人员赴南极进行科学考察。1985 年在我国第二次南极科学考察期间，中国地震局地球物理研究所在中国南极长城站建立了地震台站和地磁台站。此后，我国南极地震和地磁观测一直持续至今，并获得了大量宝贵的观测数据。

2007 年 11 月 30 日至 2008 年 2 月 20 日，中国地震局地球物理研究所徐志强工程师参加了我国第 24 次南极科学考察工作，在南极长城站架设了由“中国数字地震观测网络”项目中国地震科学探测台阵提供的数字化宽频带地震计，开展南极地震观测工作。抵达长城站后，首先对原地震台站的周边进行了防雪水融化的排水改造工作，开凿排水沟，防止积水渗透到台站内部。同时还对台站内部进行了防水处理，建立起防水隔离系统与野外台站温度调控系统，使野外台站内部温度保持在仪器工作的正常范围，并在记录中心加设了温度调控系统。架设的新的地震观测仪器于 2008 年 1 月 18 日开始试运行，共记录到 12 个地震事件。我所科考队员定期对记录数据进行检测，对采集到的部分观测数据进行后期处理与分析。在完成固定台站架设任务之后，还又架设了一套临时流动观测仪器，以使进行辅助观测。

徐志强被授予“南极考察优秀科考队员”称号。

（中国地震局地球物理研究所）

机构·人事·教育

主要收载机构设置及领导名单，人事教育工作，地震系统院士、有突出贡献中青年专家、享受政府特殊津贴人员简介，入选跨世纪人才名单和新通过评审的研究员名单，以及表彰情况等。

机 构 设 置

中国地震局领导班子成员名单

局长、党组书记：陈建民
副局长、党组成员：岳明生
副局长、党组成员：刘玉辰
副局长、党组成员：赵和平
副局长、党组成员：修济刚
中央纪委驻中国地震局纪检组组长、党组成员：张友民

（中国地震局人事教育和科技司）

中国地震局机关司、处级领导干部名单

（截止到2007年12月31日）

<table>
<tr><th>部　门</th><th>职　位</th><th>姓　名</th><th>职能处室</th><th>职　位</th><th>姓　名</th><th>备　注</th></tr>
<tr><td rowspan="8">办公室
（政策研究室）</td><td rowspan="8">主　任
副主任
副主任</td><td rowspan="8">张宏卫
王　蕊
张志波</td><td>秘书处（值班室）</td><td>处　长</td><td>王春华</td><td></td></tr>
<tr><td>调研处（新闻处）</td><td>处　长</td><td>杨　威</td><td></td></tr>
<tr><td>文电与信息化处
（保密委员会办公室）</td><td>处　长</td><td>吴仕仲</td><td>党组机要秘书</td></tr>
<tr><td rowspan="2">综合处（信访办、督查处）</td><td>处　长</td><td>闫京波</td><td></td></tr>
<tr><td>副处长</td><td>康　建</td><td></td></tr>
<tr><td rowspan="2">机关财务处</td><td>处　长</td><td>申屠娟</td><td></td></tr>
<tr><td>副处长</td><td>刘秀莲</td><td></td></tr>
<tr><td>事务管理处（档案处、
综合办、保卫处）</td><td>处　长</td><td>董艺斌</td><td></td></tr>
</table>

续表

部门	职位	姓名	职能处室	职位	姓名	备注
发展与财务司	司长 副司长 副司长	牛之俊 方韶东 徐铁菊	发展规划处	处长	顾劲	
			项目处（基建处）	处长	武守春	
			预算处	处长	周伟新	
			财务与资产处（统计处）	处长	韩志强	
				副处长	吴晋	
监测预报司	司长 副司长 副司长 副司长	李克 吴书贵 宋彦云 车时	监测处	处长	余书明	
			预报处	处长	刘桂萍	
			综合处	处长	陈锋	
				副处长	王飞	
			信息网络处（无线电管理委员会办公室）	处长	唐毅	
震害防御司（法规司）	司长 副司长 副司长	卢寿德 杜玮 陶裕录	抗震设防处（法制监督检查办公室）	处长	韦开波	
			社会防御处（市县防震减灾工作指导委员会办公室）	处长	李永林	
				副处长	张黎明	
			法规处	处长	唐景见	
			技术监督处	处长	黎益仕	
震灾应急救援司	司长 副司长 副司长	黄建发 陈虹 苗崇刚	应急协调处	处长	侯建盛	
			预案管理处	处长	高玉峰	
			紧急救援处	处长	王志秋	
				副处长	李成日	
			条件保障处	处长	周敏	

续表

部　门	职　位	姓　名	职能处室	职　位	姓　名	备　注
人事教育和科技司（国际合作司）	司　长 副司长 副司长 副司长	何振德 潘怀文 赵　明 李　明	综合处（机关人事处）	处　长	康小林	
			干部处	处　长	刘铁胜	
				副处长	付跃武	
			科技人才和成果处（教育培训处、科技保密办公室）	处　长	杨心平	
				副处长	王　峰	
			基础研究处（地震科学联合基金会办公室）	处　长	田　柳	
			机构和工资处	处　长	陈　光	
			双边合作处	处　长	王满达	
			国际组织与国际会议处（港澳台事务办公室）	处　长	徐志忠	
直属机关党委	常务副书记 副书记兼纪委书记	刘连柱 杨小瑛	组织部	部　长	卢　桢	副巡视员
			办公室（宣传部）、局党校	主　任	乔福生	
			直属机关工会（机关工会）	主　席	张连瑛	机关副司级
			团　委	书　记	王继斌	
			审计室	主　任	王　蔚	
中纪委驻局纪检组、监察司	副组长、司长	丁秀芳	综合室（案件审理室）	主　任	孙晓竟	机关副司级
			纪检监察室	主　任	傅　宏	机关副司级
离退休干部办公室	主　任 副主任	王　霞 王援朝	综合处	处　长	张连达	
			离休干部管理服务处	处　长	李春明	
			退休干部管理服务处	处　长	刘成海	

（中国地震局人事教育和科技司）

中国地震局所属单位领导班子成员名单

（截止到2007年12月31日）

序号	单位名称	姓　名	党政领导职务
1	北京市地震局	吴卫民	局长、党组书记
		徐　平	副局长
		胡　平	副局长、党组成员
		陶裕录	副局长、党组成员、纪检组组长
		谷永新	副局长、党组成员
2	天津市地震局	赵国敏	局长、党组书记
		冯俊生	副局长、党组成员
		李振海	副局长、党组成员
		聂永安	副局长、党组成员
		武丁辰	党组成员、纪检组组长
3	河北省地震局	周清良	局长、党组书记
		曹志成	副局长、党组成员、纪检组组长
		王钟山	副局长
		孙佩卿	副局长、党组成员
		赵　军	副局长、党组成员
4	山西省地震局	赵新平	局长、党组书记
		樊　琦	副局长、党组成员
		郭跃宏	副局长、党组成员、纪检组组长
		郭君杰	副局长、党组成员
5	内蒙古自治区地震局	包东健	局长、党组书记
		曹　刚	副局长、党组成员
		刘　美	副局长、党组成员、纪检组组长
		张建业	副局长、党组成员
6	辽宁省地震局	高常波	局长、党组书记
		李国安	副局长、党组成员
		佟晓辉	副局长、党组成员
		卢　群	副局长、党组成员、纪检组组长
		臧　伟	副局长、党组成员

续表

序号	单位名称	姓　名	党政领导职务
7	吉林省地震局	任利生	局长、党组书记
		包晓军	副局长、党组成员、纪检组组长
		陈凤学	副局长、党组成员
8	黑龙江省地震局	郑继烈	局长、党组书记
		张锡杰	副局长、党组成员
		孙文斌	副局长、党组成员、纪检组组长
		张　莹	副局长、党组成员
		赵　直	副局长、党组成员
9	上海市地震局	张　骏	局长、党组书记
		王建军	副局长、党组成员
		朱元清	副局长、党组成员
		李红芳	副局长、党组成员、纪检组组长
10	江苏省地震局	丁仁杰	局长、党组书记
		张振亚	副局长、党组成员
		仲建民	副局长、党组成员、纪检组组长
		倪岳伟	副局长、党组成员
11	浙江省地震局 （中国地震局干部培训中心）	苏晓梅	局长（主任）、党组书记
		宋新初	副局长(副主任)、党组成员
		傅建武	副局长（副主任)、党组成员、纪检组组长
12	安徽省地震局	张　鹏	局长、党组书记
		姚大全	副局长、党组成员
		王　跃	副局长、党组成员
		刘　欣	副局长、党组成员、纪检组组长
13	福建省地震局	金　星	局长、党组书记
		朱金芳	副局长、党组成员
		黄向荣	副局长、党组成员
		史彝华	副局长、党组成员
		申　平	党组成员、纪检组组长
14	江西省地震局	王建荣	局长、党组书记
		张福平	副局长、党组成员、纪检组组长
		宁为民	副局长、党组成员

续表

序号	单位名称	姓　名	党政领导职务
15	山东省地震局	晁洪太	局长、党组书记
		孙亚强	副局长、党组成员
		林金狮	副局长、党组成员
		姜金卫	副局长、党组成员
		刘　峰	党组成员、纪检组组长
16	河南省地震局	梁宪章	局长、党组书记
		卢国合	副局长、党组成员
		王合领	副局长、党组成员
		刘尧兴	副局长、党组成员、纪检组组长
17	湖北省地震局（中国地震局地震研究所）	姚运生	局（所）长、党组书记
		吴　云	副局(所)长、党组成员、纪检组组长
		邢灿飞	副局（所）长、党组成员
		龚　平	副局（所）长、党组成员
18	湖南省地震局	全德辉	局长、党组书记
		胡奉湘	副局长、党组成员
		周剑峰	副局长、党组成员、纪检组组长
		燕为民	副局长、党组成员
19	广东省地震局	黄剑涛	局长、党组书记
		郑南忠	副局长、党组成员
		梁　干	副局长、党组成员、纪检组组长
		吕金水	副局长、党组成员
20	广西壮族自治区地震局	高荣胜	局长、党组书记
		劳王枢	副局长、党组成员
		龙安明	副局长、党组成员
		杨传贤	副局长、党组成员、纪检组组长
		李伟琦	副局长、党组成员
21	海南省地震局	牟光迅	局长、党组书记
		郭坚峰	副局长、党组副书记
		周　昕	副局长、党组成员
		李战勇	副局长、党组成员
		赵庆辉	党组成员、纪检组组长
22	重庆市地震局	陈铁流	局长、党组书记
		王　强	副局长、党组成员、纪检组组长
		吴晓莉	副局长、党组成员

续表

序号	单位名称	姓　名	党政领导职务
23	四川省地震局	吴耀强	局长、党组书记
		邓昌文	副局长、党组成员、纪检组组长
		王　力	副局长、党组成员
		吕弋培	副局长、党组成员
		李广俊	副局长、党组成员
24	云南省地震局	皇甫岗	局长、党组书记
		胡永龙	副局长、党组成员、纪检组组长
		陈　勤	副局长、党组成员
		王　彬	副局长、党组成员
25	西藏自治区地震局	朱　荃	局长、党组书记
		曹忠权	副局长、党组成员
		索　仁	副局长、党组成员
		郭星全	副局长、党组成员、纪检组组长
26	陕西省地震局	胡　斌	局长、党组书记
		姬丁义	副局长、党组成员、纪检组组长
		李炳乾	副局长、党组成员
		刘　晨	副局长、党组成员
27	甘肃省地震局 （中国地震局兰州地震研究所）	王兰民	局（所）长、党组书记
		汤　毅	副局（所）长、党组副书记
		张新基	副局(所)长、党组成员、纪检组组长
		周志宇	副局（所）长、党组成员
		杨立明	副局（所）长、党组成员
28	青海省地震局	孙　雄	局长、党组书记
		任铁生	副局长、党组成员
		哈　辉	副局长、党组成员
		樊兰宝	党组成员、纪检组组长
29	宁夏回族自治区地震局	张思源	局长、党组书记
		马贵仁	副局长、党组成员、纪检组组长
		金延龙	副局长、党组成员
30	新疆维吾尔自治区地震局	张云峰	局长、党组书记
		寇大兵	副局长、党组成员、纪检组组长
		吐尼亚孜·沙吾提	副局长、党组成员
		宋和平	副局长、党组成员
		王海涛	副局长、党组成员

续表

序号	单位名称	姓　名	党政领导职务
31	中国地震局 地球物理研究所	吴忠良	所长、党委副书记
		乔　森	副所长、党委书记
		高孟潭	副所长
		欧阳飚	副所长
		杨建思	副所长
		曹学锋	纪委书记
32	中国地震局 地质研究所	张培震	所长、党委书记
		江　钊	副所长、党委副书记、纪委书记
		杨小峰	副所长
		马胜利	副所长
		徐锡伟	副所长
33	中国地震局 地壳应力研究所	唐荣余	所长、党委书记
		谢富仁	副所长
		阮晓龙	副所长
		吴荣辉	副所长
		陆　鸣	副所长
		何　玉	纪委书记
34	中国地震局 地震预测研究所	任金卫	所长、党委副书记
		王善恩	副所长、党委书记
		蔡晋安	副所长
		李志雄	副所长
		马文乔	副所长
		张雪洁	纪委书记
35	中国地震局 工程力学研究所	王自法	所长
		胡春峰	副所长、党委书记
		孙柏涛	副所长、党委副书记、纪委书记
		李小军	副所长

续表

序号	单位名称	姓　名	党政领导职务
36	中国地震台网中心	阴朝民	主任、党委副书记
		李强华	副主任、党委书记
		张晓东	副主任
		贺　钦	副主任
		刘瑞丰	总工程师
		李文清	纪委书记
37	中国地震应急搜救中心	吴建春	主任、党委书记
		谭先锋	副主任
		黄宝森	副主任
		曲国胜	总工程师
		刘鹏飞	纪委书记
38	中国地震灾害防御中心	孙福梁	主任、党委书记
		王　英	副主任、党委副书记
		武冀新	副主任、纪委书记
		张周术	副主任
		陈国星	副主任
39	地壳运动监测工程研究中心	李　强	主任、党委副书记
		张　金	副主任、党委书记
		孙建中	副主任、纪委书记
40	中国地震局地球物理勘探中心	成双喜	主任、党委书记
		李松岭	副主任、党委副书记
		方盛明	副主任
		王夫运	副主任
		王秋润	副主任
		刘保金	纪委书记
41	中国地震局第一监测中心	章思亚	主任
		刘宗坚	副主任、党委书记
		刘广余	副主任
		薄万举	副主任
		高荣建	纪委书记

续表

序号	单位名称	姓　名	党政领导职务
42	中国地震局第二监测中心	丁　平	主任、党委书记
		张尊和	副主任、党委副书记、纪委书记
		李顺平	副主任
		王庆良	副主任
43	防灾科技学院	齐福荣	党委书记
		薄景山	院长
		王自法	兼职副院长
		宿景贵	副院长、党委副书记
		钟南才	副院长、纪委书记
		刘春平	副院长
		迟宝明	副院长
		谭金意	副院长
44	地震出版社	张　宏	社长、总编辑、党委书记
		王　银	副社长、党委副书记、纪委书记
		王天星	副社长
45	中国地震局机关服务中心	巩曰沐	主任、党委副书记
		韩晓东	副主任、党委书记
		马铁民	副主任、纪委书记
		徐京华	副主任
		宋振锁	副主任
		李　伟	副主任
46	中国地震局驻深圳办事处（深圳防震减灾科技交流培训中心）	续新民	主任、党组书记
		刘升礼	副主任、党组成员
		宗　耀	副主任、党组成员、纪检组组长

（中国地震局人事教育和科技司）

人 事 教 育

2007年中国地震局人事教育工作综述

一、加强干部队伍建设，提高干部选拔任用工作水平

1. 领导班子建设

深化干部人事制度改革，紧抓领导班子建设核心，严格按照《党政领导干部选拔任用工作条例》、《中国地震局领导干部选拔任用工作办法》等规定的条件和程序，认真做好领导班子的调整、换届及届满、适用期满考核工作，全年调整涉及31个领导班子55名局管干部。紧抓领导班子思想建设，按照中央要求，布置局属各单位领导班子增开了以加强领导干部作风建设为主题的专题民主生活会，参加了3个领导班子的民主生活会。

2. 完善竞争上岗机制

进一步深化干部人事制度改革，积极探索，推进干部选拔任用工作的科学化、民主化与制度化建设。大力推进竞争上岗工作，按照《中国地震局各单位领导班子副职竞争上岗实施方案（试行）》，为4个单位领导班子增补副职和选拔局机关司处级领导干部。在两个单位试行“两推一述”选拔方式，并取得良好效果。开展防灾科技学院公开选拔副院长工作，选拔用时短、经费投入少、效果好，为今后公开选拔领导干部积累了宝贵经验。细化了体现科学发展观和正确政绩观要求的干部综合考核评价体系，并在2个单位展开试点。

3. 重视干部监督

加强干部选拔任用的监督检查，严把公示、审计、研究等环节，保障干部选拔任用的规范开展。加强干部人事工作监督检查，制定干部人事工作检查方案，要求各单位进行自查，对甘肃省地震局等六家单位进行了抽查，并就有关问题展开沟通。加强党风廉政建设和干部队伍管理，对16家局属事业单位的领导班子兼任从事经营活动的职务进行了清理，免去9个单位16人兼任的25个职务。对局管干部重大事项报告情况进行整理。配合监察司做好有关单位的巡视、回访等工作。

4. 加强干部培训力度，提高干部队伍总体素质

落实《干部教育培训工作条例》，提高领导干部政治素质、管理能力和业务知识。制定《中国地震局2007~2010年干部教育培训规划》，作为“十一五”期间开展干部教育培训工作的纲领性文件，开创了防震减灾干部教育培训工作新局面。选派6名机关领导干部和5名局管干部先后参加了中央党校、中央国家机关分校、国家行政学院及局党校各班次学习。对各单位党政主要负责人、纪检组组长（纪委书记）开展民主集中制、财政政策方面的培训。

组织各单位后备干部、优秀处级干部40人参加了为期10天的后备干部培训班。组织系统2007年新录用公务员初任培训班，共39人参加了为期一个月的培训，岳明生副局长到班并授课。

5. 其他工作

推荐符合条件的局管干部进入人大、政协，为促进防震减灾工作的快速发展积极作用。参与组织廉政文化系列活动，成功组织了47个单位参加的8个分赛区的廉政文化知识竞赛，全系统有8000多党员干部参加了廉政知识答卷活动。安排局机关2006年录用公务员高光良等6人分赴甘肃、青海基层锻炼。

二、进一步深化人事制度改革，规范干部队伍建设

1. 公务员招录和事业单位公开招聘

完成2007年系统19个省局49名公务员及特殊公务员招录工作，2008年24个省局计划招录67名公务员。加强公开招聘工作的管理监督，严格按计划进行审批，截至11月底共审批公开招聘社会在职人员44人，拒绝1人。

2. 工资收入分配制度改革

按照国家的总体部署和要求，继续推动工资制度改革工作，制定配套政策，妥善处理各类问题。完成系统参照公务员法管理人员的工资审核，完成院士执行一级专业技术岗位工资的报批工作。积极配合发展与财务司开展省级参照公务员法管理人员规范津贴补贴清理第一步工作，研讨解决工作中碰到的问题，按时向财政部提交第一步清理总结报告。

3. 事业单位岗位设置改革工作

全力做好事业单位岗位设置方案的制定和申报工作。通过座谈会、研讨会、实地考察、发放调查表格，开展广泛的调研活动，摸清事业单位人员队伍现状；加强与其他部委联系沟通，收集其上报方案、工作进展及获批情况供借鉴学习；组织人员研讨并撰写《指导意见》，指导开展首轮岗位设置方案的申报工作，初步摸清各单位的岗位设置需求；在云南省地震局提前开展岗位设置改革工作试点，积累经验，为全面实施改革工作摸索思路和方式方法。积极与人事部沟通，阐明情况，争取理解与支持，目前岗位设置方案已获人事部批准。

4. 职业资格认证管理

顺利完成首次一级安评考试的报名、资格审查、考务组织、阅卷（主观题部分）等工作。全国共有1382人报名，资格审核通过1273人，免试1个科目168人，实际参考850人。配合人事部、国家测绘局注册测绘师资格考核认定，经初审和复审，上报申请注册测绘师考核认定人员34人。开展2007年地震行业工人技术等级岗位培训考核工作，152人顺利地通过了结业考试。

5. 机构编制管理与事业单位法人登记

完善直属事业单位整体布局，完成防灾科技学院“三定”方案审批，稳步推进一测、二测、物探中心、机关服务中心、防灾科技学院的“三定”工作。严格控制增设机构，及时批复合理的机构更名申请。全面深入了解出版社目前的状况和运转问题，积极与发展与财务司密切合作，探讨地震出版社的改革方案。按时布置并完成事业单位法人证书年检工作，及时完成各单位的法人代表变更手续。

6. 其他工作

完成艰苦台站职工国外、国内考察各2期。开展信访人员的政策解释与思想工作，接待上访信访人员39人次，处理相关材料20余份。应西藏自治区地震局的申请，经充分调研，印发《关于大力支持西藏自治区开展防震减灾工作的通知》，号召全系统支援西藏局开展防震减灾工作。

三、深入贯彻全国人才工作会议精神，加快科技人才队伍建设

1. 进一步扩大研究生教育规模

组织召开协调会，商定2007年研究生招生工作，确定博士生录取分数线；2007年共招收研究生200人，其中博士生47人，硕士生153人；2007年毕业研究生135人，其中博士44人，硕士91人；在系统共招收中国科技大学在职硕士进修班10人，北京大学在职硕士进修班19人。

2. 抓紧防灾科技学院建设

完成学院07年本、专科、成人招生计划编制。2007年共招生1900人，其中本科740人，专科1160人，在校生达到6070人。完成国家奖助学金评审、批复及备案，受奖励和资助的学生达1307人，金额158.2万元。召开学科专业建设“十一五”规划咨询会，邀请有关高校及局系统教育专家为学院专业建设献计献策。获教育部批准国家“第一类特色专业建设点”1个，获教育部新批本科专业5个，2008年招生本科专业增至15个。

3. 完善在职人员培训教育

制定“中国地震局07年培训计划”、“中国地震局地震台站全员培训专项”和“中国地震局07年基层重点培训计划”等3个层次的培训计划，初步形成中国地震局和下属单位两级教育培训体系。召开继续教育研讨班，确立“地震台站全员培训专项”为重点支持和跟踪管理的项目，开通中国地震继续教育网站。启动第一期台站业务培训专项计划，4个省局共举办13期培训班，培训459人。全年举办各类培训班175期，培训人数达7700余人。继续加强与北京大学、中国科学技术大学和云南大学等高校的人才培养和科研合作。与北京大学、云南大学签署了合作协议，成立“北京大学－中国地震局现代地震科学技术研究中心”。

4. 优秀百人计划

组织遴选第三批“新世纪优秀人才百人计划”人选，从33个单位上报的85位候选人中选拔28名人选入围“百人计划”。特邀美国加州地质调查局、北京大学、中国科技大学研究生院、大连理工大学、重庆大学等系统内外专家12人，举办“百人计划”从事地震工程观测与实验相关工作人选高级研讨班，并列入人事部2007年全国高级研修计划。向人事部推荐6名国家“新世纪百千万人才工程”人选候选人，丁志峰研究员入选第二批国家级“新世纪百千万人才工程”人选。对在2006～2007年度获国家自然基金项目支持的8名人选继续予以配套资助。对获得地震基金“青年课题”的毕业一年以内的博士、硕士研究生，以及获得地震基金“预研究项目”的人选给予配套资助。组织2期“优秀百人计划”人选组团赴加拿大、日本进行学术交流和考察访问。布置并申报人事部《留学回国人员科技活动择优资助项目》工作，1名专家获得优秀资助（7万元），1名专家获得启动资助（3万

元）。组织申报国家留学基金委的公派出国留学项目，2 人申报，1 人获资助。

5. 交流访问学者计划

进一步完善《中国地震局系统交流访问学者制度实施办法》。受理交流访问学者申报书 85 份，择优资助普通计划 52 人次，高级计划 4 人次，专项支持援藏计划 6 人次。为培养和造就一批具有国际先进水平的学术和技术带头人队伍，拟实施高层次青年人才国外交流访问学者计划，目前共有 11 个研究所和直属单位提出 54 份交流访问的申请。

6. 职称评定工作

对研究员评审量化评分标准进行修订，并在本年研究员评审工作中实行。结合人事部下发的《关于完善职称外语考试有关问题的通知》，制定适合本系统专业技术人员的职称外语考试要求，并报人事部备案。委托相关部委对申报非地震专业（出版、图书、档案、翻译、审计等系列）正副高级技术职务资格进行评审。

（中国地震局人事教育和科技司）

中国地震局系统 2007 年职工继续教育情况综述

中国地震局系统职工继续教育工作在局领导的关心和支持下，认真贯彻落实中央关于《干部教育培训工作条例》和《中国地震局“十一五”人才规划》的文件精神，紧紧围绕“坚持‘震情第一’，加强‘两个能力’建设，建设‘3 +1’体系，坚持‘四个面向’”的总体要求，从全局干部队伍实际情况出发，建立中国地震局和省级培训机构两级教育培训体系，旨在加强职工整体素质为目标，大力开展继续教育活动。通过教育培训统一规划、分级管理、分类实施的工作部署，采取中国地震局重点培训、省级机构针对性培训以及专项培训等方式，基本完成 2007 年职工继续教育工作的各项任务。

1. 全局培训项目的执行情况

2007 年列入中国地震局重点培训项目共 30 期，现已完成培训项目 18 期，培训人数 978 人次；尚有 12 期培训班由于各种原因未能举办。除此之外，局机关办公室、发展和财务司等部门根据年度工作需要，自主举办培训项目 32 期，培训人数 1694 人。

2. 基层单位重点培训执行情况

2007 年要求各基层单位上报基层重点培训项目 70 多项，经梳理有 18 个单位 32 期培训班列入局 2007 年基层重点培训计划。现已完成 23 期培训班，完成率 72%，培训人数 1106 人，投入经费 133.96 万元。其中山西、辽宁、安徽、江西、山东、陕西、甘肃、宁夏、台网中心、一测中心、二测中心 11 个单位完成培训计划；其他省局由于各种原因只完成部分计划或未完成计划（具体执行情况见表 1）。

除了上述单位部分培训班列入基层重点培训班以外，另外山西等 20 个单位根据实际情况有针对性开展职工继续教育培训班 89 期，培训人数 3478 人次，投入经费 134.46 万元（具体情况见表 2）。

3. 台站全员培训执行情况

由人事教育和科技司在前期调研的基础上，提出的台站的全员培训计划，在2007年设立地震台站业务培训专项，由人教司跟踪管理，各省局负责实施。新疆、甘肃、云南、四川、西藏等西部五个省局作为第一期计划的实施单位，先期制定了培训计划，四个省局共举办13期培训班（西藏实行其他培训方式），共培训人员459人，投入经费164万元。培训项目实施以来，成效显著。

（1）各单位领导重视，组织保障有力，经费匹配到位。中国地震局下达培训计划后，各局党组都进行了专题研究，配套了专项经费，为培训工作顺利实施提供了保障。各单位专门改造了培训教室，改善了学员住宿和用餐条件，并配备了电脑等硬件设备。不但满足了台站人员的轮训要求，同时也为今后组织其他的培训在基础设施上奠定了基础。

（2）组织到位，内容充实。各单位根据培训任务，结合工作实际制定了培训方案或培训大纲，进行了较合理课程安排，理论与实践相结合，解决了实际工作中的一些疑难问题。有的单位还根据目前台站人员现状及实际工作需要，组织经验丰富的专家编写了适合台站工作人员的培训教材。管理部门认真选聘了任课老师、编排了课程。有的单位还聘请相关学科的前沿专家，如张国民研究员、吴忠良所长，专门为台站培训开设专题讲座，取得较好反响。

（3）制度完善、成效显著。各单位都在培训前出台了一系列管理制定，在培训结束时，对学员的培训情况进行考核，制定了考核奖励办法。通过座谈等方式征求学员、教师的意见，使培训内容重点突出，更切合实际，提高了台站人员业务素质和工作能力。

其间各单位人事教育部门及时编写培训简报30余期，人教科技司在中国地震局网站上开辟了专栏，积极进行宣传报道，为全国台站人员轮训创造好舆论氛围。总之，领导重视、管理到位、准备充分、内容充实、成效显著，使第一期台站培训工作有了一个好的开端。

4. 2007年地震系统教育培训特点

（1）中国地震局领导对教育培训工作的高度重视。中国地震局领导对教育培训工作高度重视。2006年，中国地震局编制完成《中国地震局“十一五”人才队伍建设规划》，在规划中明确提出了“教育与培训工程”，把教育和培训工作作为一个工程提出，在中国地震局还是第一次。陈建民局长在“认真实施《国家地震科学技术发展纲要》支撑和引领防震减灾事业又好又快发展”的报告中指出：“人才是科技创新的关键”，他提出要通过加强地震科技人才教育培训体系建设，提高地震科技队伍的综合素质和创新能力，建设一支支撑防震减灾事业发展的专门人才队伍。2007年4月，中国地震局为贯彻落实《干部教育培训工作条例》、《全国干部教育培训规划》，人教司牵头在杭州举办《中国地震局2008～2012年干部培训规划》研讨会。该规划已提交审核。

（2）管理模式的创新。按照《中国地震局“十一五”人才队伍建设规划》的要求，从全局干部队伍实际情况出发，建立中国地震局和省级培训机构两级教育培训体系，旨在加强职工整体素质为目标，大力开展继续教育活动。通过教育培训统一规划、分级管理、分类实施的工作部署，中国地震局承担高层次管理干部、高级骨干的教育培训和师资培训；省级培训机构面向本省全员培训，侧重新技术、新知识的培训；还提出专项培训。

（3）培训对象向一线倾斜。2007年中国地震局下拨专项对西部五省区进行台站全员培训试点；同时在防灾学院举办中长期的台站骨干培训班；各省级单位也积极筹措经费举办各类台站人员培训班。

（4）培训人员面广人多。纵观全年，从上报培训项目数量来看，系统内共举办培训班175期，培训人数7705人，是历年人数最多，培训内容最全的一年。

表1　2007年基层重点培训项目完成情况

序号	单　位	列入计划项目	实际完成培训项目	培训人数	投入经费（万元）
1	北京市地震局	2	1	30	2.5
2	山西省地震局	1	1	32	2.38
3	内蒙古自治区地震局	2	1	72	4.5
4	辽宁省地震局	2	2	131	17.3
5	安徽省地震局	2	2	85	6.0
6	江西省地震局	2	2	92	4.8
7	山东省地震局	2	2	97	30.8
8	河南省地震局	1	0		
9	湖北省地震局	2	1	36	2.5
10	广东省地震局	1	0		
11	广西壮族自治区地震局	2	1	24	5.3
12	云南省地震局	3	0		
13	陕西省地震局	2	2	65	5.09
14	甘肃省地震局	2	2	198	17.0
15	宁夏回族自治区地震局	1	1	40	4.0
16	中国地震台网中心	2	2	115	25.0
17	中国地震局第一监测中心	1	1	31	0.3
18	中国地震局第二监测中心	2	2	58	1.3
合计		32	23	1106	133.96

表 2　各单位自办培训班情况

序号	单位	培训班（期）	培训人数（人次）	经费（万元）	序号	单位	培训班（期）	培训人数（人次）	经费（万元）
1	山西省地震局	5	118	11.83	11	河南省地震局	3	128	7.585
2	吉林省地震局	1	40	2.0	12	湖北省地震局	2	89	3.0
3	黑龙江省地震局	5	196	15.8	13	湖南省地震局	3	225	5.0
4	江苏省地震局	5	303	14.9	14	云南省地震局	4	189	6.0
5	浙江省地震局	6	180	7.5	15	陕西省地震局	3	75	0.878
6	安徽省地震局	5	242	4.76	16	甘肃省地震局	1	61	0.6
7	福建省地震局	4	203	10.45	17	中国地震应急搜救中心	3	66	9.5
8	江西省震局	2	40	2.0	18	中国地震局第一监测中心	12	515	1.55
9	四川省地震局	19	487	18.93	19	中国地震局第二监测中心	5	291	2.2
10	北京市地震局	1	30	2.5	20	中国地震局工程力学研究所	协办培训班 3 期		
合计							89	3478	134.46

注：以上数据由各单位提供。

（中国地震局人事教育和科技司、杭州干部培训中心）

中国地震局干部培训中心教育培训工作

1. 培训班教务管理

2007 年中国地震局干部培训中心共举办系统内培训班 9 期，培训人员 632 人；承办“中国地震局 2008 ~ 2012 年干部培训规划”研讨会和中国地震局艰苦台站考察。

2. 继续教育网站建设

2007 年 7 月，将培训中心网站升格为“中国地震继续教育网”（http://jy.zjdz.gov.cn），并链接到中国地震局门户网站。截至 2007 年 12 月 16 日，网站点击率达到 226000 次，平均每天 1100 ~ 1200 点击数。9 月份网站开辟“学习论坛”，以方便学员注册登录后相互学习。

10 月，基本完成网站通讯员队伍建设。

序号	培训班名称	人次	举办日期
1	中国地震局人事统计培训班	67	1. 24 ~ 1. 27
2	中国地震局资产清查培训班	82	1. 29 ~ 2. 1
3	数字地震项目政务信息系统设备及软件培训班	98	3. 31 ~ 4. 6
4	中国数字地震观测网络项目财务管理培训班	133	5. 20 ~ 5. 23
5	信息分项试运行经验交流会暨软硬件实用综合技能培训班	87	8. 30 ~ 9. 7
6	2007 年中国地震局后备干部培训班	40	10. 29 ~ 11. 7
7	2007 年中国地震局继续教育研讨班	48	11. 6 ~ 11. 11
8	中国地震局网络项目信息分项软件培训班	50	11. 11 ~ 11. 19
9	电子文献资源共享培训班	27	11. 20 ~ 11. 25

3. 继续教育文件汇编

2007 年 6 月，培训中心对继续教育有关文件进行汇总编辑，共收集 22 个文件，于 10 月份完成出版并印发。

（浙江省地震局　熊　丹）

固体地球物理专业研究生课程进修班在北京大学开学

2007 年 9 月 9 日，中国地震局委托北京大学举办的固体地球物理专业研究生课程进修班开班式在北京大学举行，中国地震局人事教育和科技司副司长李明、教育培训处处长杨心平、北京大学地球与空间科学学院副院长秦其明、理论与应用地球物理研究所所长陈永顺以及全体老师和进修班全体学员出席开班式。

李明副司长在致辞中提到：年初北京大学和中国地震局签署了合作协议，提出在科学研究和人才培养方面加强合作，“北京大学 - 中国地震局现代地震科学技术研究中心”的正式挂牌，标志着双方的合作已经迈出了非常坚实的第一步，今天的研究生班开班典礼，使双方的合作达到了一个新的高度。他勉励学员，走进北大，感受北大浓厚的学术和文化氛围，树立北大人的理念和作风，珍惜学习机会，努力提高自身的科研理论水平和综合素质，为地震科技创新做出新的贡献。

北京大学地球与空间科学学院秦其明副院长向学员们详细介绍了学院基本情况和对研究生课程班学员的具体要求。

参加进修班学习的学员是通过考试选拔的，共有 9 个单位的 19 名学员参加了第一期研究生课程进修班。

（中国地震局人事教育和科技司　科技人才和成果处）

中国地震局 2007 年继续教育研讨班在杭州举办

2007 年 11 月 6 ~ 11 日，由中国地震局人事教育和科技司主办、局干部培训中心承办的中国地震局继续教育研讨班在杭州举办。来自全国 27 个省、市、自治区和 8 个直属单位 42 名学员参加本次研讨活动。局人事教育和科技司何振德司长出席开班典礼上着重讲了三点意见：

（1）认清形势，增强教育培训工作的使命感和责任感。大力加强我局教育培训工作已是一项刻不容缓的重大战略任务，希望各单位要把教育培训工作摆在更加重要的位置，全局上下都要切实增强使命感、责任感和紧迫感，认真研究解决工作面临的新情况、新问题，进一步发挥教育培训工作的战略性、基础性作用，抓住机遇、突出重点、改革创新、狠抓落实，努力开创我局教育培训工作新局面。

（2）锐意进取，规划我局的教育培训工作。关于规划教育培训工作，何司长特别强调了要加大干部队伍的教育培训力度；进一步做好专业技术人员的继续教育；加强非地学专业毕业的专业技术人员的新技术知识的培训；加强业务科技和管理骨干国外培训工作。

（3）加强组织领导，确保各项工作落到实处。要重点抓好四项工作：加强组织领导，形成工作合力；探索创新继续教育相关制度；不断加大对教育培训工作的投入；进一步抓好人事教育干部的培训工作，努力提高培训者素质。

培训班邀请人事部专技司继续教育处李金生处长作了关于《加强专业技术人员继续教育工作的意见》的解读，邀请浙江大学教育学院祝怀新博士讲授《行业培训与培训管理者素养探析》、浙江大学人文学院金立教授讲授《创新思维与现代管理》，学员们听了专家、教授们讲课受益匪浅。

培训班还利用一天时间听取四个典型发言并开展交流研讨，使与会者就继续教育方面的情况、问题和学习的心得体会进行交流。

（中国地震局干部培训中心　教育处）

我国首次一级地震安全性评价工程师资格考试顺利举行

2007 年 11 月 10 ~ 11 日，我国首次一级地震安全性评价工程师资格考试在北京、南京、昆明、兰州4个考点同时举行。根据人事部、中国地震局2005年9月联合发布的《地震安全性评价工程师资格考试实施办法》，经过两部门两年多的精心准备，在人事部人事考试中心和北京、江苏、云南、甘肃省（市）人事考试机构、地震管理部门的大力支持和积极配合下，我国首次一级地震安全性评价工程师资格考试顺利实施。

据悉，全国共有1382人报名参加考试，其中1273人通过资格审查，免试1科的有168人。考试结束后，将在两个月内公布考试成绩。

（中国地震局科技人才和成果处）

防灾科技学院2007年工作进展

1. 干部队伍建设

遵照中国地震局党组指示精神，在全国范围内公开选拔了两名副院长，面向学院内部通过竞争上岗方式增补了一名副院长，使领导班子成员从五位增加到了八位。进行了新一轮中层领导干部竞聘上岗工作，选聘了40名中层干部，优化了中层干部队伍，提高了整体素质，干部队伍的结构更加合理，力量更为壮大，为进一步加强学院的教学、科研和管理，推动学院更好更快的发展提供了坚实的组织保障。

2. 学科专业建设

完成了学院今后几年的专业（学科）发展规划，对部分专业的归属和结构进行了调整。本年度又有5个专业成功升为本科专业，本科专业数已达11个；完成了2008年拟增5个本科专业的论证和申报工作，其中4个已获批准；开展了特色专业（重点学科）的遴选工作，遴选出4个学院级重点专业（学科），推荐地球物理专业作为国家级特色专业建设点上报教育部并获得批准，这是我校升本后在本科教育教学领域的首次重要突破；完成了06、07级本科专业的人才培养方案的修订；完成了《制定人才培养方案的原则意见》和《毕业设计（论文、综合实践）管理暂行规定》的修订工作。目前，在校生已达5826个，其中本科生1162人。

3. 科研工作

承担了中国地震局2007年地震行业科研专项中的两个项目（经费171万元），这是我院升本后在科研方面的首次重要突破；有两项课题获得中国地震局地震科学联合基金青年基金资助；校级教科研基金立项31项；学报创立了防灾减灾特色栏目，使内容更贴近各地防灾减灾部门的需求，并加强了同全国各地防灾减灾部门和各高等学校的联系，扩大了影响。

4. 财务工作

在中国地震局领导的大力支持下，经过多方努力，解决了困扰多年的财政户头问题，争取到高教学生定额经费和修购经费，确保了2008年财政资金的大幅增长。2008年财政部预算支持我院高等教育办学经费3375.48万元，其全额高等教育办学经费将在今后三年逐步到位；积极争取银行贷款，2007年获得基本建设贷款2500万元；完成了中央部门项目储备申报13个，总金额达4375万元；完成了中国地震局“十一五”国家重点项目防灾科技学院部分可行性研究工作；学院的“十一五”规划已经融入到国家地震安全工程项目中。

5. 基本建设

本年度完成了南校区教学实验大楼、北校区二号学生公寓楼两大工程项目（总建筑面积达3万平方米、总投资为5000万元）；完成了南校区学生公寓1、2、3号楼的维修改造工程（总建筑面积约6500平方米、总投资276万元），明显改善了学生的学习和生活条件；总投资379.36万元的“中国数字地震观测网络”项目国家数字测震教育培训技术系统和高校科研信息节点2个子项目顺利通过验收并受到好评，并完成了项目档案的整理工作；完成了工程地震实训基地、土力学实验室等14个校级项目建设；新建了5个公用计算机房、34间自动化高标准多媒体教室（总金额达800余万元）；购置各类仪器设备505台套（总金额达355万元）；清理了建校以来积压的待核销资产521万元，按程序进行了报废核销；成功实施了第三期信息化建设，千兆校园网升级为十万兆，建立了12T数字化存储系统，更新了17台高性能的服务器，建立了标准的演播室和学院电视台，为学院师生提供了更快更好的上网条件；图书馆馆藏图书总量增加到70万册，其中纸介文献达34万册。

6. 师资队伍建设

本年度学院将师资队伍建设放在学院的重要战略位置，按照学科建设的目标，统筹规划，遵循引进与培养并重的原则，全年引进教职工53名，其中博士、硕士研究生31名、专任教师31名；聘任教授、副教授8人，推荐20人参加高级以上职称的评审；选派100多名教职工参加各类短期培训，资助40多名教职工在职进修；聘请谢礼立、廖振鹏等知名专家学者为学院顾问；学院还通过为新引进的青年教师聘请教学导师、开展新教师岗前培训和青年教师讲课比赛、同行听课观摩、教研室活动、专题讲座、聘请专家学者做兼职教师等方式，加强青年教师的能力建设，提高教师队伍的整体水平。

7. 教育教学

制定并实施了学院教育事业十一五发展规划，提出了“二次创业，分三步走”的学院中长期发展战略，明确了学院的定位、办学理念、发展方向和奋斗目标；制定了以四大工程为主体的教学建设与管理的实施纲要，努力整合教学资源，理顺教学秩序，初步搭建了本科教学的体系；以做好本科教学为重点，不断规范管理，优化服务，完善制度；全面加强了教材管理，课堂教学管理，实践教学管理和教务管理，完善教学流程，强化过程控制；继续贯彻育人优先与素质教育的工作理念，认真开展教学检查、巡视、督导、评比、调查、示范等各项工作，保证了教学过程的良性运行；努力为广大学生做好继续教育、专升本、职业鉴定、考证、实习、毕业等相关工作；院所合作得到了进一步推进，实践教学取得了多方面的进展。

8. 学生工作

学生工作坚持以学生的成才与发展为主题，进一步加强了学生的思想教育和管理工作，大力加强了辅导员、班主任的能力建设，通过开展辅导员、班主任演讲比赛、学习包涵心语心得交流会、团学工作实践与创新征文比赛阅读经典名著撰写心得等系列活动锻炼辅导员、班主任队伍，显著提高了辅导员的表达能力、组织策划能力和规划人生发展的能力。组织成立了大学生艺术团，举办了欢送毕业生、欢迎新生、庆新年专场晚会，开展了以大学生艺术团为主体的社会实践团赴甘肃进行社会实践活动，产生了积极的社会影响。学院认真抓实了入学教育、军训、毕业教育、安全教育、学生奖励、校规校经教育、专业成才等环节，努力突出学生成才教育的主旋律。还关心家庭经济困难学生的学习与生活，强力推进了国家助学金、奖学金、励志奖学金、勤工助学、校内奖学金、校内困难补助、助学贷款、绿色通道等工作，构建了保障有力的学生资助工作体系，各类奖、贷、助、勤、补资金近500万元，在全国物价大幅度上涨的情况下切实保障了学生的思想稳定。在毕业生就业方面加强就业指导，完善就业信息服务。2007年共有毕业生2117人，一次就业率达74%，并有154名毕业生实现了专升本。

9. 后勤与安全保卫工作

进一步加强了后勤服务工作，积极拓展服务领域，努力提高管理水平和服务能力，在本年度全国物价大幅上涨的情况下，确保了饭菜不涨价、质量不降低，维护了校园的稳定。完成了教工餐厅的改造，完成了学生公寓家具招标和食堂修缮招标，实现了南北校区一卡通的正常使用，改善了学院绿化面貌。进一步规范了校卫队的管理，强化了人防、物防、技防体系、提高了防火、防盗、防突发事件的能力和水平；举办了消防演习，交通安全知识宣传周等活动，确保了大型活动和校园日常工作与生活的安全、稳定。学院安全保卫工作顺利通过了河北省有关部门的检查验收，受到好评。

10. 党风廉政建设

认真学习贯彻中纪委第七次全会精神、《中共中央纪委关于严格禁止利用职务上的便利谋取不正当利益的若干规定》、中国地震局全国地震局长暨地震系统党风廉政工作会议精神，继续加强党风廉政建设，继续健全教育、制度、监督并重的惩治和预防腐败体系。一是坚持学习教育。为了贯彻落实上级有关会议和文件精神，院党委印发了学习通知和材料，安排了学院各个层次的学习；召开了两次民主生活会。学院党委提出：学院和党员干部要勤奋好学、学以致用，治校必严、令行禁止，办学必俭、厉行节约，做事必实、真抓实干，示范教育和警示教育相结合。二是建立健全制度。学院党委制定了《院领导联系系（部）制度》，修订了《党风廉政建设责任书》。三是加强监督管理。坚持民主集中制原则，严格执行集体领导、分工负责的制度，严格执行财务管理制度。按照建设部和中国地震局的有关规定，对学院所建大型基建工程充分论证，实行招标代理、施工监理、委托审计等制度，坚持执行招生和“阳光政策”，严格遵守招生纪律。严格执行财政部、教育部等单位关于高等学校收费的规定，对利用学院资源开展的服务性项目必须报学院批准，统一收取费用。严格执行课时费发放管理办法。坚持干部收入申报、重大事项报告、述职述廉制度，在机构设置、干部选拔任用、人才引进、岗位聘任工作中坚持按制度和程序办事。进行了干部选拔任用工作的自查。

11. 平安文明校园建设工程

为了贯彻《中共防灾科技学院委员会关于建设和谐校园的实施意见》（防科党发［2007］7号）精神，2007年在全院范围内开展了一项历时一年，涉及学院各项工作、各个部门的和谐校园建设的奠基工程——平安文明校园建设工程。经过广大师生的共同努力，该项工程取得了明显成效，基本达到了预期目的。学院全年安全稳定、有序发展；师生举止文明、健康向上；校风教风学风明显好转，特别是2007年的毕业生离校是近些年来最顺利、最文明、最平稳的一次。

（防灾科技学院）

内蒙古自治区地震局教育培训工作

(1) 2007 年 5 月 21 ~22 日，内蒙古自治区地震局举办了“十五”数字测震台站设备安装培训班，全区 4 个盟市 11 个台站共 21 人参加此次培训。

(2) 2007 年 7 月 2 ~8 日，在克什克腾地震台举办了全区地震系统“十五”数字网络项目测震、前兆与信息网络培训班，来自全区各盟市地震局和各有关地震台的 71 名专业技术人员参加了培训。

（内蒙古自治区地震局）

广东省地震局教育培训工作

2007 年广东省地震局派出参加业务技能、理论学习等各类培训 55 人次，其中处级以上 22 人次，专业人员 35 人次。组织处级干部参加省委宣传部、省直工委举办的十七大精神学习班。举办《如何应对媒体》、《行政机关公务员处分条例》、《数字地震观测网络建设项目信息分项软件》、《财务管理》等培训班共 7 期，参与人数达 200 多人次。

（广东省地震局　周　岚）

四川省地震局组织开展地震台站全员培训

为深入贯彻落实《中国地震局“十一五”人才队伍建设规划》，2007 年 7 月至 11 月，四川省地震局组织实施了中国地震局地震台站全员培训专项——四川省地震局地震台站全员轮训工作。此次培训分四期进行，分别为数字前兆培训班、数字测震培训班、强震培训班和地震应急及信息系统培训班，整个培训班历时 91 天，共培训专业和地方台站工作人员 114 人。这是四川省地震局组织开展的第一次台站全员培训班。

培训班根据台站全员培训工作的指导思想和目标，结合四川省地震局“十五”项目维护和使用的具体情况，制定了详尽的培训方案和计划，明确了培训的方式、内容以及考试考核等，为培训班高效有序的开展奠定了基础。为让广大学员切实做到理论与实际相结合，切实提高实际应用能力和操作技能，培训班设置了专门的培训教室，保证了每 2 名学员一台电脑，并全部连接上网络和数据库，模拟实际工作环境，使学员可以边听、边学、边操作。同时，经过认真甄选，组织了一支以四川数字地震网络项目建设专家为主，包括了四川省地震局学科带头人、项目负责人和业务骨干在内的52名人员组成的教师队伍，保障了培训班的授课质量。

培训班共开设涉及前兆、测震、强震以及信息节点在内的多达82门课程，涵盖了四川数字地震台网、四川数字前兆台网、GPS、RS、数字地震台站勘选、噪声测试与台基评价、强震观测原理介绍、四川省地震信息服务、应急指挥技术系统介绍等诸多方面的课程。除安排在教室里集中授课和学习交流之外，每期培训班都组织学员前往基层台站实地参观、考察、交流和座谈，通过相互交流，相互学习，把课堂上所学理论知识、操作方法和实际工作相结合，达到巩固所学的目的。

每期培训结束时，培训班根据各门课程的实际情况进行了考试和考核。114名参训学员整体考试（考核）合格率100%，其中101名学员考试成绩在90分以上，4名学员还取得了满分的好成绩。

这次台站全员培训班的举办，使参训台站人员较全面、系统地掌握了前兆、测震、强震和信息节点等学科的基本理论、基本方法和台站观测仪器的操作方法，较广泛地了解了"十五"网络项目建设状况、各学科发展方向、网络技术在地震监测中的应用以及地震观测资料和设备在国民经济建设中的应用和前景。此外还加强了台站工作人员之间、不同监测手段之间、台站与台站之间、台站与管理部门之间的相互了解，搭建了相互沟通与合作的平台。

（四川省地震局　廖　琪）

甘肃省地震局职工教育培训

2007年，甘肃省地震局职工教育培训工作以邓小平理论和"三个代表"重要思想为指导，深入贯彻落实科学发展观，紧紧围绕防震减灾事业发展和科技创新体系建设需要，以提高全体职工综合能力为重点，以建设高素质的干部队伍为目标，结合实际，分层次、多形式地开展内容丰富的培训活动。主要内容包括：地震观测技能培训、地震安全性评价技术培训、法律法规知识培训、依法行政培训等。全年共举办9期培训，参加培训人数达到468人次。选派154人次参加中国地震局、甘肃省政府部门组织的政治理论、档案管理、信息管理、公文管理等培训。

为全面提高地震台站工作人员综合素质，使地震台站工作人员适应"甘肃省数字地震观测网络"建成后对地震观测人员的新要求，组织了6个中心地震台、19个子台、共117人观测人员的轮训，历时三个月，培训率达到100%。此次培训领导高度重视，组织机构健全，课程设置合理，培训内容丰富，培训制度健全，培训重点突出，理论实践并重，取得了良好的效果。

（甘肃省地震局　骆渭芳）

人　　物

2007年通过研究员（正研级高级工程师）专业技术职务任职资格人员名单

序号	单　　位	姓　名	性　别	年　龄	类　别
1	黑龙江省地震局	赵　谊	男	46	正研级高工
2	江苏省地震局	刘红桂	男	41	正研级高工
3	江苏省地震局	刘建达	男	44	正研级高工
4	浙江省地震局	钟羽云	男	41	正研级高工
5	山东省地震局	李　杰	女	44	正研级高工
6	湖北省地震局	刘冬至	男	59	正研级高工
7	湖北省地震局	吕永清	男	42	正研级高工
8	广东省地震局	姜　慧	男	43	正研级高工
9	海南省地震局	李志雄	男	43	正研级高工
10	四川省地震局	周荣军	男	43	正研级高工
11	云南省地震局	邵德盛	男	43	正研级高工
12	甘肃省地震局	董治平	男	53	正研级高工
13	地质研究所	苏桂武	男	39	研究员
14	地壳应力研究所	雷建设	男	38	研究员
		张世民	男	42	正研级高工
		王兰炜	男	39	正研级高工
15	地震预测所	张　晶	女	44	正研级高工
		孙汉荣	男	45	正研级高工
		赵翠萍	女	40	研究员

续表

序号	单　　位	姓　名	性　别	年　龄	类　别
16	工程力学研究所	孙　锐	女	35	研究员
17	地震台网中心	黄志斌	男	39	正研级高工
18	地震应急搜救中心	陆明勇	男	42	正研级高工
19	地球物理勘探中心	王夫运	男	45	正研级高工
		赖晓玲	女	50	研究员

（中国地震局人事教育和科技司）

刘瑞丰入选 2007 年全国“新世纪百千万人才工程”国家级人选

中国地震台网中心刘瑞丰研究员入选 2007 年全国“新世纪百千万人才工程”国家级人选名单。

国家级人选是在各地、各部门推荐的基础上，经专家评审，并报“新世纪百千万人才工程”领导小组批准产生。该“工程”的目标是，到 2010 年，培养造就数百名具有世界科技前沿水平的杰出科学家、工程技术专家和理论家；数千名具有国内领先水平，在各学科、各技术领域有较高学术技术造诣的带头人；数万名在各学科领域里成绩显著、起骨干作用、具有发展潜能的优秀年轻人才。

“新世纪百千万人才工程”由人事部等七部委联合组织实施。

（中国地震局人事教育和科技司）

“中国地震局新世纪优秀人才百人计划”完成第三批遴选

根据中震人函［2007］131 号文件要求，中国地震局系统各单位共推荐出第三批“百人计划”候选人 85 名。经过专家函审，量化评分和综合答辩两轮选拔，遴选出“中国地震局新世纪优秀人才百人计划”（以下简称“百人计划”）第三批人选 28 人（名单见附件）。

“百人计划”是中国地震局培养科技拔尖人才的重要举措，将对入选人员在出国培训、科技项目资助中予以优先支持，同时在培养过程中引入竞争、激励机制。该计划从2002年开始启动，2003年、2005年分别遴选出60名、25名人选，至今共遴选出人选113名。

“中国地震局新世纪优秀人才百人计划”第三批名单

单　位	姓　名
北京市地震局	丁彦慧
天津市地震局	董洪军
山西省地震局	阎计明
上海市地震局	韦　晓
浙江省地震局	石树中
安徽省地震局	翟洪涛
福建省地震局	李祖宁
湖北省地震局	路　杰　周云耀
广东省地震局	康　英
四川省地震局	张永久
云南省地震局	周光全
陕西省地震局	戴王强
甘肃省地震局	吴志坚
青海省地震局	马玉虎
新疆维吾尔自治区地震局	王　琼
地球物理研究所	吴庆举　潘　华
地质研究所	李志强
地壳应力研究所	田家勇
地震预测研究所	朱小毅
工程力学所	温瑞智　戴君武
中国地震台网中心	黄辅琼　黄志斌　姜立新
地壳工程中心	李　丽
第二监测中心	张　希

（中国地震局人事教育和科技司科技人才和成果处）

表 彰 奖 励

中国地震局　科技部　国防科工委　中国科学院 自然科学基金会关于表彰全国地震科技工作先进单位和先进个人的通报

中震发［2007］88 号

在党中央、国务院的正确领导下，在国务院各有关部门和各级地方党委、政府的大力支持和关心下，近年来，全国地震科技工作者以科学发展观为指导，大力推进地震科技创新，在科学研究、科技成果转化、科技管理、科学普及等方面都取得了可喜的成就，涌现出一批先进单位和先进个人。

为贯彻全国科学技术大会精神，落实国务院 2007 年防震减灾工作联席会议关于加强和推进地震科技创新工作的要求，表彰先进，树立典型，弘扬地震科技工作人员攻坚克难、勇攀高峰、艰苦奋斗、爱岗敬业、无私奉献的精神，经研究决定：授予中国地震局地质研究所等 40 个单位“全国地震科技工作先进单位”荣誉称号，授予丁国瑜等 36 名同志“全国地震科技工作先进个人”荣誉称号。

全国地震科技工作者要以受到表彰的先进单位和先进个人为榜样，在以胡锦涛同志为总书记的党中央领导下，高举邓小平理论和“三个代表”重要思想伟大旗帜，牢固树立和落实科学发展观，求真务实，开拓创新，不断提高地震科技水平，为最大程度减轻地震灾害、实现新时期防震减灾目标和全面建设小康社会而努力奋斗！

附件：1. 全国地震科技工作先进单位名单
　　　2. 全国地震科技工作先进个人名单

2007 年 8 月 20 日

附件1：

全国地震科技工作先进单位名单

（排名不分先后）

中国地震局地质研究所
中国地震局地球物理研究所
中国地震局工程力学研究所
中国地震台网中心
防灾科技学院
辽宁省地震局
福建省地震局
湖北省地震局
四川省地震局
云南省地震局
甘肃省地震局
新疆维吾尔自治区地震局
河北省唐山市地震局
内蒙古自治区包头市地震局
江苏省无锡市地震局
福建省泉州市地震局
山东省青岛市地震局
大连理工大学土木水利学院工程抗震研究所
北京大学理论与应用地球物理研究所
中国航天科技集团公司第五研究院航天东方红卫星有限公司
公安部治安管理局
民政部国家减灾中心
财政部教科文司科学处
中国地质科学院地质力学研究所
国家海洋环境预报中心海啸预警组
中国建筑科学研究院工程抗震研究所
同济大学结构工程与防灾研究所
江苏省防震抗震领导小组抗震办公室
成都铁路局抗震办公室
中交公路规划设计院有限公司
中国移动通信集团云南有限公司

信息产业部通信设备抗震性能质量监督检验中心
中国水利水电科学研究院
云南省疾病预防控制中心
中国人民解放军66150部队
武警云南省总队普洱市支队
中国科学院地质与地球物理研究所青藏高原研究室
中国科学院研究生院计算地球动力学实验室
中国科学技术大学地球和空间科学学院
云南大学资源环境与地球科学学院地球物理系

附件2：

全国地震科技工作先进个人名单

（按姓氏笔画排序）

丁国瑜	中国地震局地震预测研究所研究员、科学院院士
马宗晋	中国地震局地质研究所研究员、科学院院士
勾　波	中国地震局地壳应力研究所研究员
王　琪	湖北省地震局研究员
王兰民	甘肃省地震局研究员
王自法	中国地震局工程力学研究所研究员
叶天竺	中国地质调查局发展研究中心研究员
田义祥	总参某部
石耀霖	中国科学院研究生院教授、科学院院士
吕西林	同济大学结构工程与防灾研究所教授
庄灿涛	中国地震局地震预测研究所研究员
许绍燮	中国地震局地球物理研究所研究员、工程院院士
吴忠良	中国地震局地球物理研究所研究员
张国民	中国地震局地震预测研究所研究员
张国伟	西北大学地质学系教授、科学院院士
张晓东	中国地震台网中心研究员
张培震	中国地震局地质研究所研究员
陈　颙	中国地震局研究员、科学院院士
陈运泰	中国地震局地球物理研究所研究员、科学院院士
陈俊勇	国家测绘局教授、科学院院士
陈厚群	中国水利水电科学研究院研究员、工程院院士

陈晓非	北京大学地球与空间科学学院教授
陈鑫连	中国地震局地震预测研究所研究员
周锡元	中国建筑科学研究院研究员、科学院院士
姚振兴	中国科学院地质与地球物理研究所研究员、科学院院士
胡聿贤	中国地震局地球物理研究所研究员、科学院院士
赵文津	中国地质科学院研究员、工程院院士
闻学泽	四川省地震局研究员
秦嘉政	云南省地震局研究员
高孟潭	中国地震局地球物理研究所研究员
梅世蓉（女）	中国地震局地震预测研究所研究员
曾融生	中国地震局地球物理研究所研究员、科学院院士
葛学礼	中国建筑科学研究院工程抗震研究所研究员
廖　旭	辽宁省地震局研究员
蔡亚先	湖北省地震局研究员
滕吉文	中国科学院地质与地球物理研究所研究员、科学院院士

中国地震局关于表彰2007年度地震监测预报工作先进单位　优秀集体和先进个人的通报

中震发人［2007］140号

各省、自治区、直辖市地震局，各直属单位：

根据我局2007年度地震监测预报绩效综合评定结果，经研究，决定对评选出的先进单位、优秀集体和先进个人予以表彰：

一、2007年度地震监测预报工作先进单位（10个）

中国地震台网中心

云南省地震局

安徽省地震局

四川省地震局

局第二监测中心

河北省地震局

甘肃省地震局

山东省地震局

辽宁省地震局

广东省地震局

二、2007 年度地震监测预报工作优秀集体（12 个，排名不分先后）

北京市地震局监测预报中心

山西省地震局大同中心地震台

内蒙古自治区地震局乌加河地震台

福建省地震局预报中心

江西省地震局监测中心震情监测组

山东省地震局地震台网中心

广东省地震局地震监测中心

云南省地震局地震预报研究中心

陕西省地震局监测中心

局地壳应力研究所监测预报研究室

局地震预测研究所地震中长期预测研究室

中国地震台网中心地震台网部

三、2007 年度地震监测预报工作先进个人（13 人，按姓氏笔画为序）

马玉虎（青海省地震局预报中心）

刘国明（吉林省地震局长白山火山监测站）

李绍华（云南省江川县防震减灾局）

张永久（四川省地震局地震预报研究所）

陈文礼（局第二监测中心监测队）

陈宇卫（安徽省地震局地震预报研究中心）

周立明（局地震预测研究所十三陵地震台）

周龙泉（中国地震台网中心地震预报部）

胡 斌（河北省地震局监测网络中心）

钟羽云（浙江省地震局监测预报研究中心）

姬建中（陕西省地震局信息中心）

曾文浩（甘肃省地震局监测中心）

廖诗荣（福建省地震局监测中心）

特此通报

2007 年 12 月 28 日

中国地震局关于2006年度全国市县防震减灾工作综合评比结果的通报

中震发防［2007］47号

各省、自治区、直辖市地震局，新疆生产建设兵团地震局：

为了进一步推进市县防震减灾工作，按照《市（地）防震减灾工作综合评比办法》（中震发防［2005］11号）和《关于增设全国县级防震减灾工作综合评比奖项的通知》（中震函［2006］32号）文件精神，中国地震局于2007年4月22日至26日在江苏省无锡市召开了2006年度全国市县防震减灾工作综合评比会议。中国地震局市（地）、县防震减灾工作指导委员会办公室部分成员及各省、自治区、直辖市地震局负责管理市县地震工作部门的负责人参加会议，并对各单位推荐的参评单位进行了评比。现将评比结果通报如下：

一等奖（8名）：山西省太原市地震局、江苏省无锡市地震局、山东省济南市地震局、福建省泉州市地震局、河北省邯郸市地震局、甘肃省酒泉市地震局、山西省大同市地震局、辽宁省沈阳市地震局

二等奖（10名）：新疆维吾尔自治区吐鲁番地区地震局、宁夏回族自治区银川市地震局、山东省青岛市地震局、安徽省合肥市地震局、青海省西宁市地震局、内蒙古自治区呼伦贝尔市地震局、四川省成都市地震局、北京市昌平区地震局、浙江省宁波市地震局、陕西省西安市地震局

三等奖（10名）：天津市蓟县地震办公室、河南省许昌市地震局、上海市闵行区地震办公室、江苏省南京市地震局、新疆维吾尔自治区石河子市地震局、广东省广州市地震办公室、广西壮族自治区南宁市地震局、云南省昭通市防震减灾局、黑龙江省哈尔滨市地震局、云南省保山市地震局

优秀奖（44名，排名不分先后）：吉林省松原市地震局、福建省厦门市地震局、安徽省马鞍山市地震局、河南省安阳市地震局、广东省东莞市地震局、海南省海口市地震局、湖北省十堰市地震局、辽宁省铁岭市地震局、青海省海东地区地震局、上海市浦东新区地震办公室、广东省阳江市地震局、江西省南昌市地震局、四川省攀枝花市防震减灾局、广西壮族自治区柳州市地震局、内蒙古自治区鄂尔多斯市地震局、吉林省长春市地震局、北京市海淀区地震局、青海省海西州地震局、湖南省常德市地震局、四川省德阳市地震局、浙江省嘉兴市地震局、黑龙江省大庆市地震局、宁夏回族自治区固原市地震局、云南省思茅市地震局、山东省临沂市地震局、河南省濮阳市地震局、甘肃省张掖市地震局、黑龙江省绥化市地震局、新疆维吾尔自治区昌吉回族自治州地震局、甘肃省天水市地震局、湖北省随州市地震局、陕西省咸阳市地震局、安徽省铜陵市地震局、重庆市荣昌县地震局、湖北省黄冈市地震局、陕西省宝鸡市地震局、海南省三亚市地震局、天津市河东区地震办公室、江西省赣州市地震局、上海市嘉定区地震办公室、湖南省邵阳市地震局、北京市平谷区地震局、重庆市巴南区

地震局、重庆市涪陵区科委

防震减灾法制工作单项奖（6名）：安徽省马鞍山市地震局、吉林省松原市地震局、江西省南昌市地震局、广东省东莞市地震局、广东省阳江市地震局、宁夏回族自治区银川市地震局

地震监测预报单项奖（6名）：辽宁省铁岭市地震局、新疆维吾尔自治区昌吉回族自治州地震局、海南省海口市地震局、四川省德阳市地震局、广西壮族自治区柳州市地震局、甘肃省张掖市地震局

地震灾害防御单项奖（6名）：河南省安阳市地震局、辽宁省铁岭市地震局、四川省攀枝花市防震减灾局、北京市海淀区地震局、内蒙古自治区鄂尔多斯市地震局、云南省思茅市地震局

地震应急救援单项奖（6名）：青海省海西州地震局、上海市浦东新区地震办公室、宁夏回族自治区固原市地震局、湖北省十堰市地震局、黑龙江省绥化市地震局、浙江省嘉兴市地震局

防震减灾社会动员单项奖（6名）：青海省海东地区地震局、山东省临沂市地震局、湖南省常德市地震局、甘肃省天水市地震局、河南省濮阳市地震局、天津市河东区地震办公室

防震减灾创新奖（9名）：山东省潍坊市地震局、山西省太原市地震局、河北省石家庄市地震局、宁夏回族自治区固原市地震局、河南省安阳市地震局、甘肃省金昌市地震局、四川省德阳市地震局、福建省厦门市地震局、陕西省西安市地震局

管理奖（6名）：山东省地震局震害防御处、山西省地震局震害防御处、河北省地震局震害防御处、福建省地震局震害防御处、江苏省地震局震害防御处、甘肃省地震局震害防御处

全国县级防震减灾工作先进单位（100名，排名不分先后）：河北省涉县地震局、卢龙县地震办公室、迁安市科技局、平山县地震局、黄骅市地震局、磁县地震局，山西省太原市小店区地震局、太原市迎泽区地震局、永济市地震局、长治县地震局、大同市南郊区地震局、乡宁县地震局，内蒙古自治区扎兰屯市地震办公室、开鲁县地震办公室、阿鲁科尔沁旗地震局、土默特右旗地震办公室、磴口县地震办公室，辽宁省大石桥市地震局、东港市地震局、本溪市明山区人防地震局，吉林省前郭县地震局、长春市南关区科技局、图们市科技局，黑龙江省望奎县地震局、肇东市地震局、鸡东县地震局、萝北县地震局，江苏省高邮市地震局、如皋市地震局、射阳县地震局、宜兴市地震局，浙江省文成县科技局、平湖市科技局、宁波市北仑区科技局，安徽省长丰县科技局、舒城县地震局、桐城市地震局、泗县科技局，福建省福清市地震办公室、晋江市地震办公室、永安市地震办公室，江西省会昌县地震局、九江县地震局，山东省吕南县地震局、费县地震办公室、青岛经济技术开发区（黄岛区）地震局、莒县地震局、青岛市城阳区地震局、诸城市地震局、高密市地震局，河南省安阳市滑县地震办公室、郑州市巩义市地震局、焦作市孟州市地震办公室、南阳市宛城区地震办公室、濮阳市清丰县地震局、新乡市延津县地震局、许昌市鄢陵县地震办公室，湖北省竹溪县地震局、房县地震局、英山县地震局、宜昌市夷陵区地震办公室，湖南省常德市临澧县地震局、邵阳市邵东县地震办公室、湘潭市湘乡市地震办公室，广东省广州市番禺区地震办公室、佛山市禅城区地震办公室、潮州市饶平县地震局、揭阳市揭东县地震办公室、阳江市海陵岛区地震办公室、湛江市雷州市地震办公室，广西壮族自治区桂平市地震局、横县地

震局、北流市地震局，海南省儋州市地震局，四川省什邡县地震办公室、平武县地震办公室、九寨沟县地震办公室、邛崃县地震办公室、沐川县地震办公室、康定县地震办公室，重庆市大足县地震办公室，云南省龙陵县地震局、官渡区防震减灾局、洱源县地震局、峨山县防震减灾局、弥勒县地震局、澜沧县地震局，陕西省眉县地震办公室、兴平市地震办公室、韩城市地震办公室、洛南县地震办公室、高陵县地震办公室、志丹县防震减灾办公室，甘肃省永登县地震局、肃州区地震局、清水县地震局、临夏市地震局、华亭县地震办公室，宁夏回族自治区灵武市地震局，新疆维吾尔自治区精河县地震局。

希望受表彰的单位珍惜荣誉，发扬成绩，再创佳绩。全国市县地震工作机构要以获奖单位为榜样，开拓进取，扎实工作，为防震减灾事业做出更大的贡献。

特此通报

2007 年 5 月 9 日

中国地震局关于表彰 2006 年度地震应急救援工作先进单位　先进集体和先进个人的通报

中震发人［2007］113 号

各省、自治区、直辖市地震局，新疆生产建设兵团地震局，各直属单位：

2006 年我国的防震减灾事业继续稳健推进，“监测预报、震害防御、应急救援”三大体系建设取得了新的重要进展。地震系统和各相关单位按照中国地震局党组的统一部署，认真贯彻国务院关于全面加强应急管理工作的意见，抓住机遇，锐意进取，开拓创新，扎实工作，在推进地震应急救援领域人才培养和具体实践工作中取得了显著成绩，有力地促进了地震应急救援体系的完善与发展。

为鼓励在地震应急救援工作中做出突出贡献、取得优异成绩的单位、集体和个人，经研究，决定对北京市地震局等 15 个地震应急救援工作先进单位、北京市昌平区地震局等 20 个地震应急救援工作先进集体和李斌等 29 名地震应急救援工作先进个人予以通报表彰。

特此通报

附件：2006 年度地震应急救援工作先进单位、先进集体和先进个人名单

2007 年 10 月 26 日

附件：

2006年度地震应急救援工作先进单位　先进集体和先进个人名单

（排名不分先后）

一、地震应急救援工作先进单位

北京市地震局
河北省地震局
山西省地震局
内蒙古自治区地震局
安徽省地震局
福建省地震局
山东省地震局
广东省地震局
四川省地震局
云南省地震局
陕西省地震局
甘肃省地震局
新疆维吾尔自治区地震局
中国地震台网中心
中国地震应急搜救中心

二、地震应急救援工作先进集体

北京市昌平区地震局
天津市津南区地震办公室
河北省文安县5.1级地震现场应急联合工作队
河北省廊坊市地震局
山西省太原市地震局
辽宁省地震局地震信息中心
江苏省常州市地震局
浙江省地震局温州珊溪水库4.1级地震现场应急工作队
安徽省铜陵市地震局
福建省漳州市地震局
山东省济宁市地震局
湖北省地震局应急救援处
云南省防灾研究所
甘肃省文县5.0级地震现场应急联合工作队

青海省地震局地震现场应急工作队
中国地震台网中心应急响应部
中国地震应急搜救中心地震灾害信息快速响应工作组
中国地震局工程力学研究所地震现场灾评和安全鉴定组
66150部队一营
武警总医院医务部

三、地震应急救援工作先进个人

李　斌　天津市西青区地震办公室
张　勤　河北省地震局
闫正萃　山西省地震局
赵　琨　山西省太原市地震局
纪建国　内蒙古自治区地震局
于胜营　辽宁省铁岭市地震局
矫立春　黑龙江省鸡西市地震局
叶建青　浙江省地震局
胡　诚　安徽省地震局
李和清　安徽省合肥市地震局
张来泉　福建省漳州市地震局
都吉夔　山东省地震局
杜贻合　山东省济南市地震局
张军波　河南省濮阳市地震局
钟贻军　广东省地震局
王　力　四川省地震局
汤筱麒　云南省地震局
陈征山　云南省地震局
范增节　陕西省地震局
马尔曼　甘肃省地震局
黄占伟　宁夏回族自治区固原市地震局
张东宁　中国地震局地球物理研究所
赵国存　中国地震局地壳应力研究所
孙柏涛　中国地震局工程力学研究所
李文喜　中国地震台网中心
曲国胜　中国地震应急搜救中心
李　民　中国地震应急搜救中心
索香林　中国地震应急搜救中心
杜晓霞　中国地震应急搜救中心

中国地震局关于表彰2006年度部门财务决算工作先进单位和先进个人的通报

中震发人［2007］125号

各省、自治区、直辖市地震局，各直属单位：

在各级领导的高度重视下，通过各单位的积极配合和共同努力，我局圆满完成了2006年度部门财务决算报表的收集、审核、汇总及上报工作，并在财政部举办的2006年中央部门财务决算工作考核评比中获得一等奖，这也是我局连续6年获得一等奖。

为鼓励在2006年度我局部门财务决算工作中表现突出、成绩显著的单位和个人，进一步调动和发挥各单位以及财务工作者的积极性和创造性，按照报表报送及时、数据准确、财务分析全面等标准，对2006年度部门财务决算工作进行了考核评比。经研究决定，对评选出的2006年度26个部门财务决算工作先进单位和15个部门财务决算工作先进个人予以表彰（名单见附件）。

希望受到表彰的先进单位和先进个人再接再厉，发扬成绩。各单位要以此次受表彰的先进单位和先进个人为榜样，认真总结经验，扎实开展工作，不断提高财务决算质量和财务管理水平，为保障事业又好又快发展做出新的贡献。

附件：2006年度部门财务决算工作先进单位和先进个人名单

2007年11月29日

附件：

2006年度部门财务决算工作先进单位和先进个人名单

（排名不分先后）

一等奖单位（15个）

北京市地震局、河北省地震局、山西省地震局、江西省地震局、山东省地震局、四川省地震局、甘肃省地震局、青海省地震局、宁夏回族自治区地震局、新疆维吾尔自治区地震局、局地球物理勘探中心、局第一监测中心、局第二监测中心、局机关服务中心、地壳运动监测工程研究中心

二等奖单位（11个）

天津市地震局、内蒙古自治区地震局、吉林省地震局、黑龙江省地震局、浙江省地震局、安徽省地震局、河南省地震局、湖南省地震局、局地质研究所、局深圳防震减灾科技交流培训中心、局办公室机关财务处

先进个人（15人）

丁宏斌　　局第二监测中心

于　钢　　新疆维吾尔自治区地震局

王立新　　河北省地震局

许　娟　　局机关服务中心

刘　洁　　宁夏回族自治区地震局

刘凤香　　地壳运动监测工程研究中心

何永峰　　甘肃省地震局

沈午春　　局第一监测中心

张晶玲　　局地球物理勘探中心

罗建峰　　山西省地震局

饶　涛　　江西省地震局

徐文贞　　山东省地震局

袁　君　　青海省地震局

崔　宇　　北京市地震局

傅丽华　　四川省地震局

关于表彰2006年度中国地震局外事工作先进集体和先进工作者的通报

中震发外［2007］34号

各省、自治区、直辖市地震局，各直属单位：

2006年我局外事工作在中国地震局党组的正确领导下，在全系统外事干部的共同努力下，取得了显著的成绩。为激励广大外事干部的工作热情，经研究，决定对工作突出的先进集体及先进工作者予以表彰。

一、先进集体

湖北省地震局

广东省地震局

云南省地震局

新疆维吾尔自治区地震局

中国地震局地球物理研究所

中国地震局地震预测研究所
中国地震局工程力学研究所
中国地震台网中心
地壳运动监测工程研究中心

二、先进工作者

段志英（女）　　辽宁省地震局
李征西　　吉林省地震局
李　平　　上海市地震局
陈　中　　福建省地震局
李博山　　广东省地震局
邓一唯（女）　　四川省地震局
谷一山　　云南省地震局
徐世芳　　陕西省地震局
张玉华（女）　　甘肃省地震局
魏若平（女）　　新疆维吾尔自治区地震局
苏小兰（女）　　中国地震局地球物理研究所
韩　斌（女）　　中国地震局地质研究所
李　京（女）　　中国地震局地震预测研究所
张雪兰（女）　　中国地震局工程力学研究所
董　亭（女）　　中国地震台网中心
王　娟（女）　　中国地震应急搜救中心

特此通报

2007 年 4 月 7 日

关于表彰中国地震局 2005 ~ 2006 年度纪检监察审计工作先进集体和先进工作者的通报

中震发外［2007］24 号

各省、自治区、直辖市地震局、各直属单位：

为表彰先进，推进地震系统纪检监察审计工作，促进党风廉政建设和反腐败工作的深入开展，根据《地震系统纪检监察审计部门争先创优考核评比办法》，经中国地震局考评小组评审，决定对 2005 ~ 2006 年度纪检监察审计工作先进集体和先进工作者给予表彰。

一、纪检监察审计工作先进集体

湖北省地震局

广东省地震局
江苏省地震局
甘肃省地震局
陕西省地震局
浙江省地震局
山东省地震局
局地壳应力研究所

二、纪检监察审计工作先进工作者

王　刚　　河北省地震局
方伯亚　　浙江省地震局
谢海明　　福建省地震局
宁翠荣　　山东省地震局
李　静　　湖北省地震局
黄洁仪　　广东省地震局
王树宁　　广西壮族自治区地震局
孔　燕　　云南省地震局
奥林芳　　陕西省地震局
蔺西科　　甘肃省地震局
崔京龙　　局地质研究所
张雪松　　局地壳应力研究所
赵洪发　　防灾科技学院
杨　华　　中国地震台网中心
高小梅　　局机关服务中心

特此通报

2007年3月7日

中国地震局关于2007年公文质量检查评比结果的通报

中震发办［2007］127号

各省、自治区、直辖市地震局，各直属单位：

为进一步规范地震系统的公文处理工作，提高公文的质量，按照《关于开展2007年公文质量检查评比工作的通知》（中震办［2007］19号）的要求，2007年7～10月份，中国地震局办公室组织了地震系统公文质量检查评比工作。

此次检查评比绝大多数单位参评公文做到了正确地选择行文关系，按照行文规则的要求制发公文，公文格式规范，公文的内容基本上做到了结构严谨、条理清楚。但是，通过检查仍发现部分不规范的问题，如：个别单位因机构调整，人员变动，新从事公文管理的同志对这项工作的要求了解不够，造成审核把关不严，老问题反复出现：一是领导人、核稿人、主办单位签批不规范；二是主题词标注、版记位置、装订不规范；三是公文中语句口语化，文字不简明等。

今后，中国地震局办公室将继续加强公文管理，坚持退文制度，对在公文检查评比中反复出现同一问题的单位加重扣分，并取消一等奖评奖资格。同时，在下一年的公文检查评比中，继续对上一年的公文进行讲评，修改、细化评分标准。加强业务培训，切实提高公文管理人员的素质和公文的质量。

2007 年，由于各单位对公文处理更加重视，公文质量和管理水平比以前有了较大的提高，各单位公文评比得分普遍高于往年。为了鼓励各单位公文管理的积极性，经研究决定，对各协作组的一、二、三等奖，各增加一个奖励名额。根据各协作组的初评结果，结合日常收文情况，经公文质量检查评比工作专家组和领导小组复核审定，现将评比结果通报如下（排名不分先后）：

一等奖单位：河北局、上海局、福建局、湖北局、湖南局、广东局、广西局、重庆局、云南局、青海局、地球所、一测中心。

二等奖单位：北京局、山西局、内蒙古局、吉林局、江苏局、浙江局、河南局、海南局、宁夏局、新疆局、地壳所、台网中心、地壳工程中心、二测中心、防灾学院、机关服务中心。

三等奖单位：天津局、辽宁局、黑龙江局、安徽局、江西局、山东局、四川局、贵州局、西藏局、陕西局、甘肃局、深圳培训中心、地质所、预测所、工力所、搜救中心、灾害防御中心、物探中心、出版社。

局机关各司室的参评公文因与系统各单位的参评公文内容不一致，为了体现公平、公正的原则，局机关各司室的公文只参加评比，不涉及奖项。

希望被评为一等奖的单位要继续保持荣誉，再接再厉，其他单位要向他们学习，找出不足，发奋努力，迎头赶上。各单位要高度重视公文质量，建立健全管理制度，严格公文审核把关，为把地震系统的公文质量提高到一个新的水平而努力。

经各协作组推荐，2008 年的协作组组长单位为：第一协作组：内蒙古局；第二协作组：广东局；第三协作组：湖南局。

2007 年 12 月 5 日

合作与交流

主要收载地震系统一年来双边、多边国际合作项目，以及重要学术活动概论，是了解国内外地震领域科研进展，学术交流的窗口。

合作与交流项目

中国地震局 2007 年对外交流与合作综述

2007 年，中国地震局外事工作在中国地震局党组的领导下，深入贯彻中央外事工作会议精神，在双边、多边、港澳台合作、境外台网建设、重大国际科技合作项目等方面取得了较大成绩，有力地促进了防震减灾事业发展。2007 年中国地震局共派遣出访团组 200 个，637 人次；接待来访团 39 个，计 102 人次。

一、围绕大局，服务防震减灾事业发展

2007 年，中国地震局高层代表团访问了美国、日本、新加坡、德国、英国、南太岛国等国家，举行高层会晤，签署、续签了中英、中德等地震科技合作协议，商讨合作发展方向与重要领域；参加了第二届全球安全展览会暨亚洲本土安全大会、国际观测组织年会、国际搜索与救援欧非年会等重要国际会议；美国地质调查局局长访问我局，商讨深化中美地震科技合作。这些重要活动都有力地推进了与国外地震科技的交流合作。

地震科技合作领域不断拓展。与美国、法国等发达国家和老挝、缅甸等受援国家建立了交换地震数据和分析处理技术的合作机制，深化了与新加坡、瑞士、日本、德国等在救援培训、搜救基地建设方面的合作，考察了有关国家灾害法规、城市防震减灾管理、抗震设防标准与规范，提高了我国地震监测、震灾防御和应急救援工作能力。

中国地震局承担的援外台网项目进展顺利。援建阿尔及利亚地震台网在回良玉副总理访问阿期间举行了交接仪式，该项目得到了中阿双方主管部门的高度评价；印尼援建项目接近尾声，已产生预期效益；周边国家援建项目按计划展开。

二、加大管理力度，提高外事服务意识

为加强外事管理，提高工作效率，中国地震局国际合作司深化改革，将护照签证等综合性外事服务工作委托地壳运动监测工程研究中心承办，提高了外事综合服务水平。同时根据党中央、国务院指示精神于 9 月专门召集部分单位召开因公出国（境）申报审批工作会议，传达了外交部《关于贯彻落实国务院领导关于坚决制止公费出国（境）旅游不正之风的批示精神的通知》精神，重申外事工作原则，强调外事工作纪律，对今后外事管理工作提出

了新要求。

积极与美国、法国等发达国家相关机构协调沟通，启动了“中青年科学家中长期出国工作、培训”和“管理干部中期出国培训”项目，参加人员通过学习、借鉴国外相关机构的科研、管理经验，开拓视野，提升工作能力，为地震科研与管理人才培养提供了新的渠道。

三、加强双边、多边合作，扩大国际影响力

双边合作得到进一步加强。与23个国家进行了地震科技合作双边会晤，与美国地质调查局、英国地质调查局、德国联邦地球科学和自然资源研究院、韩国气象厅、巴基斯坦气象厅等签署了一批合作协议、谅解备忘录和会谈纪要。2007年5月，召开了中美地震科技合作协调人年度会晤，为中美近十年来最大规模的地震科技学术研讨会，双方展开深入的交流与讨论，在一些核心问题上取得了一定突破。2007年6月，中法地震科技合作协调人会晤成功举行，双方回顾已有科技合作项目，讨论新建议的项目，并就合作中一些主要问题交换了意见。同时，充分利用我国地震科技及人才优势，在应急救援领域组织了多个培训班。

与国际组织、区域组织合作进一步加强，区域合作深入发展。中国地震局专家在国际组织中任职有所突破，陈运泰院士连任国际大地测量和地球物理联合会执委，谢礼立院士担任国际地震工程联合会副主席，吴忠良新当选国际地震学和地球内部物理学学会主席，何永年当选联合国国际减灾战略首届科技委成员等等。

四、精心谋划，十四届地震工程大会筹备工作进展顺利

中国地震局与建设部等部门、机构密切合作，第十四届世界地震工程大会组委会建立健全了内部管理机制，加强国际联络，成立了国际工作小组，大会网站建设日趋完善，各项大会筹备工作有序进行。大会学术工作全面展开，已收到80个国家和地区的论文摘要近4800篇，其中中方提供摘要800多篇，预计参会代表超过3500人。

（中国地震局国际合作司）

2007年出访项目

1月4~9日

中国地震局地球物理研究所副所长、研究员曹学锋、高级工程师姚同起二人赴菲律宾执行地磁基本场三分量绝对测量。

1月4日~2月5日

中国地震局地球物理研究所高级工程师高金田等一行四人赴菲律宾执行地磁基本场三分量绝对测量。

1月5~14日

河北省地震局局长周清良赴日本、韩国进行科普场观馆建设考察。

1月7~22日

中国地震局地球物理研究所副所长欧阳飚等一行九人赴美国了解掌握有关台阵项目建设与运行管理经验并探讨合作。

1月9日~3月10日

中国地震局地球物理研究所工程师郭祥云赴日本执行JICA全球地震观测任务。

1月15~18日

中国地震局国际合作司司长何振德等一行三人赴老挝签署合建地震台站的相关协议。

1月15~27日

中国地震局地壳运动监测工程研究中心工程师刘举等一行五人赴老挝执行中国数字地震观测网络周边国家和地区台建设项目。

1月16~28日

中国地震局副局长刘玉辰率团一行六人赴澳大利亚、新西兰进行工作访问。

1月17~29日

陕西省地震局副局长姬丁义等一行七人赴美国加拿大进行后勤人力资源管理考察。

1月21~25日

中国地震局监测预报司司长李克和国际合作司处长王满达二人赴缅甸签署合建地震台站的相关协议。

1月21~28日

中国地震局地壳运动监测工程研究中心处长李丽等一行三人赴缅甸商讨数字地震观测网络项目执行计划及合作文本。

1月22日~2月1日

北京市地震局调研员彭岩赴德国、法国进行科技交流。

1月24日~2008年1月23日

山东省地震局副研究员王志才赴美国罗彻斯特大学执行“新生代构造和环境等方面合作研究”。

2月3~17日

中国地震局监测预报司主任科员熊道慧赴奥地利维也纳参加CTBTO禁核试第28次B组工作会议。

2月5~13日

中国地震局地质研究所研究员何宏林赴日本东京大学讨论中国活动构造方面合作研究事宜。

2月18~22日

中国地震局震灾应急救援司副司长陈虹赴瑞士参加联合国灾害评估与协调专家组会议。

2 月 20 日 ~6 月 21 日

中国地震局地震预测研究所研究员郑斯华赴美国执行地动噪声的面波层析成像研究中国岩石圈结构的合作研究。

2 月 22 日 ~3 月 5 日

中国地震局工程力学研究所副研究员熊立红赴美国进行混凝土砌块设计施工规程考察。

2 月 27 日 ~3 月 11 日

中国地震局副局长张友民率团一行九人赴美国考察防震减灾教育、培训方面先进经验和成果。

3 月 10 ~15 日

中国地震局地震预测研究所副所长蔡晋安等一行七人赴俄罗斯讨论中俄地震卫星合作事宜并学术交流。

3 月 12 ~17 日

中国地震局震灾应急救援司处长王志秋等一行四人赴印度参加“国际搜索与救援咨询顾问团国际救援队队长年会”。

3 月 13 日 ~4 月 17 日

新疆地震局副局长王海涛等一行三人赴美国就探索天山地震带地震成因进行合作研究。

3 月 17 ~29 日

中国地震局地球物理研究所研究员杨智娴赴埃及参加“第二届国际特提斯地质大会”。

3 月 17 日 ~4 月 21 日

中国地震局地震预测研究所研究员高原赴英国爱丁堡大学执行中英地震剪切波分裂课题合作研究。

3 月 19 ~24 日

中国地震台网中心总工程师刘瑞丰赴日本参加“全球地震台网对亚太地区板块间强震带地震监测研讨会”。

3 月 20 日 ~5 月 20 日

中国地震局地震研究所室主任、研究员王琪赴法国巴黎地球物理研究所执行中法地震科技合作“GPS 测定青藏高原走滑断层变形问题项目”。

3 月 21 ~30 日

中国地震局人事教育和科技司副司长潘怀文等一行 16 人赴泰国进行地震台站先进运行和管理方式考察。

3 月 22 ~30 日

中国地震局地质研究所副研究员屈春燕等一行 3 人赴韩国首尔大学地球环境学院执行长白山天池火山合作研究。

3 月 22 日 ~4 月 2 日

中国地震局地震预测研究所研究员陈会忠等一行四人赴老挝执行地震台站候选台址详勘任务。

3 月 25 日 ~4 月 25 日

中国地震局地质研究所副研究员刘洁应澳大利亚联邦科学与工业研究组织与矿业部邀请，赴澳大利亚进行工作访问。

3月26日~4月3日

中国地震局局长陈建民率团一行四人赴新加坡参加“第二届全球安全展览会和亚洲本土安全大会”并商讨合作，然后赴日本考察地震灾害应急机制及管理方式。

3月26日~4月3日

中国地震局地球物理研究所助理研究员王宝善赴美国参加“地球透镜2007年年会”。

3月26日~4月5日

甘肃省地震局副局长周志宇、副研究员袁中夏二人赴英国 MYKEHAM FARRANCE 公司进行仪器质量检查。

3月26日~4月8日

中国地震局副局长修济刚率团一行五人赴瓦努阿图、萨摩亚推动援建地震台网项目并洽谈合作、签署协议。

3月27日~4月7日

中国地震局兰州地震研究所研究员杜学彬、主任科员孙海妹二人赴法国宇宙科学院地球物理研究所执行“天祝地震空区电磁现象研究”项目。

3月31日~4月14日

中国地震局地壳运动监测工程研究中心副总工程师杨大克等一行四人赴阿尔及利亚执行援阿数字地震台网交接准备工作。

4月1~4日

中国地震台网中心高级工程师韩磊赴马来西亚参加“太平洋地区海啸预警及减灾系统研讨会”。

4月7~14日

中国地震局国际合作司司长何振德等一行4人赴阿尔及利亚参加援阿数字地震台网交接仪式并签署协议、商讨合作事宜。

4月8~16日

中国地震台网中心研究员张永仙赴美国参加“亚太经合组织地震模拟合作工作会议”。

4月10~25日

中国地震局地球物理研究所研究员王健等一行六人赴美国参加“美国地震学会2007年年会”并顺访。

4月10日~6月10日

中国地震局地球物理研究所博士研究生李乐赴美国莱斯大学进行学术交流。

4月14~21日

中国地震局地震预测研究所研究员高原赴奥地利参加“2007欧洲地球科学联合会年会”。

4月14~22日

中国地震局地震预测研究所研究员尹祥础赴意大利参加中意合作项目“文化遗产保护与修复新技术的研究”第二次工作会议。

4月17~24日

中国地震局地球物理研究所研究员王椿镛赴美国地质调查局开展“中国西部大地震的断层带深部细结构”的合作研究。

4月18～28日

北京市地震局副局长刘松清和处长陈京宜二人赴澳大利亚、新西兰进行应急管理考察。

4月18～30日

中国地震局地震预测研究所研究员沈梦培赴澳大利亚、新西兰进行新能源可再生能源开发与利用考察。

4月20～28日

中国地震局地质研究所研究员单新建赴韩国首尔大学探讨应用CRINSAR技术对长白山天池火山进行监测研究工作。

4月20～28日

中国地震局研究员李裕澈赴韩国首尔大学进行长白山周边地震和活动断层学术交流访问。

4月22～29日

中国地震局地壳应力研究所研究员张景发赴瑞士参加“2007ENVISAT雷达国际高级研讨会”。

4月22日～5月2日

中国地震局地质研究所研究员何宏林等一行五人赴日本地质调查所活断层研究中心学习古海啸堆积物的野外鉴定和探测等研究技术和方法。

5月5～12日

中国地震应急搜救中心总工程师曲国胜赴巴西参加“联合国全球信息通讯技术与发展联盟（UN－GAID）——促进发展中国家科学数据共享全球联盟（e－SDDC）国际研讨会”。

5月6～11日

中国地震台网中心总工程师刘瑞丰赴德国参加“世界数据中心学术研讨会”。

5月8日～6月5日

中国地震台网中心高级工程师韩磊等一行三人赴印度尼西亚执行援印尼地震监测和海啸预警系统项目。

5月12～23日

中国地震局地球物理研究所研究员王健赴美国参加“第58届英特尔国际科学与工程学大奖赛”。

5月15日～6月1日

中国地震局科技委员会主任陈颙院士赴美国地质调查局进行工作访问。

5月16～28日

中国地震局地震预测研究所研究员陈会忠等一行五人赴缅甸执行中缅数字地震台网下的备选台址的勘选工作。

5月16日～7月2日

中国地震局地震研究所副研究员杨少敏、谭凯二人赴美国阿拉斯加大学费尔班克斯分校进行地震科技合作研究。

5月17日～6月18日

福建省地震局高级工程师李祖宁赴美国伊利诺大学进行地震科技合作研究。

5月19日~6月3日

中国地震局震灾应急救援司副司尹光辉赴英国进行应急管理考察。

5月19日~6月4日

中国地震局地球物理研究所研究员边银菊赴奥地利参加联合国全面禁核试条约组织召开的“CTBTO第29次B组一期会议”。

5月21日~6月1日

中国灾害防御协会秘书长张辉等一行12人赴韩国、日本考察防灾教育就科普工作。

5月24~28日

中国地震局地球物理勘探中心研究员段永红赴韩国参加“第五次国际火山学术讨论会”。

5月25~30日

吉林省地震局副局长郑雅琴等一行八人赴韩国进行数据运行管理考察并商讨合作。

5月25日~6月5日

中国地震台网中心研究员赵仲和和地壳运动监测工程研究中心副总工程师杨大克二人赴印度尼西亚参加“印尼海啸预警系统多国协调会议”。

5月26日~6月4日

中国地震局副局长刘玉辰率团一行五人赴斐济、澳大利亚进行工作访问。

5月26日~6月9日

中国地震局地球物理勘探中心主任成双喜等一行八人赴法国考察GEOSCOPE台网建设与运行管理经验，赴英国考察仪器使用与维护技术。

5月30日~6月22日

中国地震局研究所工程力学研究所研究员郭迅赴美国加州大学伯克利分校参加“第三届混合模拟研讨会”。

5月31日~6月7日

中国地震局地震预测研究所实习研究员黄建平赴意大利参加“第五届国际统计地震学研讨会”。

5月31日~6月12日

中国地震台网中心助理研究员侯建民等一行三人赴印度尼西亚执行援印尼地震监测和海啸预警系统项目。

6月2日~2008年5月31日

中国地震局地球物理研究所副研究员鲁来玉赴法国国家路桥中心实验室进行学术访问。

6月3~11日

中国地震应急搜救中心总工程师曲国胜赴克罗地亚参加“国际应急管理学会第14届年会”。

6月3~6日

中国地震局人事教育和科技司（国际合作司）副司长潘怀文等一行四人赴蒙古商讨援建台站事宜并签署协议。

6月4~9日

中国地震局研究员何永年和局地球物理研究所副所长高孟潭二人赴瑞士参加“联合国

减少灾害风险全球平台第一次会议”。

6月5~16日

山东省地震局副局长孙亚强等一行五人赴瑞士、德国考察交流GPS台网建设应用技术。

6月7~16日

中国地震局监测预报司副司长车时等一行五人赴法国参加2007年度中法地震科技合作协调人会晤并顺访德国。

6月10日~12月9日

中国地震局地球物理研究所博士后郑勇赴美国科罗拉多矿业学院地球物理系合作处理2005~2007年间华北地区的主动力源实验的数据工作。

6月13~28日

中国地震局副局长岳明生率团一行六人赴秘鲁、智利进行震灾应急管理考察并探讨合作。

6月20日~7月3日

上海市地震局局长张骏等一行五人赴澳大利亚、新西兰就地震数据处理方海洋地震观测等方面开展交流与合作。

6月23~30日

中国地震局兰州地震研究所所长王兰民赴希腊参加“第四届国际岩土地震工程大会”。

6月23日~7月11日

中国地震应急搜救中心副主任谭先锋等一行14人赴德国进行考察访问，学习培训基地建设经验。

6月27~29日

中国地震局震灾应急救援司副司长陈虹和副处长李成日二人赴蒙古参加INSARAG亚太地区救援演练的筹备工作。

6月28日~7月1日

中国地震局副局长修济刚率团一行四人赴蒙古签署原则性协议和谅解备忘录。

6月28日~7月14日

中国地震局兰州地震研究所高级工程师辛长江赴法国巴黎地球物理研究所执行中法地震科技合作项目。

6月29日~7月9日

中国地震局地球物理研究所研究员杨智娴赴意大利参加“国际大地测量与地球物理联合会（IUGG）大会”。

6月29日~7月15日

中国地震局地球物理研究所陈运泰院士赴意大利参加“国际大地测量与地球物理联合会（IUGG）执行局会议”。

7月1~15日

中国地震局地质研究所副研究员陶玮赴意大利参加“国际大地测量与地球物理联合会（IUGG）大会”。

7月1~21日

中国地震局地震研究所研究员王棋等一行四人赴意大利参加“国际大地测量与地球物

理联合会（IUGG）大会”。

7 月 2～14 日

中国地震局地壳应力研究所研究员朱守彪赴意大利参加“国际大地测量与地球物理联合会（IUGG）大会”。

7 月 3～13 日

地壳监测工程研究中心部门主管游新兆赴意大利参加“国际大地测量与地球物理联合会（IUGG）大会”。

7 月 4～15 日

中国地震台网中心研究员黄辅琼赴意大利参加“国际大地测量与地球物理联合会（IUGG）大会”。

7 月 5～15 日

中国地震局地震预测研究所研究员陈棋福和江在森二人赴意大利参加“国际大地测量与地球物理联合会（IUGG）大会”。

7 月 6～13 日

中国地震局地质研究所研究员甘卫军赴意大利参加“国际大地测量与地球物理联合会（IUGG）大会”。

7 月 7～13 日

中国地震局地球物理研究所研究员周公威和郑重二人赴意大利参加“国际大地测量与地球物理联合会（IUGG）大会”。

7 月 8～13 日

中国地震局地质研究所研究员尹功明赴荷兰参加“第十五次国际固体剂量学术会议”。

7 月 10～16 日

中国地震局震灾应急救援司副司长苗崇刚赴马来西亚参加亚太地区 UNDAC 队员复训。

7 月 16～20 日

中国地震局国际合作司司长何振德等一行三人赴菲律宾参加“第 29 届东盟气象和地球物理分委会会议”。

7 月 20 日～8 月 1 日

江苏省地震局局长丁仁杰等一行七人赴加拿大考察地震监测仪器设备并学术访问。

7 月 21～30 日

中国地震局地震预测研究所研究员王晓青和副研究员丁香二人赴西班牙参加“2007 国际地球科学与遥感研讨会”。

7 月 21 日～8 月 5 日

中国地震局地球物理研究所助理研究员李永华赴印度尼西亚参加“第四届地球圈层活动研究国际暑期研讨班”。

7 月 23～28 日

中国地震局人事教育和科技司副巡视员栾毅等一行十人赴印度尼西亚参加“地震电磁卫星国际研讨会”。

7 月 24 日～8 月 7 日

中国地震局地震研究所所长姚运生等三人赴西班牙执行中西科技合作协议项目并顺访卢

森堡。

7月28日~8月6日

中国地震局地质研究所研究员杨晓松等一行五人赴泰国参加“亚洲－大洋洲地球科学学会第四届年会”。

7月29日~8月5日

中国地震台网中心研究员蒋海昆等一行四人赴泰国参加“亚洲－大洋洲地球科学学会第四届年会”。

7月30日~8月4日

中国地震局震灾应急救援司副司长陈虹等一行七人赴蒙古参加“INSARAG 亚太地区地震应急救援演练”。

8月1~13日

安徽省地震局副局长刘欣等一行三人赴美国考察地震仪器设备并访问交流。

8月2日~9月21日

防灾科技学院研究员万永革赴美国加利福尼亚大学洛杉矶分校执行“中国及加利福尼亚地区地壳应变及区域构造问题合作研究”。

8月4~11日

中国地震局办公室京区基建办公室主任田植杰赴俄罗斯参加“第二十三届国际制图大会”。

8月6~17日

中国地震局国际合作司处长徐志忠等一行三人赴美国执行中美地震科技合作协议附件三协调人会晤并访问。

8月12~26日

中国地震局震害防御司司长卢寿德等一行11人赴瑞典、冰岛考察城市防震减灾管理工作。

8月18日~9月10日

中国地震局地球物理研究所助理研究员黄静赴奥地利参加“29次核查工作组会二期会议”。

8月20~31日

中国地震局地震预测研究所副研究员金红林等一行六人赴日本东京大学地震研究所进行学术交流和考察。

8月26日~9月10日

地壳运动监测工程研究中心工程师刘举等一行三人赴蒙古执行中蒙数字地震台网下的备选台址的勘选工作。

8月28日~9月9日

上海市地震局副局长朱元清和研究员火恩杰二人赴澳大利亚、新西兰考察。

8月31日~9月17日

中国地震局人事教育和科技司主任科员张琼瑞赴日本访问。

8~9月

山东省地震局研究员林趾祥赴丹麦、瑞典和俄罗斯进行考察访问。

9 月 1 ~ 10 日

江苏省地震局研究员李清河赴法国参加“第十届地幔对流模拟和岩石圈动力学国际研讨会”。

9 月 1 ~ 20 日

北京市地震局调研员何武学赴美国参加学习借鉴美国城市防灾减灾立法经验，为制定《北京市城市防灾减灾条例》进行的立法培训。

9 月 1 日 ~ 2008 年 2 月 28 日

中国地震局地球物理研究所博士研究生房立华赴意大利里亚斯特大学进行学习交流，使用基于噪声的面波层析成像方法，利用布设在华北地区的宽频带地震仪的数据，研究华北地区地壳上地幔的结构。

9 月 4 ~ 13 日

中国地震局工程力学研究所副所长李小军等一行三人赴瑞士考察瑞士地震中心强震设备使用情况及水坝地震监测系统。

9 月 5 ~ 19 日

中国地震局地震预测研究所副所长李志雄等一行 11 人赴加拿大执行“十一五”人才培养项目和科技部国际科技合作项目“地震前兆成因机理对比研究”。

9 月 5 日 ~ 10 月 9 日

中国地震局地球物理研究所副研究员贺传松赴美国圣路易斯大学进行“首都圈地区上地幔间断面及亚块体的倾斜”等合作研究。

9 月 8 ~ 14 日

中国地震局科技委员会主任陈颙院士赴日本参加“亚洲科学论坛国际研讨会”。

9 月 10 日 ~ 10 月 2 日

中国地震局地震研究所研究员王琪和乔学军二人赴法国巴黎地球物理研究所执行中法地震科技合作项目。

9 月 14 日 ~ 11 月 1 日

中国地震局地震预测研究所副研究员王伟君赴美国康涅狄格大学执行中美合作研究“基于脉动阵列观测和高速模拟计算的大北京地区高分辨率地震破坏评估图”项目合作研究。

9 月 16 ~ 27 日

中国地震局第二监测中心高级工程师罗官德和程林二人赴瑞士、法国和德国参加国际测绘博览会并考察。

9 月 16 ~ 29 日

中国地震局地球物理研究所陈运泰院士赴美国参加“第一届国际旋转地震学及其工程应用学术研讨会”并顺访。

9 月 17 ~ 27 日

内蒙古自治区地震局副局长曹刚等一行 12 人赴加拿大进行城市防灾减灾与应急预案体系及法律法规建设考察。

9 月 19 ~ 28 日

中国地震局国际合作司副司长赵明等一行 15 人赴韩国进行地震台站科技考察。

9 月 20 日～2008 年 7 月 20 日

中国地震局地震预测研究所研究员高原赴日本地球演化研究所开展“使用地震波形探测地球深部结构”合作研究项目。

9 月 24 日～10 月 5 日

上海市地震局副局长王建军等一行六人赴丹麦、瑞典、西班牙洽谈购买地磁观测仪器事宜，进行地震数据处理与研究方面合作交流。

9 月 26 日～10 月 10 日

中国地震局地质研究所研究员聂高众等一行五人赴澳大利亚、新西兰考察应急管理应急救援领域科技创新经验。

9 月 29 日～10 月 15 日

地球物理研究所实习研究员蒋长胜赴意大利参加“‘第 9 届非线性动力学和地震预测研讨会”。

9 月 30 日～10 月 6 日

中国地震局地球物理研究所高级工程师赵华赴意大利参加“地球科学技术研讨会”。

9 月 30 日～10 月 14 日

江苏省地震局研究员周云好赴意大利参加“第 9 届非线性动力学和地震预测研讨会”。

9 月 30 日～2008 年 9 月 19 日

中国地震局工程力学研究所副研究员公茂盛赴日本执行 JICA 地震、耐震、防灾工学进修任务。

10 月 3～6 日

中国地震局震灾应急救援司司长黄建发等一行三人赴韩国参加“国际搜索与救援亚太区域 2007 年度会议”。

10 月 7～11 日

辽宁省地震局副研究员黄河等一行五人赴韩国参加“第六届远东地震层析成像及其相关工作国际研讨会”。

10 月 10～21 日

中国地震局地球物理研究所研究员王健赴奥地利气象与动力学中央研究所执行中奥科技人员互访项目“历史地震参数确定方法研究”合作研究。

10 月 13～28 日

中国地震应急搜救中心工程师宁宝坤赴新西兰参加联合国人道主义事务办公室组织的“联合国灾害评估协调组课程培训”。

10 月 15～29 日

安徽省地震局副局长姚大全和院长刘庆忠二人赴澳大利亚和新西兰就空间信息系统研发等方面开展考察和交流。

10 月 16 日～2008 年 1 月 17 日

中国地震局地震预测研究所研究员郑斯华赴美国伊利诺伊大学地质系开展“根据地动噪声的面波层析成像研究中国岩石圈结构”项目合作研究。

10 月 18～22 日

中国地震台网中心研究员彭克银等一行三人赴印度尼西亚参加年度用户技术交流。

10 月 19 ~ 30 日

中国地震台网中心研究员黄辅琼赴希腊国家观象台地球动力学研究所执行中希合作“中国－希腊主要孕震断层的强地震复发模型研究”项目。

10 月 21 日 ~ 11 月 10 日

中国地震局办公室主任张宏卫赴美国培训。

10 月 23 ~ 27 日

中国地震局人事教育和科技司（国际合作司）副司长潘怀文等一行五人赴印度尼西亚参加“2007 年亚洲防震减灾结对城市组论坛”。

10 月 25 日 ~ 11 月 6 日

江西省地震局副局长张福平等一行四人赴英国、德国和意大利进行观测网络项目建设订购微震仪器检测技术考察。

10 月 25 日 ~ 11 月 8 日

辽宁省地震局研究员蒋秀琴和江苏省地震局研究员杨军二人赴老挝执行实施台站施工工程监理工作。

10 月 25 日 ~ 11 月 8 日

中国地震局工程力学研究所副所长胡春峰等一行三人赴意大利、希腊和西班牙探讨科技合作并宣传 2008 年世界地震工程大会。

10 月 26 日 ~ 11 月 5 日

江苏省地震局副局长张振亚等一行六人赴希腊、埃及和土耳其考察和交流地震监测、震害防御和地震应急工作。

10 月 27（30）日 ~ 11 月 4（9）日

中国地震应急搜救中心总工程师曲国胜等一行三人赴美国参加“中美双边科技数据合作交流圆桌会议”并顺访。

10 月 28 日 ~ 11 月 10 日

江苏省地震局副局长张大其等一行三人赴智利和阿根廷考察。

10 月 29 日 ~ 11 月 2 日

中国地震局副局长赵和平率团一行五人赴韩国参加“第七届中国地震局与韩国气象厅地震科技合作年度工作会晤并签署协议”。

10 月 29 日 ~ 11 月 10 日

地壳运动监测工程研究中心副主任张金等一行五人赴瑞士和德国考察徕卡测量系统公司和设备生产基地与天线检测实验室。

10 月 30 日 ~ 11 月 12 日

中国地震局国际合作司处长徐志忠等一行三人赴美国参加“美国土木工程学会年会暨展会”并顺访。

10 月 30 日 ~ 2009 年 3 月 30 日

中国地震局地球物理研究所工程师徐志强赴南极参加中国第 24 次南极考察。

11 月 2 ~ 13 日

中国地震局地震研究所研究员申重阳和助理工程师邢乐林二人赴卢森堡参加国际绝对重力比测。

11 月 5 ~ 10 日

中国地震局震害防御司（法规司）处长黎益仕赴印度参加“第二次亚洲减灾大会”。

11 月 5 ~ 10 日

上海市地震局研究员马钦忠赴印度尼西亚参加“2007 年地震电磁现象国际研讨会”。

11 月 6 ~ 23 日

中国地震局震害防御司（法规司）副司长杜玮赴美国参加“地方政府法制实施机制培训”。

11 月 10 ~ 30 日

中国地震局震害防御司（法规司）主任科员林碧苍赴美国参加“专利商标理论与实务培训”。

11 月 11 ~ 18 日

中国地震局地球物理研究所陈运泰院士赴意大利参加“第 18 届发展中国家科学院院士大会”。

11 月 14 ~ 29 日

中国地震局地质研究所研究员洪汉净赴日本参加“第五届城市火山会议”。

11 月 18 ~ 27 日

海南省地震局副局长牟光迅和副研究员胡久常二人赴日本参加“第五届城市火山会议”。

11 月 18 ~ 28 日

陈建民局长率团一行六人赴英国、德国访问。

11 月 18 ~ 29 日

黑龙江省地震局副局长张莹等一行四人赴法国、瑞士考察救灾、地震应急救援的条件保障等方面经验。

11 月 18 ~ 29 日

中国地震局地质研究所研究员许建东等一行四人赴日本参加“第五届城市火山会议”。

11 月 18 ~ 29 日

中国地震局地球物理研究所研究员吴建平和副研究员明跃红二人赴日本参加“第五届城市火山会议”。

11 月 18 ~ 29 日

中国地震局第二监测中心高级工程师崔笃信赴日本参加“第五届城市火山会议”。

11 月 19 日 ~ 12 月 3 日

赵和平副局长率团一行五人赴突尼斯参加“国际搜索与救援咨询团欧非区域会议”，其中赵和平副局长、黄建发司长和赵明副司长等三人还赴南非参加“地球观测组织第四次全会及部长级峰会”。

11 月 20 ~ 29 日

地壳运动监测工程研究中心工程师兰天和中国地震局地震研究所高级工程师蔡亚先二人赴阿尔及利亚执行援建数字地震台网常规维护工作。

11 月 21 日 ~ 12 月 1 日

辽宁省地震局地震预警中心主任史成林等一行六人赴法国、德国考察地震应急救援领域工作经验。

11 月 22 日～12 月 4 日

中国地震局地震预测研究所所长任金卫等一行十人赴摩洛哥、意大利交流地震研究领域经验和成果。

11 月 24 日～12 月 5 日

中国地震局人事教育和科技司副司长李明等一行九人赴日本进行科技交流考察。

11 月 25 日～12 月 2 日

江苏省地震局研究员李清河赴埃及参加“第五届地球物理国际研讨会”。

11 月 26 日～12 月 2 日

中国地震局地壳应力研究所研究员张景发和实习研究员龚丽霞二人赴意大利参加“干涉雷达国际高级研讨会”。

11 月 26 日～12 月 7 日

陕西省地震局副局长刘晨等一行十人赴德国、法国进行新闻发言考察。

11 月 27 日～12 月 4 日

中国地震局监测预报处长陈锋赴日本访问。

12 月 1 日～2008 年 2 月 28 日

中国地震局地球物理勘探中心研究员段永红赴日本东北大学地震与火山研究所进行合作研究。

12 月 4～10 日

中国地震局兰州地震研究所所长王兰民和副研究员吴志坚二人赴印度参加“地震灾害与减轻国际研讨会”。

12 月 5～12 日

湖南省地震局局长全德辉等一行六人赴日本考察紧急救援和抗震设防管理机构。

12 月 6～17 日

山东省地震局副局长林金狮等一行三人赴德国考察地震救援工作。

12 月 7～17 日

中国地震局地质研究所马瑾院士等一行七人赴美国参加“美国地球物理学会 2007 年秋季年会”。

12 月 8～16 日

中国地震台网中心研究员黄辅琼赴美国参加“美国地球物理学会 2007 年秋季年会”及美国地调局短期课程。

12 月 8～24 日

中国地震局第一监测中心副主任刘广余赴意大利考察学习。（天津市人民政府组团）

12 月 9～15 日

上海市地震局副研究员朱爱斓赴美国参加“美国地球物理学会 2007 年秋季年会”。

12 月 9～15 日

中国地震局地壳应力研究所副研究员彭艳菊赴美国参加“美国地球物理学会 2007 年秋季年会”。

12月9~16日

中国地震局地球物理研究所助理研究员张瑞青等一行五人赴美国参加“美国地球物理学会2007年秋季年会”。

12月9~18日

中国地震局地壳应力研究所研究员朱守彪赴美国参加“美国地球物理学会2007年秋季年会”。

12月9~20日

中国地震局震害防御司处长黎益仕等一行六人赴意大利、西班牙考察灾害管理和标准化工作经验并洽谈“共同提议地震现场灾害评估国际标准提案”。

12月10~21日

中国地震局震害防御司（法规司）室主任徐卫等一行四人赴西班牙、瑞士考察地震灾害预防、灾害紧急救援方面法律制度和管理经验。

12月13~24日

中国地震灾害防御协会处长王宝杰等一行十人赴澳大利亚、新西兰考察城市防灾减灾与应急预案体系及法律法规建设。

12月17~22日

中国地震局地震研究所研究员李辉等一行三人赴日本讨论合作并进行学术交流。

12月27日~2008年1月10日

中国地震台网中心研究员李大辉等一行六人赴印度尼西亚执行“援印尼地震监测和海啸预警系统项目”设备安装、软件调试和数据处理分析等工作。

（中国地震局国际合作司　郑　沙）

2007年来华项目

1月22日~2月2日

韩国地球科学与矿产资源研究所金根勇（KIM GEUNYOUNG）博士和申寅辙（SHIN IN-CHEUL）博士二人应中国地震局邀请来华执行中韩合作项目，赴营口和蓟县进行中韩合作台站的相关系统设备的维护工作。

2月5~12日

卢森堡欧洲地震与地球动力学中心（ECGS）主任奥利弗·弗郎西斯（OLIVIER FRAN-CIS）教授一行三人应中国地震局邀请来华访问，在武汉中国地震局地震研究所就绝对重力仪和超导重力仪的比测、PET重力仪的标定等方面进行研讨与交流，探讨进一步拓展新的合作内容。

2 月 24 日 ~3 月 6 日

德国内政部紧急救援局（THM）培训中心主任 CALUS HOLLEIN 应中国地震局邀请来华访问，赴广州和深圳进行考察，在北京交流并研讨教官队伍培训问题。

3 月 5 ~17 日

韩国首尔国立大学教授金庆烈（KYUMG RYUL KIM）应中国地震局邀请来华，执行国家自然科学基金会与韩国科学与工程基金会的合作研究项目，进行数据共享与数据处理合作研究，为开展 D – INDAR 形变监测与研究做前期准备。

3 月 5 ~20 日

日本东京大学地球与行星科学系副教授池田安隆（IKEDA YASUTAKA）等一行三人应中国地震局邀请来华，赴四川市凉山州大凉山断裂带开展野外调查。

3 月 8 ~13 日

韩国地球科学与矿产资源研究所地质研究中心主任池宪哲（CHI HEON CHEOL）教授和金根勇（KIM GEUNYOUNG）博士等一行二人，应中国地震局邀请来华，在吉林省和北京检查合作台站运行状况，并就合建台站项目展开讨论。

3 月 10 日 ~4 月 30 日

日本综合产业技术研究所地质信息部主任研究员西泽（桑原）保人（YASUTO NISHIZAWA［KUWAHARA］）博士等一行三人应中国地震局邀请来华，执行科技部 2006 年国际科技合作计划“四川安宁河—则木河断层带应力状态研究”项目，赴四川沿该断层带进行钻孔应力测量和野外地质调查。

4 月 16 日 ~4 月 2 日

韩国地球科学与矿产资源研究所金根勇（KIM GEUNYOUNY）博士应中国地震局邀请来华，赴辽宁营口台、南山城台进行中韩合作台站相关系统设备的维护工作。

4 月 26 日 ~5 月 28 日

美国加州大学 SANTA BARBARA 分校地壳研究所所长道格拉斯·伯班克（DOUGLAS W. BURBANK）教授和博士约瑟夫·古德（JOSEPH GOODE）二人应中国地震局邀请来华，赴新疆塔里木盆地西缘的帕米尔和西天山山前开展野外工作。

4 月 30 日 ~6 月 20 日

法国巴黎地球物理研究所副教授焉·克林格（YANN KLINGER）和赛立尔·偌米额（CYRILL ROMIEU））二人应中国地震局邀请来华，赴青海东昆仑断裂带西大滩段北盘格尔木以南南山口附近基岩小山包上和格尔木以北小柴旦采石场附近各架设一套 GPS 观测仪。

5 月 15 ~20 日

老挝农林部气象水文厅厅长 PHENG PIENGPANYA 等一行三人应中国地震局邀请来华，就援建老挝地震台站设计细节问题与地壳运动监测工程研究中心进行磋商，并参观中国地震台网中心、局地震预测研究所、地球物理研究所等单位。

5 月 18 日 ~7 月 1 日

美国雷舍利尔工学院教授史蒂文·威廉姆·罗伊科（STEVEN WILLIAM ROECKER）等一行三人应中国地震局邀请来华，赴新疆执行“中美天山地球动力学研究”项目的结束工作，并将撤台的地震仪器转至西藏地震局，以开展“西藏西部岩石圈结构和地球动力学宽频地震数据的收集和处理”项目。

5月19日~6月3日

英国布里斯托尔大学地球科学系环境与地球物理流体中心高级讲师杰里米·菲利普斯（JEREMY PHILIPS）博士应中国地震局邀请来华，协助中国地震局地质研究所建设火山灾害流体动力学模拟实验室，同时建立、调试实验室有关仪器设备，并指导完成一项动力学实验及处理程序。

6月3~13日

美国地质调查局曾跃华教授应中国地震局邀请来华，执行国家自然科学基金会重点项目“基于2001年可可西里8.1级地震形变场演化分子的青藏高原粘弹性动力学模型研究”，与局地质研究所相关人员进行学术交流，讨论震后形变场力学模拟软件研发和结果解释。

6月10~20日

韩国首尔国立大学金庆烈（KYUNG-RYUL KIM）教授应中国地震局邀请来华，执行国家自然科学基金会与韩国科学与工程基金会关于利用CRINSAR技术监测长白山天池火山地表形变特征的合作研究项目，探讨应用INSAR技术研究长白山天池火山形变技术，并进行项目ALOS数据购买与数据处理合作研究，为开展D-INDAR形变监测与研究做前期准备工作。

6月18~23日

韩国地球科学与矿产资源研究所金根勇（KIM GEUNYOUNG）博士应中国地震局邀请来华，赴局地球物理研究所升级延时数据系统网络配置，并赴连云港地震台进行台站维护和数据备份工作，与江苏省地震局就开展合作研究展开讨论。

6月21~26日

韩国地球科学与矿产资源研究所地震研究中心主任池宪哲（CHI HEONVHEOL）博士和申金素（SHI JINSOO）博士二人应中国地震局邀请来华，商讨双方重新签署谅解备忘录事宜。

6月23~30日

意大利特里斯特（TRIESTE）大学法比奥·罗马利奥（FABIO ROMANELLI）博士应中国地震局邀请来华，赴局地球物理研究所执行合作培养博士研究生的协议，讨论合作培养岩石圈地球物理和地球动力学方向博士研究生的具体事宜，并为研究生讲课。

7月6~12日

日本京都大学教授、日本防灾科学技术研究所兵库抗震工学研究中心主任中岛正爱（MASAYOSHI NAKASHIMA）博士应中国地震局邀请来华，就地震工程协同试验网络（NEES）项目的共同合作与工程力学研究所展开讨论，并商讨今后合作内容和方式。

7月9日~11月10日

美国加州大学教授道格拉斯·伯班克（DOUGLAS W. BURBANK）等一行11人应中国地震局邀请来华（分5批），执行中美政府间双边地震科技合作项目“青藏高原东北缘晚新生代构造演化与强震发生机理”，在青海、甘肃以及西藏等地进行野外工作，研究该地区活动构造及强震的构造背景。

7月10日~8月16日

美国俄亥俄州立大学地球科学系助理教授林塞·肖伯恩（LINDSAY SCHOENBOHM）博士等一行四人应中国地震局邀请来华，赴新疆塔里木盆地西南缘的帕米尔地区开展野外工作，以完成这一地区的构造地质填图。

7 月 16 ~ 25 日

阿尔及利亚天体物理和地球物理研究中心工程师阿里里·托菲克（ALLILI TOUFIK）和埃迪·查菲克（AIDI CHAFIK）二人应中国地震局邀请来华参加台网规划管理培训，以我国国内较为出色的区域台网规章制度培训和时间操作为重点，在地壳运动监测工程研究中心和广东省地震局进行培训，旨在帮助阿方形成建立台网运行管理的制度。

7 月 21 ~ 28 日

美国得克萨斯大学教授史蒂夫·格兰德（STEVE P. GRAND）等一行五人应中国地震局邀请来华，执行中美地震科技合作项目“中国东北地区地震台阵探测研究”，赴吉林参加东北地震台阵设计研讨会，赴吉林省、黑龙江省了解具体布台环境，并与中方商讨并签定正式的委托布设流动地震台和划分合作研究任务的合作协议。

7 月 23 日 ~ 8 月 3 日

韩国地球科学与矿产资源研究所金根勇（KIM GEUNYOUNG）博士应中国地震局邀请来华执行中韩合建地震台项目，赴局地球物理研究所调试数据传输延时系统，并赴山东荣成台、辽宁营口台和南山城台进行相关设备维护及安装。

8 月 7 ~ 8 日

美国伊利诺伊大学博士研究生费尔南多·莫尔·阿郎索（FERNANDO MOREN ALONSO）应中国地震局邀请来华讲学，在局工程力学研究所就美国的桥梁工程实践及桥梁灾害做学术报告，并进行结构设计规范方面的学术交流。

8 月 7 ~ 20 日

印度尼西亚气象与地球物理局代表团布迪·瓦卢尤（BUDI WALUYO）先生等一行 15 人应中国地震局邀请来华，参加在云南昆明举办的“援印度尼西亚地震监测和海啸预警系统项目”第三期（地震学及数据分析）培训班，培训内容包括地震学基础、测震学原理、地震仪器及数据处理四个方面。

8 月 18 ~ 31 日

俄罗斯伊尔库茨克国立技术大学教授罗拜兹凯雅·雷萨（LOBATSKAYA RAISA）等一行四人应中国地震局邀请来华，执行中俄政府间合作议定书项目“合作编制亚欧新构造及其资源、环境关系系列图件”，在北京局地质研究所进行交流访问，并赴陕西进行野外考察。

8 月 20 日 ~ 9 月 30 日

法国巴黎地球物理研究所副教授赛立尔·偌米额（CYRIL ROMIEU）应中国地震局邀请来华，与局地质研究所在青海东昆仑断裂带近西北向横跨西大滩段共同开展“东昆仑断裂带西大滩段地震空段现今运动习性研究”项目的 7 个 GPS 连续观测的建设工作，并对西大滩的断错地貌和长期地质滑动习性进行短期考察。

8 月 31 日 ~ 9 月 8 日

美国布法罗大学多学科地震工程研究中心出版部主任简·斯道（JANE STOYLE）应中国地震局工程力学研究所邀请来华访问，在该所进行期刊编辑、出版方面的交流，并就英文科技论文撰写与发表方面作学术报告。

9 月 2 ~ 20 日

俄罗斯科学院地磁学、电离层与电波传播研究所副所长尤里．茹金（YURI RUZHIN）博士等一行三人应中国地震局邀请来华访问，在局地震预测研究所就卫星项目进行讲学和合作研究。

9 月 3 ~ 15 日

韩国地球科学和矿产资源研究院博士池宪哲（CHI HEON CHEL）等一行四人应中国地震局邀请来华执行中韩地震台网项目，赴吉林省延吉地震台、敦化地震台和天津市蓟县地震台更换地震仪器，开展台站维护培训，并与局地球物理研究所讨论台站的运行和维护等事宜。

9 月 18 ~ 30 日

瑞士发展与服务训练局教官彼亚特・昆泽（BEAT KUENZI）先生等一行三人应中国地震局邀请来华访问，对中国国际救援队进行犬搜索培训和测试，并赴陕西省访问交流。

10 月 8 ~ 12 日

巴基斯坦气象厅与地震司司长古兰姆・拉素尔（GHULAM RASUL）和地震司长扎黑德・拉菲二人应中国地震局邀请来华访问，与中国地震台网中心商讨合建巴基斯坦地震台网项目事宜，并参观设备工厂。

10 月 22 ~ 30 日

德国拉芬堡地震观测中心主任克劳斯・斯坦姆勒（KLAUS STAMMLER）博士应中国地震局邀请来华执行中德合作项目"延庆流动数字地震台阵"，对台阵的硬件和软件进行维修、更新和升级，与局地球物理研究所中方人员共同总结工作，并商定下一年工作计划。

10 月 25 日 ~ 11 月 15 日

美国科罗拉多大学教授彼德・莫纳（PETER MOLNAR）教授及夫人和加利福尼亚大学圣巴巴拉分校教授坦亚・玛丽亚・阿特瓦特教授等一行三人应中国地震局邀请来华，对位于973 项目重点研究区内的鲜水河断裂、安宁河断裂、泽木河断裂、大凉山断裂和马边断裂进行野外考察，并与局地质研究所科技人员进行交流和研讨。

11 月 8 ~ 17 日

美国肯塔基地质调查局局长詹姆斯・库柏（JAMES C. COBB）教授及夫人一行二人应中国地震局邀请来华，赴甘肃省、江苏省、浙江省和上海市地震局进行学术交流访问。

11 月 12 ~ 26 日

日本东京大学地震研究所博士上嶋诚（MAKOTO UYESHIMA）应中国地震局邀请来华，赴局地质研究所、黑龙江省和内蒙古自治区地震局进行学术交流，并在黑龙江省密山地电台和内蒙古锡林浩特电磁台架设地磁观测仪。

11 月 20 日 ~ 12 月 2 日

日本东京大学地震研究所所长大久保修平（SHUHEI OKUBO）教授和地球计测部主任山下辉夫（TERUO YAMASHITA）教授二人应中国地震局邀请来华，与局地震研究所组成考察小组，赴云南红河断裂中段考察测网构造环境条件、测网观测环境条件，交流绝对和相对重力观测技术及研究成果，并制定进一步合作计划。

12 月 4 ~ 7 日

日本电气通信大学电子学科教授早川正士（MASASHI HAYAKMA）和博士伊田裕一（YUICHI IDA）二人应中国地震局邀请来华访问，与局地球物理研究所进行学术交流，了解前 ULF 波地磁前兆信号方面的国际前沿信息，并讨论中方在相关研究过程中的初步结果。

（中国地震局国际合作司　郑　沙）

2007 年港澳台项目

1 月 8 日 ~5 月 8 日

中国地震局地震预测研究所助理研究员李文军赴台湾中研院地球科学研究所就“台湾地震科学研究之规划与科学计划推动（2/3）研究计划乙案”进行地震波有限频理论的数值模拟方面合作研究。

3 月 22 ~ 31 日

中国地震局地球物理研究所副所长乔森等一行七人赴香港执行香港机场磁罗经校验场的磁偏角复核测量任务。

5 月 1 ~ 7 日

中国地震局地质研究所研究员刘力强、副研究员刘培洵二人赴香港理工大学岩石力学研究室就“断裂带力学作用过程与强震发生的物理机制”等课题进行合作研究。

5 月 22 ~ 26 日

中国地震局地震预测研究所研究员申旭辉和实习研究员刘静二人赴香港大学参加“第 22 届喜马拉雅—喀喇昆仑—西藏国际研讨会”。

5 月 28 日 ~ 6 月 2 日

中国地震局工程力学研究所副所长孙柏涛等一行六人赴香港理工大学参加“2007 年亚太地震工程研究中心联合会（ANCER）年会”。

6 月 6 ~ 7 日

中国地震局深圳防震减灾科技交流培训中心副主任刘升礼等一行六人赴澳门地球物理暨气象局进行合作交流访问。

8 月 16 ~ 23 日

中国地震局地球物理研究所学会办公室主任郝记川等一行八人赴台湾参加第六届海峡两岸地球科学夏令营。

9 月 16 日 ~ 11 月 30 日

中国地震局地壳应力研究所研究员王恩福等一行七人应澳门中天能源控股有限公司邀请，开展“澳门天然气陆上传输系统的工程地震安全性和地质灾害危险性评价的场地钻孔波速测试与野外地质调查等工作。

11 月 17 ~ 24 日

天津市地震局副局长李振海赴香港考察香港行政执法体系和管理（天津市人民政府组团）。

12 月 17 ~ 22 日

中国地震局工程力学研究所研究员戴君武赴香港理工大学执行钢筋混凝土结构抗震性能合作研究。

（中国地震局国际合作司　郑　沙）

学 术 交 流

2007 年中国地震学会工作

1. 学术活动

2007 年，学会的各专业委员会都进行了换届，并在换届的同时召开深入的小型专题研讨会。本年度的学术活动特点是在总结过去 4 年的时间里，上一届专业委员会期间本学科的进展情况和探讨未来 4 年间本学科的发展远景。各专业委员会先后开展学术会议 14 次，参加会议人数 664 名，发表学术论文 228 篇。

地震学专业委员会在 2007 年的学术活动中认识到，随着我国地震台网建设的不断完善，地震学研究将获得越来越多的数字地震观测资料。新一届专业委员会的工作将加强数字地震学研究的交流与整合，在震源动力学、地震波传播理论与数值计算、强震地面运动等方面开展最新研究成果的交流，争取开办数字地震学研讨班，对以上研究领域的计算方法、软件共享等方面有需求的相关研究人员进行培训，同时积极开展和国际同行的交流。

地震流体专业委员会在召开专业委员会成立暨 2007 年学术交流大会上，回顾了地震流体专业委员会的发展历程，总结了地下流体学科当前发展概况，并对学科未来的发展做出了美好的展望。新一届专业委员会表示，要团结更加广泛的与地震流体交叉的相关科学领域的专家学者，组织更加雄厚的科技力量攻关，为中国地震流体学科的发展、昌盛做出更大的贡献。为防震减灾事业做出更加辉煌的成就！陈建民局长亲自为大会发来了书面致辞，希望我国地震地下流体学科发展要注重：加强学科基础研究，突破发展瓶颈；加强应用技术研究，夯实监测预报工作基础；加强科技条件建设，搭建科技创新平台；加强学科交叉和国际交流与合作，拓展科学研究思路。

地震观测技术专业委员会在召开换届暨学术研讨会时，听取了庄灿涛研究员的“地震观测领域中的几个应该发展的技术”报告，报告详细阐述了“主动观测技术”、“超长周期地震计技术”、“数字地震仪技术”、“海洋地震观测技术”的重要性和国内的应用现状。会议还交流了地震观测台站技术发展，悬挂式球形线圈（磁力仪）研制，精密震源应用，应对巨灾的观测系统，井下气体直接测量传感器技术探索，目前地震科学数据共享标准化有关工作的进展情况，新形势下的地震速报等方面的内容。此次会议交流内容丰富，涉及的内容均为地震观测的新技术、新方法和新观念，思想活跃，报告内容不断引起共鸣和热烈讨论。

地震电磁学专业委员会召开了第四届委员会换届暨学术讨论会。会议认为，鉴于我国在“十五”期间，地震电磁学研究取得了较大进展，台网建设初战告捷，新方法、新技术得到应用和发展，国际合作也卓有成效，在防震减灾事业中日益显现出比较重要的地位；“十一五”期间，地震电磁学将会迎来新的发展机遇，台网布局将更趋合理，空间、地面、井下和海底三维一体观测将得到尝试。本次会议的主要议题为：“总结‘十五’期间地震电磁学各领域的最新研究成果，交流‘十一五’期间地震电磁学的发展规划以及研讨地震电磁学的未来发展等”。

地震预报专业委员会举办了数字地震资料研究与应用研讨会暨第七届地震预报专业委员会成立大会。这次学术交流会展示了：大会报告深刻反思历史，充分展示热点；分组讨论报告精彩纷呈，方法理论相映成辉；会议交流热烈，提出重要的科学问题的特点。此次会议交流内容丰富，涉及题材广泛，讨论碰撞激烈。展现了地震预报专业委员会的活力。经过激烈的学术讨论与观点碰撞，会议提出了以下科学问题：会议强调观测数据的分析，重视观测事实的挖掘，是未来一段时期内地震预报工作中的重点。观测数据分析中不仅重视处理的结果，还应重视误差分析结果。会议提出①地震短临预报应充分重视监测与预报的结合；②强震区和弱震区都应开展实验场工作，强震区实验预报方法的效能，弱震区实验观测仪器的性能；③地震预警预报系统如何在东部地区发挥作用；④数字化前兆观测替代模拟观测成为必然，但也应关注数字化观测技术中存在的问题。

地壳深部探测专业委员会召开了“地壳深部探测专业委员会换届工作会议暨学术研讨会”。会议主要包括两项内容：①地壳深部探测专业委员会换届工作；②开展学术交流，讨论交流了国内外地壳深部探测研究的最新研究成果及新的进展；深部地球物理探测方法在城市活断层探测研究中的应用与实践；大陆强震区的深部构造环境与孕震机理研究；其他相关领域的新思路、新方法、新成果等。本次会议的研讨内容涉及到了大陆地壳结构探测、城市活动断层探测、青藏高原地壳结构探测、海洋地壳结构探测等诸多领域的最新工作与进展，是地壳深部探测工作的一次盛会，与会人员普遍感觉颇有收获，学术交流与研讨对深入推进地壳深部探测的发展起到了极积作用。

构造物理专业委员会联合中国岩石力学与工程学会高温高压岩石力学专业委员会共同举办了高温高压岩石力学与构造物理学术研讨会。会议主题为岩石力学、构造物理、岩石物理领域的实验、理论、数值模拟、高温高压实验技术。共有来自中国地震局地质所、中国科学院地质与地球物理研究所、中国科学院研究生院、中国地震局预测研究所、石油大学（华东）、中原石油勘探局钻井工程技术研究院、辽宁工程技术大学等单位51位参加了会议。会议代表既有马瑾院士和周慧兰教授等老科学家，也有众多中青年学科带头人和学术骨干和多个单位的15位研究生。会议根据报告内容分4个专题报告会：高温高压岩石力学实验（召集人马胜利），高温高压岩石物理实验（召集人何昌荣），岩石变形破坏与断层活动的实验与野外观察（召集人白武明），地球动力学数值模拟（召集人周永胜）。各专题报告了构造物理与高温高压实验近年来的最新成果。

工程勘察专业委员会召开的换届暨2007年学术研讨会会议主题明确，内容充实。会议在工程勘察工作总结、讨论新的“中国地震局优秀工程勘察奖”评选办法方面开展了学术交流。会议全面、客观地总结了近几年工程勘察专业委员会及地震工程勘察工作情况，充分肯定了地震工程勘察工作取得的较大的进步和较快的发展，又深入分析了面临的主要问题，并指出今后地震工程勘察工作应结合地震系统工程勘察工作的实际，分析当前地震勘察设计质量形势和行业发展面临的问题，研究新形势下的工作思路，转变观念、不断探索先进的管理体系，增强自身技术储备、增强活力，通过技术和质量、服务和信誉来赢得市场、赢得发展。会议认识到今后还要进一步加强工程勘察专业委员会的工作开展，同时着重指出，目前地震工程勘察工作虽然在资质、业绩等方面虽然取得了较大的进步，但发展形势不容乐观，在资质等级、勘察水平、监督体系建设等方面面临许多问题。提高工勘单位资质等级水平、重视地震工程勘察人才的培养、提高行业整体的技术水平、健全完善质量监管体系建设等方面是今后工作的重点；同时还应积极发挥高科技的作用，通过开发和使用新技术、新方法和新手段，开拓地震勘察市场、扩展新的勘察领域，来应对国内外勘察市场更新、更高要求的发展和竞争。会议一致认为在工作中要充分发挥学会、专业委员会在行业引导中的积极作用，加强单位间的交流与合作，提高地震工程勘察技术水平和质量管理水平，共同开拓地震工程勘察新局面。

地震社会学专业委员会按照年度计划，有 6 人参加了国际减灾大会。并参加了专题“应急与救援技术和装备的发展趋势”的讨论。提交了论文并做了专题发言，其中 6 篇论文被收入大会论文集。该文集已经被批准进入 ISTP 检索。另外，地震社会学专业委员会还协助民盟中央委员会在国际减灾大会上举办了“灾害与社会管理专家论坛”2007 年年会活动。

地震科技情报专业委员会召开了成立大会暨学术研讨会。会议安排了大会专题报告，介绍了山西省地震局“十五”网络项目中的测震、前兆、信息分项的工作成果、开创地震科技信息工作新局面、地震预报的方法、成绩、问题、目的以及发展思路及我国地震预报的现状和展望。在地震科技情报信息工作交流与研讨中，代表们对“十五”期间地震科技信息工作改变传统模式，凭借现代化网络技术加大开发地震科技信息资源的力度，建立与防震减灾“3 +1”工作体系相适应的科技情报信息保障体系达成共识，并提出以下建议：①在落实中国地震局党组防震减灾工作思路中，特别是“3 +1”体系建设中的科技创新工作，科技情报资料工作的发展将有更大的空间，将更能发挥科技情报资料工作的作用，将更能体现科技情报资料工作的重要性。因此，要对科技情报资料工作重新定位，提高地位，中国地震局有关部门应在机构、人员、经费等方面加以重视。各省局、研究所、中心将上行下效，全系统将形成科技情报资料工作的新局面。②为让更多的科技人员更好的享受到现有的科技情报资料服务，各级科技情报资料工作部门要强化服务意识，加强宣传与培训，采取有效措施，将现有的科技情报资料工作成果充分得到应用。同时，为让科技人员享受到更多更好的科技情报资料服务，各级科技情报资料工作部门要开发服务领域，扩大服务范围，创新服务方式，提高服务质量。

编辑委员会召开了成立大会暨2007 年年会。会议回顾了上一届编辑委员会的工作，介绍了上一次工作会议的情况，部署和展望了编辑专业委员会今后的工作及发展前景。一些有代表性的编辑部就办刊理念、办刊方式、稿件选用、创新办刊等进行了交流发言。通过交流研讨，会议达成如下共识：①扩大编辑委员会成员的范围，在以期刊人员为主的基础上，积极吸纳报刊、网络、声像、科普出版等人员参加，通过编辑委员会，在加强交流、沟通中挖掘人才，促进发展。②强化编辑素养，适时开展诸如整体创意、主题策划、栏目设置、文章编辑、图件制作等编辑工作的分类指导，充分发挥编辑委员会的平台作用。③发挥成功期刊的作用。进一步推广成功的期刊模式，鼓励各期刊利用已有的实力和稿件资源，互相学习借鉴，推陈出新，打造品牌，谋求发展。④充分发挥期刊号的资源作用。积极放开跨行业、跨区域的联合办刊模式，以解决系统内期刊分布不均匀，稿源单一、质量不高、经费不足的问题，朝着“做大做强”努力。⑤在中国地震学会的领导下，设期刊、编辑优秀奖，开展评优活动。⑥探讨多途径筹集经费的办法，争取每年开展一次学术活动。

另外，为了配合中国地震局的防震减灾工作，中国地震学会主动向中国地震局各有关司、室通报中国地震学会2007年学术活动计划。方便中国地震局各有关司、室全面了解中国地震学会2007年度学术活动计划，有利于提倡学科与学科之间的交叉和相互渗透，避免会议重复。

为了宣传和推广标准化基础知识，加强地震行业科技人员和管理人员的标准化意识，提高地震科技工作的质量，中国地震学会、全国地震标准化技术委员会联合举办了标准化基础知识培训班。

中国地震学会在2007年里还参与协助主办“2008北京第十九届国际地球电磁感应学术讨论会”的筹备工作。

2. 组织建设

（1）协助学会各分支机构完成换届工作。中国地震学会第七届一次常务理事会对聘任第七届理事会分支机构（含：专业委员会、工作委员会、办事机构等，下同）负责人人选的工作做出了规定。请各分支机构（专业委员会）按照以下规定推荐中国地震学会第七届理事会分支机构负责人人选。

（2）中国地震学会联合中国地震局完成了中国地震局系统内的推荐与评选第十届中国青年科技奖候选人的工作。经过专家组对“候选人”报上来的材料的认真评审，并通过无记名投票，完成了第十届中国青年科技奖候选人的推荐工作。

（3）完成2007年度院士增选候选人推荐工作。成立由常务理事会成员组成的中国地震学会推荐、提名两院院士候选人工作小组负责该项工作。在各专业委员会提名的基础上，通过中国地震学会推荐、提名两院院士候选人工作小组成员无记名投票，完成了我会2007年度院士增选候选人的推荐工作。

（4）召开中国地震学会第七届二次常务理事会会议。会议主要讨论了关于聘任中国地震学会第七届理事会副秘书长和分支机构负责人（专委员会主任）等工作。

（5）为了坚持民主办会的原则，建立和完善以会员为主体的组织体制，健全民主治理结构，增强为会员服务的能力，促进学会规范、有序、健康发展，鼓励为中国地震学会做出贡献的优秀集体和先进个人，中国地震学会开展了省、市、自治区优秀学会（会员单位）及学会先进工作者评选表彰活动。天津市地震学会等15个单位获“优秀学会”荣誉称号，刘津丽等19名同志获中国地震学会“先进工作者”荣誉称号。

（6）与中国地震局地球物理研究所共同主办了纪念赵九章先生百年诞辰活动，《国际地震动态》配合出版了《纪念赵九章先生百年诞辰专集》。

（7）组织推荐2007年度国家科技奖励项目工作和光华工程科技奖工作。

（8）协助成立“地震遥感专业委员会”的筹备工作。

（9）召开全国秘书长工作会议，探讨研究学会的发展工作。

3. 科普活动

中国地震学会第七届普及工作委员会成立大会暨科普工作研讨会于2007年11月9～11日，在北京召开。刘玉辰副局长到会对防震减灾科普宣传工作做了十分重要的讲话，就进一步加强新一届普及委员会建设，做好新时期的地震科普工作提出了具体要求：①要充分认识做好地震科普工作的重要意义；②增强责任感和使命感，进一步加强普及工作委员会自身建设；③扎实工作，为推动公众防震减灾综合素质的提升作出新的贡献。他的讲话为新一届普及工作委员会的工作指出了工作重点。也为新一届普及工作委员会在党的十七大精神指引下，共同努力，创作出更多更好的科普原创精品，为构建和谐社会和发展防震减灾事业做出贡献而增强了信心。

中国地震学会与中国地震局共同举办的“第二十三届全国青少年地震科技夏令营”，来自全国各地的260余名青少年参加了这次活动。举办“青少年科技夏令营”活动，在青少年中普及地震科学知识、提高青少年的防灾减灾意识、培养地震科学未来人才和提高公众的科技素质有着十分深远的意义。

中国地震学会与台湾中央大学地球科学系共同主办了2007年第六届海峡两岸地球科学夏令营。海峡两岸的同学在夏令营期间，通过开展大陆与台湾两地的相互交流，学习到许多地球科学知识，考察了大地震的遗迹，游览了祖国秀丽的山川，进一步了解了中华民族五千年的文明史。

4. 学术期刊

2007年，《地震学报》的工作也有了新的举措，《地震学报》决定自2009年《地震学报》中、英文版刊登的内容不完全一一对应（要逐步分开），作者可向《地震学报》中、英文版分别投稿。2007年，据中国学术期刊综合引证年度报告（2007）显示，《地震学报》中文版的总被引频次为1223，比上年（总被引频次为974）提高了249次。《地震学报》还通过努力，加快了稿件流程的速度，缩短了稿件的送审周期和出版周期。2007年里组织推荐了《地震学报》2003~2006年发表的文章，参加中国科协科技期刊优秀论文的评比工作，完成了2007年《地震学报》的发行和组稿以及2008年期刊的征订工作，完成了中国科协精品科技期刊工程项目基金资助申请工作，完成了中文版期刊全文上网工作（给国内5种检索数据库提供每期全文数据）。《地震学报》中文版网站基本建成。计划2008年1月，在本刊网站能够阅读将要出版的《地震学报》中文版稿件的摘要，待出版后可阅读电子版全文；网上投稿、送审等工作逐步开始。争取2008年上半年完成《地震学报》中文版近3年来的电子版全文文件的制作和上传网上的工作。《地震学报》英文版向Springerlink上传了6期《地震学报》英文版的pdf文件，与Springer的合作的相关任务如期顺利进行，合作进展顺利。

《国际地震动态》编辑部坚持正确的办刊方针，在宣传防震减灾的科研成果和服务于广大读者方面取得了较好的成绩。国内发行量基本稳定。国外发行从2006年的8份增加到2007年的26份。2007年度出版专集3期：①GPS技术应用研究论文专辑；②纪念赵九章先生百年诞辰专辑；③中国地震局地球物理研究所青年科技工作者研讨文集。《国际地震动态》编辑部基本做到了及时跟踪地震事件。2007年6月3日云南普洱地震后，组织有关专家对该地震的中期预测、地震应急行动及灾害特征、宁洱地震后供水管网震后抢修等进行了报道。2007年7月16日日本新潟地震对柏崎刈羽核电站造成了影响，《国际地震动态》也及时进行了报道。全年完成的出版工作量比原计划多出18余万字，相当于多出正常工作量15%以上。

（中国地震学会　郝记川）

中国地震学会第七届二次常务理事会会议纪要

中国地震学会第七届二次常务理事会会议，于2007年2月13日在中国地震局地球物理研究所召开。张国民、陈颙、石耀霖、吴忠良、张晓东、郝记川、刘玉辰、赵和平、修济刚、高孟潭、阴朝民、马胜利、李小军、唐荣余等常务理事出席了会议。

会议由张国民理事长主持。

会议主要讨论了关于聘任中国地震学会第七届理事会副秘书长和分支机构负责人（专业委员会主任）、推荐2007年度两院院士候选人、推荐第十届中国青年科技奖候选人等工作。

通过讨论，会议做出如下决定：

一、会议决定聘请张宏卫、李克、卢寿德、牛之俊、何振德、黄建发、栾毅同志任中国地震学会第七届理事会副秘书长。

二、会议决定聘请以下同志任中国地震学会第七届理事会各分支机构（专业委员会主任）负责人：(见中国地震学会专业委员会名单)。

三、会议通过认真的评选和无记名投票，决定推荐张国民、张培震、陈晓非同志为2007年度两院院士候选人。

四、会议通过认真的评选和无记名投票，决定推荐王宝善、雷建设同志为第十届中国青年科技奖候选人。

（中国地震学会　郝记川）

中国地震学会第七届理事会名单

理 事 长：张国民

副理事长：陈　颙　吴忠良　石耀霖　张晓东

秘 书 长：郝记川

副秘书长：(常务理事会聘请)

张宏卫　李　克　卢寿德　牛之俊　何振德　黄建发　栾　毅

常务理事：陈建民　刘玉辰　赵和平　修济刚　陈晓非　王兰民　高孟潭　阴朝民　马胜利　李小军　金　星　刘启元　唐荣余

理　　事：(按姓氏笔画)

丁　平　丁志峰　刁桂苓　马胜利　方盛明　王双绪　王兰民　王庆良

王自法　王海涛　王善恩　王椿镛　冉勇康　卢　群　卢寿德　石耀霖
乔　森　任金卫　刘玉辰　刘启元　刘耀炜　孙　雄　孙佩卿　孙柏涛
朱　荃　朱元清　江在森　江娃利　牟光迅　许力生　阴朝民　吴　云
吴卫民　吴建春　吴忠良　吴荣辉　张　鹏　张云峰　张凤鸣　张永仙
张先康　张宏卫　张国民　张振亚　张晓东　张培震　李　克（吉林）
李小军　李清河　杨马陵　苏有锦　陈　颙　陈建民　陈修民　陈晓非
陈章立　陈棋福　孟晓春　郑雅琴　金　星　修济刚　姚大全　姚运生
姜立新　胡　平　赵和平　赵国敏　赵家骝　赵新平　郝记川　闻学泽
倪四道　唐荣余　徐　平　徐心同　徐锡伟　晁洪太　聂永安　聂高众
袁家治　袁晓铭　高孟潭　高荣胜　高常波　崔秋文　常向东　曹　刚
黄剑涛　彭克银　程万正　蒋春花　谢富仁　韩渭宾　韩黎珍　蔡永恩
蔡晋安　谭先锋　薄万举　薄景山　薛　兵　薛　峰

中国地震学会第七届理事会各专业委员会名单

地震学专业委员会

主　任：陈晓非

副主任：丁志峰　李小凡　倪四道

秘　书：王彦宾　许力生

委　员：刁桂苓　万永革　于湘伟　艾印双　史保平　王彦宾　王椿镛　白超英
冯　梅　许力生　许忠淮　朱元清　朱良保　何玉梅　何永锋　刘启元
刘希强　刘　杰　刘瑞丰　安美健　阮爱国　陈九辉　陈天长　陈运泰
陈　凌　陈　颙　吴小平　吴庆举　吴忠良　吴建平　张中杰　张国民
张剑峰　张海明　张美根　李世愚　李学良　李信富　李　强　李清河
沈正康　杨顶辉　杨智娴　周云好　周元泽　周仕勇　周民都　周　红
林命周　金　星　郑需要　赵伯明　赵志新　赵根模　赵新平　姚　陈
姚振兴　聂永安　秦建业　高　原　顾浩鼎　顾瑾平　符力耘　章文波
黄忠贤　黄清华　盖增喜　程万正　靳　平　雷建设　蔡永恩　魏东平

地震地质专业委员会

主　任：徐锡伟

副主任：袁道阳　彭土标　田勤俭　杨晓平

秘　书：于贵华

委　员：马保起　于贵华　于慎鄂　韦开波　尹功明　王　键　冯希杰　冉勇康
付碧宏　安卫平　安晓文　朱艾斓　汤　吉　刘尧兴　刘建达　刘　静

邢成起　江娃利　陈小斌　陈　杰　陈国星　陈群策　张世民　张庆隆
张建国　何文贵　何宏林　李永林　李自红　李　敏　吴业彪　吴珍汉
沈　军　周本刚　周荣军　尚彦军　姚大全　赵伯明　闻学泽　侯康明
郭文生　晁洪太　柴炽章　高常波　徐锡伟　常向东　曹忠权　黄　昭
梁海华　蒋　伟　廖　旭　潘　华

地震预报专业委员会

主　任：张晓东
副主任：苏有锦　刘　杰　李志雄　杨马陵　黄清华
秘　书：张永仙　黄辅琼
委　员：马胜利　王双绪　王海涛　王琳瑛　牛安福　邓志辉　尹京苑　卢　军
冯志生　付　虹　刘小凤　刘耀炜　杜　方　江在森　邢成起　朱丽霞
孙佩卿　杨立明　杨国华　张永仙　张　军　张　希　张跃刚　肖兰喜
陈宇卫　陈学忠　陈棋福　宋治平　陆明勇　邵辉成　沈繁銮　林　树
赵卫明　赵新平　赵　谊　姚　红　钟羽云　徐　平　聂永安　夏玉胜
倪四道　高建华　秦嘉政　曹井泉　龚　平　黄辅琼　程万正　蒋长胜
蒋海昆　温和平　焦明若　蔡永恩　薄万举　魏东平

地震工程专业委员会

主　任：王自法
副主任：齐霄斋　王亚勇　欧进萍　吕西林　杜修力
秘　书：李山有
委　员：王兰民　王绍博　牛荻涛　冯启民　卢寿德　叶燎原　刘汉龙　刘如山
刘伟庆　刘建达　刘晶波　孙柏涛　孙景江　孙福梁　李小军　李山有
李　杰　李宏男　李英民　李国强　李忠献　李爱群　李　惠　李　慧
陈云敏　陈国兴　陈国星　杨庆山　陆　鸣　肖　岩　杜　玮　张建民
吴建春　周　云　周　晶　周本刚　周福霖　林均岐　罗奇峰　金　星
柳春光　赵凤新　赵成刚　胡　平　胡　晓　姚运生　俞言祥　姜　慧
郭　迅　唐荣余　袁晓铭　高常波　高孟潭　高艳平　陶夏新　陶裕录
黄世敏　崔　杰　梁建文　谢富仁　雷建成　楼梦麟　翟伟廉　薄景山

地震观测技术专业委员会

主　任：阴朝民
副主任：薛　兵　刘瑞丰　朱元清　高景春　滕云田
秘　书：韩　磊
委　员：孔令昌　王占英　王玉生　王洪体　王家行　王恩虎　王晓峰　王海功
代光辉　叶春明　叶　鹏　冯志生　朱小毅　朱自强　闫民正　刘代志
刘维克　吕永清　吕金水　吕智勇　孙建中　曲　明　陈九辉　陈书清

陈文明　陈会忠　杨大克　杨周胜　杨建思　杨培根　杨　辉　李大辉
李　江　李海亮　李　强　李瑞芬　何少林　何家勇　余书明　吴书贵
张东宁　张素灵　宋彦云　佟晓辉　周云耀　周华根　周克昌　周振安
孟晓春　林榕光　郑　重　段天山　姚　宏　赵建和　赵家骝　胡　斌
徐　平　黄文辉　黄志斌　崔庆谷　韩　进　韩　磊　傅建武　葛洪魁
曾新平　雷　强　蔡亚先　廖承旺

地壳深部探测专业委员会

主　任：方盛明

副主任：丁志峰　陈九辉　刘建达　张宗杰

秘　书：王夫运

委　员：刁桂苓　王夫运　王彦宾　王恩福　王椿镛　艾印双　丘学林　卢寿德
卢造勋　冯　锐　许汉刚　汤永安　汤　吉　刘启元　刘宏兵　刘保金
朱建亚　阮爱国　吴小平　吴庆举　吴建平　张元生　张先康　张成科
张黎明　宋文荣　余书明　陈永顺　陈步云　陈学波　陈棋福　陈晓非
李　克　李　明　李松林　李秋生　李清河　李裕澈　余钦范　周民都
孟补在　赵文俊　赵国泽　赵国敏　赵金仁　赵俊猛　段永红　施行觉
皇甫岗　高　锐　葛洪魁　楼　海

地壳形变测量专业委员会

主　任：吴　云

副主任：丁　平　薄万举　李志雄　宋彦云　王　琪　李　辉

秘　书：杜瑞林

委　员：王双绪　王庆良　王秀文　王志敏　王志鹏　王晓权　王晓强　王　敏
牛安福　车　时　尹荣珍　孔繁强　甘卫军　申文斌　申重阳　古晋雄
许才军　刘广余　刘文义　刘天海　刘　欣　刘根友　吕弋培　巩曰沐
吐尼亚孜　孙汉荣　孙建中　江在森　乔学军　邢灿飞　邱泽华
余书明　沈正康　李正媛　李　杰　李　明　李建成　李海亮　宋兆山
张　希　张跃刚　陈时军　陈志遥　杨国华　杨林章　卓力格图
周云耀　周克昌　欧阳飙　姚运生　倪春成　胡　斌　高荣胜　郭跃华
郭唐永　梁　干　温兴卫　谢富仁　游新兆　谭金意　熊道慧　黎益仕
黎　炜　潘颖凌　廖成旺　廖　华

构造物理专业委员会

主　任：马胜利

副主任：宁杰远　葛洪魁

秘　书：周永胜

委　员：刁桂苓　万永革　马胜利　马　瑾　尹京苑　王多君　王宝善　王　彬

王　勤　宁杰远　白武明　刘力强　刘小凤　刘希强　刘俊来　刘　斌
朱　涛　何昌荣　张元生　杨晓松　沈正康　张　怀　陈连旺　陈祖安
陈棋福　陈蜀俊　周仕勇　周永胜　武向阳　赵永红　高　原　郭桂安
黄金水　黄清华　崔效峰　曾佐勋　焦明若　葛洪魁　蒋海昆　漆家福
潘一山　魏东平

历史地震专业委员会

主　任：高孟潭

副主任：曹学锋　金学申　王　健　安卫平　雷建成

秘　书：曹学锋（兼）　卜淑彦

委　员：刁守中　刁桂苓　丁学仁　丁国瑜　卜淑彦　韦开波　王增光　冯希杰
卢寿德　田建明　齐书勤　刘东旺　刘昌森　曲延军　吕悦军　任雪梅
吴　戈　吴晓莉　李安印　李裕澈　杜　玮　肖和平　张建国　邹家义
汪素云　时振梁　周本刚　金东淳　孟宪森　闻学泽　郭安宁　郭良田
袁定强　柴炽章　常向东　黄玮琼　楚全芝　翟文杰　潘　华

地震科技情报专业委员会

主　任：贺　钦

副主任：吴荣辉　蔡晋安　樊　琦　黄向荣　崔秋文　王　宜

秘　书：赵　勇

委　员：王立军　王丽威　王明文　毛路蓉　帅向华　付桂华　卢兆晖　刘文义
刘丽君　刘　玫　孙利林　吕建平　纪建国　闫民正　危福泉　邹文卫
宋计娥　宋富喜　杨世东　张永仙　张　倩　张德诚　张黎娅　吴永信
吴　江　吴华章　吴　敏　吴淑英　谷永新　李　刚　李　君　李志雄
李根起　邱　虎　陈晓发　林苏美　范灵春　金　胜　孟宪森　姚明慧
赵　勇　徐世芳　贾冬青　梁凯利　彭克银　敬少群　曾包红　温　岩
董　军　雷　利　靳艳萍　翟文杰　樊跃新

地震科技管理专业委员会

主　任：唐荣余

副主任：张宏卫　章思亚　赵新平　高常波　晁洪太　皇甫岗　黄剑涛

秘　书：杨　威　郑月军

委　员：丁仁杰　丁　平　于　晟　王云基　王兰民　王善恩　火恩杰　冯书明
史磷华　申文庄　孙文斌　孙福粱　巩曰沐　朱乐凯　朱煌武　汤　泉
汤　毅　刘　晨　刘连柱　乔　森　阴朝民　齐霄斋　全德辉　张云峰
张先康　张周术　张福平　张碧吾　张　鹏　张思源　张振亚　张均洲
张金祥　吴宁远　吴荣辉　杜　伟　李　克　李竞志　李　强　李强华
李振海　李　爽　李清河　邹其嘉　陈修民　陈铁流　陈国营　陈建英

杜振民　杨流平　杨　威　郑月军　郑志坤　金延龙　林思诚　林趾祥
周清良　郭大庆　袁定强　赵国敏　侯建明　胡　斌　秦小军　原廷宏
钱　京　徐铁鞠　曹　刚　曹学峰　崔秋文　梁宪章　续新民　韩黎珍
潘怀文　薄万举

地震社会学专业委员会

主　任：顾建华
副主任：王绍玉　陈维锋　杨　涛　赵　勃　吴宗之
秘　书：吴新燕
委　员：王中山　王公学　王兰民　王树鹤　毛国敏　韦　晓　孙云莲　孙仕鋐
朱建钢　刘晶波　汤　毅　李小军　李　博　杨文斌　肖功建　邹其嘉
陈建英　张敬东　吴新燕　武义青　苗良田　林纪曾　金学申　赵凤新
陶发波　顾林生　唐景见　谢霄峰　鲁长江　彭晋川　苗崇刚　韩　炜
黎益仕

地震流体专业委员会

主　任：刘耀炜
副主任：吴书贵　姚运生　陈华静　王广才　张　慧
秘　书：杨选辉　黄辅琼
委　员：丁风和　丁仁杰　于海英　王　飞　王庆良　王　华　王若兰　孔令昌
邓志辉　叶秀薇　宁杰远　付　虹　孙小龙　孙　雄　刘　伟　刘春国
刘爱春　刘　强　朱自强　许秋龙　张子广　张卫华　张　立　张　平
张　军　张　敏　张淑亮　张素欣　张新基　余书明　吴凤泰　邱永平
邵永新　杨竹转　杨多兴　杨贤和　杨明波　杨选辉　杨雪超　何昌荣
陆明勇　李　英　李炳乾　李柳英　宋彦云　杜建国　陈　晨　郑小菁
林元武　易　丽　官致君　范雪芳　赵　刚　赵利飞　赵　谊　赵慈平
施　锦　高小其　高立新　陶月潮　顾申宜　耿　杰　都昌庭　夏修军
徐桂明　曹井泉　曹玲玲　郭良迁　盘晓东　黄辅琼　盖增喜　敬少群
焦明若　缪维成　廖丽霞

工程勘察专业委员会

主　任：杨树新
副主任：李松岭　朱俊峡　黄向荣　王绍博　孙昭民　冯志仁
秘　书：郑月君
委　员：丁颂华　于建民　王多杰　王怀智　王学聚　王恩福　王硕卿　王增光
火恩杰　申旭辉　冯俊生　田勤俭　安卫平　安晓文　刘元生　刘　刚
刘德东　刘德成　孙玉松　庄进跃　李小军　李自红　何玉林　杨玉荣
张国宏　张建设　张建国　张尊和　杜国林　沈建文　陈蜀俊　郑月军

郑继才　林凤桐　尚　红　罗登贵　贺为民　饶扬誉　姚运生　党光明
唐荣余　高常波　栾　毅　龚　平　曾建华　蔡晋安　潘金保　德贵发
薄景山　魏庆云

地震电磁学专业委员会

主　任：赵家骝
副主任：蔡晋安　余书明　杜学彬　顾佐文　汤　吉　黄清华　毛先进
秘　书：关华平　席继楼
委　员：丁鉴海　马钦忠　王兰炜　王　晨　毛桐恩　尹京苑　田　山　卢　军
冯志生　白登海　史磷华　申旭辉　刘允秀　刘昌谋　闫计明　关华平
江　钊　安明智　朱　涛　吴小平　陈小斌　陈化然　陈　峰　陈建毅
张元生　张云琳　张世中　张　平　张亚江　张　玲　张宇翔　张学民
张京辉　张洪魁　张继红　何世根　何　康　陆永发　陆阳泉　杨冬梅
杨建军　杨明芝　沈启兴　沈红会　李　波　李　琪　李道贵　李德前
郑兆芯　周志雄　高玉芬　赵国泽　柴剑勇　钱家栋　席继楼　秦乃岗
康云生　徐文耀　唐宇雄　唐伶俐　夏　忠　夏善红　曹晋滨　蒋延林
韩润泉　谭大诚　滕云田　熊仲华　翟彦忠　薛振岳

国际交流委员会

主　任：吴忠良
副主任：张永仙　宋晓东　张东宁　石川有三　乔　森　赵　明
秘　书：张永仙（兼）　苏小兰
委　员：丁志峰　马胜利　王自法　王志秋　王　健　石耀霖　刘桂萍　刘瑞丰
苏小兰　杨冬梅　张　怀　张国民　张晓东　陈晓非　陈棋福　陈　颙
倪四道　黄辅琼　蒋长胜　蒋海昆　葛洪魁　樊　琦

编辑委员会

主　任：谭先锋
副主任：薛宏交　赵　萍　刘　萍　吕苑苑　张明宇　刘新美
秘　书：赵　萍（兼）
委　员：马玉香　韦江南　毛国敏　毛路蓉　王晓萍　吕太乙　吕春来　吕苑苑
刘江丽　刘新美　刘素英　刘　萍　孙利林　孙振凯　邹文卫　杨世东
杨　静　李玉亭　李桂莲　李瑞芬　吴　江　张宝红　张跃刚　张尊和
陈晓发　陈银河　周元夫　周永健　周　静　季根宝　孟宪森　武晓芳
贺兰萍　贺　芳　谭先锋　钟南萍　姚明慧　赵　霞　赵　萍　秦久刚
高　伟　袁志祥　贾群林　贾　巍　曾包红　蒋伟明　董晓光　管志光
薛宏交

青年科技工作委员会

主　任：李小军

副主任：杜修力　崔　杰　周本刚　吴建平　陈棋福　李　惠

秘　书：张雪涛

委　员：丁彦慧　丁海平　马玉宏　马宏生　万永革　王庆良　王晓青　王　琪
艾印双　帅向华　申旭辉　宁杰远　田家勇　田勤俭　卢福水　许力生
许建东　刘　杰　刘爱文　吕悦军　李广惠　李山有　李卫东　李　丽
李志强　张令心　张永仙　何宏林　吴志坚　吴　斌　杨项辉　陈国兴
陈明金　陈　凌　余演波　周元泽　周龙泉　周仕勇　单建新　姜立新
姜　慧　俞言祥　倪四道　郭安薪　郭　迅　郭　飚　章文波　黄清华
葛洪魁　温瑞智　腾云田　翟洪涛　熊　峰　潘　华　廖　旭　魏东平

普及工作委员会

主　任：王　英

副主任：李永林　谭先锋　李广俊　邹文卫　张守洁　徐桂华

秘　书：李松阳

委　员：万永革　王广亚　王立军　王亚秀　王志敏　王洪明　王建宇　牛立新
尹克坚　刘　丹　刘允秀　孙洪斌　邢增藻　谷一山　李山有　李广辉
张东宁　张进国　张　勇　张　辞　邱立钦　宋兆山　杨林章　杨树新
苏桂武　金　胜　金紫薇　贵文品　钟贻军　秦久刚　钱　京　柴劲松
郭春明　郭建和　郭惠民　凌　晔　梁中华　黄雨蕊　章　荣　崔秋文
贾建齐　谢霄峰　韩晓光　傅勤志　雷　利　赖国强

（中国地震学会　郝记川）

2007年第六届海峡两岸地球科学夏令营活动

由中国地震学会和台湾中央大学联合举办的海峡两岸地球科学夏令营，已经成功举办过五届，逐渐成为中国地震学会开展青少年科普活动、促进大陆与台湾地区地震科学技术交流、加强两岸民间往来的独具特色的品牌项目。2007年，我们又如期举办了“2007年第六届海峡两岸地球科学夏令营”，共有18名大陆团员和16名台湾团员进行两岸互访，整个活动取得圆满成功。

2007年7月14日，中国地震学会在北京接待了由台湾中央大学地球科学系洪日豪、杨荣堃教授率领的台湾旅行团，共有团员16名。洪教授、杨教授等都是携夫人同行，还有人带来了自己的子女。其中不少人是第一次来到祖国大陆，来到北京，对内地的一切都感到好奇新鲜。地震学会精心选择了旅行路线，安排旅游景点，力求在最短时间让台湾同胞看到尽可能多的大陆精华。学会秘书长郝记川全程陪同台湾团访问了北京、西安、敦煌、乌鲁木齐，参观了天安门广场，游览了故宫、天坛、定陵地下宫殿、八达岭长城、颐和园、秦始皇兵马俑、敦煌莫高窟，考察了新疆南山一号冰川及1933年富蕴8级大地震现场的地质地貌。代表团于7月28日返回台湾，在大陆共逗留12天。祖国辽阔的疆土、壮美的河山、悠久的历史文化古迹、蓬勃发展、欣欣向荣的经济形势都给台湾同胞留下深刻印象。他们中有人不无感慨地说：大陆把劲儿用在经济建设上，而台湾当局大搞争权夺利，忙着拉帮结派，实在不得人心。

2007年第六届海峡两岸地球科学夏令营的第二阶段是大陆团员去台湾参观访问。在办理赴台手续过程中，有关省市地震学会、有关学校、区教委、区市台办、省台办都给予积极协助。夏令营得到中国科协国际部和国务院台办的大力支持，报告得到及时批复，赴台全部手续均在预定时间之前办好。2007年8月15日，来自北京、甘肃、江西和安徽四地的18名团员在深圳市集合，接受了台湾行前教育。代表团团长、中国地震学会秘书长郝记川介绍了夏令营的历史，组办夏令营的意义，海峡两岸政治形势；副团长、中国地震局人事司巡视员阎保平宣读了国台办对此次夏令营立项的批文“国台七项［2007］168号”，特别强调了“不拜访台湾官方机构和海基会，避免出现伪旗、徽、歌等违背一个中国原则的政治敏感问题，防止台湾‘法轮功’分子干扰交流活动”。副团长、中国地震局地球物理研究所纪检书记曹学锋则强调了组织纪律性，希望团员之间要和谐相处，互相帮助，保证出访期间万无一失。

2007年8月16日，夏令营全体成员从香港国际机场乘华航CI610航班启程，下午18点抵达台北桃园机场，开始了为期八天的台湾之行。接待方台湾中央大学地球科学系不仅为我们举办了迎送仪式和宴会，还专门派学术委员会成员杨荣堃教授以及系行政助理粘雅贵、刘岱芸小姐全程陪同，精心安排我们的食住行。我们先后游览的风景名胜有：太鲁阁大峡谷、清水断崖、鹿野高台、日月潭。参观的人文景观有：台北故宫博物院、彰化八卦山大佛、北港朝天宫妈祖庙、瑞穗和水上两处北回归线标志、嘉义半天岩紫云寺、桃园莺歌镇陶艺作坊等，考察了1999年9.21大地震现场遗迹，包括车笼埔断层所在地石岗坝水库、集集火车站、倒塌的武昌宫，还考察了典型的地质地貌利吉恶地、小油坑火山口等。台湾二十五个行政市县中，我们参观或途经了二十二个，只有外岛的马祖、金门澎湖未涉足，台湾几条主要的高速公路和省级干道也几乎都走过了，真可谓大开眼界，获益匪浅。其中最值得称道的有清水断崖、太鲁阁大峡谷、台北故宫博物院。清水断崖是台湾东部海岸山脉与太平洋交界处的断壁悬崖，高有几十米，长几十公里，岩壁陡峭。它扼守在基隆到台南的交通要道上，苏花公路就是在悬崖半山腰穿凿而过。公路上下均是笔直的山岩，峭壁之下就是波涛汹涌的太平洋，其情景令人不禁想起苏轼的“惊涛拍岸，卷起千堆雪”的千古名句。太鲁阁大峡谷位于台湾中央山脉的褶皱地带。中央山脉是由菲律宾板块与欧亚板块碰撞后形成的。由于其不断隆起，上覆岩层的风化以及立雾溪水的切割作用，加上大理岩的易溶性，逐渐形成了今天的太鲁阁大峡谷。我们来时正赶上“圣帕”台风将至，风大雨大，咆哮的立雾溪河水夹带着大量灰色大理石岩浆奔流急下，凶险异常。山上到处是飞瀑，不时有碎石滚落。为安全起见，我们没有进到峡谷纵深处。听说第二天，由太鲁阁通往西部的中横公路就封路停驶了。台北故宫博物院里陈列的珍宝都是历代帝王收藏的中华民族文物瑰宝中的顶级精品。其中慕名已久的“翠玉白菜”、“玛瑙红烧肉”过去只听说过，这次亲眼目睹，令人十分兴奋。不禁感慨：中华民族同一祖先，同一文化传承。国民党当年撤离大陆，只能搬走文物珍宝，无法搬走宫殿房子。北京故宫的宫殿加上台北故宫的藏品，才是中华民族历史文化的举世无双的绝配！

此次台湾之行，还发生了几件令人难忘的小事：我团小营员郝一帆不慎跌倒，撞破了胳膊。在中央大学工作人员的陪同下，来到花莲市慈济医院就诊，使我们意外接触了台湾医务界。这是花莲最大的一所医院，是靠一位僧人发起募捐兴建的。医务人员专业素质相当高，医生全部用英文在电脑上写病历和处方。病案也全部用电脑调阅。一个病人是否药物过敏，打过什么疫苗，一挂号，医生就全知道了。医院还使用许多义工，都是些六七十岁的老年人。他们都穿白衬衫，打领带，再穿一件褐色马甲，负责给病人引路，回答提问等。经聊天才知道他们是用义务服务换取自己的免费医疗保险。

台北故宫博物院为我们担任解说的是一位秀丽端庄的女士。她温文尔雅，学识渊博，对每一件展品都如数家珍，娓娓道来，给人留下美好印象。事后一打听，她也是一位义工，本人是家庭主妇，每周半天来博物馆担任义务讲解员。

我们这次台湾之行正赶上“圣帕”台风登陆，准确的登陆时间是 8 月 18 日凌晨 2 点左右。在前一天晚上，电视台就反复播放台风预警信息，并播放短片，教居民如何防范台风灾害。8 月 18 日，全台湾放台风假，停工停学，没有特殊情况，居民都躲在家里避风。我们却风雨兼程，按照即定行程，赶在台风到来之前越过容易塌方的路段。一路上，依然风大雨大，几乎看不见车辆行人。在花莲台东交界处的富里乡，我们亲眼看见一整排钢筋水泥电线杆被台风刮倒截断。我们的车正走在一条双向道柏油路上，迎面一棵盆口粗的大树倒在路中间。我们二十来人冒雨去推，无奈树虽倒，但未全断，根本推不动。正发愁间，后面来了一辆白色小轿车，开车的是一个面色敦厚的年轻人。他看了看形势，二话不说，打开车后备箱，拿出一把砍刀，一个锯子，就开始劈树枝。我们赶快帮助把锯下来的树枝往路边拖。二十多分钟后，马路半边被清理出来，可以过车了。这位年轻人默默收拾好工具，继续上路了。我们从这位年轻人身上看到了台湾青年乐于助人的优秀品德，也感受到台湾民众的文明程度。

我们还感到台湾有关方面十分注意地质景观、文物古迹的保护工作。在寸土寸金的台湾，保留了几处 9·21 大地震的震害遗迹供人参观，这是需付出较高成本的行为。例如石岗坝水库，原来最边上的两个泄洪闸门倒塌，重新修复本不是什么难事。但管理部门在两个倒塌闸门的内侧重修了防护堤，让河道变窄，从而保留了这一遗迹，辅以深入浅出的说明，对国民起到很好的科普教育作用。台北故宫博物院也是以面向市民、面向大众为根本宗旨，其团体门票是 100 元台币，合人民币 25 元左右。2007 年第六届海峡两岸地球科学夏令营圆满结束了，他给我们留下了美好记忆。

（中国地震学会　郝记川）

第三届中国西部防震减灾论坛在西宁召开

2007年6月11~14日，由中国地震局主办、西宁市人民政府和青海省地震局承办的中国西部防震减灾论坛在青海省西宁市召开。本届论坛的主题是："人类与自然·减灾与发展"。论坛以落实"以人为本"思想和全面、协调、可持续的科学发展观，配合国家实施西部大开发战略和社会主义新农村建设，交流西部地区防震减灾工作经验与成果，促进西部地区防震减灾工作，提高防震减灾能力为目的。来自中国西部14个省、自治区、直辖市的117个单位，180余名专家学者参加了本届论坛。

西宁市人民政府副市长张晓容代表西宁市政府致欢迎辞，青海省副省长吉狄马加代表青海省委、省政府对论坛的召开表示祝贺，对中国地震局多年来给予青海防震减灾事业的支持表示感谢。中国地震局副局长刘玉辰在论坛上发表重要讲话，他说，西部地区是我国地震活动的主体地区，做好防震减灾工作意义重大，刘玉辰副局长从认真贯彻落实中央关于加强防震减灾工作的决策部署，以高度负责的科学精神把握震情发展趋势，努力实现防震减灾工作与经济社会发展的良好互动，锐意进取，不断开拓防震减灾工作新局面等四个方面对西部防震减灾工作提出了新的要求，号召西部广大地震工作者进一步增强责任感和使命感，开拓创新，扎实工作，以优异的成绩迎接十七大的胜利召开。

西部防震减灾论坛是中国西部14个省（自治区、直辖市）地震局（甘肃、青海、西藏、陕西、山西、内蒙古、新疆、宁夏、重庆、四川、云南、贵州、广西、海南）及新疆生产建设兵团、中国地震局第二监测中心等16个单位共同发起的，旨在立足中国西部、激发本地区及西部其他地区防震减灾人员的积极性、主动性，为西部地区政府、防震减灾工作管理部门和专家学者提供交流研讨平台，促进和深化西部各省和地区间防震减灾工作交流、合作、协调与发展。

本届论坛收到来自各成员单位论文72篇。

（青海省地震局　荣建生）

2007年地震应急救援国际交流与合作

1. 亚太地区人道主义合作伙伴中国队员管理

亚太地区人道主义合作伙伴（Asia－Pacific Humanitarian Partnership，APHP）是在联合国人道主义事务办公室（OCHA）下设置的非正式组织，主要目的是当亚太地区发生破坏性的灾害事件时，为联合国灾害评估和协调工作队（UNDAC）的快速出队行动和先期到达的联合国专家提供设备保证和技术支持。我国和澳大利亚、日本、韩国、新西兰、新加坡是这一组织的发起者，目前中国有3名正式的APHP队员。

2007年7月31日至8月2日，联合国INSARAG组织在蒙古国首都乌兰巴托举行2007年度亚太地区地震应急救援演练，请求中国派遣中国国际救援队及APHP人员参与，目的是加强亚太各国参与应对亚太地区各种突发自然灾害和复杂紧急事件的能力。中国地震局派出李洋、韩磊、杨新红三名同志组成的APHP小组参加了此次任务，为演练中的UNDAC工作队提供现场接待中心（RDC）和现场协调中心（OSOCC）的设备支援和技术保障。此次演练是中国APHP第一次派队赴国外参加实战演习，圆满完成了各项工作任务，得到了联合国有关机构的认同与表扬，对3名队员精湛的业务素质给予了高度的评价。

2. 中日地震应急救援能力合作计划建设

经过近两年多的努力，由中国地震局向科技部和日本国际协力机构（JICA）申请的“中日地震应急救援能力合作计划”项目已经得到日本政府的批准，正在进行项目执行前期的各项准备工作，包括预备调查、事前评估调查、编制项目设计方案和执行计划草案、签署会议记录等内容，预计2008年4月项目将正式启动。

这是中国地震局成功申请的第一个JICA项目，是中日地震应急救援领域开展具体、实际合作的开端，是中日地震应急救援紧密合作，共同发展的新起点。科技部、中国地震局、日本JICA和日本驻华大使馆对此项目均给予高度重视，组织力量对项目进行密切跟踪、深入调查、不断推进和切实落实，保证项目顺利通过立项和审批，保证项目顺利付诸实施。我们将本着相互协商、互相理解、公平谈判、达成共识、互惠互利、共同发展的宗旨，做好耐心持久、艰苦工作的思想准备，通过各方共同努力，达到预期目的。

该项目实施单位是中国地震应急搜救中心，合作期为3~5年。根据项目合作申请表所述内容，项目的总体目标是：通过中日在地震应急救援领域的研究和人才培养合作，提高中日及发展中国家地震应急救援能力。目前中日双方正在就项目的具体合作内容、计划、方式等进行紧密磋商，初步对震灾快速判定系统的开发给予合作；面向训练基地教官、应急管理人员等的培训以及教材的开发给予合作；提高地震多发地区救援技术给予合作；培训基地的设备给予合作等达成共识。

依据申请计划书的表述，项目的预期成果是：依托中国地震应急搜救中心为中国培训人员1000人次，其中在中国900人次，在日本100人次；分别在中国和日本举办2期培训班；设计课程并编印5套教材；召开5次研讨会等。

3. 紧急救援队伍国际交流培训情况

派出中国国际救援队代表赴印度参加2007国际救援队队长年会；派出中国国际救援队队员参加蒙古举办的多国地震救援演练；组团赴德国THW救援培训基地进行救援教官培训，共有14人接受为期两周的业务技能培训；邀请瑞士救援和搜索犬训练专家来华进行救援教官培训和搜索犬培训，对救援队的搜索犬进行高级测试并顺利通过；派代表赴韩国参加INSARAG亚太地区会议；在北京国家地震紧急救援训练基地承办了荷兰高等教育国际合作组织（NUFFIC）对越南的救援教官培训，越南国家搜索与救援委员会的13名管理人员参加了培训，培训时间为期3周，中国地震局震灾应急救援司、中国地震应急搜救中心、荷兰国际紧急救援技术中心（ICET）有关负责人出席了活动；编译出版《国际搜索与救援指南和方法》；中日 JICA 项目“中日地震应急救援能力合作计划”获得通过；接待韩国中央 119 救助队考察；承办“发展中国家地震灾害紧急救援研修班”第二期，来自 24 个国家的 42 名学员参加研修，国际交流与合作成效显著。

（中国地震局应急协调处、紧急救援处）

中国地震应急搜救中心国际合作交流

2007 年 10 月，地震应急搜救中心成功承办了“2007 年发展中国家地震灾害紧急救援研修班”，来自 5 大洲 27 个国家的 47 位官员参加了研修班，是中国地震局系统承担的参与人数和国家最多的一次国际研修班。

2007 年 9 月，在中国地震局、中国科学院、国际应急管理学会、国际科学院组织和联合国发展中国家科学数据共享与应用全球联盟计划联合支持下，中心会同中科院地理所联合成功承办“2007 自然灾害及应急管理国际研讨会”，来自 22 个国家和地区的 130 多位专家参加了研讨会。中心还参与主办了“2007 中国（北京）紧急救援装备与技术展览会及技术研讨会”。

曲国胜总工程师参加了 2007 年国际应急管理大会、促进发展中国家科学数据共享与应用全球联盟计划启动会、中美双边科技数据合作交流圆桌会议，并被选为国际应急管理学会亚太区负责人和联合国应用示范网项目及灾害领域负责人。

在中国地震局和科技部的大力支持下，“中日地震应急救援能力合作计划”项目被列为日本国际协力机构（JICA）2008 年支持项目，2007 年日方 JICA 项目官员 3 次来华进行项目预备调查和评估，10 月 20 ~ 30 日中日双方就合作范围和内容开展了认真细致而艰苦的谈判，10 月 31 日中国地震局与 JICA 正式签订会谈备忘录。

2007 年 6 月，中心副主任谭先锋带领 13 名预备教官赴德国接受 15 天的培训，邀请瑞士救援专家 9 次来华开展基地预备教官培训，对教学大纲编制、课程设计、教学技巧等进行全方位指导。

2007 年中心的国际合作与交流在质量和内涵上发生了飞跃，共计派出访问交流人员 10 批 22 人次，接待外宾 14 批次 100 多人次，外宾累计在华 120 余日。中心已与近 10 个国家和国际组织建立了合作关系，国际合作与交流成为促进事业发展的重要动力，年轻科技人员通过走上国际舞台，正在迅速成长。

（中国地震应急搜救中心　尹　智）

地壳运动监测工程研究中心对外科技交流与合作工作

2007年1月，地壳运动监测工程研究中心作为四个竞争承办局外事综合服务单位之一，参与答辩，获得成功，成为局外事综合服务承办单位，为了做好此项工作，2007年主要开展了以下方面的工作：

（1）学习和培训。2007年2～6月，我中心派两人到局机关综合处学习办理签证、护照工作程序，参加司里组织的各项外事培训，并参加外交部组织的签证护照专办员培训，获取资格证，基本熟悉工作程序。

（2）全面接手。2007年7月9日，地壳工程中心李强主任与局国际合作司何振德司长签订《局外事综合服务委托协议书》，标志地壳工程中心正式接手中国地震局系统因公出国签证、护照办理工作。

（3）正式运行。经过半年多的试运行，11月1日，承办外事综合服务开始收费，标志着承办局因公出国签证、护照办理工作正式运行。

（地壳运动监测工程研究中心　姜彦宁）

中国地震局工程力学研究所2007年度学术交流

2007年中国地震局工程力学研究所（简称工力所）与美国、日本、欧洲等国家和地区的科技人员积极开展了合作与交流，接待美国、日本、欧洲及中国台湾来华讲学、合作研究、访问的专家学者23批48人次，促进了我所科技事业的发展。值得一提的是，工力所与美国风险管理软件公司（RMS）合作开发的中国首个地震风险模型于2003年3月正式发布，科技日报分别在2007年3月22日的头版显著位置报道“中美合作推出中国首个地震风险模型”，4月5日以“揭秘地震风险模型如何预测科学风险”为题进行了整版跟踪报道。该模型目前是世界上最系统、最全面地适用于中国的地震风险分析模型，已被19家国际著名保险公司和再保险公司使用。

1. 国际方面

（1）中岛正爱博士来中国地震局工程力学研究所访问。2007年7月7～11日，日本防灾科学技术研究所兵库抗震工学研究中心主任中岛正爱博士来华访问。第十四届世界地震工程大会（14th World Conference on Earthquake Engineering，简称14WCEE）组委会副秘书长王自法研究所、齐霄斋研究所等与中岛正爱博士就14WCEE特别专题的组织、展览等问题进行了深入地讨论。作为世界最大的振动台 E - Defense 的主任，中岛正爱博士表示了对参与 14WCEE 的浓厚兴趣，提出 E - Defense 将积极准备特别专题，并将在 14WCEE 举办的展览上设立展台，向世界展示 E - Defense 的实验成果。同时中岛正爱教授还参观了作为 14WCEE 会后考察项目之一的中国地震局工程力学研究所北京园区，参观了园区隔震基础设备、国家强震动观测中心、振动测量仪器设备及正在建设的伪动力实验室等，中岛正爱博士高度赞扬了中国在工程地震以及相关领域的飞速发展，预祝 14WCEE 圆满成功。

（2）郭迅赴美国进行访问。2007 年 5 月郭迅应美国加州大学伯克利分校地震联网实验主管 Bozidar 教授和伊利诺大学 Newmark 实验室主任 Spencer 教授之邀，对分别设于上述两所大学的太平洋地震工程研究中心（PEER）和美国中部地震工程研究中心（MAE）进行了卓有成效的访问。这两个中心是美国最主要的地震工程研究机构，实验设备齐全、先进，研究成果丰硕，名人荟萃。此次访问与美方著名的地震工程教授进行了交流，是科技部中美合作重大项目要求的第一阶段交流，并获取了伪动力招标、实验设备选型和配套建设所需的宝贵资料。

2. 其他方面

（1）2007 年 5 月 28 日 ~6 月 2 日，中国地震局工程力学研究所孙柏涛研究员、齐霄斋研究员、袁晓铭研究员、戴君武研究员、孙锐副研究员、刘洁平副研究员抵达香港参加 2007ANCER（亚太地震工程研究中心联合会 Asian - Pacific Network of Centers for Earthquake Engineering Research）会议。会议针对 ANCER 如何积极参与 14WCEE 交换了意见，并且通过学术交流为工力所正在筹建的土工离心机做前期技术准备。

（2）2007 年 10 月 31 日 ~ 11 月 11 日应美国岩土工程师年会（ASCE）的邀请，14WCEE 组委会副秘书长齐霄斋等 3 人代表团，赴美国参加美国岩土工程师年会并访问有关单位。

在参加会期间，代表团先后与许多教授进行了会谈，就第十四届世界地震工程大会的展览和赞助工作进行了深入讨论，许多教授纷纷表示，将积极参与 14WCEE，并争取推动美国岩土工程协会参展或赞助 14WCEE。在美期间，代表团还访问了美国纽约州立大学布法罗分校和美国风险软件公司（RMS 公司），与 14WCEE 国际工作组成员 George Lee 教授和董伟民教授就大会特别专题的组织工作，以及大会招展赞助工作分别进行了会谈，二位教授对 14WCEE 的各项筹备工作表示了极大的关心，并给予了大力支持。

（中国地震局工程力学研究所　白　冰）

2007 年度陕西省防震减灾对外合作与交流工作

接待美国、俄罗斯、瑞士、联合国核察组织来访专家 4 批 10 人次。全年省地震局共派出 6 人次赴国外进行了交流、考察和学习。

接待了美国地质调查局 Lind S. Gee 博士和新墨西哥理工大学 Mark Murray 博士来局访问。接待了俄罗斯自然科学院院士、国际信息科学院院士拉芭茨卡娅（Lobatskaya Raissa）一行 4 人来陕西省进行地震地质考察。接待了瑞士发展与服务局训练教官昆泽（Beat Kuenzi）一行 3 人访问省地震局。

派出有市级地震部门人员参与的 7 人代表团，赴德国、奥地利考察城市防震减灾工作。

（陕西省地震局　谭玉娥）

新疆维吾尔自治区地震局国际交流与合作

2007 年，新疆维吾尔自治区人民政府组织新疆地震应急救援考察组赴俄罗斯进行为期 10 天的考察学习。本年度完成中美“天山地球动力学第二期研究”项目的地震数据采集和台站维护及台站撤转拉萨工作。3 月新疆地震局派出三名专家赴美国与专家共同进行 2005～2006 年采集数据分析工作，并进行数据分析方法培训和资料解译。顺利完成国家外专局资助的出国培训项目，新疆地震测绘研究院两名专家赴吉尔吉斯完成 2006～2007 年中亚天山 GPS 数据交换和处理。

由中国地震局组织，中国地震应急搜救中心申请的《中日地震应急救援能力建设合作计划》JICA 项目已得到日方批准。此项目中“提高地震多发地区救援能力的技术系统技术”部分内容由新疆承担，日方将为新疆地震灾害紧急救援队提供添置一些必要的救援装备和交通工具，基本实现本项目中救援队在地震多发地区开展实训的功能。由新疆地震局、新疆消防局、各地州市地震主管领导和地震局组成的新疆防震减灾培训团，完成赴日本对城市活断层探测与地震危险性评价、城市应急避难场所建设和城市应急指挥体系建设的考察任务。

新疆地震局党组副书记、副局长寇大兵参加自治区科技分团赴中亚哈萨克斯坦、吉尔吉斯斯坦和塔吉克斯坦考察访问。新疆地震局与哈萨克斯坦地震交换数据工作正常，尤其地下水资料已在新疆监测预报工作中发挥积极作用。

全年共接待来疆讲学、执行国际合作项目的外国专家团（组）3 个，共 12 人次；出国参加技术培训、执行合作项目的地震专家团（组）6 个，共 25 人次。新疆地震局被评为中国地震局 2007 年度外事工作先进集体。

（新疆地震局应急救援处　鲁　娜）

“中美地震科学探测台阵对比研究研讨会”在北京国家地球观象台召开

2007 年中美地震科技合作协调人年度会议于2007 年5 月8 日至10 日在北京召开。中美地震科技合作议定书自 1980 年签署以来一直进展顺利，是中美科技合作的重要组成部分，也是执行得很成功的中美科技合作议定书之一。为参加本次双边会议，美方组织了近 20 位一流地震学家和代表美国政府的重要官员来华，是历史上出席人数最多、范围最广的一次。此次会议期间，双方回顾和总结 2005 年以来中美地震科技合作项目的进展，讨论和商定 2007 年和 2008 年中美地震科技合作项目。同时，还进行了广泛的学术交流。

地球物理研究所抓住机遇，结合研究所承担的十五网络数字地震观测项目科学探测台阵建设的工作，在地震局领导的支持下，于5 月9 日在北京国家地球观象台组织召开了“中美地震科学探测台阵对比研究研讨会”，成为本次会晤的一项重要内容。中美双方近 50 人参加了研讨会。研讨会由美国科罗拉多大学 Robert Engdahl 教授和地球物理研究所所长吴忠良教授共同主持。吴忠良代表地球物理研究所致欢迎辞。研讨会共安排 8 个学术报告。陈颙院士和 IRIS 主席 David Simpson 应邀做了大会主题报告，报告题目分别为：“地下明灯计划的主动源探测” 和“USArray and PASSCAL”。其他报告分别为：美国地质调查局阿尔伯克基实验室 Lind Gee 博士：“GSN and ANSS，ASL and NEIC”；美国宾厄姆顿大学 Francis Wu 教授：“TIGER 计划 ”；美国 Multimax 公司 Winston Chan 博士：“中国东北地震研究计划”；地球物理研究所专家的报告为：葛洪魁、欧阳飚研究员：“中国地震科学探测台阵的仪器使用和管理”；吴建平研究员：“中国北部地震实验场”；杨建思等：“实时地震学的虚拟台网”；王椿镛研究员：“青藏高原东缘的各项异性和壳幔结构的耦合模型研究”；地质研究所刘启元研究员的报告为：四川—云南边界地震实验场。地震预测所陈棋福研究员的题目为：中国地震台网得到的震源破裂过程和深部结构研究。

研讨会期间，中美专家进行了广泛、深入的学术讨论和交流，双方都感到收获很大。双方共同表达了希望进一步加强合作与交流，共同促进双方在地震学基础研究领域和应用领域工作向前发展的愿望。

（中国地震局地球物理研究所）

美国宾夕法尼亚州立大学 Eric Kirby 教授到中国地震局兰州地震研究所进行学术访问

应中国地震局兰州地震研究所邀请，美国宾夕法尼亚州立大学 Eric Kirby 教授于2007 年5 月19 ~25 日，到中国地震局兰州地震研究所进行学术交流活动，并作了题为“Slip - Rate Gradients Along The Eastern Kunlun Fault（东昆仑断裂带滑动速率的梯级变化）”的学术报告。中国地震局兰州地震研究所科研人员、研究生共40 人参加了学术交流活动。

Kirby 教授以东昆仑活动断裂带最新研究成果为主线，系统介绍了近年来国际上有关青藏高原活动构造及其动力学的最新研究动态和学科前缘。与会人员围绕报告议题及热点科学问题展开了学术交流和讨论。通过交流，使科研人员对国内外地震科学和防灾工程的最新发展趋势有了进一步了解。

（中国地震局兰州地震研究所　张元芳）

中瑞合作交流培训班在京举办

2007 年8 月8 ~22 日，“中瑞合作交流培训班”在北京西山举办。中瑞双方教官在培训时间紧、任务重的情况下，圆满完成了预期的培训目标，为救援基地教官培训工作奠定了良好的基础。

此次合作交流活动得到了中国地震局、搜救中心领导的高度重视。开班前多次召开工作会议；中心主任吴建春亲自到场对预备教官进行动员；局应急救援司副司长陈虹和中心副主任谭先锋等出席了开幕式和闭幕式。

此次培训以基地即将开展的培训任务为重点，包括队长培训班以及基础技能培训班。突出对课程设计，教学准备、教学方法的交流和讨论；针对不同教学任务，采取一对一的模式，把每个教学课题进行细化及补充，充分做好开课能讲的准备。培训期间正值北京高温季节，中瑞双方教官顶着烈日，冒着酷暑，吃在一起，住在一起。在室外训练场上挥汗如雨，在废墟里摸爬滚打，经常加班加点，没有一人叫苦叫累，中途掉队。

通过培训，每个教官都从中得到了尝试和锻炼，总结出作为一名合格教官的一些体会：敬业精神和职业道德是教官素质的根本；突出细节和严格要求是教官素质的基础；注重学习和敢于创新是教官素质的核心。中国教官在培训中展示出的吃苦耐劳，团结协作，丰富的专业知识和经验技能给瑞士教官留下了深刻印象。他们经常对我们的教官竖起大拇指，“中国教官真棒!”

（中国地震应急搜救中心　尹　智）

第二届“发展中国家地震灾害紧急救援研修班”圆满落幕

2007 年 10 月 21 日～11 月 3 日，由商务部主办、中国地震局及地震应急搜救中心承办的第二届“发展中国家地震灾害紧急救援研修班”在北京成功举办。此次研修班吸引了来自亚洲、非洲、大洋洲、欧洲和拉丁美洲 27 个国家的 47 名政府应急管理官员参加，是中国地震局所承担的参与国家和人数最多的一次国际研修班，也是搜救中心新办公大楼落成之后迎来的第一批外宾。

研修班的成功举办，得益于商务部援外司、国际经济合作事务局领导对研修班工作的支持与肯定以及中国地震局和地震应急搜救中心领导的重视与关怀。中国地震局副局长赵和平、商务部援外司副司长高元元出席开幕式并发表了热情洋溢的欢迎辞，中国地震局科技国际合作司司长何振德、震灾应急救援司司长黄建发等参加了开幕仪式；在结业仪式上，中国地震局副局长修济刚发表了精彩讲话，并为每位学员颁发了结业证书；开幕式、结业式均由搜救中心主任吴建春主持。

在两周的学习交流时间里，来自中国地震灾害紧急救援领域的专家学者与 47 位各国官员朋友就地震灾害的监测评估、应急管理、紧急救援等方面开展了全面深入、积极充分的交流。通过讲座、讨论、参观、考察等不同的形式，共同探讨和分享了防灾减灾方面的成功经验。为了使研修人员对中国目前的应急管理体系有了更直接、更深入的认识，研修期间，还组织各国研修人员参观考察了中国地震紧急救援训练基地、中国地震局应急指挥系统，此外，还赴浙江省杭州市进行了实地考察，参观了浙江省地震局，并与浙江省地震专家就应急救援体系建设方面的各项内容展开了积极讨论。通过与基层地震应急救援领域工作人员的接触，让来自不同国家的研修人员掌握了更多的防震减灾方面的情况，更让他们感受到了经济建设中应急救援管理体系完善的重要性和迫切性。

研修人员们纷纷表示，通过参观考察活动，不仅让他们看到了中国政府对地震灾害防御与减轻工作的重视，中国现有的应急救援体系的有序与高效；更让他们体会到了系统的灾害紧急救援机制能够积极推动一个国家的建设与发展。此次研修班让他们获益匪浅。

“发展中国家地震灾害紧急救援研修班”的举办，继承和延伸了中国国际救援队“救援无国界”的人道主义宗旨，更在胡锦涛主席提出的构建和谐世界新理念的大框架下，开拓前行，给予了各发展中国家一个探讨与交流、共同应对地震灾害的平台。此次研修班得到了来华官员高度赞赏，来自巴基斯坦的官员代表举内德少校这样说道，帮助“那些缺少资源”的国家走出困境，追求应有的幸福生活，是“拥有这些资源”的国家道义上的责任，也是神圣的职责。中国政府正是为这些有志于救援事业的人们提供了一个宝贵的机会。

自首届“发展中国家地震灾害紧急救援研修班”成功举办以来，中国地震局、中国地震应急搜救中心从进一步提高援外培训工作的质量和水平上下功夫，本着精心组织、加强管理、做好服务的原则，努力架起这座专业交流的桥梁，使援外培训工作更能增强受援国的自主发展能力，致力于将“发展中国家地震灾害紧急救援班”做成援外精品，打造成中国地震人对外的优秀品牌！

（中国地震应急搜救中心　尹　智）

中国援阿尔及利亚数字地震台网建设竣工并顺利交接

2007 年 11 月 19 日，正在阿尔及利亚访问的中国国务院副总理回良玉与阿尔及利亚农业和乡村发展部长巴拉卡特共同出席了《中国与阿尔及利亚政府经济技术合作协定》和《中国政府援助阿尔及利亚民主政府数字地震台网项目交接证书》的签字仪式，中国外交部副部长乔宗淮和阿尔及利亚外交部秘书长布盖拉代表各自政府在合作文件上签字。移交文件的签署标志着中国援阿尔及利亚数字地震台网项目顺利完成，开始正式运行。

中国援阿尔及利亚数字地震台网，是中国政府无偿援助阿尔及利亚建设项目，旨在帮助阿尔及利亚提高地震监测能力，商务部委托中国地震局具体负责组织实施。援阿地震台网主要包括固定地震观测台网、流动台网和数字地震台网中心。此外还特别提供必要的技术支持和培训。

（1）固定地震观测台网由 10 个宽频带地震台，其中 2 个地震台使用超宽频带地震计，8 个地震台使用宽频带地震计，所有地震台均使用 24 位数据采集记录器，并配备数据通信设备、电源设备和避雷设备。

（2）流动地震台网主要用于对阿尔及利亚重点地区的地震活动加密观测。配备 10 套的短周期流动数字地震仪，每套仪器主要包括：一台短周期地震计、一台 24 位地震数据采集记录器、必要便携式包装箱等。

（3）数字地震台网中心配置数据通信接收设备、数据汇集系统、数据处理系统、数据存储系统、数据交互分析系统、监控及信号显示系统、局域网络及互联网接入系统等，运行各管理软件及应用软件。其主要功能：完成台网的数据收集记录和分析处理任务，实现台网的各种监测功能，并且产出各种观测处理数据和结果。

2005 年 5 月 31 日商务部国际经济合作事务局授标予地壳运动监测工程研究中心承担援阿数字地震台网项目。经中阿双方专家的共同努力，援阿数字地震台网于 2006 年 12 月完成了台站建设和所有设备的安装调试，2007 年 1 月开始试运行，迄今运行良好。

在援阿数字地震台网项目实施过程中，中阿双方科技人员进行了广泛的技术交流，并进一步增进了友谊。双方认为合作是愉快的、卓有成效的，其意义已经超越项目本身，中阿之间科技领域的双边合作会以此为契机，合作前景非常广阔。

（中国地震局人事教育和科技司）

计划·财务·审计·党建

主要收载中国地震系统年度的事业发展计划与财务工作综述；地震系统有关情况统计；审计、纪检监察工作状况；党建工作概况。

发展与财务工作

2007 年中国地震局发展与财务司工作综述

2007 年，发展与财务司认真贯彻落实“十七大”精神，结合国务院防震减灾联席会议和全国地震局长会议暨党风廉政建设会议精神，遵照局党组关于“财务管理年”的要求，以科学发展观统领发展与财务各项工作，按照牢固树立“震情第一”观念，切实加强“两个能力”建设，建立健全“3 + 1”体系，始终坚持“四个面向”的要求，坚持依法行政，依规发展，科学理财，不断完善发展与财务工作规章制度，加快工作机制创新，扩大投入规模，引导和保障防震减灾事业健康持续发展。

一、加强宏观思考，推进战略研究

发展与财务司于2006 年年底启动的“十二五”发展规划研究工作，从国内外公共社会事业发展的一般规律出发，结合防震减灾事业实际情况，针对事业发展中的一些重点环节和问题，探求事业未来发展的战略方向和举措。规划研究工作已完成了课题下设的 13 个专题的调研、专题报告编制和专题验收工作，进入成果整合阶段。研究工作初步形成了涉及防震减灾事业各行业学科的发展定位和方向，为中国地震局“十二五”期间的发展规划工作提供了系统性的基础性材料。

为落实国家“十一五”规划纲要，中国地震局参与了由国家发展改革委牵头组织 13 个部委实施的全国主体功能区规划工作。根据《中华人民共和国国民经济和社会发展第十一个五年规划纲要》、《国务院关于编制全国主体功能区规划的意见》，我司会同有关职能部门，按照不同区域经济、社会、人口发展和布局规划状况，结合不同主体功能区的防震减灾需求，并在充分考虑未来防震减灾事业发展模式、方向以及投入规模的基础上，研究提出了提高灾害防御能力的政策措施，形成了《全国主体功能区防震减灾政策建议》。

二、完善管理机制，优化工作程序

自 2006 年发展与财务司启动发展与财务工作规制编制工作以来，发展与财务司从科学化、规范化、制度化管理的要求出发，设计了涉及发展与财务工作各方面工作的规制框架，并积极推动规制编制工作。

为落实局党组关于建立决策科学、分工合理、执行顺畅、监督有力的行政管理体制的要求，进一步规范财务管理，建立健全中国地震局内部监督稽查机制，发展与财务司开展了数字地震项目执行和财务工作专项稽查工作。历时两个多月，进展情况有序，措施得力，达到了预期效果。根据稽查结果形成了2007年度中国地震局稽查工作报告，提出了加强项目管理和财务工作的建议若干意见，为进一步规范系统内财务、项目管理起到了积极的作用。

三、加强财务管理，确保事业顺利发展

日常的财务、资产和政府采购管理工作都是事务性的工作任务，是保障各项管理和业务工作顺利进行的基础。发展与财务司今年组织完成年度经费国库支付渠道划分和请拨工作、预算单位银行账户的变更和年检工作、全年政府采购预算及追加预算的编报工作、数字地震项目政府采购的收尾工作、年度财务决算报表编制、审核、分析、报送、批复以及培训工作。

清产核资是2007年重要的专项工作，根据财政部的总体要求，组织对全局46个二级预算单位以及下属的42个三级独立核算单位进行了资产清查，基本上摸清了我们事业资产的家底，为今后财务和资产的管理奠定了良好的基础。

四、坚持以人为本，不断改善系统人员工作生活条件

发展与财务司高度重视地震系统的工作生活问题，认真解决好职工工作和生活条件改造等关系群众切身利益的问题。2007年继续实施基础设施和观测环境的改造，做好台站优化改造项目，改善科研基础条件和环境。配合有关部门做好工资改革工作。完成京外单位离退休人员住房改革经费需求调查和经费争取工作，根据国家有关规定做好离退休人员津补贴经费的争取工作。京外单位医疗经费有望在2007年年底获财政专项追加，全额满足京外单位医疗保险缴费资金需求，京外单位离退休职工的购房补贴将在今年年底获财政专项资金追加，1.4亿元的资金需求有望获得中央财政全额支持，一次性完结京外离退休职工购房补贴资金问题。

（中国地震局发展与财务司）

中国地震局“十二五”发展规划研究

2006年10月26日，局发展与财务司在北京十三陵地震知识培训中心召开中国地震局“十二五”发展规划研究工作启动会，全面正式部署发展规划研究工作安排。

一、“十二五”发展规划研究专题研究开展调研工作

2007 年 1 月 11 日，“十二五”发展规划研究课题组在京召开第一次工作研讨会。专题负责人汇报了专题研究报告提纲、研究思路与调研计划报告；研究讨论了课题管理办法；研究部署下一步专题研究工作。

2007 年 4 月 4 ~5 日，在京召开了中国地震局“十二五”发展规划研究调研报告交流研讨会。局发展与财务司方韶东副司长出席了会议，会议特邀邓起东院士、许绍燮院士、李强研究员、陈鑫连研究员等专家参加。课题组就各专题的调研报告进行了仔细交流和研讨；邀请专家对各专题报告进行了评价和建议。

二、“十二五”发展规划研究专题研究开展专题研究

1. 开展专题报告交流研讨

2007 年 6 月 28 ~29 日，中国地震局“十二五”发展规划研究专题报告交流研讨会在河北昌黎黄金海岸召开，原中国地震局副局长何永年研究员、中国数字地震项目总工程师陈鑫连研究员应邀参加了研讨。

会议对专题报告编写体例和格式、主要内容进行了规范，对各专题的研究进度进行了安排，并对各专题的研究报告进行了交流、研讨。

2．中期评估

2007 年 10 月 15 ~18 日，中国地震局“十二五”发展规划研究课题组在京召开会议，对课题的 13 个专题进行中期评估。中国地震局党组成员修济刚副局长、发展与财务司牛之俊司长出席会议。

为提高评估实效，中期评估采取分组进行。按照专题研究角度的不同，将 13 个专题按公共管理、科技创新、发展动态进行分组，分别邀请专家进行评估。会上，课题组成员仔细汇报了专题研究成果，并进行了深入的研究讨论。会议邀请陈章立、何永年、汤泉、李友博、许绍燮、马瑾、梅世蓉、陈鑫连等资深专家对各专题研究工作进行了评议，就下一步工作提出了建议。

修济刚副局长在会上指出，发展规划研究是关系我局事业发展的大事，其中很多问题对今后工作至关重要，要多研究，多讨论，全面把握，为发展决策提供更为有力的支持。

3．专题报告验收

2008 年 1 月 22 ~23 日，课题组在北京召开了中国地震局“十二五”发展规划研究专题验收会。专家组听取了专题汇报，阅读了专题研究报告。经过质疑和评议，最终完成专题报告验收评估。

三、印发《战略与发展》刊物

为了进一步推进我局系统的发展规划研究工作，加强与省局、直属单位和研究所在发展规划领域的沟通和联络，通报局发展规划研究的进展情况，刊载各单位的发展规划研究成

果，并听取各单位的意见和建议，地壳工程中心协助中国地震局发展与财务司印发了《战略与发展》刊物，截至2007年年底，已经印发3期。

（地壳运动监测工程研究中心　刘小群）

2007年中国地震局系统有关情况统计

地震系统机构设置情况

独立机构分类	机构数
合计	47
省（自治区、直辖市）地震局	30
中国地震局直属事业单位（研究所、中心、学校、出版社）	16
中国地震局机关	1

地震系统人员分类情况

人员分类	人数	占期末在职职工总人数的百分比（%）
期末在职职工总数	12289	—
其中：管理人员	3816	31.05
科技人员	6427	52.30
教学人员	188	1.53
工人	1858	15.12

* 期末在职职工总数不含临时工人数。

地震系统专业技术人员及专家情况

职称分类	人数	占专业技术总人数的百分比（%）
各类专业技术人员合计	8907	—
其中：正高级技术职务（称）	331	3.7
副高级技术职务（称）	2178	24.5
中级技术职务（称）	3671	41.2
初级技术职务（称）	2295	25.8
待定技术职务（称）	432	4.9
院士	12	0.1
享受政府特殊津贴人员	252	2.8

地震台站基本情况

观测台站种类	观测台站数/个	投入观测手段	投入观测仪器/台套	备　　注
合　　计	1446	合　　计	2010	1. 强震台观测点：1976 个 主要观测仪器：2229 台套 2. 投入经费：13381.1 万元
国家级地震台	148	测　　震	443	
		地形变（含 GPS）	430	
省级地震台	345	地　　磁	384	
		地下流体	450	
市、县级地震台	848	重　　力	31	
		地　　电	164	
企业办地震台	105	其　　他	108	

地震台站人员构成情况

台站人员	人数	占台站人员（%）	台站技术人员	人数	占台站科技人员（%）
合　　计	2516	—	合　　计	2008	—
正副台长	484	19.15	高　　级	286	14.24
管理人员	132	4.72	中　　级	970	48.31
观测分析人员	1729	69.59	初　　级	614	30.58
其他人员	171	6.54	待定技术职称	138	6.87

地震遥测台网基本情况

遥测项目	数量/个	台网人员	人数	投入经费	金额（万元）
地震遥测台网	88	合　　计	839	经费支出	3753.6
国家级	1	台网正副主任	123	其中：线路租金	1281.3
省　级	31	管理人员	51		
市县级	44	观测分析人员	593		
企　业	12	其他人员	72		
		其中：技术人员	770		
子台数	1184	高　　级	140		
有线子台	662	中　　级	309		
无线子台	477	初　　级	210		
中继站	45	未定技术职称	111		

（中国地震局发展与财务司　陆覃星）

2007年地震政府采购中心工作

项目编号	采购项目名称	受托单位	项目金额（万元）	完成日期
DZZB－07002	中国地震台网中心抗震救灾指挥部大厅屏幕投影系统采购	中国地震台网中心	322.6	2007.4
DZZB－07003	大地测量型双频高精度GPS观测设备采购	中国地震局地壳运动监测工程研究中心	117	2007. 4
DZZB－07004	地震工程与工程振动开放实验室伪动力实验设备采购	中国地震局工程力学研究所	1062.836	2007.7
DZZB－07006	国家地震紧急救援训练基地训练设备采购	中国地震应急搜救中心	574.9389	2007.6
DZZB－07009	中国地震台网中心测震专业软件评估平台采购	中国地震台网中心	85	2007.9
DZZB－07010	国家地震紧急救援训练基地训练设备采购	中国地震应急搜救中心	313.742	2007.10
DZZB－07011	地震烈度速报强震动记录器采购	辽宁省地震局	132	2007.10
DZZB－07012	地震数据卫星通信系统Ku/C频段转发器租用	中国地震局	204.5	2007.10
DZZB－07014	国家地震紧急救援训练基地训练设备采购	中国地震应急搜救中心	179.8816	2007.12
DZZB－07016	中国大陆构造环境监测网络建设项目重力设备采购	中国地震局地壳运动监测工程研究中心	3250	2007.12
DZZB －07017	地震观测系统设备购置	中国地震局地震预测研究所	264.89	2007.12
DZZB－TP0701	中国地震台网中心预报分项专业软件	中国地震台网中心	30	2007.2
DZZB－TP0702	救援训练基地动感坐椅	中国地震应急搜救中心	228	2007.3
DZZB－TP0704	中国大陆构造环境监测网络可行性研究报告（技术咨询）	中国地震局地壳运动监测工程研究中心	70	2007.4
DZZB－TP0703	中国地震局保密机柜及视频干扰器	中国地震局	18	2007.4
DZZB－TP0705	二维条码扫描枪及智能交换箱	中国地震局	21.898	2007.4

（中国地震应急搜救中心　尹　智）

审计、纪检监察工作

中国地震局系统审计工作

2007年，中国地震局加大了对专项审计工作的力度，特别是强化重大项目审计和大额资金监管的审计监督，以数字地震项目执行过程追踪审计为手段，将审计监督覆盖各个单位专项项目之中，把监督检查落到了实处。

从各单位上报的数字地震项目的追踪审计工作总结来看，各单位积累了工程专项审计经验，取得了较好的成效，台网中心、湖北局、陕西局、甘肃局、内蒙古局、湖南局、广东局等单位，对项目属于工程部分核减金额达到11%，大额资金支出审批程序得到有效落实，重点环节、重点部位的监督基本上不留死角，具不完全统计对项目审计追踪资金额达到10亿，项目形成的资产得到了有效的监督，部分单位的审计报告，准确反映了单位或部门存在的问题，提出加强改进工作的意见和建议，对“十一五”项目的管理，加强监督与完善单位内部控制提供了重要依据。

2007年全局共完成审计项目231个，审计金额：24.9亿，其中：属于财务收支审计7.5亿，经济责任审计8.6亿，“数字地震”专项审计4.3亿，基本建设审计0.9亿，经济效益审计0.5亿，合同专项及其他审计3.1亿，对55人进行领导干部经济责任审计，在审计中提出各种审计建议和意见491条，已被采纳及纠正的455条；发现存在有问题资金0.41亿，纠正有问题资金0.37亿；节约及挽回经济损失0.1亿。2007年审计监督工作体现了经济效益，为防震减灾事业的健康发展做出了积极的贡献。

（中国地震局直属机关党委审计室　王　蔚）

2007年党风廉政建设工作综述

2007年，各单位、各部门按照全国地震局长会议暨党风廉政建设工作会议的部署，认真贯彻落实《实施纲要》和党风廉政建设责任制，切实转变领导干部作风，全面开展廉政文化建设系列活动，深化拒腐防变教育，加强反腐倡廉制度建设，加大监督工作力度，党风廉政建设和反腐败工作取得明显成效，有力地促进了防震减灾事业的发展。

一、干部作风进一步转变

地震系统各级领导干部认真学习胡锦涛同志关于领导干部作风建设的重要讲话精神，联系本单位、本部门实际，征求意见，对照检查，查找出存在8个方面的较突出问题，并采取有效措施加以整改。局党组成员和机关各职能部门主要负责同志深入基层调查研究，就监测预报、震害防御、应急救援、项目建设、科技创新、反腐倡廉等工作，听取意见，了解情况，发现问题，总结经验，指导工作。各单位、各部门从思想教育入手，强化制度保障，增强作风建设的长效性。通过用正面典型鼓舞人、激励人，用反面典型教育人、警示人，形成了作风建设的良好导向。有的明确重大事项议事规则和决策程序，用制度规范权力运作，使民主集中制落到实处；有的完善了绩效考评办法，促进了干部职工开拓进取，认真履职；有的制定了限时结办制，提高了工作效率；有的制定了问责制，实施了责任追究；有的以多种形式搭建领导和职工的交流平台，听取群众诉求，解决群众关心的问题；有的加强对科研道德和学风教育，规范科研管理，鼓励科研人员潜心研究，严谨治学。大家看到，通过抓作风建设，地震系统的广大干部敬业精神进一步增强，工作作风更加深入，服务态度明显改进，工作效率和工作质量进一步提高。

二、廉政文化建设活动扎实开展

廉政文化建设是推进党风廉政建设的重要举措，是落实《实施纲要》的有效途径。为此，中国地震局党组高度重视，监察司牵头精心谋划，人教科技司、直属机关党委、办公室、发财司等部门密切配合，结合地震系统反腐倡廉工作实际，研究制定了《2007～2008年地震系统开展廉政文化建设活动的实施方案》。按照局党组的部署，各单位专题研究，认真策划，精心组织，掀起了地震系统廉政文化建设活动高潮。有的讲党课，举办演讲比赛和先进事迹报告会；有的建立宣传专栏、廉政网页、廉政博客，观看廉政影视片；有的组织参观访问，编发廉政短信和卡片，开展“家庭助廉”、“读书思廉”、“廉政建设大家谈”系列活动。京区单位还组织了“庆七一迎十七大”廉政歌曲汇演，全局系统8000多人参加了廉政文化知识答卷，47支代表队参加了廉政文化知识竞赛，8支代表队刚刚结束了决赛活动。各单位还认真组织了廉政文化建设征文活动，地震系统的各级领导干部和广大职工群众，积极参与形式多样、丰富多彩的廉政文化建设活动，在参与中受感染、受触动、受教育，在参与中明是非、知荣辱，共同营造了诚实守信、遵纪守法、秉公用权、清正廉洁的工作环境。对此，中央政府网站、《中国纪检监察报》、《中国监察》等媒体都进行了专题报道，树立了地震工作者的良好形象。

三、党风廉政建设责任制落实到位

中国地震局党组从自身做起，认真落实党风廉政建设责任制，切实把反腐倡廉和防震减灾工作一起研究、一起部署、一起落实、一起检查、一起考核。局属各单位党组（党委）按照党风廉政建设责任制的要求，分解任务，细化责任，监督检查，狠抓落实。各单位主要负责人不但亲自听取党风廉政建设工作汇报，还积极协调解决工作中遇到的困难和问题；有的在学习、讲座、考核时加入廉政内容，做到廉政建设与精神文明创建“两促进、两受益”；有的把落实责任制情况列为干部选拔条件之一；有的将落实责任制融入文明单位创建活动中；有的把落实责任制列入台站观测质量体系考核内容；有的进一步修订完善党风廉政量化考核体系；有的向个人通报述职述廉考核和测评结果并存入个人人事档案，对结果不理想的进行单独谈话，提出整改意见；有的派出检查员和兼职监察员采取上门调查、听取意见建议等方式加强了责任制落实情况的监督检查。一年来，绝大多数单位的主要负责同志身体力行，认真履行“一岗双责”，做到业务工作管到哪里，党风廉政建设工作就抓到哪里，积极推动本单位反腐倡廉工作健康发展。

四、制度建设和监督制约工作力度加大

中国地震局党组建立完善了《中国地震局党组议事规则》、《中国地震局关于进一步加强科学民主决策制度的规定》等制度。局机关印发实施了《中国地震局政府采购管理办法》等制度，《中国地震局机关工作人员从政行为规范》、《政府采购管理细则》等制度正在征求意见。多数单位修订完善了党组（党委）议事规则、干部选拔任用、项目管理、资金使用、政务公开等方面规章制度，进一步规范工作程序，促进了权力的规范运行。

中国地震局派出巡视组对 4 个单位开展了巡视工作，对 2006 年被巡视的 5 个单位整改落实情况进行了全面检查，共召开 16 次座谈会，与 400 多名干部职工进行个别谈话，对群众反映的问题进行了解核实，向被巡视单位提出整改建议，有的派出审计组进行专项审计，有的对个别领导干部进行提醒谈话。同时，对反映不实的问题，及时予以澄清，支持敬业肯干的领导干部，总结表扬被巡视单位的工作成绩，旗帜鲜明地支持被巡视单位领导班子的工作。

中国地震局党组组织专题会议，听取了部分单位党政主要负责同志、纪检组长（纪委书记）的述职述廉报告。党组成员与局属各单位领导班子成员谈话 30 多人次。多数单位在干部职务变动时，都进行了任前廉政谈话；对个别干部在选人用人、经费使用、项目管理、政府采购、招标投标以及维护群众利益等方面存在的突出问题进行了廉政谈话；针对个别领导干部不认真履行职责，不遵守劳动纪律，群众意见较大的，经认真核实，进行诫勉谈话。据不完全统计，各单位纪检组长（纪委书记）同下属单位主要负责人谈话 367 人次，任前廉政谈话 258 人次，诫勉谈话 31 人次。通过不同方式的谈话，给一些领导干部打了招呼、提了醒，防止问题由少积多、由小变大，酿成严重错误。

局机关及多数单位及时召开干部监督工作联席会议，分析干部选拔任用工作的新情况、新问题，研究解决存在的突出问题，增强了监督的及时性和有效性。通过实行竞争上岗、干部公示和试用期制度选拔中层干部，既拓宽了用人视野，又进一步落实了群众的知情权、参与权、选择权、监督权。人教科技司还会同监察司对部分单位执行党政干部选拔任用条例情况进行检查，对干部选拔任用程序不规范、破格提拔干部没有按规定上报审批、超职数配备中层干部等问题，予以批评纠正。

各级纪检监察审计部门加强了对数字地震项目资金使用、政府采购、招标投标和工程结算等环节的监督检查和审计，“十五”数字项目审计追踪达10亿元，共完成审计项目231个，审计金额24.9亿元，对55名领导干部进行了经济责任审计，纠正有问题资金3700万元，挽回经济损失1000万元。有的单位监察部门通过与财务部门联网，跟踪了解资金使用情况，发现问题及时提出处理意见。发财司还会同监察司、直属机关党委对部分单位数字地震项目执行和财务工作进行专项稽查，要求限期整改项目资金支出管理不规范等问题。

监察司还会同人教科技司积极探索进一步加强对局属单位主要负责同志教育监督的方法和途径，采取点面结合、上下结合的方式进行专题调查研究，组成3个调研小组分赴9个单位广泛听取意见，在全系统46个单位共3072人中开展问卷调查，全面了解情况，向局党组提交了专题报告。

几年来的工作实践充分表明：反腐倡廉工作必须按照中央的统一部署，结合地震系统干部队伍的实际情况，围绕防震减灾中心工作提要求，抓落实；突出重点，加强教育，增强针对性和有效性，筑牢广大干部的思想道德防线，增强拒腐防变意识；联系实际，建章立制，规范权力，形成用制度管人、用制度管权、用制度管事的运行机制；发扬民主，公开透明，群众参与，加强监督，促使领导干部秉公用权，廉洁自律；领导重视，身体力行，认真落实党风廉政建设责任制，两手抓两手硬。

（中国地震局监察司　孙晓竟）

党 建 工 作

中国地震局直属机关2007年党建工作综述

2007年，中国地震局直属机关各级党组织认真贯彻落实党中央一系列战略思想和局党组的重大工作部署，始终坚持围绕中心，服务大局，坚持党要管党，从严治党，从组织指导、宣传教育、监督服务出发，全面推进党的思想、组织、作风、制度建设和反腐倡廉建设，党建工作格局进一步健全，抓党建、带队伍、促发展的新局面进一步彰显。

一、认真做好党的十七大精神学习、宣传、贯彻工作

按照中央和局党组的重大部署和要求，及早研究准备，制定详尽计划，营造氛围，形成系列，突出重点，迅速掀起学习贯彻十七大精神的高潮。从机关到各直属单位先后组织开展了收听收看、传达座谈、中心组学习、领导干部学习班、创建专网、编发专报、配发材料等一系列工作。机关党委认真发挥局党组的助手作用和对基层党组织的指导、宣传、服务作用。紫光阁网站、新华网、中国网21次报道我局学习贯彻工作。我局的专题网页为学习宣传提供了及时服务。

二、扎实推进党的思想、组织、作风、制度和反腐倡廉建设

1. 思想建设

坚持落实以中心组为龙头，局处级干部为重点，从战略高度加强青年干部教育、党支部抓落实的理论武装工作格局。以组织学习党的十六大以来的理论创新成果、党的十七大精神为重点，组织辅导报告、党校培训班、专题研讨和主题实践，征集优秀论文，领导干部讲党课，从制度上、方式上和内涵上都加强了党的思想建设工作。

2. 组织建设

按照中央的统一部署，在党组的统一领导下，精心组织好党的十七大代表和中央国家机关党代会党代表的推荐和选举工作。积极推进直属单位党委、纪委换届选举工作，地震预测研究所顺利实施了两委换届工作，防灾学院等单位换届选举工作纳入日程。坚持提高发展质量、优化党员队伍结构的指导原则，积极推进党员发展工作，2007年，在京直属单位共发展新党员42名，防灾学院发展学生党员120名。积极推进入党积极分子和新党员培训工作，

组织了京区直属单位入党积极分子培训班。配合单位领导班子建设，组织实施对离任和新任领导干部的经济责任审计工作，协助开展干部考核工作。我局组织工作作为中央国家机关组织部长调研单位，在调研座谈会上作了经验介绍，并上报中央国家机关工委。

另外，作为民主政治建设的一项重要工作，组织实施了新一届北京市人大代表推荐考核工作，会同办公室组织了全国地震系统人大代表、政协委员工作通报与座谈会，完成了优秀提案收编工作。

3. 作风建设

以认真学习贯彻中纪委七次全会精神和全国地震局长暨党风廉政建设会议精神为主线，以作风建设为重点，进一步加强领导班子民主生活会的督察指导工作。2007 年，京区 11 个单位、机关 9 个司室分别召开了 2 次民主生活会，会前，机关党委专门发文提出要求；会中，全部派员指导；会后，做好跟踪督察。认真做好局党组成员到直属单位调研检查党风廉政工作的服务保障。积极支持和推进机关各司室深入基层开展调研和主题实践活动。2007 年，局党组成员到直属单位专项调研检查 11 人次，先后 4 次召开专题会，分别听取机关和直属单位的汇报交流。

4. 制度建设

组织开展贯彻落实党的先进性长效机制自查和检查工作，防灾学院作为典型单位上报中央国家机关工委。以中国地震局党组工作规则为指导，全面推进京区直属单位党委工作规则的建立。以直属机关纪委纪检工作规则为先导，全面推进直属单位纪委纪检工作的规范化、制度化。

5. 反腐倡廉建设

从组织系列报告入手，加强教育工作。从组织唱响主旋律大型文化活动入手，加强引领工作。从组织策划专题片入手，加强宣传工作。同时，积极协助发财司组织实施财务稽查工作，协助监察司落实巡视工作，协助人教科技司组织开展知识竞答工作。

另外，进一步加强了宣传工作。组织宣传骨干培训班，培养建设宣传骨干队伍。围绕数字地震项目的攻关和决战，开辟了“中国数字地震观测网络项目先进典型宣传专栏”。围绕党的建设和中国地震局的重大工作编发简报 97 期，其中 53 期被新华网、中国政府网、工委紫光阁网站采用，5 期被工委简报采用。紫光阁刊发了陈建民局长、修济刚副局长的专题文章，刊发了机关党委“将先进性建设融入防震减灾事业发展”的报告。

三、努力推进社会主义精神文明建设

以中国地震局精神文明建设实施意见为指导，全面推进地震系统精神文明建设工作体制机制建设。各单位先后建立了精神文明建设领导小组，制定了贯彻落实的办法。组织了地震系统 15 个单位参加的精神文明建设经验交流会和调研考察工作。汇编先进典型经验材料。中国地震台网中心等 7 个在京直属单位被评为精神文明单位，搜救中心被评为平安建设单位。

四、着力加强工会、青年团工作和审计工作

将内强素质、外树形象和凝聚队伍的宗旨寓于大型文化和体育活动之中，将创建和谐、人文关怀的宗旨寓于赈灾募捐和献爱心、慰问困难职工活动之中，将推优评优工作寓于创先争优活动之中。工会组织在党委的领导支持下，组织开展了重大节日期间的文化活动和登山比赛活动，组织开展了赈灾募捐、慰问困难职工和评比表彰活动。

共青团组织开展“知荣辱、明使命、与防震减灾事业共奋进”、“读书、实践、成才”、“树典型、学榜样、赶先进”三大主题实践活动，组织开展评先推优工作。索香林被评为中央国家机关十大杰出青年，徐铁鞠、李志强同志分获青年学习奖和青年创新奖。

审计工作着力于队伍和制度建设，着力于审计软件推广应用和重大项目审计监督，会同发财司组织全国财务、审计培训班，在组织指导全国数字地震项目审计工作的同时，组织实施了贵州等3个单位的数字地震项目审计，组织实施了江苏等2个单位的经济责任审计。

（中国地震局机关党委）

附　　录

收载本系统一年的重大事件、本系统各单位离退休人员人数统计表，以及出版的重要地震科技图书简介。

中国地震局2007年大事记

1月5日

陈建民局长，岳明生、刘玉辰、赵和平、修济刚副局长，中央纪委驻局纪检组组长张友民听取部分单位纪检组长、纪委书记述职报告。

1月5日

中国地震局召开机关2006年度工作总结报告会，陈建民局长、岳明生、赵和平、修济刚副局长，中央纪委驻局纪检组组长张友民出席会议。

1月8日~2月8日

陈建民局长，岳明生、刘玉辰、赵和平、修济刚副局长，中央纪委驻局纪检组组长张友民分别赴陕西省、浙江省、吉林省、江西省、宁夏回族自治区、福建省地震局听取各单位领导班子廉政述职，并赴地震台站慰问一线干部职工。

1月9~10日

中国地震局在京召开2007年度全国地震趋势会商会。陈建民局长，岳明生、赵和平、修济刚副局长，中央纪委驻局纪检组组长张友民出席会议，陈建民局长、岳明生副局长分别作重要讲话。

1月11日

中国地震局组织传达学习中央纪委第七次全体会议精神，传达学习中央纪委第七次全会精神。陈建民局长主持会议，并结合防震减灾工作实际，就贯彻落实中央纪委第七次全会精神提出明确要求。

1月12日

陈建民局长主持召开2007年第1次局务会议，听取一测中心工作汇报，审议国务院防震减灾工作联席会议材料。

1月12日

赵和平副局长、中央纪委驻局纪检组组长张友民同志主持召开局长专题会议，研究部署全国地震局长会议暨地震系统党风廉政建设工作会议筹备工作。

1月16~28日

刘玉辰副局长率团赴澳大利亚、新西兰进行工作访问。

1月18日

陈建民局长参加中央国家机关第二十一次党的工作会议暨第十九次纪检工作会议。

1月24日

2007年国务院防震减灾工作联席会议在京召开，回良玉副总理出席会议并作重要讲话，回副总理对2006年防震减灾工作取得的成绩给予了充分肯定，科学分析了当前防震减灾工作面临的新形势、新任务，强调要按照构建社会主义和谐社会的要求，坚持科技创新、理念创新、机制创新和服务创新，努力做好2007年防震减灾各项工作。防震减灾工作联席会议全体成员和联络员参加会议。陈建民局长在会上代表联席会议办公室作工作汇报，会议还听取了有关专家关于2007年地震趋势会商结论的汇报。

1月29日

中国地震局召开会议认真学习贯彻2007年国务院防震减灾工作联席会议精神。陈建民局长支持会议，岳明生、刘玉辰、赵和平、修济刚副局长，中央纪委驻局纪检组组长张友民，京区各单位党政主要负责人，机关副处以上干部和离退休干部参加了会议。

1月30日

中国地震局党组召开扩大会议，党组书记、局长陈建民组织传达学习1月24日温家宝总理在国务院常务会议上，关于食品药品监管局郑筱萸等人严重违纪违法案件的重要讲话精神，对党风廉政建设和反腐败工作作出部署。岳明生、刘玉辰、赵和平、修济刚副局长，中央纪委驻局纪检组组长张友民参加会议。

1月31日

中国地震局和北京大学举行合作协议签署仪式，中国地震局局长陈建民、北京大学校长许智宏出席并致词，刘玉辰副局长主持签署仪式。

1月31日

中央纪委驻局纪检组组长张友民同志主持召开地震政府采购中心治理商业贿赂总结会议。

2月3日

中国地震局机关举行2007年度新录用公务员的结构化面试。

2月5～6日

赵和平副局长赴海南参加全国省级地震灾害紧急救援队队长工作会议并讲话，会议期间实地视察了海南省农村民居地震安全工程实施情况。

2月8日

赵和平副局长参加湖北省地震灾害紧急救援总队成立大会暨挂牌仪式并讲话。

2月9日

中国地震局机关分别举行老同志团拜会和新春联欢会，陈建民局长出席活动并讲话，赵和平、修济刚副局长出席老同志团拜会。

2月12日

陈建民局长主持召开会议传达学习国务院第五次廉政工作会议精神，岳明生、刘玉辰、赵和平、修济刚副局长，中央纪委驻局纪检组组长张友民参加会议。

2月12日

中国地震局举行2007年新春团拜会，陈建民局长致新春贺辞，岳明生副局长主持团拜活动，刘玉辰、赵和平、修济刚副局长，中央纪委驻局纪检组组长张友民出席团拜会。

2月12日

陈建民局长、岳明生副局长与总参测绘局局长袁树友一行座谈，双方就进一步加强合作交换了意见。

2月14日

陈建民局长主持召开第三次党组会议，听取发展与财务司、监测预报司、震害防御司、震灾应急救援司、中国地震应急搜救中心关于“十五”数字地震项目2006年第四季度及全年工作进展的汇报，对存在的问题和下一步工作安排进行了分析研究。

2月25日

陈建民局长、岳明生副局长出席地震系统交流干部座谈会并讲话。

2月27日

陈建民局长、刘玉辰副局长与国务院法制办曹康泰主任、张穹副主任进行工作座谈，双方就防震减灾法修订工作深入交换了意见并达成共识。

2月27日~3月11日

中央纪委驻局纪检组组长张友民同志率团赴美国考察防震减灾教育、培训方面的先进经验和成果。

3月1日

刘玉辰副局长出席地震行业科研专项管理咨询委员会会议并讲话。

3月5日

陈建民局长参加十届全国人大五次会议开幕会。

3月6日

中国地震局党组召开以加强领导干部作风建设为主题的专题民主生活会，岳明生、刘玉辰、赵和平、修济刚副局长参加会议。

3月7日

陈建民局长主持召开第四次党组会议，研究全国地震科技大会筹备工作。

3月7日

刘玉辰副局长参加全国政协十届五次会议开幕会。

3月8日

陈建民局长会见江西省副省长胡振鹏，双方就推进江西省防震减灾“十一五”重点项目建设，进一步做好江西防震减灾工作交换了意见。

3月9日

陈建民局长主持召开第五次党组会议，听取国家地震安全工程项目建议书主要内容、编制工作进展、下一步工作安排的汇报，研究发展与财务司代表立项工作领导小组提出的问题及其解决建议。

3月13日

10时22分、23分，福建顺昌连续发生4.7、4.6级地震，震中距顺昌县城15公里，福建全省有感，南平、三明地区震感强烈，地震造成顺昌县5800余间房屋出现裂痕，部分房屋瓦片脱落，未造成人员伤亡，为防止次生地质灾害发生，当地政府转移37729人到安全房屋暂住。震后，回良玉副总理作出重要批示，要求我局继续加强震情监测和会商，协助地方开展抗震救灾工作。陈建民局长立即要求有关职能部门和福建、广东等地震部门认真落实国务院领导指示精神，加强监测，妥善开展应急处置工作。中国地震局派出的现场工作队和广东局专家相继于14日凌晨到达现场会同福建局地震现场工作队开展现场工作。

3月13日

陈建民局长主持召开第2次局务会议，听取2007年全国地震局长会议暨地震系统党风廉政建设工作会议筹备工作汇报，刘玉辰、赵和平、修济刚副局长，中央纪委驻局纪检组组长张友民出席会议。

3月14日

中国地震局召开党组专题民主生活会情况通报会，陈建民局长代表党组通报党组民主生活会相关情况，刘玉辰、赵和平、修济刚副局长，中央纪委驻局纪检组组长张友民出席会议。

3月16日

陈建民局长代表中国地震局向全国人大教科文卫委员会作防震减灾工作汇报，重点介绍我国地震灾害形势、防震减灾工作进展，特别是《中华人民共和国防震减灾法》实施和修订工作等情况，刘玉辰副局长参加会议。

3月19日

陈建民局长主持召开会议传达学习"两会精神"，结合地震系统实际安排部署学习贯彻工作。岳明生、刘玉辰、赵和平副局长，中央纪委驻局纪检组组长张友民出席会议。

3月20~22日

中国地震局召开2007年全国地震局长会议暨党风廉政建设工作会议，坚持防震减灾及党风廉政建设工作两手抓，全面部署2007年各项工作。陈建民局长传达了回副总理的重要批示，并代表局党组作了主题报告，回顾总结了2006年主要工作进展，分析了防震减灾工作面临的新形势，结合实际，提出了当前和今后一个时期推动防震减灾事业又好又快发展的基本思路，对2007年防震减灾和党风廉政建设主要任务作出部署。中国地震局党组全体同志，各省（区、市）地震局和直属单位主要负责人和纪检组长（纪委书记）、计划单列市和新疆生产建设兵团地震局主要负责人、局机关各司室主要负责人等参加了会议。中纪委、国务院办公厅、中央国家机关纪工委的有关领导应邀出席会议。

3月23日

陈建民局长、刘玉辰副局长出席十四届世界地震工程大会组委会会议。

3月23日

陈建民局长、刘玉辰副局长出席院士座谈会并作重要讲话。

3月26日~4月3日

陈建民局长应邀率团赴新加坡出席第二届全球安全展览会和亚洲本土安全大会并访问新加坡民防部队、赴日本考察其地震灾害应急机制及管理方式。

3月26日~4月8日

修济刚副局长率团赴瓦努阿图、萨摩亚推动援建地震台网项目并洽谈合作、签署协议。

4月3~4日

全国震害防御与法制建设工作会议在福州召开，刘玉辰副局长出席会议并讲话，福建省苏增添副省长出席会议开幕式并致辞。

4月6日

陈建民局长赴地质所调研指导工作，听取研究所事业发展规划汇报。

4月9日

陈建民局长、岳明生副局长参加首都圈地区加密震情会商会，听取首都圈地区地震与前兆异常、震情形势分析与判定的会商讨论，对进一步加强震情监视和短临跟踪工作作出部署。

4 月 9 日

原国家地震局副局长、党组成员林庭煌同志因病医治无效不幸逝世，享年 82 岁。林庭煌，男，汉族，1925 年 12 月 21 日生，福建龙岩雁石镇人，1949 年 4 月加入中国共产党，1982 年 9 月～1986 年 2 月任国家地震局副局长、党组成员。

4 月 10～14 日

中国地震局 2007 年度外事工作会议在云南召开，刘玉辰副局长出席并讲话。

4 月 10～17 日

中央纪委驻局纪检组组长张友民同志先后听取中国地震局机关各司室及京区各单位关于贯彻落实全国地震局长会议暨地震系统党风廉政建设工作会议精神的情况汇报并讲话。

4 月 13 日

陈建民局长主持召开第 3 次局务会，听取广西局防震减灾工作汇报，岳明生、赵和平、修济刚副局长，中央纪委驻局纪检组组长张友民同志出席会议。

4 月 17 日

陈建民局长、刘玉辰副局长出席“北京大学－中国地震局现代地震科学技术研究中心”成立大会，陈建民局长与北京大学校长许智宏共同为研究中心揭牌。

4 月 18 日

云南省举行地震应急救援演习，陈建民局长在国务院抗震救灾指挥部指挥大厅与云南省省长秦光荣同志进行了远程视频通话，赵和平副局长赴现场观摩了应急救援演习。

4 月 19 日

刘玉辰副局长会见全国人大办公厅联络局局长孔平一行，商讨防震减灾法修订工作。

4 月 23 日

刘玉辰副局长会见西班牙地理研究院阿尔伯托（Alberto）院长一行 4 人，双方就进一步加强交流与合作进行了会谈。

4 月 23 日

中国地震局在安徽省合肥市召开华东震情会商会，岳明生副局长出席会商会并就做好震情监视跟踪工作作出部署。

4 月 23 日

刘玉辰副局长听取江苏局工作汇报，并与江苏省副省长仇和就江苏防震减灾事业的发展交换了意见。

4 月 23 日

刘玉辰副局长听取四川凉山州防震减灾局工作汇报。

4 月 24 日

中国地震局 2006 年度市（地）防震减灾工作综合评比会议在江苏无锡召开，刘玉辰副局长出席会议并讲话。

4 月 24 日

国家地震灾害紧急救援队重大事项联席会议在北京召开，赵和平副局长、总参作战部徐经年副部长出席会议并讲话。

4 月 25 日

岳明生副局长出席华北、东北震情会商会暨首都圈地区奥运震情保障工作会议。

4 月 26 日

赵和平副局长出席安徽省地震灾害紧急救援队成立仪式并讲话。

4 月 28 日

陈建民局长，岳明生、刘玉辰、赵和平、修济刚副局长出席局机关党风廉政文化建设活动首场报告会，听取中央编办副主任吴知论关于行政体制改革与行政职能转变的报告。会前，陈建民局长与吴知论主任就加强地震部门行政管理工作交换了意见。

4 月 29 日

修济刚副局长会见国务院机关事务管理局副局长李宝荣，双方就继续加强政府采购领域合作问题深入交换了意见。

5 月 5 日

16 时 51 分，在西藏阿里日土、改则交界地区发生 6.1 级地震，震区位于海拔 4000 米以上的高原地区，人员稀少。西藏自治区日土、改则间发生 6.1 级地震打破我国大陆 756 天 6 级地震平静期，地震发生后，回良玉副总理专门打电话向中国地震局询问震情、灾情，指导地震监测预报、应急处置工作并作出重要批示，要求必须高度重视和十分警惕复杂严峻的地震形势，切实强化监测预报和趋势分析工作。陈建民局长立即对贯彻落实工作做出部署，组织召开紧急会商会，对震后趋势和全国震情趋势变化做出初步研判，并对地震系统当前和今后一段时间的地震监测和趋势分析工作做出安排。

5 月 8 ~ 10 日

刘玉辰副局长出席 2007 年度中美地震科技合作协调人会晤并讲话。

5 月 10 日

陈建民局长、岳明生副局长参加中国地壳运动观测网络执委会会议并讲话。

5 月 10 日 ~ 7 月 13 日

赵和平副局长赴中共中央党校学习。

5 月 11 日

刘玉辰副局长出席国家科技支撑计划启动会并讲话。

5 月 14 日

中国地震局组织召开机关副司长职位竞争上岗答辩会，岳明生副局长主持答辩会，刘玉辰、修济刚副局长，中央纪委驻局纪检组组张友民同志出席。

5 月 21 日

陈建民局长召开第 4 次局务会，审议办公大楼切块、装修和机关办公用房分配方案。岳明生、刘玉辰、赵和平、修济刚副局长，中央纪委驻局纪检组组长张友民参加会议。

5 月 22 日

陈建民局长、赵和平副局长会见来访的气象局局长郑国光一行。陈建民局长、郑国光局长分别介绍了地震、气象事业发展现状和未来规划蓝图，双方表示在今后的工作中将进一步加强合作与沟通。

5 月 23 ~ 27 日

陈建民局长赴湖南调研防震减灾工作，期间会见了湖南省副省长甘霖，双方就进一步推进湖南省防震减灾工作深入交换了意见。

5月26日~6月4日

刘玉辰副局长率团赴斐济、澳大利亚进行工作访问。

6月3日

05时34分，云南普洱哈尼族彝族自治县发生6.4级地震。地震共造成3人死亡，313人受伤，其中重伤28人。普洱市5个县（区）51个乡镇53.6万人受灾，震区政府已经紧急转移安置群众18万余人。震后回良玉副总理立即做出重要批示，要求做好抗震救灾工作。岳明生副局长参加国务院成立的工作组，中国地震局派出现场工作队立即赶赴现场与云南省地震局组成联合地震现场工作队，协助地方政府开展救灾、查危排险、震情监测、灾害评估等抗震救灾和应急处置工作。6月5日，温家宝总理、回良玉副总理深入云南普洱地震灾区，检查抗震救灾工作，代表党中央、国务院慰问受灾群众，陈建民局长陪同视察。视察慰问期间，温家宝总理指示，地震部门要继续做好地震监测、预报和强余震预防工作，做好房屋的安全鉴定工作。遵照温家宝总理重要指示精神，地震局迅速研究贯彻落实的具体措施，继续做好现场地震监测、震情发展趋势的研判，开展灾害评估工作，协助地方政府开展灾后恢复重建工作。

6月5日

修济刚副局长会见山东省副省长黄胜，双方就进一步做好山东省防震减灾工作深入交换了意见。

6月9~10日

华东区地震应急协作联动演练在福建省顺昌县举行，赵和平副局长赴现场指导演练工作。

6月11日

刘玉辰副局长出席第三届中国西部防震减灾论坛开幕式并讲话，会议期间赴西宁、湟源地震台调研，慰问台站职工。

6月13日

中国地震局召开机关司、处级干部、京区单位党政一把手、党办主任、纪检监察处长会议，传达学习《中央纪委关于严格禁止利用职务上的便利谋取不正当利益的若干规定》文件精神，中央纪委驻局纪检组组长张友民同志出席会议，部署贯彻落实工作。

6月13~28日

岳明生副局长率团赴秘鲁、智利进行震灾应急管理考察并探讨合作。

6月21日

修济刚副局长出席河南省地震灾害紧急救援队成立仪式并讲话。

6月22日

陈建民局长、刘玉辰副局长出席全国地震科技大会筹备工作领导小组第一次扩大会议并讲话，科技部、国防科工委、中科院、自然科学基金会有关负责同志参加会议。

6月22日

中国地震局举行庆“七一”迎“十七大”合唱比赛，陈建民局长，赵和平、修济刚副局长，中央纪委驻局纪检组组长张友民同志参加会演活动。

6月25日

陈建民局长会见韩国代表团，双方签订了《中国地震局－韩国地球科学和矿产资源研究院在地震科技和相关工作领域的合作谅解备忘录》。

6 月 26 日

陈建民局长，修济刚副局长，中央纪委驻局纪检组组长张友民同志出席中国地震台网中心新楼启用仪式。

6 月 26 日

赵和平副局长出席陕西省地震应急抢险救灾演练活动并讲话。

6 月 27 日

中国地震局举行廉政文化系列活动报告会，修济刚副局长、中央纪委驻局纪检组组长张友民同志参加了报告会。

6 月 28 日

中国地震局党组书记、局长陈建民同志主持召开党组理论学习中心组专题学习会，认真学习胡锦涛总书记6 月 25 日在中央党校发表的重要讲话。刘玉辰副局长、中央纪委驻局纪检组组长张友民同志参加会议。

6 月 28 日 ~7 月 1 日

修济刚副局长率团赴蒙古签署原则性协议和谅解备忘录。

7 月 2 日

陈建民局长主持召开第十一次党组会议，分别听取赴宁夏局、安徽局巡视组的工作汇报。

7 月 3 日

陈建民局长、赵和平副局长会见陕西省常务副省长赵正永，双方就进一步加强陕西防震减灾工作深入交换了意见。

7 月 3 日

中国地震局组织召开 2007 年年中全国地震趋势跟踪会商会，岳明生副局长出席会议并讲话。

7 月 3 ~6 日

中国地震局组织召开 2007 年度发展与财务工作会议，陈建民局长、修济刚副局长出席会议并讲话。

7 月 9 日

中国地震局在京召开全国地震区划图编制咨询论证暨启动会议，陈建民局长、刘玉辰副局长出席会议并讲话。

7 月 10 日

陈建民局长调研检查防灾科技学院工作。

7 月 12 日

刘玉辰副局长会见美国南加州地震研究中心及南加州大学教授、台湾地震研究中心主任邓大量。

7 月 16 日

陈建民副局长会见河南省副省长徐济超，就河南省“十一五”防震减灾事业发展进行座谈。

7月16日

赵和平副局长出席内蒙古自治区地震灾害紧急救援队成立暨授旗仪式。

7月16日

9时13分，在日本西北海岸发生6.9级地震，震中距新潟约10公里，距东京约230公里。地震造成9人死亡，700余人受伤，数座建筑物倒塌。据日本气象部门测定，有20英寸（约0.5米高）海啸发生，震后自动关闭的3个核反应堆的核工厂电力线路发生小火灾，但未造成核泄漏。

7月18~20日

甘肃省农村民居防震保安工作会议在兰州召开。刘玉辰副局长出席会议并作重要讲话，会后刘玉辰副局长赴甘肃省平凉市参观考察农居地震安全典型示范工程建设情况。

7月20日

18时06分，新疆伊犁特克斯发生5.7级地震。地震造成特克斯县8个乡和78兵团部分建筑物不同程度受损，但无人员伤亡。震后，回良玉副总理即做出重要批示，要求地震部门强化震情监测和趋势分析，及时了解灾情，指导地方开展减灾防震工作。遵照回副总理批示，地震局当日派出国家地震现场工作组赶赴震区；立即召开紧急会商会，研判震情；要求新疆地震局加强现场工作，监视震情发展，做好趋势预测，并协助地方政府做好防震减灾工作。

7月20日

赵和平副局长出席中国地震局《“十一五”期间国家突发公共事件应急体系建设规划》实施领导小组第一次会议并讲话。

7月20日

陈建民局长主持召开第十二次党组会议，研究“十五”数字地震项目、2008年奥运会地震安全保障、2008年中央预算内基本建设投资计划编制等工作。

7月27日

中国地震局陈建民局长主持召开会议传达贯彻《中共中央关于陈良宇严重违纪问题审查情况和处理决定的通报》精神，中央纪委驻局纪检组组长张友民同志代表局党组对地震系统的传达贯彻工作作出安排。刘玉辰、赵和平、修济刚副局长参加会议。

7月30日

中国地震局科技委召开会议，就《地震科技发展纲要》咨询专家意见，刘玉辰副局长出席会议并讲话。

8月2日

中国地震局举行廉政文化系列报告会，赵和平副局长作题为“坚持和发展马克思主义，认真学习领会马克思主义中国化最新成果”的报告，局党组成员、机关全体职工、京区单位党委书记、纪委书记等参加报告会。

8月2日

陈建民局长主持召开第十四次党组会议，研究《国家地震科学技术发展纲要》编制、局2008年“一上”预算编制、干部工作、防灾科技学院机构设置等工作。

8月9日

北京时间01时04分在印尼爪哇岛以北近海发生7.8级地震，震中距印尼首都雅加达约

110 公里。地震震源深度约 300 公里。

8 月 11 日

赵和平副局长参加西藏自治区地震灾害紧急救援总队成立大会暨授旗仪式并讲话。

8 月 12 日

2 时 39 分，在云南省大理州巍山县紫金乡发生 4.4 级地震。据大理州地震局了解，此次地震造成 191 户农户房屋受损，37 户房屋严重受损，54 户房屋倒塌。受灾人口 793 人。

8 月 13 日

陈建民局长、刘玉辰副局长出席《国家地震科学技术发展规划纲要》论证会并讲话，刘玉辰副局长主持论证会。

8 月 14 日

刘玉辰副局长主持召开全国地震科技大会领导小组办公室工作会议，研究会议筹备工作。

8 月 15 日

陈建民副局长参加国务院第 188 次常务会议。

8 月 16 日

陈建民局长主持召开第 5 次局务会议，研究全国地震科技大会筹备工作，岳明生、刘玉辰、修济刚副局长，中央纪委驻局纪检组组长张友民同志参加会议。

8 月 16 日

赵和平副局长出席河北省地震灾害紧急救援队成立大会暨揭牌和授旗仪式，为河北省救援队揭牌并做重要讲话。

8 月 16 日

7 时 40 分，秘鲁中部近海发生 7.8 级地震。震后，太平洋海啸预警中心向秘鲁、厄瓜多尔、智利、哥伦比亚四国发布了海啸预警。震后监测到余震达 300 余次。地震造成约 510 人死亡，逾 1500 人受伤，秘鲁的一些主要交通要道受到不同程度的损坏，地震灾区有 400 座房屋建筑倒塌，伊卡大区 20% 的房屋在地震中损坏，灾区的水、电供应中断，秘鲁总统已宣布伊卡大区进入 60 天的紧急状态。

8 月 16 ~ 17 日

全国地震标准化技术委员会年会在河南郑州召开，刘玉辰副局长出席会议并讲话。

8 月 17 日

修济刚副局长参加中央和国家机关保密工作会议。

8 月 20 日

陈建民局长主持召开全国地震科技大会筹备工作领导小组扩大会议，审议会议材料，布置会议准备工作，刘玉辰副局长参加会议。

8 月 20 日

岳明生副局长出席全国地震台站观测质量活动周开幕式并讲话。

8 月 23 ~ 24 日

地震局、科技部、中科院、国防科工委、自然科学基金会 5 部委联合主办的全国地震科技大会在京召开。会议主题是：创新发展、开放合作、防震减灾。回良玉副总理出席会议并作重要讲话，强调要大力推进地震科技创新，努力提高地震监测预报、震灾预防、应急救援水平，全面增强我国防震减灾能力。陈建民局长作了题为《认真实施〈国家地震科学技术发展纲要〉，支撑和引领防震减灾事业又好又快发展》的主题报告，就贯彻实施《国家地震科学技术发展纲要（2007～2020年）》，进一步加强地震科技创新与合作，推进国家地震科技创新体系建设等工作做出部署。会议还对全国地震科技工作先进单位和先进个人进行了表彰。5个联合主办部门的有关负责人和专家分别作了专题报告，科技部副部长刘燕华同志作会议总结。会前，回良玉副总理亲切接见了全国地震科技工作先进集体和先进个人代表。北京、河北等10个省（区、市）人民政府的分管负责同志、国务院防震减灾工作联席会议成员单位及国家测绘局、总参测绘局的负责同志、地震局、科技部、中科院、国防科工委、自然科学基金会负责同志，有关科研院所、高校和企业代表，各省（区、市）、计划单列市和新疆生产建设兵团的地震、科技部门负责同志参加了会议。

8月29日

陈建民局长、刘玉辰副局长出席中国地震局机关全国地震科技大会总结会并讲话。

9月3日

刘玉辰副局长出席中国灾害防御协会成立20周年暨防灾学术研讨会并讲话。

9月4～5日

中国地震局召开第十二次老领导老同志检查指导防震减灾工作座谈会和地震系统部分人大代表政协委员座谈会，陈建民局长、修济刚副局长出席座谈会，修济刚副局长通报近期防震减灾工作情况。

9月5日

中国地震局原局长、党组书记方樟顺，因病医治无效，于2007年9月5日在北京逝世，享年72岁。方樟顺同志病重期间和逝世后，胡锦涛、温家宝、曾庆红、罗干、回良玉、贺国强、曾培炎、朱镕基和杨汝岱等分别以不同方式表示慰问和哀悼。方樟顺，男，汉族，浙江省淳安县人，1980年6月加入中国共产党。1986年8月任地矿部副部长、党组成员。1988年7月任国家地震局局长，1990年1月兼任中共国家地震局党组书记。方樟顺先后兼任中国地质学会副理事长、中国国际减灾十年委员会常务副主任、中国地震学会会长、中国地质灾害学会副理事长。方樟顺同志是中国人民政治协商会议第八届、第九届全国委员会委员。

9月5～7日

陈建民局长赴河北昌黎出席地震系统人大代表政协委员座谈会并讲话。

9月10～15日

刘玉辰副局长出席2007年全国地震安全性评价资质单位负责人研讨会并讲话。

9月12日

19时10分，在印尼苏门答腊南部海中发生8.5级地震。明古鲁市感受强烈震动，首都雅加达震感强烈。地震造成7人死亡，100多人受伤。7月13日7时49分、10时30分、11时35分，该地区再次发生8.3级、6.6级、7.5级地震。

9月12日

中国地震局与云南大学举行合作协议签署仪式，刘玉辰副局长与云南大学校长吴松签署合作协议并致辞，云南省人大常委会副主任晏友琼、云南大学党委书记卢云伍出席了签署仪式，云南大学副校长叶燎原主持签署仪式。

9 月 14 日

陈建民局长主持召开第十五次党组会议，分别听取赴内蒙古局、山东局两巡视组的工作汇报，并研究易地交流干部住房问题。

9 月 19 日

陈建民局长主持中国地震局专题报告会，邀请国家审计署审计长李金华同志做《加强审计监督，推动防震减灾事业健康发展》专题报告。赵和平、修济刚副局长参加报告会。

9 月 19 日

中国地震局老年大学、北郊老干部活动中心挂牌，陈建民局长、修济刚副局长出席挂牌仪式并讲话。

9 月 20 ~ 22 日

2008 年度华东南地区震情会商会在福州召开，岳明生副局长出席会议并讲话。

9 月 24 日

陈建民局长、刘玉辰副局长主持召开局长专题会议，研究《全国防震减灾奋斗目标（2006 ~ 2020 年）实施纲要（讨论稿）》。

9 月 24 日

刘玉辰副局长会见克罗地亚国家地区灾害防御中心主任史蒂文一行。

9 月 26 ~ 27 日

岳明生副局长出席 2008 年度华北及首都圈地区震情会商会并讲话。

9 月 27 日

中国地震局党组召开民主生活会通报会，陈建民局长代表局党组通报了会前准备和会议召开情况，明确提出了具体的整改措施和要求。通报会由刘玉辰副局长主持，修济刚副局长出席了通报会。

9 月 29 日

刘玉辰副局长出席国际地球地磁感应学术大会组委会成立会议并讲话。

10 月 8 日

陈建民局长主持中国灾害防御协会等单位共同主办的 2007 年中国防灾减灾部长论坛，刘玉辰副局长代表中国地震局作论坛交流发言。

10 月 9 ~ 12 日

陈建民局长参加中国共产党十六届七中全会。

10 月 9 日 ~ 12 月 21 日

刘玉辰副局长赴中共中央党校学习。

10 月 10 日

赵和平副局长主持召开《中国防震减灾百科全书》第二次执行编委会会议，修济刚副局长出席。

10 月 12 日

岳明生副局长主持召开第 6 次局务会议，审定灾备中心承建单位有关事宜。赵和平、修济刚副局长，中央纪委驻局纪检组组长张友民出席。

10 月 15 日

中国地震局与美国地质调查局合作意向书签署仪式在中国地震局机关举行，赵和平副局长代表中国地震局签署合作意向书。

10 月 15 ~ 21 日

陈建民局长参加中国共产党第十七次全国代表大会。

10 月 16 日

修济刚副局长出席中国地震局“十二五”发展规划研究课题组工作会议并讲话。

10 月 17 日

赵和平副局长在局机关会见北京市海淀区委、区政府有关负责人，就共同促进海淀发展进行座谈。

10 月 18 ~ 21 日

修济刚副局长赴天津出席网络项目监理工作会议并讲话。

10 月 20 ~ 21 日

第十九届中国东部十省市市县防震减灾工作研讨会在安徽黄山召开，刘玉辰副局长出席会议并讲话。

10 月 22 日

赵和平副局长出席发展中国家地震灾害紧急救援研修班开幕式并讲话。

10 月 23 日

中国地震局组织召开会议传达十七大会议精神，陈建民局长全面传达了十七大基本情况和大会报告、党章修正案、中央纪委工作报告的主要精神，并对地震系统学习贯彻十七大精神作出全面部署。

10 月 24 日

中国地震局党组召开理论学习中心组扩大会，专题学习贯彻党的十七大精神。陈建民局长主持会议，岳明生、修济刚副局长、中央纪委驻局纪检组组长张友民、机关各司室主要负责同志、京区直属单位党政主要负责同志参加会议。

10 月 24 日

东北三省区域地震应急联动演练在辽宁举行，赵和平副局长出席演练活动并讲话。

10 月 26 ~ 27 日

2008 年度华东地区震情会商会在山东济南召开，岳明生副局长出席会议并讲话。

10 月 29 日

陈建民局长，岳明生、修济刚副局长，中央纪委驻局纪检组组长张友民出席搜救中心办公大楼启用仪式。

10 月 29 日 ~ 11 月 2 日

赵和平副局长率团赴韩国参加第七届中国地震局与韩国气象厅地震科技合作年度工作会晤并签署协议。

10 月 31 日 ~ 11 月 1 日

中国地震局在京举办党的十七大精神专题学习班。陈建民局长、修济刚副局长，中央纪委驻局纪检组组长张友民和京区各直属单位党政主要负责同志、纪委书记，机关各司室主要负责同志，机关离退休党支部书记参加了学习。学习班安排了三次专题辅导报告并开展了分组讨论。陈建民局长在闭幕式上作重要讲话，对地震系统深入学习十七大精神提出明确要求并作了全面部署。

11 月 9 日

赵和平副局长出席湖南省地震灾害紧急救援队成立大会并讲话。

11 月 12 ~ 14 日

赵和平副局长出席 2007 年全国地震应急工作会议并讲话。

11 月 13 日

修济刚副局长参加全国贯彻实施《突发事件应对法》电视电话会议。

11 月 13 ~ 14 日

陈建民局长赴上海调研防震减灾工作，期间会见了上海市委常委、副市长杨雄，双方就今后上海防震减灾工作的发展深入交换了意见。

11 月 15 日

陈建民局长主持召开第十七次党组会议，研究干部问题、制度建设以及十一届全国人大、政协有关人选的推荐工作，听取“中国大陆构造环境监测网络”项目工作汇报。

11 月 18 ~ 28 日

陈建民局长应邀率团赴英国、德国商讨防震减灾工作领域合作事宜，并签署合作协议。

11 月 19 日 ~ 12 月 3 日

赵和平副局长率团赴突尼斯参加“国际搜索与救援咨询团欧非区域会议”，另赴南非参加“地球观测组织第四次全会及部长级峰会”。

11 月 28 日

中央纪委驻局纪检组组长张友民赴西安出席中国地震局党建暨精神文明建设工作研讨会并发表讲话；在陕期间赴陕西局、二测中心调研防震减灾工作。

11 月 29 日

陈建民局长主持召开第十八次党组会议，研究确定我局全国政协常委、委员推荐人选，研究事业单位岗位设置工作和干部问题。

12 月 3 ~ 5 日

陈建民局长参加中央经济工作会议。

12 月 3 ~ 7 日

岳明生副局长赴广东局调研防震减灾工作，期间专门听取了关于阳江小震群的处置工作汇报，并对下一步的震情监视跟踪工作提出了要求。

12 月 6 日

陈建民局长主持召开工作会议传达中央经济工作会议精神。赵和平副局长、中央纪委驻局纪检组组长张友民参加会议。

12 月 7 ~ 9 日

修济刚副局长参加全国发展和改革工作会议。

12 月 8 日

赵和平副局长出席海南省地震、火山、海啸应急救援演练。

12 月 10 日

陈建民局长、岳明生副局长出席 2008 年度全国地震趋势会商预备会。

12 月 13 ~ 14 日

赵和平副局长出席中国地震局 2007 年政策研究工作研讨会并讲话。

12 月 17 日

岳明生副局长出席全国地震台网运行工作暨 2006 年度观测资料表彰会并讲话。

12 月 18 日

陈建民局长出席中国大陆构造环境监测网络第一次工程执委会暨开工仪式并讲话，岳明生副局长主持开工仪式。

12 月 18 日

中国地震局召开部分单位党政主要负责人、纪检组长年终述职述廉工作会议。陈建民局长，岳明生、赵和平、修济刚副局长，中央纪委驻局纪检组组长张友民参加会议。

12 月 19 日

赵和平副局长出席 2007 年全国地震系统后勤工作研究会常务理事会会议并讲话。

12 月 20 日

中央纪委驻局纪检组组长张友民听取局机关各部门 2007 年度党风廉政建设工作任务完成情况汇报。

12 月 24 ~ 25 日

中国地震局召开 2007 年务虚会。陈建民局长，岳明生、刘玉辰、赵和平副局长，中央纪委驻局纪检组组长张友民参加。

12 月 25 日

岳明生副局长出席台网中心数字地震项目测震、前兆、信息分项和地电、流体学科中心验收会。

12 月 26 日

陈建民局长主持召开第二十次党组会议，听取地震预测研究所、中国地震台网中心所作的《中国大陆形势跟踪与趋势预测研究报告》、《2008 年度全国地震重点危险区汇总研究报告》，研究审议监测预报司提交的 2008 年度全国地震全市会商会日程、2007 年度监测预报先进单位、优秀集体、先进个人评比结果，听取办公室关于会商会务安排情况的汇报。

12 月 27 日

陈建民局长主持召开第 8 次局务会议，审议《中国地震局 2008 年工作要点》、《中国地震局经济责任审计工作联席会议制度》和《中国地震局直属机关 2008 年党建工作要点》。

12 月 28 日

国务院抗震救灾指挥部举行地震应急演练，赵和平副局长参加应急演练并讲话。

12 月 28 日

修济刚副局长参加中央国家机关离退休干部中心祁家豁子分中心挂牌仪式并讲话。

12 月 28 日

中央纪委驻局纪检组组长张友民同志参加中纪委派驻机构工作总结交流会议。

（中国地震局办公室秘书处）

2007 年地震系统各单位离退休人员人数统计表（截至 12 月 31 日）

		合　计	离休干部				退休干部						工人
			小计	局级	处级	其他	小计	局级	处级	研究员	副研	其他	
	甲	1 = 2 + 8 + 12	2	3	4	5	6	7	8	9	10	11	12
	总计	8706	484	124	308	52	6386	248	1053	440	1804	2841	1836
1	北京市地震局	53					48	3	17	4	14	10	5
2	天津市地震局	154	9	4	5		128	3	27	10	44	44	17
3	河北省地震局	333	11	3	7	1	276	6	31	15	62	162	46
4	山西省地震局	154	11	5	6		115	3	19	4	23	66	28
5	内蒙古自治区地震局	128	10	1	8	1	105	1	14	1	18	71	13
6	辽宁省地震局	264	20	5	15		204	5	44	13	74	68	40
7	吉林省地震局	76	10	3	4	3	61	3	14		25	19	5
8	黑龙江省地震局	103	11	4	7		77	3	27		8	39	15
9	上海市地震局	113	10	2	8		90	9	21	6	23	31	13
10	江苏省地震局	219	7	4	3		199	8	30	8	84	69	13
11	浙江省地震局	60	3	2	1		49	4	15	2	12	16	8
12	安徽省地震局	97	9	3	5	1	77	3	16	4	20	34	11
13	福建省地震局	238	8	3	3	2	183	6	25	8	68	76	47
14	江西省地震局	26	2		2		23	3	6		5	9	1
15	山东省地震局	269	32	5	22	5	206	7	38	1	40	120	31
16	河南省地震局	114	8	2	4	2	94	2	15	5	24	48	12
17	湖北省地震局	446	18	5	13		314	9	34	39	99	133	114
18	湖南省地震局	66	6	3	3		50	2	19		12	17	10
19	广东省地震局	423	12	2	7	3	286	8	35	15	74	154	125
20	广西壮族自治区地震局	62	5	1	4		53	2	13		8	30	4
21	海南省地震局	45	3	2	1		32	2	10		9	11	10
22	四川省地震局	565	23	7	16		385	10	74	6	80	215	157

续表

		合计	离休干部				退休干部						工人
			小计	局级	处级	其他	小计	局级	处级	研究员	副研	其他	
	甲	1 =2 +8 +12	2	3	4	5	6	7	8	9	10	11	12
23	云南省地震局	600	27	7	19	1	429	7	43	23	137	219	144
24	西藏自治区地震局	9	1			1	5	2	2		1		3
25	陕西省地震局	170	15	4	11		128	5	18	7	40	58	27
26	甘肃省地震局	479	22	9	10	3	368	5	41	32	86	204	89
27	宁夏回族自治区地震局	86	2	1	1		71	5	8	2	13	43	13
28	青海省地震局	78	3	2	1		53	3	10		6	34	22
29	新疆维吾尔自治区地震局	206	8	2	4	2	144	7	17	11	32	77	54
30	中国地震局地球物理勘探中心	176	11	1	7	3	107	7	18	4	31	47	58
31	中国地震局第一监测中心	196	7	1	6		115	3	36	4	29	43	74
32	中国地震局第二监测中心	193	12	1	9	2	107	3	17	1	26	60	74
33	中国地震局工程力学研究所	419	24	6	16	2	304	6	28	40	94	136	91
34	中国地震局地球物理研究所	397	24	7	15	2	338	5	38	61	141	93	35
35	中国地震局地质研究所	307	21	3	16	2	236	6	21	65	85	59	50
36	中国地震局地壳应力研究所	470	22	4	14	4	304	10	39	21	116	118	144
37	中国地震局地震预测研究所	201	15		10	5	183	9	60	10	64	40	3
38	中国地震应急搜救中心	50	3		1	2	37	3	5	3	14	12	10
39	中国地震台网中心	52	1		1		51	7	7	13	14	10	
40	中国地震局机关服务中心	48					37	5	10			22	11
41	地震出版社	46	3	3			37	5	18		1	13	6
42	中国地震局驻深圳办事处	5					4	1			1	2	1
43	防灾科技学院	94	3		2	1	82	3	23	2	27	27	9
44	中国地震灾害防御中心	293	8		8		100		7		15	78	185
45	重庆市地震局	18					17		11		5	1	1
46	中国地震局机关	105	24	7	13	4	74	39	32			3	7

（中国地震局离退休干部办公室）

地震科技图书简介

地球的非对称性

马宗晋　杜品仁

16 开　定价：150.00 元

该书是马宗晋等 1980 年以来地球非对称性研究成果的系统总结，显示了中国科学家在这一至今还不太引人关注的领域所取得的重要进展，反映了地球构造、岩石圈动力学、地幔动力学等固体地球科学分支的发展动向和水平。

全书共分 8 章，约 55 万字。

自然灾害评估

高庆华　马宗晋　张业成

16 开　定价：50.00 元

为了提高自然灾害评估水平，作者与原国家科委国家计委国家经贸委灾害综合研究组的专家们，对自然灾害评估涉及的基本概念和要素进行了较为深入的研究，并且基于新中国成立以来至 2000 年的实际资料，总结的一套较完整的自然灾害评估理论体系和可操作的工作方法。并且应用所建立的各种评估模型，对我国自然灾害的危险性、危害性和减灾能力等进行了系统的单类、综合、分区和年度评估，并在资料不完备的情况下，采取多种预测模型对 21 世纪初期重大自然灾害的风险性进行了初步预测评估，从而为制定我国减灾规划和经济可持续发展计划提供了科学依据。本书即是这些研究成果的总结。

本书可供从事灾害管理、科研、教学的人员和其他防灾减灾人士参考使用。

中国减灾需求与综合减灾——《国家综合减灾十一五规划》相关重大问题研究

高庆华　聂高众　张业成　刘惠敏

16 开　定价：25.00 元

本书在对我国自然灾害态势、自然灾害对社会发展的影响、减灾基础能力等进行系统分析的基础上，提出了区域减灾需求和区域减灾基础能力建设需求度，讨论了与综合减灾相关的重大问题，为制定与实施国家综合减灾规划提供了科技支撑。本书编写的基础是原国家科委、国家计委、国家经贸委自然灾害综合研究组多年的研究成果，资料丰富，数据翔实，可供从事减灾工作的科研、教学、管理人员参考。

结构力学求解中的若干谋略

王前信

32 开　定价：19.80 元

作者经过多年的思考和总结，就结构力学领域中如何将结构力学问题转化为几何问题、如何借变位互等性暨“弯矩互等性”实现图形转换、如何在多种不同场合下使用连锁求解、如何用变通方法应对多种不同的非常问题、如何运用简练的绘图求解和明晰的图形表示等五个问题提出了自己独特的方法和见地。

（中国地震局工程力学研究所　罗　靖）

1954年山丹地震断裂带

董治平
定价：30.00元

本书从地质、地球物理两方面，运用定性与定量结合、地表与深部结合、局部与区域结合和地震与构造结合的研究思路，对山丹地震断裂带的几何学、运动学、古地震、破裂方式及成因机制，进行了系统的野外考察和室内模拟研究。从地貌学、岩石学、构造地质学及地壳细结构诸方面，论证了1954年山丹$7^1/_4$级地震所形成的地表破裂带、地震断层等与山丹地震相伴生的地表破裂形变现象，分析了山丹地震与民勤地震、山丹地震与青藏高原北缘大地震的关系，讨论了山丹地震孕育环境与龙首山构造块体的演变过程，揭示了在龙首山上地壳阿拉善块体呈舌状低速体插入河西走廊之下。

本书可供构造地质、地震地质、地球物理、地震预测、地震灾害、地震工程方面的科技人员及有关院校的师生参考。

（甘肃省地震局　张元芳）

中国地震监测预报40年（1966～2006）

孙其政　吴书贵　主编
16开　定价：180.00元

本书叙述的主要史实自1949年止于2006年，重点是1966年邢台地震后的历史，对古代和近代（新中国建立前）也做了简要回顾。全书由三个主体部分和附录构成。第一篇地震监测；第一篇地震预测预报；第三篇地震监测预报综合管理；附录1和2分别给出了香港、澳门和台湾地区有关开展地震监测预报工作的概况；附录3列出了中国地震学会及其各专业委员会的简况；附录4提供了我国学者在国际主要学术组织和学术期刊任职的情况；附录5将《中国震例》中的地震目录全部列出；附录6给出了地震前兆测项的代码、量纲和单位；附录7是地震监测预报发展历程中的大事记。

本书力图以翔实的史料，全面、真实、系统地展现我国地震监测预报事业发展的历史画卷。作为记载我国地震监测预报工作发展的史料性文献，既是一部了解我国地震监测预报事业发展历史概况的工具书，又是一部从事地震监测预报科技管理、科学研究和制定地震监测预报发展战略与规划的重要参考资料。

中国地震趋势预测研究（2008年度）

中国地震台网中心
16开　定价：60.00元

本书为中国地震台网中心在对2007年日常震情跟踪监视预测的基础上，提出未来一年（2008年）中国可能发生中强以上地震的危险区和发生破坏性地震的注意地区，并对首都圈强化监视区给出综合判定意见。本书汇集了关于2008年度及未来3年地震趋势研究总报告1篇，地震预报部各学科组、各构造片区及相关专家的10篇分报告和4篇专题报告。

本书可供从事地震分析预报的科技人员和地震工作管理部门阅读、参考。

宁夏地震活动与研究

杨明芝　马禾青　廖玉华　编著

16 开　定价：60.00 元

书中汇集了大量有关宁夏地震的基础资料，而且在分析研究方法上，密切结合宁夏震例实际，很好地体现了作者独自的研究思路和特点，是目前关于宁夏地震活动研究方面最全面、最系统的首部专著，也是作者对防震减灾事业，特别是宁夏的地震研究和防震减灾事业的有益贡献。

地震观测技术与仪器

［挪威］JENS HAVSKOV
［西班牙］GERARDO ALGUACIL　著

赵仲和　赵建和　译

张奕麟　校

16 开　定价：70.00 元

本书以数字地震观测为主，兼顾从模拟观测到数字观测的历史发展，深入浅出地阐述了无源和有源地震传感器、各类模数转换器、地震数据汇集与记录器等地震观测基本设备的设计原理和结构及其标定和测试技术；介绍了地震台站选址和安装、物理和虚拟地震台网构成、地震信号传输与接收地震台站等地震观测技术。书中通过列表归纳和实例，评述了国际上有代表性的地震观测设备、地震台网的状况以及发展趋势。

本书的读者对象主要是地震台站、台网或台阵的设计、建设及运行与维护人员；应用地震台网或台阵从事地震监测与科学研究的人员；地震学及其相关专业的大学生、研究生和教师。

中国地震局地震研究所志

《中国地震局地震研究所志》编委会　编

16 开　定价：70.00 元

本书为行业性研究所专志，根据志书的基本属性和地震研究所的特点，采用篇、章、节三个层次的总体框架结构，将志书分为：机构、科学研究、地震观测技术与仪器研制、科技成果、教育与管理、学术活动与国际合作、人物简介共 7 篇、19 章、72 节，并根据需要在部分节内分为若干个一级条目，另附大事记、附录和图片。

地下管线的震害、抗震验算、设计与措施

王汝樑　著

王珞珈　王前信　王田介　李宏男　等 译

16 开　定价：60.00 元

本书共 11 章，选材于 20 多篇文章。其内容包括地震对结构物的影响；对地下生命线系统的动力反应；对地震地质参数和地下管道反应的机理；对地震波传播对地下管道的理论研究，论述及连续式和分节式管道的动力特性和计算模式；对土壤液化方面，有土壤液化和土壤位移对地下管道综合影响等数篇文章；对断层活动与管道地震反应的论著；此外，还包括地下生命线工程的震害损失评估和分析、震后地下管道的功能恢复以及地下管道的抗震方法和抗震设计。此书可供科研、教学、设计及工程抗震部门参与和应用，对抗震减灾将起显著作用。

本书各章、节的序言文字和参考文献与其他章、节略有重复和搭接，可使读者能抽读独立的某章某节，查阅文献也较方便；书中术语的译法未强求一致；公制单位与英制单位并存。

中国灾害大事记（2004）

中国灾害防御协会　编

16 开　定价：70.00 元

本书力争全面、系统地反映各灾种大、中型灾害。对异常的小灾，且具较大社会影响的也选录其中。本书参考了主流的灾种划分方法，也考虑了灾害的管理现状和组织编写工作的方便，按 12 类灾种进行划分，从“灾情大事记”和“减灾大事记”两条线按时序编写，力求体现以“灾情大事记”为主，突出灾情资料的作用，注重综合性灾害事件的客观记录。关于各灾种大灾确定原则、主要依据有关部门的划分。未有部门划分的，书中基于三点：（1）灾害造成的伤亡数；（2）灾害造成的财产损失；（3）灾害对社会的影响。

中国古代建筑抗震

张鹏程　赵鸿铁　著

16 开　定价：36.00 元

本书试图对中国古建筑的结构进行系统阐述，内容主要是对《营造法式》中的大木作结构独有的特点，用现代结构概念和语言对其各种构造做法和结构功能加以解析，对关键的重要的构造进行实验验证。很多的结论和梁思成先生及前辈科学家们原告概括的一致，有意义的是用实验验证了他们未能实践的卓见和构想。书中所揭示的中国古建筑木结构的构建原理和它独特的防震方法对现代结构抗震技术的发展和古建文物的保护都是有意义的。书中引文、引图和照片大部分完全引自《营造法式》、《梁思成文集》及现有公开出版的古建筑相关研究论文和书籍，未作改动。

国际搜索与救援指南和方法

黄建发　陆　鸣　陈　虹　等编译

16 开　定价：30.00 元

本书是《INSARAG GUIDELINES AND METHODOLOGY（February 2007）》的中文版。

此书在总结世界各国灾害现场搜救工作经验的基础上，由国际搜索与救援咨询团（INSARAG）秘书处组织国际资深专家，几经修改编制而成。目前，联合国把此书作为国际搜救工作的基本框架和规程，正在向世界各国搜救队推广应用。

书中将一次国际搜救任务分成准备、动员、行动、撤离和善后五个阶段，以建立各机构的协调机制为主线，分别清晰地界定了 INSARAG 秘书处、支援国和受援国及当地紧急事务管理中心、现场协调中心、接送中心和国际搜救队等机构及相关人员的职责和任务；同时也规定了国际搜救队的工作程序、行动规范、装备配置和搜救方法。

本书可供从事国际和国内各种灾害搜救工作的管理人员的技术人员使用和借鉴。

2007 遥感科技论坛
中国遥感应用协会 2007 年论文集

陈述彭　毛德华　主编

16 开　定价：115.00 元

本书以论文的形式集中反映中国遥感技术应用在各方面取得的重要创新与发展，全书共分上下两篇：上篇是 2007 年征集的遥感技术在各应用领域取得的新进展的论文；下篇是参加“遥感找矿面临的新挑战”香山科学会议上宣读的论文。

上篇共征集论文 58 篇，内容涉及 CBERS－02、ALOS、SPOT、QUICKBIRD、

SAR 等遥感数据源，地理信息系统的开发，数据库的建设，图像融合、数据处理、三维可视化和虚拟现实等技术，以及在国土、矿产、农业、林业、气象、海洋、水利、环境、灾害、城市等领域的应用情况，并按其内容编排为综述、应用、方法技术和其他四个部分。

下篇反映的是参加“遥感找矿面临的新挑战”香山会议的专家、学者就探索遥感找矿的新途径所发表的一些见解、看法和研究成果，其中包括香山科学会议办公室对302 次科学讨论会的简介、会议的总评述报告、中心议题评述报告等 3 个部分 19 篇论文。这些论文代表了我国目前遥感找矿领域的研究前沿和先进水平，值得广大遥感应用研究者认真阅读和借鉴。

亚洲地震概要

中国地震局监测预报司　编

16 开　定价：68.00 元

本书主要概要介绍了亚洲各个国家（地区）的地震及其灾害和构造背景，并编集亚洲各个国家（地区）历史和近代重要地震的目录，以便于未来亚洲某个国家发生灾害性地震时，公众可从本书中了解该国过去的地震背景和灾害情况。同时，为从事亚洲地震活动特征分析的专业人员，以及对亚洲国家地震活动及其灾害感兴趣的读者提供参考资料。

《辉煌的历程——中国地球物理学会 60 年》

中国地球物理学会　王　水　主编

王广福　言静霞　副主编

16 开　定价：85.00 元

本书内容丰富，图文并茂。中国科协前副主席曾庆存院士为本书题词“团结奋进，更创辉煌”。本书从各种渠道收集到有参考价值的历史照片多幅，兼顾清晰度和史料价值两个方面，从中选用 60 幅，把我们带入了老一辈地球物理学家艰苦创业年代，再现了中国地球物理学会发展壮大的光辉历程。本书的文字内容包括：第一部分为学会常务副秘书长曲克信的文章“光辉的历程——纪念中国地球物理学会成立 60 年”，较全面、系统地总结了中国地球物理学会 60 年的发展历程。第二部分是中国地球物理学会各专业委员会和工作委员会的回顾文章，全面介绍了各专业委员会和工作委员会自成立以来开展的主要活动及工作业绩。第三部分是缅怀文章，表达了对中国地球物理学会创始人、为中国地球物理事业作出杰出贡献的老一辈地球物理学家陈宗器、赵九章、顾功叙、翁文波、傅承义、李善邦、方俊等人的怀念和崇敬之情，讴歌了他们伟大的功绩。第四部分是广大会员从不同侧面、以各种视角、全方位反映中国地球物理学会 60 年的光辉历程中个人亲历的人和事。第五部分是附录：中国地球物理学会 60 年编年大事记。

地震预报

刘正荣　著

16 开　定价：28.00 元

本书收录了作者自 20 世纪 60 年代以来的主要研究成果，与 2004 年出版的《刘正荣地震预报方法》不同的是，增加了近年来有关转移地震等重要内容。

为了研究地震预报，必须了解地震及区域地震活动特征，本书首先介绍了这方面的内容。重点介绍了多年来我们的研究主题：地震预报的有关方法。复发周期主要用于长期预报，也可用于短临预报；h 值主要用于短临预报；h则主要用于临震预报。书中还列举了许多转移地震，但可能还有原地转移的地震尚无震例。

中国地震科研课题总览（2005）

中国地震局

16 开　定价：70.00 元

本书是由中国地震局发展与财务司和中国地震局地震台网中心联合编辑出版，它是全面反映我国地震科研项目的发展动向及进展情况的窗口，本卷包括 2004 年度发展与改革委员会、中国科技部、中国地震局以及地震科学联合基金下达和资助的共 136 个课题，按以下 8 方面分类：地震观测方法与技术、地震孕育环境和条件、地震预报研究、地震实验研究、地震理论研究、地震灾害预测与评估、；工程地震与地震工程、地震数据与资料服务。

随着防震减灾工作领域的拓宽，为了适应新形势下防震减灾事业的需要，从本卷开始，《中国地震科研课题总览》今后将依次每年编辑出版一册。

地震台站公用技术（试用本）

中国地震局监测预报司　编

16 开　定价：25.00 元

本教材属于公共课，本课程的基本目的是使读者了解数字化地震台站维护管理的相关知识和数据采集基本原理，掌握相关设备的原理、使用、维护、操作等技能，提高学员的综合素质和技能。本教材在结构上共分为 7 章，第 1 章介绍与数字化地震观测台站相关的基础知识和基本概念，以及常用中小规模集成电路模块的逻辑符号、逻辑功能，介绍运算放大器、模数转换器的基本特点和工作过程及一些常用大规模集成电路的基本功能特点；第 2 章介绍数据采集的基本概念及其主要技术指标的物理意义、数据采集器的一般原理框图及其与前端传感器的几种接口关系和后端输出接口方式，并对目前地震台站使用较多的前兆公用数据采集器和测震数据采集器的主要特点、功能框图和日常维护进行一般介绍；第 3 章介绍数据通信的基本概念、数据通信系统的基本结构和地震台站观测系统所采用的数据通信方式，重点介绍前兆通信 RS232 接口及其通信方式，专用通信功能部件的功能、结构和工作原理及采用互联网方式实现前兆数据通信的基本概念；第 4 章介绍地震台站供电、避雷、接地技术中的基本知识，阐述根据地震台站的特点和需求提出的地震台站供电、避雷、接地设计思路；第 5 章主要结合国家“九五”、“十五”台站改造所涉及的集成技术，重点介绍以 RS－232 和 RJ45 总线技术为基础的典型地震台站集成系统；第 6 章介绍与地震前兆观测相关的气象环境要素和基本概念，重点介绍气温、气压、降雨量综合观测仪器的主要指标要求及原理框图、日常维护及传感器安装要点和注意事项；第 7 章介绍数字化地震台站运行维护的有关知识和基本要求，进行日常运行维护所需的设备、工具的基本原理和使用技巧，重点讲述数字化地震台站运行维护的程序和方法，以及观测系统故障的初步分析处理。

地震地下流体理论基础与观测技术（试用本）

中国地震局监测预报司　编

16 开　定价：42.00 元

本书分为两个部分。第一部分为需要了解的地下流体专业理论基础知识，第二部分是需要掌握的专业技术技能。对于专业理论基础内容，本书主要从地下流体及其与地震孕育过程的联系角度，解释地下流体观测量的基本概念，阐述地下流体各种观测量的动态特征，论述地下流体观测网与观测站建设的概念和技术要求。专业技术技能主要从观测项目的观测原理、仪器工作原理及维护与标定、观测样本的采集方法等方面，详细地论述机械式与数字化水位仪观测，水氡与气氡、水汞与气汞观测，以及地下水离子，氢、氦、二氧化碳等气体观测的技术要点和知识，介绍了比较常用的地下流体观测数据的处理与异常识别的数学方法，其中包括方法原理、应用及可以解决的问题等。最后介绍了利用地下流体震兆异常预测地震的方法，包括利用单项异常预测地震和地下流体学科综合预测地震的方法，还给出了可供参考的地震预测典型实例。总的来看，本书包含了理论、方法、技术和经验，从实践到理论进行了系统阐述，这些内容都是地下流体台站观测技术人员需要了解和掌握的知识。

地震学与地震观测（试用本）

中国地震局监测预报司　编

16 开　定价：43.00 元

本书内容包括地震学基础知识和测震工作基本技能两部分。前五章以介绍地震学与测震学基础知识为主，后五章以介绍测震台站和台网的建设、运行维护和数据处理的基本技术为主。书中关于一些具体仪器和软件的描述以及引用的具体运行规范和约定，反映的是“十五”中国地震监测网络工程后期我国测震台站和台网的实际运行状况。目前，新的技术系统、新的专用软件、新的运行模式以及新出台的一系列技术规范，可能与本书中的个别内容有所不同，因此在使用本书时要注意与新的实际相结合，不拘泥于书中的一些具体要求。

地震地质学（试用本）

中国地震局监测预报司　编

16 开　定价：25.00 元

学习地震地质学的任务是初步掌握相关学科如普通地质学、构造地质学、地震学、地质力学、板块构造等的基本知识，了解地震在地壳中的分布特征，了解我国地震带分布特征及我国主要活动断裂带与地震分布的对应关系。

本书是在防灾技术高等专科学校编著的《地震地质学基础》教材的基础上，结合地震监测岗位应掌握的地震地质的基本知识，作了相应的增减编写而成的。书中扼要地介绍了地质学、地震学与地震地质学的基本知识和方法。其主要内容包括：地球概述、地壳的物质组成、地壳运动与地质构造、板块构造、地质力学、地震的时空分布与地质构造、活动断裂的鉴定与观测及地震地质在地震预测预防中的应用等。

地球物理学概论（试用本）

中国地震局监测预报司　编

16 开　定价：42.00 元

本课程的设置是为使学员掌握从事地震监测工作所需的地球物理学基本理论知识和基本研究方法，本课程与其他有关综合课程一起，为学员学习专业理论和掌握专业技能、并通过考试达到上岗条件奠定必要的知识基础。

根据本课程的设置目的和地球物理学学科所涵盖的范畴，本教材包括“地球的整体物理特征”、“地球的基本物理性质”和“地球物理学应用”三个方面的内容。（1）有关“地球整体物理特征”方面的教学要求是，了解和理解以下四个方面的基本概念和研究方法，它们是：地球的起源、地球的年龄、地球的自转和地球的形状。（2）有关“地球的基本物理性质”方面的教学要求是，掌握和基本掌握以下四个方面的基本概念和研究方法，它们是：地球的速度分层、地球的电磁性质、地球的密度分布和地球的热学性质。（3）有关“地球物理学应用”方面的教学要求是，结合地震预报和板块运动学说，从以下三个应用环节对实际应用有一般性的了解，它们是：了解要解决的目标，即应用对象对地球物理学科的基本要求，了解所用地球物理相关概念和方法，了解目前的应用进展和存在的问题。

防震减灾法律法规（试用本）

中国地震局监测预报司　编

16 开　定价：20.00 元

本教材按照《中华人民共和国防震减灾法》的章节顺序结合相关法律、法规、规章编撰。

为便于初学者更好地掌握防震减灾法律法规，本书开头对应当了解的法理常识作了简要介绍。书中较详细地阐述了各级人民政府在灾害管理中的法定职责，并对依法制定防震减灾规划、计划、社会组织、应急预案等方面的理论、方法作了详细的阐述。在防震减灾科普宣传、培训教育工作中，强调了地震台站应发挥的作用。对于专业性较强的法规内容，尽量用通俗易懂的语言、深入浅出地讲解。对应急救援、避震疏散、自救互救等社会公众应知应会的常识也作了简单介绍。最后在法律责任部分结合法理知识，重点对各级地震行政机关及其工作人员在防震减灾执法过程中的方法、程序，法律救济与法律监督等内容作了常识性讲解。为便于学员理解，筛选了部分案例列在每章的最后以便思考，全书最后还列出考试大纲，一并供复习参考之用。

玉雕与玉器

郭　颖　编

16 开　定价：58.00 元

本书内容全面、丰富，包括了玉雕与玉器概论（各历史朝代玉器及雕琢特点）；玉器雕刻的原材料（翡翠、软玉、石英质玉石、欧泊、蛇纹石玉、绿松石玉等）；印章雕刻的原材料（福建寿山石、昌化鸡血石、浙江青田石、内蒙古巴林石）及印章的印制、篆刻技法与养护；玉雕设备、工具与辅料（古代琢玉机构与玉作发展及现代玉雕的设备、工具、辅料）；玉雕工艺与技术（浮雕、圆雕以及各种特殊的工艺技术）；玉器形制与玉文化（玉兵器、玉礼器、玉葬器、玉带饰等）；玉雕纹饰与图案；玉器沁色与改制；玉器仿制与古玉器鉴伪；玉器价值评估等十方面的知识，适合于珠宝及相关专业的本专科生与研究生使用，也可供广大珠宝首饰爱好者学习和参考。本书在丰富玉雕与玉器知识的同时，弘扬中国传统玉文化。

《中国地震年鉴》特约撰稿人名单

师宴宾	北京市地震局	刘爱平	天津市地震局
孟书和	河北省地震局	赵晋红	山西省地震局
弓建平	内蒙古自治区地震局	韩　平	辽宁省地震局
孙继刚	吉林省地震局	陈晓英	黑龙江省地震局
孙敏震	上海市地震局	田建明	江苏省地震局
庞银照	浙江省地震局	何小伟	安徽省地震局
刘圣炳	江西省地震局	刘新月	福建省地震局
郭　红	山东省地震局	孙松林	河南省地震局
刘　敏	湖北省地震局	张彩虹	湖南省地震局
郭建军	广东省地震局	张均洲	广西壮族自治区地震局
胡金文	海南省地震局	李胜德	云南省地震局
罗远模	贵州省地震局	李小玲	重庆市地震局
杨志敏	四川省地震局	喻敬阳	西藏自治区地震局
王彩云	陕西省地震局	杨立庭	甘肃省地震局
闫　冲	宁夏回族自治区地震局	荣建生	青海省地震局
朱　燕	新疆维吾尔自治区地震局	王广亚	中国地震局地球物理勘探中心
陈怀东	中国地震局第一监测中心	于建民	中国地震局第二监测中心
孔繁钰	中国地震局工程力学研究所	杨翠华	中国地震局地球物理研究所
张淑萍	中国地震局地质研究所	祝景忠	中国地震局地壳应力研究所
刘宏伟	中国地震局地震预测研究所	王琳琳	中国地震台网中心
王立红	中国地震灾害防御中心	穆　英	中国地震应急搜救中心
张桂兰	中国地震局机关服务中心	董　青	地震出版社
王满达	中国地震局科技发展（国际合作）司（英文目录）